# 吐鲁番葡萄酒标准体系

## 上 册

刘丽媛 主编

中国财富出版社有限公司

**图书在版编目（CIP）数据**

吐鲁番葡萄酒标准体系. 上册 / 刘丽媛主编. —北京：中国财富出版社有限公司，2022.9
ISBN 978-7-5047-7770-6

Ⅰ. ①吐… Ⅱ. ①刘… Ⅲ. ①葡萄酒—质量管理—标准体系—吐鲁番市 Ⅳ. ①TS262.61-65

中国版本图书馆 CIP 数据核字（2022）第 176558 号

**策划编辑** 李 伟　　**责任编辑** 邢有涛 张天穹　　**版权编辑** 李 洋
**责任印制** 梁 凡　　**责任校对** 张营营　　**责任发行** 黄旭亮

**出版发行** 中国财富出版社有限公司
**社　址** 北京市丰台区南四环西路 188 号 5 区 20 楼　　**邮政编码** 100070
**电　话** 010-52227588 转 2098（发行部）　　010-52227588 转 321（总编室）
010-52227566（24 小时读者服务）　　010-52227588 转 305（质检部）
**网　址** http://www.cfpress.com.cn　　**排　版** 宝蕾元
**经　销** 新华书店　　**印　刷** 宝蕾元仁浩（天津）印刷有限公司
**书　号** ISBN 978-7-5047-7770-6/TS·0118
**开　本** 880mm×1230mm 1/16　　**版　次** 2023 年 1 月第 1 版
**印　张** 89.75　　**印　次** 2023 年 1 月第 1 次印刷
**字　数** 2654 千字　　**定　价** 409.00 元（全 2 册）

# 编 委 会

# 编者的话

吐鲁番是我国古丝绸之路重镇，为我国较早栽培葡萄的地区和葡萄酒的起源地之一，享有“中国葡萄圣城”“世界美酒特色产区”的美誉，在全国葡萄酒产业发展中发挥着重要作用，具有不可替代的地位。葡萄酒产业是新疆“十四五”期间重点发展的“十大产业”之一，也是吐鲁番市“1065”产业升级计划的重要产业之一。近年来，吐鲁番市贯彻落实新发展理念，依托吐鲁番浓厚的历史文化底蕴、独特的风土条件和丰富的葡萄资源，以产业结构调整和生态文明建设为目标，大力推进葡萄酒产业高质量发展。目前，全市登记在册葡萄酒生产企业共82家，其中获得SC生产认证的酒庄23家。已培育“楼兰”“驼铃”“新葡王”“车师”“零海拔”“天露”“高昌郡”“亿茂”“原麓”“恒沈”等一批具有一定市场认知度和影响力的葡萄酒品牌，各酒庄多款葡萄酒产品在国内外赛事上屡获大奖，吐鲁番葡萄酒产区知名度和影响力得到有效提升。

随着我国葡萄酒产业迅速发展，国内新技术、新工艺、新设备、新材料大量涌现，迫切需要对我市葡萄酒相关技术及产业标准进行整理、补充、修订和完善。因此，建立科学的吐鲁番葡萄酒标准体系十分重要。为此，吐鲁番市林果业技术推广服务中心组织了研究和编制《吐鲁番葡萄酒标准体系》的工作，于2021年1月提出标准体系立项申请、编制标准体系规划，2021年2月吐鲁番市市场监督管理局批准立项。根据吐鲁番市葡萄酒产业发展特点，吐鲁番市林果业技术推广服务中心收集、整理与葡萄酒生产全过程（从基地建设、葡萄种植、葡萄酒酿造、产品检测到包装运输等）相关的国家、行业、地方和团体标准，建立起吐鲁番市葡萄酒行业的信息库。2021年6月下旬组织有关专家审定，并于2021年9月30日通过发布。

专家反复研讨、论证、评审后一致认为：建立吐鲁番葡萄酒标准体系对促进吐鲁番市葡萄酒产业标准化进程，规范吐鲁番葡萄酒生产的产前、产中和产后标准化工作，吐鲁番葡萄酒产业高质量发展有积极的引导作用。《吐鲁番葡萄酒标准体系》的内容较全面，系统地反映了吐鲁番葡萄酒行业发展对标准的需求。整个体系内容充实可靠、系统完整、技术先进，能够指导果农和葡萄酒企业提高产品质量水平，具有较强的可操作性，对促进吐鲁番葡萄酒产业结构调整、实现产业提质增效、加快葡萄产业标准化进程、提高葡萄产业生产力水平具有重要的指导意义。

《吐鲁番葡萄酒标准体系》融合近年来所有与葡萄酒相关的国家标准、行业标准、地方标准和团体标准，为指导和规范吐鲁番市葡萄酒产业标准化生产提供了基本理论依据。主要内容包括定义描述、基地建设、栽培管理、生产管理、葡萄制品五部分，涉及125个标准文件。

《吐鲁番葡萄酒标准体系》具备以下3个特点：

1. 完备性。主要反映了涉及葡萄酒产业的共性和个性，也体现了标准化对象吐鲁番葡萄酒生产全过程的管理精度，是标准体系适应现实多样性的一个重要方面。体系内的各项标准在内容方面衔接一致，标准归类按葡萄酒产业生产过程的顺序排列，各种标准互相补充、互相依存，共同构成一个完整整体。

2. 逻辑性。体系内所有标准按照一定的结构进行逻辑组合，而不是杂乱无序的堆积，体系内每一部分呈现不同的层次结构，同时也是葡萄酒标准化研究领域的重要参考。

3. 动态性。体系具有一定的灵活性与弹性，体系内的所有标准均采用最新的有效标准，并且该体系随着时间的推移和条件的改变将不断发展更新，从而指导标准化工作，提高标准化工作的科学性、全面性、系统性和预见性。

《吐鲁番葡萄酒标准体系》适用于吐鲁番葡萄酒产业葡萄种植、加工生产、检测、运输等单位，可作为有关部门开展技术培训的教材。为确保体系的整体性和连续性，部分引用标准在原文内容不改变的前提下，格式及页码进行了适当调整。此项体系的完成仅仅是吐鲁番市葡萄酒产业标准化进步发展的一个阶段，由于产业的发展是一个变化的过程，体系中有些内容还需要进一步完善，如在标准化工作中如何更好地服务果农和葡萄酒生产企业。因此，我们愿意与国内外同行加强交流，在葡萄酒标准化工作中不断研究、不断完善、不断发展，以进一步推动吐鲁番市葡萄酒产业转型升级、高质量发展，加快现代葡萄酒产业体系构建。

编　者

2021 年 10 月 26 日

# 目　录

## 上　册



### 第一部分　定义描述



### 第二部分　基地建设

## 第三部分 栽培管理



## 第四部分 生产管理

## 下 册

## 第五部分 葡萄制品

ICS 67.160.10
C 151

# T/TPCX

吐 鲁 番 市 葡 萄 酒 产 业 协 会 团 体 标 准

T/TPCX 002—2021

# 吐鲁番葡萄酒标准体系总则

2021－10－18 发布 2021－10－20 实施

吐鲁番市葡萄酒产业协会 发布

# 前　言

本文件按照 GB/T 1.1—2020《标准化工作导则 第 1 部分：标准化文件的结构和起草规则》的要求起草。

本文件由吐鲁番市葡萄酒产业协会提出。

本文件由吐鲁番市林果业技术推广服务中心、吐鲁番市葡萄酒产业协会起草。

本文件主要起草人是：刘丽媛，王婷，罗闻芙，周慧，周黎明，王春燕，古亚汗·沙塔尔，王新丽，韩泽云，吾尔尼沙·卡得尔，武云龙，吴玉华，雷静，阿迪力·阿不都古力。

# 吐鲁番葡萄酒标准体系总则

## 1　范围

本文件规定了吐鲁番葡萄酒标准体系的术语和定义、标准体系的结构及标准明细表。

本文件适用于地理标志产品“吐鲁番葡萄酒”生产全过程（从基地建设、葡萄种植、葡萄酒酿造、产品检测到包装运输等）的管理和控制。

## 2　规范性引用文件

下列文件中的内容通过文中的规范性引用而构成本文件必不可少的条款。其中，注日期的引用文件，仅该日期对应的版本适用于本文件；不注日期的引用文件，其最新版本（包括所有的修改单）适用于本文件。

GB/T 13016—2018　标准体系构建原则和要求

## 3　基本原则

3.1　本文件是以吐鲁番葡萄酒作为综合标准化对象，坚持与吐鲁番葡萄酒产业整体发展规划相符合的原则，以影响葡萄酒产品质量的相关技术要素形成的体系。

3.2　本文件坚持科学性、系统性的原则，规范吐鲁番葡萄酒生产的产前、产中和产后标准化工作，做到前后衔接，相互配套，具体的技术措施有利于实际操作和推广，便于生产者、经营者、消费者使用和遵循，对促进吐鲁番葡萄酒产业高质量发展有积极的引导作用。

3.3　本文件的建立由国家标准、行业标准、地方标准、团体标准相互配套，坚持以生产实践和新技术推广相结合的原则。

3.4　坚持绿色生态、优质高效的原则，突出地域特色，促进吐鲁番葡萄酒生产管理水平的不断提高，全面提升吐鲁番葡萄酒的品质和市场竞争力。

## 4 体系组成

本文件内容包括定义描述，建园要求，栽培管理，生产技术，葡萄产品 5 部分内容，包含定义、基地环境、建园、品种、苗木繁育、栽培技术等 124 个标准。其中，国家标准 42 个，行业标准 43 个，地方标准 21 个，团体标准 18 个。

### 4.1 第一部分 定义描述

此部分内容主要收集了饮料酒、葡萄酒、酿酒葡萄的分类、定义描述等内容，共有 18 个标准组成，其中，国家标准 5 个，行业标准 6 个，地方标准 5 个，团体标准 2 个。

### 4.2 第二部分 基地建设

此部分内容主要收集了基地环境、葡萄建园的内容，共有 10 个标准组成，其中，国家标准 2 个，行业标准 5 个，地方标准 3 个。

### 4.3 第三部分 栽培管理

此部分内容主要收集了苗木繁育、栽培技术、水肥管理、病虫害和农药管理的内容，共有 26 个标准组成，其中，国家标准 2 个，行业标准 14 个，地方标准 10 个。

### 4.4 第四部分 生产管理

此部分内容主要收集了企业要求、生产技术、食品添加剂及卫生规范、生产设备、清洁生产、质量检测、包装及运输的内容，共有 56 个标准组成，其中，国家标准 31 个，行业标准 13 个，地方标准 2 个，团体标准 10 个。

### 4.5 第五部分 葡萄产品

此部分内容主要收集了葡萄籽油、葡萄干、葡萄罐头等内容，共有 14 个标准组成，其中，国家标准 2 个，行业标准 5 个，地方标准 1 个，团体标准 6 个。

## 5 工作程序

### 5.1 规划阶段

5.1.1 2021 年 1 月由吐鲁番市林果业技术推广服务中心提出标准体系立项申请，编制标准体系规划。

5.1.2 2021 年 2 月吐鲁番市市场监督管理局批准立项。

5.1.3 本文件由吐鲁番市市场监督管理局管理。

5.1.4 标准体系编撰由吐鲁番市林果业技术推广服务中心承担。

### 5.2 建设阶段

5.2.1 2021 年 3 月 ~5 月由承担单位制定标准体系工作计划，分工起草标准草案。

5.2.2 2021 年 6 月承担单位组织有关专家对标准草案进行初审，修改后形成讨论稿。

5.2.3 2021 年 5 月 ~8 月承担单位组织科研小组深入生产企业，进行新标准的中试生产。

5.2.4 2021 年 9 月上旬承担单位在中试生产的基础上对标准讨论稿进行修改，形成送审稿。

5.2.5 2021 年 9 月下旬吐鲁番市林果业技术推广服务中心组织有关专家对所有新标准进行审定。

### 5.3 贯彻阶段

5.3.1 本文件由吐鲁番市葡萄酒产业协会组织实施。

5.3.2 本文件发布后，有关部门做好宣传工作。

5.3.3 本文件由吐鲁番市林果业技术推广服务中心组织相关部门评价和验收。

## 6 标准明细表

本文件应符合表 1 标准明细表的规定。

**表 1　　标准明细表**

| 序号 | 类别 | 标准编号 | 标准名称 | 实施日期 | 标准级别 | 备注 |
|---|---|---|---|---|---|---|
| 一、定义描述 | | | | | | |
| 1 | 定义 | GB/T 17204—2021 | 饮料酒术语和分类 | 2022/6/1 | 国家标准 | |
| 2 | | GB 15037—2006 | 葡萄酒 | 2008/1/1 | 国家标准 | |
| 3 | | GB/T 27588—2011 | 露酒 | 2012/6/1 | 国家标准 | |
| 4 | | GB 2758—2012 | 食品安全国家标准　发酵酒及其配制酒 | 2013/2/1 | 国家标准 | |
| 5 | | GB 2757—2012 | 食品安全国家标准　蒸馏酒及其配制酒 | 2013/2/1 | 国家标准 | |
| 6 | | NY/T 2932—2016 | 葡萄种质资源描述规范 | 2017/4/1 | 行业标准 | 农业 |
| 7 | | NY/T 274—2014 | 绿色食品　葡萄酒 | 2015/1/1 | 行业标准 | 农业 |
| 8 | | NY/T 1508—2017 | 绿色食品　果酒 | 2017/10/1 | 行业标准 | 农业 |
| 9 | | NY/T 3103—2017 | 加工用葡萄 | 2017/10/1 | 行业标准 | 农业 |
| 10 | | NY/T 2104—2018 | 绿色食品　配制酒 | 2018/9/1 | 行业标准 | 农业 |
| 11 | | SB/T 10710—2012 | 酒类产品流通术语 | 2012/11/1 | 行业标准 | 国内贸易 |
| 12 | | DB 65/T 2001—2002 | 酿酒葡萄 | 2002/5/18 | 地方标准 | 新疆维吾尔自治区 |
| 13 | | DB 65/T 2212—2005 | 无公害食品　酿酒葡萄 | 2005/8/1 | 地方标准 | 新疆维吾尔自治区 |
| 14 | | DB 65/T 2977—2009 | 果酒生产标准体系总则 | 2009/6/21 | 地方标准 | 新疆维吾尔自治区 |
| 15 | | DB 65/T 2619—2006 | 酿酒葡萄标准体系总则 | 2006/8/1 | 地方标准 | 新疆维吾尔自治区 |
| 16 | | DB 65/T 3780—2015 | 地理标志产品 吐鲁番葡萄酒 | 2015/10/15 | 地方标准 | 吐鲁番市 |
| 17 | | T/CBJ 4101—2019 | 酿酒葡萄 | 2019/10/1 | 团体标准 | 中国酒业协会 |
| 18 | | T/TPCX 001—2021 | 吐鲁番产区葡萄酒 | 2021/9/1 | 团体标准 | 吐鲁番市葡萄酒协会 |

（续表）

| 序号 | 类别 | 标准编号 | 标准名称 | 实施日期 | 标准级别 | 备注 |
|---|---|---|---|---|---|---|
| 二、基地建设 | | | | | | |
| 19 | 基地环境 | GB 3095—2012 | 环境空气质量标准 | 2016/1/1 | 国家标准 | |
| 20 | | GB 15618—2018 | 土壤环境质量　农用地土壤污染风险管控标准（试行） | 2018/8/1 | 国家标准 | |
| 21 | | HJ/T 332—2006 | 食用农产品产地环境质量评价标准 | 2007/2/1 | 行业标准 | 国家环境保护总局 |
| 22 | | NY/T 857—2004 | 葡萄产地环境技术条件 | 2005/2/1 | 行业标准 | 农业 |
| 23 | | NY/T 391—2021 | 绿色食品　产地环境质量 | 2021/11/1 | 行业标准 | 农业 |
| 24 | | RB/T 165. 1—2018 | 有机产品产地环境适宜性评价技术规范　第1部分：植物类产品 | 2018/10/1 | 行业标准 | 认证认可 |
| 25 | | QX/T 557—2020 | 农产品气候品质评价　酿酒葡萄 | 2020/9/1 | 行业标准 | 气象 |
| 26 | 葡萄建园 | DBN 6521/T 201—2019 | 新建葡萄园技术规程 | 2019/12/25 | 地方标准 | 吐鲁番市 |
| 27 | | DBN 6521/T 169—2017 | 吐鲁番葡萄改良式棚架搭建技术规程 | 2020/5/1 | 地方标准 | 吐鲁番市 |
| 28 | | DBN 6521/T 232—2020 | 葡萄架水泥立柱质量技术要求 | 2020/07/15 | 地方标准 | 吐鲁番市 |
| 29 | | T/XJWA 001—2021 | 桑葚酒 | 2021/9/15 | 团体标准 | 自治区酿酒工业协会 |
| 30 | | T/XJWA 002—2021 | 桑葚白兰地 | 2021/9/15 | 团体标准 | 自治区酿酒工业协会 |
| 31 | | T/XJWA 003—2021 | 桑葚利口酒 | 2021/9/15 | 团体标准 | 自治区酿酒工业协会 |
| 32 | | T/XJWA 004—2021 | 杏子酒 | 2021/9/15 | 团体标准 | 自治区酿酒工业协会 |
| 三、栽培管理 | | | | | | |
| 33 | 苗木繁育 | GB/T 20496—2006 | 进口葡萄苗木疫情监测规程 | 2007/3/1 | 国家标准 | |
| 34 | | NY 469—2001 | 葡萄苗木 | 2001/11/1 | 行业标准 | 农业 |
| 35 | | NY/T 1843—2010 | 葡萄无病毒母本树和苗木 | 2010/9/1 | 行业标准 | 农业 |
| 36 | | NY/T 2379—2013 | 葡萄苗木繁育技术规程 | 2014/1/1 | 行业标准 | 农业 |
| 37 | | NY/T 2378—2013 | 葡萄苗木脱毒技术规范 | 2014/1/1 | 行业标准 | 农业 |
| 38 | | SN/T 1992—2007 | 进境葡萄繁殖材料植物检疫要求 | 2008/7/1 | 行业标准 | 出入境检验检疫 |
| 39 | | DBN 6521/T 111—2015 | 吐鲁番地区酿酒葡萄　栽培技术规程 | 2015/5/10 | 地方标准 | 吐鲁番市 |
| 40 | | DB 65/T 2620—2006 | 酿酒葡萄育苗技术规程 | 2006/8/1 | 地方标准 | 新疆维吾尔自治区 |
| 41 | 栽培技术 | NY/T 2682—2015 | 酿酒葡萄生产技术规程 | 2015/5/1 | 行业标准 | 农业 |
| 42 | | DB 65/T 2621—2006 | 酿酒葡萄采收技术规程 | 2006/8/1 | 地方标准 | 吐鲁番市 |
| 43 | | DBN 6521/T 178—2018 | 吐鲁番葡萄“三改、两控、一优化”栽培技术标准 | 2018/6/10 | 地方标准 | 吐鲁番市 |
| 44 | | DBN 6521/T 207—2019 | 吐鲁番有机葡萄生产技术规程 | 2019/12/25 | 地方标准 | 吐鲁番市 |
| 45 | | DBN 6521/T 203—2019 | 吐鲁番葡萄越冬防寒及出土技术规范 | 2019/12/25 | 地方标准 | 吐鲁番市 |

（续表）

| 序号 | 类别 | 标准编号 | 标准名称 | 实施日期 | 标准级别 | 备注 |
|---|---|---|---|---|---|---|
| 46 | 水肥管理 | GB 5084—2021 | 农田灌溉水质标准 | 2021/7/1 | 国家标准 | |
| 47 | 水肥管理 | NY/T 394—2021 | 绿色食品　肥料使用准则 | 2021/11/1 | 行业标准 | 农业 |
| 48 | 水肥管理 | NY/T 496—2010 | 肥料合理使用准则通则 | 2010/9/1 | 行业标准 | 农业 |
| 49 | 水肥管理 | NY/T 1868—2021 | 肥料合理使用准则 有机肥料 | 2021/11/1 | 行业标准 | 农业 |
| 50 | 水肥管理 | DB 65/T 3271—2011 | 成龄葡萄滴灌水肥管理技术规程 | 2011/9/15 | 地方标准 | 新疆维吾尔自治区 |
| 51 | | DBN 6521/T 204—2019 | 吐鲁番葡萄水肥管理技术规程 | 2019/12/25 | 地方标准 | 吐鲁番市 |
| 52 | 病虫害和农药管理 | NY/T 393—2020 | 绿色食品　农药使用准则 | 2020/11/1 | 行业标准 | 农业 |
| 53 | 病虫害和农药管理 | NY/T 1276—2007 | 农药安全使用规范　总则 | 2007/7/1 | 行业标准 | 农业 |
| 54 | 病虫害和农药管理 | NY/T 2377—2013 | 葡萄病毒检测技术规范 | 2014/1/1 | 行业标准 | 农业 |
| 55 | 病虫害和农药管理 | SN/T 3554—2013 | 葡萄粉蚧检疫鉴定方法 | 2013/9/16 | 行业标准 | 出入境检验检疫 |
| 56 | 病虫害和农药管理 | SN/T 1366—2004 | 葡萄根瘤蚜的检疫鉴定方法 | 2004/12/1 | 行业标准 | 出入境检验检疫 |
| 57 | 病虫害和农药管理 | DBN 6521/T 205—2019 | 植物生长调节剂赤霉素的使用规程 | 2019/12/25 | 地方标准 | 吐鲁番市 |
| 58 | 病虫害和农药管理 | DBN 6521/T 206—2019 | 吐鲁番葡萄主要病虫害及其防治规程 | 2019/12/25 | 地方标准 | 吐鲁番市 |
| 四、生产管理 | | | | | | |
| 59 | 企业要求 | GB/T 22000—2006/ISO22000：2005 | 食品安全管理体系——食品链中各类组织的要求 | 2006/7/1 | 国家标准 | |
| 60 | 企业要求 | GB/T 23543—2009 | 葡萄酒企业良好生产规范 | 2009/12/1 | 国家标准 | |
| 61 | 企业要求 | GB 50687—2011 | 食品工业洁净用房建筑技术规范 | 2012/5/1 | 国家标准 | |
| 62 | 企业要求 | GB 50694—2011 | 酒厂设计防火规范 | 2012/6/1 | 国家标准 | |
| 63 | 企业要求 | AQ 4222—2012 | 酒类生产企业防尘防毒技术规范 | 2012/9/1 | 行业标准 | |
| 64 | 企业要求 | T/CCAA 25—2016 | 食品安全管理体系　葡萄酒及果酒生产企业要求 | 2016/10/14 | 团体标准 | |
| 65 | 企业要求 | T/CBJ 1301—2019 | 中国酒类企业社会责任指南 | 2020/1/1 | 团体标准 | |
| 66 | 生产技术 | GB 17924—2008 | 地理标志产品　标准通用要求 | 2008/10/1 | 国家标准 | |
| 67 | 生产技术 | GB/T 11856—2008 | 白兰地 | 2009/6/1 | 国家标准 | 部分有效 |
| 68 | 生产技术 | GB/T 25504—2010 | 冰葡萄酒 | 2011/9/1 | 国家标准 | |
| 69 | 生产技术 | GB/T 27586—2011 | 山葡萄酒 | 2012/6/1 | 国家标准 | |
| 70 | 生产技术 | GB/T 32783—2016 | 蓝莓酒 | 2016/10/1 | 国家标准 | |
| 71 | 生产技术 | RB/T 167—2018 | 有机葡萄酒加工技术规范 | 2018/10/1 | 行业标准 | 认证认可 |
| 72 | 生产技术 | QB/T 5476—2020 | 果酒通用技术要求 | 2020/10/1 | 行业标准 | 轻工 |
| 73 | 生产技术 | DB 65/T 2211—2005 | 葡萄酒酿造技术 | 2005/8/1 | 地方标准 | 新疆维吾尔自治区 |
| 74 | 生产技术 | DB 65/T 2915—2008 | 冰葡萄酒酿造工艺规程 | 2008/11/1 | 地方标准 | 新疆维吾尔自治区 |
| 75 | 生产技术 | T/CNFIA 104—2018 | 桑椹（果）酒 | 2018/8/1 | 团体标准 | 中国食品工业协会 |

（续表）

| 序号 | 类别 | 标准编号 | 标准名称 | 实施日期 | 标准级别 | 备注 |
|---|---|---|---|---|---|---|
| 76 | 食品添加剂及卫生规范 | GB 14881—2013 | 食品安全国家标准　食品生产通用卫生规范 | 2014/6/1 | 国家标准 | |
| 77 | | GB/T 12696—2016 | 食品安全国家标准　发酵酒及其配制酒生产卫生规范 | 2017/12/23 | 国家标准 | |
| 78 | | GB 8951—2016 | 食品安全国家标准　蒸馏酒及其配制酒生产卫生规范 | 2017/12/23 | 国家标准 | |
| 79 | | NY/T 392—2013 | 绿色食品　食品添加剂使用准则 | 2014/4/1 | 行业标准 | 农业 |
| 80 | | T/CBJ 5103—2019 | 保健酒生产卫生规范 | 2019/2/1 | 团体标准 | 中国酒业协会 |
| 81 | 生产设备 | GB/T 25393—2010/ISO 5704：1980 | 葡萄栽培和葡萄酒酿制设备　葡萄收获机　试验方法 | 2011/3/1 | 国家标准 | |
| 82 | | GB/T 25394—2010/ISO 7224：1983 | 葡萄栽培和葡萄酒酿制设备　果浆泵　试验方法 | 2011/3/1 | 国家标准 | |
| 83 | | GB/T 25395—2010/ISO 5703：1970 | 葡萄栽培和葡萄酒酿制设备　葡萄压榨机　试验方法 | 2011/3/1 | 国家标准 | |
| 84 | | QB/T 5001—2016 | 制酒饮料机械　烛式硅藻土过滤机 | 2017/1/1 | 行业标准 | 轻工 |
| 85 | 清洁生产 | HJ 452—2008 | 清洁生产标准　葡萄酒制造业 | 2009/3/1 | 行业标准 | 国家环境保护 |
| 86 | | QB/T 5161—2017 | 发酵酒精单位产品能源消耗限额 | 2018/4/1 | 行业标准 | 轻工 |
| 87 | 质量检测 | GB/T 4789.25—2003 | 食品微生物学检验　酒类检验 | 2004/1/1 | 国家标准 | |
| 88 | | GB/T 15038—2006 | 葡萄酒、果酒通用分析方法 | 2008/1/1 | 国家标准 | 部分有效 |
| 89 | | GB/T 5009.49—2008 | 发酵酒及其配制酒卫生标准的分析方法 | 2009/3/1 | 国家标准 | |
| 90 | | GB 5009.225—2016 | 食品安全国家标准　酒中乙醇浓度的测定 | 2017/3/1 | 国家标准 | |
| 91 | | GB 5009.34—2016 | 食品安全国家标准　食品中二氧化硫的测定 | 2017/3/1 | 国家标准 | |
| 92 | | GB 5009.266—2016 | 食品安全国家标准　食品中甲醇的测定 | 2017/6/23 | 国家标准 | |
| 93 | | GB 5009.7—2016 | 食品安全国家标准　食品中还原糖的测定 | 2017/3/1 | 国家标准 | |
| 94 | | GB 5009.28—2016 | 食品安全国家标准　食品中苯甲酸、山梨酸和糖精钠的测定 | 2017/6/23 | 国家标准 | |
| 95 | | GB 4789.1—2016 | 食品安全国家标准　食品微生物学检验　总则 | 2017/6/23 | 国家标准 | |
| 96 | | GB 23200.7—2016 | 食品安全国家标准　蜂蜜、果汁和果酒中497种农药及相关化学品残留量的测定气相色谱－质谱法 | 2016/12/18 | 国家标准 | |

（续表）

| 序号 | 类别 | 标准编号 | 标准名称 | 实施日期 | 标准级别 | 备注 |
|---|---|---|---|---|---|---|
| 97 | | GB 23200. 14—2016 | 食品安全国家标准　果蔬汁和果酒中512种农药及相关化学品残留量的测定液相色谱-质谱法 | 2017/6/18 | 国家标准 | |
| 98 | 包装及运输 | GB/T 191—2008 | 包装储运图示标志 | 2008/10/1 | 国家标准 | |
| 99 | | GB/T 6543—2008 | 运输包装用单瓦楞纸箱和双瓦楞纸箱 | 2008/10/1 | 国家标准 | |
| 100 | | GB/T 23778—2009 | 酒类及其他食品包装用软木塞 | 2009/12/1 | 国家标准 | |
| 101 | | GB 7718—2011 | 食品安全国家标准　预包装食品标签通则 | 2012/4/20 | 国家标准 | |
| 102 | | GB/T 36759—2018 | 葡萄酒生产追溯实施指南 | 2019/4/1 | 国家标准 | |
| 103 | | SB/T 10392—2005 | 酒类商品零售经营管理规范 | 2005/7/1 | 行业标准 | 国内贸易 |
| 104 | 包装及运输 | SB/T 10711—2012 | 葡萄酒原酒流通技术规范 | 2012/12/1 | 行业标准 | 国内贸易 |
| 105 | | SB/T 10712—2012 | 葡萄酒运输、贮存技术规范 | 2012/12/1 | 行业标准 | 国内贸易 |
| 106 | | SB/T 11000—2013 | 酒类行业流通服务规范 | 2013/11/1 | 行业标准 | 国内贸易 |
| 107 | | WB/T 1053—2015 | 酒类商品物流信息追溯管理要求 | 2016/2/1 | 行业标准 | 物流 |
| 108 | | BB/T 0018—2000 | 包装容器　葡萄酒瓶 | 2000/6/1 | 行业标准 | 包装 |
| 109 | | T/CCPITCSC 028—2019 | 葡萄酒储运管理技术规范 | 2019/10/1 | 团体标准 | 中国国际贸易促进委员会 |
| 110 | | T/QGCML 003—2020 | 葡萄酒储存运输管理规范 | 2020/3/17 | 团体标准 | 全国城市工业品贸易中心联合会 |
| 五、葡萄制品 | | | | | | |
| 111 | 葡萄制品 | GB/T 19586—2008 | 地理标志产品　吐鲁番葡萄干 | 2008/10/1 | 国家标准 | |
| 112 | | GB/T 22478—2008 | 葡萄籽油 | 2009/1/20 | 国家标准 | |
| 113 | | NY/T 705—2003 | 无核葡萄干 | 2004/3/1 | 行业标准 | 农业 |
| 114 | | QB/T 1382—2014 | 葡萄罐头 | 2014/10/1 | 行业标准 | 轻工 |
| 115 | | SW/T 1—2015 | 植物提取物　葡萄籽提取物（葡萄籽低聚原花青素） | 2015/12/1 | 行业标准 | 国际商务 |
| 116 | | CXS 67—1981 | 葡萄干（2019版） | | 国际食品标准 | 英文 |
| 117 | | CXS 67—1981 | 葡萄干（2019版） | | 国际食品标准 | 中文翻译 |
| 118 | | DB 65/T 3702—2015 | 无核白葡萄干贮藏技术规程 | 2015/2/19 | 地方标准 | 新疆维吾尔自治区 |
| 119 | | T/CCCMHPIE 1. 19—2016 | 植物提取物　葡萄籽提取物（葡萄籽低聚原花青素） | 2017/7/1 | 团体标准 | 中国医药保健品进出口商会 |
| 120 | | T/CAMA 28—2020 | 葡萄真空脉动干制技术规范 | 2020/4/24 | 团体标准 | 中国农业机械化协会 |
| 121 | | T/TPCX 01—2020 | 吐鲁番葡萄干产品 | 2020/7/15 | 团体标准 | 吐鲁番葡萄产业协会 |

（续表）

| 序号 | 类别 | 标准编号 | 标准名称 | 实施日期 | 标准级别 | 备注 |
|---|---|---|---|---|---|---|
| 122 | 葡萄制品 | T/TPCX 03—2020 | 葡萄保鲜剂 | 2020/8/1 | 团体标准 | 吐鲁番葡萄产业协会 |
| 123 | | T/TPCX 04—2020 | 葡萄促干剂 | 2020/11/1 | 团体标准 | 吐鲁番葡萄产业协会 |
| 124 | | T/TPCX 05—2020 | 腌制葡萄叶 | 2020/11/1 | 团体标准 | 吐鲁番葡萄产业协会 |

# 第一部分　定义描述

ICS 67.160.10
CCS X 60

# 中华人民共和国国家标准

GB/T 17204—2021
代替 GB/T 17204—2008

# 饮料酒术语和分类

Terminology and classification of alcoholic beverages

2021-05-21 发布　　　　2022-06-01 实施

国家市场监督管理总局
国家标准化管理委员会　发布

# 前　言

本文件按照 GB/T 1.1—2020《标准化工作导则　第1部分：标准化文件的结构和起草规则》的规定起草。

本文件代替 GB/T 17204—2008《饮料酒分类》，与 GB/T 17204—2008 相比，除结构调整和编辑性改动外，主要技术变化如下：

——修改了范围（见第1章，2008年版的第1章）；

——修改了发酵酒的定义（见3.1.1，2008年版的4.1）；

——修改了蒸馏酒的定义（见3.1.2，2008年版的4.2）；

——修改了配制酒的定义（见3.1.3，2008年版的4.3）；

——增加了术语食用酿造酒精（见3.2）；

——增加了术语谷物食用酿造酒精（见3.2.1）；

——增加了术语薯类食用酿造酒精（见3.2.2）；

——增加了术语糖蜜食用酿造酒精（见3.2.3）；

——增加了术语其他食用酿造酒精（见3.2.4）；

——修改了啤酒的定义（见3.3，2008年版的4.1.1）；

——增加了术语清亮啤酒（见3.3.1）；

——修改了浑浊啤酒的定义（见3.3.2，2008年版的4.1.1.3.5）；

——修改了生啤酒的定义（见3.3.4，2008年版的4.1.1.1.2）；

——增加了术语上面发酵啤酒（见3.3.5）；

——增加了术语下面发酵啤酒（见3.3.6）；

——增加了术语混合发酵啤酒（见3.3.7）；

——修改了浓色啤酒的定义（见3.3.9，2008年版的4.1.1.2.2）；

——修改了黑啤酒的定义（见3.3.10，2008年版的4.1.1.2.3）；

——修改了冰啤酒的定义（见3.3.11.2，2008年版的4.1.1.3.6）；

——增加了术语白啤酒（见3.3.11.3）；

——增加了术语司陶特（世涛）啤酒（见3.3.11.4）；

——增加了术语皮尔森（比尔森）啤酒（见3.3.11.5）；

——增加了术语酸啤酒（见3.3.11.6）；

——修改了低醇啤酒的定义（见3.3.11.7，2008年版的4.1.1.3.2）；

——修改了无醇啤酒的定义（见3.3.11.8，2008年版的4.1.1.3.3）；

——修改了小麦啤酒的定义（见3.3.11.9，2008年版的4.1.1.3.4）；

——修改了果蔬汁型啤酒的定义（见3.3.11.10，2008年版的4.1.1.3.7）；

——修改了果蔬味型啤酒的定义（见3.3.11.11，2008年版的4.1.1.3.7）；

——增加了术语工坊啤酒（见3.3.11.12）；

——删除了术语鲜啤酒（见2008年版的4.1.1.1.3）；

——删除了术语果蔬类啤酒（见2008年版的4.1.1.3.7）；

——修改了葡萄酒的定义（见3.4，2008年版的4.1.2）；
——增加了术语白葡萄酒（见3.4.1）；
——增加了术语桃红葡萄酒（见3.4.2）；
——增加了术语红葡萄酒（见3.4.3）；
——修改了半干葡萄酒的定义（见3.4.5，2008年版的4.1.2.1.2）；
——修改了特种葡萄酒的定义（见3.4.9，2008年版的4.1.2.3）；
——增加了术语含气葡萄酒（见3.4.10）；
——修改了起泡葡萄酒的定义（见3.4.11，2008年版的4.1.2.2.2）；
——增加了术语自然起泡葡萄酒（见3.4.11.1）；
——增加了术语超天然起泡葡萄酒（见3.4.11.2）；
——增加了术语绝干起泡葡萄酒（见3.4.11.4）；
——增加了术语干起泡葡萄酒（见3.4.11.5）；
——增加了术语半干起泡葡萄酒（见3.4.11.6）；
——增加了术语甜起泡葡萄酒（见3.4.11.7）；
——修改了低泡葡萄酒的定义（见3.4.12，2008年版的4.1.2.2.4）；
——修改了利口葡萄酒的定义（见3.4.14，2008年版的4.1.2.3.1）；
——修改了冰葡萄酒的定义（见3.4.15，2008年版的4.1.2.3.3）；
——增加了术语低度葡萄酒（见3.4.16）；
——修改了贵腐葡萄酒的定义（见3.4.17，2008年版的4.1.2.3.4）；
——修改了产膜葡萄酒的定义（见3.4.18，2008年版的4.1.2.3.5）；
——修改了加香葡萄酒的定义（见3.4.19，2008年版的4.1.2.3.6）；
——修改了脱醇葡萄酒的定义（见3.4.20，2008年版的4.1.2.3.8）；
——修改了低醇葡萄酒的定义（见3.4.20.1，2008年版的4.1.2.3.7）；
——增加了术语无醇葡萄酒（见3.4.20.1.2）；
——增加了术语原生葡萄酒（见3.4.21）；
——删除了术语高泡葡萄酒（见2008年版的4.1.2.2.3）；
——删除了术语山葡萄酒（见2008年版的4.1.2.3.9）；
——修改了果酒（发酵型）的定义（见3.5，2008年版的4.1.3）；
——增加了果酒（配制型）的定义（见3.6）；
——删除了果酒的命名规则（见2008年版的4.1.3.1）；
——删除了果酒的种类（见2008年版的4.1.3.2）；
——删除了术语果酒（浸泡型）（见2008年版4.3.1.1）；
——修改了黄酒的定义（见3.7，2008年版的4.1.4）；
——修改了传统型黄酒的定义（见3.7.1，2008年版的4.1.4.3.1）；
——修改了清爽型黄酒的定义（见3.7.2，2008年版的4.1.4.3.2）；
——修改了特型黄酒的定义（见3.7.3，2008年版的4.1.4.3.3）；
——增加了术语红曲酒（见3.7.4）；
——增加了术语单一红曲酒（见3.7.4.1）；
——增加了术语特型红曲酒（见3.7.4.2）；
——增加了术语稻米黄酒（见3.7.9）；

——增加了术语非稻米黄酒（见 3. 7. 10 ）；
——修改了白酒的定义（见 3. 10，2008 年版的 4. 2. 1)；
——修改了混合曲酒的定义（见 3. 10. 4，2008 年版的 4. 2. 1. 1. 4)；
——修改了固态法白酒的定义（见 3. 10. 5，2008 年版的 4. 2. 1. 2. 1)；
——修改了液态法白酒的定义（见 3. 10. 6，2008 年版的 4. 2. 1. 2. 2)；
——修改了固液法白酒的定义（见 3. 10. 7，2008 年版的 4. 2. 1. 2. 3)；
——修改了浓香型白酒的定义（见 3. 10. 8，2008 年版的 4. 2. 1. 3. 1)；
——修改了清香型白酒的定义（见 3. 10. 9，2008 年版的 4. 2. 1. 3. 2)；
——修改了米香型白酒的定义（见 3. 10. 10，2008 年版的 4. 2. 1. 3. 3)；
——修改了凤香型白酒的定义（见 3. 10. 11，2008 年版的 4. 2. 1. 3. 4)；
——修改了豉香型白酒的定义（见 3. 10. 12，2008 年版的 4. 2. 1. 3. 5)；
——修改了芝麻香型白酒的定义（见 3. 10. 13，2008 年版的 4. 2. 1. 3. 6)；
——修改了特香型酒的定义（见 3. 10. 14，2008 年版的 4. 2. 1. 3. 7)；
——增加了术语兼香型白酒（见 3. 10. 15)；
——修改了浓酱兼香型白酒的定义（见 3. 10. 16，2008 年版的 4. 2. 1. 3. 8)；
——修改了老白干香型白酒的定义（见 3. 10. 17，2008 年版的 4. 2. 1. 3. 9)；
——修改了酱香型白酒的定义（见 3. 10. 18，2008 年版的 4. 2. 1. 3. 10)；
——增加了术语董香型白酒（见 3. 10. 19)；
——增加了术语馥郁香型白酒（见 3. 10. 20)；
——增加了术语固态（半固态）法白酒原酒（见 3. 10. 21)；
——增加了术语液态法白酒原酒（见 3. 10. 22)；
——增加了术语固液法白酒原酒（见 3. 10. 23)；
——增加了术语调香白酒（见 3. 11)；
——修改了白兰地的定义（见 3. 12，2008 年版的 4. 2. 2)；
——修改了调配白兰地的定义（见 3. 12. 3，2008 年版的 4. 2. 3)；
——增加了术语风味白兰地（见 3. 13)；
——增加了术语水果蒸馏酒（见 3. 14)；
——修改了麦芽威士忌的定义（见 3. 15. 1，2008 年版的 4. 2. 3. 1)；
——修改了谷物威士忌的定义（见 3. 15. 2，2008 年版的 4. 2. 3. 2)；
——修改了调配威士忌的定义（见 3. 15. 3，2008 年版的 4. 2. 3. 3)；
——增加了术语风味威士忌（见 3. 16)；
——增加了术语风味伏特加（见 3. 18)；
——修改了朗姆酒的定义（见 3. 19，2008 年版的 4. 2. 5)；
——增加了术语风味朗姆酒（见 3. 20)；
——修改了金酒的定义（见 3. 21，2008 年版的 4. 2. 6)；
——增加了术语金酒（配制型）（见 3. 22)；
——增加了术语龙舌兰酒（见 3. 23)；
——增加了术语露酒（见 3. 24)；
——删除了术语植物类配制酒（植物类露酒）（见 2008 年版的 4. 3. 1)；
——删除了术语动物类配制酒（动物类露酒）（见 2008 年版的 4. 3. 2)；

——删除了术语动植物类配制酒（动植物类露酒）（见 2008 年版的 4.3.3）；
——删除了术语其他类配制酒（其他类露酒）；
——增加了饮料酒分类表（见第 5 章）；
——增加了饮料酒分类框架图（见附录 A）。

请注意本文件的某些内容可能涉及专利。本文件的发布机构不承担识别专利的责任。

本文件由中国轻工业联合会提出。

本文件由全国酿酒标准化技术委员会（SAC/TC 471）归口。

本文件起草单位：中国食品发酵工业研究院有限公司、中国酒业协会、泸州老窖股份有限公司、青岛啤酒股份有限公司、中粮长城酒业有限公司、浙江古越龙山绍兴酒股份有限公司、安徽古井贡酒股份有限公司、北京燕京啤酒股份有限公司、济南趵突泉酿酒有限责任公司、新疆中信国安葡萄酒业有限公司、广东省食品工业研究所有限公司、烟台张裕葡萄酿酒股份有限公司、江苏张家港酿酒有限公司。

本文件主要起草人：宋全厚、宋书玉、何勇、郭新光、邓波、孟镇、董建军、郑森、张辉、何宏魁、吕志远、宋玉梅、邹慧君、赵玉玲、钟舒洁、李记明、黄庭明。

本文件及其所代替文件的历次版本发布情况为：
——1998 年首次发布为 GB/T 17204－1998，2008 年第一次修订；
——本次为第二次修订。

## 引　言

受我国相关制度保护的地理标志产品，可按相关规定执行。

# 饮料酒术语和分类

## 1　范围

本文件给出了饮料酒的术语、定义、分类原则和分类表。

本文件适用于饮料酒的生产加工、销售、科研、教学及其他相关领域。

## 2　规范性引用文件

本文件没有规范性引用文件。

## 3　术语和定义

### 3.1　饮料酒　alcoholic beverages

酒精度在 0.5% vol 以上的酒精饮料。

注 1：包括各种发酵酒、蒸馏酒和配制酒。

注 2：包括无醇啤酒和无醇葡萄酒。

3.1.1 发酵酒 fermented alcoholic drink

以粮谷、薯类、水果、乳类等为主要原料，经发酵或部分发酵酿制而成的饮料酒。

3.1.2 蒸馏酒 distilled alcoholic drink

以粮谷、薯类、水果、乳类等为主要原料，经发酵、蒸馏、经或不经勾调而成的饮料酒。

3.1.3 配制酒 integrated alcoholic beverage

以发酵酒、蒸馏酒、食用酒精等为酒基，加入可食用的原辅料和/或食品添加剂，进行调配和/或再加工制成的饮料酒。

### 3.2 食用酿造酒精 edible alcohol

食用酒精

以谷物、薯类、糖蜜或其他可食用农作物为主要原料，经发酵、蒸馏精制而成的，供食品工业使用的含水酒精。

3.2.1 谷物食用酿造酒精 edible alcohol made from grain

以谷物为主要原料，经发酵、蒸馏精制而成的，供食品工业使用的含水酒精。

3.2.2 薯类食用酿造酒精 edible alcohol made from yam

以薯类为主要原料，经发酵、蒸馏精制而成的，供食品工业使用的含水酒精。

3.2.3 糖蜜食用酿造酒精 edible alcohol made from molasses

以糖蜜为主要原料，经发酵、蒸馏精制而成的，供食品工业使用的含水酒精。

3.2.4 其他食用酿造酒精 edible alcohol made from other crops

以除谷物、薯类、糖蜜之外的其他可食用农作物为主要原料，经发酵、蒸馏精制而成的，供食品工业使用的含水酒精。

### 3.3 啤酒 beer

以麦芽、水为主要原料，加啤酒花（包括啤酒花制品），经酵母发酵酿制而成的、含有二氧化碳并可形成泡沫的发酵酒。

注：包括无醇啤酒。

3.3.1 清亮啤酒 limpid beer

浊度小于或等于2.0 EBC的啤酒。

3.3.2 浑浊啤酒 turbid beer

浊度大于2.0 EBC的啤酒。

3.3.3 熟啤酒 pasteurized beer

经过巴氏灭菌或瞬时高温灭菌的啤酒。

3.3.4 生啤酒 non – pasteurized beer

不经过巴氏灭菌或瞬时高温灭菌，达到一定生物稳定性的啤酒。

注：包括鲜啤酒。

3.3.5 上面发酵啤酒 top fermentation beer

艾尔啤酒 ale beer

使用上面啤酒酵母发酵的啤酒。

3.3.6 下面发酵啤酒 bottom fermentation beer

拉格啤酒 lager beer

使用下面啤酒酵母发酵的啤酒。

3.3.7 混合发酵啤酒 mixed fermentation beer

在酿造过程中，使用一种以上微生物混合发酵生产的啤酒。

3.3.8 淡色啤酒 light beer

色度在 2 EBC ~ 14 EBC 的啤酒。

3.3.9 浓色啤酒 strong beer

色度在 15 EBC ~ 60 EBC 的啤酒。

3.3.10 黑啤酒 black beer

色度大于或等于 61 EBC 的啤酒。

3.3.11 特种啤酒 special beer

由于原辅材料、工艺的改变（或多种微生物使用），使之具有特殊风格的啤酒。

3.3.11.1 干啤酒 dry beer

口味干爽的啤酒。

注：干啤酒的真正（实际）发酵度不低于 72%。

3.3.11.2 冰啤酒 ice beer

经冰晶化工艺处理的啤酒。

注：冰啤酒的浊度小于或等于 0.8 EBC。

3.3.11.3 白啤酒 white beer

使用小麦芽和/或小麦作为原料之一，经上面啤酒酵母发酵的具有丁香、酯香等风味的浑浊啤酒。

3.3.11.4 司陶特（世涛）啤酒 stout beer

使用烘烤麦芽或烘烤大麦作原料之一，经上面啤酒酵母发酵的酒精度较高的深色啤酒。

注：其酒精度不低于 4.0% vol，苦味值不低于 20 BU，色度在 40 EBC ~ 150 EBC 之间。

3.3.11.5 皮尔森（比尔森）啤酒 pilsner beer

使用下面啤酒酵母发酵，具有特殊风味的啤酒。

注：其酒精度不低于 4.0% vol，苦味值不低于 20 BU，色度在 4 EBC ~ 20 EBC 之间。

3.3.11.6 酸啤酒 sour beer

通常经乳酸菌发酵或自然发酵等酸化工艺处理的酸感明显的啤酒。

注：pH 值不高于 3.8。

3.3.11.7 低醇啤酒 low - alcohol beer

酒精度为 0.5% vol ~ 2.5% vol 的啤酒。

3.3.11.8 无醇啤酒 non - alcohol beer

酒精度小于或等于 0.5% vol 的啤酒。

3.3.11.9 小麦啤酒 wheat beer

添加一定量的小麦芽和/或小麦酿制的啤酒。

注：小麦芽和小麦占麦芽量不小于 30%。

3.3.11.10 果蔬汁型啤酒 fruit and vegetable beer

添加一定量的果蔬汁，具有其特征理化指标和风味，并保持啤酒基本口味的啤酒。

3.3.11.11 果蔬味型啤酒 fruit and vegetable flavor beer

在保持啤酒基本口味的基础上，添加少量食用香精，具有相应的果蔬风味的啤酒。

3.3.11.12 工坊啤酒 craft beer

由小型啤酒生产线生产，且在酿造过程中，不添加与调整啤酒风味无关的物质，风味特点突出的啤酒。

### 3.4 葡萄酒 wines

以葡萄或葡萄汁为原料，经全部或部分酒精发酵酿制而成的，含有一定酒精度的发酵酒。

3.4.1 白葡萄酒 white wines

外观色泽近似无色或呈现微黄带绿、浅黄、禾秆黄、金黄色等颜色的葡萄酒。

3.4.2 桃红葡萄酒 rose wines

外观色泽近似桃红或呈现淡玫瑰红、浅红色等颜色的葡萄酒。

3.4.3 红葡萄酒 red wines

外观色泽近似紫红或呈现深红、宝石红、红微带棕色、棕红色等颜色的葡萄酒。

3.4.4 干葡萄酒 dry wines

总糖小于或等于4.0 g/L的葡萄酒。或者总酸与总糖的差值小于或等于2.0 g/L时，总糖最高为9.0 g/L的葡萄酒。

3.4.5 半干葡萄酒 semi - dry wines

总糖大于干葡萄酒，最高为12.0 g/L的葡萄酒。或者当总糖与总酸的差值小于或等于10.0 g/L时，总糖最高为18.0g/L的葡萄酒。

3.4.6 半甜葡萄酒 semi - sweet wines

总糖大于半干葡萄酒，最高为45.0 g/L的葡萄酒。

3.4.7 甜葡萄酒 sweet wines

总糖大于45.0g/L的葡萄酒。

注：当甜葡萄酒中的糖完全来源于葡萄原料时，可称为天然甜葡萄酒。

3.4.8 平静葡萄酒 still wines

在20 ℃时，二氧化碳压力小于0.05 MPa的葡萄酒。

3.4.9 特种葡萄酒 special wines

在种植、采摘或酿造工艺中使用特定方法酿制而成的葡萄酒。

3.4.10 含气葡萄酒 carbon dioxide - containing wines

在20 ℃时，二氧化碳压力等于或大于0.05 MPa的葡萄酒。

3.4.11 起泡葡萄酒 sparkling wines

在20 ℃时，二氧化碳（全部由发酵产生）压力大于或等于0.35 MPa（对于容量小于250 mL的瓶子二氧化碳压力等于或大于0.3 MPa）的含气葡萄酒。

3.4.11.1 自然起泡葡萄酒 brut nature sparkling wines

总糖小于或等于3.0 g/L的起泡葡萄酒。

3.4.11.2 超天然起泡葡萄酒 extra brut sparkling wines

总糖为3.1 g/L～6.0 g/L的起泡葡萄酒。

3.4.11.3 天然起泡葡萄酒 brut sparkling wines

总糖为6.1 g/L～12.0 g/L的起泡葡萄酒。

3.4.11.4 绝干起泡葡萄酒 extra - dry sparkling wines

总糖为12.1g/L～17.0g/L的起泡葡萄酒。

3.4.11.5 干起泡葡萄酒 dry sparkling wines

总糖为17.1 g/L～32.0 g/L的起泡葡萄酒。

3.4.11.6 半干起泡葡萄酒 semi - dry sparkling wines

总糖为32.1 g/L ~ 50.0 g/L的起泡葡萄酒。

3.4.11.7 甜起泡葡萄酒 sweet sparkling wines

总糖大于50.0 g/L的起泡葡萄酒。

3.4.12 低泡葡萄酒 semi - sparkling wines

在20 ℃时，二氧化碳（全部由发酵产生）压力在0.05 MPa ~ 0.34 MPa（对于容量小于250 mL的瓶子二氧化碳在0.05 MPa ~ 0.29 MPa）的含气葡萄酒。

3.4.13 葡萄气酒 carbonated wines

酒中所含二氧化碳是部分或全部由人工添加的，具有同起泡葡萄酒类似物理特性的含气葡萄酒。

3.4.14 利口葡萄酒 liqueur wines

在葡萄酒中，加入葡萄蒸馏酒、白兰地或食用酒精以及葡萄汁、浓缩葡萄汁、焦糖化葡萄汁、白砂糖而制成的，所含酒精度为15.0% vol ~ 22.0% vol的葡萄酒。

3.4.15 冰葡萄酒 icewines

当气温低于 -7 ℃时，使葡萄在树枝上保持一定时间后采收，在结冰状态下压榨，发酵酿制而成的葡萄酒（在生产过程中不允许外加糖源）。

3.4.16 低度葡萄酒 low alcohol wines

经中止发酵，获得酒精度小于7.0% vol的葡萄酒。

3.4.17 贵腐葡萄酒 noble wines

在葡萄的成熟后期，葡萄果实感染了灰绿葡萄孢霉菌（*Botrytis cinerea*），使果实的成分发生了明显的变化，用这种葡萄酿制而成的葡萄酒（在生产过程中不允许外加糖源）。

3.4.18 产膜葡萄酒 flor or film wines

葡萄汁经过全部酒精发酵，在酒的自由表而产生一层典型的酵母膜后，加入葡萄白兰地、葡萄蒸馏酒或食用酒精，所含酒精度为15.0% vol ~ 22.0% vol的葡萄酒。

3.4.19 加香葡萄酒 aromatized wines

以葡萄酒为酒基，经浸泡芳香植物或加入芳香植物的提取物而制成的，具有浸泡植物或植物提取物特征的葡萄酒。

注：芳香植物指根据相关规定可在食品加工中使用的具有芳香特征的植物。

3.4.20 脱醇葡萄酒 de - alcohol wines

采用葡萄或葡萄汁经全部或部分酒精发酵，生成酒精度不低于7.0% vol的原酒，然后采用特种工艺降低酒精度的葡萄酒。

3.4.20.1 低醇葡萄酒 partly de - alcohol wines

酒精度为0.5% vol ~ 7.0% vol的脱醇葡萄酒。

3.4.20.2 无醇葡萄酒 non - alcohol wines

酒精度小于0.5% vol的脱醇葡萄酒。

3.4.21 原生葡萄酒 wines of chinese native vine

采用中国原生葡萄种，包括野生或人工种植的山葡萄、毛葡萄、刺葡萄、秋葡萄等中国起源的种及其杂交品种的葡萄或葡萄汁经过全部或部分酒精发酵酿制而成的葡萄酒。

注：具体名称为山葡萄酒（*Vitis amurensis* wines）、毛葡萄酒（*Vitis heyneana* wines）、刺葡萄酒（*Vitis davidii* wines）、秋葡萄酒（*Vitis romaneti* wines）等。

### 3.5 果酒 fruit wine

果酒（发酵型） fermented fruit wines

以水果或果汁（浆）为主要原料，经全部或部分酒精发酵酿制而成的，含有一定酒精度的发酵酒。

### 3.6 果酒（配制型） integrated fruit wine

以发酵酒、蒸馏酒、食用酒精等为酒基，加入水果进行浸泡和/或直接加入果汁，可添加食品添加剂，经调配、加工而成的配制酒。

### 3.7 黄酒 huangjiu

老酒

以稻米、黍米、小米、玉米、小麦、水等为主要原料，经加曲和/或部分酶制剂、酵母等糖化发酵剂酿制而成的发酵酒。

3.7.1 传统型黄酒 traditional type huangjiu

以稻米、黍米、玉米、小米、小麦、水等为主要原料，经蒸煮、加酒曲、糖化、发酵、压榨、过滤、煎酒（除菌）、贮存、勾调而成的黄酒。

3.7.2 清爽型黄酒 light type huangjiu

以稻米、黍米、玉米、小米、小麦、水等为主要原料，经蒸煮、加入酒曲和/或部分酶制剂、酵母为糖化发酵剂，经糖化、发酵、压榨、过滤、煎酒（除菌）、贮存、勾调而成的、口味清爽的黄酒。

3.7.3 特型黄酒 special type huangjiu

由于原辅料和（或）工艺有所改变，具有特殊风味且不改变黄酒风格的酒。

3.7.4 红曲酒 hongqu huangjiu

以稻米和/或其他淀粉质原料、水为主要原料，以红曲为主要糖化发酵剂酿制而成的发酵酒。

3.7.4.1 单一红曲酒 pure hongqu huangjiu

本色红曲酒

以稻米、水为主要原料，仅以红曲为糖化发酵剂，经蒸煮、糖化发酵、固液分离（压榨、过滤）、杀菌（煮酒）、贮存、勾调，不添加非自身发酵物质的红曲酒。

3.7.4.2 特型红曲酒 special type hongqu huangjiu

由于原辅料和/或工艺有所改变，具有特殊风味且不改变红曲酒风格的，或以含有功能性红曲米（粉）的红曲为主要糖化剂的红曲酒。

3.7.5 干黄酒 dry huangjiu

总糖含量小于或等于15.0g/L的黄酒。

3.7.6 半干黄酒 semi－dry huangjiu

总糖含量在15.1 g/L～40.0g/L的黄酒。

3.7.7 半甜黄酒 semi－sweet huangjiu

总糖含量在40.1 g/L～100.0 g/L的黄酒。

3.7.8 甜黄酒 sweet huangjiu

总糖含量大于100.0g/L的黄酒。

3.7.9 稻米黄酒 rice huangjiu

以稻米为主要原料酿制而成的黄酒。

3.7.10 非稻米黄酒 non－rice huangjiu

以除稻米外其他粮谷类为主要原料酿制而成的黄酒。

### 3.8 奶酒（发酵型） milk wine

以牛奶、乳清或乳清粉等为主要原料，经发酵、过滤、杀菌等工艺酿制而成的发酵酒。

注：奶酒指牛奶酒，如以马奶或羊奶为主要原料发酵酿制而成的，可称为马奶酒或羊奶酒。

### 3.9 奶酒（蒸馏型） milk spirit

以动物乳、乳清或乳清粉等为主要原料，经发酵、蒸馏等工艺酿制而成的蒸馏酒。

### 3.10 白酒 baijiu

以粮谷为主要原料，以大曲、小曲、麸曲、酶制剂及酵母等为糖化发酵剂，经蒸煮、糖化、发酵、蒸馏、陈酿、勾调而成的蒸馏酒。

3.10.1 大曲酒 daqu baijiu

以大曲为糖化发酵剂酿制而成的白酒。

3.10.2 小曲酒 xiaoqu baijiu

以小曲为糖化发酵剂酿制而成的白酒。

3.10.3 麸曲酒 fuqu baijiu

以麸曲为糖化剂，加酒母发酵酿制而成的白酒。

3.10.4 混合曲酒 mixed qu baijiu

以大曲、小曲、麸曲等其中两种或两种以上糖化发酵剂酿制而成的白酒，或以糖化酶为糖化剂，加酿酒酵母等发酵酿制而成的白酒。

3.10.5 固态法白酒 traditional baijiu

以粮谷为原料，以大曲、小曲、麸曲等为糖化发酵剂，采用固态发酵法或半固态发酵法工艺所得的基酒，经陈酿、勾调而成的，不直接或间接添加食用酒精及非自身发酵产生的呈色呈香呈味物质，具有本品固有风格特征的白酒。

3.10.6 液态法白酒 liquid fermentation baijiu

以粮谷为原料，采用液态发酵法工艺所得的基酒，可添加谷物食用酿造酒精，不直接或间接添加非自身发酵产生的呈色呈香呈味物质，精制加工而成的白酒。

3.10.7 固液法白酒 traditional and liquid fermentation baijiu

以液态法白酒或以谷物食用酿造酒精为基酒，利用固态发酵酒醅或特制香醅串蒸或浸蒸，或直接与固态法白酒按一定比例调配而成，不直接或间接添加非自身发酵产生的呈色呈香呈味物质，具有本品固有风格的白酒。

3.10.8 浓香型白酒 nongxiangxing baijiu

以粮谷为原料，采用浓香大曲为糖化发酵剂，经泥窖固态发酵，固态蒸馏，陈酿、勾调而成的，不直接或间接添加食用酒精及非自身发酵产生的呈色呈香呈味物质的白酒。

3.10.9 清香型白酒 qingxiangxing baijiu

以粮谷为原料，采用大曲、小曲、麸曲及酒母等为糖化发酵剂，经缸、池等容器固态发酵，固态蒸馏、陈酿、勾调而成，不直接或间接添加食用酒精及非自身发酵产生的呈色呈香呈味物质的白酒。

3.10.10 米香型白酒 mixiangxing baijiu

以大米等为原料，采用小曲为糖化发酵剂，经半固态法发酵、蒸馏、陈酿、勾调而成的，不直接或间接添加食用酒精及非自身发酵产生的呈色呈香呈味物质的白酒。

3.10.11 凤香型白酒 fengxiangxing baijiu

以粮谷为原料，采用大曲为糖化发酵剂，经固态发酵、固态蒸馏、酒海陈酿、勾调而成的，不直接或间接添加食用酒精及非自身发酵产生的呈色呈香呈味物质的白酒。

3.10.12 豉香型白酒 chixiangxing baijiu

以大米或预碎的大米为原料，经蒸煮，用大酒饼作为主要糖化发酵剂，采用边糖化边发酵的工艺，经蒸馏、陈肉酝浸、勾调而成的，不直接或间接添加食用酒精及非自身发酵产生的呈色呈香呈味物质，具有豉香特点的白酒。

3.10.13 芝麻香型白酒 zhimaxiangxing baijiu

以粮谷为主要原料，或配以麸皮，以大曲、麸曲等为糖化发酵剂，经堆积、固态发酵、固态蒸馏、陈酿、勾调而成的，不直接或间接添加食用酒精及非自身发酵产生的呈色呈香呈味物质，具有芝麻香型风格的白酒。

3.10.14 特香型白酒 texiangxing baijiu

以大米为主要原料，以面粉、麦麸和酒糟培制的大曲为糖化发酵剂，经红褚条石窖池固态发酵，固态蒸馏、陈酿、勾调而成的，不直接或间接添加食用酒精及非自身发酵产生的呈色呈香呈味物质的白酒。

3.10.15 兼香型白酒 jianxiangxing baijiu

以粮谷为原料，采用一种或多种曲为糖化发酵剂，经固态发酵（或分型固态发酵）、固态蒸馏、陈酿、勾调而成的，不直接或间接添加食用酒精及非自身发酵产生的呈色呈香呈味物质，具有兼香风格的白酒。

3.10.16 浓酱兼香型白酒 nongjiangjianxiangxing baijiu

以粮谷为原料，采用一种或多种曲为糖化发酵剂，经固态发酵（或分型固态发酵）、固态蒸馏、陈酿、勾调而成的，不直接或间接添加食用酒精及非自身发酵产生的呈色呈香呈味物质，具有浓香兼酱香风格的白酒。

3.10.17 老白干香型白酒 laobaiganxiangxing baijiu

以粮谷为原料，采用中温大曲为糖化发酵剂，以地缸等为发酵容器，经固态发酵、固态蒸馏、陈酿、勾调而成的，不直接或间接添加食用酒精及非自身发酵产生的呈色呈香呈味物质的白酒。

3.10.18 酱香型白酒 jiangxiangxing baijiu

以粮谷为原料，采用高温大曲为糖化发酵剂，经固态发酵、固态蒸馏、陈酿、勾调而成的，不直接或间接添加食用酒精及非自身发酵产生的呈色呈香呈味物质，具有酱香特征风格的白酒。

3.10.19 董香型白酒 dongxiangxing baijiu

以高粱、小麦、大米等为主要原料，按添加中药材的传统工艺制作大曲、小曲，用固态法大窖、小窖发酵，经串香蒸馏，长期储存，勾调而成的，不直接或间接添加食用酒精及非自身发酵产生的呈色呈香呈味物质，具有董香型风格的白酒。

3.10.20 馥郁香型白酒 fuyuxiangxing baijiu

以粮谷为原料，采用小曲和大曲为糖化发酵剂，经泥窖固态发酵、清蒸混入、陈酿、勾调而成的，不直接或间接添加食用酒精及非自身发酵产生的呈色呈香呈味物质，具有前浓中清后酱独特风格的白酒。

3.10.21 固态（半固态）法白酒原酒 crude traditional baijiu

以粮谷为原料，以大曲、小曲或麸曲为糖化发酵剂，采用固态发酵法或半固态发酵法工艺所得的，不直接或间接添加食用酒精及非自身发酵产生的呈色呈香呈味物质，具有本品固有风格特征的白酒基酒或白酒调味酒。

3.10.22　液态法白酒原酒　crude liquid fermentation baijiu

以粮谷为原料，采用液态发酵法工艺所得的基酒，可添加谷物食用酿造酒精，不直接或间接添加非自身发酵产生的呈色呈香呈味物质的白酒基酒。

3.10.23　固液法白酒原酒　crude traditional and liquid fermentation baijiu

在固态发酵酒醅或特制香醅中加入液态法白酒或谷物食用酿造酒精，经串蒸或浸蒸得到的，不直接或间接添加非自身发酵产生的呈色呈香呈味物质，具有本品固有风格的白酒基酒。

### 3.11　调香白酒　flavored baijiu

以固态法白酒、液态法白酒、固液法白酒或食用酒精为酒基，添加食品添加剂调配而成，具有白酒风格的配制酒。

### 3.12　白兰地　brandy

以水果或果汁（浆）为原料，经发酵、蒸馏、陈酿、调配而成的蒸馏酒。

注：以葡萄或葡萄汁为原料的产品可简称为白兰地，以其他水果为原料，产品名称冠以水果名称。

3.12.1　葡萄原汁白兰地　brandy made from grape juice

以葡萄汁、浆为原料，经发酵、蒸馏、在橡木桶中陈酿、调配而成的白兰地。

3.12.2　葡萄皮渣白兰地　brandy made from grape marc

以发酵后的葡萄皮渣为原料，经蒸馏、在橡木桶中陈酿、调配而成的白兰地。

3.12.3　调配白兰地　blended brandy

以水果蒸馏酒和食用酒精为酒基，经陈酿、调配而成的白兰地。

### 3.13　风味白兰地　flavored brandy

以白兰地为酒基，添加食品用天然香料、香精，可加糖或不加糖调配而成的饮料酒。

### 3.14　水果蒸馏酒　fruit spirit

以水果或果汁（浆）为原料，经发酵、蒸馏而成的蒸馏酒。

注：产品名称冠以水果名称。

### 3.15　威士忌　whisky

以谷物为原料，经糖化、发酵、蒸馏、陈酿、经或不经调配而成的蒸馏酒。

3.15.1　麦芽威士忌　malt whisky

以大麦麦芽为唯一谷物原料，经糖化、发酵、蒸馏，并在橡木桶中陈酿的威士忌。

注：陈酿时间不少于两年。

3.15.2　谷物威士忌　grain whisky

以谷物为原料，经糖化、发酵、蒸馏，经或不经橡木桶陈酿的威士忌。

注：不包括麦芽威士忌。

3.15.3　调配威士忌　blended whisky

以麦芽威士忌和谷物威士忌按一定比例混合而成的威士忌。

### 3.16　风味威士忌　flavored whisky

以威士忌为酒基，添加食品用天然香料、香精，可加糖或不加糖调配而成的饮料酒。

### 3.17 伏特加 vodka

俄得克

以谷物、薯类、糖蜜及其他可食用农作物等为原料，经发酵、蒸馏制成食用酒精，再经过特殊工艺精制加工而成的蒸馏酒。

### 3.18 风味伏特加 flavored vodka

以伏特加为酒基，添加食品用天然香料、香精，可加糖或不加糖调配而成的饮料酒。

### 3.19 朗姆酒 rum

以甘蔗汁、甘蔗糖蜜、甘蔗糖浆或其他甘蔗加工产物为原料，经发酵、蒸馏、陈酿、调配而成的蒸馏酒。

注：生产过程中未添加食用酒精。

### 3.20 风味朗姆酒 flavored rum

以朗姆酒为酒基，添加食品用天然香料、香精，可加糖或不加糖调配而成的饮料酒。

### 3.21 金酒 distilled gin

杜松子酒 juniper – flavored spirit drinks

以粮谷等为原料，经糖化、发酵、蒸馏所得的基酒，用包括杜松子在内的植物香源浸提或串香复蒸馏制成的蒸馏酒。

### 3.22 金酒（配制型） integrated gin；compound gin

杜松子酒（配制型） integrated juniper – flavored spirit drinks

以粮谷等为原料，经糖化、发酵、蒸馏所得的基酒，或直接以食用酒精为酒基，提取和/或添加从包括杜松子在内的植物香源获取的风味物质，可用食品添加剂调配而成的配制酒。

### 3.23 龙舌兰酒 agave spirit

以龙舌兰为原料，经发酵、蒸馏、陈酿、调配而成的蒸馏酒。

### 3.24 露酒 lujiu

以黄酒、白酒为酒基，加入按照传统既是食品又是中药材或特定食品原辅料或符合相关规定的物质，经浸提和/或复蒸馏等工艺或直接加入从食品中提取的特定成分，制成的具有特定风格的饮料酒。

注1：酒基不包括调香白酒。

注2：酒基中可加入少量以粮谷为原料制成的其他发酵酒。

## 4 分类原则

根据不同原料、生产工艺和产品特性进行分类，饮料酒分类框架图参见附录A。

## 5 产品分类

饮料酒产品分类表见表1。

表 1　　饮料酒产品分类表

<table>
<tr><th>一级分类</th><th>二级分类</th><th colspan="2">三级分类</th><th>四级分类</th><th>五级分类</th></tr>
<tr><td rowspan="31">发酵酒</td><td rowspan="25">啤酒</td><td rowspan="2">按浊度分类</td><td>清亮啤酒</td><td>—</td><td>—</td></tr>
<tr><td>浑浊啤酒</td><td>—</td><td>—</td></tr>
<tr><td rowspan="2">按杀菌工艺分类</td><td>熟啤酒</td><td>—</td><td>—</td></tr>
<tr><td>生啤酒</td><td>—</td><td>—</td></tr>
<tr><td rowspan="3">按酵母类型分类</td><td>上面发酵啤酒/艾尔啤酒</td><td>—</td><td>—</td></tr>
<tr><td>下面发酵啤酒/拉格啤酒</td><td>—</td><td>—</td></tr>
<tr><td>混合发酵啤酒</td><td>—</td><td>—</td></tr>
<tr><td rowspan="3">按色度分类</td><td>淡色啤酒</td><td>—</td><td>—</td></tr>
<tr><td>浓色啤酒</td><td>—</td><td>—</td></tr>
<tr><td>黑啤酒</td><td>—</td><td>—</td></tr>
<tr><td rowspan="15">按产品特性分类</td><td rowspan="15">特种啤酒</td><td>干啤酒</td><td>—</td></tr>
<tr><td>冰啤酒</td><td>—</td></tr>
<tr><td>白啤酒</td><td>—</td></tr>
<tr><td>司陶特（世涛）啤酒</td><td>—</td></tr>
<tr><td>皮尔森（比尔森）啤酒</td><td>—</td></tr>
<tr><td>酸啤酒</td><td>—</td></tr>
<tr><td>黑啤酒</td><td>—</td></tr>
<tr><td>低醇啤酒</td><td>—</td></tr>
<tr><td>无醇啤酒</td><td>—</td></tr>
<tr><td>小麦啤酒</td><td>—</td></tr>
<tr><td>果蔬汁型啤酒</td><td>—</td></tr>
<tr><td>果蔬味型啤酒</td><td>—</td></tr>
<tr><td>工坊啤酒</td><td>—</td></tr>
<tr><td>其他特种啤酒</td><td>—</td></tr>
<tr><td></td><td></td></tr>
<tr><td rowspan="6">葡萄酒</td><td rowspan="3">按色泽分类</td><td>白葡萄酒</td><td>—</td><td>—</td></tr>
<tr><td>桃红葡萄酒</td><td>—</td><td>—</td></tr>
<tr><td>红葡萄酒</td><td>—</td><td>—</td></tr>
<tr><td rowspan="4">按二氧化碳含量（以压力表示）分类</td><td>平静葡萄酒</td><td>—</td><td>—</td></tr>
<tr><td rowspan="3">含气葡萄酒</td><td>起泡葡萄酒</td><td>—</td></tr>
<tr><td>低泡葡萄酒</td><td></td></tr>
<tr><td>葡萄气酒</td><td>—</td></tr>
</table>

（续表）

<table>
<tr><th>一级分类</th><th>二级分类</th><th colspan="2">三级分类</th><th>四级分类</th><th>五级分类</th></tr>
<tr><td rowspan="33">发酵酒</td><td rowspan="24">葡萄酒</td><td rowspan="11">按酒中含糖量分类</td><td>干葡萄酒</td><td>—</td><td>—</td></tr>
<tr><td>半干葡萄酒</td><td>—</td><td>—</td></tr>
<tr><td>半甜葡萄酒</td><td>—</td><td>—</td></tr>
<tr><td>甜葡萄酒</td><td>—</td><td>—</td></tr>
<tr><td>自然起泡葡萄酒</td><td>—</td><td>—</td></tr>
<tr><td>超天然起泡葡萄酒</td><td>—</td><td>—</td></tr>
<tr><td>天然起泡葡萄酒</td><td>—</td><td>—</td></tr>
<tr><td>绝干起泡葡萄酒</td><td>—</td><td>—</td></tr>
<tr><td>干起泡葡萄酒</td><td>—</td><td>—</td></tr>
<tr><td>半干起泡葡萄酒</td><td>—</td><td>—</td></tr>
<tr><td>甜起泡葡萄酒</td><td>—</td><td>—</td></tr>
<tr><td rowspan="2">按酒精度分类</td><td>葡萄酒</td><td>—</td><td>—</td></tr>
<tr><td>低度葡萄酒</td><td>—</td><td>—</td></tr>
<tr><td rowspan="11">按产品特性分类</td><td rowspan="11">特种葡萄酒</td><td>含气葡萄酒</td><td>—</td></tr>
<tr><td>冰葡萄酒</td><td>—</td></tr>
<tr><td>低度葡萄酒</td><td>—</td></tr>
<tr><td>贵腐葡萄酒</td><td>—</td></tr>
<tr><td>产膜葡萄酒</td><td>—</td></tr>
<tr><td>利口葡萄酒</td><td>—</td></tr>
<tr><td>加香葡萄酒</td><td>—</td></tr>
<tr><td rowspan="2">脱醇葡萄酒</td><td>低醇葡萄酒</td></tr>
<tr><td>无醇葡萄酒</td></tr>
<tr><td>原生葡萄酒</td><td>—</td></tr>
<tr><td>其他特种葡萄酒</td><td>—</td></tr>
<tr><td rowspan="9">黄酒</td><td rowspan="5">按产品风格分类</td><td>传统型黄酒</td><td>—</td><td>—</td></tr>
<tr><td>消爽型黄酒</td><td>—</td><td>—</td></tr>
<tr><td>特型黄酒</td><td>—</td><td>—</td></tr>
<tr><td rowspan="2">红曲酒</td><td>单一红曲酒/本色红曲酒</td><td>—</td></tr>
<tr><td>特型红曲酒</td><td></td></tr>
<tr><td rowspan="4">按含糖量分类</td><td>干黄酒</td><td>—</td><td>—</td></tr>
<tr><td>半干黄酒</td><td>—</td><td>—</td></tr>
<tr><td>半甜黄酒</td><td>—</td><td>—</td></tr>
<tr><td>甜黄酒</td><td>—</td><td>—</td></tr>
</table>

（续表）

| 一级分类 | 二级分类 | 三级分类 | | 四级分类 | 五级分类 |
|---|---|---|---|---|---|
| 发酵酒 | 黄酒 | 按原料分类 | 稻米黄酒 | — | — |
| | | | 非稻米黄酒 | — | — |
| | 果酒 | — | | — | — |
| | 奶酒（发酵型） | — | | — | — |
| | 其他发酵酒 | — | | — | — |
| 蒸馏酒 | 白酒 | 按糖化发酵剂分类 | 大曲酒 | — | — |
| | | | 小曲酒 | — | — |
| | | | 麸曲酒 | — | — |
| | | | 混合曲酒 | — | — |
| | | 按生产工艺分类 | 固态法白酒 | — | — |
| | | | 液态法白酒 | — | — |
| | | | 固液法白酒 | — | — |
| | | 按香型分类 | 浓香型白酒 | — | — |
| | | | 清香型白酒 | — | — |
| | | | 米香型白酒 | — | — |
| | | | 凤香型白酒 | — | — |
| | | | 豉香型白酒 | — | — |
| | | | 芝麻香型白酒 | — | — |
| | | | 特香型白酒 | — | — |
| | | | 兼香型白酒 | 浓酱兼香型白酒 | — |
| | | | | 其他兼香型白酒 | — |
| | | | 老白干香型白酒 | — | — |
| | | | 酱香型白酒 | — | — |
| | | | 董香型白酒 | — | — |
| | | | 馥郁香型白酒 | — | — |
| | | | 其他香型白酒 | — | — |
| | 白兰地 | 按原料分类 | 葡萄白兰地 | 葡萄原汁白兰地 | — |
| | | | | 葡萄皮渣白兰地 | — |
| | | | 水果白兰地 | — | — |
| | | 按生产工艺分类 | 白兰地 | — | — |
| | | | 调配白兰地 | — | — |
| | | | 风味白兰地 | — | — |

（续表）

| 一级分类 | 二级分类 | | 三级分类 | | 四级分类 | 五级分类 |
|---|---|---|---|---|---|---|
| 蒸馏酒 | 威士忌 | | 按原料分类 | 麦芽威士忌 | — | — |
| | | | | 谷物威士忌 | — | — |
| | | | 按生产工艺分类 | 威士忌 | — | — |
| | | | | 调配威士忌 | — | — |
| | | | | 风味威士忌 | — | — |
| | 伏特加/俄得克 | | 按生产工艺分类 | 伏特加 | — | — |
| | | | | 风味伏特加 | — | — |
| | 朗姆酒 | | 按生产工艺分类 | 朗姆酒 | — | — |
| | | | | 风味朗姆酒 | — | — |
| | 金酒<br>杜松子酒 | | — | | — | — |
| | 龙舌兰酒 | | — | | — | — |
| | 奶酒（蒸馏型） | | — | | — | — |
| | 水果蒸馏酒 | | — | | — | — |
| | 其他蒸馏酒 | | — | | — | — |
| 配制酒 | 按产品特性分类 | 果蔬汁型啤酒 | — | | — | — |
| | | 果蔬味型啤酒 | — | | — | — |
| | | 利口葡萄酒 | — | | — | — |
| | | 加香葡萄酒 | — | | — | — |
| | | 果酒（配制型） | — | | — | — |
| | | 调香白酒 | — | | — | — |
| | | 风味威士忌 | — | | — | — |
| | | 风味白兰地 | — | | — | — |
| | | 风味伏特加 | — | | — | — |
| | | 风味朗姆酒 | — | | — | — |
| | | 金酒（配制型/杜松子酒（配制型） | — | | — | — |
| | | 调配白兰地 | — | | — | — |
| | | 其他配制酒 | — | | — | — |
| 露酒 | — | — | — | | — | — |

# 附录 A
## （资料性）
## 饮料酒分类框架图

饮料酒、啤酒、葡萄酒、黄酒、白酒、白兰地、威士忌、配制酒分类框架图分别见图 A.1 ~ 图 A.8。

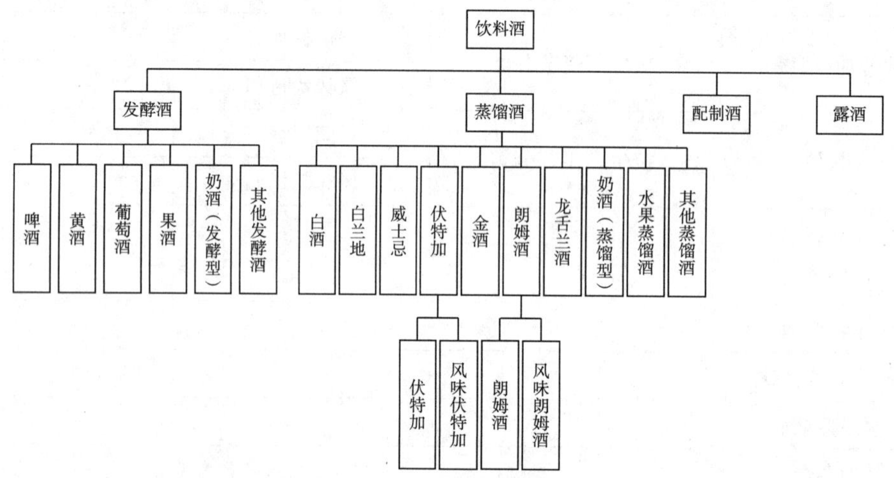


图 A.1　饮料酒分类框架图

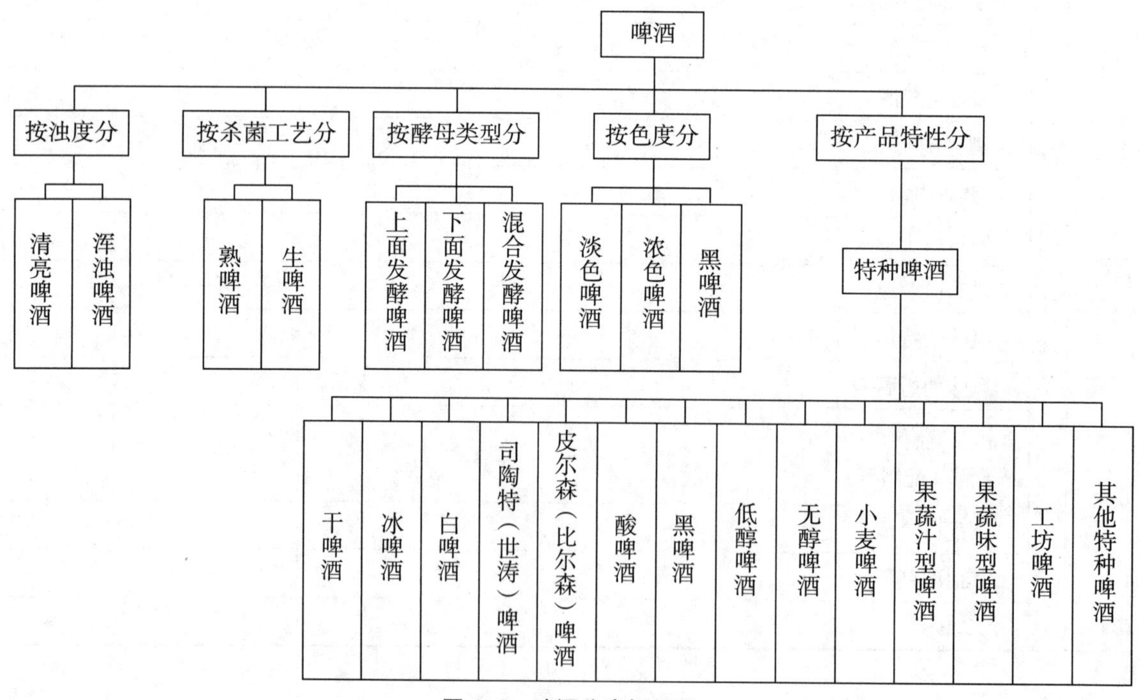


图 A.2　啤酒分类框架图

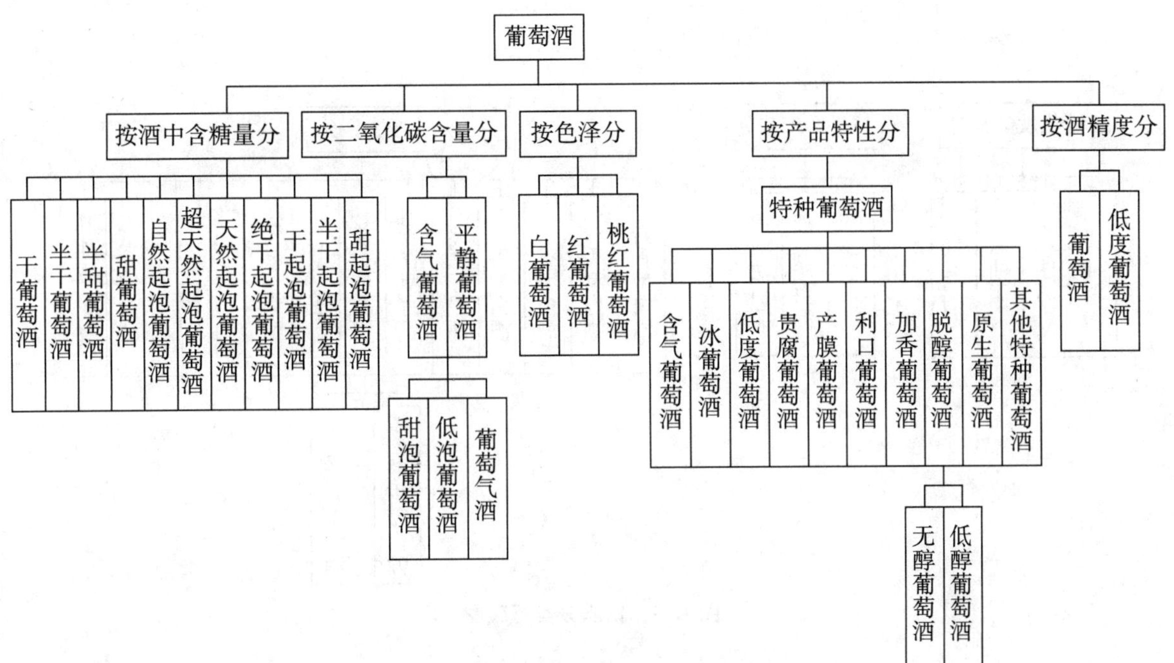


图 A.3　葡萄酒分类框架图

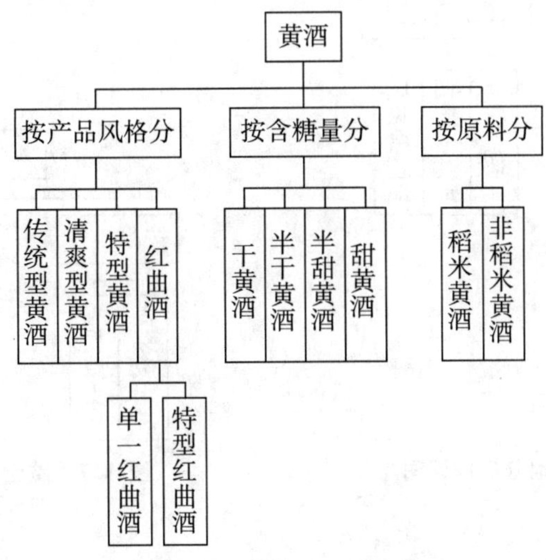


图 A.4　黄酒分类框架图

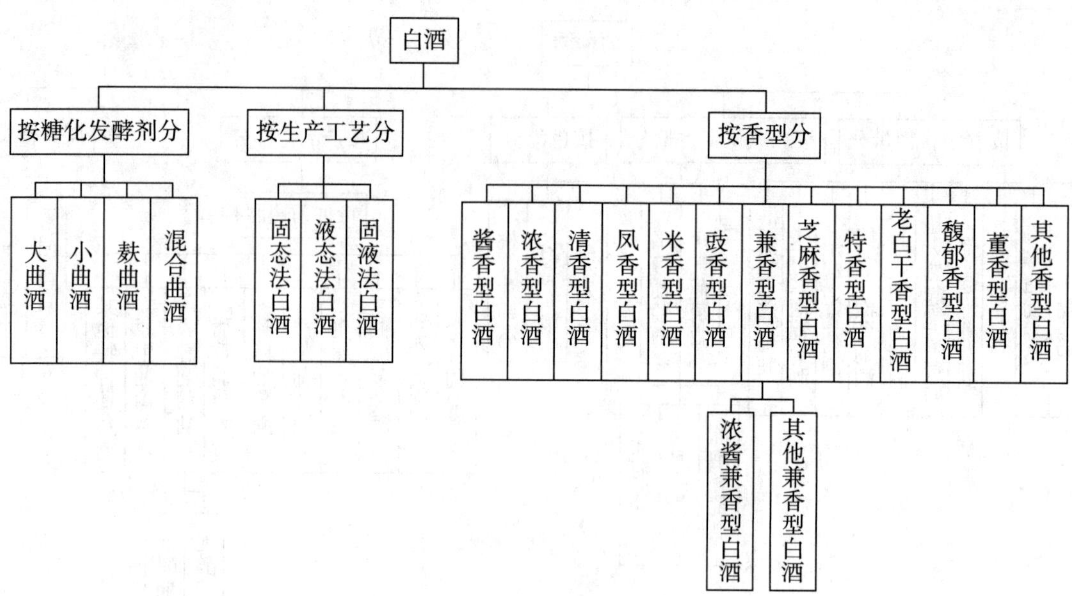


图 A.5　白酒分类框架图

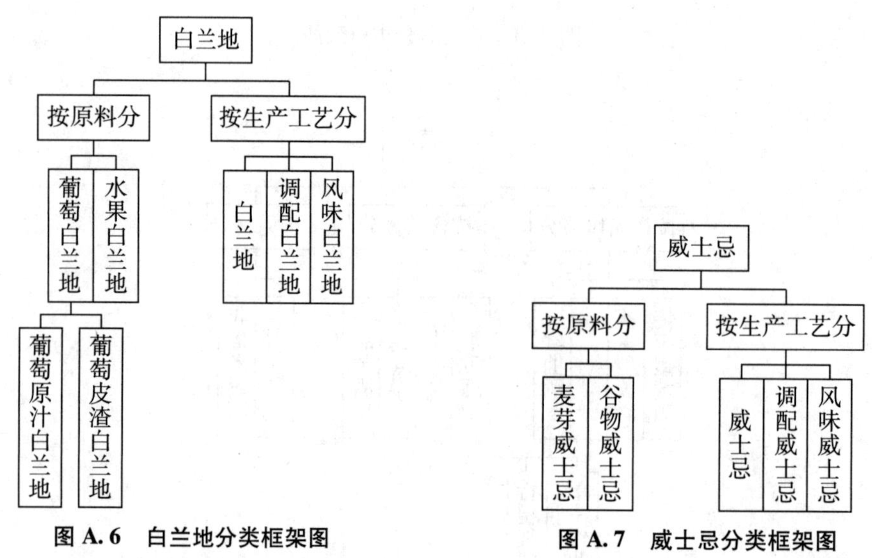


图 A.6　白兰地分类框架图

图 A.7　威士忌分类框架图

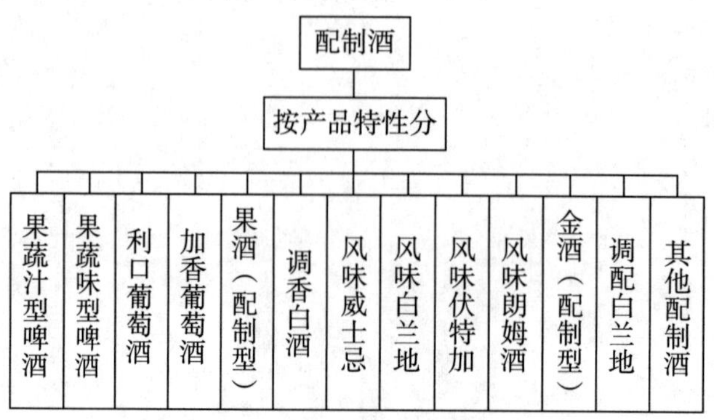


图 A.8　配制酒分类框架图

ICS 67.160.10
X 62

GB

# 中 华 人 民 共 和 国 国 家 标 准

GB 15037—2006
代替 GB/T 15037—1994

# 葡萄酒

## Wines

2006-12-11 发布 2008-01-01 实施

中华人民共和国国家质量监督检验检疫总局
中国国家标准化管理委员会 发布

# 前 言

本标准的第3章、5.2、5.3、5.4和8.1、8.2为强制性条款，其他为推荐性条款。

本标准适用于实施日期之后生产的葡萄酒。

本标准的定义部分非等效采用了《国际葡萄与葡萄酒组织（OIV）法规》（2003版）。

本标准是对GB/T 15037—1994《葡萄酒》的修订。

本标准代替GB/T 15037—1994。

本标准与GB/T 15037—1994相比主要变化如下：

1）定义的描述，参照《国际葡萄与葡萄酒组织（OIV）法规》（2003版）和《中国葡萄酿酒技术规范》进行了适当的修改。增加了特种葡萄酒——利口葡萄酒、冰葡萄酒、贵腐葡萄酒、产膜葡萄酒、低醇葡萄酒、脱醇葡萄酒和山葡萄酒的定义；

2）产品分类，除保留GB/T 15037—1994中按色泽和二氧化碳含量分类外，还增加了按含糖量进行分类；

3）要求：

——游离二氧化硫和总二氧化硫指标按GB 2758—2005《发酵酒卫生标准》执行；

——总酸不作要求，以实测值表示，以便于葡萄酒类型的判定；

——增加了柠檬酸、铜、甲醇、防腐剂限量指标；其中苯甲酸在发酵过程中可自然产生，并非人工添加，因此规定了上限；

——规定不得添加“合成着色剂”“甜味剂”“香精”和“增稠剂”；

4）增加了净含量要求；

5）检验规则中，对抽样表及其有关条款进行了修改。

6）为便于对感官进行分级评价描述，特增加了附录A。

本标准的附录A为资料性附录。

本标准由中国轻工业联合会提出。

本标准由全国食品工业标准化技术委员会酿酒分技术委员会归口。

本标准负责起草单位：中国食品发酵工业研究院、烟台张裕葡萄酿酒股份有限公司、中国长城葡萄酒有限公司、中法合营王朝葡萄酿酒有限公司、国家葡萄酒质量监督检验中心、新天国际葡萄酒业股份有限公司、甘肃莫高实业发展有限公司葡萄酒分公司。

本标准主要起草人：康永璞、李记明、田雅丽、王树生、朱济义、陈勇、董新义、田栖静。

本标准所代替标准的历次版本发布情况为：

——GB/T 15037—1994。

# 葡萄酒

## 1 范围

本标准规定了葡萄酒的术语和定义、产品分类、要求、分析方法、检验规则和标志、包装、运输、贮存。

本标准适用于葡萄酒的生产、检验与销售。

## 2 规范性引用文件

下列文件中的条款通过本标准的引用而成为本标准的条款。凡是注日期的引用文件，其随后所有的修改单（不包括勘误的内容）或修订版均不适用于本标准，然而，鼓励根据本标准达成协议的各方研究是否可使用这些文件的最新版本。凡是不注日期的引用文件，其最新版本适用于本标准。

GB/T 191 包装储运图示标志

GB 2758 发酵酒卫生标准

GB/T 5009.29 食品中山梨酸、苯甲酸的测定

GB 10344 预包装饮料酒标签通则

GB/T 15038 葡萄酒、果酒通用分析方法

JJF1070 定量包装商品净含量计量检验规则

国家质量监督检验检疫总局［2005］第75号令 定量包装商品计量监督管理办法

## 3 术语和定义

下列术语和定义适用于本标准。

### 3.1 葡萄酒 wines

以鲜葡萄或葡萄汁为原料，经全部或部分发酵酿制而成的，含有一定酒精度的发酵酒。

3.1.1 干葡萄酒 dry wines

含糖（以葡萄糖计）小于或等于4.0 g/L的葡萄酒。或者当总糖与总酸（以酒石酸计）的差值小于或等于2.0 g/L时，含糖最高为9.0g/L的葡萄酒。

3.1.2 半干葡萄酒 semi - dry wines

含糖大于干葡萄酒，最高为12.0 g/L的葡萄酒。或者当总糖与总酸（以酒石酸计）的差值小于或等 于2.0 g/L时，含糖最高为18.0 g/L的葡萄酒。

3.1.3 半甜葡萄酒 semi - sweet wines

含糖大于半干葡萄酒，最高为45.0 g/L的葡萄酒。

3.1.4 甜葡萄酒 sweet wines

含糖大于45.0 g/L的葡萄酒。

3.1.5 平静葡萄酒 still wines

在20 ℃时，二氧化碳压力小于0.05 MPa的葡萄酒。

3.1.6 起泡葡萄酒 sparkling wines

在20 ℃时，二氧化碳压力等于或大于0.05 MPa的葡萄酒。

3.1.6.1 高泡葡萄酒 sparkling wines

在20 ℃时，二氧化碳（全部自然发酵产生）压力大于等于0.35 MPa（对于容量小于250 mL的瓶子二氧化碳压力等于或大于0.3 MPa）的起泡葡萄酒。

3.1.6.1.1 天然高泡葡萄酒 brut sparkling wines

酒中糖含量小于或等于12.0 g/L（允许差为3.0 g/L）的高泡葡萄酒。

3.1.6.1.2 绝干高泡葡萄酒 extra－dry sparkling wines

酒中糖含量为12.1 g/L~17.0 g/L（允许差为3.0 g/L）的高泡葡萄酒。

3.1.6.1.3 干高泡葡萄酒 dry sparkling wines

酒中糖含量为17.1 g/L~32.0 g/L（允许差为3.0 g/L）的高泡葡萄酒。

3.1.6.1.4 半干高泡葡萄酒 semi－dry sparkling wines

酒中糖含量为32.1 g/L~50.0 g/L的高泡葡萄酒。

3.1.6.1.5 甜高泡葡萄酒 sweet sparkling wines

酒中糖含量大于50.0g/L的高泡葡萄酒。

3.1.6.2 低泡葡萄酒 semi－sparkling wines

在20 ℃时，二氧化碳（全部自然发酵产生）压力在0.05 MPa~0.34 MPa的起泡葡萄酒。

### 3.2 特种葡萄酒 special wines

用鲜葡萄或葡萄汁在采摘或酿造工艺中使用特定方法酿制而成的葡萄酒。

3.2.1 利口葡萄酒 liqueur wines

由葡萄生成总酒度为12%（体积分数）以上的葡萄酒中，加入葡萄白兰地、食用酒精或葡萄酒精以及葡萄汁、浓缩葡萄汁、含焦糖葡萄汁、白砂糖等，使其终产品酒精度为15.0%~22.0%（体积分数）的葡萄酒。

3.2.2 葡萄汽酒 carbonated wines

酒中所含二氧化碳是部分或全部由人工添加的，具有同起泡葡萄酒类似物理特性的葡萄酒。

3.2.3 冰葡萄酒 icewines

将葡萄推迟采收，当气温低于－7 ℃使葡萄在树枝上保持一定时间，结冰，采收，在结冰状态下压榨，发酵，酿制而成的葡萄酒（在生产过程中不允许外加糖源）。

3.2.4 贵腐葡萄酒 noble rot wines

在葡萄的成熟后期，葡萄果实感染了灰绿葡萄孢，使果实的成分发生了明显的变化，用这种葡萄酿制而成的葡萄酒。

3.2.5 产膜葡萄酒 flor or film wines

葡萄汁经过全部酒精发酵，在酒的自由表面产生一层典型的酵母膜后，可加入葡萄白兰地、葡萄酒精或食用酒精，所含酒精度等于或大于15.0%（体积分数）的葡萄酒。

3.2.6 加香葡萄酒 flavoured wines

以葡萄酒为酒基，经浸泡芳香植物或加入芳香植物的浸出液（或馏出液）而制成的葡萄酒。

3.2.7 低醇葡萄酒 low alcohol wines

采用鲜葡萄或葡萄汁经全部或部分发酵，采用特种工艺加工而成的、酒精度为1.0%～7.0%（体积分数）的葡萄酒。

3.2.8 脱醇葡萄酒 non－alcohol wines

采用鲜葡萄或葡萄汁经全部或部分发酵，采用特种工艺加工而成的、酒精度为0.5%～1.0%（体积分数）的葡萄酒。

3.2.9 山葡萄酒 V. amurensis wines

采用鲜山葡萄（包括毛葡萄、刺葡萄、秋葡萄等野生葡萄）或山葡萄汁经过全部或部分发酵酿制而成的葡萄酒。

### 3.3 年份葡萄酒 vintage wines

所标注的年份是指葡萄采摘的年份，其中年份葡萄酒所占比例不低于酒含量的80%（体积分数）。

### 3.4 品种葡萄酒 varietal wines

用所标注的葡萄品种酿制的酒所占比例不低于酒含量的75%（体积分数）。

### 3.5 产地葡萄酒 origional wines

用所标注的产地葡萄酿制的酒所占比例不低于酒含量的80%（体积分数）。

注：所有产品中均不得添加合成着色剂、甜味剂、香精、增稠剂。

## 4 产品分类

### 4.1 按色泽分类

4.1.1 白葡萄酒。

4.1.2 桃红葡萄酒。

4.1.3 红葡萄酒。

### 4.2 按含糖量分类

4.2.1 干葡萄酒。

4.2.2 半干葡萄酒。

4.2.3 半甜葡萄酒。

4.2.4 甜葡萄酒。

### 4.3 按二氧化碳含量分类

4.3.1 平静葡萄酒。

4.3.2 起泡葡萄酒。

4.3.2.1 高泡葡萄酒。

4.3.2.2 低泡葡萄酒。

## 5 要求

### 5.1 感官要求[1)]

应符合表1的要求。

**表1　　感官要求**

<table>
<tr><th colspan="3">项　目</th><th>要　求</th></tr>
<tr><td rowspan="5">外观</td><td rowspan="3">色泽</td><td>白葡萄酒</td><td>近似无色、微黄带绿、浅黄、禾杆黄、金黄色</td></tr>
<tr><td>红葡萄酒</td><td>紫红、深红、宝石红、红微带棕色、棕红色</td></tr>
<tr><td>桃红葡萄酒</td><td>桃红、淡玫瑰红、浅红色</td></tr>
<tr><td colspan="2">澄清程度</td><td>澄清，有光泽，无明显悬浮物（使用软木塞封口的酒允许有少量软木渣，装瓶超过1年的葡萄酒允许有少量沉淀）</td></tr>
<tr><td colspan="2">起泡程度</td><td>起泡葡萄酒注入杯中时，应有细微的串珠状气泡升起，并有一定的持续性</td></tr>
<tr><td rowspan="4">香气与滋味</td><td colspan="2">香气</td><td>具有纯正、优雅、怡悦、和谐的果香与酒香，陈酿型的葡萄酒还应具有陈酿香或橡木香。</td></tr>
<tr><td rowspan="3">滋味</td><td>干、半干葡萄酒</td><td>具有纯正、优雅、爽怡的口味和悦人的果香味，酒体完整</td></tr>
<tr><td>半甜、甜葡萄酒</td><td>具有甘甜醇厚的口味和陈酿的酒香味，酸甜协调，酒体丰满</td></tr>
<tr><td>起泡葡萄酒</td><td>具有优美醇正、和谐悦人的口味和发酵起泡酒的特有香味，有杀口力</td></tr>
<tr><td colspan="3">典型性</td><td>具有标示的葡萄品种及产品类型应有的特征和风格</td></tr>
<tr><td colspan="4">注：感官评价可参考附录A进行。</td></tr>
</table>

### 5.2 理化要求[2)]

应符合表2的要求。

**表2　　理化要求**

<table>
<tr><th colspan="3">项　目</th><th>要　求</th></tr>
<tr><td colspan="3">酒精度[a]（20 ℃）（体积分数）/（%）</td><td>≥7.0</td></tr>
<tr><td rowspan="9">总糖[d]（以葡萄糖计）/（g/L）</td><td rowspan="4">平静葡萄酒</td><td>干葡萄酒[b]</td><td>≤4.0</td></tr>
<tr><td>半干葡萄酒[c]</td><td>4.1～12.0</td></tr>
<tr><td>半甜葡萄酒</td><td>12.1～45.0</td></tr>
<tr><td>甜葡萄酒</td><td>≥45.1</td></tr>
<tr><td rowspan="5">高泡葡萄酒</td><td>天然型高泡葡萄酒</td><td>≤12.0（允许差为3.0）</td></tr>
<tr><td>绝干型高泡葡萄酒</td><td>12.1～17.0（允许差为3.0）</td></tr>
<tr><td>干型高泡葡萄酒</td><td>17.1～32.0（允许差为3.0）</td></tr>
<tr><td>半干型高泡葡萄酒</td><td>32.1～50.0</td></tr>
<tr><td>甜型高泡葡萄酒</td><td>≥50.1</td></tr>
</table>

（续表）

<table>
<tr><th colspan="3">项　目</th><th>要　求</th></tr>
<tr><td rowspan="3">干浸出物/（g/L）</td><td colspan="2">白葡萄酒</td><td>≥16.0</td></tr>
<tr><td colspan="2">桃红葡萄酒</td><td>≥17.0</td></tr>
<tr><td colspan="2">红葡萄酒</td><td>≥18.0</td></tr>
<tr><td colspan="3">挥发酸（以乙酸计）/（g/L）</td><td>≤1.2</td></tr>
<tr><td rowspan="2">柠檬酸/（g/L）</td><td colspan="2">干、半干、半甜葡萄酒</td><td>≤1.0</td></tr>
<tr><td colspan="2">甜葡萄酒</td><td>≤2.0</td></tr>
<tr><td rowspan="4">二氧化碳（20 ℃）/MPa</td><td rowspan="2">低泡葡萄酒</td><td><250 mL/瓶</td><td>0.05～0.29</td></tr>
<tr><td>≥250 mL/瓶</td><td>0.05～0.34</td></tr>
<tr><td rowspan="2">高泡葡萄酒</td><td><250 mL/瓶</td><td>≥0.30</td></tr>
<tr><td>≥250 mL/瓶</td><td>≥0.35</td></tr>
<tr><td colspan="3">铁/（mg/L）</td><td>≤8.0</td></tr>
<tr><td colspan="3">铜/（mg/L）</td><td>≤1.0</td></tr>
<tr><td rowspan="2">甲醇/（mg/L）</td><td colspan="2">白、桃红葡萄酒</td><td>≤250</td></tr>
<tr><td colspan="2">红葡萄酒</td><td>≤400</td></tr>
<tr><td colspan="3">苯甲酸或苯甲酸钠（以苯甲酸计）/（mg/L）</td><td>≤50</td></tr>
<tr><td colspan="3">山梨酸或山梨酸钾（以山梨酸计）/（mg/L）</td><td>≤200</td></tr>
<tr><td colspan="4">注：总酸不作要求，以实测值表示（以酒石酸计，g/L）。</td></tr>
<tr><td colspan="4">[a] 酒精度标签标示值与实测值不得超过±1.0%（体积分数）。<br>[b] 当总糖与总酸（以酒石酸计）的差值小于或等于2.0 g/L时，含糖最高为9.0 g/L。<br>[c] 当总糖与总酸（以酒石酸计）的差值小于或等于2.0g/L时，含糖最高为18.0g/L。<br>[d] 低泡葡萄酒总糖的要求同平静葡萄酒。</td></tr>
</table>

[1)] 特种葡萄酒按相应的产品标准执行。
[2)] 特种葡萄酒按相应的产品标准执行。

### 5.3　卫生要求

应符合 GB 2758 的规定。

### 5.4　净含量

按国家质量监督检验检疫总局［2005］第 75 号令执行。

## 6　分析方法

### 6.1　感官要求

按 GB/T 15038 检验。

### 6.2 理化要求（除苯甲酸、山梨酸外）

按 GB/T 15038 检验。

### 6.3 苯甲酸、山梨酸

按 GB/T 5009.29 检验。

### 6.4 净含量

按 JJF 1070 检验。

## 7 检验规则

### 7.1 组批

同一生产期内所生产的、同一类别、同一品质、且经包装出厂的、规格相同的产品为同一批。

### 7.2 抽样

7.2.1 按表3抽取样本，单件包装净含量小于500 mL，总取样量不足1500 mL时，可按比例增加抽样量。

**表3** 抽样表

| 批量范围/箱 | 样本数/箱 | 单位样本数/瓶 |
|---|---|---|
| <50 | 3 | 3 |
| 51 ~1 200 | 5 | 2 |
| 1 201 ~3 500 | 8 | 1 |
| 3 501 以上 | 13 | 1 |

7.2.2 采样后应立即贴上标签，注明：样品名称、品种规格、数量、制造者名称、采样时间与地点、采样人。将两瓶样品封存，保留两个月备查。其他样品立即送化验室，进行感官、理化和卫生等指标的检验。

### 7.3 检验分类

7.3.1 出厂检验

7.3.1.1 产品出厂前，应由生产厂的质量监督检验部门按本标准规定逐批进行检验，检验合格，并附上质量合格证明的，方可出厂。产品质量检验合格证明（合格证）可以放在包装箱内，或放在独立的包装盒内，也可以在标签上或包装箱外打印“合格”或“检验合格”字样。

7.3.1.2 检验项目：感官要求、酒精度、总糖、干浸出物、挥发酸、二氧化碳、总二氧化硫、净含量、微生物指标中的菌落总数。

7.3.2 型式检验

7.3.2.1 检验项目：本标准中全部要求项目。

7.3.2.2 一般情况下，同一类产品的型式检验每半年进行一次，有下列情况之一者，亦应进行：

a）原辅材料有较大变化时；

b）更改关键工艺或设备；

c）新试制的产品或正常生产的产品停产 3 个月后，重新恢复生产时；

d）出厂检验与上次型式检验结果有较大差异时；

e）国家质量监督检验机构按有关规定需要抽检时。

### 7.4 判定规则

7.4.1 不合格分类

7.4.1.1 A 类不合格：感官要求、酒精度、干浸出物、挥发酸、甲醇、柠檬酸、防腐剂、卫生要求、净含量、标签。

7.4.1.2 B 类不合格：总糖、二氧化碳、铁、铜。

7.4.2 检验结果有两项以下（含两项）不合格项目时，应重新自同批产品中抽取两倍量样品对不合格项目进行复检，以复检结果为准。

7.4.3 复检结果中如有以下三种情况之一时，则判该批产品不合格：

a）一项以上 A 类不合格；

b）一项 B 类超过规定值的 50% 以上；

c）两项 B 类不合格。

7.4.4 当供需双方对检验结果有异议时，可由相关各方协商解决，或委托有关单位进行仲裁检验，以仲裁检验结果为准。

## 8 标志

8.1 预包装葡萄酒标签按 GB 10344 执行，并按含糖量标注产品类型（或含糖量）。

注：单一原料的葡萄酒可不标注原料与辅料；添加防腐剂的葡萄酒应标注具体名称。

8.2 标签上若标注葡萄酒的年份、品种、产地，应符合 3.3、3.4、3.5 的定义。

8.3 外包装纸箱上除标明产品名称、制造者（或经销商）名称和地址外，还应标明单位包装的净含量和总数量。

8.4 包装储运图示标志应符合 GB/T 191 要求。

## 9 包装、运输、贮存

### 9.1 包装

9.1.1 包装材料应符合食品卫生要求。起泡葡萄酒的包装材料应符合相应耐压要求。

9.1.2 包装容器应清洁，封装严密，无漏酒现象。

9.1.3 外包装应使用合格的包装材料，并符合相应的标准。

### 9.2 运输、贮存

9.2.1 用软木塞（或替代品）封装的酒，在贮运时应“倒放”或“卧放”。

9.2.2 运输和贮存时应保持清洁、避免强烈振荡、日晒、雨淋、防止冰冻，装卸时应轻拿轻放。

9.2.3 存放地点应阴凉、干燥、通风良好；严防日晒、雨淋；严禁火种。

9.2.4 成品不得与潮湿地面直接接触；不得与有毒、有害、有异味、有腐蚀性物品同贮同运。

9.2.5 运输温度宜保持在 5 ℃ ~35 ℃；贮存温度宜保持在 5 ℃ ~25 ℃。

# 附录 A
## （资料性附录）
## 葡萄酒感官分析评价描述

表 A.1 葡萄酒感官分级评价描述

| 等 级 | 描 述 |
|---|---|
| 优级品 | 具有该产品应有的色泽，自然、悦目、澄清（透明）、有光泽；具有纯正、浓郁、优雅和谐的果香（酒香），诸香协调，口感细腻、舒顺、酒体丰满、完整、回味绵长，具该产品应有的怡人的风格。 |
| 优良品 | 具有该产有的色泽；澄清透明，无明显悬浮物，具有纯正和谐的果香（酒香），口感纯正，较舒顺，较完整，优雅，回味较长，具良好的风格。 |
| 合格品 | 与该产品应有的色泽略有不同，缺少自然感，允许有少量沉淀，具有该产品应有的气味，无异味，口感尚平衡，欠协调、完整，无明显缺陷。 |
| 不合格品 | 与该产品应有的色泽明显不符，严重失光或浑浊，有明显异香、异味，酒体寡淡、不协调，或有其他明显的缺陷（除色泽外，只要有其中一条，则判为不合格品）。 |
| 劣质品 | 不具备应有的特征。 |

ICS 67.160.10
X 63

# GB

中 华 人 民 共 和 国 国 家 标 准

GB/T 27558—2011

# 露 酒

Lu Jiu

2011-12-05 发布　　2012-06-01 实施

中华人民共和国国家质量监督检验检疫总局
中 国 国 家 标 准 化 管 理 委 员 会　发布

## 前　言

本标准按照 GB/T 1. 1—2009 给出的规则起草。

本标准由中国轻工业联合会提出。

本标准由全国酿酒标准化技术委员会（SAC/TC 471）归口。

本标准由国家农副加工产品及白酒质量监督检验中心（山西省食品质量监督检验中心）负责起草。

本标准参加起草单位：山西杏花村汾酒厂股份有限公司、山西易恒天酒业有限公司、山西野泉酒业有限公司、山东半岛酒业有限公司。

本标准主要起草人：胡晓江、王正喜、武强、梁宝爱、冯晓斌、谷福、张素娟、赵娅鸿、郝蔚霞、周晓霞、张倩、韩建书、杜小威、康健、王凤仙。

# 露　酒

## 1　范围

本标准规定了露酒的术语和定义、产品分类、技术要求、试验方法、检验规则及标志、包装、运输、贮存。

本标准适用于露酒的生产、检验和销售。

## 2　规范性引用文件

下列文件对于本文件的应用是必不可少的。凡是注日期的引用文件，仅所注日期的版本适用于本文件。凡是不注日期的引用文件，其最新版本（包括所有的修改单）适用于本文件。

GB/T 191　包装储运图示标志

GB 2757　蒸馏酒及配制酒卫生标准

GB 2758　发酵酒卫生标准

GB 2760　食品安全国家标准食品　添加剂使用标准

GB 5749　生活饮用水卫生标准

GB 10343　食用酒精

GB 10344　预包装饮料酒标签通则

GB/T 10345—2007　白酒分析方法

GB/T 15038　葡萄酒、果酒通用分析方法

JJF 1070　定量包装商品净含量计量检验规则

定量包装商品计量监督管理办法　国家质量监督检验检疫总局令第 75 号（2005）

## 3 术语和定义

下列术语和定义适用于本文件。

### 3.1 露酒 Lu Jiu

以蒸馏酒、发酵酒或食用酒精为酒基，加入可食用或药食两用（或符合相关规定）的辅料或食品添加剂，进行调配、混合或再加工制成的、已改变了其原酒基风格的饮料酒。

3.1.1 植物类露酒 integrated alcoholic beverages from plants

利用食用或药食两用（或符合相关规定）植物的花、叶、根、茎、果为香源及营养源，经再加工制成的、具有明显植物香及有用成分的露酒。

3.1.2 动物类露酒 integrated alcoholic beverages from animals

利用食用或药食两用（或符合相关规定）动物及其制品为香源和营养源，经再加工制成的、具有明显动物有用成分的露酒。

3.1.3 动植物类露酒 integrated alcoholic beverages from plants and animals

同时利用动物、植物有用成分制成的露酒。

### 3.2 浸提 immersion

以蒸馏酒、发酵酒、食用酒精或水浸出原料的过程。通常其方法有：浸泡、渗漉、煎煮、回流四种。

### 3.3 复蒸馏 redistillation

在蒸馏酒、食用酒精中，加入呈香、呈味的物质，进行再次蒸馏的过程。

## 4 产品分类

4.1 按生产工艺分为：浸提类、复蒸馏类露酒。

4.2 按原料分为：植物类、动物类、动植物类露酒。

## 5 技术要求

### 5.1 原料和辅料要求

5.1.1 蒸馏酒应符合相关标准的规定。

5.1.2 发酵酒应符合相关标准的规定。

5.1.3 食用酒精应符合 GB 10343 的规定。

5.1.4 水应符合 GB 5749 的规定。

5.1.5 所添加的药食同源物品应符合国家卫生部有关规定。

5.1.6 食品添加剂使用卫生标准应符合 GB 2760 的规定；质量应符合国家相应的标准和有关规定。

5.1.7 其他原辅料质量应符合国家相应的标准和有关规定。

## 5.2 质量要求

### 5.2.1 感官要求

感官要求应符合表 1 的规定。

表 1 感官要求

| 项目 | 浸提类 | | | 复蒸馏类 |
|---|---|---|---|---|
| | 植物类 | 动物类 | 动植物类 | |
| 外观 | 清亮透明，无沉淀及悬浮物[a] | | | |
| 色泽 | 具有本品应有的色泽 | | | 无色或微黄 |
| 香气 | 具有相应的植物香和酒香，诸香和谐 | 具有相应的动物香和酒香，诸香和谐 | 具有相应的动植物香和酒香，诸香和谐 | 具有本类型酒应有的香气，诸香和谐纯正 |
| 滋味 | 醇和，舒顺谐调，酒体完整 | | | |
| 风格 | 具有本品的独特风格 | | | |

[a]对贮存 6 个月以上的浸提类露酒允许有少量沉淀

### 5.2.2 理化要求

理化要求应符合表 2 的规定。

表 2 理化要求

| 项目 | | 要求 |
|---|---|---|
| 酒精度[a]（20C）/% vol | | 4.0 ~ 60.0 |
| 总酸/（g/L） | 葡萄酒为基酒（以酒石酸计）≤ | 7.00 |
| | 蒸馏酒为基酒（以乙酸计）≤ | 6.00 |
| | 其他酒（以乙酸计）≤ | 7.50 |
| 总糖[b]（以葡萄糖计）/（g/L）≤ | | 300 |
| 总酯[c]（以乙酸乙酯计）/（g/L）≥ | | 0.35 |
| 干浸出物/（g/L）≥ | 植物类 | 0.30 |
| | 动植物 | 0.50 |
| | 动物类 | 4.00 |
| 铁[d]/（mg/L）≤ | | 8.0 |
| 铜[e]/（mg/L）≤ | | 1.0 |

[a] 酒精度标签标示值与实测值不得超过 ±1.0% vol。
[b] 总糖标签标示值与实测值不得超过 ±10.0%。
[c] 总酯限于蒸馏酒为酒基（酒精度≥25% vol）的露酒。
[d] 铁仅限于葡萄酒为酒基的露酒。
[e] 铜仅限于葡萄酒为酒基的露酒。

5.2.3 卫生要求

5.2.3.1 以蒸馏酒为酒基配制而成的露酒，按 GB 2757 的规定执行，当酒精度≤24%vol，按 GB 2758 的规定执行。

5.2.3.2 以发酵酒为酒基配制而成的露酒，按 GB 2758 的规定执行。

5.2.4 净含量

应符合《定量包装商品计量监督管理办法》的规定。

## 6 试验方法

### 6.1 感官要求

按 GB/T 15038 规定的方法测定。

### 6.2 理化要求

酒精度、总酸、总糖、干浸出物、铁、铜按 GB/T 15038 规定的方法测定。

### 6.3 总酯

总酯的测定见附录 A。

### 6.4 卫生要求

按 GB 2757 和 GB 2758 规定的方法测定。

### 6.5 净含量

按 JJF 1070 检验。

## 7 检验规则

### 7.1 组批

同一生产期内所生产的、同一类别、同一品质，且出厂包装规格相同的产品为同一组批。

### 7.2 抽样

7.2.1 在成品库内以随机取样，抽样单位以瓶计。

7.2.2 每批抽样数 独立包装不应少于 8 瓶（总数不少于 3 000 mL），一式两份，供检验和复验备用。

### 7.3 检验分类

7.3.1 出厂检验

7.3.1.1 产品出厂前，应由生产厂的质量监督检验部门按本标准规定逐批进行检验，检验合格，并附上质量合格证明后，方可出厂。产品质量检验合格证明（合格证）可以放在包装箱内或放在独立的包装盒内，也可以在标签上或包装箱外打印“合格”或“检验合格”字样。

7.3.1.2　出厂检验项目：感官要求、酒精度、总酸、总糖、总酯、干浸出物、净含量、菌落总数。

7.3.2　型式检验

7.3.2.1　正常生产每年至少进行一次型式检验。此外有下列情况之一时，也应进行型式检验：

a）新产品试制鉴定时；

b）原料、生产工艺有较大改变，可能影响产品质量时；

c）产品停产半年以上，恢复生产时；

d）出厂检验结果与上一次型式检验结果有较大差异时；

e）国家质量监督部门提出要求时。

7.3.2.2　型式检验项目：5.2 要求的项目。

### 7.4　判定规则

7.4.1　出厂检验判定规则：

a）出厂检验项目全部符合标准，判定为合格。

b）出厂检验项目如有一项或一项以上不符合标准，可以在同批产品中加倍抽样复验，复验后如仍不符合标准，判该批产品为不合格。

7.4.2　型式检验判定规则：型式检验项目全部符合本标准的要求时，判该批产品型式检验合格，型式检验项目中有一项或一项以上项目不合格，可取备样复验，复验后仍不符合标准的要求，判该批产品检验不合格。

7.4.3　当供需对双方检验结果有争议时，可由双方协商解决，或委托国家授权的上级质检部门进行仲裁检验，以仲裁检验结果为准。

## 8　标志、包装、运输和贮存

### 8.1　标志

8.1.1　预包装露酒标签按 GB 10344 执行，并标明含糖量 。

8.1.2　包装储运图示标志应符合 GB/T 191 的要求。

### 8.2　包装

包装材料和容器应符合相应的国家标准和有关规定。

### 8.3　运输

产品在运输过程中应轻拿轻放，避免日晒、雨淋，运输工具应清洁卫生。不得与有毒、有害、有异味或影响产品质量的物品混装运输，运输温度在 5 ℃ ~35 ℃之间为宜。

### 8.4　贮存

产品应贮存于阴凉、避免阳光直射、通风良好的场所。不得与有毒、有害、有异味、易挥发、易腐蚀的物品同贮，贮存温度在 5 ℃ ~35 ℃之间为宜。

# 附录 A
# （规范性附录）
# 总酯的测定方法

## A. 1　反应原理

用碱中和样品中的游离酸，再准确加入一定量的碱，加热回流使酯类皂化，通过消耗碱的量计算出总酯的含量。

## A. 2　试样制备

用一洁净、干燥的 100 mL 容量瓶，准确量取样品（液温 20 ℃）100 mL 于 500 mL 蒸馏瓶中，用 50 mL 蒸馏水分三次冲洗容量瓶，洗液并入蒸馏瓶中，加几颗沸石（或玻璃珠），连接蛇形冷凝管，以取样用的原容量瓶作接收器（外加冰浴），开启冷却水（冷却水温度宜低于 15 ℃），缓慢加热蒸馏（沸腾后蒸馏时间应控制在 30 min ~ 40 min 内完成），收集蒸馏液，当接近刻度时，取下容量瓶，盖塞，于 20 ℃水浴中保温 30 min，再补加水至刻度，混匀，备用。

## A. 3　检验方法

同 GB/T 10345—2007 中的 8. 1。

# GB

中 华 人 民 共 和 国 国 家 标 准

GB 2758—2012

# 食品安全国家标准
# 发酵酒及其配制酒

2012 - 08 - 06 发布

2013 - 02 - 01 实施

中华人民共和国卫生部　发 布

# 前　言

本标准代替 GB 2758—2005《发酵酒卫生标准》。

本标准与 GB 2758—2005 相比，主要变化如下：

——修改了标准名称；

——取消了铅的限量指标；

——修改了微生物限量指标；

——增加了标签标识要求。

本标准 4. 2 ~4. 5 于 2013 年 8 月 1 日起实施。

# 食品安全国家标准
# 发酵酒及其配制酒

## 1　范围

本标准适用于发酵酒及其配制酒。

## 2　术语和定义

### 2. 1　发酵酒

以粮谷、水果、乳类等为主要原料，经发酵或部分发酵酿制而成的饮料酒。

### 2. 2　发酵酒的配制酒

以发酵酒为酒基，加入可食用的辅料或食品添加剂，进行调配、混合或加工制成的，已改变了其原酒基风格的饮料酒。

## 3　技术要求

### 3. 1　原料要求

应符合相应的标准和有关规定。

### 3. 2　感官要求

应符合相应产品标准的有关规定。

### 3. 3　理化指标

理化指标应符合表 1 的规定。

表 1　　理化指标

| 项　目 | 指　标 | 检验方法 |
|---|---|---|
| | 啤酒 | |
| 甲醛/（mg/L）≤ | 2.0 | GB/T 5009.49 |

### 3.4　污染物和真菌毒素限量

3.4.1　污染物限量应符合 GB 2762 的规定。

3.4.2　真菌毒素限量应符合 GB 2761 的规定。

### 3.5　微生物限量

微生物限量应符合表 2 的规定。

表 2　　微生物限量

| 项　目 | 采样方案及限量[a] | | | 检验方法 |
|---|---|---|---|---|
| | n | c | m | |
| 沙门氏菌 | 5 | 0 | 0/25 mL | GB/T 4789.25 |
| 金黄色葡萄球菌 | 5 | 0 | 0/25 mL | |

[a] 样品的分析及处理按 GB 4789.1 执行。

### 3.6　食品添加剂

食品添加剂的使用应符合 GB 2760 的规定。

## 4　标签

4.1　发酵酒及其配制酒标签除酒精度、原麦汁浓度、原果汁含量、警示语和保质期的标识外，应符合 GB 7718 的规定。

4.2　应以“%vol”为单位标示酒精度。

4.3　啤酒应标示原麦汁浓度，以“原麦汁浓度”为标题，以柏拉图度符号“°P”为单位。果酒（葡萄酒除外）应标示原果汁含量，在配料表中以“××%”表示。

4.4　应标示“过量饮酒有害健康”，可同时标示其他警示语。用玻璃瓶包装的啤酒应标示如“切勿撞击，防止爆瓶”等警示语。

4.5　葡萄酒和其他酒精度大于等于 10%vol 的发酵酒及其配制酒可免于标示保质期。

GB

中 华 人 民 共 和 国 国 家 标 准

GB 2757—2012

# 食品安全国家标准
# 蒸馏酒及其配制酒

2012-08-06 发布 2013-02-01 实施

中华人民共和国卫生部 发布

## 前　言

本标准代替 GB 2757—1981《蒸馏酒及配制酒卫生标准》及第 1 号、第 2 号修改单。

本标准与 GB 2757—1981 相比，主要变化如下：

——修改了标准名称；

——修改了氰化物的限量指标；

——取消了锰的限量指标；

——增加了标签标识的要求。

本标准 4.2 ~ 4.4 于 2013 年 8 月 1 日起实施。

# 食品安全国家标准
# 蒸馏酒及其配制酒

## 1　范围

本标准适用于蒸馏酒及其配制酒。

## 2　术语和定义

### 2.1　蒸馏酒

以粮谷、薯类、水果、乳类等为主要原料，经发酵、蒸馏、勾兑而成的饮料酒。

### 2.2　蒸馏酒的配制酒

以蒸馏酒和（或）食用酒精为酒基，加入可食用的辅料或食品添加剂，进行调配、混合或再加工制成的，已改变了其原酒基风格的饮料酒。

## 3　技术要求

### 3.1　原料要求

应符合相应的标准和有关规定。

### 3.2　感官要求

应符合相应产品标准的有关规定。

### 3.3　理化指标

理化指标应符合表 1 的规定。

表 1　理化指标

| 项　目 | 指　标 | | 检验方法 |
|---|---|---|---|
| | 粮谷类 | 其他 | |
| 甲醇[a]/（g/L）≤ | 0.6 | 2.0 | GB/T 5009.48 |
| 氰化物[a]（以 HCN 计）/（mg/L）≤ | 8.0 | | GB/T 5009.48 |
| a 甲醇、氰化物指标均按 100% 酒精度折算。 | | | |

### 3.4　污染物和真菌毒素限量

3.4.1　污染物限量应符合 GB 2762 的规定。

3.4.2　真菌毒素限量应符合 GB 2761 的规定。

### 3.5　食品添加剂

食品添加剂的使用应符合 GB 2760 的规定。

## 4　标签

4.1　蒸馏酒及其配制酒标签除酒精度、警示语和保质期的标识外，应符合 GB 7718 的规定。

4.2　应以“%vol”为单位标示酒精度。

4.3　应标示“过量饮酒有害健康”，可同时标示其他警示语。

4.4　酒精度大于等于 10%vol 的饮料酒可免于标示保质期。

ICS 67.080.10
B 31

# 中华人民共和国农业行业标准

NY/T 2932—2016

# 葡萄种质资源描述规范

Descriptors for grape germplasm resources

2016-10-26 发布 2017-04-01 实施

中华人民共和国农业部 发布

# 前　言

本标准按照 GB/T 1. 1—2009 给出的规则起草。

本标准由农业部种植业管理司提出。

本标准由全国果品标准化技术委员会（SAC/TC 510）归口。

本标准起草单位：中国农业科学院郑州果树研究所、中国农业科学院茶叶研究所、中国农业科学院特产研究所、山西省农业科学院果树研究所。

本标准主要起草人：刘崇怀、樊秀彩、熊兴平、马小河、江用文、杨义明、姜建福、张颖、孙海生。

# 葡萄种质资源描述规范

## 1　范围

本标准规定了葡萄属（*Vitis* L.）种质资源的描述内容和描述方法。

本标准适用于葡萄属种质资源的描述。

## 2　规范性引用文件

下列文件对于本文件的应用是必不可少的。凡是注日期的引用文件，仅注日期的版本适用于本文件。凡是不注日期的引用文件，其最新版本（包括所有的修改单）适用于本文件。

GB/T 2260 中华人民共和国行政区划代码

GB/T 2569 世界各国和地区名称代码

ISO 3166　Codes for the representation of names of countries and their subdivisions

## 3　描述内容

描述内容见表 1。

**表 1　　葡萄种质资源描述内容**

| 描述类别 | 描述内容 |
| --- | --- |
| 基本信息 | 全国统一编号、引种号、采集号、种质名称、种质外文名、科名、属名、种名、原产国、原产省、原产地、海拔、经度、纬度、来源地、系谱、选育单位、育成年份、选育方法、种质类型、图像、观测地点 |

（续表）

| 描述类别 | 描述内容 |
| --- | --- |
| 植物学特征 | 梢尖形态、梢尖绒毛着色、梢尖花青素分布、梢尖匍匐绒毛密度、梢尖直立绒毛密度 |
| | 新梢姿态、卷须分布、节上匍匐绒毛密度、节上直立绒毛密度、节间匍匐绒毛密度、节间直立绒毛密度、节间腹侧颜色，节间背侧颜色 |
| | 冬芽花青素着色、枝条表面形状、枝条表面颜色、枝条横截面形状、枝条节间长度、枝条节间粗度、枝条皮孔、枝条皮刺、枝条腺毛 |
| | 幼叶上表面颜色、幼叶花青素着色、幼叶上表面光泽、幼叶下表面脉间匍匐绒毛、幼叶下表面脉间直立绒毛、幼叶下表面主脉上匍匐绒毛、幼叶下表面主脉上直立绒毛 |
| | 叶型、叶形、叶上表面颜色、叶上表面主脉花青素着色、叶下表面主脉花青素着色、叶柄长度、中脉长度、叶宽度、叶横截面形状、裂片数、上裂刻深度、上裂刻开叠类型、上裂刻基部形状、叶柄洼开叠类型、叶柄洼基部形状、叶柄限制叶柄洼、叶柄洼锯齿形状、锯齿形状、锯齿长度、锯齿宽度、叶上表面泡状凸起、叶下表面脉间匍匐绒毛、叶下表面脉间直立绒毛、叶下表面主脉上匍匐绒毛、叶下表面主脉上直立绒毛、叶柄匍匐绒毛、叶柄直立绒毛、秋叶颜色、花器类型、染色体倍数性 |
| 生物学特性 | 生长势、萌芽率、结果新梢百分率、结实系数、产量、萌芽始期、开花始期、盛花期、浆果开始生长期、浆果始熟期、浆果生理完熟期、新梢始熟期、产条能力、愈伤组织形成能力、不定根形成能力 |
| 果实性状 | 果穗形状、果穗岐肩、果穗副穗、穗梗长度、果穗长度、果穗宽度、穗重、果穗紧密度、果粒成熟一致性、果梗与果粒分离难易、果粒形状、果粉厚度、果皮颜色、果粒整齐度、果粒重量、果粒纵径、果粒横径、果梗长度、种子发育状态、种子粒数、种子外表横沟、种脐、百粒种子重、种子长度、种子宽度、果皮厚度、果皮涩味、果汁颜色、果肉颜色、果肉汁液多少、果肉香味类型、果肉香味程度、果肉质地、果肉硬度、可溶性固形物含量、可溶性糖含量、可滴定酸含量、出汁率 |
| 抗性性状 | 耐寒性、耐盐性、耐碱性、葡萄白腐病抗性、葡萄霜霉病抗性、葡萄黑痘病抗性、葡萄炭疽病抗性、葡萄白粉病抗性、葡萄根瘤蚜抗性、根结线虫抗性 |

## 4 描述方法

### 4.1 基本信息

4.1.1 全国统一编号

全国统一编号由“PT”加4位顺序号组成，顺序号从“0001”至“9999”，代表葡萄种质的编号。

4.1.2 引种号

指种质资源从国外引入时赋予的编号，由“年份”加“4位顺序号”组成的8位字符串。如“19940024”，前4位表示种质从国外引进的年份，后4位为顺序号，从“0001”至“9999”。

4.1.3 采集号

在野外采集时赋予的编号，一般由年份+2位省份代码+4位顺序号组成。“省（自治区、直辖市）代号”按照GB/T 2260的规定执行。

4.1.4 种质名称

国内种质的原始名称和国外引进种质的中文译名，如果有多个名称，可以放在括号内，用逗号分隔。国外引进种质如果没有中文译名，可以直接填写种质的外文名。

4.1.5 种质外文名

国外引进种质的外文名和国内种质的汉语拼音名。按照意群空一格，首字母大写，如“Zhengzhou Zao Yu”。

4.1.6 科名

葡萄种质在植物分类学上的科名。按照植物学分类，葡萄为葡萄科（Vitaceae）。

4.1.7 属名

葡萄种质在植物分类学上的属名。按照植物学分类，葡萄为葡萄属（*Vitis* L.）。

4.1.8 种名

葡萄种质在植物分类学上的名称。例如欧亚种为 *Vitis vinifera* L.。

4.1.9 原产国

葡萄种质原产国家名称、地区名称或国际组织名称。国家和地区名称按照 ISO 3166 和 GB/T 2659 的规定执行。如该国家已不存在，应在原国家名称前加“原”。国际组织名称用该组织的外文名缩写。

4.1.10 原产省

葡萄种质原产省份名称。国内种质原产省份名称按照 GB/T 2260 的规定执行，国外引进种质原产省用原产国家一级行政区的名称。

4.1.11 原产地

葡萄种质原产县、乡、村名称，县名按照 GB/T 2260 的规定执行。

4.1.12 海拔

葡萄种质原产地的海拔，单位为米（m）。

4.1.13 经度

葡萄种质原产地的经度，单位为度（°）和（′）分。格式为“DDDFF”，其中，“DDD”为度，“FF”为分。东经为正值，西经为负值。

4.1.14 纬度

葡萄种质原产地的纬度，单位为度（°）和分（′）。格式为“DDFF”，其中，“DD”为度，“FF”为分。北纬为正值，南纬为负值。

4.1.15 来源地

葡萄种质的来源国家、省、县或机构名称。

4.1.16 系谱

葡萄选育品种（系）的各世代亲本及亲缘关系。

4.1.17 选育单位

选育葡萄品种（系）的单位名称或个人姓名，单位名称应写全称。

4.1.18 育成年份

通过审定或正式发表的年份。

4.1.19 选育方法

选育葡萄品种（系）的育种方法，如杂交、实生选种、芽变等。

4.1.20 种质类型

葡萄种质资源的类型，分为：1. 野生资源；2. 地方品种；3. 选育品种；4. 品系；5. 其他。

4.1.21 图像

葡萄种质的图像文件名。文件名由该种质全国统一编号、连字符“-”和图像序号组成。图像格式为.jpg。如有多个图像文件，图像文件名用分号分隔。

4.1.22　观测地点

葡萄种质观测地点记录到省和县名。

### 4.2　植物学特征

4.2.1　梢尖形态

嫩梢梢尖幼叶与幼茎的抱合程度（见图1），分为：1. 闭合；3. 半开张；5. 全开张。

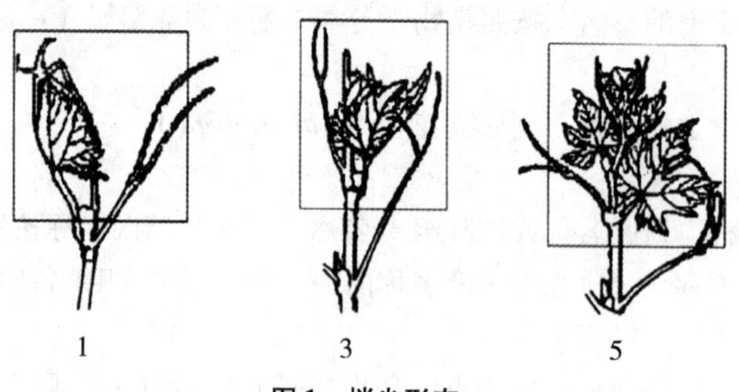


图1　梢尖形态

4.2.2　梢尖绒毛着色

嫩梢梢尖绒毛上的着色程度，分为：1. 无或极浅；3. 浅；5. 中；7. 深；9. 极深。

4.2.3　梢尖花青素分布

嫩梢梢尖嫩叶上花青素分布状况，分为：0. 无；1. 条带状；2. 全部覆盖。

4.2.4　梢尖匍匐绒毛密度

嫩梢梢尖嫩叶上匍匐绒毛的疏密程度，分为：1. 无或极疏；3. 疏；5. 中；7. 密；9. 极密。

4.2.5　梢尖直立绒毛密度

嫩梢梢尖嫩叶上直立绒毛的疏密程度，分为：1. 无或极疏；3. 疏；5. 中；7. 密；9. 极密。

4.2.6　新梢姿态

在不引缚的情况下新梢直立或下垂的程度（见图2），分为：1. 直立；3. 半直立；5. 近似水平；7. 半下垂；9. 下垂。

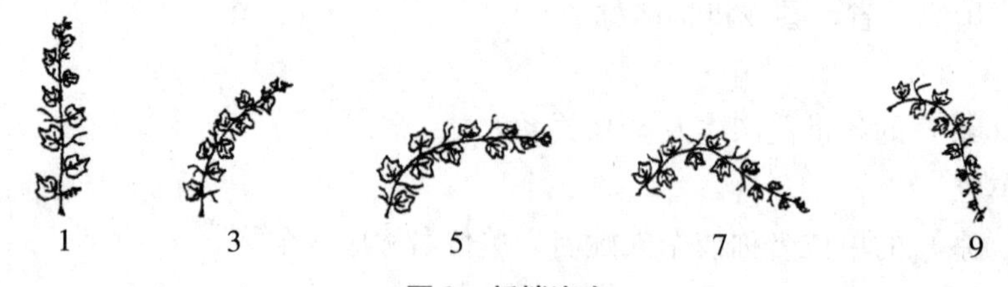


图2　新梢姿态

4.2.7　卷须分布

新梢中部节上卷须的分布情况（见图3），分别为：1. 间歇；2. 连续。

4.2.8　节上匍匐绒毛密度

新梢中部节上匍匐绒毛的密度，分为：1. 无或极疏；3. 疏；5. 中；7. 密；9. 极密。

4.2.9　节上直立绒毛密度

新梢中部节上直立绒毛的密度，分为：1. 无或极疏；3. 疏；5. 中；7. 密；9. 极密。

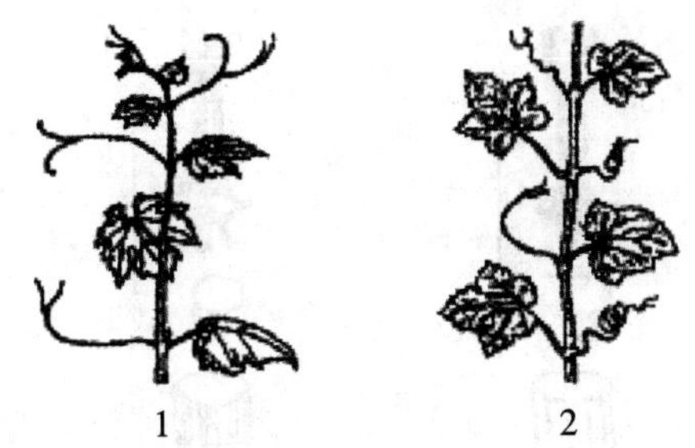


**图3　卷须分布**

4.2.10　节间匍匐绒毛密度

新梢中部节间匍匐绒毛的密度，分为：1. 无或极疏；3. 疏；5. 中；7. 密；9. 极密。

4.2.11　节间直立绒毛密度

新梢中部节间直立绒毛的密度，分为：1. 无或极疏；3. 疏；5. 中；7. 密；9. 极密。

4.2.12　节间腹侧颜色

新梢中部节间腹侧（位置见图4）着色类型，分为：1. 绿；2. 绿带红条带；3. 红。

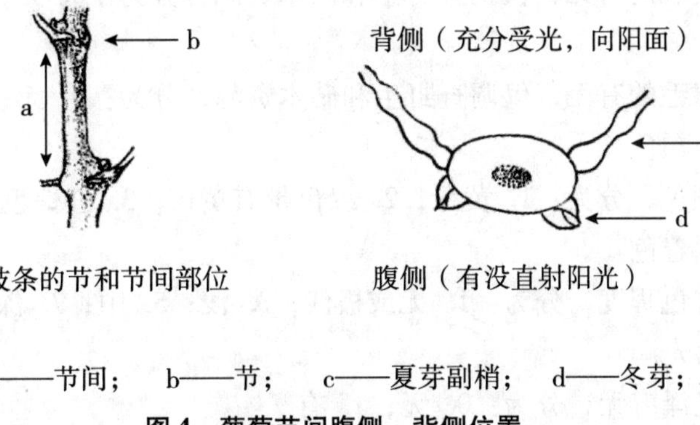


说明：

a——节间；　b——节；　c——夏芽副梢；　d——冬芽；

**图4　葡萄节间腹侧、背侧位置**

4.2.13　节间背侧颜色

新梢中部节间背侧（位置见图4）着色类型，分为：1. 绿；2. 绿带红条带；3. 红。

4.2.14　冬芽花青素着色

新梢中部冬芽（位置见图4）的着色程度，分为：1. 无或极浅；3. 浅；5. 中；7. 深；9. 极深。

4.2.15　枝条表面形状

一年生成熟枝条中部节间表面形态（见图5），分为：1. 光滑；2. 罗纹（呈肋状）；3. 条纹（有细槽）；4. 棱角。

4.2.16　枝条表面颜色

一年生成熟枝条中部节间表面颜色，分为：1. 黄；2. 黄褐；3. 暗褐；4. 红褐；5. 紫。

4.2.17　枝条横截面形状

一年生成熟枝条中部节间的中部横截面形状，分为：1. 近圆形；2. 椭圆形；3. 扁椭圆形。

4.2.18　枝条节间长度

一年生成熟枝条中部节与节之间的长度，单位为厘米（cm）。

4.2.19　枝条节间粗度

一年生成熟枝条中部节间的中部粗度，单位为厘米（cm）。

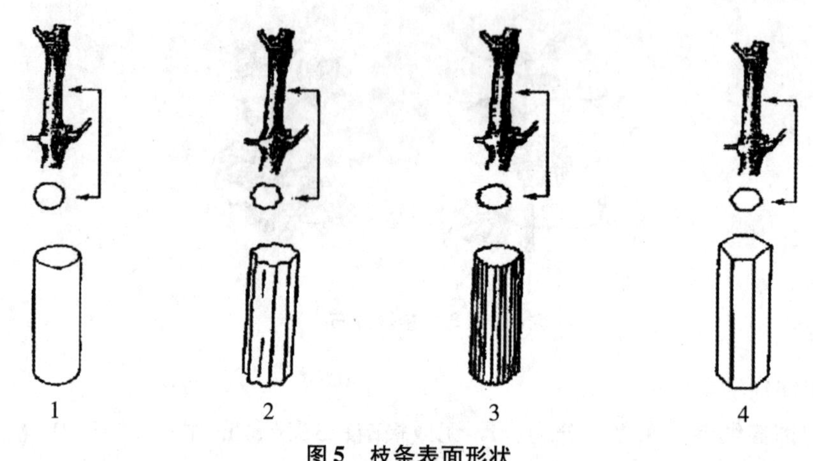


图5　枝条表面形状

4.2.20　枝条皮孔

一年生成熟枝条上皮孔的有无，仅调查野生和砧木资源，分为：0. 无；1. 有。

4.2.21　枝条皮刺

一年生成熟枝条上皮刺的有无，仅调查野生和砧木资源，分为：0. 无；1. 有。

4.2.22　枝条腺毛

一年生成熟枝条上腺毛的有无，仅调查野生和砧木资源，分为：0. 无；1. 有。

4.2.23　幼叶上表面颜色

嫩梢上幼叶上表面颜色，分为：1. 黄绿；2. 绿色带有黄斑；3. 红棕色；4. 酒红色。

4.2.24　幼叶花青素着色

嫩梢上幼叶花青素着色程度，分为：1. 无或极浅；3. 浅；5. 中；7. 深；9. 极深。

4.2.25　幼叶上表面光泽

嫩梢上幼叶上表面光泽有无，分为：0. 无；1. 有。

4.2.26　幼叶下表面脉间匍匐绒毛

嫩梢上幼叶下表面主脉间匍匐绒毛的密度，分为：1. 无或极疏；3. 疏；5. 中；7. 密；9. 极密。

4.2.27　幼叶下表面脉间直立绒毛

嫩梢幼叶下表面主脉间直立绒毛的密度，分为：1. 无或极疏；3. 疏；5. 中；7. 密；9. 极密。

4.2.28　幼叶下表面主脉上匍匐绒毛

嫩梢上幼叶下表面主脉上匍匐绒毛的密度，分为：1. 无或极疏；3. 疏；5. 中；7. 密；9. 极密。

4.2.29　幼叶下表面主脉上直立绒毛

嫩梢幼叶下表面主脉上直立的绒毛，分为：1. 无或极疏；3. 疏；5. 中；7. 密；9. 极密。

4.2.30　叶型

成龄叶片的单、复性，分为：1. 单叶；2. 复叶。

4.2.31　叶形

成龄叶片的形状（见图6），分为：1. 心脏形；2. 楔形；3. 五角形；4. 近圆形；5. 肾形。

4.2.32　叶上表面颜色

成龄叶上表面的颜色，分为：1. 黄绿；3. 灰绿；5. 绿；7. 墨绿。

4.2.33　叶上表面主脉花青素着色

成龄叶上表面主要叶脉花青素着色程度，分为1. 无或极浅；3. 浅；5. 中；7. 深；9. 极深。

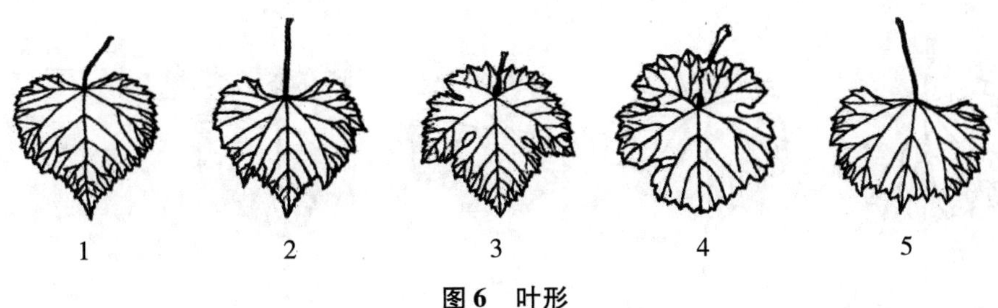


图6　叶形

4.2.34　叶下表面主脉花青素着色

成龄叶下表面主要叶脉花青素着色程度，分为：1. 无或极浅；3. 浅；5. 中；7. 深；9. 极深。

4.2.35　叶柄长度

新梢中部成龄叶叶柄的长度（见图7），单位为厘米（cm）。

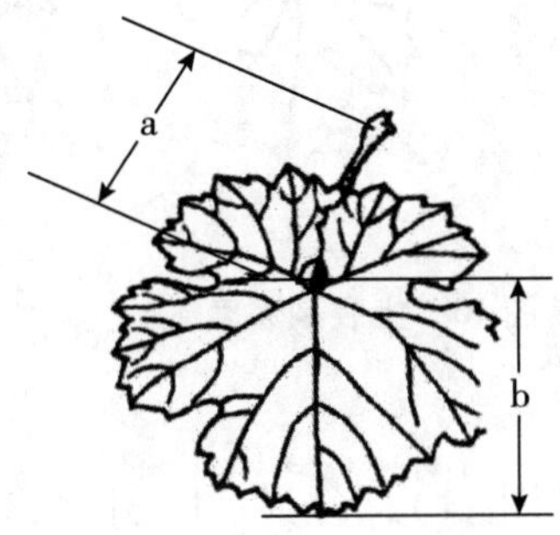


说明：

a——叶柄长度；　b——中脉长度。

图7　叶柄长度和中脉长度

4.2.36　中脉长度

新梢中部成龄叶中脉的长度（见图7），单位为厘米（cm）。

4.2.37　叶宽度

新梢中部成龄叶中部的宽度，单位为厘米（cm）。

4.2.38　叶横截面形状

新梢中部成龄叶片横截面的形状（见图8），分为：1. 平；2. V形；3. 内卷；4. 外卷；5. 波状。

图8　叶横截面形状

4.2.39　裂片数

新梢中部成龄叶裂片数（见图9），分为：1. 全缘；2. 三裂；3. 五裂；4. 七裂；5. 多于七裂。

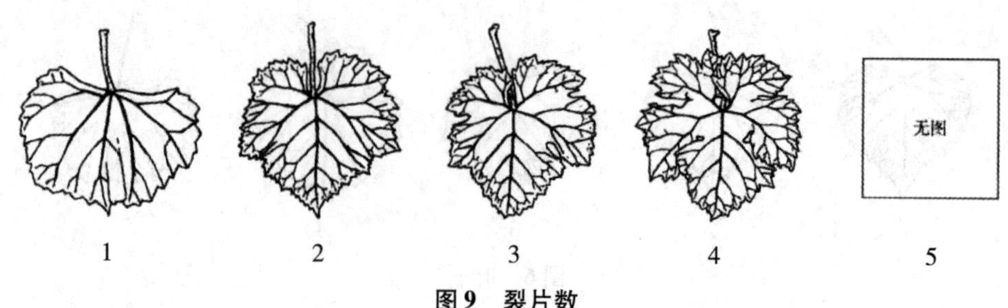


**图 9　裂片数**

4.2.40　上裂刻深度

新梢中部成龄叶上裂刻深度（见图 10），分为：1. 极浅；2. 浅；3. 中；4. 深；5. 极深。

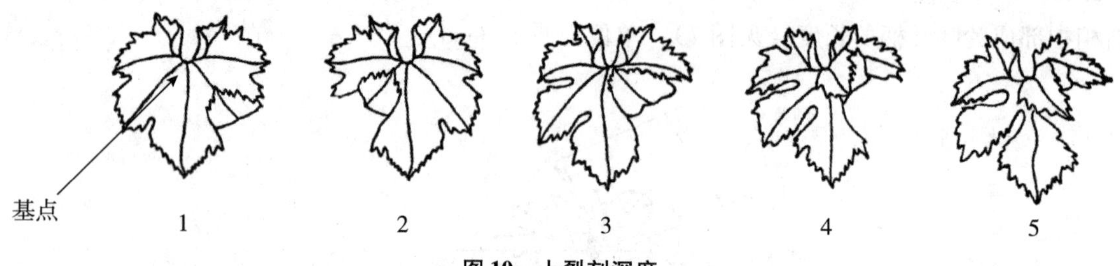


**图 10　上裂刻深度**

4.2.41　上裂刻开叠类型

新梢中部成龄叶上裂刻开叠类型（见图 11），分为：1. 开张；2. 闭合；3. 轻度重叠；4. 高度重叠。

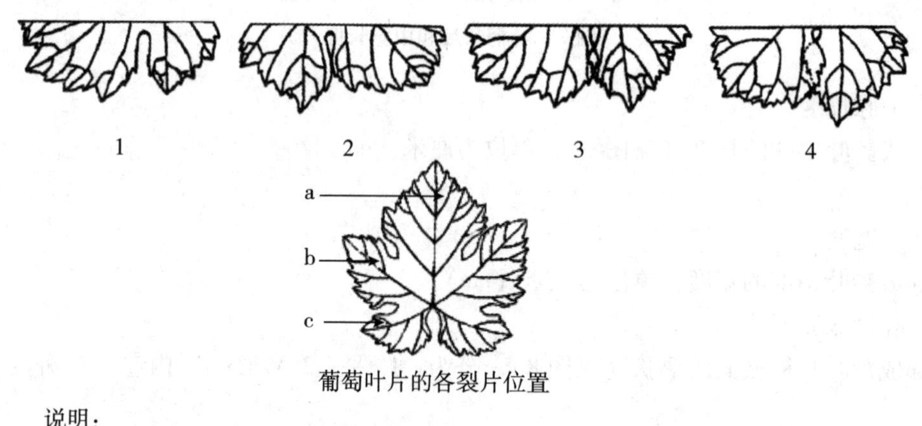


葡萄叶片的各裂片位置

说明：

a——中央裂片；　b——上侧裂片；　c——下侧裂片。

**图 11　上裂刻开叠类型**

4.2.42　上裂刻基部形状

新梢中部成龄叶上裂刻叶基部形状（见图 12），分为：1. U 形；2. V 形。

4.2.43　叶柄洼开叠类型

新梢中部成龄叶叶柄洼开叠类型（见图 13），分为：1. 极开张；2. 开张；3. 半开张；4. 轻度开张；5. 闭合；6. 轻度重叠；7. 中度重叠；8. 高度重叠；9. 极度重叠。

4.2.44　叶柄洼基部形状

新梢中部成龄叶叶柄洼基部形状（见图 14），分为：1. U 形；2. V 形。

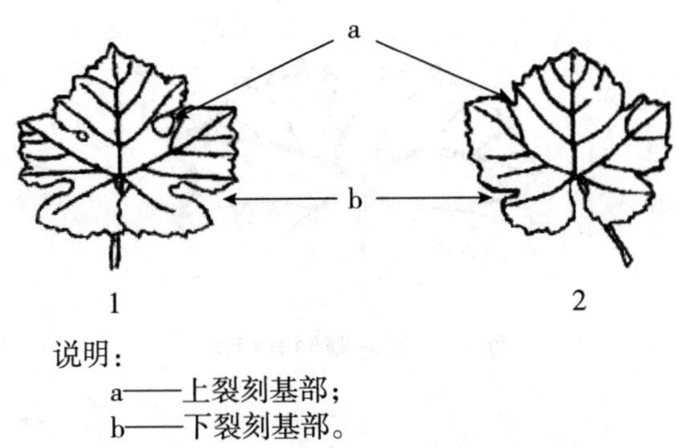


说明：

a——上裂刻基部；

b——下裂刻基部。

**图 12 成龄叶片上裂刻基部形状**

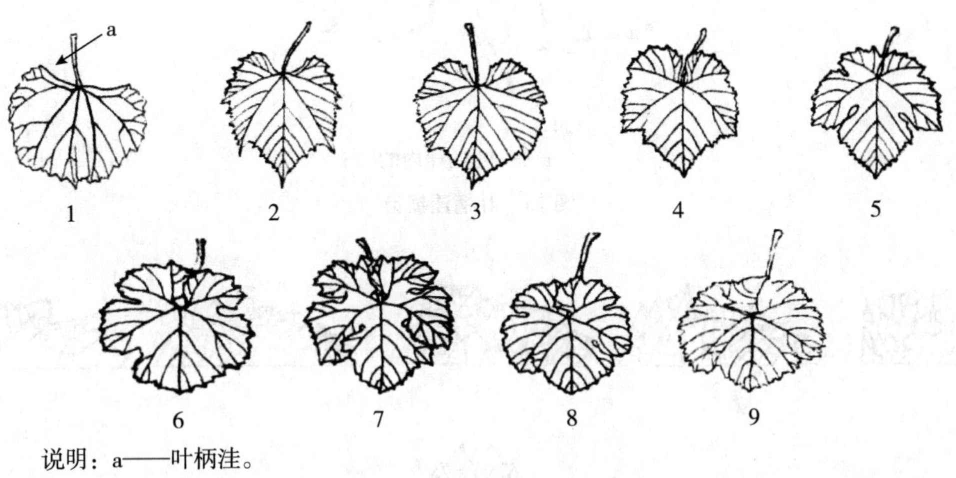


说明：a——叶柄洼。

**图 13 叶柄洼开叠类型**

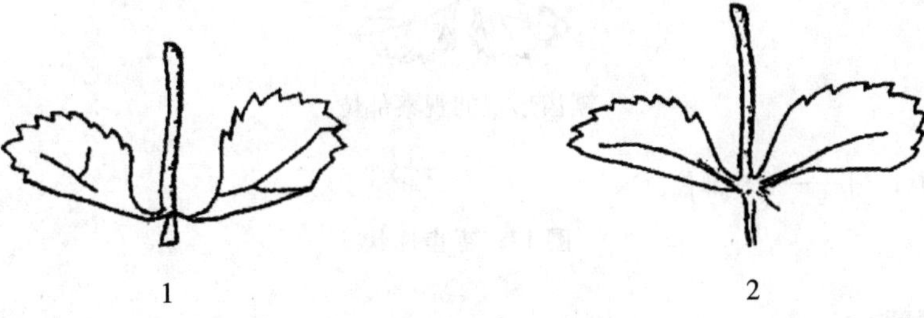


**图 14 叶柄洼基部形状**

4. 2. 45 叶脉限制叶柄洼

新梢中部成龄叶叶柄洼部分叶缘是否由叶脉限制（见图 15），分为：0. 不限制；1. 限制。

4. 2. 46 叶柄洼锯齿

新梢中部成龄叶叶柄洼内锯齿的有无（见图 16），分为：0. 无；1. 有。

4. 2. 47 锯齿形状

新梢中部成龄叶主裂片的锯齿两侧形状（见图 17），分为：1. 双侧凹；2. 双侧直；3. 双侧凸；4. 一侧凹，一侧凸；5. 两侧直与两侧凸皆有。

4. 2. 48 锯齿长度

新梢中部成龄叶主裂片上最大锯齿的长度，精确到 0. 01cm。

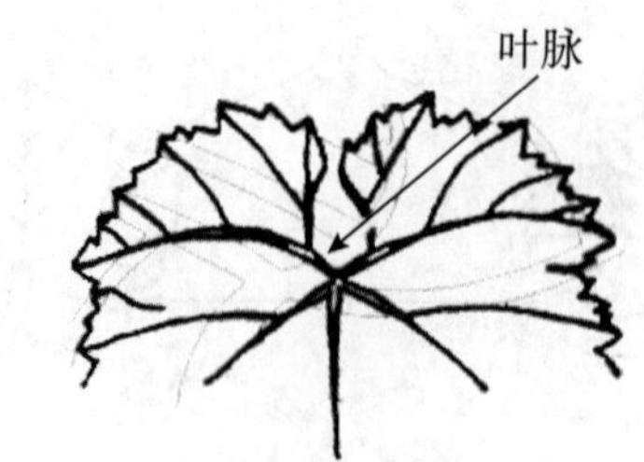


**图 15　叶脉限制叶柄洼**

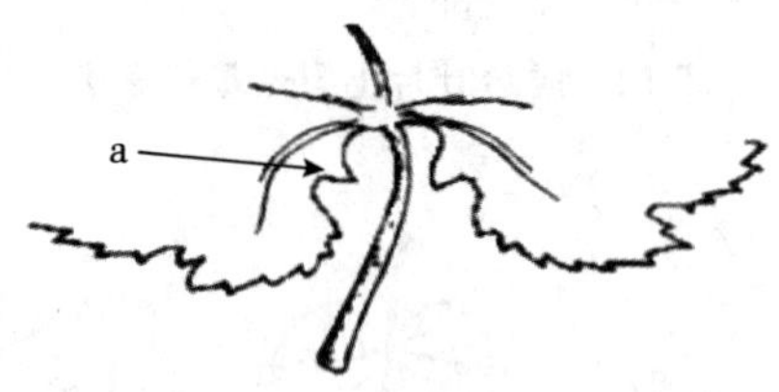


说明：

a——叶柄洼内的锯。

**图 16　叶柄洼锯齿**

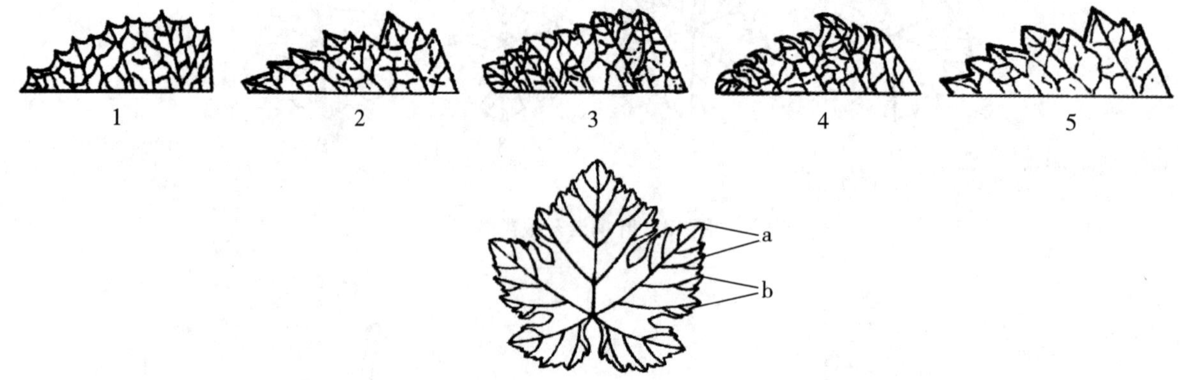


锯齿形状的观察部位

说明：

a——锯齿形状；　b——观察部位。

**图 17　锯齿形状**

4.2.49　锯齿宽度

新梢中部成龄叶主裂片上最大锯齿的基部宽度，精确到0.01cm。

4.2.50　叶上表面泡状凸起

新梢中部成龄叶上表面泡状凸起状况，分为1. 无或极弱；3. 弱；5. 中；7. 强；9. 极强。

4.2.51　叶下表面脉间匍匐绒毛

新梢中部成龄叶叶下表面主脉间匍匐绒毛的密度，分为：1. 无或极疏；3. 疏；5. 中；7. 密；9. 极密。

4.2.52　叶下表面脉间直立绒毛

新梢中部成龄叶主脉间直立绒毛的密度，分为：1. 无或极疏；3. 疏；5. 中；7. 密；9. 极密。

4.2.53　叶下表面主脉上匍匐绒毛

新梢中部成龄叶主脉上匍匐绒毛的密度，分为：1. 无或极疏；3. 疏；5. 中；7. 密；9. 极密。

4.2.54 叶下表面主脉上直立绒毛

新梢中部成龄叶下表面主脉上直立绒毛的密度，分为：1. 无或极稀；3. 稀；5. 中；7. 密；9. 极密。

4.2.55 叶柄匍匐绒毛

新梢中部成龄叶叶柄上匍匐绒毛的密度，分为：1. 无或极疏；3. 疏；5. 中；7. 密；9. 极密。

4.2.56 叶柄直立绒毛

新梢中部成龄叶叶柄上直立绒毛的密度，分为：1. 无或极疏；3. 疏；5. 中；7. 密；9. 极密。

4.2.57 秋叶颜色

秋季落叶前叶片的颜色，分为：1. 黄；2. 浅红；3. 红；4. 暗红；5. 红紫。

4.2.58 花器类型

花中雄蕊和雌蕊的发育状况（见图18），分为：1. 雄花；2. 两性花；3. 雌性花。

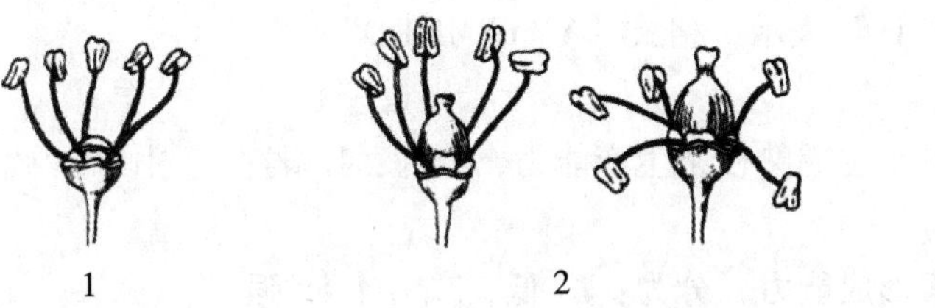


**图18 花器类型**

4.2.59 染色体倍数性

体细胞内染色体组数，分为：1. 二倍体（$2n=2x=38$）；2. 三倍体（$2n=3x=57$）；3. 四倍体（$2n=4x=76$）；4. 非整倍体（染色体缺失类型）。

## 4.3 生物学特性

4.3.1 生长势

葡萄树体生长发育的旺盛程度，玫瑰香树势为中，以此为参照，分为：1. 极弱；3. 弱；5. 中；7. 强；9. 极强。

4.3.2 萌芽率

萌芽数占总芽数的百分数，精确到0.1%。

4.3.3 结果新梢百分率

结果新梢占所有新梢的百分数，精确到0.1%。

4.3.4 结实系数

每个结果新梢上的平均果穗数，精确到0.1个。

4.3.5 产量

单位面积上资源植株所负载果实的重量，单位为千克每666.7平方米（$kg/666.7\ m^2$）。

4.3.6 萌芽始期

约5%的芽眼的鳞片开始裂开，绒毛覆盖层破裂，漏出绒球的日期，以“年月日”表示，格式“YYYYMMDD”。

4.3.7 开花始期

约有5%花朵开放的日期，以“年月日”表示，格式“YYYYMMDD”。

4.3.8　盛花期

约有50%花朵开放的日期，以“年月日”表示，格式“YYYYMMDD”。

4.3.9　浆果开始生长期

约有95%的花朵开过的落花期为浆果开始生长期，以“年月日”表示，格式“YYYYMMDD”。

4.3.10　浆果始熟期

约有5%浆果的绿色开始减退、变软或开始有弹性的日期，以“年月日”表示，格式“YYYYMM-DD”。

4.3.11　浆果生理完熟期

约有95%的果实表现出该品种固有的性状，种子变褐的日期，以“年月日”表示，格式“YYYYMM - DD”。

4.3.12　新梢始熟期

约有5%的新梢基部2节~3节的表皮已木栓化，用手指不能刻伤，颜色呈黄褐色时，即表示该植株的新梢已开始成熟。以“年月日”表示，格式“YYYYMMDD”。

4.3.13　产条能力

砧木品种符合扦插要求的一年生成熟枝条生产能力，分为：1. 弱；3. 中；5. 强。

4.3.14　愈伤组织形成能力

一年生成熟枝条的愈伤组织形成能力，分为：1. 低；3. 中；5. 强。

4.3.15　不定根形成能力

一年生成熟枝条的不定根形成能力，单位为条每支（条/枝）。

## 4.4　果实性状

4.4.1　果穗形状

果穗主体部分的自然形状（见图19），分为：1. 圆柱形；2. 圆锥形；3. 分枝形。

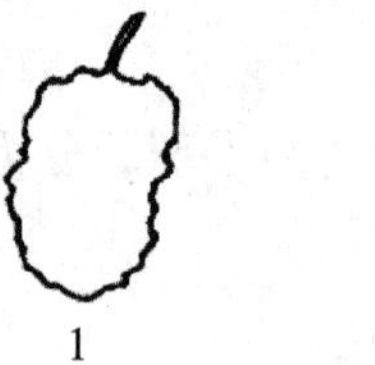

1　2　3

**图19　果穗形状**

4.4.2　果穗歧肩

歧肩是果穗在近穗梗端突出部分（见图20），分为：0. 无；1. 单歧肩；2. 双歧肩；3. 多歧肩。

0　1　2　3

**图20　果穗歧肩**

4.4.3　果穗副穗

果穗上副穗的有无（见图21），分为：0. 无；1. 有。

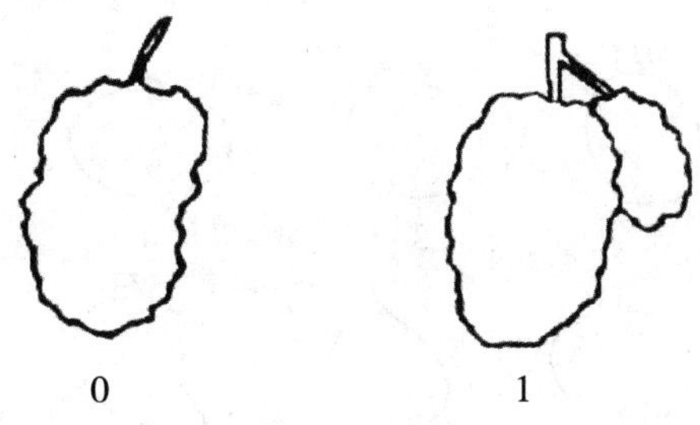


图 21　果穗副穗

4.4.4　穗梗长度

从结果新梢上穗梗着生点至果穗第一分枝的长度，精确到 0.1cm。

4.4.5　果穗长度

果穗的长度（见图 22），精确到 0.1cm。

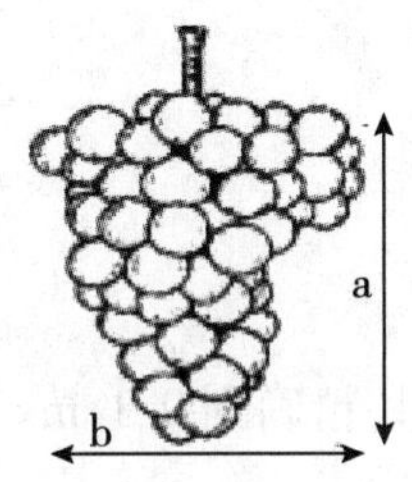


说明：

a——果穗长度；

b——果穗宽度（不包括副穗）。

图 22　果穗长度和果穗宽度

4.4.6　果穗宽度

果穗的宽度（见图 22），精确到 0.1cm。

4.4.7　穗重

单个成熟果穗的重量，精确到 0.1g。

4.4.8　果穗紧密度

同一果穗上果粒之间的紧密程度，分为：1. 极疏；3. 疏；5. 中；7. 紧；9. 极紧。

4.4.9　果粒成熟一致性

同一果穗上不同果粒之间成熟度的差异，分为：1. 不一致；2. 一致。

4.4.10　果梗与果粒分离难易

度梗与果粒分离开的难易程度，分为：1. 难；2. 易。

4.4.11　果粒形状

单个成熟果粒的形状（见图 23），分为：1. 长圆形；2. 长椭圆形；3. 椭圆形；4. 圆形；5. 扁圆形；6. 鸡心形；7. 钝卵圆形；8. 倒卵圆形；9. 弯形；10. 束腰型。

4.4.12　果粉厚度

成熟果粒果皮上果粉的多少，分为：1. 薄；3. 中；5. 厚。

4.4.13　果皮颜色

成熟果粒抹去果粉后的果皮颜色，分为：1. 黄绿 ~ 绿黄；2. 粉红；3. 红；4. 紫红 ~ 红紫；

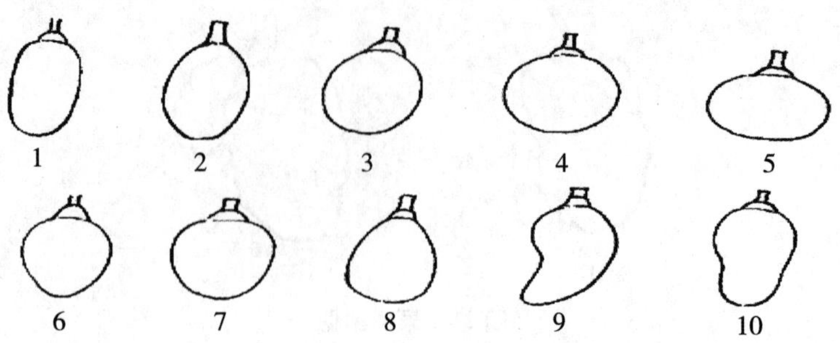


**图 23　果粒形状**

5. 蓝黑。

4.4.14　果粒整齐度

同一果穗上不同果粒之间的大小、形状和颜色的一致性，分为：1. 整齐；2. 不整齐；3. 有小青粒。

4.4.15　果粒重量

单个成熟果粒的重量，单位为克（g）。

4.4.16　果粒纵径

成熟果粒剪掉果柄的果粒纵径（见图 24），精确到 0.1cm。

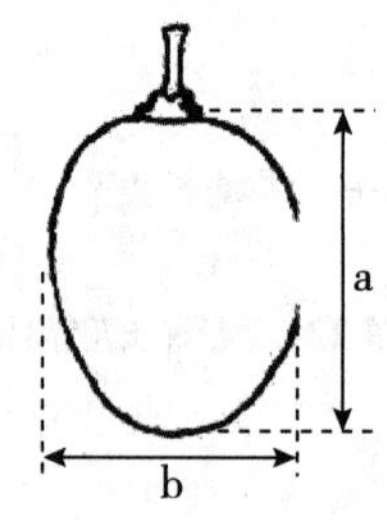


说明：
a——果粒纵径；
b——果粒横径。

**图 24　果粒纵径和果粒横径**

4.4.17　果粒横径

成熟果粒的横径（见图 24），精确到 0.1cm。

4.4.18　果梗长度

成熟果粒的果梗长度，精确到 0.1cm。

4.4.19　种子发育状态

成熟果粒中种子的发育状态，分为：1. 无（无籽）；2. 败育（有软种皮，胚、胚乳发育不充分）；3. 残核（有木质化的种皮，胚、胚乳发育不充分）；4. 种子充分发育（种子饱满，胚、胚乳发育完全）。

4.4.20　种子粒数

成熟果粒的种子粒数，表述为 $n_1 \sim n_2$（$n$）。其中，$n_1$ 为该种质果粒内最少种子粒数，$n_2$ 为果粒内最多种子粒数，$n$ 为大多数果粒的种子粒数。

4.4.21　种子外表横沟

成熟果粒种子外表的横沟有无，分为：0. 无；1. 有。

4.4.22 种脐

成熟期果粒种子种脐的有无或明显程度，分为：0. 不明显；1. 明显。

4.4.23 百粒种子重

充分成熟果粒的种子晾干后，100 粒种子的重量，精确到 0.1 g。

4.4.24 种子长度

充分成熟果粒的种子晾干后，单个种子的长度，单位为毫米（mm）。

4.4.25 种子宽度

充分成熟果粒的种子晾干后，单个种子的宽度，单位为毫米（mm）。

4.4.26 果皮厚度

成熟果粒的果皮厚度，分为：1. 薄；3. 中；5. 厚。

4.4.27 果皮涩味

成熟果粒口感果皮涩味的有无或强弱，分为：1. 弱；3. 中；5. 强。

4.4.28 果汁颜色

成熟果粒果肉汁液的颜色，分为：1. 无或极浅；3. 浅；5. 中；7. 深；9. 极深。

4.4.29 果肉颜色

成熟果粒果肉横截面颜色的深浅，分为：1. 无或极浅；3. 浅；5. 中；7. 深；9. 极深。

4.4.30 果肉汁液多少

成熟果粒果肉汁液的多少，分为：1. 少；3. 中；5. 多。

4.4.31 果肉香味类型

成熟果粒果肉香味有无及类型，分为：1. 无；2. 玫瑰香味；3. 草莓香味；4. 狐臭味；5. 青草味；6. 其他。

4.4.32 果肉香味程度

成熟果粒果肉的香味程度，分为：1. 淡；3. 中；5. 浓。

4.4.33 果肉质地

成熟果粒果肉的质地，分为 1. 溶质；2. 软；3. 较脆；4. 脆；5. 有肉囊。

4.4.34 果肉硬度

成熟果粒果肉的质地，分为：1. 软；3. 较软；5. 中；7. 较硬；9. 硬。

4.4.35 可溶性固形物含量

成熟果粒果肉的可溶性固形物的含量，精确到 0.1%。

4.4.36 可溶性糖含量

成熟果粒果肉的可溶性糖含量，精确到 0.1%。

4.4.37 可滴定酸含量

成熟果粒果肉的可滴定酸含量，精确到 0.1%。

4.4.38 出汁率

酿酒和制汁用种质成熟果粒在压榨条件下出汁率的高低，精确到 0.1%。

### 4.5 抗性性状

4.5.1 耐寒性

树体对低温的忍耐或抵抗能力。根据受害程度，分为：1. 极强（植株生长正常，未发生冻害）；3. 强（枝干韧皮部轻微受冻，少量枝条萌芽晚，萌芽不整齐，生长势弱）；5. 中（枝干韧皮部分变褐死亡，大部分枝条萌芽晚，萌芽不整齐，新梢瘦弱，叶片畸形黄化）；7. 弱（枝干冻害严重，部分枝条枯死）；9. 极弱（全树枯死）。

4.5.2 耐盐性

树体对盐害的忍耐或抵抗能力。根据受害程度，分为：1. 极强（植株生长正常，未表现出任何盐害症状）；3. 强（植株整体生长正常，部分叶片的叶尖、叶缘或叶脉变黄）；5. 中（植株生长势变弱，出现大面积叶片黄化）；7. 弱（植株生长停滞，部分枝条死亡，叶片焦枯）；9. 极弱（全树枯死）。

4.5.3 耐碱性

树体对高 pH 土壤的忍耐或抵抗能力。根据受害程度，分为：1. 极强（植株生长正常，未表现出任何碱害症状）；3. 强（植株整体生长正常，部分叶片出现失绿斑）；5. 中（植株生长势变弱，出现大面积叶片黄化）；7. 弱（植株生长停滞，部分枝条死亡，叶片焦枯）；9. 极弱（全树枯死）。

4.5.4 葡萄白腐病抗性

葡萄种质对白腐病［White rot，*Coniothyrium diplodiella*（Speg.）Sacc.］的抗性程度。依据病情指数，抗性分为：1. 高抗（HR）（病情指数≤5）；3. 抗病（R）（10<病情指数≤15）；5. 中抗（MR）（20<病情指数≤30）；7. 感病（S）（40<病情指数≤50）；9. 高感（HS）（病情指数>60）。

4.5.5 葡萄霜霉病抗性

葡萄种质对霜霉病［Downey mildew，*Plasmopara viticola*（Berk. & Curtis.）Berl & de Toni］的抗性程度。依据病情指数，抗性分为：1. 高抗（HR）（病情指数≤5）；3. 抗病（R）（10<病情指数≤15）；5. 中抗（MR）（20<病情指数≤30）；7. 感病（S）（40<病情指数≤50）；9. 高感（HS）（病情指数>60）。

4.5.6 葡萄黑痘病抗性

葡萄种质对黑痘病（*Sphacelomo ampelinum* de Bary.）的抗性程度。依据病情指数，抗性分为：1. 高抗（HR）（病情指数≤5）；3. 抗病（R）（10<病情指数≤15）；5. 中抗（MR）（20<病情指数≤30）；7. 感病（S）（40<病情指数≤50）；9. 高感（HS）（病情指数>60）。

4.5.7 葡萄炭疽病抗性

葡萄种质对炭疽病［*Glomerella cingulata*（ston.）Spauld. et Schrenk］的抗性程度。依据病情指数，抗性分为：1. 高抗（HR）（病情指数≤5）；3. 抗病（R）（10<病情指数≤15）；5. 中抗（MR）（20<病情指数≤30）；7. 感病（S）（35<病情指数≤40）；9. 高感（HS）（病情指数>45）。

4.5.8 葡萄白粉病抗性

葡萄种质对葡萄白粉病（Podwer mildew，*Uncinula necator* Burr.）的抗性程度。依据病情指数，抗性分为：1. 高抗（HR）（病情指数≤5）；3. 抗病（R）（10<病情指数≤15）；5. 中抗（MR）（20<病情指数≤30）；7. 感病（S）（40<病情指数≤50）；9. 高感（HS）（病情指数>60）。

4.5.9 葡萄根瘤蚜抗性

葡萄种质对根瘤蚜（*Phylloxera vastatrix* Planchon）的抗性程度。依据葡萄根瘤蚜孵化、发育程度，抗性分为：1. 高抗（根瘤蚜接种后，卵孵化后很快死亡）；3. 抗病（根瘤蚜接种后，无法完成世代更替）；5. 中抗（根瘤蚜可以存活，但发育迟缓，龄期变长）；7. 感病（根瘤蚜可以正常生长，完成世代更替）。

4.5.10 根结线虫抗性

葡萄对根结线虫（Root－not nematodes，*Meloidogyne incognita*）的抗性程度。根据危害症状，依据病情指数，抗性分为：1. 高抗（HR）（病情指数为0）；3. 抗病（MR）（10<病情指数≤20）；5. 感病（HS）（40<病情指数≤60）；7. 高感（病情指数>60）。

ICS 67.160.10
X 60

# 中华人民共和国农业行业标准

NY/T 274—2014
代替 NY/T 274—2004

# 绿色食品　葡萄酒

Green food—Wine

2014-10-17 发布　　2015-01-01 实施

中华人民共和国农业部　发布

# 前　言

本标准按照 GB/T 1.1—2009 给出的规则起草。

本标准代替 NY/T 274—2004《绿色食品 葡萄酒》。与 NY/T 274—2004 相比，除编辑性修改外，主要技术变化如下：

——增加了术语和定义；

——要求中增加了所有产品中均不得添加合成着色剂、甜味剂、香精、增稠剂的要求；

——滴定酸（总酸）指标改为以实测值表示；容量偏差指标改为净含量要求；

——删除了砷、黄曲霉毒素 $B_1$、志贺氏菌、溶血性链球菌项目和指标；

——增加了甲醇、柠檬酸、糖精钠、环己氨基磺酸钠（甜蜜素）、乙酰磺胺酸钾（安赛蜜）、多菌灵、甲霜灵、呋喃丹、氧化乐果、合成着色剂、诱惑红项目和指标。

本标准由农业部农产品质量安全监管局提出。

本标准由中国绿色食品发展中心归口。

本标准起草单位：农业部食品质量监督检验测试中心（济南）、山东省标准化研究院。

本标准主要起草人：滕葳、李倩、柳琪、张树秋、王磊、王玉涛、丁蕊艳。

本标准的历次版本发布情况为：

——NY/T 274—2004。

# 绿色食品　葡萄酒

## 1　范围

本标准规定了绿色食品葡萄酒的术语和定义、分类、要求、检验规则、标志和标签、包装、运输和贮存。

本标准适用于经发酵等工艺酿制而成的绿色食品葡萄酒。

## 2　规范性引用文件

下列文件对于本文件的应用是必不可少的。凡是注日期的引用文件，仅注日期的版本适用于本文件。凡是不注日期的引用文件，其最新版本（包括所有的修改单）适用于本文件。

GB/T 191　包装储运图示标志

GB 4789.1　食品安全国家标准　食品微生物学检验　总则

GB 4789.2　食品安全国家标准　食品微生物学检验　菌落总数测定

GB 4789.3　食品安全国家标准　食品微生物学检验　大肠菌群计数

GB 4789.4　食品安全国家标准　食品微生物学检验　沙门氏菌检验

GB 4789.10　食品安全国家标准　食品微生物学检验　金黄色葡萄球菌检验

GB 5009.12　食品安全国家标准　食品中铅的测定
GB/T 5009.28　食品中糖精钠的测定
GB/T 5009.35　食品中合成着色剂的测定
GB/T 5009.97　食品中环己氨基磺酸钠的测定
GB/T 5009.140　饮料中乙酰磺胺酸钾的测定
GB/T 5009.141　食品中诱惑红的测定
GB 7718　食品安全国家标准　预包装食品标签通则
GB 10344　预包装饮料酒标签通则
GB 12696　葡萄酒厂卫生规范
GB 15037　葡萄酒
GB/T 15038　葡萄酒、果酒通用试验方法
GB/T 23206　果蔬汁、果酒中512种农药及相关化学品残留量的测定　液相色谱—串联质谱法
GB/T 23495　食品中苯甲酸、山梨酸和糖精钠的测定　高效液相色谱法
JJF 1070　定量包装商品净含量计量检验规则
NY/T 392　绿色食品　食品添加剂使用准则
NY/T 658　绿色食品　包装通用准则
NY/T 1055　绿色食品　产品检验规则
NY/T 1056　绿色食品　贮藏运输准则
国家质量监督检验检疫总局令2005年第75号　定量包装商品计量监督管理办法
中国绿色食品商标标志设计使用规范手册

## 3　术语和定义

GB 15037界定的术语和定义适用于本文件。

## 4　分类

### 4.1　按色泽分

4.1.1　白葡萄酒
4.1.2　桃红葡萄酒
4.1.3　红葡萄酒

### 4.2　按含糖量分

4.2.1　干葡萄酒
4.2.2　半干葡萄酒
4.2.3　半甜葡萄酒
4.2.4　甜葡萄酒

### 4.3　按二氧化碳含量分

4.3.1　平静葡萄酒

4.3.2　起泡葡萄酒

4.3.2.1　高泡葡萄酒

4.3.2.2　低泡葡萄酒

## 5　要求

### 5.1　原料要求

5.1.1　原料应符合绿色食品标准规定。

5.1.2　食品添加剂应符合 NY/T 392 的规定。

### 5.2　生产过程

应符合 GB 12696 的规定。

### 5.3　感官要求

应符合表 1 的规定。

**表 1　　感官要求**

<table>
<tr><th>项　目</th><th>品　种</th><th>要　求</th><th>检验方法</th></tr>
<tr><td rowspan="3">色泽</td><td>白葡萄酒</td><td>近似无色、微黄带绿、浅黄、禾杆黄、金黄色</td><td rowspan="11">GB/T 15038</td></tr>
<tr><td>红葡萄酒</td><td>紫红、深红、宝石红、红微带棕色、棕红色</td></tr>
<tr><td>桃红葡萄酒</td><td>桃红、淡玫瑰红、浅红色</td></tr>
<tr><td>澄清程度</td><td colspan="2">澄清、有光泽，无明显悬浮物（使用软木塞封口的酒允许有 3 个以下不大于 1mm 的软木渣，装瓶超过 18 个月的红葡萄酒允许有少量沉淀）</td></tr>
<tr><td>起泡程度</td><td colspan="2">起泡葡萄酒注入杯中时，应有细微的串珠状气泡升起，并有一定的持续性</td></tr>
<tr><td>香气</td><td colspan="2">具有纯正、浓郁、优雅、怡悦、和谐的果香与酒香，陈酿型的葡萄酒还应具有陈酿香。加香葡萄酒还应有和谐的芳香植物香</td></tr>
<tr><td rowspan="3">滋味</td><td>干、半干葡萄酒</td><td>具有纯正、优雅、爽怡的口味和新鲜悦人的果香味，酒体丰满、完整、回味绵长</td></tr>
<tr><td>甜、半甜葡萄酒</td><td>具有甘甜醇厚的口味和陈酿的酒香味，酸甜协调，酒体丰满、完整、回味绵长</td></tr>
<tr><td>起泡葡萄酒</td><td>具有清新、优美、醇正、和谐、悦人的口味和发酵起泡酒的特有香味，有杀口力<br>加香葡萄酒具有醇厚、爽舒的口味和谐调的芳香植物香味，酒体丰满、完整</td></tr>
<tr><td>典型性</td><td colspan="2">具有标示的葡萄品种及产品类型应有的特征和风格</td></tr>
</table>

### 5.4　理化指标

应符合表 2 的规定。

**表 2　　　　理化指标**

<table>
<tr><th colspan="3">项　目</th><th>指　标</th><th>检验方法</th></tr>
<tr><td colspan="3">酒精度[a]（20 ℃）,% vol</td><td>≥8.0</td><td rowspan="9">GB/T 15038</td></tr>
<tr><td rowspan="8">总糖[d]（以葡萄糖计），g/L</td><td rowspan="8">平静葡萄酒<br>低泡葡萄酒</td><td rowspan="2">干葡萄酒[b]</td><td>≤4.0</td></tr>
<tr><td>≤9.0<br>［总糖与滴定酸（以酒石酸计）的差值小于或等于 2.0g/L 时］</td></tr>
<tr><td rowspan="2">半干葡萄酒[c]</td><td>4.1～12.0</td></tr>
<tr><td>12.1～18.0<br>［总糖与滴定酸（以酒石酸计）的差值小于或等于 2.0g/L 时］</td></tr>
<tr><td>半甜葡萄酒</td><td>12.1～45.0</td></tr>
<tr><td>甜葡萄酒</td><td>≥45.1</td></tr>
<tr style="display:none"></tr>
<tr style="display:none"></tr>
<tr><td rowspan="5">总糖[d]（以葡萄糖计），g/L</td><td rowspan="5">高泡葡萄酒</td><td>天然型高泡葡萄酒</td><td>≤12.0（允许差为 3.0）</td><td rowspan="21">GB/T 15038</td></tr>
<tr><td>绝干型高泡葡萄酒</td><td>12.1～17.0（允许差为 3.0）</td></tr>
<tr><td>干型高泡葡萄酒</td><td>17.1～32.0（允许差为 3.0）</td></tr>
<tr><td>半干型高泡葡萄酒</td><td>32.1～50.0</td></tr>
<tr><td>甜型高泡葡萄酒</td><td>≥50.1</td></tr>
<tr><td rowspan="3">干浸出物，g/L</td><td colspan="2">白葡萄酒</td><td>≥16.0</td></tr>
<tr><td colspan="2">桃红葡萄酒</td><td>≥17.0</td></tr>
<tr><td colspan="2">红葡萄酒</td><td>≥18.0</td></tr>
<tr><td colspan="3">挥发酸（以乙酸计），g/L</td><td>≤1.0</td></tr>
<tr><td rowspan="2">柠檬酸，g/L</td><td colspan="2">干、半干、半甜葡萄酒</td><td>≤1.0</td></tr>
<tr><td colspan="2">甜葡萄酒</td><td>≤2.0</td></tr>
<tr><td rowspan="4">二氧化碳（20 ℃），MPa</td><td rowspan="2">低泡葡萄酒</td><td><250 mL/瓶</td><td>0.05～0.29</td></tr>
<tr><td>≥250 mL/瓶</td><td>0.05～0.34</td></tr>
<tr><td rowspan="2">高泡葡萄酒</td><td><250 mL/瓶</td><td>≥0.30</td></tr>
<tr><td>≥250 mL/瓶</td><td>≥0.35</td></tr>
<tr><td colspan="3">铁（以 Fe 计），mg/L</td><td>≤8.0</td></tr>
<tr><td colspan="3">铜（以 Cu 计），mg/L</td><td>≤0.5</td></tr>
<tr><td rowspan="2">甲醇，mg/L</td><td colspan="2">白、桃红葡萄酒</td><td>≤250</td></tr>
<tr><td colspan="2">红葡萄酒</td><td>≤400</td></tr>
</table>

总酸（以酒石酸计，g/L）不作要求，以实测值表示；检验方法按 GB/T 15038 规定执行。

特种葡萄酒按相应的产品标准执行。

（续表）

| 项　目 | 指　标 | 检验方法 |
|---|---|---|

[a] 酒精度标签标示值与实测值不得超过 ±1.0%（% vol）。
[b] 当总糖与总酸（以酒石酸计）的差值小于或等于 2.0 g/L 时，含糖量最高为 9.0 g/L。
[c] 当总糖与总酸（以酒石酸计）的差值小于或等于 2.0 g/L 时，含糖量最高为 18.0 g/L 。
[d] 低泡葡萄酒总糖的要求同平静葡萄酒。

### 5.5　污染物、农药残留、食品添加剂和真菌毒素限量

应符合食品安全国家标准及相关规定，同时应符合表 3 的规定。

**表 3　农药残留和食品添加剂限量**

| 项　目 | | 指　标 | 检验方法 |
|---|---|---|---|
| 多菌灵（carbendazim），mg/kg | | ≤0.5 | GB/T 23206 |
| 甲霜灵（metalaxyl），mg/kg | | ≤0.5 | |
| 呋喃丹（furadan），mg/kg | | 不得检出（<0.002） | |
| 氧化乐果（omethoate），mg/kg | | 不得检出（0.002） | |
| 总二氧化硫，mg/L | 干葡萄酒 | ≤200 | GB/T 15038 |
| | 其他类型葡萄酒 | ≤250 | |
| 山梨酸，g/L | | ≤0.2 | GB/T 23495 |
| 糖精钠，mg/L | | 不得检出（<0.15） | GB/T 5009.28 |
| 环已氨基磺酸钠（甜蜜素），mg/L | | 不得检出（<1.0） | GB/T 5009.97 |
| 乙酰磺氨酸钾（安赛蜜），mg/L | | 不得检出（<4） | GB/T 5009.140 |

所有产品中均不应添加合成着色剂、甜味剂、香精、增稠剂。
如食品安全国家标准及相关国家规定中上述项目和指标有调整，且严于本标准规定，按最新国家标准及规定执行。

### 5.6　微生物限量

应符合表 4 的规定。

**表 4　微生物要求**

| 项　目 | 指　标 | 检验方法 |
|---|---|---|
| 菌落总数，CFU/mL | ≤50 | GB 4789.2 |
| 大肠菌群，MPN/mL | ≤3 | GB 4789.3 |

### 5.7　净含量

应符合国家质量监督检验检疫总局令 2005 年第 75 号的规定，检验方法按 JJF 1070 执行。

## 6 检验规则

申报绿色食品的产品应按照本标准中5.3~5.7以及附录A所确定的项目进行检验。其他要求应符合NY/T 1055的规定。

## 7 标志和标签

### 7.1 标志

标志使用应符合《中国绿色食品商标标志设计使用规范手册》的规定，贮运图示按GB/T 191的规定执行。

### 7.2 标签

标签应符合GB 7718和GB 10344的规定。

## 8 包装、运输和贮存

### 8.1 包装

包装按NY/T 658的规定执行。图示标志按GB/T 191的规定执行。

### 8.2 运输

按NY/T 1056的规定执行。产品在运输过程中应轻拿轻放，防止日晒、雨淋。运输工具应清洁卫生，不应与有毒、有害物品混运。用软木塞封口的葡萄酒，应卧放或倒放，运输温度宜保持在5 ℃~35 ℃。

### 8.3 贮存

按NY/T 1056的规定执行。存放地点应阴凉、干燥、通风良好；严防日晒、雨淋，严禁火种。成品不得与潮湿地面直接接触；不得与有毒、有害、有腐蚀性物品同贮。贮存温度宜保持在5 ℃~25 ℃。

## 附录A
## （规范性附录）
## 绿色食品 葡萄酒产品申报检验项目

表A.1规定了除5.3~5.7所列项目外，依据食品安全国家标准和绿色食品生产实际情况，绿色食品申报检验还应检验的项目。

**表 A.1　　依据食品安全国家标准绿色食品葡萄酒产品申报检验必检项目**

| 序　号 | 项　目 | | 指　标 | 检验方法 |
|---|---|---|---|---|
| 1 | 铅（以 Pb 计），mg/L | | ≤0.2 | GB 5009.12 |
| 2 | 苯甲酸，g/L | | ≤0.03 | GB/T 23495 |
| 3 | 合成着色剂[a] | 新红，mg/kg | 不得检出（<0.2） | GB/T 5009.35 |
| | | 柠檬黄，mg/kg | 不得检出（<0.16） | |
| | | 苋菜红，mg/kg | 不得检出（<0.24） | |
| | | 胭脂红，mg/kg | 不得检出（<0.32） | |
| | | 日落黄，mg/kg | 不得检出（<0.28） | |
| | | 藓红，mg/kg | 不得检出（<0.72） | |
| | | 亮蓝，mg/kg | 不得检出（<1.04） | |
| | | 诱惑红，mg/kg | 不得检出（<25） | GB/T 5009.141 |
| 4 | 肠道致病菌（沙门氏菌、金黄色葡萄球菌）[b] | | 0/25 mL | GB 4789.4<br>GB 4789.10 |
| 如食品安全国家标准及相关国家规定中上述项目和指标调整，且严于本标准规定，按最新国家标准及规定执行。 | | | | |

[a] 着色剂具体项目视产品色泽而定。

[b] 肠道致病菌样品的分析及处理按 GB 4789.1 的规定执行，$n=5$，$c=0$，$m=0/25$ mL。

ICS 67. 160. 10
X 62

# 中 华 人 民 共 和 国 农 业 行 业 标 准

NY/T 1508—2017
代替 NY/T 1508—2007

# 绿色食品 果酒

Green food—Fruit wine

2017 - 06 - 12 发布　　2017 - 10 - 01 实施

中华人民共和国农业部　发 布

# 前　言

本标准按照 GB/T 1.1—2009 给出的规则起草。

本标准代替 NY/T 1508—2007《绿色食品　果酒》。与 NY/T 1508—2007 相比，除编辑性修改外主要技术变化如下：

——修改了范围；

——修改了原料要求，增加了生产过程要求；

——修改了理化指标，删除了铁的限量规定，调整了滴定酸、挥发酸和干浸出物的限量值；将滴定酸修改为总酸；

——修改了卫生指标，删除了无机砷和黄曲霉毒素等指标，增加了甲醇、糖精钠、环己基氨基磺酸钠、乙酰磺胺酸钾、赤藓红、苋菜红、胭脂红、柠檬黄、新红、日落黄、亮蓝、诱惑红等指标；

——修改了微生物限量；

——修改了检验规则和标签；

——增加了规范性附录 A。

本标准由农业部农产品质量安全监管局提出。

本标准由中国绿色食品发展中心归口。

本标准起草单位：广东省农业科学院农产品公共监测中心、中国绿色食品发展中心、农业部蔬菜水果质量监督检验测试中心（广州）、生命果有机食品股份有限公司。

本标准主要起草人：陈岩、王富华、刘斌斌、廖若昕、耿安静、葛章春、李丽、杨慧、赵晓丽。

本标准所代替标准的历次版本发布情况为：

——NY/T 1508—2007。

# 绿色食品　果酒

## 1　范围

本标准规定了绿色食品果酒的术语和定义、分类、要求、检验规则、标签、包装、运输和储存。

本标准适用于以除葡萄以外的新鲜水果或果汁为原料，经全部或部分发酵酿制而成的果酒，不适用于浸泡、蒸馏和勾兑果酒。

## 2　规范性引用文件

下列文件对于本文件的应用是必不可少的。凡是注日期的引用文件，仅注日期的版本适用于本文件。凡是不注日期的引用文件，其最新版本（包括所有的修改单）适用于本文件。

GB/T 191　包装储运图示标志

GB 2758　食品安全国家标准　发酵酒及其配制酒

GB 4789.2　食品安全国家标准　食品微生物学检验　菌落总数测定
GB 4789.3　食品安全国家标准　食品微生物学检验　大肠菌群计数
GB 4789.4　食品安全国家标准　食品微生物学检验　沙门氏菌检验
GB 4789.10　食品安全国家标准　食品微生物学检验　金黄色葡萄球菌检验
GB 5009.12　食品安全国家标准　食品中铅的测定
GB 5009.28　食品安全国家标准　食品中苯甲酸、山梨酸和糖精钠的测定
GB 5009.35　食品安全国家标准　食品中合成着色剂的测定
GB 5009.97　食品安全国家标准　食品中环已基氨基磺酸钠的测定
GB/T 5009.140　饮料中乙酰磺胺酸钾的测定
GB 5009.141　食品安全国家标准　食品中诱惑红的测定
GB 5009.185　食品安全国家标准　食品中展青霉素的测定
GB 5009.225　食品安全国家标准　酒中乙醇浓度的测定
GB 5009.266　食品安全国家标准　食品中甲醇的测定
GB 5749　生活饮用水卫生标准
GB 14881　食品安全国家标准　食品生产通用卫生规范
GB/T 15038　葡萄酒、果酒通用分析方法（含第1号修改单）
GB/T 23778　酒类及其他食品包装用软木塞
JJF 1070　定量包装商品净含量计量检验规则
NY/T 392　绿色食品　食品添加剂使用准则
NY/T 658　绿色食品　包装通用准则
NY/T 1055　绿色食品　产品检验规则
NY/T 1056　绿色食品　贮藏运输准则
国家质量监督检验检疫总局令2005年第75号　定量包装商品计量监督管理办法

## 3　术语和定义

下列术语和定义适用于本文件。

### 3.1　果酒　fruit wine

以除葡萄以外的新鲜水果或果汁为原料，经全部或部分发酵酿制而成的发酵酒。

## 4　分类

### 4.1　干型果酒

### 4.2　半干型果酒

### 4.3　半甜型果酒

### 4.4　甜型果酒

## 5 要求

### 5.1 原料和辅料

5.1.1 原料应符合相关绿色食品标准的要求。

5.1.2 加工用水应符合 GB 5749 的要求。

5.1.3 食品添加剂应符合 NY/T 392 的要求。

### 5.2 生产过程

按照 GB 14881 的规定执行。

### 5.3 感官

应符合表 1 的要求。

**表 1　感官要求**

| 项　目 | 要　求 | 检验方法 |
|---|---|---|
| 外观 | 具有本产品的正常色泽，酒液清亮，无明显沉淀物、悬浮物和混浊现象；瓶装超过 1 年的果酒允许有少量沉淀 | GB/T 15038 |
| 香气 | 具有原果实特有的香气，陈酒还应具有浓郁的酒香，且与果香混为一体，无突出的酒精气味，无异味 | |
| 滋味 | 具有该产品固有的滋味，醇厚纯净而无异味，甜型酒应甜而不腻，干型酒应酸而不涩，酒体协调 | |
| 典型性 | 具有标示品种及产品类型的应有特征和风味 | |

### 5.4 理化指标

应符合表 2 的要求。

**表 2　理化要求**

| 项　目 | | 指　标 | 检验方法 |
|---|---|---|---|
| 酒精度[a]（20 ℃），% vol | | 7～18 | GB 5009.225 |
| 总酸（以酒石酸计），g/L | | 4.0～9.0（除青梅酒外）<br>≤15.0（仅限青梅酒） | GB/T 15038 |
| 挥发酸（以乙酸计），g/L | | ≤1.0 | |
| 总糖（以葡萄糖计），g/L | 干型果酒[b] | ≤4.0 | |
| | 半干型果酒[c] | 4.1～12.0 | |
| | 半甜型果酒 | 12.1～50.0 | |
| | 甜型果酒 | ≥50.1 | |
| 干浸出物[d]，g/L | | ≥12.0 | |

（续表）

| 项　目 | 指　标 | 检验方法 |
| --- | --- | --- |

[a] 酒精度标签标示值与实测值之差不得超过 ±1.0% vol。

[b] 当总糖与总酸的差值≤2.0 g/L 时，含糖最高为 9.0 g/L。

[c] 当总糖与总酸的差值≤2.0 g/L 时，含糖最高为 18.0 g/L。

[d] 如已有相应国家或行业标准的果酒，其浸出物要求可按其相应规定执行。

## 5.5 污染物限量、食品添加剂限量

应符合食品安全国家标准及相关规定，同时应符合表 3 的要求。

**表 3　　污染物、食品添加剂限量**

| 项　目 | 指　标 | 检验方法 |
| --- | --- | --- |
| 甲醇[a]，g/L | ≤0.4 | GB 5009.266 |
| 山梨酸及其钾盐（以山梨酸计），g/kg | ≤0.2 | GB 5009.28 |
| 苯甲酸及其钠盐（以苯甲酸计），g/kg | 不得检出（<0.005） | |
| 糖精钠，g/kg | 不得检出（<0.005） | |
| 环己基氨基磺酸钠和环己基氨基磺酸钙（以环己基氨基磺酸计），g/kg | 不得检出（<0.010） | GB 5009.97 |
| 乙酰磺胺酸钾，mg/kg | 不得检出（<4.0） | GB/T 5009.140 |
| 赤藓红及其铝色淀[b]（以赤藓红计），mg/kg | 不得检出（<0.2） | GB 5009.35 |
| 苋菜红及其铝色淀[b]（以苋菜红计），mg/kg | 不得检出（<0.5） | |
| 胭脂红及其铝色淀[b]（以胭脂红计），mg/kg | 不得检出（<0.5） | |
| 柠檬黄及其铝色淀[b]（以柠檬黄计），mg/kg | 不得检出（<0.5） | |
| 新红及其铝色淀[b]（以新红计），mg/kg | 不得检出（<0.5） | |
| 日落黄及其铝色淀[b]（以日落黄计），mg/kg | 不得检出（<0.5） | |
| 亮蓝及其铝色淀[b]（以亮蓝计），mg/kg | 不得检出（<0.2） | |
| 诱惑红及其铝色淀[b]（以诱惑红计），mg/kg | 不得检出（<25） | GB 5009.141 |

[a] 按 100% 酒精度折算。

[b] 根据产品的颜色测定相应的色素。

## 5.6 微生物限量

应符合表 4 的要求。

**表 4　　微生物限量**

| 项　目 | 指　标 | 检验方法 |
| --- | --- | --- |
| 菌落总数，CFU/mL | ≤50 | GB 4789.2 |

（续表）

| 项　目 | 指　标 | 检验方法 |
| --- | --- | --- |
| 大肠菌群，MPN/mL | ≤3.0 | GB 4789.3 |

### 5.7　净含量

应符合国家质量监督检验检疫总局令 2005 年第 75 号的要求。检验方法按 JJF 1070 的规定执行。

## 6　检验规则

申报绿色食品的果酒应按照本标准 5.3～5.7 以及附录 A 所确定的项目进行检验。每批产品交收（出厂）前，都应进行交收（出厂）检验，交收（出厂）检验内容包括包装、标签、净含量、感官、理化指标和微生物指标。其他要求按 NY/T 1055 的规定执行。

## 7　标签

按照 GB 2758 的规定执行。

## 8　包装、运输和储存

### 8.1　包装

包装材料应符合 NY/T 658 的要求及食品卫生标准要求和有关规定，包装容器应清洁，封装严密，无漏气、漏酒现象，使用软木塞按照 GB/T 23778 的规定执行。包装储运图示标志按照 GB/T 191 的规定执行。

### 8.2　运输和储存

按照 NY/T 1056 的规定执行。用软木塞（或替代品）封装的酒，在储运时，应“倒放”或“卧放”。运输和储存时，应保持清洁，避免强烈振荡、日晒、雨淋，防止冰冻，装卸时应轻拿轻放。存放地点应阴凉、干燥、通风良好；严防日晒、雨淋，严禁火种。成品不应与潮湿地面直接接触；不应与有毒、有害、有异味、有腐蚀性的物品同储同运。运输温度宜保持在 5 ℃～35 ℃；储存温度宜保持在 5 ℃～25 ℃。

## 附录 A
## （规范性附录）
## 绿色食品果酒申报检验项目

表 A.1 和表 A.2 规定了除 5.3～5.7 所列项目外，依据食品安全国家标准和绿色食品果酒生产实际情况，绿色食品果酒申报检验还应检验的项目。

表 A.1 **重金属、食品添加剂和真菌毒素项目**

| 项　目 | 指　标 | 检验方法 |
|---|---|---|
| 铅（以 Pb 计），mg/kg | ≤0.2 | GB 5009.12 |
| 总二氧化硫（以 $SO_2$ 计），g/L | ≤0.25 | GB/T 15038 |
| 展青霉素[a]，μg/kg | ≤50 | GB 5009.185 |
| [a]仅限于苹果酒和山楂酒。 | | |

表 A.2 **微生物项目**

| 项　目 | 采样方案及限量 | | | 检验方法 |
|---|---|---|---|---|
| | *n* | *c* | *m* | |
| 沙门氏菌 | 5 | 0 | 0/25 mL | GB 4789.4 |
| 金黄色葡萄球菌 | 5 | 0 | 0/25 mL | GB 4789.10 |
| 注：*n* 为同一批次产品采集的样品件数；*c* 为最大可允许超出 *m* 值的样品数；*m* 为微生物指标的最高限量值。 | | | | |

ICS 67.080.10
X 24

# 中华人民共和国农业行业标准

NY/T 3103—2017

# 加工用葡萄

# Grapes for processing

2017-06-12 发布　　2017-10-01 实施

中华人民共和国农业部　发布

# 前　言

本标准按照 GB/T 1. 1—2009 给出的规则起草。

本标准由农业部农产品加工局提出并归口。

本标准起草单位：中国农业科学院郑州果树研究所、哈密市林果业技术推广中心。

本标准主要起草人：焦中高、张春岭、刘杰超、刘慧、刘崇怀、王思新、高启明、潘建强。

# 加工用葡萄

## 1　范围

本标准规定了加工用葡萄的术语和定义，要求，检验方法及标识、包装、运输。

本标准适用于酿酒、制干用葡萄。

## 2　规范性引用文件

下列文件对于本文件的应用是必不可少的。凡是注日期的引用文件，仅所注日期的版本适用于本文件。凡是不注日期的引用文件，其最新版本（包括所有的修改单）适用于本文件。

GB 2762　食品安全国家标准　食品中污染物限量

GB 2763　食品安全国家标准　食品中农药最大残留限量

GB 4806. 1　食品安全国家标准　食品接触材料及制品通用安全要求

GB 4806. 7　食品安全国家标准　食品接触用塑料材料及制品

GB 4806. 8　食品安全国家标准　食品接触用纸和纸板材料及制品

GB 5009. 12　食品安全国家标准　食品中铅的测定

GB 5009. 15　食品安全国家标准　食品中镉的测定

GB/T 5009. 19　食品中有机氯农药多组分残留量的测定

GB/T 5009. 38　蔬菜、水果卫生标准的分析方法

GB/T 8855　新鲜水果和蔬菜　取样方法

GB/T 15038—2006　葡萄酒、果酒通用分析方法

NY/T 2637　水果和蔬菜可溶性固形物含量的测定　折射仪法

## 3　术语和定义

下列术语和定义适用于本文件。

### 3.1 杂质 foreign material

除了葡萄果穗以外的其他物质。

### 3.2 外部水分 external moisture

葡萄果穗间挤压、雨淋、冲洗而残留的水分。

## 4 要求

### 4.1 质量要求

4.1.1 基本要求

品种纯正、成熟，具本品种典型色泽、风味，新鲜洁净，无杂质，无霉烂、病虫，无机械损伤，无非正常外部水分。

4.1.2 酿酒葡萄

应符合表1的规定。

**表1 酿酒葡萄质量等级要求**

| 项 目 | 规 格 | | |
|---|---|---|---|
| | 一级 | 二级 | 三级 |
| 可溶性固形物,% | >21 | 19~21 | 17~19 |
| 总糖，g/L | >190 | 170~190 | 150~170 |
| 容许度 | 各项指标达不到本级要求但可以达到二级要求的果实所占比例<3% | 各项指标达不到本级要求但可以达到三级要求的果实所占比例<5% | 各项指标达不到本级要求但可以达到基本要求的果实所占比例<8% |

4.1.3 制干用葡萄

应符合表2的规定。

**表2 制干用葡萄质量等级要求**

| 项 目 | 规 格 | | |
|---|---|---|---|
| | 一级 | 二级 | 三级 |
| 可溶性固形物,% | >20 | 18~20 | 16~18 |
| 单粒重，g | ≥2.0 | | |
| 容许度 | 各项指标达不到本级要求但可以达到二级要求的果实所占比例<3% | 各项指标达不到本级要求但可以达到三级要求的果实所占比例<5% | 各项指标达不到本级要求但可以达到基本要求的果实所占比例<8% |

### 4.2 卫生要求

按GB 2762、GB 2763的规定执行。

## 5 检验方法

### 5.1 组批规则

来自同一产地、同一品种、同样包装、同时交付检验的一定数量的果实，成为一批产品。

### 5.2 抽样方法

按照 GB/T 8855 的规定执行。

### 5.3 外观指标检验

果实的外观指标、成熟度由感官鉴定。

### 5.4 质量指标检验

5.4.1 可溶性固形物含量测定
按照 NY/T 2637 的规定执行。
5.4.2 总糖测定
按照 GB/T 15038—2006 中 4.2 的规定执行。
5.4.3 单粒重
果粒单粒重用精度为 0.01 的天平测定，取 50 粒的平均重。

### 5.5 卫生指标检验

相应卫生指标按 GB 5009.12、GB 5009.15、GB/T 5009.19、GB/T 5009.38 的规定执行。

### 5.6 判定规则

检验结果应符合相应等级的规定，当基本要求、理化指标出现不合格项时，允许降等或重新分级。理化指标有一项不合格时，允许加倍抽样复检，如仍有不合格项，则判为该批产品不合格。卫生指标有一项不合格，则判为不合格品，不得复检。

## 6 标识、包装、运输

### 6.1 标识

有明确标识，内容包括产品名称、品种名称、执行标准、生产者及详细地址、产地、采收日期、净含量、包装日期等，要求字迹清晰、完整、准确。

### 6.2 包装

包装容器必须清洁卫生、干燥、无毒、无异常气味，内外光滑、无尖突物，并有合适的通气孔，对果实具有良好的保护作用。包装材料应符合 GB 4806.1、GB 4806.7、GB 4806.8 的相关规定。

### 6.3 运输

运输工具应清洁卫生，不与有毒、有害物品混装。要轻拿轻放，快装快运。存放时，批次、等级分明，堆码整齐。

ICS 67.160.10
X 63

# 中 华 人 民 共 和 国 农 业 行 业 标 准

NY/T 2104—2018
代替 NY/T 2104—2011

# 绿色食品 配制酒

Green food—Blended alcoholic beverage

2018-05-07 发布 2018-09-01 实施

中华人民共和国农业农村部 发布

# 前　言

本标准按照 GB/T 1.1—2009 给出的规则起草。

本标准代替 NY/T 2104—2011《绿色食品　配制酒》。与 NY/T 2104—2011 相比，除编辑性修改外，主要技术变化如下：

——增加了产品分类

——将澄清度改为外观；

——修改了酒精度、甲醇、总二氧化硫、铅、山梨酸及其甲盐、沙门氏菌、金黄色葡萄球菌指标；

——删除了锰、菌落总数、大肠菌群和志贺氏菌指标；

——将合成着色剂由定性改为定量检测；

——增加了铁、铜、总酯、干浸出物、赭曲霉毒素、三氯蔗糖（蔗糖素）指标。

本标准由农业农村部农产品质量安全监管局提出。

本标准由中国绿色食品发展中心归口。

本标准起草单位：山东省农业科学院农业质量标准与检测技术研究所，山东省标准化研究院，中国绿色食品发展中心，山东标准检测技术有限公司，烟台张裕葡萄酿酒股份有限公司，国家葡萄酒及白酒、露酒产品质量监督检验中心，山东省绿色食品发展中心。

本标准主要起草人：滕葳、李倩、陈倩、张宪、王磊、董崭、甄爱华、刘建洋、柳琪、赵一民、吕振荣、赵玉华、刘学锋、高磊、张志然、徐薇。

本标准所代替标准的历次版本发布情况为：

—NY/T 2104—2011。

# 绿色食品　配制酒

## 1　范围

本标准规定了绿色食品配制酒的术语和定义、分类、要求、检验规则、标签、包装、运输和储存。

本标准适用于绿色食品配制酒（包括植物类、动物类、动植物类和其他类配制酒）。

## 2　规范性引用文件

下列文件对于本文件的应用是必不可少的。凡是注日期的引用文件，仅注日期的版本适用于本文件。凡是不注日期的引用文件，其最新版本（包括所有的修改单）适用于本文件。

GB/T 191　包装储运图示标志

GB 2757　食品安全国家标准　蒸馏酒及其配制酒

GB 2758　食品安全国家标准　发酵酒及其配制酒

GB 2760　食品安全国家标准　食品添加剂使用标准

GB 4789.4　食品安全国家标准　食品微生物学检验　沙门氏菌检验
GB 4789.10　食品安全国家标准　食品微生物学检验　金黄色葡萄球菌检验
GB 5009.12　食品安全国家标准　食品中铅的测定
GB 5009.13　食品安全国家标准　食品中铜的测定
GB 5009.28—2016　食品安全国家标准　食品中苯甲酸、山梨酸和糖精钠的测定
GB 5009.35　食品安全国家标准　食品中合成着色剂的测定
GB 5009.36　食品安全国家标准　食品中氰化物的测定
GB/T 5009.49　发酵酒及其配制酒卫生标准的分析方法
GB 5009.90　食品安全国家标准　食品中铁的测定
GB 5009.96　食品安全国家标准　食品中赭曲霉毒素 A 的测定
GB 5009.97—2016　食品安全国家标准　食品中环己基氨基磺酸钠的测定
GB 5009.141　食品安全国家标准　食品中诱惑红的测定
GB 5009.185　食品安全国家标准　食品中展青霉素的测定
GB 5009.225　食品安全国家标准　酒中乙醇浓度的测定
GB 5009.266　食品安全国家标准　食品中甲醇的测定
GB 5749　生活饮用水卫生标准
GB 7718　食品安全国家标准　预包装食品标签通则
GB/T 10345　白酒分析方法
GB 14881　食品安全国家标准　食品生产通用卫生规范
GB/T 15038　葡萄酒、果酒通用分析方法
GB 22255　食品安全国家标准　食品中三氯蔗糖（蔗糖素）的测定
JJF 1070　定量包装商品净含量计量检验规则
NY/T 392　绿色食品　食品添加剂使用准则
NY/T 658　绿色食品　包装通用准则
NY/T 1055　绿色食品　产品检验规则
NY/T 1056　绿色食品　贮藏运输准则
国家质量监督检验检疫总局令 2005 年第 75 号　定量包装商品计量监督管理办法

## 3　术语和定义

下列术语和定义适用于本文件。

### 3.1　配制酒　blended alcoholic beverage

以发酵酒或蒸馏酒为酒基，加入可食用的辅料或食品添加剂，进行直接浸泡或复蒸馏、调配、混合或再加工制成的、已改变了其原酒基风格的酒。配制酒又称为露酒。

### 3.2　植物类配制酒　integrated alcoholic beverages from plants

利用食用或药食两用植物的花、叶、根、茎、果为香源及营养源，经再加工制成的、具有明显植物香及有效成分的配制酒。

### 3.3 动物类配制酒 integrated alcoholic beverages from animals

利用食用或药食两用动物及其制品为香源和营养源，经再加工制成的、具有明显动物脂香及有效成分的配制酒。

### 3.4 动植物类配制酒 integrated alcoholic beverages from plants and animals

同时利用动物、植物有效成分制成的配制酒。

## 4 分类

### 4.1 按照成分分类

4.1.1 植物类配制酒。
4.1.2 动物类配制酒。
4.1.3 动植物类配制酒。
4.1.4 其他类配制酒。

### 4.2 按照酒基分类

4.2.1 发酵酒为酒基的配制酒。
4.2.2 蒸馏酒为酒基的配制酒。

## 5 要求

### 5.1 原料及生产过程

5.1.1 配制酒的原料应符合 GB 2757、GB 2758 和 GB 5749 及绿色食品相关产品的要求。食品添加剂使用应符合 GB 2760 和 NY/T 392 的要求。
5.1.2 生产加工过程应符合 GB 14881 和绿色食品生产加工要求。
5.1.3 不应使用转基因原料生产绿色食品配制酒。

### 5.2 感官

应符合表 1 的要求。

**表 1 感官要求**

<table>
<tr><th rowspan="2">项 目</th><th colspan="4">指 标</th><th rowspan="2">检验方法</th></tr>
<tr><th>植物类配制酒</th><th>动物类配制酒</th><th>动植物类配制酒</th><th>其他类配制酒</th></tr>
<tr><td>外观[a]</td><td colspan="4">清亮透明，无沉淀及悬浮物</td><td rowspan="4">GB/T 15038</td></tr>
<tr><td>色泽</td><td colspan="4">具有该产品固有的色泽</td></tr>
<tr><td>香气</td><td>具有相应的植物香和酒香，诸香和谐纯正</td><td>具有相应的动物脂香和酒香，诸香和谐纯正</td><td>具有相应的动植物香和酒香，诸香和谐纯正</td><td>具有本类型酒应有的香气，诸香和谐纯正</td></tr>
<tr><td>滋味</td><td colspan="4">具有该产品固有的滋味，醇和、舒顺协调，无异味</td></tr>
</table>

（续表）

| 项　目 | 指　标 | | | | 检验方法 |
|---|---|---|---|---|---|
| | 植物类配制酒 | 动物类配制酒 | 动植物类配制酒 | 其他类配制酒 | |
| 风格 | 具有该产品固有的风格 | | | | |

＊12 个月以上的瓶装产品允许出现少量的沉淀。

## 5.3 理化指标

应符合表 2 的要求。

表 2　　理化指标

| 序　号 | 项　目 | | 指　标 | | 检验方法 |
|---|---|---|---|---|---|
| | | | 发酵酒（酒基） | 蒸馏酒（酒基） | |
| 1 | 酒精度[a]（20 ℃）, % vol | | 4.0 ~ 60.0 | | GB 5009.225 |
| 2 | 总酸[b]，g/L | | ≤6.00 | | GB/T 10345 |
| 3 | 总糖[c]（以葡萄糖计），g/L | | ≤200 | | GB/T 15038 |
| 4 | 总酯[d]（以乙酸乙酯计），g/L | | — | ≥0.35 | GB/T 10345 |
| 5 | 甲醇[e]，g/L | | — | ≤0.6 | GB 5009.266 |
| 6 | 氰化物[e]（以 HCN 计），mg/L | | — | ≤2 | GB 5009.36 |
| 7 | 干浸出物，g/L | 植物类 | ≥0.30 | | GB/T 15038 |
| | | 动植物类 | ≥0.50 | | |
| | | 动物类 | ≥4.00 | | |
| 8 | 铁（以 Fe 计），mg/L | | ≤8.0 | — | GB 5009.90 |
| 9 | 铜（以 Cu 计），mg/L | | ≤1.0 | — | GB5009.13 |

注：具有保健功能的配制酒还应符合保健食品的相关要求。

[a] 酒精度标签标识值与实测值偏差不得超过 ±1.0/% vol 。
[b] 葡萄酒为酒基的配制酒总酸以酒石酸计，其他酒基的配制酒总酸以乙酸计。
[c] 总糖标签标示值与实测值偏差不得超过 ±10.0% 。
[d] 总酯仅限于蒸馏酒为酒基（酒精度≥ 25% vol）的配制酒 。
[e] 甲醇、氰化物指标均按 100% 酒精度折算。
[f] 铁、铜仅限于葡萄酒为酒基的配制酒。

## 5.4 食品添加剂限量

应符合食品安全国家标准及相关规定，同时应符合表 3 的要求。

表 3　　食品添加剂限量

单位为毫克每千克

| 序　号 | 项　目 | 指　标 | 检验方法 |
|---|---|---|---|
| 1 | 苯甲酸及其钠盐（以苯甲酸计） | 不得检出（＜5） | GB 5009.28—2016 第一法 |
| 2 | 糖精钠 | 不得检出（＜5） | |
| 3 | 环己基氨基磺酸钠（甜蜜素）（以环己基氨基磺酸计） | 不得检出（<0.03） | GB 5009.97—2016 第三法 |
| 4 | 合成着色剂[a] | 不得检出[b] | GB 5009.35<br>GB 5009.141 |

[a] 合成着色剂具体检测项目视产品色泽而定。

[b] 合成着色剂方法检出限：柠檬黄、新红、苋菜红、胭脂红、日落黄均为 0.5 mg/kg，亮蓝、赤鲜红均为 0.2 mg/kg，诱惑红为 25 mg/kg。

### 5.5　净含量

应符合国家质蜇监督检验检疫总局令 2005 年第75 号的要求，检验方法按照 JJF 1070 的规定执行。

## 6　检验规则

绿色食品申报检验应按照 5.2～5.5 以及附录 A 所确定的项目进行检验。每批产品交收（出厂）前，都应进行交收（出厂）检验，交收（出厂）检验内容包括包装、标签、净含量、感官、理化指标和微生物指标。其他要求应符合 NY/T 1055 的要求。

## 7　标签

应符合 GB 2757、GB 2758 和 GB 7718 的要求。

## 8　包装、运输和储存

### 8.1　包装

应符合 NY/T 658 的要求，包装储运图示标志按照 GB/T 191 的规定执行。

### 8.2　运输和储存

应符合 NY/T 1056 的要求。

# 附录A
## （规范性附录）
## 绿色食品配制酒产品申报检验项目

表A.1和表A.2规定了除5.2～5.5所列项目外，依据食品安全国家标准和绿色食品生产实际情况，绿色食品配制酒申报检验还应检验的项目。

**表A.1** 污染物、添加剂和真菌毒素项目

| 序　号 | 项　目 | 指　标 | | 检验方法 |
|---|---|---|---|---|
| | | 发酵酒（酒基） | 蒸馏酒（酒基） | |
| 1 | 铅（以Pb计），mg/kg | ≤0.2 | ≤0.5（含黄酒） | GB 5009.12 |
| 2 | 山梨酸及其钾盐（以山梨酸计），g/kg | ≤0.4 | | GB 5009.28 |
| 3 | 三氯蔗糖（蔗糖素），g/kg | ≤0.25 | | GB 22255 |
| 4 | 二氧化硫残留量（以$so_2$计），g/L | ≤0.25 | | GB/T 5009.49 |
| 5 | 展青霉素[a]，μg/kg | ≤50 | | GB 5009.185 |
| 6 | 赭曲霉毒素A[b]，μg/kg | ≤2.0 | | GB 5009.96 |

[a] 展青霉素仅限于以苹果、山楂为原料制成的产品。

[b] 赭曲霉毒素A仅限于以葡萄酒为酒基的配制酒。

**表A.2** 微生物项目

| 序　号 | 项　目 | 采样方案限量 | | | 检验方法 |
|---|---|---|---|---|---|
| | | $n$ | $c$ | $m$ | |
| 1 | 沙门氏菌 | 5 | 0 | 0/25 mL | GB 4789.4 |
| 2 | 金黄色葡萄球菌 | 5 | 0 | 0/25 mL | GB 4789.10 |

注1：沙门氏菌、金黄色葡萄球菌适用于发酵酒为酒基的配制酒和蒸馏酒为酒基（且酒精度≤24% vol）的配制酒。
注2：$n$为同一批次产品应采集的样品件数；$c$为最大可允许超出$m$值的样品数；$m$为微生物指标最高限量值。

ICS 67.160.10
X 61
备案号：37147—2012

SB

中华人民共和国国内贸易行业标准

SB/T 10710—2012

# 酒类产品流通术语

Circulate terminology for alcohol products

2012-08-01 发布　　2012-11-01 实施

中华人民共和国商务部　发布

# 前　言

本标准按照 GB/T 1. 1—2009 给出的规则起草。

本标准由中华人民共和国商务部提出并归口。

本标准起草单位：中国食品发酵工业研究院、中国酿酒工业协会、中国酒类流通协会、宜宾五粮液集团有限公司、贵州茅台酒股份有限公司、山西杏花村汾酒集团公司、泸州老窖股份有限公司、烟台张裕葡萄酿酒股份有限公司、北京朝批商贸股份有限公司、北京市糖业烟酒公司。

本标准主要起草人：熊正河、郭新光、王延才、刘员、高杰楷、汪地强、杜小威、李记明、卢中明、孙文辉、王晖、王晓龙。

# 酒类产品流通术语

## 1　范围

本标准规定了酒类产品流通领域的相关术语和定义。

本标准适用于酒类产品流通过程及涉及酒类流通的相关领域。

## 2　术语和定义

下列术语和定义适用于本文件。

### 2. 1　酒类基本术语

2. 1. 1　酒类产品　alcohol product

酒精度（乙醇含量）大于或等于 0. 5%（体积分数）的含酒精饮料，包括发酵酒、蒸馏酒、配制酒、食用酒精以及其他含有酒精成分的饮品。

注：包括无醇啤酒。

2. 1. 2　散装酒　bulk alcohol product

采用大包装形式进行销售（或分次销售）的酒。

2. 1. 3　基酒　base spirits

按照一定质量要求用于生产成品酒的酒。

2. 1. 4　成品酒　finished alcohol

达到产品标准要求，准备投放市场的酒。

2. 1. 5　商品酒　commercial alcohol

在市场上流通，具有商品属性的酒类产品的总称。

2. 1. 6　酒类产品流通　circulation of alcohol products

包括酒类批发、零售、储运等经营活动的总称。

2.1.7　酒类产品物流　logistics of alcohol products

酒类产品从供应地向接受地的实体流动过程。

2.1.8　酒类产品零售　alcohol product retail

以直接向最终消费者销售酒类商品的交易活动方式。

2.1.9　酒类产品批发　alcohol product wholesale

以向再销售者转售酒类商品为目的的交易活动方式。

2.1.10　酒类流通渠道　circulation channel of alcohol products

酒类产品从生产领域到达消费领域所经过的途径环节。

2.1.11　连锁经营　chain - store operations

经营同类商品或服务的若干个企业，以一定的形式组成一个联合体，在整体规划下进行专业化分工，并在分工基础上实施集中化管理，把独立的经营活动组合成整体的规模经营。连锁经营包括三种形式：直营连锁、特许经营和自由连锁。

2.1.12　电子商务　electronic commerce

利用计算机技术、网络技术和远程通信技术，实现电子化、数字化和网络化的整个商务过程。

2.1.13　召回　recall

生产者按照规定程序，对由其生产原因造成的某一批次或类别的不安全食品，通过换货、退货、补充或修正消费说明等方式，及时消除或减少质量安全危害的活动。

## 2.2　作业术语

2.2.1　运输包装　packing for transportation

以运输贮存为主要目的进行的包装。它具有保障产品的安全，方便储运装卸，加速交接、点验等作用。

2.2.2　配送　delivery（distribution）

在经济合理区域范围内，根据客户要求，对酒类产品进行拣选、加工、包装、分割、组配等作业，并按时送达指定地点的物流活动。

2.2.3　运输　transportation

用专用运输设备将酒类产品从一地点向另一地点运送。其中包括集货、分配、搬运、中转、装卸和分散等一系列操作。

2.2.4　仓储　warehousing

利用仓库及相关设施设备进行物品的入库、存贮、出库的活动。

2.2.5　流通加工　circulation processing

酒类产品在从生产地到消费地流通的过程中，根据需要施加贮存、包装、刷标志、拴标签等简单作业的总称。

## 2.3　设备术语

2.3.1　运输容器罐　transport - tank

专用于运送酒类等液体的、符合卫生及安全要求的刚性或惰性材料制成的槽罐。

2.3.2　酒桶　alcohol bucket

用于运送及贮存酒类产品的容器，不同用途的酒桶制造材料不同，但应达到食品级的要求。

2.3.3 皮囊 peltry pocket flesik

用符合食品级的惰性材料制造，具有良好密闭性的，用于酒类产品长途运输的容器。

2.3.4 酒类产品运输专用罐车 tank - truck for alcohol product

专门用于酒类产品运输的带有专用罐体的运输车辆。

2.3.5 不锈钢贮酒罐 alcohol store stainless steel tank

不锈钢制成的大容量贮酒容器。

2.3.6 葡萄酒储藏柜 wine cooler

一个有适当容积和装置的绝热箱体，用消耗电能的手段来制冷，并具有一个或多个间室用来储存葡萄酒的储藏柜。该储藏柜主要用于冷却和储存葡萄酒。

## 2.4 设施术语

2.4.1 流通设施 circulation establishment

具备流通相关功能和提供流通服务的场所。

2.4.2 配送中心 distribution center

从事配送酒类产品业务且具有完善信息网络的场所或组织。

2.4.3 酒库 alcohol warehouse (cellar)

用于贮存酒的场所。

2.4.3.1 原酒及基酒酒库

用于贮存原酒及基酒的场所。

2.4.3.2 成品酒酒库

用于贮存成品酒的场所。

## 2.5 流通信息术语

2.5.1 射频标签 RFID tag

射频识别系统中存储可识别数据的电子装置。

2.5.2 射频识读器 RFID reader

利用射频技术读取标签信息、或将信息写入标签的设备。识读器读出的标签的信息通过计算机及网络系统进行管理和信息传输。

2.5.3 射频识别 radio frequency identification

利用射频信号及其空间耦合和传输特性进行非接触双向通信、实现对静止或移动物体的自动识别，并进行数据交换的一项自动识别技术。

2.5.4 射频识别系统 RFID system

由射频标签、识读器和计算机网络组成的自动识别系统。通常，识读器在一个区域发射能量形成电磁场，射频标签经过这个区域时检测到识读器的信号后发送存储的数据，识读器接收射频标签发送的信号，解码并校验数据的准确性以达到识别的目的。

2.5.5 酒类产品流通随附单 attached documents for alcohol circulation

详细记录酒类产品流通信息的单据，并附随于酒类流通的全过程。

2.5.6 电子订货系统 electronic ordering system

将酒类产品批发、零售商场所发生的订货数据输入计算机，并通过计算机通信网络连接的方式将资料传送至生产商、批发商或商品供货商处。

## 2.6 流通管理术语

2.6.1 酒库布局 alcohol warehouse layout

在一定区域内，对酒库的数量、规模、位置和酒库设施等各要素进行科学合理的规划。

2.6.2 安全库存 safety stock

用于缓冲不确定性因素（如大量突发性订货、交货突然延期等）而准备的产品库存数量。

2.6.3 库存管理 inventory management

对库存酒类产品所进行的计划、组织、协调与控制工作。

2.6.4 流通成本管理 circulation cost control

对酒类产品流通活动所发生的相关费用进行的计划、协调与控制工作。

## 2.7 产品追溯术语

2.7.1 产品标识 product identification

是粘贴、印刷、标记在包装上，用以表示食品名称、质量等级、净含量、生产者或者销售者等相关信息的文字、符号、数字、图案以及其他说明的总称。

2.7.2 追溯单元 trace unit

需要重新获得其历史、应用或位置信息的物理实体。

2.7.3 追溯深度 trace depth

酒类产品追溯系统可以向前或向后追溯信息的程度。

2.7.4 追溯广度 trace width

酒类产品追溯系统所包含的信息范围。

2.7.5 追溯精确度 trace accuracy

酒类产品追溯系统可以确定问题源头或产品某种特性的能力。

## 2.8 酒类流通从业人员术语

2.8.1 酒类产品流通从业人员 persons for circulation of alcohol products

在酒类产品市场流通过程中，从事酒类产品营销、采购、运输、贮存、加工和行政管理等活动的人员。

2.8.2 营销人员 spirits marketer

在酒类产品市场流通过程中，负责酒类产品销售活动的人员。

2.8.3 营业人员 shop assistant

在酒类产品销售终端，直接面向消费者的销售人员。

2.8.4 承运人员 carrier

承诺在运输合同中，通过铁路、公路、空运、海运、内河运输或上述运输的联合方式履行运输或由他人履行运输的人员。

ICS 67.160.10
X 61

# 新 疆 维 吾 尔 自 治 区 地 方 标 准

DB 65/T 2001—2002

# 酿酒葡萄

## Wine Grapes

2002-04-22 发布　　2002-05-18 实施

新疆维吾尔自治区质量技术监督局　发布

# 前 言

本标准根据优质葡萄酒生产对原料的要求，规定了本标准使用范围、标准术语的定义、产品的产量和质量要求、试验方法和抽样方法。

鉴于酿酒葡萄质量目前尚无国家标准和行业标准，本标准中的技术指标主要根据新疆土壤、气候条件，总结国内外酿酒葡萄品质标准，调研了企业和种植户双方的基本要求，在多年实践经验基础上加以确定。

本标准按照 GB/T 1.1 要求编写。

本标准由自治区质量技术监督局提出。

本标准由自治区农业厅归口。

本标准由新疆新天国际葡萄酒业有限公司和昌吉州质量技术监督局共同起草。

本标准主要起草人：董新平、陈卫民、李华飞。

本标准附录 A、附录 B 为规范性附录。

# 酿酒葡萄

## 1 范围

本标准规定了酿酒葡萄的定义、产品的产量和质量要求、试验方法和抽样方法。

本标准适用于新疆维吾尔自治区境内天山南北麓葡萄适宜种植区的酿酒葡萄。

## 2 规范性引用文件

下列文件中的条款通过在本标准的引用而成为本标准的条款，凡注日期的引用文件，其随后所有的修订单（不包括勘误的内容）或修订版均不适用于本标准。然而，鼓励根据本标准达成协议的各方研究是否使用这些文件的最新版本。凡是不注日期的引用文件，其最新版本适用于本标准。

GB 3095－82 大气环境质量标准；

GB/T 5009.11 食品中总砷残留量的测定方法；

GB/T 5009.12 食品中铅残留量的测定方法；

GB/T 5009.13 食品中铜残留量的测定方法；

GB/T 5009.15 食品中镉残留量的测定方法；

GB/T 5009.17 食品中汞残留量的测定方法；

GB/T 5009.18 食品中氟残留量的测定方法；

GB/T 5009.19 食品中六六六、滴滴涕残留量的测定方法；

GB/T 5009.20 食品中有机磷农药残留量的测定方法；

GB/T 5009.38 蔬菜、水果卫生标准分析方法；

GB 5084　农田灌溉水质标准；

GB/T 8855　新鲜蔬菜和水果的取样方法；

GB/T 14875　食品中辛硫磷农药残留量的测定方法。

## 3　定义

3.1　酿酒葡萄：主要用于酿酒，果形完整、成熟，具有一定色泽及芳香，可进行发酵的新鲜葡萄。

3.2　产量：指单位土地面积上葡萄植株所生产的商品性果实的重量。

3.3　着色不良果：指葡萄果皮色泽未达到品种特征颜色及着色不均匀的果实，以着色面积未达到果皮面积50%的果实为着色不良果。

3.4　芳香：指葡萄成熟后具有品种固有的香气。

3.5　二次果：指葡萄新梢夏芽萌发、开花后结出的果实。

3.6　生青果：指未成熟、呈青色的葡萄果实。

3.7　病虫果：指葡萄因受病虫危害而发生腐烂变质的果实。

3.8　泥浆果：指葡萄表面敷有泥浆的果实。

3.9　杂质：主要指二次果、生青果、病虫果、泥浆果及枝叶、石块等。

## 4　要求

### 4.1　产量要求

为保证酿酒葡萄获得优良品质，必须控制产量，并限定葡萄三年以上树龄开始结果。确定新疆三年生以上成龄酿酒葡萄园每公顷产量不超过18 000公斤（折合亩产量1 200公斤）。分3级。

一级：每公顷产量≤12 000公斤（亩产量≤800公斤）；

二级：每公顷产量12 000.1～15 000公斤（亩产量800.1～1 000公斤）；

三级：每公顷产量15 000.1～18 000公斤（亩产量1 000.1～1 200公斤）。

### 4.2　品质要求

4.2.1　外观：葡萄应在植株上自然成熟，已表现出品种固有色泽，芳香浓郁，果实新鲜，果穗、果粒完整，无破损。

4.2.2　含糖量

红色酿酒葡萄品种，分3级。

一级：总糖含量≥235.0 g/L；

二级：总糖含量220.0～234.9 g/L；

三级：总糖含量205.0～219.9 g/L。

白色酿酒葡萄品种，分3级。

一级：总糖含量≥235.0 g/L；

二级：总糖含量215.0～234.9 g/L；

三级：总糖含量195.0～214.9 g/L。

4.2.3　着色，分3级。

一级：不含着色不良果；

二级：着色不良果所占比例≤2.0%；
三级：着色不良果所占比例在2.1%～5.0%。

### 4.3 杂质

分3级
一级：葡萄不含有杂质；
二级：葡萄含杂量在0.5%以内；
三级：葡萄含杂量在0.5%～1.0%。

### 4.4 卫生

葡萄生长环境（大气、土壤、灌溉水等）的污染及农药残留、化肥施用量，按照国家无公害产品规定执行。

4.4.1 大气污染按GB 3095执行；
4.4.2 灌溉水污染按GB 5084执行；
4.4.3 砷残留按GB/T 5009.11执行；
4.4.4 铅残留按GB/T 5009.12执行；
4.4.5 铜残留按GB/T 5009.13执行；
4.4.6 镉残留按GB/T 5009.15执行；
4.4.7 汞残留按GB/T 5009.17执行；
4.4.8 氟残留按GB/T 5009.18执行；
4.4.9 六六六、滴滴涕残留按GB/T 5009.19执行；
4.4.10 有机磷农药残留按GB/T 5009.20执行；
4.4.11 辛硫磷残留按GB/T 14875执行。

## 5 试验方法

5.1 外观：对抽检葡萄样筐用目测法确定。

5.2 产量测定：按种植户实际交售酿酒葡萄原料的重量除以种植面积来计算单位面积产量。

5.3 含糖量：对抽检葡萄样筐，在每筐中随机选10穗葡萄，每穗上、中、下部各取1粒葡萄，将所取葡萄样粒共同破碎后，用手持测糖仪测定葡萄折光糖含量，然后查表换算求得总糖含量（见附录A、附录B）。

5.4 着色：对抽检葡萄样筐的着色不良果用目测法确定，公式如下：

$$着色不良果率（\%）=\frac{抽检样品的着色不良果量}{抽检样品数量}\times 100\%$$

5.5 杂质：对抽取的样品进行称重，计算实际含杂量。公式如下：

$$含杂率（\%）=\frac{抽检样品的杂质重量}{抽检样品重量}\times 100\%$$

5.6 蔬菜、水果卫生指标分析方法按GB/T 5009.38执行。

## 6 抽样

6.1 以1吨为1个批次，进行抽样检验。

6.2 抽样：在交售车辆的上、中、下部随机抽取葡萄样筐。根据葡萄交售车辆载重量大小，确定抽样量。载重量在1吨，抽15公斤；载重量在1~5吨，抽30公斤；载重量在5吨以上，抽45公斤。

6.3 新鲜水果和蔬菜的取样方法按GB/T 8855执行。

## 7 葡萄包装运输材料必须符合国家食品卫生法要求

## 附录A
## （规范性附录）
## 酿酒葡萄折光糖与总糖换算表

| 折光糖（%，m/m） | 总糖 g/L | 折光糖（%，m/m） | 总糖 g/L | 折光糖（%，m/m） | 总糖 g/L |
|---|---|---|---|---|---|
| 16.5 | 152.6 | 19.5 | 186.3 | 22.5 | 220.6 |
| 16.6 | 153.7 | 19.6 | 187.4 | 22.6 | 221.7 |
| 16.7 | 154.8 | 19.7 | 188.6 | 22.7 | 222.9 |
| 16.8 | 155.9 | 19.8 | 189.7 | 22.8 | 224.1 |
| 16.9 | 157.0 | 19.9 | 190.8 | 22.9 | 225.2 |
| 17.0 | 158.1 | 20.0 | 191.9 | 23.0 | 226.4 |
| 17.1 | 159.3 | 20.1 | 193.1 | 23.1 | 227.6 |
| 17.2 | 160.4 | 20.2 | 194.2 | 23.2 | 228.7 |
| 17.3 | 161.5 | 20.3 | 195.3 | 23.3 | 229.9 |
| 17.4 | 162.6 | 20.4 | 196.5 | 23.4 | 231.1 |
| 17.5 | 163.7 | 20.5 | 197.7 | 23.5 | 232.3 |
| 17.6 | 164.8 | 20.6 | 198.8 | 23.6 | 233.4 |
| 17.7 | 165.9 | 20.7 | 200.0 | 23.7 | 234.6 |
| 17.8 | 167.0 | 20.8 | 201.1 | 23.8 | 235.8 |
| 17.9 | 168.1 | 20.9 | 202.2 | 23.9 | 237.0 |
| 18.0 | 169.3 | 21.0 | 203.3 | 24.0 | 238.2 |
| 18.1 | 170.4 | 21.1 | 204.5 | 24.1 | 239.3 |
| 18.2 | 171.5 | 21.2 | 205.7 | 24.2 | 240.3 |
| 18.3 | 172.6 | 21.3 | 206.8 | 24.3 | 241.6 |
| 18.4 | 173.7 | 21.4 | 207.9 | 24.4 | 243.0 |
| 18.5 | 174.9 | 21.5 | 209.1 | 24.5 | 244.0 |
| 18.6 | 176.0 | 21.6 | 210.3 | 24.6 | 245.0 |
| 18.7 | 177.2 | 21.7 | 211.4 | 24.7 | 246.4 |
| 18.8 | 178.3 | 21.8 | 212.5 | 24.8 | 247.7 |
| 18.9 | 179.4 | 21.9 | 213.6 | 24.9 | 248.7 |
| 19.0 | 180.5 | 22.0 | 214.8 | 25.0 | 249.7 |
| 19.1 | 181.7 | 22.1 | 216.0 | 25.1 | 250.7 |
| 19.2 | 182.8 | 22.2 | 217.2 | 25.2 | 251.7 |
| 19.3 | 183.9 | 22.3 | 218.3 | 25.3 | 253.0 |
| 19.4 | 185.1 | 22.4 | 219.5 | 25.4 | 254.4 |

# 附录 B

温度修正表

| 温度 °C | | | 浓度（%） | | | | | | | | |
|---|---|---|---|---|---|---|---|---|---|---|---|
| | | | 10 | 15 | 20 | 25 | 30 | 35 | 40 | 45 | 50 |
| 温度 °C | 10 | 从读数中减去 | 0. 58 | 0. 61 | 0. 64 | 0. 66 | 0. 68 | 0. 70 | 0. 72 | 0. 73 | 0. 74 |
| | 11 | | 0. 53 | 0. 55 | 0. 58 | 0. 60 | 0. 62 | 0. 64 | 0. 65 | 0. 66 | 0. 67 |
| | 12 | | 0. 48 | 0. 50 | 0. 52 | 0. 54 | 0. 56 | 0. 57 | 0. 58 | 0. 59 | 0. 60 |
| | 13 | | 0. 42 | 0. 44 | 0. 47 | 0. 48 | 0. 49 | 0. 50 | 0. 51 | 0. 52 | 0. 53 |
| | 14 | | 0. 37 | 0. 39 | 0. 40 | 0. 41 | 0. 42 | 0. 43 | 0. 44 | 0. 45 | 0. 45 |
| | 15 | | 0. 31 | 0. 33 | 0. 34 | 0. 34 | 0. 35 | 0. 36 | 0. 37 | 0. 37 | 0. 38 |
| | 16 | | 0. 25 | 0. 26 | 0. 27 | 0. 18 | 0. 28 | 0. 29 | 0. 30 | 0. 30 | 0. 30 |
| | 17 | | 0. 19 | 0. 20 | 0. 21 | 0. 21 | 0. 21 | 0. 22 | 0. 22 | 0. 23 | 0. 23 |
| | 18 | | 0. 13 | 0. 14 | 0. 14 | 0. 14 | 0. 14 | 0. 15 | 0. 15 | 0. 15 | 0. 15 |
| | 19 | | 0. 06 | 0. 07 | 0. 07 | 0. 07 | 0. 07 | 0. 08 | 0. 08 | 0. 08 | 0. 08 |
| | 20 | 加在读数数上 | 0 | 0 | 0 | 0 | 0 | 0 | 0 | 0 | 0 |
| | 21 | | 0. 07 | 0. 07 | 0. 07 | 0. 08 | 0. 08 | 0. 08 | 0. 08 | 0. 08 | 0. 08 |
| | 22 | | 0. 14 | 0. 14 | 0. 15 | 0. 15 | 0. 15 | 0. 15 | 0. 15 | 0，16 | 0. 16 |
| | 23 | | 0. 21 | 0. 22 | 0. 22 | 0. 23 | 0. 23 | 0. 23 | 0. 23 | 0. 24 | 0. 24 |
| | 24 | | 0. 28 | 0. 29 | 0. 30 | 0. 30 | 0. 31 | 0. 31 | 0. 31 | 0. 31 | 0. 31 |
| | 25 | | 0. 36 | 0. 37 | 0. 38 | 0. 38 | 0. 39 | 0. 40 | 0. 40 | 0. 40 | 0. 40 |
| | 26 | | 0. 43 | 0. 44 | 0. 45 | 0. 46 | 0. 47 | 0. 48 | 0. 48 | 0. 48 | 0. 48 |
| | 27 | | 0. 52 | 0. 53 | 0. 54 | 0. 55 | 0. 55 | 0. 56 | 0. 56 | 0. 56 | 0. 56 |
| | 28 | | 0. 60 | 0. 61 | 0. 62 | 0. 63 | 0. 63 | 0. 64 | 0. 64 | 0. 64 | 0. 64 |
| | 29 | | 0. 68 | 0. 69 | 0. 71 | 0. 72 | 0. 72 | 0. 73 | 0. 73 | 0. 73 | 0. 73 |
| | 30 | | 0. 77 | 0. 78 | 0. 79 | 0. 80 | 0. 80 | 0. 81 | 0. 81 | 0. 81 | 0. 81 |

**酿酒葡萄品质调查表**

| 地点 | 赤霞珠 | | 梅鹿辄 | | 霞多丽 | |
|---|---|---|---|---|---|---|
| | 产量（kg/亩） | 总糖（g/L） | 产量（kg/亩） | 总糖（g/L） | 产量（kg/亩） | 总糖（g/L） |
| 伊犁霍尔果斯 | 1120 | 208 | 906 | 224 | 1100 | 226 |
| 玛纳斯 | 1180 | 206 | 1190 | 215 | 1010 | 210 |
| 昌吉 | 960 | 215 | 890 | 225 | 880 | 231 |
| 阜北农场 | 780 | 221 | 670 | 244 | — | — |

该标准的制定和实施，将为新疆葡萄酒业的振兴起到重要促进作用。

ICS

# DB65

新 疆 维 吾 尔 自 治 区 地 方 标 准

DB 65/T 2212—2005

# 无公害食品　酿酒葡萄

Non – environmental Pollution Food Wine Grape

2005 – 06 – 10 发布　　2005 – 08 – 01 实施

新疆维吾尔自治区质量技术监督局　发 布

# 前　言

本标准的附录 A、附录 B 为规范性附录。

本标准由乌鲁木齐市质量技术监督局提出。

本标准由新疆维吾尔自治区质量技术监督局批准。

本标准由新疆维吾尔自治区农业厅归口。

本标准起草单位：新天国际葡萄酒业有限公司、西北农林科技大学葡萄酒学院、山东省酿酒葡萄科学研究所、中国农业大学食品科学与营养工程学院葡萄酒研究中心。

本标准主要起草人：董新平、陈卫民、赵新节、张振文、段长青、饶金刚、兰小军、全建伟。

# 无公害食品　酿酒葡萄

## 1　范围

本标准规定了无公害食品酿酒葡萄的定义、要求、试验方法、检验规则、等级判定规则和运输等内容。

本标准适用于无公害食品酿酒葡萄的收购和销售。

## 2　规范性引用文件

下列文件中的条款通过本标准的引用而成为本标准的条款。凡是注日期的引用文件，其随后所有的修改单（不包括勘误的内容）或修订版均不适用于本标准，然而，鼓励根据本标准达成协议的各方研究是否可使用这些文件的最新版本。凡是不注日期的引用文件，其最新版本适用于本标准。

GB 18406. 2—2001　农产品安全质量　无公害水果安全要求

GB/T 8855—1988　新鲜水果和蔬菜的取样方法

GB/T 10466—1989　蔬菜、水果形态学和结构学术语（一）

GB/T 12295—1990　水果、蔬菜制品　可溶性同性物含量的测定 折射仪法

GB/T 18407. 2—2001　农产品安全质量　无公害水果产地环境要求

NY/T 658—2002　绿色食品　包装通用准则

## 3　定义

本标准中的形态学和结构学定义按照 GB/T 10466—1989 的有关术语规定执行；本标准还适用于下列定义。

### 3.1 酿酒葡萄

根据其特点，主要用于酿酒的葡萄。

### 3.2 产量

指单位土地面积上葡萄植株所生产的果实的量。

### 3.3 可滴定糖

即还原糖，指具有还原性的糖类，在葡萄中主要是葡萄糖和果糖。

### 3.4 色泽

品种果实成熟时特有的颜色。

### 3.5 着色不良果

果皮色泽未达到品种特征颜色的果实，或着色不均匀的果实。以着色面积未达到果皮面积50%的果实为着色不良果。

### 3.6 芳香

指葡萄成熟后具有品种特有的香气。

### 3.7 二次果

指葡萄副梢结出的果实。

### 3.8 生青果

指未成熟的葡萄果实。

### 3.9 病虫果

指葡萄受病虫危害的果实。

### 3.10 泥沙果

指葡萄表面带有泥沙的果实。

### 3.11 损伤果

指受到自然灾害或人为机械的作用，而遭受伤害的果实。

### 3.12 药害果

受到农药伤害的果实。

### 3.13 缺陷果

葡萄果粒呈现各种缺陷，包括二次果、生青果、病虫果、泥沙果、日烧果、损伤果、药害果等。

## 4 要求

### 4.1 产地环境要求

产地环境要求应符合 GB/T 18407.2 的规定。

### 4.2 产量要求

为保证酿酒葡萄获得优良品质，必须控制产量，葡萄三年以内树龄不宜结果。
一级：每公顷产量 12 000 kg（亩产量 800 kg）；
二级：每公顷产量 12 000.1 ~ 15 000 kg（亩产量 800.1 ~ 1 000 kg）；
三级：每公顷产量 15 000.1 ~ 18 000 kg（亩产量 1 000.1 ~ 1 200 kg）。

### 4.3 品质要求

4.3.1 外观
葡萄在植株上自然成熟；果穗完整、洁净，果梗、果蒂发育良好并健壮、新鲜、无伤害；果粒充分发育，大小均匀，已表现出品种典型特征。
4.3.2 可滴定糖
一级：可滴定糖含量≥235.0 g/L；
二级：可滴定糖含量 215.0 ~ 234.9 g/L；
三级：可滴定糖含量 195.0 ~ 214.9 g/L。
4.3.3 色泽
一级：无着色不良果；
二级：着色不良果比例≤2.0%；
三级：着色不良果比例 2.1% ~5.0%。
4.3.4 缺陷果
一级：无缺陷果；
二级：缺陷果比例≤1.5%；
三级：缺陷果比例 1.6% ~3.0%。

### 4.4 卫生要求

卫生指标应符合 GB 18406.2—2001 中 4.1、4.2 的规定。

## 5 检验方法

### 5.1 产量测定

用葡萄园实际生产的酿酒葡萄量除以葡萄园面积，来计算单位面积葡萄产量（式 1）。

$$Y = \frac{W}{S} \qquad (1)$$

式中：
Y——产量（kg/ha）；

W——酿酒葡萄重量（kg）；

S——面积（ha）。

### 5.2 品质检验

5.2.1 外观

对抽检葡萄用感官测定法确定。

5.2.2 可滴定糖

对抽检葡箱按照 GB/T 12295 规定测定可溶性固形物含量，然后查表换算求得可滴定糖含量（见附录 A、附录 B）。

5.2.3 色泽

按式（2）计算：

$$C = \frac{N}{S} \times 100\% \quad (2)$$

式中：

C——着色不良果率（%）；

N——抽检样品的着色不良果数量（个）；

S——抽检样品数量（个）。

5.2.4 缺陷果

按式（3）计算：

$$D = \frac{L}{N} \times 100\% \quad (3)$$

式中：

D——缺陷果率（%）；

L——抽检样品的缺陷果重量（kg）；

N——抽检样品重量（kg）。

### 5.3 卫生指标检验

检验方法按照 GB 18406.2 的规定执行。

## 6 检验规则

**6.1** 产地收购酿酒葡萄时按本标准规定质量标准进行检验。同一产地、同一品种、同一次收购的葡萄作为一个检验批次。

### 6.2 检验分类

6.2.1 型式检验

型式检验是对产品进行全面考核，即对本标准规定的全部要求（指标）进行检验。有下列情况之一者应进行型式检验：

a）前后两次产品检验结果差异较大；

b）因人为或自然条件使生产环境发生较大的变化；

c）国家质量监控机构或主管部门提出型式检验要求。

6.2.2 交收检验

每批产品交收前，收购单位都应进行交收检验。检验项目为：该批次葡萄外观、重量、可滴定糖含量、色泽、缺陷果。

### 6.3 取样

6.3.1 随机取样，抽取的样品应具有代表性。

6.3.2 取样方法按照 GB/T 8855 的规定执行。

6.3.3 在检验过程中如发现葡萄质量问题，需要扩大检验范围时，可以增加取样数量。

### 6.4 等级判定规则

6.4.1 产地环境要求和卫生指标中，有一项指标检验不合格，则该批产品为不合格产品。

6.4.2 产量和品质指标中，若所有指标都达到三级以上，则以指标的较低级作为该批产品的最终级别；若有一项指标低于三级标准，则该批产品为不合格产品。

6.4.3 为确保理化检验项目不受偶然误差影响，凡某项目检验不合格，应另取一份样品复检，若仍不合格，则判定该项目不合格；若复检合格，则应再取一份样品作第二次复检，并以第二次复检结果为准。

6.4.4 对缺陷果和着色不良果允许度不合格的产品，允许生产单位或个人进行整理后申请复检。

## 7 包装、运输

### 7.1 包装

7.1.1 包装容器

包装容器应坚实、牢固、光滑、干燥，清洁卫生，无异味。保证葡萄果实的完整性。质量和卫生要求应符合 NY/T 658 的规定。

7.1.2 其他要求

每一包装容器内只能装同一品种、同一等级的果实，不得混装。

### 7.2 运输

7.2.1 葡萄果实采收后应及时包装运输。

7.2.2 运输工具应清洁、卫生、无污染。不得与有毒、有害物品混装。

7.2.3 搬运时轻装、轻卸，不得挤压葡萄，严防机械损伤。

# 附录 A
## （规范性附录）
## 酿酒葡萄可溶性固形物与可滴定糖换算表

| 可溶性固形物 （%，m/m） | 可滴定糖 （g/L） | 可溶性固形物 （%，m/m） | 可滴定糖 （g/L） | 可溶性固形物 （%，n/m） | 可滴定糖 （g/L） |
|---|---|---|---|---|---|
| 16. 5 | 152. 6 | 19. 5 | 186. 3 | 22. 5 | 220. 6 |
| 16. 6 | 153. 7 | 19. 6 | 187. 4 | 22. 6 | 221. 7 |
| 16. 7 | 154. 8 | 19. 7 | 188. 6 | 22. 7 | 222. 9 |
| 16. 8 | 155. 9 | 19. 8 | 189. 7 | 22. 8 | 224. 1 |
| 16. 9 | 157. 0 | 19. 9 | 190. 8 | 22. 9 | 225. 2 |
| 17. 0 | 158. 1 | 20. 0 | 191. 9 | 23. 0 | 226. 4 |
| 17. 1 | 159. 3 | 20. 1 | 193. 1 | 23. 1 | 227. 6 |
| 17. 2 | 160. 4 | 20. 2 | 194. 2 | 23. 2 | 228. 7 |
| 17. 3 | 161. 5 | 20. 3 | 195. 3 | 23. 3 | 229. 9 |
| 17. 4 | 162. 6 | 20. 4 | 196. 5 | 23. 4 | 231. 1 |
| 17. 5 | 163. 7 | 20. 5 | 197. 7 | 23. 5 | 232. 3 |
| 17. 6 | 164. 8 | 20. 6 | 198. 8 | 23. 6 | 233. 4 |
| 17. 7 | 165. 9 | 20. 7 | 200. 0 | 23. 7 | 234. 6 |
| 17. 8 | 167. 0 | 20. 8 | 201. 1 | 23. 8 | 235. 8 |
| 17. 9 | 168. 1 | 20. 9 | 202. 2 | 23. 9 | 237. 0 |
| 18. 0 | 169. 3 | 21. 0 | 203. 3 | 24. 0 | 238. 2 |
| 18. 1 | 170. 4 | 21. 1 | 204. 5 | 24. 1 | 239. 3 |
| 18. 2 | 171. 5 | 21. 2 | 205. 7 | 24. 2 | 240. 3 |
| 18. 3 | 172. 6 | 21. 3 | 206. 8 | 24. 3 | 241. 6 |
| 18. 4 | 173. 7 | 21. 4 | 207. 9 | 24. 4 | 243. 0 |
| 18. 5 | 174. 9 | 21. 5 | 209. 1 | 24. 5 | 244. 0 |
| 18. 6 | 176. 0 | 21. 6 | 210. 3 | 24. 6 | 245. 0 |
| 18. 7 | 177. 2 | 21. 7 | 211. 4 | 24. 7 | 246. 4 |
| 18. 8 | 178. 3 | 21. 8 | 212. 5 | 24. 8 | 247. 7 |
| 18. 9 | 179. 4 | 21. 9 | 213. 6 | 24. 9 | 248. 7 |
| 19. 0 | 180. 5 | 22. 0 | 214. 8 | 25. 0 | 249. 7 |
| 19. 1 | 181. 7 | 22. 1 | 216. 0 | 25. 1 | 250. 7 |
| 19. 2 | 182. 8 | 22. 2 | 217. 2 | 25. 2 | 251. 7 |
| 19. 3 | 183. 9 | 22. 3 | 218. 3 | 25. 3 | 253. 0 |
| 19. 4 | 185. 1 | 22. 4 | 219. 5 | 25. 4 | 254. 4 |

# 附录 B
## （规范性附录）
## 温度修正表

| | | | 可溶性固形物（%） | | | | | | | | |
|---|---|---|---|---|---|---|---|---|---|---|---|
| | | | 10 | 15 | 20 | 25 | 30 | 35 | 40 | 45 | 50 |
| 温度℃ | 10 | 从读数中减去 | 0. 58 | 0. 61 | 0. 64 | 0. 66 | 0. 68 | 0. 70 | 0. 72 | 0. 73 | 0. 74 |
| | 11 | | 0. 53 | 0. 55 | 0. 58 | 0. 60 | 0. 62 | 0. 64 | 0. 65 | 0. 66 | 0. 67 |
| | 12 | | 0. 48 | 0. 50 | 0. 52 | 0. 54 | 0. 56 | 0. 57 | 0. 58 | 0. 59 | 0. 60 |
| | 13 | | 0. 42 | 0. 44 | 0. 47 | 0. 48 | 0. 49 | 0. 50 | 0. 51 | 0. 52 | 0. 53 |
| | 14 | | 0. 37 | 0. 39 | 0. 40 | 0. 41 | 0. 42 | 0. 43 | 0. 44 | 0. 45 | 0. 45 |
| | 15 | | 0. 31 | 0. 33 | 0. 34 | 0. 34 | 0. 35 | 0. 36 | 0. 37 | 0. 37 | 0. 38 |
| | 16 | | 0. 25 | 0. 26 | 0. 27 | 0. 18 | ( ) . 28 | 0. 29 | 0. 30 | 0. 30 | 0. 30 |
| | 17 | | 0. 19 | 0. 20 | 0. 21 | 0. 21 | 0. 21 | 0. 22 | 0. 22 | 0. 23 | 0. 23 |
| | 18 | | 0. 13 | 0. 14 | 0. 14 | 0. 14 | 0. 14 | 0. 15 | 0. 15 | 0. 15 | 0. 15 |
| | 19 | | 0. 06 | 0. 07 | 0. 07 | 0. 07 | 0. 07 | 0. 08 | 0. 08 | 0. 08 | 0. 08 |
| | 20 | | 0 | 0 | 0 | 0 | 0 | 0 | 0 | 0 | 0 |
| | 21 | 加在读数值上 | 0. 07 | 0. 07 | 0. 07 | 0. 08 | 0. 08 | 0. 08 | 0. 08 | 0. 08 | 0. 08 |
| | 22 | | 0. 14 | 0. 14 | 0. 15 | 0. 15 | 0. 15 | 0. 15 | 0. 15 | 0. 16 | 0. 16 |
| | 23 | | 0. 21 | 0. 22 | 0. 22 | 0. 23 | 0. 23 | 0. 23 | 0. 23 | 0. 24 | 0. 24 |
| | 24 | | 0. 28 | 0. 29 | 0. 30 | 0. 30 | 0. 31 | 0. 31 | 0. 31 | 0. 31 | 0. 31 |
| | 25 | | 0. 36 | 0. 37 | 0. 38 | 0. 38 | 0. 39 | 0. 40 | 0. 40 | 0. 40 | 0. 40 |
| | 26 | | 0. 43 | 0. 44 | 0. 45 | 0. 46 | 0. 47 | 0. 48 | 0. 48 | 0. 48 | 0. 48 |
| | 27 | | 0. 52 | 0. 53 | 0. 54 | 0. 55 | 0. 55 | 0. 56 | 0. 56 | 0. 56 | 0. 56 |
| | 28 | | 0. 60 | 0. 61 | 0. 62 | 0. 63 | 0. 63 | 0. 64 | 0. 64 | 0. 64 | 0. 64 |
| | 29 | | 0. 68 | 0. 69 | 0. 71 | 0. 72 | 0. 72 | 0. 73 | 0. 73 | 0. 73 | 0. 73 |
| | 30 | | 0. 77 | 0. 78 | 0. 79 | 0. 80 | 0. 80 | 0. 81 | 0. 81 | 0. 81 | 0. 81 |

ICS 67. 040
X00

# DB65

新 疆 维 吾 尔 自 治 区 地 方 标 准

DB 65/T 2977—2009

# 果酒生产标准体系总则

Standard system for fruit wine：General

2009 - 05 - 26 发布　　2009 - 06 - 21 实施

新疆维吾尔自治区质量技术监督局　发 布

# 前　言

本标准依据 GB/T 1.1—2000《标准化工作导则 第 1 部分：标准的结构和编写规则》DB65/T 2035.1—2003《标准体系工作导则　第 1 部分：原则与方法》编写。本标准是果酒生产标准体系的总纲。

本标准由新疆维吾尔自治区产品质量监督检验研究院提出。

本标准由新疆维吾尔自治区轻工业行业管理办公室归口。

本标准起草单位：新疆维吾尔自治区产品质量监督检验研究院、新疆和阗玫瑰酒业有限责任公司、吐鲁番市驼铃酒业有限公司。

本标准起草人：马君刚、杨文菊、易新萍、闫祝炜、李强、王龙、翟晓敏、曾武捷、张炎、李霞。

# 果酒生产标准体系总则

## 1　范围

本标准体系规定了果酒生产标准体系编制的基本原则、体系内容、框架结构、标准明细表和标准统计表。

本标准适用于果酒生产标准体系的建立和评价。

## 2　术语和定义

下列术语和定义适用于本标准体系。

### 2.1　果酒（发酵型）Fruit wine from ferment

以新鲜水果或果汁（葡萄除外）为原料，经全部或部分发酵酿制而成的发酵酒。

### 2.2　果酒（浸泡型）Fruit wine from marinating

利用水果的果实为原料，经浸泡等工艺加工制成，具有明显果香的配制酒。

## 3　基本要求

3.1　本标准体系是围绕新疆果酒产业发展，以果酒作为综合标准化对象，以影响果酒产品质量的相关要素形成标准体系。本标准体系的实施对指导我区林果业的发展，促进林果产品深加工转化，提高果酒类产品质量，提升我区果酒类产品的市场竞争力，为地区经济发展起到积极的促进作用。

3.2　本标准体系由国家标准、行业标准、地方标准组成。

3.3　本标准体系的编制坚持先进性、系统性、连续性和不断修订、完善的原则。

## 4 体系内容

本标准体系共分为通用标准、产品标准、生产技术标准、包装、贮存及运输标准四大部分，共27个标准组成。其中18个国家标准，6个行业标准，2个地方标准，1个管理规范文件。

## 5 框架结构图

果酒生产标准体系框架结构图见图1。

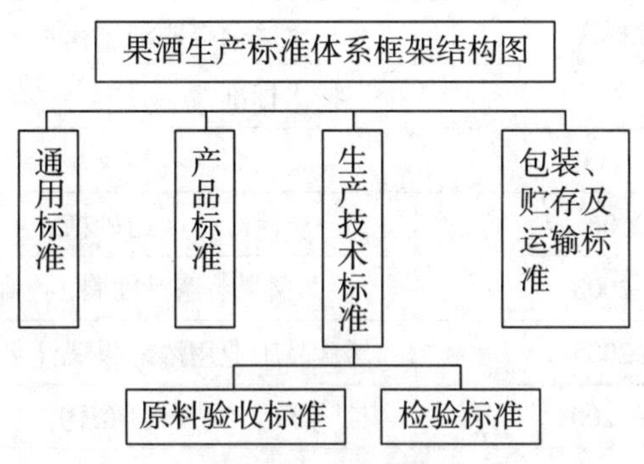


**图1 果酒生产标准体系框架结构图**

## 6 标准明细表

本标准体系共包括27个标准，其内容见表1。

**表1 标准明细表**

| 序号 | 标准代号 | 标准名称 | 备注 |
|---|---|---|---|
| 1 通用标准 | | | |
| 1 | GB/T 12697—1990 | 《果酒厂卫生规范》 | |
| 2 | GB 14881—1994 | 《食品企业通用卫生规范》 | |
| 3 | GB/T 17204—2008 | 《饮料酒分类》 | |
| 4 | GB 5749—2006 | 《生活饮用水卫生标准》 | |
| 5 | GB 2760—2007 | 《食品添加剂使用卫生标准》 | |
| 6 | GB 2762—2005 | 《食品中污染物限量》 | |
| 7 | GB 2763 —2005 | 《食品中农药最大残留限量》 | |
| 8 | SB/T 10392—2005 | 《酒类商品零售经营管理规范》 | |
| 9 | SB/T 10391—2005 | 《酒类商品批发经营管理规范》 | |
| 10 | 国家质量技术监督检验检疫总局75号令（2005） | 《定量包装商品计量监督管理办法》 | |

（续表）

| 序号 | 标准代号 | 标准名称 | 备注 |
|---|---|---|---|
| 2 产品标准 | | | |
| 11 | GB 2758—2005 | 《发酵酒卫生标准》 | |
| 12 | GB/T 2757—1981 | 《蒸馏酒及配制酒卫生标准》 | |
| 13 | NY/T 1508—2007 | 《绿色食品　果酒》 | |
| 14 | QB/T 2027 —1994 | 《猕猴桃酒》 | |
| 15 | QB/T 1983—1994 | 《山楂酒》 | |
| 16 | 拟制定地方标准 | 《石榴酒通用技术条件》 | |
| 17 | 拟制定地方标准 | 《桑椹酒通用技术条件》 | |
| 3 生产技术标准 | | | |
| 3. 1 原料验收标准 | | | |
| 18 | GB 317—2006 | 《白砂糖》 | |
| 19 | GB 19297—2003 | 《果、蔬汁饮料卫生标准》 | |
| 20 | GB 17325—2005 | 《食品工业用浓缩果蔬汁浆卫生标准》 | |
| 21 | GB/T 10343—2008 | 《食用酒精》 | |
| 22 | QB/T 2074—1995 | 《酿酒活性干酵母》 | |
| 3. 2 检验标准 | | | |
| 23 | GB/T 15038—2006 | 《葡萄酒、果酒通用分析方法》 | |
| 4 包装、贮存及运输标准 | | | |
| 24 | GB 10344—2005 | 《预包装饮料酒标签通则》 | |
| 25 | GB/T 5738—1995 | 《瓶装酒、饮料塑料周转箱》 | |
| 26 | GB 191—1990 | 《包装储运图示标志》 | |
| 27 | JJF 1070—2005 | 《定量包装商品净含量计量检验规则》 | |

## 7　标准统计表

标准统计表见表 2。

**表 2　　标准统计表**

| 标准类别 | 应有数（个） | 现有数（个） | 现有数/应有数% |
|---|---|---|---|
| 国家标准 | 18 | 18 | 100% |
| 行业标准 | 6 | 6 | 100% |
| 地方标准 | 2 | 0 | 0 |
| 管理规范 | 1 | 1 | 100% |
| 共计 | 27 | 25 | 96. 2% |

ICS 65.020.01
B00
备案号：

# DB65

新 疆 维 吾 尔 自 治 区 地 方 标 准

DB 65/T 2619—2006

# 酿酒葡萄标准体系总则

General Rules of Standard System for Wine - grapes

2006-06-15 发布　　2006-08-01 实施

新疆维吾尔自治区质量技术监督局　发布

# 前　言

本标准是酿酒葡萄标准体系的总纲。

本标准依据 GB/T 12366. 1—1990《综合标准化工作导则　原则与方法》和 GB/T 12366. 3—1990《综合标准化工作导则　农业产品综合标准化一般要求》编写。

本标准附录 A、附录 B 为规范性附录。

本标准由乌鲁木齐市质量技术监督局提出。

本标准由新疆维吾尔自治区农业厅归口。

本标准由新天国际葡萄酒业股份有限公司、乌鲁木齐市质量技术监督局共同起草。.

本标准主要起草人：董新平、杨新元、陈卫民、朱向东、杨淼、热西旦、刘敏、饶金刚、全建伟、马莉涛。

# 酿酒葡萄标准体系总则

## 1　范围

本标准规定了酿酒葡萄标准体系编制的基本原则、体系内容和工作程序。

本标准适用于酿酒葡萄标准体系。

## 2　体系遵循的原则

2. 1　指导性：本标准体系是围绕农业产业发展及结构调整，以酿酒葡萄栽培及其质量标准为主的农业标准体系。

2. 2　针对性：本标准体系以酿酒葡萄为综合标准化对象，以影响酿酒葡萄质量的相关要素形成标准综合体。

2. 3　目的性：本标准体系以提高酿酒葡萄的质量水平为目的。本标准体系的实施对提高新疆酿酒葡萄栽培水平、促进新疆葡萄酒产业的发展有积极作用。

2. 4　系统性：本标准体系由国家标准、行业标准和地方标准组成。部分企业标准引用了相应国家标准的相关内容，或依据有关科研成果，具体内容在单项标准文本中作说明。

## 3　体系内容

3. 1　本标准体系分为酿酒葡萄产地环境技术标准、酿酒葡萄育苗技术标准、酿酒葡萄栽培技术标准、酿酒葡萄质量标准、酿酒葡萄相关检验方法标准五部分。

3. 2　第一部分酿酒葡萄产地环境技术标准针对安全、健康、优质酿酒葡萄生产所需要的环境条件制定标准，共计 1 项国家标准和 1 项行业标准。

3.3 第二部分酿酒葡萄育苗技术标准针对酿酒葡萄苗木培育所需要的技术和条件制定标准，共计1项国家标准、1项行业标准和1项地方标准。

3.4 第三部分酿酒葡萄栽培技术标准针对无公害、优质酿酒葡萄栽培管理技术制定标准，共计3项国家标准、4项行业标准、3项地方标准。

3.5 第四部分酿酒葡萄质量标准针对葡萄酒酿造用原料的质量制定标准，共计1项国家标准、1项行业标准、2项地方标准。

3.6 第五部分酿酒葡萄相关检验方法标准针对酿酒葡萄质量分析检验制定标准，共计20项国家标准。

3.7 本标准体系相关要素图见图1。

## 4 工作程序

### 4.1 规划阶段

4.1.1 2003年1月，起草单位承担了国家《重要技术标准研究》中酿酒葡萄、葡萄酒标准研究及企业标准体系建设任务，开始进行标准研究。

4.1.2 2004年4月，起草单位作为国家级标准化良好行为企业立项建立企业标准体系。

4.1.3 本标准体系由新疆维吾尔自治区质量技术监督局管理。

4.1.4 本标准体系由乌鲁木齐市质量技术监督局、新天国际葡萄酒业股份有限公司共同承担完成。

### 4.2 制订标准阶段

4.2.1 2003年3月，承担单位制订标准体系工作计划，分工起草标准草案。

4.2.2 2003年8月，承担单位组织专家对标准草案进行初审，修改后形成讨论稿。

4.2.3 2003年9月—2004年10月，承担单位组织科研小组深入葡萄基地和葡萄酒厂对标准草案进行生产验证。

4.2.4 2005年2月，承担单位在实际生产验证的基础上对标准讨论稿进行修改，形成送审稿。

4.2.5 2005年3月，承担单位提出申请进行标准体系鉴定。

### 4.3 贯彻阶段

4.3.1 本标准体系由乌鲁木齐市质量技术监督局、昌吉州质量技术监督局、新天国际葡萄酒业股份有限公司组织实施。

4.3.2 本标准体系发布后由乌鲁木齐市质量技术监督局、昌吉州质量技术监督局、新天国际葡萄酒业股份有限公司在新疆酿酒葡萄产区宣传贯彻。

4.3.3 本标准体系根据体系评价的汇签文件申报，由新疆维吾尔自治区评价和验收。

## 5 标准明细表

本标准体系共包括39个标准，其中国家标准26项，行业标准7项，地方标准6项。其内容见表B.1。

# 附录 A
## （规范性附录）

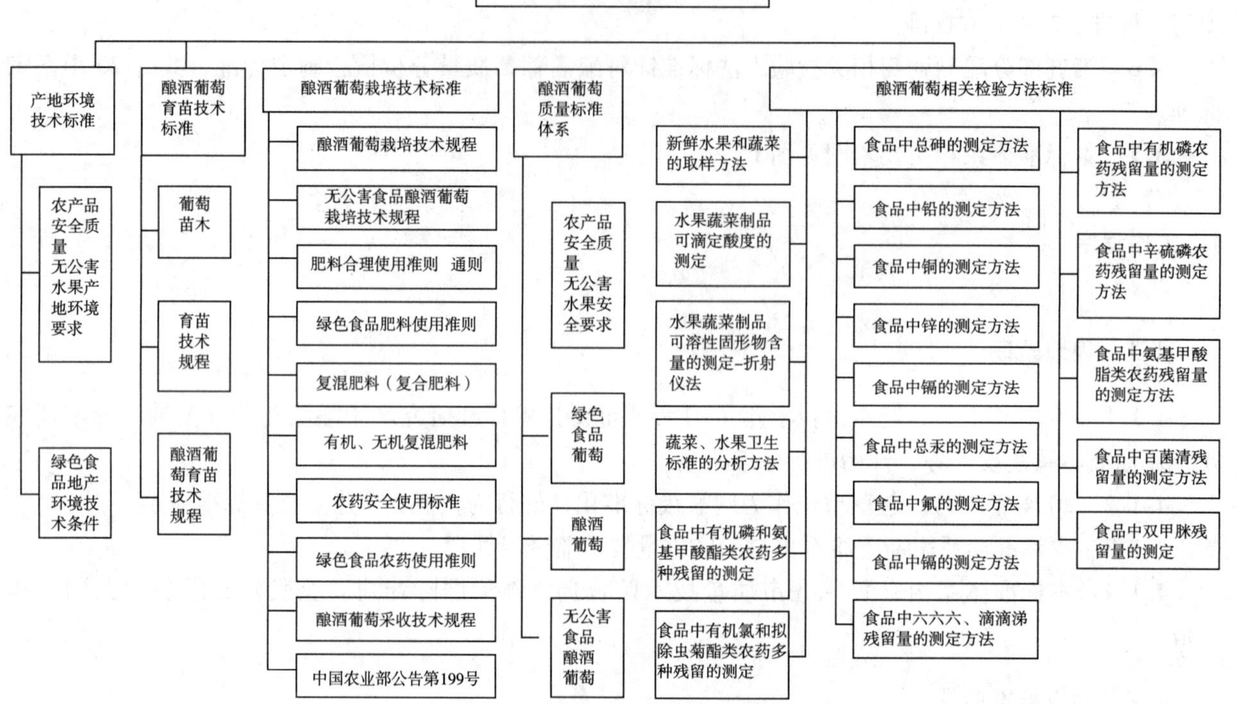


图 1 酿酒葡萄标准体系相关要素图

# 附录 B
## （规范性附录）
## 标准明细表

| 序号 | 标准代号 | 标准名称 | 宜定级别 | 序号 | 标准代号 | 标准名称 | 宜定级别 |
|---|---|---|---|---|---|---|---|
| 1 | GB/T 18407. 2—2001 | 农产品安全质量无公害水果产地环境要求 | 国家标准 | 16 | GB 18406. 2—2001 | 农产品安全质量无公害水果安全要求 | 国家标准 |
| 2 | NY/T 391—2000 | 绿色食品产地环境技术条件 | 行业标准 | 17 | NY/T 428—2000 | 绿色食品 葡萄 | 行业标准 |
| 3 | GB/T 16001—1985 | 育苗技术规程 | 国家标准 | 18 | DB 65/T 2001—2005 | 酿酒葡萄 | 地方标准 |
| 4 | NY 469—2001 | 葡萄苗木 | 行业标准 | 19 | DB 65/T 2212—2005 | 无公害食品酿酒葡萄 | 地方标准 |
| 5 | DB 65/TXX—2006 | 酿酒葡萄育苗技术规程 | 地方标准 | 20 | GB/T 8855—1988 | 新鲜水果和蔬菜的取样方法 | 国家标准 |
| 6 | DB 65/T 2002—2002 | 酿酒葡萄砧技术规程 | 地方标准 | 21 | GB/T 12293—1990 | 水果蔬菜制品可滴定酸度的测定 | 国家标准 |
| 7 | DB 65/T 2210—2005 | 无公害食品酿酒葡萄栽培技术规程 | 地方标准 | 22 | GB/T 12295—1990 | 水果、蔬菜制品 可溶性固形物含量的测定 折射仪法 | 国家标准 |
| 8 | NY/T 496—2002 | 肥料合理使用准则通则 | 行业标准 | 23 | GB/T 5009. 11—1996 | 食品中总砷的测定方法 | 国家标准 |
| 9 | NY/T 394—2000 | 绿色食品肥料使用准则 | 行业标准 | 24 | GB/T 5009. 12—1996 | 食品中铅的测定方法 | 国家标准 |
| 10 | GB 15063—2001 | 复混肥料（复合肥料） | 国家标准 | 25 | GB/T 5009. 13—1996 | 食品中铜的测定方法 | 国家标准 |
| 11 | GB 18877—2002 | 有机—无机复混肥料 | 国家标准 | 26 | GB/T 5009. 14—1996 | 食品中锌的测定方法 | 国家标准 |
| 12 | GB 4285—1989 | 农药安全使用标准 | 国家标准 | 27 | GB/T 5009. 15—1996 | 食品中镉的测定方法 | 国家标准 |
| 13 | NY/T 393—2000 | 绿色食品农药使用准则 | 行业标准 | 28 | GB/T 5009. 17—1996 | 食品中总汞的测定方法 | 国家标准 |
| 14 | 第 199 号 | 中华人民共和国农业部公告 | 行业标准 | 29 | GB/T 5009. 18—1996 | 食品中氟的测定方法 | 国家标准 |
| 15 | DB 65/TXX—2006 | 酿酒葡萄采收技术标准 | 地方标准 | 30 | GB/T 14962—1994 | 食品中铬的测定方法 | 国家标准 |

（续表）

| 序号 | 标准代号 | 标准名称 | 宜定级别 | 序号 | 标准代号 | 标准名称 | 宜定级别 |
|---|---|---|---|---|---|---|---|
| 31 | GB/T 5009. 19—1996 | 食品中六六六、滴滴涕残留量的测定方法 | 国家标准 | 36 | GB/T 14878—1994 | 食品中百菌清残留量的测定方法 | 国家标准 |
| 32 | GB/T 5009. 20—1996 | 食品中有机磷农药残留量的测定方法 | 国家标准 | 37 | GB/T 17329—1998 | 食品中双甲脒残留量的测定 | 国家标准 |
| 33 | GB/T 5009. 38—1996 | 蔬菜、水果卫生标准的分析方法 | 国家标准 | 38 | GB/T 17331—1998 | 食品中有机磷和氨基甲酸酯类农药多种残留的测定 | 国家标准 |
| 34 | GB/T 14875—1994 | 食品中辛硫磷农药残留量的测定方法 | 国家标准 | 39 | GB/T 17332—1998 | 食品中有机氯和拟除虫菊酯类农药多种残留的测定 | 国家标准 |
| 35 | GB/T 14877—1994 | 食品中氨基甲酸脂类农药残留量的测定方法 | 国家标准 | | | | |

ICS 67.160.10
X 62

# DB65

新 疆 维 吾 尔 自 治 区 地 方 标 准

DB 65/T 3780—2015

# 地理标志产品 吐鲁番葡萄酒

Product of geographical indication—Turpan Wines

2015-09-15 发布 2015-10-15 实施

新疆维吾尔自治区质量技术监督局 发布

# 前　言

本标准根据 GB/T 1. 1—2009《标准化工作导则　第 1 部分：标准的结构和编写》要求，依据《地理标志产品保护规定》及 GB/T 17924—2008《地理标志产品标准通用要求》制定。

本标准由吐鲁番市质量技术监督局提出。

本标准由新疆维吾尔自治区质量技术监督局归口。

本标准由吐鲁番市驼铃酒业有限公司、吐鲁番楼兰酒业有限公司、新疆吐鲁番新葡王酒业有限公司、西北农林科技大学葡萄酒学院、吐鲁番市葡萄酒发展局起草。

本标准主要起草人是：李华、王华、陈宜斌、马建平、许山根、史东春、张海军、刘秀海。

# 地理标志产品 吐鲁番葡萄酒

## 1　范围

本标准规定了吐鲁番葡萄酒的术语和定义、地理标志产品保护范围、产品分类、要求、试验方法、检验规则及标志、包装、运输、贮存。

本标准适用于国家质量监督检验检疫行政部门批准的地理标志产品　吐鲁番葡萄酒。

## 2　规范性引用文件

下列文件对于本文件的应用是必不可少的。凡是注日期的引用文件，仅所注日期的版本适用于本文件。凡是不注日期的引用文件，其最新版本（包括所有的修改单）适用于本文件。

GB/T 191 包装储运图示标志

GB 2758 食品安全国家标准 发酵酒及其配制酒

GB 5749 生活饮用水卫生标准

GB 7718 食品安全国家标准 预包装食品标签通则

GB 10344 预包装饮料酒标签通则

GB 13736 食品添加剂山梨酸钾

GB/T 15037 葡萄酒

GB/T 15038 葡萄酒、果酒通用分析方法

GB/T 17204 饮料酒分类

GB/T 19585 地理标志产品 吐鲁番葡萄

NY/T 391 绿色食品 产地环境质量

NY/T 393 绿色食品 农药使用准则

NY/T 394 绿色食品 肥料使用准则

JJF 1070 定量包装商品计量检验规则

中华人民共和国国家经济贸易委员会［2002］第81号公告《中国葡萄酿酒技术规范》

国家质量监督检验检疫总局令［2005］第75号令《定量包装商品计量监督管理办法》

## 3 术语和定义

GB 15037、GB/T 17204 确立的以及下列术语和定义适用于本文件。

### 3.1 吐鲁番葡萄酒 Turpan Wines

用吐鲁番葡萄酒地理标志产品保护区域范围内生产的酿酒葡萄，在规定的保护范围内，经发酵酿制而成的并且工艺要求和质量要求达到本标准规定的葡萄酒。

## 4 地理标志产品保护范围

吐鲁番葡萄酒地理标志产品保护范围限于国家质量监督检验检疫行政主管部门根据《地理标志产品保护规定》批准保护的范围，保护范围为新疆维吾尔自治区吐鲁番市二堡乡、三堡乡、艾丁湖乡、亚尔乡、葡萄乡、红柳河园艺场、胜金乡、恰特喀勒乡、七泉湖镇、大河沿镇、兵团农三师221团，鄯善县七克台镇、辟展乡、迪坎乡、达浪坎乡、吐峪沟乡、鲁克沁镇、连木沁镇、东巴扎乡，托克逊县郭勒布依乡、博斯坦乡、夏乡、伊拉湖乡、阿乐惠镇、库米什镇，共25个乡镇、农场、团现辖行政区域。

## 5 产品分类

### 5.1 按色泽分类

分为红葡萄酒、白葡萄酒两种。

## 6 要求

### 6.1 产地要求

6.1.1 日照：年日照时数2 912.3h～3 062.5h，年日照百分率65%～69%。

6.1.2 气温：年气温11.7 ℃～14.4 ℃，全年大于等于10 ℃的积温4 598.8 ℃～5 480.0 ℃，8月、9月大于等于10 ℃的积温大于等于1 000 ℃，无霜期205d～236d。

6.1.3 降水：年降水量8.8mm～27.6mm。

6.1.4 水：天山冰雪融化水形成的地表水和地下水。

6.1.5 空气相对湿度：年平均空气相对湿度值为42%～44%，8月～9月平均35%～40%。

6.1.6 土壤：土壤系灌耕土、灌淤土、风沙土、潮土和经过改良的棕色荒漠土，土壤通透性良好，含盐量低于0.3%，土壤呈中性略偏碱性。

### 6.2 葡萄生长环境

应符合 GB/T 19585、NY/T 391 规定。

### 6.3 原料要求

6.3.1 葡萄生产要求：农药应符合 NY/T 393 规定；肥料应符合 NY/T 394 的规定。一级葡萄盛果期产量不超过 500 kg/666.7 $km^2$；二级葡萄盛果期产量不超过 800 kg/666.7 $km^2$。

6.3.2 品种要求

6.3.2.1 酿造红葡萄酒的品种：赤霞珠（Cabernet Sauvignon）、西拉（Syrah）、梅鹿辄（Merlot）。

6.3.2.2 酿造白葡萄酒的品种：霞多丽（Chardonnay）、雷司令（Riesling）。

### 6.4 生产工艺要求

应符合中华人民共和国国家经济贸易委员会［2002］第 81 号公告规定。

## 7 技术要求

### 7.1 原料要求

7.1.1 酿造发酵酒的红葡萄含糖量应≥205g/L，酿造发酵酒的白葡萄含糖量应≥205g/L；果皮着色均匀，果粒新鲜、洁净、无病虫害果、霉烂果、裂果、生青果、僵果。无农药污染。

7.1.2 原料水：应符合 GB 5749 规定。

7.1.3 山梨酸或山梨酸钾：应符合 GB 13736 规定。

### 7.2 感官要求

应符合表 1 规定。

**表 1　　感官要求**

| 项　目 | | 要　求 | |
|---|---|---|---|
| | | 红葡萄酒 | 白葡萄酒 |
| 外观 | 色泽 | 紫红、深红、深宝石红 | 近似无色、微黄带绿、浅禾杆黄、金黄色、琥珀色 |
| | 澄清程度 | 澄清透明，有光泽，无明显悬浮物（使用软木塞封口的酒允许有少量软木渣，装瓶超过 1 年的葡萄酒允许有少量沉淀） | |
| 香气与滋味 | 香气 | 香气浓郁，纯正，具有品种典型特点 | |
| | 滋味 | 醇厚、平衡协调、柔顺、有较强结构感 | 口感圆润，清爽、协调 |

### 7.3 理化指标

应符合表 2 规定。

**表 2　　理化指标**

| 项　目 | | 要　求 |
|---|---|---|
| 酒精度[a]（20 ℃）（体积分数），（%vol） | | ≥11.0 |
| 总糖[d]（以葡萄糖计），（g/L） | 干型葡萄酒[b,c] | ≤4.0 |

（续表）

<table>
<tr><th colspan="2">项　目</th><th>要　求</th></tr>
<tr><td>挥发酸（以乙酸计），(g/L)</td><td>干型葡萄酒</td><td>≤1.2</td></tr>
<tr><td>柠檬酸，(g/L)</td><td>干型葡萄酒</td><td>≤1.0</td></tr>
<tr><td rowspan="2">干浸出物，(g/L)</td><td>干白葡萄酒</td><td>≥17.0</td></tr>
<tr><td>干红葡萄酒</td><td>≥20.0</td></tr>
<tr><td rowspan="2">甲醇，(mg/L)</td><td>白葡萄酒</td><td>≤250</td></tr>
<tr><td>红葡萄酒</td><td>≤400</td></tr>
<tr><td colspan="2">铁，(mg/L)</td><td>≤8.0</td></tr>
<tr><td colspan="2">铜，(mg/L)</td><td>≤1.0</td></tr>
<tr><td colspan="2">苯甲酸或苯甲酸钠（以苯甲酸计），(mg/L)</td><td>≤50</td></tr>
<tr><td colspan="2">山梨酸或山梨酸钾（以山梨酸计），(mg/L)</td><td>≤200</td></tr>
<tr><td colspan="3">注：总酸不作要求，以实测值表示（以酒石酸计）</td></tr>
<tr><td colspan="3">[a] 酒精度标签标示值与实测值不得超过 ±1.0%（体积分数）。<br>[b] 当总糖与总酸（以酒石酸计）的差值小于或等于 2.0 g/L，含糖最高为 9.0 g/L。<br>[c] 当总糖与总酸（以酒石酸计）的差值小于或等于 2.0 g/L，含糖最高为 18.0 g/L。<br>[d] 低泡葡萄酒总糖的要求同平静葡萄酒。</td></tr>
</table>

### 7.4　卫生要求

应符合 GB 2758 规定。

### 7.5　净含量

按国家质量监督检验检疫总局令［2005］第 75 号执行。

## 8　试验方法

### 8.1　感官指标

按 GB/T 15038 规定执行。

### 8.2　理化指标

按 GB/T 15308 规定执行。

### 8.3　卫生要求

按 GB 2758 执行。

### 8.4　净含量

按 JJF 1070 规定方法检验。

## 9 检验规则

### 9.1 组批

同一生产期内所生产的、同一类别、同一品质、且经包装出厂的、规格相同的产品为同一批。

### 9.2 抽样方式和数量

按 GB/T 15037 规定执行。

### 9.3 检验分类

9.3.1 出厂检验

9.3.1.1 每批产品出厂前，应由生产厂的质量检验部门按本标准规定逐批检验，检验合格后，厂家签署质量合格证明的并粘贴吐鲁番葡萄酒地理标志产品保护专用标志方可出厂。产品质量检验合格证明可以放在包装箱内，或放在独立的包装盒内，也可以在标签上或包装箱外打印“合格”或“检验合格”字样。

9.3.1.2 出厂检验项目：发酵葡萄酒检验项目：感官要求、酒精度、总糖、挥发酸、干浸出物、总二氧化硫、净含量和标签。

9.3.2 型式检验

9.3.3 一般情况下，同一类产品的型式检验每半年进行一次，有下列情况之一者，亦应进行：

a）改变原、辅材料；

b）改变关键工艺；

c）停产 3 个月以上，重新恢复生产时；

d）出厂检验结果有较大波动时；

e）国家质量监督检验机构按有关规定需要抽检时。

9.3.4 检验项目为 7.2 ~7.5 项目。

### 9.4 判定规则

9.4.1 发酵酒葡萄酒：

9.4.1.1 不合格分类

9.4.1.1.1 A 类不合格：感官要求、酒精度、干浸出物、挥发酸、甲醇、柠檬酸、防腐剂、卫生要求、净含量、标签。

9.4.1.1.2 B 类不合格：干浸出物、铁、铜。

9.4.1.2 检验结果有两项以下（含两项）不合格项目时，应重新自同批产品中抽取两倍量样品对不合格项目进行复检，以复检结果为准。

9.4.1.3 复检结果中如有以下三种情况之一时，则判该批产品不合格：

a）一项以上 A 类不合格；

b）一项 B 类超过规定值的 50% 以上；

c）两项 B 类不合格。

9.4.1.4 当供需双方对检验结果有异议时，可由相关各方协商解决，或委托有关单位进行仲裁检验，以仲裁检验结果为准。

## 10 标志、包装、运输及贮存

### 10.1 标志、标签

10.1.1 标签按 GB 10344、GB 7718 规定执行。

10.1.2 标签上若标注葡萄酒的年份、品种、产地，应符合 GB 15037 规定。

10.1.3 获得批准的生产企业，可在其产品外包装上使用地理标志产品专用标志。

10.1.4 包装储运图示标志应符合 GB/T 191 的规定。

### 10.2 包装

10.2.1 包装材料应采用符合食品卫生要求的包装材料，但不得使用塑料包装材料，不得使用回收玻璃酒瓶。起泡葡萄酒的包装材料应符合相应的耐压要求。包装容器应整齐、清洁，封装严密，无漏气、漏酒现象。

10.2.2 外包装应使用合格的瓦楞纸箱或具有相同功能的其他包装，箱内有防震、防撞的间隔材料。

## 11 运输、贮存

11.1 用软木塞封装的酒，在贮运时应“倒放”或“卧放”。

11.2 运输和贮存时应保持清洁、避免强烈振荡、日晒、雨淋，防止冰冻，装卸时应轻拿轻放。

11.3 贮存地点应阴凉、干燥、通风良好，严防日晒、雨淋，严禁火种。

11.4 成品不得与潮湿地面直接接触，不得与有毒、有害、有异味、有腐蚀性物品同贮、同运。

11.5 运输温度宜保持在 5 ℃ ~35 ℃，贮存温度宜保持在 5 ℃ ~25 ℃。

11.6 按上述条件运输、贮存的葡萄酒不应发生浑浊、酸败现象。

ICS 67. 160. 10
X 62

# T/CBJ

团　　体　　标　　准

T/CBJ 4101—2019

# 酿酒葡萄

Wine grapes

2019 - 07 - 25 发布　　2019 - 10 - 01 实施

中国酒业协会　发布

# 前　言

本标准按照 GB/T 1.1—2009 给出的规则起草。

本标准由中国酒业协会提出并归口。

本标准起草单位：烟台张裕葡萄酿酒股份有限公司、山东省葡萄研究院。

本标准主要起草人：李记明、姜文广、王咏梅、吕振荣、宋文章、沈志毅、任凤山、吴训仑、宫磊。

# 酿酒葡萄

## 1　范围

本标准规定了酿酒葡萄的术语和定义、品种分类、要求、试验方法、检验规则、包装和运输。

本标准适用于我国种植和收购的酿酒葡萄。

## 2　规范性引用文件

下列文件对于本文件的应用是必不可少的。凡是注日期的引用文件，仅注日期的版本适用于本文件。凡是不注日期的引用文件，其最新版本（包括所有的修改单）适用于本文件。

GB 2761　食品安全国际标准 食品中真菌毒素限量

GB 2762　食品安全国际标准 食品中污染物限量

GB 2763　食品安全国际标准 食品中农药最大残留限量

GB 3095　环境空气质量标准

GB 5009. 12　食品安全国际标准 食品中铅的测定

GB 5009. 15　食品安全国际标准 食品中镉的测定

GB 5009. 96　食品安全国际标准 食品中赭曲霉毒素 A 的测定

GB 5084　农田灌溉水质标准

GB/T 8321　（所有部分）农药合理使用准则

GB/T 15038　葡萄酒、果酒通用分析方法

GB/T 19648　水果和蔬菜中 500 种农药及相关化学品残留量的测定 气相色谱 - 质谱法

GB/T 20769　水果和蔬菜中 450 种农药及相关化学品残留量的测定 液相色谱 - 串联质谱法

NY/T 391　绿色食品 产地环境质量

（EC）No. 396/2005　欧盟委员会关于食品农药最大残留限量法规

## 3 术语和定义

下列术语和定义适用于本文件。

**3.1 酿酒葡萄 wine grapes**

用于酿酒，且果穗完整、成熟，具有一定色泽及芳香，可进行发酵的新鲜葡萄。

**3.2 葡萄含糖量（以葡萄糖计） sugar content of grapes（glucose）**

葡萄果实压榨后测定的总糖含量，主要包括果糖、葡萄糖等。

**3.3 葡萄含酸量（以酒石酸计） acid content of grapes（tartaric acid）**

葡萄果实压榨后测定的总酸含量，主要包括酒石酸、苹果酸等。

**3.4 分选 sorting**

挑选葡萄果穗，去除生青、受损、腐烂及品种混杂的葡萄。

**3.5 工艺成熟度 process maturity**

葡萄中所含糖度、酸度、pH 值、单宁以及其感官等指标达到该品种最佳成熟状态的质量要求。

**3.6 产量 production**

单位土地面积上葡萄植株所生产的商品性果实的重量。

**3.7 着色不良果 uncoloured fruit**

葡萄果皮色泽未达到品种特征颜色及着色不均匀的果实。

**3.8 芳香 aroma**

葡萄成熟后具有品种固有的香气。

**3.9 二次果 second fruit**

葡萄新梢夏芽萌发、开花后结出的果实。

**3.10 生青果 immature fruit**

未成熟、呈青色的葡萄果实。

**3.11 病虫果 disease and pest fruit**

葡萄受病虫危害的果实。

**3.12 腐烂果 rotting fruit**

葡萄腐烂变质的果实。

### 3.13 劣果 bad fruit

二次果、生青果、病虫果、腐烂果等。

### 3.14 非葡萄杂质 non – grape impurity

葡萄中混有的枝叶、石块、泥沙等。

### 3.15 品种混杂 mixed grape varieties

主导品种中混杂了其他品种。

## 4 品种分类

### 4.1 按颜色分类

4.1.1 红葡萄品种。
4.1.2 白葡萄品种。

### 4.2 按用途分类

4.2.1 葡萄酒酿造用。
4.2.2 白兰地酿造用。
4.2.3 冰葡萄酒酿造用。
4.2.4 山葡萄酒酿造用。

## 5 要求

### 5.1 产地环境要求

产地环境要求应符合 NY/T 391 的规定。

### 5.2 品种要求

5.2.1 酿造白葡萄酒的品种：霞多丽（Chardonnay）、贵人香（Italian Riesling）、雷司令（Riesling）、长相思（Sauvignon Blanc）、白比诺（Pinot Blanc）、白诗南（Chenin Blanc）、赛美蓉（Semillon）、小芒森（Petit Manseng）、维欧尼（Viognier）、灰雷司令（Grey Riesling）等。

5.2.2 酿造红葡萄酒的品种：赤霞珠（Cabernet Sauvignon）、蛇龙珠（Cabernet Gernischt）、品丽珠（Cabernet Franc）、美乐（Merlot）、黑比诺（Pinot Noir）、西拉（Syrah）、马瑟兰（Marselan）、马尔贝克（Malbec）、增芳德（Zinfandel）、佳美（Gamay）、歌海娜（Grenache）、玫瑰香（Muscat Hamburg）、烟 –73（Yan –73）、烟 –74（Yan –74）、晚红蜜（Canepabn）等。

5.2.3 酿造白兰地的品种：白玉霓（Ugni Blanc）、佳利酿（Carignan）、白羽（Pkatsiteli）等。

5.2.4 酿造冰葡萄酒的品种：威代尔（Vidal）、雷司令（Riesling）、琼瑶浆（Gewurztraminer）、北冰红（Beibinghong）等。

5.2.5 酿造山葡萄酒的品种：双优（Shuang You）、双红（Shuang Hong）、公酿一号（Gong Niangyihao）、左山 1 号（Zuoshan No. 1）等。

## 5.3 树龄要求

限定葡萄三年以上（含三年）树龄开始结果。

## 5.4 产量要求

三年生以上成龄酿酒葡萄园每公顷产量不超过 22 500 kg。

## 5.5 产量分级

5.5.1 葡萄酒酿造用

一级：单产量≤9 000 kg/hm$^2$。

二级：单产量≤15 000 kg/hm$^2$。

三级：单产量≤22 500 kg/hm$^2$。

5.5.2 白兰地酿造用

一级：单产量≤12 000 kg/hm$^2$。

二级：单产量≤18 000 kg/hm$^2$。

三级：单产量≤25 000 kg/hm$^2$。

5.5.3 冰葡萄酒酿造用

一级：单产量≤6 000 kg/hm$^2$。

二级：单产量≤9 000 kg/hm$^2$。

三级：单产量≤12 000 kg/hm$^2$。

5.5.4 山葡萄酒酿造用

一级：单产量≤9 000 kg/hm$^2$。

二级：单产量≤15 000 kg/hm$^2$。

三级：单产量≤22 500 kg/hm$^2$。

## 5.6 外观要求

葡萄应满足工艺成熟度要求，果穗典型而完整，果粒大小均匀、发育良好，表现出品种固有色泽。相应外观应符合表 1 要求。

**表 1　外观要求**

| 质量级别 | 要求 | | | |
|---|---|---|---|---|
| | 着色 | 杂质 | 劣果 | 品种混杂 |
| 一级 | 不含着色不良果 | 不含杂质 | 不含劣果 | 不混有其他品种 |
| 二级 | 着色不良果率 <1.0% | 不含杂质 | 不含劣果 | 不混有其他品种 |
| 三级 | 着色不良果率 <1.0% | 含杂率 <0.5% | 劣果率 <0.5% | 混杂率 <0.5% |

## 5.7 理化要求

5.7.1 葡萄酒酿造用

葡萄酒酿造用葡萄理化要求应符合表 2 的规定。

表 2　　理化要求

| 质量级别 | 要求 | | | |
|---|---|---|---|---|
| | 红品种 | | 白品种 | |
| | 含糖量（以葡萄糖计）/（g/L） | 含酸量（以酒石酸计）/（g/L） | 含糖量（以葡萄糖计）/（g/L） | 含酸量（以酒石酸计）/（g/L） |
| 一级 | ≥220.1 | 5.0～6.5 | ≥210.1 | 5.5～6.5 |
| 二级 | 200.1～220.0 | 5.5～6.5 | 190.1～210.0 | 6.0～7.0 |
| 三级 | 180.1～200.0 | 5.5～7.0 | 170.1～190.0 | 6.0～7.0 |

5.7.2　白兰地酿造用

白兰地酿造用葡萄理化要求应符合表 3 的规定。

表 3　　理化要求

| 质量级别 | 要求 | |
|---|---|---|
| | 含糖量（以葡萄糖计）/（g/L） | 含酸量（以酒石酸计）/（g/L） |
| 一级 | ≥170.1 | 7.0～9.0 |
| 二级 | 155.1～170.0 | 7.0～9.0 |
| 三级 | 140.1～155.0 | 7.0～9.0 |

5.7.3　冰葡萄酒酿造用

冰葡萄采收后，在 20 ℃下融化 12 h，然后压榨取汁测定葡萄含糖量和含酸量。

冰葡萄酒酿造用葡萄理化要求应符合表 4 的规定。

表 4　　理化要求

| 质量级别 | 要求 | |
|---|---|---|
| | 含糖量（以葡萄糖计）/（g/L） | 含酸量（以酒石酸计）/（g/L） |
| 一级 | ≥230.1 | 7.0～9.0 |
| 二级 | 210.1～230.0 | 7.0～9.0 |
| 三级 | 190.1～210.0 | 7.0～10.0 |

5.7.4　山葡萄酒酿造用

山葡萄酒酿造用葡萄理化要求应符合表 5 的规定。

表 5　　理化要求

| 质量级别 | 要求 | | | |
|---|---|---|---|---|
| | 选育山葡萄 | | 野生山葡萄 | |
| | 含糖量（以葡萄糖计）/（g/L） | 含酸量（以酒石酸计）/（g/L） | 含糖量（以葡萄糖计）/（g/L） | 含酸量（以酒石酸计）/（g/L） |
| 一级 | ≥180.1 | 7.0～9.0 | ≥140.1 | 7.0～9.0 |

（续表）

| 质量级别 | 要求 | | | |
|---|---|---|---|---|
| | 选育山葡萄 | | 野生山葡萄 | |
| | 含糖量（以葡萄糖计）/（g/L） | 含酸量（以酒石酸计）/（g/L） | 含糖量（以葡萄糖计）/（g/L） | 含酸量（以酒石酸计）/（g/L） |
| 二级 | 160.1～180.0 | 7.0～9.0 | 120.1～140.0 | 7.0～9.0 |
| 三级 | 140.1～160.0 | 7.0～10.0 | 100.1～120.0 | 7.0～10.0 |

### 5.8 卫生要求

5.8.1 严禁使用剧毒、高残留农药，葡萄采收前15天，停止喷施一切农药，采收前10天，停止灌溉。

5.8.2 葡萄果实的卫生指标如下：

a）污染物限量应符合GB 2762的规定；

b）多菌灵最大残留限量应小于或等于3 mg/kg；

c）丙环唑、恶唑烷酮应符合欧盟法规（EC）No. 396/2005的规定；

d）其他农药最大残留限量应符合GB 2763的规定；

e）真菌毒素限量应符合GB 2761的规定。

5.8.3 葡萄园环境空气质量应符合GB 3095的规定。

5.8.4 葡萄园灌溉水质应符合GB 5084的规定。

5.8.5 农药使用方法应符合GB/T 8321（所有部分）的规定。

5.8.6 葡萄中不得添加甜味剂和其他化学物质。

## 6 试验方法

### 6.1 外观

对抽检葡萄样本用目测法测定。

### 6.2 分选

去除生青、受损、腐烂及品种混杂的葡萄。

### 6.3 单产量

按实际交售酿酒葡萄原料的重量除以种植面积来计算单位面积产量。

### 6.4 含糖量

6.4.1 自动测糖仪在线测含糖量（适用于葡萄数量较大时）

6.4.1.1 取样

自动测糖仪的进料管与葡萄醪主管路连接，自动在线取样。

6.4.1.2 测定

一车葡萄开始破碎时，打开自动测糖仪的测糖程序，待其进料管中的葡萄汁完全是本车的葡萄所产生的后，按“启动”键，开始测糖过程，与自动测糖仪相连接的一块显示屏显示其在线糖度［利用自动测糖仪测定葡萄折光糖（可溶性固形物含量,%），然后根据附录 A、附录 B 由电脑系统自动换算求得葡萄含糖量]；待本车葡萄破碎完成，按“停止”键，与自动测糖仪相连接的另一块显示屏显示其平均糖度；若葡萄破碎过程有停顿，可按“暂停”键，待葡萄破碎过程又开始后，按“继续”键；每次测糖完成后，填写“收购信息”，按“记录验糖结果”键保存数据。

6.4.2　滴定法测糖（仲裁法）

6.4.2.1　取样

每车葡萄分别从不同位置取样至少三次（上、中、下 或前、中、后），每次取样 5 筐 ~10 筐，每筐 2 穗 ~5 穗，不得少于 5 kg，将取样的葡萄手工破碎，用纱布挤出果汁。

6.4.2.2　测定

按 GB/T 15038 的规定执行。

## 6.5　含酸量

6.5.1　取样

同 6.4.2.1。

6.5.2　测定

按 GB/T 15038 的规定执行。

## 6.6　着色不良果率

6.6.1　取样

根据葡萄交售车辆载重量大小，随机从上、中、下不同位置抽取一定数量的葡萄，抽样量在 5 筐 ~10 筐。

6.6.2　测定

对抽检葡萄样本中着色不良果用目测法确定数量，按式（1）计算着色不良果率：

$$\text{着色不良果率} = \frac{\text{抽检样品的着色不良果量}}{\text{抽检样品数量}} \times 100\% \qquad (1)$$

## 6.7　含杂率

6.7.1　取样

同 6.6.1。

6.7.2　测定

对抽检葡萄样本中非葡萄杂质进行称重，按式（2）计算含杂率：

$$\text{含杂率} = \frac{\text{抽检样品的杂质重量}}{\text{抽检样品重量}} \times 100\% \qquad (2)$$

## 6.8　劣果率

6.8.1　取样

同 6.6.1。

6.8.2　测定

对抽检葡萄样本中劣果进行称重，按式（3）计算劣果率：

$$\text{含劣果率} = \frac{\text{抽检样品的劣果重量}}{\text{抽检样品重量}} \times 100\% \qquad (3)$$

### 6.9 品种混杂率

6.9.1 取样

同6.6.1。

6.9.2 测定

对抽检葡萄样本中混杂的品种进行称重，按式（4）计算品种混杂率：

$$混杂率 = \frac{抽检样品的混杂重量}{抽检样品重量} \times 100\% \quad \cdots\cdots (4)$$

### 6.10 卫生指标

6.10.1 取样

同6.4.2.1。

6.10.2 测定

6.10.2.1 镉

按 GB 5009.15 的规定执行。

6.10.2.2 铅

按 GB 5009.12 的规定执行。

6.10.2.3 农药残留

分别按 GB/T 19648 和 GB/T 20769 的规定执行。

6.10.2.4 赭曲霉毒素 A

按 GB 5009.96 的规定执行。

## 7 检验规则

### 7.1 组批

1 车为 1 个批次。

### 7.2 取样

7.2.1 含糖量、含酸量、卫生指标测定：取样方法同6.4.2.1。

7.2.2 外观、着色不良果率、含杂率、劣果率、混杂率测定：取样方法同6.6.1。

### 7.3 接收检验

每批产品交收前，进行接收检验，接收检验内容 包括外观、含糖量、含酸量、着色不良果率、含杂率、劣果率、品种混杂率，卫生指标应根据土壤背景值、农药使用及葡萄外观等抽测。

### 7.4 判定规则

7.4.1 不合格分类

样品的感官、卫生和理化指标如不符合要求应记作不合格。不合格分类如下：

a）A 类：含糖量、劣果率、卫生指标；

b）B 类：含酸量、着色不良果率、含杂率、品种混杂率、外观、单产量。

A 类不合格可拒收，B 类不合格可拒收或降级使用。

7.4.2 不合格复检

为确保各项目不受偶然误差影响，凡某项目检验不合格，应另取一份样品复检，若仍不合格，则判定该项目不合格。若复检合格，则应再取一份样品作第二次复检，以第二次复检结果为准。

## 8 包装和运输

### 8.1 包装

8.1.1 包装材料应符合国家食品卫生要求。

8.1.2 葡萄盛放容器应清洗干净、无异物、无异味。

### 8.2 运输

8.2.1 运输时保持清洁，保证质量良好，捆扎结实，防止滑落和挤压。

8.2.2 运输应防日晒，避雨淋。

8.2.3 不得与有毒、有害、有腐蚀、有异味等物品同运。

# 附录 A
## （规范性附录）
## 酿酒葡萄折光糖（可溶性固形物）与总糖换算表

酿酒葡萄折光糖（可溶性固形物）与总糖换算表见表 A. 1。

表 A. 1　酿酒葡萄折光糖（可溶性固形物）与总糖换算表

| 折光糖% | 总糖 g/L | 折光糖% | 总糖 g/L | 折光糖% | 总糖 g/L |
|---|---|---|---|---|---|
| 16. 5 | 152. 6 | 19. 5 | 186. 3 | 22. 5 | 220. 6 |
| 16. 6 | 153. 7 | 19. 6 | 187. 4 | 22. 6 | 221. 7 |
| 16. 7 | 154. 8 | 19. 7 | 188. 6 | 22. 7 | 222. 9 |
| 16. 8 | 155. 9 | 19. 8 | 189. 7 | 22. 8 | 224. 1 |
| 16. 9 | 157. 0 | 19. 9 | 190. 8 | 22. 9 | 225. 2 |
| 17. 0 | 158. 1 | 20. 0 | 191. 9 | 23. 0 | 226. 4 |
| 17. 1 | 159. 3 | 20. 1 | 193. 1 | 23. 1 | 227. 6 |
| 17. 2 | 160. 4 | 20. 2 | 194. 2 | 23. 2 | 228. 7 |
| 17. 3 | 161. 5 | 20. 3 | 195. 3 | 23. 3 | 229. 9 |
| 17. 4 | 162. 6 | 20. 4 | 196. 5 | 23. 4 | 231. 1 |
| 17. 5 | 163. 7 | 20. 5 | 197. 7 | 23. 5 | 232. 3 |
| 17. 6 | 164. 8 | 20. 6 | 198. 8 | 23. 6 | 233. 4 |
| 17. 7 | 165. 9 | 20. 7 | 200. 0 | 23. 7 | 234. 6 |
| 17. 8 | 167. 0 | 20. 8 | 201. 1 | 23. 8 | 235. 8 |
| 17. 9 | 168. 1 | 20. 9 | 202. 2 | 23. 9 | 237. 0 |
| 18. 0 | 169. 3 | 21. 0 | 203. 3 | 24. 0 | 238. 2 |
| 18. 1 | 170. 4 | 21. 1 | 204. 5 | 24. 1 | 239. 3 |
| 18. 2 | 171. 5 | 21. 2 | 205. 7 | 24. 2 | 240. 3 |
| 18. 3 | 172. 6 | 21. 3 | 206. 8 | 24. 3 | 241. 6 |
| 18. 4 | 173. 7 | 21. 4 | 207. 9 | 24. 4 | 243. 0 |
| 18. 5 | 174. 9 | 21. 5 | 209. 1 | 24. 5 | 244. 0 |
| 18. 6 | 176. 0 | 21. 6 | 210. 3 | 24. 6 | 245. 0 |
| 18. 7 | 177. 2 | 21. 7 | 211. 4 | 24. 7 | 246. 4 |
| 18. 8 | 178. 3 | 21. 8 | 212. 5 | 24. 8 | 247. 7 |
| 18. 9 | 179. 4 | 21. 9 | 213. 6 | 24. 9 | 248. 7 |
| 19. 0 | 180. 5 | 22. 0 | 214. 8 | 25. 0 | 249. 7 |
| 19. 1 | 181. 7 | 22. 1 | 216. 0 | 25. 1 | 250. 7 |
| 19. 2 | 182. 8 | 22. 2 | 217. 2 | 25. 2 | 251. 7 |
| 19. 3 | 183. 9 | 22. 3 | 218. 3 | 25. 3 | 253. 0 |
| 19. 4 | 185. 1 | 22. 4 | 219. 5 | 25. 4 | 254. 4 |

# 附录 B
## （规范性附录）
## 可溶性固形物对温度校正值

可溶性固形物对温度校正值见表 B. 1。

**表 B. 1　　可溶性固形物对温度校正值**

| 温 度/℃ | | 可溶性固形物含量读数/% | | | | | | | | |
|---|---|---|---|---|---|---|---|---|---|---|
| | | 10 | 15 | 20 | 25 | 30 | 35 | 40 | 45 | 50 |
| 10 | 从读数中减去 | 0. 58 | 0. 61 | 0. 64 | 0. 66 | 0. 68 | 0. 70 | 0. 72 | 0. 73 | 0. 74 |
| 11 | | 0. 53 | 0. 55 | 0. 58 | 0. 60 | 0. 62 | 0. 64 | 0. 65 | 0. 66 | 0. 67 |
| 12 | | 0. 48 | 0. 50 | 0. 52 | 0. 54 | 0. 56 | 0. 57 | 0. 58 | 0. 59 | 0. 60 |
| 13 | | 0. 42 | 0. 44 | 0. 47 | 0. 48 | 0. 49 | 0. 50 | 0. 51 | 0. 52 | 0. 53 |
| 14 | | 0. 37 | 0. 39 | 0. 40 | 0. 41 | 0. 42 | 0. 43 | 0. 44 | 0. 45 | 0. 45 |
| 15 | | 0. 31 | 0. 33 | 0. 34 | 0. 34 | 0. 35 | 0. 36 | 0. 37 | 0. 37 | 0. 38 |
| 16 | | 0. 25 | 0. 26 | 0. 27 | 0. 18 | 0. 28 | 0. 29 | 0. 30 | 0. 30 | 0. 30 |
| 17 | | 0. 19 | 0. 20 | 0. 21 | 0. 21 | 0. 21 | 0. 22 | 0. 22 | 0. 23 | 0. 23 |
| 18 | | 0. 13 | 0. 14 | 0. 14 | 0. 14 | 0. 14 | 0. 15 | 0. 15 | 0. 15 | 0. 15 |
| 19 | | 0. 06 | 0. 07 | 0. 07 | 0. 07 | 0. 07 | 0. 08 | 0. 08 | 0. 08 | 0. 08 |
| 20 | | 0 | 0 | 0 | 0 | 0 | 0 | 0 | 0 | 0 |
| 21 | 加在读数上 | 0. 07 | 0. 07 | 0. 07 | 0. 08 | 0. 08 | 0. 08 | 0. 08 | 0. 08 | 0. 08 |
| 22 | | 0. 14 | 0. 14 | 0. 15 | 0. 15 | 0. 15 | 0. 15 | 0. 15 | 0. 16 | 0. 16 |
| 23 | | 0. 21 | 0. 22 | 0. 22 | 0. 23 | 0. 23 | 0. 23 | 0. 23 | 0. 24 | 0. 24 |
| 24 | | 0. 28 | 0. 29 | 0. 30 | 0. 30 | 0. 31 | 0. 31 | 0. 31 | 0. 31 | 0. 31 |
| 25 | | 0. 36 | 0. 37 | 0. 38 | 0. 38 | 0. 39 | 0. 40 | 0. 40 | 0. 40 | 0. 40 |
| 26 | | 0. 43 | 0. 44 | 0. 45 | 0. 46 | 0. 47 | 0. 48 | 0. 48 | 0. 48 | 0. 48 |
| 27 | | 0. 52 | 0. 53 | 0. 54 | 0. 55 | 0. 55 | 0. 56 | 0. 56 | 0. 56 | 0. 56 |
| 28 | | 0. 60 | 0. 61 | 0. 62 | 0. 63 | 0. 63 | 0. 64 | 0. 64 | 0. 64 | 0. 64 |
| 29 | | 0. 68 | 0. 69 | 0. 71 | 0. 72 | 0. 72 | 0. 73 | 0. 73 | 0. 73 | 0. 73 |
| 30 | | 0. 77 | 0. 78 | 0. 79 | 0. 80 | 0. 80 | 0. 81 | 0. 81 | 0. 81 | 0. 81 |

ICS 67.160.10
X 62

# T/TPCX

吐 鲁 番 市 葡 萄 酒 产 业 协 会 团 体 标 准

T/TPCX 001—2021

# 吐鲁番产区葡萄酒

Wines in Turpan Region

2021-08-02 发布　　2021-09-01 实施

吐鲁番市葡萄酒产业协会　发布

# 前　言

本文件按照 GB/T 1.1—2020《标准化工作导则 第 1 部分：标准化文件的结构和起草规则》的要求起草。

本文件由吐鲁番市葡萄酒产业协会提出。

本文件由吐鲁番市林果业技术推广服务中心、吐鲁番市葡萄酒产业协会起草。

本文件主要起草人是：刘丽媛，王婷，张海军，韩泽云，武云龙，周慧，陈宜宾，潘迅，李天翀。

# 吐鲁番产区葡萄酒

## 1　范围

本标准规定了吐鲁番产区葡萄酒的术语和定义、产区地域分布、产品分类、要求、试验方法、检验规则及标志、包装、运输、贮存。

本标准适用于吐鲁番市葡萄酒产业协会所属葡萄酒生产企业所生产的且标明“吐鲁番产区葡萄酒”标识的葡萄酒。

## 2　规范性引用文件

下列文件对于本文件的应用是必不可少的。凡是注日期的引用文件，仅所注日期的版本适用于本文件。凡是不注日期的引用文件，其最新版本（包括所有的修改单）适用于本文件。

GB/T 15037—2006　葡萄酒

GB/T 15038—2006　葡萄酒、果酒通用分析方法

GB/T 25504—2010　冰葡萄酒

DB 65/T 3780—2015　地理标志产品　吐鲁番葡萄酒

GB/T 191—2008　包装储运图示标志

GB 2758—2012　食品安全国家标准　发酵酒及其配制酒

GB 4806.5—2016　食品安全国家标准　玻璃制品

GB 2763—2019　食品安全国家标准　食品中农药最大残留限量

GB 7718—2011　食品安全国家标准　预包装食品标签通则

GB 12696—2016　食品安全国家标准　发酵酒及其配制酒生产卫生规范

GB 5009.28—2016　食品安全国家标准　食品中苯甲酸、山梨酸和糖精钠的测定

NY/T 391—2013　绿色食品　产地环境质量

NY/T 393—2014　绿色食品　农药使用准则

NY/T 394—2013　绿色食品　肥料使用准则

NY/T 1508—2017　绿色食品　果酒

JJF 1070—2005　定量包装商品净含量计量检验规则

国家质量监督检验检疫总局令［2005］第75号《定量包装商品计量监督管理办法》

## 3　术语和定义

GB/T 15037—2006 确立的以及下列术语和定义适用于本标准。

吐鲁番产区葡萄酒：

采用吐鲁番葡萄种植区内生产的葡萄，经发酵酿制而成的工艺要求和质量要求达到本标准规定的葡萄酒。发酵酒自然酒度不低于10%（体积分数）。

## 4　产区地域分布

吐鲁番产区葡萄酒地域分布及种植区域符合 DB 65/T 3780—2015《地理标志产品　吐鲁番葡萄酒》的规定。

## 5　产品分类

### 5.1　按色泽分类

分为红葡萄酒、白葡萄酒、桃红葡萄酒三种。

### 5.2　按二氧化碳含量分类

分为平静葡萄酒、起泡葡萄酒两种。

### 5.3　按含糖量分类

分为干型、半干型、半甜型、甜型四种。

### 5.4　按酿造技术的特殊性分类

加香葡萄酒、利口葡萄酒、冰葡萄酒和加强型葡萄酒。

## 6　要求

吐鲁番产区葡萄酒原料应产自本标准规定的区域范围内，且原料用量不得低于80%。

### 6.1　产地环境

应符合 NY/T 391—2013 的规定。

### 6.2　气候

年气温12.7～15.3 ℃，全年≥10 ℃的积温4 500～5 500 ℃，年平均日照时间2 812～3 087.4 h，年日照百分率65%～69%，无霜期193～225 d，年降水量8.8～27.6mm。

### 6.3 水源

天山冰雪融化水形成的地表水和地下水。

### 6.4 土壤

土壤系灌耕土、灌淤土、风沙土、潮土和经过改良的棕色荒漠土，土壤通透性良好，含盐量低于0.15%，土壤呈中性略偏碱性。

### 6.5 葡萄生产要求

农药施用应符合 NY/T 393—2014 规定；肥料施用应符合 NY/T 394—2013 的规定。

### 6.6 主栽品种及主要推广品种

6.6.1 酿造红葡萄酒的品种

赤霞珠（Cabernet Sauvignon）、梅鹿辄（Merlot）、西拉（Syrah）、佳美（Gamay）、黑比诺（Pinot Noir）、增芳德（Zinfandel）、马瑟兰（Marselen）、小味尔多（petit verdot）。

6.6.2 酿造白葡萄酒的品种

无核白（Thompson Seedless）、霞多丽（Chardonnay）、白比诺（Pinot Blanc）、贵人香（Italian Riesling）、小白玫瑰（Muscat Blanc）、雷司令（Riesling）、白诗南（Chenin Blanc）、威代尔（Vidal）、白羽（Rkatsiteli）、白玉霓（Ugni Blanc）、长相思（Sauvignon Blanc）。

6.6.3 酿造桃红葡萄酒的品种

梅鹿辄（Merlot）、玫瑰香（Muscat Hamburg）、增芳德（Zinfandel）、黑比诺（Pinot Noir）、佳美（Gamay）、西拉（Syrah）。

6.6.4 酿造起泡葡萄酒的品种

无核白（Thompson Seedless）、霞多丽（Chardonnay）、黑比诺（Pinot Noir）、雷司令（Riesling）、梅鹿辄（Merlot）。

### 6.7 葡萄质量要求

原料果皮着色均匀，果粒新鲜、洁净、无病虫害果、霉烂果、裂果、生青果、僵果。无农药、污染物残留。

6.7.1 原料含糖量要求

原料含糖量应符合表1 的规定。

**表1　　原料含糖量要求**

| 葡萄酒的种类 | 原料含糖量（以葡萄糖计）g/L |
|---|---|
| 红葡萄酒 | ≥225 |
| 白葡萄酒 | ≥210 |
| 冰葡萄酒 | ≥340 |
| 晚采葡萄酒 | ≥280 |
| 红色起泡葡萄酒 | ≥180 |

（续表）

| 葡萄酒的种类 | 原料含糖量（以葡萄糖计）g/L |
|---|---|
| 白色起泡葡萄酒 | ≥170 |

6.7.2　原料农残指标、污染物限量。

酿酒葡萄农残指标见表2，污染物限量见表3。

**表2　　农残指标**

| 项　目 | 最高限量，mg/kg |
|---|---|
| 马拉硫磷 | 不得检出 |
| 多菌灵 | 0.5 |
| 甲霜灵 | 1.0 |
| 腐霉利 | 5.0 |
| 百菌清 | 0.5 |
| 代森锰锌 | 5.0 |
| 注：表中所列农药为本产区涉及的，未列入表中以后可能使用的农药限量按 GB 2763—2019 规定执行。 | |

**表3　　污染物限量**

| 项　目 | 限量，mg/kg |
|---|---|
| 铅（以 Pb 计） | ≤0.20 |
| 镉（以 Cd 计） | ≤0.05 |

### 6.8　生产工艺要求

6.8.1　白葡萄酒

6.8.1.1　生产流程

葡萄→除梗破碎→压榨→澄清→发酵→倒罐→澄清处理→灌装→入库。

6.8.1.2　主要工艺

葡萄经采收分选压榨后，将葡萄汁低温澄清、分离、发酵，发酵温度控制在 16～22 ℃，发酵时间 7～15 d，当糖度降至规定要求时进行分离转罐、澄清、贮藏、稳定性处理、除菌过滤。新鲜型葡萄酒贮藏期 12 个月以下。陈酿型葡萄酒贮藏期 12 个月以上，可采用橡木桶贮藏。

6.8.2　红葡萄酒

6.8.2.1　生产流程

葡萄→除梗→破碎或不破碎→发酵→压榨→苹果酸－乳酸发酵→倒罐→澄清处理→灌装→入库。

6.8.2.2　主要工艺

葡萄经采收分选、除梗破碎后，化验理化指标，进行浸渍发酵，发酵温度控制在 24～30 ℃，发酵时间 7～10 d，当糖度降至规定要求时分离转罐，根据酒的酸度，鼓励进行苹果酸—乳酸发酵，当苹果酸—乳酸发酵结束时，进行分离、澄清，贮藏，稳定性处理，除菌过滤。新鲜型葡萄酒贮藏期 18 个月以下；陈酿型葡萄酒贮藏期 18 个月以上，宜采用橡木桶贮藏。

6.8.3 桃红葡萄酒

6.8.3.1 生产流程

葡萄→除梗破碎→浸渍澄清→发酵→倒罐→澄清处理→灌装→入库。

6.8.3.2 主要工艺

葡萄经采收分选、除梗破碎后，控温浸渍，浸渍温度和时间根据品种特性进行控制。当颜色达到规定要求时分离皮渣、接种发酵，发酵温度控制在 16 ~ 20 ℃，发酵时间 7 ~ 15 d。当糖度降至规定要求时进行分离转罐、澄清、贮藏、稳定性处理、除菌过滤。

6.8.4 起泡葡萄酒

6.8.4.1 传统型起泡葡萄酒

6.8.4.1.1 生产流程

葡萄→除梗破碎→压榨→葡萄汁处理→酒精发酵→苹果酸 - 乳酸发酵→调配→二次发酵→成熟与稳定→灌装→入库。

6.8.4.1.2 主要工艺

葡萄经采收分选压榨后，将葡萄汁低温澄清、分离、发酵，当糖度降至 4g/L 时进行分离转罐、澄清、贮藏、稳定性处理。加酵母、糖浆等到瓶或罐二次发酵，制成含一定二氧化碳的起泡葡萄酒。瓶式发酵经贮藏后上架斜沉、转瓶、吐渣、添瓶、打塞、包装。罐式发酵经贮藏后澄清处理、过滤、装瓶。

6.8.4.2 加气型起泡葡萄酒

6.8.4.2.1 生产流程

葡萄→除梗破碎→压榨→葡萄汁处理→酒精发酵→苹果酸 - 乳酸发酵→成熟与稳定→灌装→ 瓶内加气→入库。

6.8.4.2.2 主要工艺

葡萄经采收分选压榨后，将葡萄汁低温澄清、分离、发酵，当糖度降至 4g/L 时进行分离转罐、澄清、贮藏、稳定性处理。经调配后，人为充入二氧化碳制成含一定二氧化碳的起泡葡萄酒。

6.8.5 冰葡萄酒工艺要求

6.8.5.1 生产流程

葡萄低温采摘→分选→低温榨汁→澄清处理→接种酵母→控温发酵（低温）→中止发酵→除酒泥→贮存→冷冻→过滤→除菌、灌装→贮存。

6.8.5.2 主要工艺

将葡萄推迟采收，采收时间 11 ~ 12 月，当气温低于 - 7 ℃使葡萄在树枝上保持一定时间，葡萄果粒自然冰冻，当葡萄含糖量高于 340g/L 以上时采摘，在结冰状态下压榨后控温发酵，发酵温度控制在 12 ~ 15 ℃，发酵时间 60 ~ 90d，当葡萄汁比重和糖度到规定要求时停止发酵，陈酿、储藏，无菌灌装。冰葡萄酒贮藏期至少在 3 个月以上。在生产过程中不允许外加糖源。

6.8.6 晚采葡萄酒工艺要求

6.8.6.1 生产流程

推迟葡萄采摘→分选→榨汁→澄清处理→接种酵母→控温发酵→中止发酵→下胶→除酒泥→贮存→冷冻→过滤→除菌、灌装→检验→贮存。

6.8.6.2　主要工艺

推迟葡萄采收时间，葡萄在果枝上自然风干，当葡萄含糖量高于280g/L时采摘，在压榨后控温发酵，发酵温度控制在15～18 ℃，发酵时间40～60 d，当葡萄汁比重和糖度到规定要求时停止发酵，陈酿、储藏，无菌灌装。晚采葡萄酒贮藏期至少在3个月以上。在生产过程中不允许外加糖源。

## 6.9　感官要求

感官要求应符合表4的规定。冰葡萄酒感官要求应符合GB/T 25504—2010规定。

**表4　感官要求**

<table>
<tr><th colspan="2" rowspan="2">项　目</th><th colspan="7">要　求</th></tr>
<tr><th>红葡萄酒</th><th>白葡萄酒</th><th>桃红葡萄酒</th><th>加香葡萄酒</th><th>起泡葡萄酒</th><th>冰葡萄酒</th><th>晚采葡萄酒</th></tr>
<tr><td rowspan="3">外观</td><td>色泽</td><td>紫红、深红、宝石红、红微带棕色、棕红色</td><td>近似无色、微黄带绿、浅黄、禾杆黄、金黄色、琥珀色</td><td>桃红、淡玫瑰红、浅红色</td><td>深红、棕红、浅红、金黄色、浅黄色、琥珀色</td><td>同发酵酒</td><td>白：浅黄色或金黄色；红：棕红色或宝石红色</td><td>白：浅金黄色、金黄色。红：宝石红或棕红色</td></tr>
<tr><td>澄清程度</td><td colspan="7">澄清透明，有光泽，无明显悬浮物（使用软木塞封口的酒允许有少量软木渣，装瓶超过1年的葡萄酒允许有少量沉淀）</td></tr>
<tr><td>起泡程度</td><td colspan="7">起泡葡萄酒酒注入杯，应有细微的串珠状气泡升起，气泡细腻、持久。</td></tr>
<tr><td rowspan="2">香气与滋味</td><td>香气</td><td>黑加仑、黑胡椒、黑醋栗、草莓及黑桑葚浆果香气</td><td>柠檬、苹果、哈密瓜、热带水果香气</td><td>果香浓郁、细腻、优雅</td><td>具有丁香、肉桂等多种植物及药材香气</td><td>应具备所属类型葡萄酒的香气</td><td>具有纯正、优雅、和谐的果香与酒香</td><td>蜂蜜、葡萄干果的香气，花香味浓郁</td></tr>
<tr><td>滋味</td><td>醇厚、协调、圆润细腻、丰满、结构感强，回味悠长</td><td>圆润细腻、平衡、浓郁、爽净、酸度适中、回味悠长</td><td>平衡、爽净、饱满、酸度适宜、酒体完整、风格独特</td><td>协调、圆润、平衡、悠长</td><td>醇正、和谐、酸爽、有杀口力</td><td>白：纯净、甘甜、醇厚、酸甜协调、酒体丰满；红：醇厚、浓蜜、香甜、协调、回味绵长</td><td>口感极为香浓，富含洋槐及蜂蜜的味道，平衡圆润，回味持久</td></tr>
</table>

### 6.10 理化要求

冰葡萄酒除外的葡萄酒理化要求应符合表5规定。

表5 理化要求

| 项　目 | | 要　求 |
|---|---|---|
| 酒精度（20℃）%（v/v） | | ≥10 |
| 还原糖（以葡萄糖计）g/L | | 按 GB/T 15037—2006 表2规定执行 |
| 总酸（柠檬酸）g/L | | 按 GB/T 15037—2006 表2规定执行 |
| 挥发酸（以乙酸计）g/L | | 按 GB/T 15037—2006 表2规定执行 |
| 干浸出物 g/L | 白葡萄酒 | ≥20.0 |
| | 桃红葡萄酒 | ≥21.0 |
| | 红葡萄酒 | ≥22.5 |
| 二氧化碳（20℃，MPa） | | 按 GB/T 15037—2006 表2规定执行 |
| 铁 mg/L | | 按 GB/T 15037—2006 表2规定执行 |
| 铜 mg/L | | 按 GB/T 15037—2006 表2规定执行 |
| 甲醇 mg/L | | 按 GB/T 15037—2006 表2规定执行 |
| 苯甲酸或苯甲酸钠（以苯甲酸计）mg/L | | 按 GB/T 15037—2006 表2规定执行 |
| 山梨酸或山梨酸钾（以山梨酸计）mg/L | | 按 GB/T 15037—2006 表2规定执行 |

#### 6.10.1 冰葡萄酒理化要求

冰葡萄酒要求应符合表6规定。

表6 冰葡萄酒理化要求

| 项　目 | 要　求 |
|---|---|
| 酒精度（20℃）% vol | ≥10.0 |
| 还原糖（以葡萄糖计）g/L | ≥70.0 |
| 干浸出物 g/L | ≥32.0 |
| 挥发酸（以乙酸计）g/L | ≤2.1 |
| 铁 mg/L | 按 GB/T 15037—2006 表2规定执行 |
| 铜 mg/L | |
| 甲醇 mg/L | |

注：酒精度标签标示值与实测值之差不得超过 ±1.0% vol

### 6.11 卫生要求

应符合 GB 12696—2016 规定。

### 6.12 微生物限量

应符合 NY/T 1508—2017 规定。

### 6.13 玻璃制品

应符合 GB 4806.5—2016 的规定。

### 6.14 净含量

按中华人民共和国国家质量监督检验检疫总局令［2005］第 75 号执行。

## 7 分析方法

### 7.1 感官试验

按 GB/T 15038—2006 规定执行。

### 7.2 理化试验（除苯甲酸、山梨酸外）

按 GB/T 15038—2006 规定执行。

### 7.3 苯甲酸、山梨酸

按 GB 5009.28—2016 规定执行。

### 7.4 卫生检测

按 GB 2758—2012 执行。

### 7.5 玻璃制品

应符合 GB 4806.5—2016 的规定。

### 7.6 净含量检验

按 JJF 1070—2005 规定方法检验。

## 8 检验规则

### 8.1 组批

同一生产期内所生产的、同一类别、同一品质、且经包装出厂的、规格相同的产品为同一批。

### 8.2 抽样方式和数量

按 GB/T 15037—2006 规定执行。

### 8.3 检验分类

8.3.1 出厂检验

8.3.1.1 每批产品出厂前，应由生产厂的质量检验部门按本文件规定逐批检验，检验合格后，厂家签署质量合格证明方可出厂。产品质量检验合格证明（合格证）可以放在包装箱内，或放在独立的包装盒内，也可以在标签上或包装箱外打印“合格”或“检验合格”字样。

8.3.1.2 出厂检验项目：感官要求、酒精度、总糖、干浸出物、挥发酸、二氧化碳、总二氧化硫、净含量、微生物指标。

8.3.2 型式检验

8.3.2.1 一般情况下，同一类产品的型式检验每半年进行一次，有下列情况之一者，亦应进行：

a）改变原、辅材料；

b）改变关键工艺；

c）停产 3 个月以上，重新恢复生产时；

d）出厂检验结果有较大波动时；

e）国家质量监督检验机构按有关规定需要抽检时。

8.3.2.2 检验项目：本文件中全部要求项目。

### 8.4 判定规则

8.4.1 不合格分类

8.4.1.1 A 类不合格：感官要求、酒精度、干浸出物、挥发酸、甲醇、柠檬酸、防腐剂、卫生要求、净含量、标签。

8.4.1.2 B 类不合格：总糖、二氧化碳、铁、铜。

8.4.2 检验结果有两项以下（含两项）不合格项目时，应重新自同批产品中抽取两倍量样品对不合格项目进行复检，以复检结果为准。

8.4.3 复检结果如有以下三种情况之一时，则判该批产品不合格：

a）一项以上 A 类为合格；

b）一项 B 类超过规定值的 50% 以上；

c）两项 B 类不合格。

8.4.4 当供需双方对检验结果有异议时，可由相关各方协商解决，或委托有关单位进行仲裁检验，以仲裁检验结果为准。

### 8.5 冰葡萄酒检验规则

按 GB/T 25504—2010 中第 7 章规定执行。

## 9 标志、包装、运输及贮存

### 9.1 标志、标签

9.1.1 标签按 GB 7718—2011 规定执行，按含糖量标注产品类型（或含糖量）。

9.1.2 标签上若标注葡萄酒的年份、品种、产地，应符合 GB/T 15037—2006 规定。

9.1.3 吐鲁番产区内的生产企业生产的葡萄酒产品，经吐鲁番市葡萄酒产业协会审核后，可在其产品外包装上使用“吐鲁番产区葡萄酒”专用标志。

9.1.4 包装储运图示标志应符合 GB/T 191—2016 规定。

### 9.2 包装

9.2.1 包装材料应采用符合食品卫生要求的包装材料，不得使用回收玻璃酒瓶。起泡葡萄酒的包装材料应符合相应的耐压要求。包装容器应整齐、清洁，封装严密，无漏气、漏酒现象。

9.2.2 外包装应使用合格的瓦楞纸箱或具有相同功能的其他包装，箱内有防震、防撞的间隔材料。

### 9.3 运输、贮存

9.3.1 用软木塞封装的酒，在贮运时应“倒放”或“卧放”。

9.3.2 运输和贮存时应保持清洁、避免强烈振荡、日晒、雨淋，防止冰冻，装卸时应轻拿轻放。

9.3.3 贮存地点应阴凉、干燥、通风良好，严防日晒、雨淋，严禁火种。

9.3.4 成品不得与潮湿地面直接接触，不得与有毒、有害、有异味、有腐蚀性物品同贮、同运。

9.3.5 运输温度宜保持在15～35 ℃，贮存温度宜保持在5～25 ℃。

9.3.6 按上述条件运输、贮存的葡萄酒不应发生浑浊、酸败现象。超过12个月的葡萄酒，允许有少量沉淀。

## 编制说明

### 一、制定标准的任务来源及工作机构组成

为推动吐鲁番市葡萄酒产业持续发展，提升产区葡萄酒质量水平，打造吐鲁番葡萄酒产区品牌，吐鲁番市林果业技术推广服务中心、吐鲁番市市场监督管理局、吐鲁番市葡萄酒产业协会提出了要制定突出吐鲁番葡萄酒产区特征的统一技术标准的具体工作任务。标准编制工作由吐鲁番市市场监督管理局牵头，组织吐鲁番市林果业技术推广服务中心、吐鲁番市葡萄酒产业协会和吐鲁番市葡萄酒生产企业的专家和技术人员成立标准起草小组负责标准的制定工作。

### 二、标准制定工作过程的说明

1. 标准起草小组通过到吐鲁番市驼铃酒业有限公司、新疆新葡王酒业有限公司、新疆吐鲁番市楼兰酒业有限公司等10余家生产企业实地调研，了解吐鲁番市酿酒葡萄的品种、分布、生产、收购、加工经营情况；以及吐鲁番葡萄酒的加工全过程、质量品质特征，经广泛收集资料后结合当地实际，开展《吐鲁番产区葡萄酒》团体标准的需求分析，为该团体标准的编写提供基础依据。

2. 标准起草小组完成本文件初稿后，邀请了相关专家对标准草案进行讨论修改，对标准技术内容从合理性、适用性和规范性进行论证并形成统一意见，根据意见汇总标准起草小组再次对标准进行修改和完善形成了标准审定稿。

3. 标准制定思路为：制定严于国家标准和行业标准的团体标准，引领产业和企业的发展，提升产品和服务的市场竞争力。

4. 标准名称确定为吐鲁番产区葡萄酒是根据吐鲁番市人民政府对吐鲁番产区葡萄酒产业发展规划

总体目标而命名的，核心目的是推动吐鲁番产区葡萄酒产业长远发展和提升地域品牌凝聚效应。

## 三、标准技术内容编制依据和具体指标的来源

本文件基本技术内容参照 GB/T 15037—2006《葡萄酒》进行设定，基本构架为术语、产品分类、要求、试验方法、检验规则、标志、包装、运输、贮存；参照国内其他产区葡萄酒标准，根据吐鲁番产区葡萄酒特点增加产区地域范围、产地要求、品种、原料要求、生产工艺等内容；对照 GB15037—2006《葡萄酒》理化要求，将酒精度指标由≥7.0%提高至≥10.0%，干浸出物分别提高至≥20.0g/L（白葡萄酒）、≥21.0 g/L（桃红葡萄酒）、≥22.5g/L（红葡萄酒）；对照国内其他产区葡萄酒标准，率先对原料农残和重金属污染物指标设定了严格的控制指标，且原料质量要求均高于其他产区葡萄酒标准。

标准中试验方法采用 GB/T 15038—2006 和 GB 2763—2014 的规定。

## 四、标准制定依据的法律法规及相关参考标准

本标准制定过程依据的法律法规及相关参考标准为：《标准化法》、GB 15037—2006《葡萄酒》、中国国家标准化管理委员会《关于培育和发展团体标准的指导意见》等现行有效文件。

## 五、标准是否强制性的建议

建议本文件为推荐性地方标准。

## 六、本文件与相关法律法规和强制性标准的关系

本文件与相关法律法规和强制性标准没有冲突。

## 七、标准在编写过程中分歧意见的处理说明

没有重大意见分歧。

## 八、贯彻标准的措施建议

积极利用和创造各种渠道宣传本文件，在各项有关科研、生产中实施并应用本文件，使其为吐鲁番产区葡萄酒生产提供关键技术依据。

# 第二部分　基地建设

ICS 13. 040. 20
Z 50

# 中 华 人 民 共 和 国 国 家 标 准

GB 3095—2012
代替 GB 3095—1996 GB 9137—88

# 环境空气质量标准

Ambient air quality standards

2012-02-29 发布 2016-01-01 实施

环 境 保 护 部
国家质量监督检验检疫总局 发布

# 中华人民共和国环境保护部
# 公告
# 2012 年　第 7 号

为贯彻《中华人民共和国环境保护法》和《中华人民共和国大气污染防治法》，保护环境，保障人体健康，防治大气污染，现批准《环境空气质量标准》为国家环境质量标准，并由我部与国家质量监督检验检疫总局联合发布。

标准名称、编号如下：

环境空气质量标准（GB 3095—2012）

按有关法律规定，本标准具有强制执行的效力。

本标准自 2016 年 1 月 1 日起在全国实施。

在全国实施本标准之前，国务院环境保护行政主管部门可根据《关于推进大气污染联防联控工作改善区域空气质量的指导意见》（国办发〔2010〕33 号）等文件要求指定部分地区提前实施本标准，具体实施方案（包括地域范围、时间等）另行公告；各省级人民政府也可根据实际情况和当地环境保护的需要提前实施本标准。

本标准由中国环境科学出版社出版，标准内容可在环境保护部网站（bz. mep. gov. cn）查询。

自本标准实施之日起，《环境空气质量标准》（GB 3095—1996）、《〈环境空气质量标准〉（GB 3095—1996）修改单》（环发〔2000〕1 号）和《保护农作物的大气污染物最高允许浓度》（GB 9137—88）废止。

特此公告。

2012 年 02 月 29 日

## 前　言

为贯彻《中华人民共和国环境保护法》和《中华人民共和国大气污染防治法》，保护和改善生活环境、生态环境，保障人体健康，制定本标准。

本标准规定了环境空气功能区分类、标准分级、污染物项目、平均时间及浓度限值、监测方法、数据统计的有效性规定及实施与监督等内容。各省、自治区、直辖市人民政府对本标准中未作规定的污染物项目，可以制定地方环境空气质量标准。

本标准中的污染物浓度为质量浓度。

本标准首次发布于 1982 年。1996 年第一次修订，2000 年第二次修订，本次为第三次修订。本标准将根据国家经济社会发展状况和环境保护要求适时修订。

本次修订的主要内容：

——调整了环境空气功能区分类，将三类区并入二类区；

——增设了颗粒物（粒径小于等于 2.5 μm）浓度限值和臭氧 8 小时平均浓度限值；

——调整了颗粒物（粒径小于等于 10 μm）、二氧化氮、铅和苯并［a］芘等的浓度限值；

——调整了数据统计的有效性规定。

自本标准实施之日起，《环境空气质量标准》（GB 3095—1996）、《〈环境空气质量标准〉（GB 3095—1996）修改单》（环发〔2000〕1 号）和《保护农作物的大气污染物最高允许浓度》（GB 9137—88）废止。

本标准附录 A 为资料性附录，为各省级人民政府制定地方环境空气质量标准提供参考。

本标准由环境保护部科技标准司组织制订。

本标准主要起草单位：中国环境科学研究院、中国环境监测总站。

本标准环境保护部 2012 年 2 月 29 日批准。

本标准由环境保护部解释。

# 环境空气质量标准

## 1 适用范围

本标准规定了环境空气功能区分类、标准分级、污染物项目、平均时间及浓度限值、监测方法、数据统计的有效性规定及实施与监督等内容。

本标准适用于环境空气质量评价与管理。

## 2 规范性引用文件

本标准引用下列文件或其中的条款。凡是未注明日期的引用文件，其最新版本适用于本标准。

GB 8971　空气质量　飘尘中苯并［a］芘的测定　乙酰化滤纸层析荧光分光光度法

GB 9801　空气质量　一氧化碳的测定　非分散红外法

GB/T 15264　环境空气　铅的测定　火焰原子吸收分光光度法

GB/T 15432　环境空气　总悬浮颗粒物的测定　重量法

GB/T 15439　环境空气　苯并［a］芘的测定　高效液相色谱法

HJ 479　环境空气　氮氧化物（一氧化氮和二氧化氮）的测定　盐酸萘乙二胺分光光度法

HJ 482　环境空气　二氧化硫的测定　甲醛吸收-副玫瑰苯胺分光光度法

HJ 483　环境空气　二氧化硫的测定　四氯汞盐吸收-副玫瑰苯胺分光光度法

HJ 504　环境空气　臭氧的测定　靛蓝二磺酸钠分光光度法

HJ 539　环境空气　铅的测定　石墨炉原子吸收分光光度法（暂行）

HJ 590　环境空气　臭氧的测定　紫外光度法

HJ 618　环境空气　$PM_{10}$和$PM_{2.5}$的测定　重量法

HJ 630　环境监测质量管理技术导则

HJ/T 193　环境空气质量自动监测技术规范

HJ/T 194　环境空气质量手工监测技术规范

《环境空气质量监测规范（试行）》（国家环境保护总局公告　2007 年第 4 号）

《关于推进大气污染联防联控工作改善区域空气质量的指导意见》（国办发〔2010〕33 号）

## 3 术语和定义

下列术语和定义适用于本标准。

**3.1 环境空气 ambient air**

指人群、植物、动物和建筑物所暴露的室外空气。

**3.2 总悬浮颗粒物 total suspended particle (TSP)**

指环境空气中空气动力学当量直径小于等于 100 μm 的颗粒物。

**3.3 颗粒物（粒径小于等于 10 μm） particulate matter ($PM_{10}$)**

指环境空气中空气动力学当量直径小于等于 10 μm 的颗粒物，也称可吸入颗粒物。

**3.4 颗粒物（粒径小于等于 2.5 μm） particulate matter ($PM_{2.5}$)**

指环境空气中空气动力学当量直径小于等于 2.5 μm 的颗粒物，也称细颗粒物。

**3.5 铅 lead**

指存在于总悬浮颗粒物中的铅及其化合物。

**3.6 苯并［a］芘 benzo［a］pyrene (BaP)**

指存在于颗粒物（粒径小于等于 10 μm）中的苯并［a］芘。

**3.7 氟化物 fluoride**

指以气态和颗粒态形式存在的无机氟化物。

**3.8 1 小时平均 1 – hour average**

指任何 1 小时污染物浓度的算术平均值。

**3.9 8 小时平均 8 – hour average**

指连续 8 小时平均浓度的算术平均值，也称 8 小时滑动平均。

**3.10 24 小时平均 24 – hour average**

指一个自然日 24 小时平均浓度的算术平均值，也称为日平均。

**3.11 月平均 monthly average**

指一个日历月内各日平均浓度的算术平均值。

**3.12 季平均 quarterly average**

指一个日历季内各日平均浓度的算术平均值。

3.13 年平均 annual mean

指一个日历年内各日平均浓度的算术平均值。

3.14 标准状态 standard state

指温度为273K，压力为101.325 kPa时的状态。本标准中的污染物浓度均为标准状态下的浓度。

## 4 环境空气功能区分类和质量要求

### 4.1 环境空气功能区分类

环境空气功能区分为二类：一类区为自然保护区、风景名胜区和其他需要特殊保护的区域；二类区为居住区、商业交通居民混合区、文化区、工业区和农村地区。

### 4.2 环境空气功能区质量要求

一类区适用一级浓度限值，二类区适用二级浓度限值。一、二类环境空气功能区质量要求见表1和表2。

**表1　环境空气污染物基本项目浓度限值**

| 序号 | 污染物项目 | 平均时间 | 浓度限值 | | 单位 |
|---|---|---|---|---|---|
| | | | 一级 | 二级 | |
| 1 | 二氧化硫（$SO_2$） | 年平均 | 20 | 60 | μg/m³ |
| | | 24小时平均 | 50 | 150 | |
| | | 1小时平均 | 150 | 500 | |
| 2 | 二氧化氮（$NO_2$） | 年平均 | 40 | 40 | |
| | | 24小时平均 | 80 | 80 | |
| | | 1小时平均 | 200 | 200 | |
| 3 | 一氧化碳（CO） | 24小时平均 | 4 | 4 | mg/m³ |
| | | 1小时平均 | 10 | 10 | |
| 4 | 臭氧（$O_3$） | 日最大8小时平均 | 100 | 160 | μg/m³ |
| | | 1小时平均 | 160 | 200 | |
| 5 | 颗粒物（粒径小于等于10 μm） | 年平均 | 40 | 70 | μg/m³ |
| | | 24小时平均 | 50 | 150 | |
| 6 | 颗粒物（粒径小于等于2.5 μm） | 年平均 | 15 | 35 | |
| | | 24小时平均 | 35 | 75 | |

表 2　　环境空气污染物其他项目浓度限值

| 序号 | 污染物项目 | 平均时间 | 浓度限值 | | 单位 |
|---|---|---|---|---|---|
| | | | 一级 | 二级 | |
| 1 | 总悬浮颗粒物（TSP） | 年平均 | 80 | 200 | $\mu g/m^3$ |
| | | 24 小时平均 | 120 | 300 | |
| 2 | 氮氧化物（$NO_x$） | 年平均 | 50 | 50 | |
| | | 24 小时平均 | 100 | 100 | |
| | | 1 小时平均 | 250 | 250 | |
| 3 | 铅（Pb） | 年平均 | 0.5 | 0.5 | |
| | | 季平均 | 1 | 1 | |
| 4 | 苯并［a］芘（BaP） | 年平均 | 0.001 | 0.001 | |
| | | 24 小时平均 | 0.002 5 | 0.002 5 | |

**4.3**　本标准自 2016 年 1 月 1 日起在全国实施。基本项目（表 1）在全国范围内实施；其他项目（表 2）由国务院环境保护行政主管部门或者省级人民政府根据实际情况，确定具体实施方式。

**4.4**　在全国实施本标准之前，国务院环境保护行政主管部门可根据《关于推进大气污染联防联控工作改善区域空气质量的指导意见》等文件要求指定部分地区提前实施本标准，具体实施方案（包括地域范围、时间等）另行公告；各省级人民政府也可根据实际情况和当地环境保护的需要提前实施本标准。

## 5　监测

环境空气质量监测工作应按照《环境空气质量监测规范（试行）》等规范性文件的要求进行。

### 5.1　监测点位布设

表 1 和表 2 中环境空气污染物监测点位的设置，应按照《环境空气质量监测规范（试行）》中的要求执行。

### 5.2　样品采集

环境空气质量监测中的采样环境、采样高度及采样频率等要求，按 HJ/T 193 或 HJ/T 194 的要求执行。

### 5.3　分析方法

应按表 3 的要求，采用相应的方法分析各项污染物的浓度。

**表 3　　　各项污染物分析方法**

| 序号 | 污染物项目 | 手工分析方法 | | 自动分析方法 |
|---|---|---|---|---|
| | | 分析方法 | 标准编号 | |
| 1 | 二氧化硫（$SO_2$） | 环境空气 二氧化硫的测定 甲醛吸收－副玫瑰苯胺分光光度法 | HJ 482 | 紫外荧光法、差分吸收光谱分析法 |
| | | 环境空气 二氧化硫的测定 四氯汞盐吸收－副玫瑰苯胺分光光度法 | HJ 483 | |
| 2 | 二氧化氮（$NO_2$） | 环境空气 氮氧化物（一氧化氮和二氧化氮）的测定 盐酸萘乙二胺分光光度法 | HJ 479 | 化学发光法、差分吸收光谱分析法 |
| 3 | 一氧化碳（CO） | 空气质量 一氧化碳的测定 非分散红外法 | GB 9801 | 气体滤波相关红外吸收法、非分散红外吸收法 |
| 4 | 臭氧（$O_3$） | 环境空气 臭氧的测定 靛蓝二磺酸钠分光光度法 | HJ 504 | 紫外荧光法、差分吸收光谱分析法 |
| | | 环境空气 臭氧的测定 紫外光度法 | HJ 590 | |
| 5 | 颗粒物（粒径小于等于 10 μm） | 环境空气 $PM_{10}$和 $PM_{2.5}$的测定 重量法 | HJ 618 | 微量振荡天平法、β 射线法 |
| 6 | 颗粒物（粒径小于等于 2.5 μm） | 环境空气 $PM_{10}$和 $PM_{2.5}$的测定 重量法 | HJ 618 | 微量振荡天平法、β 射线法 |
| 7 | 总悬浮颗粒物（TSP） | 环境空气 总悬浮颗粒物的测定 重量法 | GB/T 15432 | — |
| 8 | 氮氧化物（$NO_x$） | 环境空气 氨氧化物（一氧化氮和二氧化氮）的测定 盐酸萘乙二胺分光光度法 | HJ 479 | 化学发光法、差分吸收光谱分析法 |
| 9 | 铅（Pb） | 环境空气 铅的测定 石墨炉原子吸收分光光度法（暂行） | HJ 539 | — |
| | | 环境空气 铅的测定 火焰原子吸收分光光度法 | GB/T 15264 | — |
| 10 | 苯并［a］芘（BaP） | 空气质量 飘尘中苯并［a］芘的测定 乙酰化滤纸层析荧光分光光度法 | GB 8971 | — |
| | | 环境空气 苯并［a］芘的测定 高效液相色谱法 | GB/T 15439 | — |

## 6　数据统计的有效性规定

6.1　应采取措施保证监测数据的准确性、连续性和完整性，确保全面、客观地反映监测结果。所有有效数据均应参加统计和评价，不得选择性地舍弃不利数据以及人为干预监测和评价结果。

6.2　采用自动监测设备监测时，监测仪器应全年 365 天（闰年 366 天）连续运行。在监测仪器校准、停电和设备故障，以及其他不可抗拒的因素导致不能获得连续监测数据时，应采取有效措施及时恢复。

6.3 异常值的判断和处理应符合 HJ 630 的规定。对于监测过程中缺失和删除的数据均应说明原因，并保留详细的原始数据记录，以备数据审核。

6.4 任何情况下，有效的污染物浓度数据均应符合表 4 中的最低要求，否则应视为无效数据。

**表 4　　污染物浓度数据有效性的最低要求**

| 污染物项目 | 平均时间 | 数据有效性规定 |
|---|---|---|
| 二氧化硫（$SO_2$）、二氧化氮（$NO_2$）、颗粒物（粒径小于等于 10 μm）、颗粒物（粒径小于等于 2.5 μm）、氮氧化物（$NO_x$） | 年平均 | 每年至少有 324 个日平均浓度值；<br>每月至少有 27 个日平均浓度值（二月至少有 25 个日平均浓度值） |
| 二氧化硫（$SO_2$）、二氧化氮（$NO_2$）、一氧化碳（CO）、颗粒物（粒径小于等于 10 μm）、颗粒物（粒径小于等于2.5 μm）、氮氧化物（$NO_x$） | 24 小时平均 | 每日至少有 20 个小时平均浓度值或采样时间 |
| 臭氧（$O_3$） | 8 小时平均 | 每 8 小时至少有 6 小时平均浓度值 |
| 二氧化硫（$SO_2$）、二氧化氮（$NO_2$）、一氧化碳（CO）、臭氧（$O_3$）、氮氧化物（$NO_x$） | 1 小时平均 | 每小时至少有 45 分钟的采样时间 |
| 总悬浮颗粒物（TSP）、苯并［a］芘（BaP）、铅（Pb） | 年平均 | 每年至少有分布均匀的 60 个日平均浓度值；<br>每月至少有分布均匀的 5 个日平均浓度值 |
| 铅（Pb） | 季平均 | 每季至少有分布均匀的 15 个日平均浓度值；<br>每月至少有分布均匀的 5 个日平均浓度值 |
| 总悬浮颗粒物（TSP）、苯并［a］芘（BaP）、铅（Pb） | 24 小时平均 | 每日应有 24 小时的采样时间 |

## 7　实施与监督

7.1 本标准由各级环境保护行政主管部门负责监督实施。

7.2 各类环境空气功能区的范围由县级以上（含县级）人民政府环境保护行政主管部门划分，报本级人民政府批准实施。

7.3 按照《中华人民共和国大气污染防治法》的规定，未达到本标准的大气污染防治重点城市，应当按照国务院或者国务院环境保护行政主管部门规定的期限，达到本标准。该城市人民政府应当制定限期达标规划，并可以根据国务院的授权或者规定，采取更严格的措施，按期实现达标规划。

## 附录 A
## （资料性附录）
## 环境空气中镉、汞、砷、六价铬和氟化物参考浓度限值

各省级人民政府可根据当地环境保护的需要，针对环境污染的特点，对本标准中未规定的污染物项目制定并实施地方环境空气质量标准。表 A.1 为环境空气中部分污染物参考浓度限值。

**表 A.1　　环境空气中镉、汞、砷、六价铬和氟化物参考浓度限值**

| 序号 | 污染物项目 | 平均时间 | 浓度（通量）限值 | | 单位 |
|---|---|---|---|---|---|
| | | 年平均 | 一级 | 二级 | |
| 1 | 镉（Cd） | 年平均 | 0.005 | 0.005 | $\mu g/m^3$ |
| 2 | 汞（Hg） | 年平均 | 0.05 | 0.05 | |
| 3 | 砷（As） | 年平均 | 0.006 | 0.006 | |
| 4 | 六价铬（Cr（VI）） | 年平均 | 0.000 025 | 0.000 025 | |
| 5 | 氟化物（F） | 1 小时平均 | 20[①] | 20[①] | |
| | | 24 小时平均 | 7[①] | 7[①] | |
| | | 月平均 | 1.8[②] | 3.0[③] | $\mu g/(dm^2 \cdot d)$ |
| | | 植物生长季平均 | 1.2[②] | 2.0[③] | |

注：①适用于城市地区；②适用于牧业区和以牧业为主的半农半牧区、桑蚕区；③适用于农业和林业区。

ICS
Z

# GB

# 中华人民共和国国家标准

GB 15618—2018
代替 GB 15618—1995

# 土壤环境质量 农用地土壤污染风险管控标准 （试行）

Soil environmental quality
Risk control standard for soil contamination of agricultural land

2018-06-22 发布　　　　2018-08-01 实施

生态环境部
国家市场监督管理总局　发布

# 前　言

为贯彻落实《中华人民共和国环境保护法》，保护农用地土壤环境，管控农用地土壤污染风险，保障农产品质量安全、农作物正常生长和土壤生态环境，制定本标准。

本标准规定了农用地土壤污染风险筛选值和管制值，以及监测、实施与监督要求。

本标准于 1995 年首次发布，本次为第一次修订。

本次修订的主要内容：

——标准名称由《土壤环境质量标准》调整为《土壤环境质量　农用地土壤污染风险管控标准（试行）》；

——更新了规范性引用文件，增加了标准的术语和定义；

——规定了农用地土壤中镉、汞、砷、铅、铬、铜、镍、锌等基本项目，以及六六六、滴滴涕、苯并［a］芘等其他项目的风险筛选值；

——规定了农用地土壤中镉、汞、砷、铅、铬的风险管制值；

——更新了监测、实施与监督要求。

自本标准实施之日起，《土壤环境质量标准》（GB 15618—1995）废止。

本标准由生态环境部土壤环境管理司、科技标准司组织制订。

本标准主要起草单位：生态环境部南京环境科学研究所、中国科学院南京土壤研究所、中国农业科学院农业资源与农业区划研究所、中国环境科学研究院。

本标准生态环境部 2018 年 5 月 17 日批准。

本标准自 2018 年 8 月 1 日起实施。

本标准由生态环境部解释。

# 土壤环境质量
# 农用地土壤污染风险管控标准

## 1　适用范围

本标准规定了农用地土壤污染风险筛选值和管制值，以及监测、实施和监督要求。

本标准适用于耕地土壤污染风险筛查和分类。园地和牧草地可参照执行。

## 2　规范性引用文件

本标准内容引用了下列文件或其中的条款。凡是不注明日期的引用文件，其最新版本适用于本标准。

GB/T 14550　土壤质量　六六六和滴滴涕的测定　气相色谱法

GB/T 17136　土壤质量　总汞的测定　冷原子吸收分光光度法
GB/T 17138　土壤质量　铜、锌的测定　火焰原子吸收分光光度法
GB/T 17139　土壤质量　镍的测定　火焰原子吸收分光光度法
GB/T 17141　土壤质量　铅、镉的测定　石墨炉原子吸收分光光度法
GB/T 21010　土地利用现状分类
GB/T 22105　土壤质量　总汞、总砷、总铅的测定　原子荧光法
HJ/T 166　土壤环境监测技术规范
HJ 491　土壤　总铬的测定　火焰原子吸收分光光度法
HJ 680　土壤和沉积物　汞、砷、硒、铋、锑的测定　微波消解/原子荧光法
HJ 780　土壤和沉积物　无机元素的测定　波长色散 X 射线荧光光谱法
HJ 784　土壤和沉积物　多环芳烃的测定　高效液相色谱法
HJ 803　土壤和沉积物　12 种金属元素的测定　王水提取－电感耦合等离子体质谱法
HJ 805　土壤和沉积物　多环芳烃的测定　气相色谱－质谱法
HJ 834　土壤和沉积物　半挥发性有机物的测定　气相色谱－质谱法
HJ 835　土壤和沉积物　有机氯农药的测定　气相色谱－质谱法
HJ 921　土壤和沉积物　有机氯农药的测定　气相色谱法
HJ 923　土壤和沉积物　总汞的测定　催化热解－冷原子吸收分光光度法

## 3　术语和定义

下列术语和定义适用于本标准。

### 3.1　土壤　soil

指位于陆地表层能够生长植物的疏松多孔物质层及其相关自然地理要素的综合体。

### 3.2　农用地　agricultural land

指 GB/T 21010 中的 01 耕地（0101 水田、0102 水浇地、0103 旱地）、02 园地（0201 果园、0202 茶园）和 04 草地（0401 天然牧草地、0403 人工牧草地）。

### 3.3　农用地土壤污染风险　soil contamination risk of agricultural land

指因土壤污染导致食用农产品质量安全、农作物生长或土壤生态环境受到不利影响。

### 3.4　农用地土壤污染风险筛选值　risk screening values for soil contamination of agricultural land

指农用地土壤中污染物含量等于或者低于该值的，对农产品质量安全、农作物生长或土壤生态环境的风险低，一般情况下可以忽略；超过该值的，对农产品质量安全、农作物生长或土壤生态环境可能存在风险，应当加强土壤环境监测和农产品协同监测，原则上应当采取安全利用措施。

### 3.5　农用地土壤污染风险管制值　risk intervention values for soil contamination of agricultural land

指农用地土壤中污染物含量超过该值的，食用农产品不符合质量安全标准等农用地土壤污染风险高，原则上应当采取严格管控措施。

## 4 农用地土壤污染风险筛选值

### 4.1 基本项目

4.1.1 农用地土壤污染风险筛选值的基本项目为必测项目，包括镉、汞、砷、铅、铬、铜、镍、锌，风险筛选值见表1。

表1 农用地土壤污染风险筛选值（基本项目）

单位：mg/kg

| 序号 | 污染物项目①② | | 风险筛选值 | | | |
|---|---|---|---|---|---|---|
| | | | pH≤5.5 | 5.5＜pH≤6.5 | 6.5＜pH≤7.5 | pH＞6.5 |
| 1 | 镉 | 水田 | 0.3 | 0.4 | 0.6 | 0.8 |
| | | 其他 | 0.3 | 0.3 | 0.3 | 0.6 |
| 2 | 汞 | 水田 | 0.5 | 0.5 | 0.6 | 1.0 |
| | | 其他 | 1.3 | 1.8 | 2.4 | 3.4 |
| 3 | 砷 | 水田 | 30 | 30 | 25 | 20 |
| | | 其他 | 40 | 40 | 30 | 25 |
| 4 | 铅 | 水田 | 80 | 100 | 140 | 240 |
| | | 其他 | 70 | 90 | 120 | 170 |
| 5 | 铬 | 水田 | 250 | 250 | 300 | 350 |
| | | 其他 | 150 | 150 | 200 | 250 |
| 6 | 铜 | 果园 | 150 | 150 | 200 | 200 |
| | | 其他 | 50 | 50 | 100 | 100 |
| 7 | 镍 | | 60 | 70 | 100 | 190 |
| 8 | 锌 | | 200 | 200 | 250 | 300 |

注：①重金属和类金属砷均按元素总量计。

②对于水旱轮作地，采用其中较严格的风险筛选值。

### 4.2 其他项目

4.2.1 农用地土壤污染风险筛选值的其他项目为选测项目，包括六六六、滴滴涕和苯并［a］芘，风险筛选值见表2。

4.2.2 其他项目由地方环境保护主管部门根据本地区土壤污染特点和环境管理需求进行选择。

表2 农用地土壤污染风险筛选值（其他项目）

单位：mg/kg

| 序号 | 污染物项目 | 风险筛选值 |
|---|---|---|
| 1 | 六六六总量① | 0.10 |

（续表）

| 序号 | 污染物项目 | 风险筛选值 |
| --- | --- | --- |
| 2 | 滴滴涕总量② | 0.10 |
| 3 | 苯并［a］芘 | 0.55 |

注：①六六六总量为 α－六六六、β－六六六、γ－六六六、δ－六六六四种异构体的含量总和。
②滴滴涕总量为 p，p′－滴滴伊、p，p′－滴滴滴、o，p′－滴滴涕、p，p′－滴滴涕四种衍生物的含量总和。

## 5 农用地土壤污染风险管制值

5.1 农用地土壤污染风险管制值项目包括镉、汞、砷、铅、铬，风险管制值见表3。

**表3　农用地土壤污染风险管制值**

单位：mg/kg

| 序号 | 污染物项目 | 风险管制值 | | | |
| --- | --- | --- | --- | --- | --- |
| | | pH≤5.5 | 5.5＜pH≤6.5 | 6.5＜pH≤7.5 | pH＞7.5 |
| 1 | 镉 | 1.5 | 2.0 | 3.0 | 4.0 |
| 2 | 汞 | 2.0 | 2.5 | 4.0 | 6.0 |
| 3 | 砷 | 200 | 150 | 120 | 100 |
| 4 | 铅 | 400 | 500 | 700 | 1000 |
| 5 | 铬 | 800 | 850 | 1000 | 1300 |

## 6 农用地土壤污染风险筛选值和管制值的使用

6.1 当土壤中污染物含量等于或者低于表1和表2规定的风险筛选值时，农用地土壤污染风险低，一般情况下可以忽略；高于表1和表2规定的风险筛选值时，可能存在农用地土壤污染风险，应加强土壤环境监测和农产品协同监测。

6.2 当土壤中镉、汞、砷、铅、铬的含量高于表1规定的风险筛选值、等于或者低于表3规定的风险管制值时，可能存在食用农产品不符合质量安全标准等土壤污染风险，原则上应当采取农艺调控、替代种植等安全利用措施。

6.3 当土壤中镉、汞、砷、铅、铬的含量高于表3规定的风险管制值时，食用农产品不符合质量安全标准等农用地土壤污染风险高，且难以通过安全利用措施降低食用农产品不符合质量安全标准等农用地土壤污染风险，原则上应当采取禁止种植食用农产品、退耕还林等严格管控措施。

6.4 土壤环境质量类别划分应以本标准为基础，结合食用农产品协同监测结果，依据相关技术规定进行划定。

## 7 监测要求

### 7.1 监测点位和样品采集

7.1.1 农用地土壤污染调查监测点位布设和样品采集执行 HJ/T 166 等相关技术规定要求。

### 7.2 土壤污染物分析

7.2.1 土壤污染物分析方法按表 4 执行。

**表 4　　土壤污染物分析方法**

<table>
<tr><th>序号</th><th>污染物项目</th><th>分析方法</th><th>标准编号</th></tr>
<tr><td>1</td><td>镉</td><td>土壤质量 铅、镉的测定 石墨炉原子吸收分光光度法</td><td>GB/T 17141</td></tr>
<tr><td rowspan="4">2</td><td rowspan="4">汞</td><td>土壤和沉积物 汞、砷、硒、铋、锑的测定 微波消解/原子荧光法</td><td>HJ 680</td></tr>
<tr><td>土壤质量 总汞、总砷、总铅的测定 原子荧光法第 1 部分：土壤中总汞的测定</td><td>GB/T 22105. 1</td></tr>
<tr><td>土壤质量 总汞的测定 冷原子吸收分光光度法</td><td>GB/T 17136</td></tr>
<tr><td>土壤和沉积物 总汞的测定 催化热解 - 冷原子吸收分光光度法</td><td>HJ 923</td></tr>
<tr><td rowspan="3">3</td><td rowspan="3">砷</td><td>土壤和沉积物 12 种金属元素的测定 王水提取 - 电感耦合等离子体质谱法</td><td>HJ 803</td></tr>
<tr><td>土壤和沉积物 汞、砷、硒、铋、锑的测定 微波消解/原子荧光法</td><td>HJ 680</td></tr>
<tr><td>土壤质量 总汞、总砷、总铅的测定 原子荧光法第 2 部分：土壤中总砷的测定</td><td>GB/T 22105. 2</td></tr>
<tr><td rowspan="2">4</td><td rowspan="2">铅</td><td>土壤质量 铅、镉的测定 石墨炉原子吸收分光光度法</td><td>GB/T 17141</td></tr>
<tr><td>土壤和沉积物 无机元素的测定 波长色散 X 射线荧光光谱法</td><td>HJ 780</td></tr>
<tr><td rowspan="2">5</td><td rowspan="2">铬</td><td>土壤 总铬的测定 火焰原子吸收分光光度法</td><td>HJ 491</td></tr>
<tr><td>土壤和沉积物 无机元素的测定 波长色散 X 射线荧光光谱法</td><td>HJ 780</td></tr>
<tr><td rowspan="2">6</td><td rowspan="2">铜</td><td>土壤质量 铜、锌的测定 火焰原子吸收分光光度法</td><td>GB/T 17138</td></tr>
<tr><td>土壤和沉积物 无机元素的测定 波长色散 X 射线荧光光谱法</td><td>HJ 780</td></tr>
<tr><td rowspan="2">7</td><td rowspan="2">镍</td><td>土壤质量 镍的测定 火焰原子吸收分光光度法</td><td>GB/T 17139</td></tr>
<tr><td>土壤和沉积物 无机元素的测定 波长色散 X 射线荧光光谱法</td><td>HJ 780</td></tr>
<tr><td rowspan="2">8</td><td rowspan="2">锌</td><td>土壤质量 铜、锌的测定 火焰原子吸收分光光度法</td><td>GB/T 17138</td></tr>
<tr><td>土壤和沉积物 无机元素的测定 波长色散 X 射线荧光光谱法</td><td>HJ 780</td></tr>
<tr><td rowspan="3">9</td><td rowspan="3">六六六总量</td><td>土壤和沉积物 有机氯农药的测定 气相色谱 - 质谱法</td><td>HJ 835</td></tr>
<tr><td>土壤和沉积物 有机氯农药的测定 气相色谱法</td><td>HJ 921</td></tr>
<tr><td>土壤质量 六六六和滴滴涕的测定 气相色谱法</td><td>GB/T 14550</td></tr>
</table>

（续表）

| 序号 | 污染物项目 | 分析方法 | 标准编号 |
|---|---|---|---|
| 10 | 滴滴涕总量 | 土壤和沉积物 有机氯农药的测定 气相色谱－质谱法 | HJ 835 |
| | | 土壤和沉积物 有机氯农药的测定 气相色谱法 | HJ 921 |
| | | 土壤质量 六六六和滴滴涕的测定 气相色谱法 | GB/T 14550 |
| 11 | 苯并［a］芘 | 土壤和沉积物 多环芳烃的测定 气相色谱－质谱法 | HJ 805 |
| | | 土壤和沉积物 多环芳烃的测定 高效液相色谱法 | HJ 784 |
| | | 土壤和沉积物 半挥发性有机物的测定 气相色谱－质谱法 | HJ 834 |
| 12 | pH | 土壤 pH 值的测定 电位法 | － |

## 8 实施与监督

8.1 本标准由各级生态环境主管部门会同农业农村等相关主管部门监督实施。

# HJ

中 华 人 民 共 和 国 国 家 标 准

HJ/T 332—2006

# 食用农产品产地环境质量评价标准

Environmental quality evaluation standards
for farmland of edible agricultural products

2006-11-17 发布　　2007-02-01 实施

国家环境保护总局　发 布

# 国家环境保护总局
# 公告
# 2006 年第 68 号

为贯彻《中华人民共和国环境保护法》，保护环境，保障人体健康，现批准《食用农产品产地环境质量评价标准》等两项标准为国家环境保护行业标准，并予发布。

标准名称、编号如下：

一、食用农产品产地环境质量评价标准（HJ/T 332—2006）

二、温室蔬菜产地环境质量评价标准（HJ/T 333—2006 ）

以上标准为指导性标准，自 2007 年 2 月 1 日起实施，由中国环境科学出版社出版，标准内容可在国家环保总局网站（www. sepa. gov. cn）查询。

特此公告。

2006 年 11 月 17 日

# 前　言

为贯彻《中华人民共和国环境保护法》，落实国务院关于保护农产品质量安全的精神，保护生态环境，防治环境污染，保障人体健康，建立和完善食用农产品产地环境质量标准，制定本标准。

本标准作为评价标准，主要依据了《土壤环境质量标准》《农田灌溉水质标准》《保护农作物的大气污染物最高允许浓度》和《环境空气质量标准》等环境质量标准，并针对食用农产品产地环境质量的要求作了适当的修订；同时，补充了监测和评价方法。

本标准为指导性标准。

本标准由国家环境保护总局科技标准司提出。

本标准主要起草单位：国家环境保护总局南京环境科学研究所、中国环境科学研究院。

本标准国家环境保护总局于 2006 年 11 月 17 日批准。

本标准自 2007 年 2 月 1 日起实施 。

本标准由国家环境保护总局解释。

# 食用农产品产地环境质量评价标准

## 1 适用范围

本标准规定了食用农产品产地土壤环境质量、灌溉水质量和环境空气质量的各个项目及其浓度（含量）限值和监测、评价方法 。

本标准适用于食用农产品产地，不适用于温室蔬菜生产用地。

## 2 规范性引用文件

本标准引用了下列文件中的条款。凡是不注日期的引用文件，其有效版本适用于本标准。

HJ/T 166 土壤环境监测技术规范

NY/T 396 农用水源环境质量监测技术规范

NY/T 397 农区环境空气质量监测技术规范

## 3 术语和定义

食用农产品产地环境质量评价标准 farmland environmental quality evaluation standards for edible agricultural products

符合农作物生长和农产品卫生质量要求的农地土壤、灌溉水和空气等环境质量的评价标准。

## 4 评价指标限值

对土壤环境、灌溉水和空气环境中的污染物（或有害因素）项目划分为基本控制项目（必测项目）和选择控制项目两类。

### 4.1 土壤环境质量评价指标限值

食用农产品产地土壤环境质量应符合表 1 的规定。

表 1 土壤环境质量评价指标限值[①] mg/kg

| 项目[②] | | | pH 值 <6.5 | pH 值[③]6.5～7.5 | pH 值 >7.5 |
|---|---|---|---|---|---|
| 土壤环境质量基本控制项目： | | | | | |
| 总镉 | 水作、旱作、果树等 | ≤ | 0.30 | 0.30 | 0.60 |
| | 蔬菜 | ≤ | 0.30 | 0.30 | 0.40 |

（续表）

| 项目② | | | pH 值<6.5 | pH 值③6.5~7.5 | pH 值>7.5 |
|---|---|---|---|---|---|
| 总汞 | 水作、旱作、果树等 | ≤ | 0.30 | 0.50 | 1.0 |
| | 蔬菜 | ≤ | 0.25 | 0.30 | 0.35 |
| 总砷 | 旱作、果树等 | ≤ | 40 | 30 | 25 |
| | 水作、蔬菜 | ≤ | 30 | 25 | 20 |
| 总铅 | 水作、旱作、果树等 | ≤ | 80 | 80 | 80 |
| | 蔬菜 | ≤ | 50 | 50 | 50 |
| 总铬 | 旱作、蔬菜、果树等 | ≤ | 150 | 200 | 250 |
| | 水作 | ≤ | 250 | 300 | 350 |
| 总铜 | 水作、旱作、蔬菜、柑橘等 | ≤ | 50 | 100 | 100 |
| | 果树 | ≤ | 150 | 200 | 200 |
| 六六六④ | | ≤ | 0.10 | | |
| 滴滴涕④ | | ≤ | 0.10 | | |
| 土壤环境质量选择控制项目： | | | | | |
| 总锌 | | ≤ | 200 | 250 | 300 |
| 总镍 | | ≤ | 40 | 50 | 60 |
| 稀土总量（氧化稀土） | | ≤ | 背景值⑤+10 | 背景值⑤+15 | 背景值⑤+20 |
| 全盐量 | | ≤ | 1 000 | 2 000⑥ | |

注：①对实行水旱轮作、菜粮套种或果粮套种等种植方式的农地，执行其中较低标准值的一项作物的标准值。

②重金属（铬主要是三价）和砷均按元素量计，适用于阳离子交换量>5 cmol/kg 的土壤，若≤5 cmol/kg，其标准值为表内数值的半数。

③若当地某些类型土壤 pH 值变异在 6.0~7.5 范围，鉴于土壤对重金属的吸附率，在 pH 值 6.0 时接近 pH 值 6.5，pH 值 6.5~7.5 组可考虑在该地扩展为 pH 值 6.0~7.5 范围。

④六六六为四种异构体总量，滴滴涕为四种衍生物总量。

⑤背景值：采用当地土壤母质相同、土壤类型和性质相似的土壤背景值。

⑥适用于半漠境及漠境区。

### 4.2 灌溉水质量评价指标限值

食用农产品产地灌溉水质量应符合表 2 的规定。

**表 2　灌溉水质量评价指标限值**

| 项目 | | 作物种类① | | |
|---|---|---|---|---|
| | | 水作 | 旱作 | 蔬菜 |
| 灌溉水质量基本控制项目： | | | | |
| pH 值 | | 5.5~8.5 | | |
| 总汞/（mg/L） | ≤ | 0.001 | | |

（续表）

| 项目 | | 作物种类① | | |
|---|---|---|---|---|
| | | 水作 | 旱作 | 蔬菜 |
| 总镉/（mg/L） | ≤ | 0.005 | 0.01 | 0.005 |
| 总砷/（mg/L） | ≤ | 0.05 | 0.1 | 0.05 |
| 六价铬/（mg/L） | ≤ | 0.1 | | |
| 总铅/（mg/L） | ≤ | 0.1 | 0.2 | 0.1 |
| 灌溉水质量选择控制项目： | | | | |
| 三氯乙醛/（mg/L） | ≤ | 1.0 | 0.5 | 0.5 |
| 五日生化需氧量/（mg/L） | ≤ | 50 | 80 | 30② 10③ |
| 水温/℃ | ≤ | 35 | | |
| 粪大肠菌群数/（个/L） | ≤ | 40 000 | 40 000 | 20 000② 10 000② |
| 蛔虫卵数/（个/L） | ≤ | 2 | 2② 1③ | |
| 全盐量/（mg/L） | ≤ | 1 000　2 000④ | | |
| 氯化物/（mg/L） | ≤ | 350 | | |
| 总铜/（mg/L） | ≤ | 0.5 | 1.0 | |
| 总锌/（mg/L） | ≤ | 2.0 | | |
| 总硒/（mg/L） | ≤ | 0.02 | | |
| 氟化物/（mg/L） | ≤ | 2.0 | | |
| 硫化物/（mg/L） | ≤ | 1.0 | | |
| 氰化物/（mg/L） | ≤ | 0.5 | | |
| 石油类/（mg/L） | ≤ | 5.0 | 10.0 | 1.0 |
| 挥发酚/（mg/L） | ≤ | 1.0 | | |
| 苯/（mg/L） | ≤ | 2.5 | | |
| 丙烯醛/（mg/L） | ≤ | 0.5 | | |
| 总硼/（mg/L ） | ≤ | 1.0 | | |

注：①对实行菜粮套种种植方式的农地，执行蔬菜的标准值。

②加工、烹调及去皮蔬菜。

③生食类蔬菜、瓜类及草本水果。

④盐碱土地区：具有一定的淡水资源和水利灌排设施，能保证排水和地下水径流条件而能满足冲洗土体中盐分的地区，依据当地试验结果，农田灌溉水质全盐量指标可以适当放宽 。

### 4.3　环境空气质量评价指标限值

食用农产品产地环境空气质量应符合表3 的规定。

**表 3　　　　环境空气质量评价指标限值**

| 项目 | | 浓度限值① | |
|---|---|---|---|
| | | 日平均② | 植物生长季平均③ |
| 环境空气质量基本控制项目⑤： | | | |
| 二氧化硫⑥（$mg/m^3$） | ≤ | 0.15[a]<br>0.25[b]<br>0.30[c] | 0.05[a]<br>0.08[b]<br>0.12[c] |
| 氟化物⑦/［μg/（$dm^2$ · d）］ | ≤ | 5.0[d]<br>10.0[e]<br>15.0[f] | 1.0[d]<br>2.0[e]<br>4.5[f] |
| 铅/（$\mu g/m^3$） | ≤ | — | 1.5 |
| 环境空气质量选择控制项目： | | | |
| 总悬浮颗粒物/（$mg/m^3$） | ≤ | 0.30 | — |
| 二氧化氮/（$mg/m^3$） | ≤ | 0.12 | — |
| 苯并［a］芘/（$\mu g/m^3$） | ≤ | 0.01 | — |
| 臭氧/（$mg/m^3$） | ≤ | 1 小时平均④：0.16 | |

注：①各项污染物数据统计的有效性按 GB 3095 中的第 7 条规定执行。

②日平均浓度指任何 1 日的平均浓度 。

③植物生长季平均浓度指任何一个植物生长季月平均浓度的算术平均值 。月平均浓度指任何 1 月的日平均浓度的算术平均值。

④ 1 小时平均浓度指任何 1 小时的平均浓度。

⑤均为标准状态：指温度为 273.15 K，压力为 101.325 kPa 时的状态。

⑥二氧化硫：a. 适于敏感作物。例如：冬小麦、春小麦、大麦、荞麦、大豆、甜菜、芝麻，菠菜、青菜、白菜、莴苣、黄瓜、南瓜、西葫芦、马铃薯，苹果、梨、葡萄。b. 适于中等敏感作物。例如：水稻、玉米、燕麦、高粱，番茄、茄子、胡萝卜，桃、杏、李、柑橘、樱桃。c. 适于抗性作物。例如：蚕豆、油菜、向日葵，甘蓝、芋头，草莓。

⑦氟化物：d. 适于敏感作物。例如：冬小麦、花生，甘蓝、菜豆，苹果、梨、桃、杏、李、葡萄、草莓、樱桃。e. 适于中等敏感作物。例如：大麦、水稻、玉米、高粱、大豆，白菜、芥菜、花椰菜，柑橘。f. 适于抗性作物。例如：向日葵、棉花、茶，茴香、番茄、茄子、辣椒、马铃薯。

## 5　监测

### 5.1　监测采样

土壤、灌溉水和环境空气监测采样分别参照《土壤环境监测技术规范》（HJ/T 166—2004）中的第 4、5、6 条规定、《农用水源环境质量监测技术规范》（NY/T 396—2000）中的第 4 条规定和《农区环境空气质量监测技术规范》（NY/T 397—2000）中的第 4 条规定进行。

### 5.2　分析测定

各项分析方法按表 4 测定方法进行。

表 4　　食用农产品产地环境质量评价标准选配分析方法

| 项目 | 分析方法 | 方法来源 | 等效方法 |
|---|---|---|---|
| 土壤环境质量监测: | | | |
| 总镉 | 石墨炉原子吸收分光光度法 | GB/T 17141—1997 | ②、③、ICP - MS |
| 总汞 | 冷原子吸收分光光度法 | GB/T 17136—1997 | ①、②、③、④、AFS |
| 总砷 | 二乙基二硫代氨基甲酸银分光光度法 | GB/T 17134—1997 | ①、②、③、④、HG - AFS |
| 总铅 | 石墨炉原子吸收分光光度法 | GB/T 17141—1997 | ②、③、ICP - MS |
| 总铬 | 火焰原子吸收分光光度法 | GB/T 17137—1997 | ②、③、ICP - MS |
| 六六六 | 气相色谱法 | GB/T 14550—2003 | |
| 滴滴涕 | 气相色谱法 | GB/T 14550—2003 | |
| 总铜 | 火焰原子吸收分光光度法 | GB/T 17138—1997 | ②、③、ICP - AES、ICP - MS |
| 总锌 | 火焰原子吸收分光光度法 | GB/T 17138—1997 | ②、③、ICP - AES |
| 总镍 | 火焰原子吸收分光光度法 | GB/T 17139—1997 | ②、③、ICP - AES、ICP - MS |
| 氧化稀土总量 | 对马尿酸偶氮氯膦分光光度法 | NY/T 30—1986 | |
| 全盐量 | 重量法 | ① | |
| pH 值 | 电位法 | GB 7859—1987 | |
| 阳离子交换量 | 乙酸铵法、氯化铵 - 乙酸铵法 | GB 7863—1987 | |
| 灌溉水质量监测: | | | |
| 五日生化需氧量 | 稀释与接种法 | GB/T 7488—1987 | |
| 化学需氧量 | 重铬酸盐法 | GB/T 11914—1989 | |
| 悬浮物 | 重量法 | GB/T 11901—1989 | |
| 阴离子表面活性剂 | 亚甲基蓝分光光度法 | GB/T 7494—1987 | |
| pH 值 | 玻璃电极法 | GB/T 6920—1986 | |
| 水温 | 温度计或颠倒温度计测定法 | GB/T 13195—1991 | |
| 全盐量 | 重量法 | HJ/T 51—1999 | |
| 氯化物 | 硝酸银滴定法 | GB/T 11896—1989 | |
| 硫化物 | 亚甲基蓝分光光度法 | GB/T 16489—1996 | |
| 总汞 | 冷原子吸收分光光度法 | GB/T 7468—1987 | ①、AFS |
| 镉 | 原子吸收分光光度法 | GB/T 7475—1987 | |
| 总砷 | 二乙基二硫代氨基甲酸银分光光度法<br>硼氢化钾 - 硝酸银分光光度法 | GB/T 7485—1987<br>GB/T 11900—1989 | ①、HG - AFS |
| 六价铬 | 二苯碳酰二肼分光光度法 | GB/T 7467—1987 | |
| 铅 | 原子吸收分光光度法 | GB/T 7475—1987 | |
| 粪大肠菌群数 | 生活饮用水标准检验法　多管发酵法 | GB/T 5750—1985 | |
| 蛔虫卵数 | 沉淀集卵法 | ① | |
| 铜 | 原子吸收分光光度法 | GB/T 7475—1987 | |

（续表）

| 项目 | 分析方法 | 方法来源 | 等效方法 |
|---|---|---|---|
| 锌 | 原子吸收分光光度法 | GB/T 7475—1987 | |
| 总硒 | 2，3－二氨基萘荧光光度法 | GB/T 11902—1989 | |
| 氟化物 | 离子选择电极法 | GB/T 7484—1987 | |
| 氰化物 | 硝酸银滴定法 | GB/T 7486—1987<br>GB/T 7487—1987 | |
| 石油类 | 红外分光光度法 | GB/T 16488—1996 | |
| 挥发酚 | 蒸馏后4－氨基安替比林分光光度法 | GB/T 7490—1987 | |
| 苯 | 气相色谱法 | GB/T 11890—1989 | |
| 三氯乙醛 | 吡唑啉酮分光光度法 | HJ/T50—1999 | |
| 丙烯醛 | 气相色谱法 | GB/T 11934—1989 | |
| 硼 | 姜黄素分光光度法 | HJ/T 49—1999 | |
| 环境空气质量监测： | | | |
| 总悬浮颗粒物 | 重量法 | GB/T 15432—1995 | |
| 二氧化硫 | 甲醛吸收－副玫瑰苯胺分光光度法 | GB/T 15262—1994 | |
| 二氧化氮 | Saltzman 法 | GB/T 15435—1995 | |
| 氟化物 | 石灰滤纸·氟离子选择电极法 | GB/T 15433—1995 | |
| 铅 | 火焰原子吸收分光光度法<br>石墨炉原子吸收分光光度法 | GB/T 15264—1994<br>GB/T 17141—1997 | |
| 苯并［a］芘 | 乙酰化滤纸层析——荧光分光光度法<br>高效液相色谱法 | GB/T 8971—1988<br>GB/T 15439—1995 | |
| 臭氧 | 靛蓝二磺酸钠分光光度法紫外光度法 | GB/T 15437—1995<br>GB/T 15438—1995 | |

注：ICP－AES：等离子体发射光谱法；ICP－MS：等离子体质谱联用法；AFS：原子荧光光谱法；HG－AFS：氢化物发生－原子荧光光谱法。①：《农业环境监测实用手册》（中国标准出版社，2001年）；②：《区域地球化学勘查样品分析方法》（地质出版社，2004年）；③：USEPA 规定方法；④：《土壤元素的近代分析方法》（中国标准出版社，1992年）。

## 6 评价

### 6.1 评价指标分类

评价指标分为严格控制指标和一般控制指标（表5）。

表5　农产品产地环境质量评价指标分类

| 环境要素 | 严格控制指标 | 一般控制指标 |
|---|---|---|
| 土壤 | 镉、汞、砷、铅、铬、铜、六六六、滴滴涕 | 锌、镍、稀土总量、全盐量 |
| 灌溉水 | pH、总汞、总镉、总砷、六价铬、总铅、三氯乙醛 | 五日生化需氧量、化学需氧量、悬浮物、阴离子表面活性剂、水温、粪大肠菌群数、蛔虫卵、全盐量、氯化物、总铜、总锌、总硒、氟化物、硫化物、氰化物、石油类、挥发酚、苯、丙烯醛、总硼 |
| 环境空气 | 二氧化硫、氟化物、铅、苯并[a]芘 | 总悬浮颗粒物、二氧化氮、臭氧 |

## 6.2　评价方法

6.2.1　各类参数计算方法

单项质量指数＝单项实测值/单项标准值

单项积累指数＝单项实测值/当地单项背景值上限值

某单项分担率（%）＝（某单项质量指数/各项质量指数之和）×100%

某单项超标倍数＝（单项实测值－单项标准值）/单项标准值

超标面积率（%）＝（超标样本面积之和/监测总面积）×100

$$\text{各环境要素综合质量指数}=\sqrt{\frac{(\text{平均单项质量指数})^2+(\text{最大单项质量指数})^2}{2}}$$

6.2.2　环境质量评定

食用农产品产地环境质量的评价，严格控制项目依据各单项质量指数进行评定，一般控制项目参与环境要素综合质量指数评定。

食用农产品产地环境质量等级划定见表6。

表6　农产品产地环境质量分级划定

| 环境质量等级 | 土壤各单项或综合质量指数 | 灌溉水各单项或综合质量指数 | 环境空气各单项或综合质量指数 | 等级名称 |
|---|---|---|---|---|
| 1 | ≤0.7 | ≤0.5 | ≤0.6 | 清洁 |
| 2 | 0.7～1.0 | 0.5～1.0 | 0.6～1.0 | 尚清洁 |
| 3 | ＞1.0 | ＞1.0 | ＞1.0 | 超标 |

本标准土壤环境质量指标主要依据已有的全国范围的各项环境质量基准值的最低值资料制定的。各地监测结果，低于本值，一般无污染问题；高于本值，是否污染应视其对植物、动物、水体、空气和（或）人体健康有无危害而定。

所定的超标等级，灌溉水、环境空气可认为污染，而土壤是否污染，应作进一步调研，若确对其所影响的植物（生长发育、可食部分超标或用作饲料部分超标）、周围环境（地下水、地表水、大气等）和（或）人体健康有危害，方能确定为污染。

### 6.3 评价结果表征

按各环境要素（土壤、灌溉水和环境空气）分别表征：

（1）质量指数

①各个环境要素的严格控制项目的各个项目单项质量指数（按数值由高至低排列）。

②各个环境要素的一般控制项目的各个项目单项质量指数（按数值由高至低排列）。

③各个环境要素综合质量指数。

（2）超标情况

①超标项目的超标率、超标面积数和超标面积率。

②超标项目的质量指数：最低值、最高值和平均值。

（3）积累指数

若有当地土壤背景值资料，可将背景值上限值作为评价指标，计算土壤积累指数。计算内容同上。

## 7 标准的实施与监督

本标准由县级以上人民政府的行政主管部门及相关部门按职责分工监督实施。

土壤环境质量、灌溉水质量和环境空气质量选择控制项目，由地方主管部门根据当地存在可能的污染物种类选择相应的控制项目，或选择不在本规定的其他污染物项目，以确定评价项目。

ICS 13.020.50
Z 51

# 中 华 人 民 共 和 国 农 业 行 业 标 准

NY/T 857—2004

# 葡萄产地环境技术条件

## Environmental requirement for growing area of grape

2005-01-04 发布　　2005-02-01 实施

中华人民共和国农业部　发布

## 前　言

本标准由中华人民共和国农业部提出并归口。

本标准起草单位：天津市农业环境保护管理监测站、天津市林果站。

本标准主要起草人：杜长城、江应松、徐震、贾兰英、田丽梅、张伟玉、成振华、冯伟、韩建华、刘艳军、马志武。

# 葡萄产地环境技术条件

## 1　范围

本标准规定了葡萄产地环境技术条件的定义，葡萄产地环境空气质量、灌溉水质量、土壤有害物成分的各项指标和各项指标的检验方法，葡萄产地选择要求的气候、土壤等生态条件。

本标准适用于我国的葡萄产地，其中土壤、气候等生态条件适用于华北地区。

## 2　规范性引用文件

下列文件中的条款通过本标准的引用而成为本标准的条款。凡是注日期的引用文件，其随后所有的修改单（不包括勘误的内容）或修订版均不适用于本标准，然而，鼓励根据本标准达成协议的各方研究是否可使用这些文件的最新版本。凡是不注日期的引用文件，其最新版本适用于本标准。

GB 5084　农田灌溉水质标准

GB/T 5750　水质　粪大肠菌群的测定

GB/T 6920　水质　pH 的测定　玻璃电极法

GB/T 7467　水质　铬（六价）的测定　二苯碳酰二肼分光光度法

GB/T 7475　水质　铜、锌、铅、镉的测定　原子吸收分光光度法

GB/T 7484　水质　氟化物的测定　离子选择电极法

GB/T 7485　水质　总砷的测定　二乙基二硫代氨基甲酸银分光光度法

GB/T 7486　水质　氰化物的测定　第二部分 氰化物的测定

GB/T 8170　数值修约规则

GB/T 11896　水质　氯化物的测定　硝酸银滴定法

GB/T 11914　水质　化学需氧量的测定　重铬酸盐法

GB/T 15262　环境空气　二氧化硫的测定　甲醛吸收—副玫瑰苯胺分光光度法

GB/T 15432　环境空气　总悬浮颗粒物的测定　重量法

GB/T 15433　环境空气　氟化物的测定　石灰滤纸·氟离子选择电极法

GB/T 15434　环境空气　氟化物的测定　滤膜·氟离子选择电极法

GB/T 15435　环境空气　二氧化氮的测定　Saltzman 法

GB/T 16488　水质　石油类的测定　红外光度法
GB/T 17134　土壤质量　总砷的测定　二乙基二硫代氨基甲酸银分光光度法
GB/T 17136　土壤质量　总汞的测定　冷原子吸收分光光度法
GB/T 17137　土壤质量　总铬的测定　火焰原子吸收分光光度法
GB/T 17138　土壤质量　铜的测定　火焰原子吸收分光光度法
GB/T 17141　土壤质量　铅、镉的测定　石墨炉原子分光光度法
NY/T 391—2000　绿色食品　产地环境技术条件
NY/T 395　农田土壤环境质量监测技术规范
NY/T 396　农田水源环境质量监测技术规范
NY/T 397　农区环境空气质量监测技术规范

## 3　要求

### 3.1　产地选择要求

葡萄产地应选择在土壤疏松，生长期气候温暖、光照充足、温度适宜且有灌溉条件的农区，还应是远离污染源，且有可持续生产能力的地区。

葡萄产地的气候条件应符合表1的规定。

**表1**　　**产地气候条件**

| 项　目 | 限　值 | |
|---|---|---|
| | 极小值 | 极大值 |
| 气温（℃） | -26 | 45 |
| ≥10℃的年活动积温（℃） | 3 000 | 4 500 |
| 年降水量（mm） | 350 | 800 |
| 平均温度（℃）　≥ | 8 | |
| 年日照时数（h）　≥ | 2 200 | |

葡萄产地土壤条件指标应符合表2的规定。

**表2**　　**产地土壤条件要求**

| 项　目 | 限　值 |
|---|---|
| pH | 6.5～8.0 |
| 地下水位（m）> | 1 |
| 土质 | 沙壤土、砾石壤土 |

### 3.2　环境空气质量要求

标准状态下葡萄产地环境空气质量应符合表3的规定。

表 3　　环境空气质量指标

| 项　目 | 限　值 | |
|---|---|---|
| | 日平均 | 1h 平均 |
| 总悬浮颗粒物 $mg/m^3$ ≤ | 0.30 | — |
| 二氧化硫 $mg/m^3$ ≤ | 0.15 | 0.50 |
| 二氧化氮 $mg/m^3$ ≤ | 0.12 | 0.24 |
| 氟化物 ≤ | 7 $\mu g/m^3$ | 20 $\mu g/m^3$ |
| | 1.8 $\mu g/(dm^2 \cdot d)$ | — |

注 1：日平均指任何一日的平均浓度；
注 2：1h 平均指任何一小时的平均浓度。

## 3.3　灌溉水质量要求

葡萄产地灌溉水质应符合表 4 的规定。

表 4　　灌溉水质量指标

| 项　目 | 限　值 |
|---|---|
| pH | 5.5～8.5 |
| 化学需氧量　mg/L | ≤300 |
| 总砷　mg/L | ≤0.1 |
| 总铅　mg/L | ≤0.1 |
| 铬（六价）　mg/L | ≤0.1 |
| 氯化物　mg/L | ≤250 |
| 氟化物　mg/L | ≤2.0 |
| 氰化物　mg/L | ≤0.5 |
| 石油类　mg/L | ≤10 |
| 粪大肠菌群　个/L | ≤10 000 |
| 蛔虫卵　个/L | ≤2 |

## 3.4　土壤环境质量要求

葡萄产地土壤环境质量应符合表 5 的规定。

表 5　　土壤质量要求

| 项　目 | 限　值 | | |
|---|---|---|---|
| | pH < 6.5 | pH 6.5～7.5 | pH > 7.5 |
| 镉 mg/kg ≤ | 0.30 | 0.60 | 1.0 |
| 汞 mg/kg ≤ | 0.30 | 0.50 | 1.0 |

（续表）

| 项 目 | 限 值 | | |
|---|---|---|---|
| | pH < 6.5 | pH 6.5 ~ 7.5 | pH > 7.5 |
| 砷 mg/kg ≤ | 40 | 30 | 25 |
| 铅 mg/kg ≤ | 250 | 300 | 350 |
| 铬 mg/kg ≤ | 150 | 200 | 250 |
| 铜 mg/kg ≤ | 150 | 200 | 200 |

注：以上项目均按元素量计，适用于阳离子交换量 >5cmoL（+）/kg 的土壤，若≤5cmoL（+）/kg，其标准值为表内数值的半数。

### 3.5 其他条件

葡萄产地应远离村镇生活区、畜牧饲养区、工矿区等其他污染源。

## 4 分析方法

### 4.1 环境空气质量指标

4.1.1 总悬浮颗粒的测定按照 GB/T 15432 执行。

4.1.2 二氧化硫的测定按照 GB/T 15262 执行。

4.1.3 二氧化氮的测定按照 GB/T 15435 执行。

4.1.4 氟化物的测定按照 GB/T 15433 或 GB/T 15434 执行。

### 4.2 灌溉水质量指标

4.2.1 pH 的测定按照 GB/T 6920 执行。

4.2.2 化学需氧量的测定按照 GB 11914 执行。

4.2.3 总砷的测定按照 GB/T 7485 执行。

4.2.4 铅的测定按照 GB/T 7475 执行。

4.2.5 六价铬的测定按照 GB/T 7467 执行。

4.2.6 氯化物的测定按照 GB/T 11896 执行。

4.2.7 氰化物的测足按照 GB/T 7486 执行。

4.2.8 氟化物的测定按照 GB/T 7484 执行。

4.2.9 石油类的测定按照 GB/T 16488 执行。

4.2.10 粪大肠菌群的测定按照 GB/T 5750 执行。

4.2.11 蛔虫卵数的测定按照 GB 5084 中的沉淀积卵法执行。

### 4.3 土壤环境质量指标

4.3.1 铅、镉的测定按照 GB/T 17141 执行。

4.3.2 汞的测定按照 GB/T 17136 执行。

4.3.3 砷的测定按照 GB/T 17134 执行。

4.3.4 铬的测定按照 GB/T 17137 执行。

4.3.5 铜的测定按照 GB/T 17138 执行。

## 5 检验规则

5.1 葡萄产地必须符合 NY/T 391—2000 要求。

5.2 葡萄产地环境质量监测采样方法。

5.2.1 环境空气质量监测的采样方法按照 NY/T 397 执行。

5.2.2 灌溉水质量监测的采样方法按照 NY/T 396 执行。

5.2.3 土壤环境质量监测的采样方法按照 NY/T 395 执行。

5.3 检验结果的数据修约按照 GB/T 8170 执行。

ICS 13.020
CCS Z 51

# 中华人民共和国农业行业标准

NY/T 391—2021
代替 NY/T 391—2013

# 绿色食品 产地环境质量

Green Food – Environmental quality for production area

2021-05-07 发布 2021-11-01 实施

中华人民共和国农业农村部 发布

# 绿色食品　产地环境质量

## 1　范围

本文件规定了绿色食品产地的术语和定义、产地生态环境基本要求、隔离保护要求、产地环境质量通用要求、环境可持续发展要求。

本文件适用于绿色食品生产。

## 2　规范性引用文件

下列文件中的内容通过文中的规范性引用而构成本文件必不可少的条款。其中，注日期的引用文件，仅该日期对应的版本适用于本文件；不注日期的引用文件，其最新版本（包括所有的修改单）适用于本文件。

GB/T 5750.4　生活饮用水标准检验方法　感官性状和物理指标

GB/T 5750.5　生活饮用水标准检验方法　无机非金属指标

GB/T 5750.6　生活饮用水标准检验方法　金属指标

GB/T 5750.12　生活饮用水标准检验方法　微生物指标

GB/T 7467　水质　六价铬的测定　二苯碳酰二肼分光光度法

GB/T 7484　水质　氟化物的测定　离子选择电极法

GB/T 11892　水质　高锰酸盐指数的测定

GB/T 12763.4　海洋调查规范　第4部分：海水化学要素调查

GB/T 14675　空气质量　恶臭的测定　三点比较式臭袋法

GB/T 14678　空气质量　硫化氢、甲硫醇、甲硫醚和二甲二硫的测定　气相色谱法

GB/T 15432　环境空气　总悬浮颗粒物的测定　重量法

GB/T 17141　土壤质量　铅、镉的测定　石墨炉原子吸收分光光度法

GB/T 22105.1　土壤质量　总汞、总砷、总铅的测定　原子荧光法　第1部分：土壤中总汞的测定

GB/T 22105.2　土壤质量　总汞、总砷、总铅的测定　原子荧光法　第2部分：土壤中总砷的测定

HJ 479　环境空气　氮氧化物（一氧化氮和二氧化氮）的测定　盐酸萘乙二胺分光光度法

HJ 482　环境空气　二氧化硫的测定　甲醛吸收-副玫瑰苯胺分光光度法

HJ 491　土壤和沉积物　铜、锌、铅、镍、铬的测定　火焰原子吸收分光光度法

HJ 503　水质　挥发酚的测定　4-氨基安替比林分光光度法

HJ 505　水质　五日生化需氧量（BOD5）的测定　稀释与接种法

HJ 533　环境空气和废气　氨的测定　纳氏试剂分光光度法

HJ 536　水质　氨氮的测定　水杨酸分光光度法

HJ 694　水质　汞、砷、硒、铋和锑的测定　原子荧光法
HJ 700　水质　65 种元素的测定　电感耦合等离子体质谱法
HJ 717　土壤质量　全氮的测定　凯氏法
HJ 828　水质　化学需氧量的测定　重铬酸盐法
HJ 870　固定污染源废气　二氧化碳的测定　非分散红外吸收法
HJ 955　环境空气　氟化物的测定　滤膜采样/氟离子选择电极法
HJ 970　水质石油类的测定　紫外分光光度法
HJ 1147　水质　pH 值的测定　电极法
LY/T 1232　森林土壤磷的测定
LY/T 1234　森林土壤钾的测定
NY/T 1121.6　土壤检测　第 6 部分：土壤有机质的测定
NY/T 1377　土壤 pH 的测定
SL 355　水质　粪大肠菌群的测定——多管发酵法

## 3　术语和定义

下列术语和定义适用于本文件。

### 3.1　环境空气标准状态　ambient　air standard state

温度为 298.15K，压力为 101.325kPa 时的环境空气状态。

### 3.2　舍区　living area for livestock and poultry

畜禽所处的封闭或半封闭生活区域，即畜禽直接生活环境区。

## 4　产地生态环境基本要求

4.1　绿色食品生产应选择生态环境良好、无污染的地区，远离工矿区、公路铁路干线和生活区，避开污染源。

4.2　产地应距离公路、铁路、生活区 50 m 以上，距离工矿企业 1 km 以上。

4.3　产地应远离污染源，配备切断有毒有害物进入产地的措施。

4.4　产地不应受外来污染威胁，产地上风向和灌溉水上游不应有排放有毒有害物质的工矿企业，灌溉水源应是深井水或水库等清洁水源，不应使用污水或塘水等被污染的地表水；园地土壤不应是施用含有毒有害物质的工业废渣改良过土壤。

4.5　应建立生物栖息地，保护基因多样性、物种多样性和生态系统多样性，以维持生态平衡。

4.6　应保证产地具有可持续生产能力，不对环境或周边其他生物产生污染。

4.7　利用上一年度产地区域空气质量数据，综合分析产区空气质量。

## 5　隔离保护要求

5.1　应在绿色食品和常规生产区域之间设置有效的缓冲带或物理屏障，以防止绿色食品产地受到

污染。

5.2 绿色食品产地应与常规生产区保持一定距离，或在两者之间设立物理屏障，或利用地表水、山岭分割等其他方法，两者交界处应有明显可识别的界标。

5.3 绿色食品种植产地与常规生产区农田间建立缓冲隔离带，可在绿色食品种植区边缘 5 m～10 m处种植树木作为双重篱墙，隔离带宽度 8 m 左右，隔离带种植缓冲作物。

## 6 产地环境质量通用要求

### 6.1 空气质量要求

除畜禽养殖业外，空气质量应符合表 1 的要求。

**表 1　　空气质量要求（标准状态）**

| 项目 | 指标 | | 检验方法 |
|---|---|---|---|
| | 日平均[a] | 1h[b] | |
| 总悬浮颗粒物，mg/m³ | ≤0.30 | — | GB/T 15432 |
| 二氧化硫，mg/m³ | ≤0.15 | ≤0.50 | HJ 482 |
| 二氧化氮，mg/m³ | ≤0.08 | ≤0.20 | HJ 479 |
| 氟化物，μg/m³ | ≤7 | ≤20 | HJ 955 |

[a] 日平均指任何一日的平均指标。

[b] 1h 指任何 1h 的指标。

畜禽养殖业空气质量应符合表 2 的要求。

**表 2　　畜禽养殖业空气质量要求（标准状态）**

单位为毫克每立方米

| 项目 | 禽舍区（日平均） | | 畜舍区（日平均） | 检验方法 |
|---|---|---|---|---|
| | 雏 | 成 | | |
| 总悬浮颗粒物 | ≤8 | | ≤3 | GB/T 15432 |
| 二氧化碳 | ≤1500 | | ≤1500 | HJ 870 |
| 硫化氢 | ≤2 | 10 | ≤8 | GB/T 14678 |
| 氨气 | ≤10 | 15 | ≤20 | HJ 533 |
| 恶臭（稀释倍数，无量纲） | ≤70 | | ≤70 | GB/T 14675 |

### 6.2 水质要求

#### 6.2.1 农田灌溉水水质要求

农田灌溉水包括以用于农田灌溉的地表水、地下水，以及水培蔬菜、水生植物生产用水和食用菌生产用水等，应符合表 3 的要求。

表 3　　农田灌溉水水质要求

| 项目 | 指标 | 检验方法 |
| --- | --- | --- |
| pH | 5.5～8.5 | HJ 1147 |
| 总汞，mg/L | ≤0.001 | HJ 694 |
| 总镉，mg/L | ≤0.005 | HJ 700 |
| 总砷，mg/L | ≤0.05 | HJ 694 |
| 总铅，mg/L | ≤0.1 | HJ 700 |
| 六价铬，mg/L | ≤0.1 | GB/T 7467 |
| 氟化物，mg/L | ≤2.0 | GB/T 7484 |
| 化学需氧量（$COD_{Cr}$），mg/L | ≤60 | HJ 828 |
| 石油类，mg/L | ≤1.0 | HJ 970 |
| 粪大肠菌群[a]，MPN/L | ≤10 000 | SL 355 |

[a]仅适用于灌溉蔬菜、瓜类和草木水果的地表水。

6.2.2　渔业水水质要求

应符合表 4 的要求。

表 4　　渔业水水质要求

| 项目 | 指标 | | 检验方法 |
| --- | --- | --- | --- |
| | 淡水 | 海水 | |
| 色、臭、味 | 不应有异色、异臭、异味 | | GB/T 5750.4 |
| pH | 6.5～9.0 | | HJ 1147 |
| 生化需氧量（$BOD_5$），mg/L | ≤5 | ≤3 | HJ 505 |
| 总大肠菌群，MPN/100mL | ≤500（贝类 50） | | GB/T 5750.12 |
| 总汞，mg/L | ≤0.0005 | ≤0.0002 | HJ 694 |
| 总镉，mg/L | ≤0.005 | | HJ 700 |
| 总铅，mg/L | ≤0.05 | ≤0.005 | HJ 700 |
| 总铜，mg/L | ≤0.01 | | HJ 700 |
| 总砷，mg/L | ≤0.05 | ≤0.03 | HJ 694 |
| 六价铬，mg/L | ≤0.1 | ≤0.01 | GB/T 7467 |
| 挥发酚，mg/L | ≤0.005 | | HJ 503 |
| 石油类，mg/L | ≤0.05 | | HJ 970 |
| 活性磷酸盐（以 P 计），mg/L | — | ≤0.03 | GB/T 12763.4 |
| 高锰酸盐指数，mg/L | ≤6 | — | GB/T 11892 |
| 氨氮（$NH_3-N$），mg/L | ≤1.0 | — | HJ 536 |

漂浮物质应满足水面不出现油膜或浮沫的要求。

6.2.3 畜牧养殖用水水质要求

畜牧养殖用水包括畜禽养殖用水和养蜂用水，应符合表5的要求。

**表5　　畜牧养殖用水水质要求**

| 项目 | 指标 | 检验方法 |
| --- | --- | --- |
| 色度[a]，度 | ≤15，并不应呈现其他异色 | GB/T 5750.4 |
| 浑浊度[a]（散射浑浊度单位），NTU | ≤3 | GB/T 5750.4 |
| 臭和味 | 不应有臭味、异味 | GB/T 5750.4 |
| 肉眼可见物[a] | 不应含有 | GB/T 5750.4 |
| pH | 6.5~8.5 | GB/T 5750.4 |
| 氟化物，mg/L | ≤1.0 | GB/T 5750.5 |
| 氰化物，mg/L | ≤0.05 | GB/T 5750.5 |
| 总砷，mg/L | ≤0.05 | GB/T 5750.6 |
| 总汞，mg/L | ≤0.001 | GB/T 5750.6 |
| 总镉，mg/L | ≤0.01 | GB/T 5750.6 |
| 六价铬，mg/L | ≤0.05 | GB/T 5750.6 |
| 总铅，mg/L | ≤0.05 | GB/T 5750.6 |
| 菌落总数[a]，CFU/mL | ≤100 | GB/T 5750.12 |
| 总大肠菌群，MPN/100mL | 不得检出 | GB/T 5750.12 |

[a] 散养模式免测该指标。

6.2.4 加工用水水质要求

加工用水（含食用盐生产用水等）应符合表6的要求。

**表6　　加工用水水质要求**

| 项目 | 指标 | 检验方法 |
| --- | --- | --- |
| pH | 6.5~8.5 | GB/T 5750.4 |
| 总汞，mg/L | ≤0.001 | GB/T 5750.6 |
| 总砷，mg/L | ≤0.01 | GB/T 5750.6 |
| 总镉，mg/L | ≤0.005 | GB/T 5750.6 |
| 总铅，mg/L | ≤0.01 | GB/T 5750.6 |
| 六价铬，mg/L | ≤0.05 | GB/T 5750.6 |
| 氰化物，mg/L | ≤0.05 | GB/T 5750.5 |
| 氟化物，mg/L | ≤1.0 | GB/T 5750.5 |
| 菌落总数，CFU/mL | ≤100 | GB/T 5750.12 |
| 总大肠菌群，MPN/100mL | 不得检出 | GB/T 5750.12 |

6.2.5　食用盐原料水水质要求

食用盐原料水包括海水、湖盐或井矿盐天然卤水，应符合表7的要求。

表7　食用盐原料水水质要求

单位为毫克每升

| 项目 | 指标 | 检验方法 |
|---|---|---|
| 总汞 | ≤0.001 | GB/T 5750.6 |
| 总砷 | ≤0.03 | GB/T 5750.6 |
| 总镉 | ≤0.005 | GB/T 5750.6 |
| 总铅 | ≤0.01 | GB/T 5750.6 |

## 6.3　土壤环境质量要求

土壤环境质量按土壤耕作方式的不同分为旱田和水田两大类，每类又根据土壤pH的高低分为3种情况，即pH<6.5，6.5≤pH≤7.5，pH>7.5，应符合表8的要求。

表8　土壤质量要求

单位为毫克每千克

| 项目 | 旱田 | | | 水田 | | | 检验方法 |
|---|---|---|---|---|---|---|---|
| | pH<6.5 | 6.5≤pH≤7.5 | pH>7.5 | pH<6.5 | 6.5≤pH≤7.5 | pH>7.5 | NY/T 1377 |
| 总镉 | ≤0.30 | ≤0.30 | ≤0.40 | ≤0.30 | ≤0.30 | ≤0.40 | GB/T 17141 |
| 总汞 | ≤0.25 | ≤0.30 | ≤0.35 | ≤0.30 | ≤0.40 | ≤0.40 | GB/T 22105.1 |
| 总砷 | ≤25 | ≤20 | ≤20 | ≤20 | ≤20 | ≤15 | GB/T 22105.2 |
| 总铅 | ≤50 | ≤50 | ≤50 | ≤50 | ≤50 | ≤50 | GB/T 17141 |
| 总铬 | ≤120 | ≤120 | ≤120 | ≤120 | ≤120 | ≤120 | HJ 491 |
| 总铜 | ≤50 | ≤60 | ≤60 | ≤50 | ≤60 | ≤60 | HJ 491 |

果园土壤中铜限量值为旱田中铜限量值的2倍。
水旱轮作用的标准值取严不取宽。
底泥按照水田标准执行。

## 6.4　食用菌栽培基质质量要求

栽培基质应符合表9的要求，栽培过程中使用的土壤应符合6.3的要求。

表9　食用菌栽培基质质量要求

单位为毫克每千克

| 项目 | 指标 | 检验方法 |
|---|---|---|
| 总汞 | ≤0.1 | GB/T 22105.1 |
| 总砷 | ≤08 | GB/T 22105.2 |

（续表）

| 项目 | 指标 | 检验方法 |
|---|---|---|
| 总镉 | ≤0.3 | GB/T 17141 |
| 总铅 | ≤35 | GB/T 17141 |

## 7 环境可持续发展要求

7.1 应持续保持土壤地力水平，土壤肥力应维持在同一等级或不断提升。土壤肥力分级参考指标见表10。

**表10　　土壤肥力分级参考指标**

| 项目 | 级别 | 旱地 | 水田 | 菜地 | 园地 | 牧地 | 检验方法 |
|---|---|---|---|---|---|---|---|
| 有机质，g/kg | Ⅰ<br>Ⅱ<br>Ⅲ | >15<br>10~15<br><10 | >25<br>20~25<br><20 | >30<br>20~30<br><20 | >20<br>15~20<br><15 | >20<br>15~20<15 | NY/T 1121.6 |
| 全氮，g/kg | Ⅰ<br>Ⅱ<br>Ⅲ | >1.0<br>0.8~1.0<br><0.8 | >1.2<br>1.0~1.2<br><1.0 | >1.2<br>1.0~1.2<br>1.0 | >1.0<br>0.8~1.0<br><0.8 | —<br>—<br>— | HJ 717 |
| 有效磷，mg/kg | Ⅰ<br>Ⅱ<br>Ⅲ | >10<br>5~10<br><5 | >15<br>10~15<br><10 | >40<br>20~40<br><20 | >10<br>5~10<br><5 | >10<br>5~10<br><5 | LY/T 1232 |
| 速效钾，mg/kg | Ⅰ<br>Ⅱ<br>Ⅲ | >120<br>80~120<br><80 | >100<br>50~100<br><50 | >150<br>100~150<br><100 | >100<br>50~100<br><50 | —<br>—<br>— | LY/T 1234 |
| 底泥、食用菌栽培基质不做土壤肥力检测。 | | | | | | | |

7.2 应通过合理施用投入品和环境保护措施，保持产地环境指标在同等水平或逐步递减。

ICS 03. 120. 20
A 00

# 中 华 人 民 共 和 国 认 证 认 可 行 业 标 准

RB/T 165. 1—2018

# 有机产品产地环境适宜性评价技术规范 第1部分：植物类产品

Technical specification for environmental suitability evaluation on organic producing area—Part1：Botanical products

2018 - 03 - 23 发布　　2018 - 10 - 01 实施

中国国家认证认可监督管理委员会　发 布

# 前　言

RB/T 165《有机产品产地环境适宜性评价技术规范》分为三个部分：

——第 1 部分：植物类产品；

——第 2 部分：畜禽养殖；

——第 3 部分：淡水水产养殖。

本部分为 RB/T 165 的第 1 部分。

本部分按照 GB/T 1. 1—2009 给出的规则起草。

本部分由国家认证认可监督管理委员会提出并归口。

本部分起草单位：环境保护部南京环境科学研究所、中国农业科学院农业资源与农业区划研究所、南京农业大学、国家认证认可监督管理委员会、国家认证认可监督管理委员会认证认可技术研究所。

本部分主要起草人：席运官、王磊、陈秋会、徐爱国、宗良纲、张怀志、肖兴基、陈恩成、王茂华、杨静。

# 有机产品产地环境适宜性评价技术规范 第 1 部分：植物类产品

## 1　范围

RB/T 165 的本部分规定了植物类有机产品产地环境调查、环境质量监测、环境适宜性评价和产地环境适宜性评价报告。本部分适用于拟申报和已获得有机认证的植物类有机产品产地环境适宜性评价或植物类有机产品产地的选择。

## 2　规范性引用文件

下列文件对于本文件的应用是必不可少的。凡是注日期的引用文件，仅注日期的版本适用于本文件。凡是不注日期的引用文件，其最新版本（包括所有的修改单）适用于本文件。

GB 3095　环境空气质量标准

GB 5084　农田灌溉水质标准

GB 15618　土壤环境质量标准

HJ/T 332　食用农产品产地环境质量评价标准

NY/T 395　农田土壤环境质量监测技术规范

NY/T 396　农用水源环境质量监测技术规范

NY/T 397　农区环境空气质量监测技术规范

## 3 术语和定义

下列术语和定义适用于本文件。

### 3.1 植物类有机产品 botanical organic products

根据有机农业生产要求和相应的标准生产、加工和销售，并通过独立的有机认证机构认证的供人类消费或动物食用的植物类产品。

### 3.2 产地环境 environmental quality of producing area

植物类有机产品的种植基地、野生采集基地的水土气环境质量和生态环境质量。

### 3.3 环境适宜性评价 environmental suitability evaluation

评定产地环境对于有机产品生产与采集是否适宜以及适宜的程度，是进行有机产品认证的基本依据。

## 4 产地环境调查

### 4.1 调查目的

产地环境调查的目的是了解产地环境现状，为产地环境监测合理选取监测指标与科学布点提供依据，为评估报告的编写提供基础资料。根据产地环境条件的要求，从产地自然环境、社会经济及工农业生产对产地环境质量的影响入手，重点调查产地及周边环境质量现状、发展趋势与区域污染控制措施。

### 4.2 调查方法

采用资料收集、现场调查以及召开座谈会等相结合的方法。

### 4.3 调查内容

4.3.1 自然地理

产地地理位置（经度、纬度）、地形地貌、产地面积、产地边界同最近污染源的距离等特征。

4.3.2 气候与气象

产地主要气候特征如主导风向、年平均气温、年降水量、日照时数等，以及自然灾害如旱、涝、风灾、雪灾、冰雹、低温等。

4.3.3 土壤状况

产地土壤基本理化性状，如土壤 pH 值，有机质、氮、磷、钾含量，以及土壤类型、土壤质地、土壤环境质量现状。

4.3.4 水文与水质状况

产地江河湖泊、水库、池塘等地表水和地下水源特征及利用情况，以及灌溉用水质量现状。

4.3.5 生物多样性

产地生物多样性的概括，植被覆盖率、主要树种、病虫害发生情况，尤其关注入侵物种、濒危物种和转基因作物种植状况。

4.3.6 工农业污染

调查产地周围5 km以内主要工矿企业污染源分布情况（包括企业名称、生产类型与规模、方位、距离、大气环境保护距离）、生活垃圾填埋场、工业固体废弃物和危险废弃物堆放和填埋场、电厂灰场、尾矿库等情况；农业生产农药、肥料、农膜等农用物资单位面积使用的种类、数量和次数等。

4.3.7 社会经济概况

产地所在区域的人口和经济状况、主要道路和农田水利、农、林、牧、副、渔业发展情况，以及近年发生过的重大环境污染和农产品污染事件等。

## 5 环境质量监测

### 5.1 环境质量监测指标

5.1.1 监测指标选取总体原则

根据污染因子的毒理学特征和生物吸收、富集能力及污染因子存在的普遍性，依据HJ/T 332、GB 15618、GB 5084和GB 3095，将植物类有机产品产地土壤、水体和环境空气质量监测指标分为必测指标和选测指标两类。根据调查结果，监测指标除必测指标外，结合区域实际情况，选取选测指标。

5.1.2 土壤环境质量要求

有机产品种植产地土壤环境质量指标限值应符合GB 15618的规定，具体指标和限值见表1和表2。产地已进行土壤环境背景值调查或近3年来已进行土壤环境质量监测，且监测结果（提供监测结果单位资质）符合有机产品土壤环境质量要求的产地可以免除土壤环境的监测。

**表1　　土壤环境质量必测指标含量限值**

单位：mg/kg

<table>
<tr><th colspan="2" rowspan="2">指标</th><th colspan="4">土壤pH值分级</th></tr>
<tr><th>pH≤5.5</th><th>5.5<pH≤6.5</th><th>6.5<pH≤7.5</th><th>pH>7.5</th></tr>
<tr><td colspan="2">总镉</td><td>≤0.30</td><td>≤0.40</td><td>≤0.50</td><td>≤0.60</td></tr>
<tr><td colspan="2">总汞</td><td>≤0.30</td><td>≤0.30</td><td>≤0.50</td><td>≤1.0</td></tr>
<tr><td rowspan="2">总砷</td><td>水田</td><td>≤30</td><td>≤30</td><td>≤25</td><td>≤20</td></tr>
<tr><td>其他</td><td>≤40</td><td>≤40</td><td>≤30</td><td>≤25</td></tr>
<tr><td colspan="2">总铅</td><td>≤80</td><td>≤120</td><td>≤160</td><td>≤200</td></tr>
<tr><td rowspan="2">总铬</td><td>水田</td><td>≤250</td><td>≤250</td><td>≤300</td><td>≤350</td></tr>
<tr><td>其他</td><td>≤150</td><td>≤150</td><td>≤200</td><td>≤250</td></tr>
<tr><td rowspan="2">总铜</td><td>果园</td><td>≤150</td><td>≤150</td><td>≤200</td><td>≤200</td></tr>
<tr><td>其他</td><td>≤50</td><td>≤50</td><td>≤100</td><td>≤100</td></tr>
<tr><td colspan="2">总镍</td><td>≤40</td><td>≤40</td><td>≤50</td><td>≤60</td></tr>
<tr><td colspan="2">总锌</td><td>≤200</td><td>≤200</td><td>≤250</td><td>≤300</td></tr>
</table>

**表 2　　土壤环境质量选测指标含量限值**

单位：mg/kg

| 指标 | 含量限值 |
|---|---|
| 总锰 | ≤1 200 |
| 总钴 | ≤24 |
| 总硒 | ≤3.0 |
| 总钒 | ≤150 |
| 总锑 | ≤3.0 |
| 总铊 | ≤1.0 |
| 氟化物（水溶性氟） | ≤5.0 |
| 苯并［*a*］芘 | ≤0.10 |
| 石油烃总量[a] | ≤500 |
| 邻苯二甲酸酯类总量[b] | ≤10 |
| 六氯环己烷总量[c] | ≤0.10 |
| 双对氯苯基三氯乙烷总量[d] | ≤0.10 |

[a] 石油烃总量为 C6 ~ C36 总和；

[b] 邻苯二甲酸酯类总量为邻苯二甲酸二甲酯、邻苯二甲酸二乙酯、邻苯二甲酸二正丁酯、邻苯二甲酸二正辛酯、邻苯二甲酸双 2 - 乙基己酯、邻苯二甲酸丁基苄基酯六种物质总和；

[c] 六氯环己烷总量为四种异构体总和；

[d] 双对氯苯基三氯乙烷总量为四种衍生物总和。

5.1.3　农田灌溉水质要求

有机产品产地农田灌溉水质指标限值应符合 GB 5084 的规定，具体指标和限值见表 3。对于以天然降雨为水源的地区，产地可以免除灌溉水的监测。

**表 3　　灌溉水质指标含量限值**

| 指标 | 含量限值 | | | 单位 |
|---|---|---|---|---|
| | 水作 | 旱作 | 蔬菜 | |
| 必测指标 | | | | |
| 化学需氧量 | ≤150 | ≤200 | ≤100[a]，≤60[b] | mg/L |
| pH 值 | 5.5 ~ 8.5 | | | |
| 总汞 | ≤1 | | | μg/L |
| 总镉 | ≤10 | | | μg/L |
| 总砷 | ≤50 | ≤100 | ≤50 | μg/L |
| 总铅 | ≤200 | | | μg/L |
| 六价铬 | ≤100 | | | μg/L |

（续表）

| 指标 | 含量限值 | | | 单位 |
|---|---|---|---|---|
| | 水作 | 旱作 | 蔬菜 | |
| 选测指标 | | | | |
| 粪大肠菌群 | ≤4 000 | ≤4 000 | ≤2 000[a]，≤1 000[b] | 个/100mL |
| 蛔虫卵数 | ≤2 | | ≤2[a]，≤1[b] | 个/L |
| 全盐量 | ≤1 000（非盐碱土地区），≤2 000（盐碱土地区） | | | mg/L |
| 氟化物 | ≤2（一般地区），≤3（高氟区） | | | |
| 氯化物 | ≤350 | | | |
| 氰化物 | ≤0.5 | | | |
| 石油类 | ≤5 | ≤10 | ≤1 | |
| 总硼 | ≤1 | | | |
| 总铜 | ≤0.5 | ≤1 | | |
| 总锌 | ≤2 | | | |

[a] 加工、烹调及去皮蔬菜。
[b] 生食类蔬菜、瓜类和草木水果。

5.1.4　环境空气质量要求

有机产品产地环境空气质量指标浓度限值应符合 GB 3095 的规定，具体指标和限量见表 4。

**表 4　　环境空气质量评价浓度指标限值**

| 指标 | 浓度限值 | | | 单位 |
|---|---|---|---|---|
| | 年均 | 24h 平均 | 1h 平均 | |
| 必测指标 | | | | |
| 二氧化硫 | ≤60 | ≤150 | ≤500 | $\mu g/m^3$ |
| 二氧化氮 | ≤40 | ≤80 | ≤200 | |
| 臭氧 | 1h 平均：200；日最大 8h 平均：160 | | | |
| 颗粒物 $PM_{10}$ | ≤70 | ≤150 | — | |
| 颗粒物 $PM_{2.5}$ | ≤35 | ≤75 | — | |
| 一氧化碳 | — | ≤4 | ≤10 | $mg/m^3$ |
| 选测指标 | | | | |
| 总悬浮颗粒物 | ≤200 | ≤300 | — | $\mu g/m^3$ |
| 氮氧化物 | ≤50 | ≤100 | ≤250 | |
| 总铅 | 年平均：0.5；季平均：1 | | | |
| 苯并［*a*］芘 | ≤0.001 | ≤0.0025 | — | |
| 氟化物 | 月平均：3；植物生长季平均：2 | | | $\mu g/(dm^2 \cdot d)$ |

（续表）

| 指标 | 浓度限值 | | | 单位 |
|---|---|---|---|---|
| | 年均 | 24h 平均 | 1h 平均 | |
| 总镉 | ≤0.005 | — | — | μg/m³ |
| 总汞 | ≤0.05 | — | — | |
| 总砷 | ≤0.006 | — | — | |
| 六价铬 | ≤0.000 025 | | | |

选测指标根据作物对相应污染物的敏感度和产地所在区域主要污染源种类情况进行选择。对于茶叶种植基地，选测指标中至少包括铅和汞。

产地周围 5 km，主导风向的上风向 20 km 内没有工矿企业、垃圾填埋场等污染源的区域可免予环境空气质量调查与监测；当地环保职能部门能够提供本区域当年的环境空气质量监测数据，且能满足本规范环境空气质量的要求，则也可免予调查与监测。

## 5.2 监测与分析方法

5.2.1 监测原则

监测样点选取遵循代表性、准确性、合理性和科学性的原则，能够用最少点数代表整个产地环境质量。

5.2.2 土壤监测

5.2.2.1 布点方法

种植基地监测点位的布设以能够对产地有代表性为原则，布点方法可采用梅花布点法、随机布点法和蛇形布点等方法，包括：

a）在环境因素分布比较均匀的产地采取网格法或梅花法布点；

b）在环境因素分布比较复杂的产地采取随机布点法布点；

c）在可能受污染的产地，可采用放射法布点。

5.2.2.2 布点数量

土壤监测布点数量包括：

a）种植面积在 60 $hm^2$ 以下、地势平坦、土壤结构相同的地块，设 2 ~ 3 个采样点；

b）种植面积在 60 $hm^2$ ~ 150 $hm^2$、地势平坦、土壤结构有一定差异的地块，设 3 ~ 4 个采样点；

c）种植面积在 150 $hm^2$ 以上，地形变化大的地块，设 4 ~ 5 个采样点。对于土壤本底元素含量较高、土壤差异较大、特殊地质的区域，应酌情增加布点；

d）野生产品采集地，面积在 1 000 $hm^2$ 以内的产区，一般均匀布设 3 个采样点，大于 1 000 $hm^2$ 的产地，根据增加的面积，适当增加采样点数。

5.2.2.3 采样和分析方法

土壤监测采样和分析方法包括：

a）土壤样品原则上安排在申请认证作物生长期内采集，第一年度采集一次，后续根据需要进行采样，但至少每 3 年要采集检测一次；

b）多年生植物（如果树、茶叶），土壤采样深度为 0 cm ~ 40 cm；一年生植物，食用菌栽培，采样深度为 0 cm ~ 20 cm。一般每个样点采集 500 g 的混合土壤样；

c）其他采样要求和分析方法应符合 NY/T 395 的要求。

5.2.3 水质监测

5.2.3.1 布点数量

水质监测布点数量包括：

a）灌溉水监测布点：灌溉水进入产地的最近入口处采样，多个来源的，则每个来源的灌溉水都需采样；

b）引用地下水进行灌溉的，在地下水取井处设置采样点。

5.2.3.2 采样和分析方法

灌溉水质采样和分析方法应符合 NY/T 396 的要求。

5.2.4 空气监测

5.2.4.1 布点数量

依据产地环境现状调查分析结论，确定是否进行环境空气质量监测。进行产地环境空气质量监测的地区，可根据当地作物生长期内的主导风向，重点监测可能对产地环境造成污染的污染源的下风向。包括：

a）种植基地面积在 60 $hm^2$ 以下且布局相对集中的情况，可在种植基地内设 1 ~2 个监测点；

b）种植基地面积在 60 $hm^2$ ~ 150 $hm^2$ 且布局相对集中的情况，可在种植基地区域内设 2 ~ 3 个监测点；

c）野生采集区域面积在 1 000 $hm^2$ 以下且布局相对集中的情况下，可在采集区域内设 1 ~2 个监测点，超过 1 000 $hm^2$，可在采集区域内设 2 ~3 个监测点；

d）种植和野生采集基地相对分散的情况，可根据需要适当增加监测点。

5.2.4.2 采样和分析方法

空气监测采样和分析方法包括：

a）采样时间应选择在申报有机认证植物的生长期内进行，一个认证年度采集一次；

b）其他采样要求和分析方法应符合 NY/T 397。

## 6 环境适宜性评价

### 6.1 各类参数计算

6.1.1 单项污染指数法

单项污染指数 $P_i$ 评价按式（1）计算。

$$P_i = C_i/S_i \quad (1)$$

式中：

$P_i$——污染物 $i$ 的污染指数；

$C_i$——污染物 $i$ 的实测值；

$S_i$——污染物 $i$ 的环境标准。

6.1.2 综合污染指数法

综合污染指数 P 按式（2）计算。

$$P = \sqrt{\frac{(C_i/S_i)^2_{max} + (C_i/S_i)^2_{ave}}{2}} \quad (2)$$

式中：

$P$——综合污染指数；

$(C_i/S_i)_{max}$——污染物中污染指数的最大值；
$(C_i/S_i)_{ave}$——污染物中污染指数的平均值。

### 6.2 环境质量等级划分

6.2.1 依据环境质量检测结果，按表5进行适宜性评价。评价时首先采用单项污染指数法，如果单项污染指数均小于或等于1，则采用综合污染指数法进行评价。

6.2.2 若有机种植产地环境的土壤、水质、空气质量评价均达到“适宜”等级，则将产地环境适宜性判定为适宜；若产地环境的土壤、水质、空气质量中有一项没有达到“适宜”等级，但均没有达到“不适宜”等级，则判定为尚适宜；若产地环境的土壤、水质、空气质量评价中有一项判定为“不适宜”，则判定为不适宜。对于多个采样监测点，产地环境质量等级以最低的监测点等级判定。

6.2.3 产地处于污染源的大气环境保护距离之内、在国家法律法规禁止农业生产的区域内，被判定为产地环境质量不适宜。

**表5　　植物类有机产品产地环境质量分级划定**

| 环境质量等级 | 土壤各单项或综合污染指数 | 水质各单项或综合污染指数 | 空气各单项或综合污染指数 | 等级名称 |
|---|---|---|---|---|
| 1 | ≤0.7 | ≤0.5 | ≤0.6 | 适宜 |
| 2 | 0.7~1.0 | 0.5~1.0 | 0.6~1.0 | 尚适宜 |
| 3 | >1.0 | >1.0 | >1.0 | 不适宜 |

## 7 产地环境适宜性评价报告

### 7.1 调查概述

应包括任务的来源、调查对象、调查单位和调查人员、调查时间和调查方法。

### 7.2 申报有机认证产品产地基本情况

应包括自然状况与自然灾害、农业生产概况与近3年农药、肥料、农膜使用情况、社会经济发展、水土气环境质量现状、生物多样性概况、污染源分布和污染防治与生态保护措施等。评价报告还应附产地地理位置图和地块分布图。

### 7.3 环境质量监测

应包括布点原则与数量、分析项目、分析方法和测定结果。免测的项目应注明免测理由。评价报告还应附采样点分布图。

### 7.4 产地环境评价

应包括评价方法、评价标准、评价结果与分析。

### 7.5 结论

应包括国家相关法律法规的符合性、环境质量的适宜性和潜在的污染风险与防范措施建议等。

ICS 07.060
B 18

# 中 华 人 民 共 和 国 气 象 行 业 标 准

QX/T 557—2020

# 农产品气候品质评价 酿酒葡萄

Assessment for climate quality of agricultural products—Wine grape

2020-06-16 发布 2020-09-01 实施

中国气象局 发 布

# 前　言

本标准按照GB/T 1.1—2009给出的规则起草。

本标准由全国农业气象标准化技术委员会（SAC/TC 539）提出并归口。

本标准起草单位：宁夏回族自治区气象科学研究所、国家气象中心、宁夏贺兰山东麓葡萄产业园区管理委员会办公室、宁夏回族自治区气候中心、陕西省农业遥感与经济作物气象服务中心、宁夏大学。

本标准主要起草人：张晓煜、崔萍、何延波、李红英、王静、王景红、李文超、苏丽、郑广芬、徐蕊、张磊、刘春泉、杨豫、李芳红、刘兆宇、胡宏远、陈仁伟、马国飞、李娜、冯蕊、张婍、李媛媛。

# 农产品气候品质评价　酿酒葡萄

## 1　范围

本标准规定了中国北方酿酒葡萄气候品质评价要求、方法和等级划分。

本标准适用于中国北方酿酒葡萄年份气候品质的分析和定量化评价。

## 2　规范性引用文件

下列文件对于本文件的应用是必不可少的。凡是注日期的引用文件，仅注日期的版本适用于本文件。凡是不注日期的引用文件，其最新版本（包括所有的修改单）适用于本文件。

NY/T 857—2004　葡萄产地环境技术条件

NY/T 2682—2015　酿酒葡萄生产技术规程

QX/T 486—2019　农产品气候品质认证技术规范

## 3　术语与定义

下列术语和定义适用于本文件。

### 3.1　酿酒葡萄　wine grape

果穗完整、成熟，具有一定色泽及芳香，用于酿酒发酵的新鲜葡萄。

### 3.2　酿酒葡萄气候品质　climate quality of wine grape

由天气气候条件决定的酿酒葡萄成熟浆果品质。

### 3.3 葡萄含糖量 sugar content of grape

葡萄果实压榨后测定的总糖含量。

注：主要包括葡萄糖、果糖等，以葡萄糖计，单位为克每升（g/L）。

### 3.4 葡萄含酸量 acid content of grape

葡萄果实压榨后测定的总酸含量。

注：主要包括酒石酸、苹果酸等，以酒石酸计，单位为克每升（g/L）。

### 3.5 糖酸比 ratio of sugar to acid

葡萄含糖量与葡萄含酸量的比值。

### 3.6 葡萄生长期 growing period of grape

葡萄出土（萌芽）到果实成熟（采收）的时期。

### 3.7 工艺成熟度 process maturity

葡萄含糖量、含酸量、pH 值、单宁以及其感官等指标达到该品种最佳成熟状态的质量要求。

### 3.8 有效温度 effective temperature

农业生物生育期间高于最低生育温度的日平均气温减去最低生育温度的差值。

注 1：单位为摄氏度（℃）。

注 2：改写 QX/T 381.1—2017，定义 3.48。

### 3.9 有效积温 effective temperature integration

有效温度对时间的积分。

注 1：通常采用逐日有效温度的累加得出，单位为摄氏度日（℃·d），本标准采用日平均气温≥10 ℃的有效积温。

注 2：改写 QX/T 381.1—2017，定义 3.52。

### 3.10 水热值 water heating value

葡萄生长期各月平均气温与月降水量的乘积之和。

注：记录取 1 位小数，单位为摄氏度毫米（℃·mm）。

## 4 评价要求

4.1 评价的酿酒葡萄应来源于申请评价的生产区域范围内，种植面积宜不小于 1 $hm^2$。

4.2 产地环境技术条件应符合 NY/T 857—2004 中 3.1—3.5 的规定；种植在适宜的光温区内，在生长期降水量不足 400 mm 的地区，应有灌溉条件保障。

4.3 葡萄栽培管理应符合 NY/T 2682—2015 中 3.1—3.8 的规定；葡萄果实采收应达到酿制相应葡萄酒种类规定的工艺成熟度。

4.4　葡萄生产过程中不应受到严重的病虫害和气象灾害影响。

4.5　评价所用气象资料应符合 QX/T 486—2019 中 3.2 的规定。

## 5　评价方法

### 5.1　评价模型

酿酒葡萄气候品质评价模型见式（1）：

$$I_Q = \sum_{i=1}^{5} a_i M_i \quad \cdots\cdots (1)$$

式中：

$I_Q$——酿酒葡萄气候品质评价指数；

$a_i$——第 $i$ 个气候品质指标的权重系数，$a_1 \sim a_5$ 分别为葡萄生长期水热值、有效积温、日照时数，采收前 30 天降水量，以及采收前 30 天平均气温的权重系数，取值宜分别为 0.3，0.2，0.2，0.2，0.1；

$M_i$——第 $i$ 个气候品质指标的分级赋值，具体见表 1。

### 5.2　评价指标分级赋值与指标计算

5.2.1　评价指标分级赋值

酿酒葡萄气候品质评价指标由葡萄生长期水热值、有效积温、日照时数，采收前 30 天降水量，以及采收前 30 天平均气温组成，其分级赋值见表 1。

**表 1**　　**评价指标分级赋值**

| $M_i$赋值 | 葡萄生长期水热值（$I_{RT}$）℃·mm | 葡萄生长期有效积温（$A_e$）℃·d | 葡萄生长期日照时数（$S$）h | 采收前 30 天降水量（$R_{30}$）mm | 采收前 30 天平均气温（$T_{30}$）℃ |
|---|---|---|---|---|---|
| 3 | $I_{RT} \leqslant 3000$ | $1550 \leqslant A_e < 2000$ | $S \geqslant 1550$ | $R_{30} \leqslant 30.0$ | $18.0 < T_{30} \leqslant 20.0$ |
| 2 | $3000 < I_{RT} \leqslant 4000$ | $1450 \leqslant A_e < 1550$ 或 $2000 \leqslant A_e < 2200$ | $1400 \leqslant S < 1550$ | $30.0 < R_{30} \leqslant 50.0$ | $20.0 < T_{30} \leqslant 22.0$ 或 $16.0 < T_{30} \leqslant 18.0$ |
| 1 | $4000 < I_{RT} \leqslant 5000$ | $1350 \leqslant A_e < 1450$ 或 $2200 \leqslant A_e < 2400$ | $1250 \leqslant S < 1400$ | $50.0 < R_{30} \leqslant 100.0$ | $22.0 < T_{30} \leqslant 24.0$ 或 $14.0 < T_{30} \leqslant 16.0$ |
| 0 | $I_{RT} \geqslant 5000$ | $A_e < 1350$ 或 $A_e \geqslant 2400$ | $S < 1250$ | $R_{30} > 100.0$ | $T_{30} > 24.0$ 或 $T_{30} \leqslant 14.0$ |

5.2.2　水热值计算

葡萄生长期水热值计算方法见式（2）：

$$I_{RT} = \sum_{j=m}^{n} (P_j \cdot T_j) \quad \cdots\cdots (2)$$

式中：

$I_{RT}$——葡萄生长期水热值，单位为摄氏度毫米（℃·mm）；

$j$——月份序号；

$m$——葡萄出土（萌芽）月份；

$n$——葡萄果实成熟（采收）月份；

$P_j$——生产区域内葡萄生长期内第 $j$ 月降水量，单位为毫米（mm），在葡萄生长期开始和结束月份，葡萄生长天数不足一个月的，以当月葡萄实际生长天数的降水量之和为当月降水量；

$T_j$——生产区域内葡萄生长期内第 $j$ 月平均气温，单位为摄氏度（℃），在葡萄生长期开始和结束月份，葡萄生长天数不足一个月的，以当月葡萄实际生长天数的平均气温为当月平均气温。

5.2.3　有效积温计算

生产区域内葡萄生长期日平均气温≥10 ℃有效积温计算方法见式（3）：

$$A_e = \sum_{k=p}^{q} (T_k - 10) \quad \cdots\cdots (3)$$

式中：

$A_e$——葡萄生长期内日平均气温≥10 ℃有效积温，单位为摄氏度日（℃·d）；

$T_k$——葡萄生长期内稳定通过 10 ℃的日平均气温，单位为摄氏度（℃）；

$p$——葡萄生长期内日平均气温稳定通过 10 ℃的起始日期日序；

$q$——葡萄生长期内日平均气温稳定通过 10 ℃的终止日期日序。

## 6　等级划分

按酿酒葡萄气候品质评价指数，将酿酒葡萄气候品质划分为：特优、优、良、一般 4 个等级。等级划分与评价指数见表 2。

**表 2　　等级划分与评价指数**

| 等级 | 气候品质评价指数（$I_Q$） | 品质等级对应的参考值 | |
|---|---|---|---|
| | | 葡萄含糖量（$G$）g/L | 糖酸比（$H$） |
| 特优 | $I_Q \geq 2.7$ | $220 \leq G < 240$ | $40 \leq H < 50$ |
| 优 | $2.5 \leq I_Q < 2.7$ | $200 \leq G < 220$ 或 $240 \leq G < 260$ | $32 \leq H < 40$ 或 $50 \leq H < 55$ |
| 良 | $1.5 \leq I_Q < 2.5$ | $180 \leq G < 200$ 或 $260 \leq G < 280$ | $25 \leq H < 32$ 或 $55 \leq H < 60$ |
| 一般 | $I_Q < 1.5$ | $G < 180$ 或 $G \geq 280$ | $H < 25$ 或 $H \geq 60$ |

# 参考文献

［1］QX/T 381.1—2017　农业气象术语　第 1 部分：农业气象基础.

［2］QX/T 411—2017　茶叶气候品质等级评价.

［3］T/CBJ 4101—2019　酿酒葡萄.

［4］陈卫平，尚红莺，周军，等. 贺兰山东麓酿酒葡萄的生态适应性［J］. 西北植物学报，2007，27（9）：1855－1860.

［5］李记明. 关于葡萄品质的评价指标［J］. 中外葡萄与葡萄酒，1999（1）：54－57.

［6］李玉鼎，张军翔，王战斗，等. 宁夏贺兰山东麓葡萄年份酒与气候［J］. 中外葡萄与葡萄酒，2004（2）：54－57.

［7］张军翔，李玉鼎，王战斗，等．气象因子对葡萄酒质量影响的研究［J］．山西果树，2004，98（2）：3－5.

［8］张晓煜，刘玉兰，张磊，等．气象条件对酿酒葡萄若干品质因子的影响［J］．中国农业气象，2007，28（3）：326－330.

［9］张晓煜，亢艳莉，袁海燕，等．酿酒葡萄品质评价及其对气象条件的响应［J］．生态学报，2007，27（2）：740－745.

［10］Coombe B G. Influence of temperature on composition and quality of grape［J］. Acta Horticulture，1987（206）：23－35.

［11］Winkler A J，Cook J A，Kliewer W M，et al. General Viticulture［M］. Berkely and Los Angeles：University of California Press，1974.

ICS

# DBN

吐 鲁 番 市 农 业 地 方 标 准

DBN 6521/T 201—2019

# 新建葡萄园技术规程

2019-11-25 发布　　2019-12-25 实施

吐鲁番市市场监督管理局　发布

## 前　言

本标准根据 GB/T 1. 1—2009 给出的规则起草。

本标准由吐鲁番市林果业技术推广服务中心提出。

本标准由吐鲁番市林业和草原局归口。

本标准由吐鲁番市林果业技术推广服务中心、吐鲁番市质量与计量检测所负责起草。

本标准由吐鲁番市市场监督管理局发布。

本标准主要起草人：王春燕、刘丽媛、阿迪力・阿不都古力、王新丽、古亚汗・沙塔尔、徐彦兵、周黎明、王婷、武云龙、韩泽云、吾尔尼沙・卡得尔、阮晓慧、罗闻芙、周慧、吴玉华、陈志强、宋钰、曲江。

# 新建葡萄园技术规程

## 1　范围

本标准规定了新建葡萄园的园地选择、综合规划、开沟定植、架式、整形与修剪、追肥、灌水、埋土防寒等技术要求。

本标准适用于吐鲁番市新建葡萄园。

## 2　规范性引用文件

下列文件中的条款通过本标准中引用成为本标准的条款，凡是注日期的引用文件，仅所注日期的版本适用于本标准。凡是不注日期的引用文件，其最新版本适用于本标准。

QB/T 2289. 4　园艺工具　剪枝剪

DBN 6521/T 169　吐鲁番葡萄改良式棚架搭建技术规程

## 3　定义

### 3. 1　摘心

摘去新梢顶部幼嫩部分。

### 3. 2　整形与修剪

通过使植株保持一定的外观形状，并且调整其营养生长和生殖生长的关系，使其正常地生长和结果的一种技术措施。

### 3.3 穴施

追肥时在距离主蔓根部 30 cm 处，挖 30 cm 深的小坑，施肥后立刻覆土。

### 3.4 坑施

施基肥时在距离主蔓根部 40 cm 以外的地点，挖长 50 cm、宽 30 cm、深 40 cm 的坑，尽量减少伤根，施肥后用园土填平。

## 4 园地选择

### 4.1 环境

水质、空气符合绿色产品生产标准。

### 4.2 土壤

4.2.1 建园时应选用熟地，以沙壤土、轻沙壤土和轻粘土为宜。
4.2.2 对渗漏较重、持水力差的砾质土壤要进行土壤改良。

## 5 综合规划

### 5.1 规划

新建园地块选定后，进行园、林、路、渠综合规划。

### 5.2 平整土地

对凸凹不平的土地削高填低，使其成为具有适宜坡度的田面或水平田面。对坡度较大、高低不平的大块地，分片区或阶梯形小区平整。

### 5.3 条田设置

条田设置以 6 公顷左右为宜，多风区条田大小以 2 ~ 3 公顷为宜，方向以坡降、主风向和总体规划确定。

### 5.4 林带配置

主林带与主风向垂直，设 8 ~ 10 行，副林带设 4 ~ 6 行。树种以杨树、胡杨等为主。

### 5.5 道路、渠道配置

田间道路应置于主、副林带两侧，直接与条田相接，便于运输和田间作业。渠道应置于林带内，以便减少蒸发。

## 6 开沟定植

### 6.1 株行距

小棚架行距 4.5 ~ 5 m，株距 1 ~ 1.5 m。

### 6.2 定植沟

沟宽 0.8 ~ 1.0 m，深 80 cm，挖沟时，表土和心土分开堆放。沟的最底层可铺一层秸秆或粉碎后的葡萄枝条，厚度大约 15 cm。每亩施腐熟有机肥 4 ~ 5 $m^3$，先将肥料与表土拌均匀，然后回填至灌水沉实后距地表 30 cm。

### 6.3 定植时间

春季，以火焰山为界，山南 3 月中上旬，山北 3 月中下旬。

秋季，以火焰山为界，山北 10 月中上旬，山南 10 月中下旬。

### 6.4 定植方法

定植前对过长的葡萄苗木根系需要进行修剪，留 15 ~ 20 cm。修剪过后用兑好水的生根粉浸泡根系 2 ~ 6 h。

选择晴天午定植，定植后立即浇水，定植深度以覆盖根系上部 2 ~ 4 cm、浇水不漏出根系为宜。

## 7 架式

小棚架搭建符合 DBN 6521/T 169 要求。

## 8 整形修剪

### 8.1 剪枝剪

应符合 QB/T 2289.4 要求。

### 8.2 多主蔓龙干形

8.2.1 第一年

选留 1 个新梢作为主蔓，至 1.5 ~ 2 m 时摘心，并抹除植株 0.5 m 以下的副梢。冬剪时除先端育一个延长枝外，其余枝均进行短枝修剪。

8.2.2 第二年

每株留 2 ~ 3 个主蔓，在主蔓上每 20 ~ 30 cm 留一个结果枝组，每个结果枝组留 3 ~ 4 个结果枝和预备枝相互更替结果。结果枝组在主蔓上交替分布呈“非”字状。应在有机生产和常规生产区域间设置缓冲带或物理障碍物。

## 9 追肥

在发芽前追施氮、磷为主的肥料，花萌、果粒膨大前以磷、钾肥为主，每株穴每次施 250 ~ 300 g。

## 10 灌水

灌水按照“前促、后控、中间足”的原则，根据土壤含水量情况灌水。花后至浆果膨大期充足供水，土壤湿度为田间最大持水量的60% ~70%。浆果成熟期控制灌水。入冬埋土前灌透冬灌水。

## 11 埋土防寒

### 11.1 下架

将葡萄枝蔓从架面拉下，按一个方向拢捆在一起。

### 11.2 覆土

采用一条龙埋土法，要求主蔓倾斜方向和机耕作业顺序保持一致。

### 11.3 厚度

覆土30 cm左右，保证埋土质量，禁用干土、碱土。

### 11.4 检查

冬季应经常检查埋土质量，堵塞鼠洞和防除鼠害。

ICS

# DBN

# 吐 鲁 番 市 农 业 地 方 标 准

DBN 6521/T 169—2017

# 吐鲁番葡萄改良式棚架搭建技术规程

2017－04－08 发布　　　　2020－05－01 实施

吐鲁番市市场监督管理局　发 布

## 前　言

本标准依据 GB/T 1.1—2009《标准化工作导则　第 1 部分：标准的结构和编写》和 DB 65/T 2035.2—2003《标准体系工作导则　第 2 部分：农业标准体系框架与要求》编写。

本标准由吐鲁番市林业局归口。

本标准由吐鲁番市林业局提出。

本标准由吐鲁番市林果业技术推广服务中心负责起草。

本标准主要起草人：吴玉华、周慧、吾尔尼沙·卡得尔、周黎明、罗闻芙、王春燕、古亚汗·沙塔尔。

# 吐鲁番葡萄改良式棚架搭建技术规程

## 1　范围

本标准规定了吐鲁番葡萄改良式棚架搭建技术的架材准备、埋设水泥立柱、搭建横梁、埋设地锚、布设架面。

本标准适用于吐鲁番葡萄园的架式搭建。

## 2　规范性引用文件

下列文件对于本文件的应用是必不可少的。凡是注日期的引用文件，仅所注日期的版本适用于本文件。凡是不注日期的引用文件，其最新版本（包括所有的修改单）适用于本文件。

GB/T 19585—2008　地理标志产品　吐鲁番葡萄

GB/T 343—94　一般用途低碳钢丝

DB 65/T 2143　葡萄架水泥支柱

## 3　术语和定义

下列术语和定义适用于本标准。

### 3.1　改良式棚架

在原有小棚架的基础上进行改良。将根柱、梢柱挪至葡萄栽种沟内或两侧，根柱地上部分提高到 170 cm，梢柱地上部分提高到 190 cm，立柱埋置深度不得少于 50 cm，形成前高后低的架面。

### 3.2 边柱

每行改良式棚架中，两端用于支撑葡萄架面较粗的4根水泥立柱，分为根柱和梢柱。

### 3.3 中柱

每行改良式棚架中，除边柱外，用于支撑葡萄架面的水泥立柱，分为根柱和梢柱。

### 3.4 梢柱

改良式棚架中靠近葡萄根部的水泥立柱。

### 3.5 根柱

改良式棚架中靠近葡萄末梢的水泥立柱。

### 3.6 横梁

架设在根柱和梢柱上用于支撑葡萄架面的木头栋子（或其他材料）。

## 4 架材准备

### 4.1 水泥立柱

采用实心水泥立柱，应符合DB 65/T 2143（葡萄架水泥支柱）规定。

### 4.2 木头椽子

中柱规格：长度500 cm，小头直径6 cm以上；边柱规格：长度500 cm，小头直径10 cm以上。

### 4.3 一般用途低碳钢丝

应符合GB/T 343—94（镀锌铁丝）规定。
规格：即镀锌铁丝，14#镀锌铁丝。

### 4.4 地锚

规格：10 cm×10 cm×60 cm水泥柱。

## 5 搭架

### 5.1 埋设水泥立柱

5.1.1 立柱使用规格
中柱：根柱使用10 cm×10 cm×220 cm的立柱；梢柱使用10 cm×10 cm×240 cm的立柱。
边柱：根柱使用12 cm×12 cm×260 cm的立柱；梢柱使用12 cm×12 cm×280 cm的立柱。
5.1.2 立柱栽植行的确定
立柱在根柱和梢柱之间距离根据葡萄栽植行的不同来确定。

5.1.2.1　葡萄栽植行距小于 450 cm

将根柱和梢柱均挪至葡萄栽植沟内或两侧。

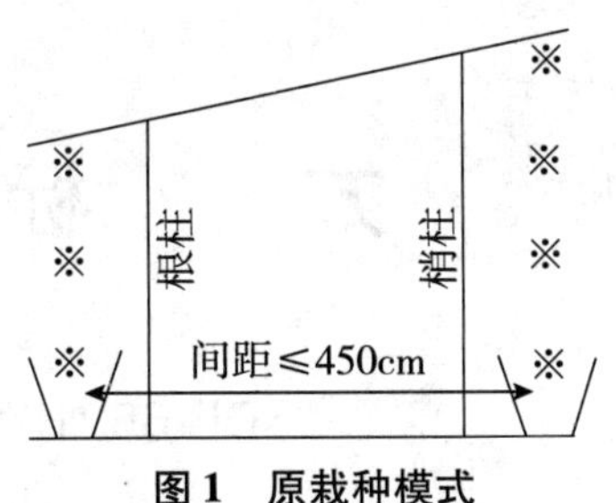

图 1　原栽种模式

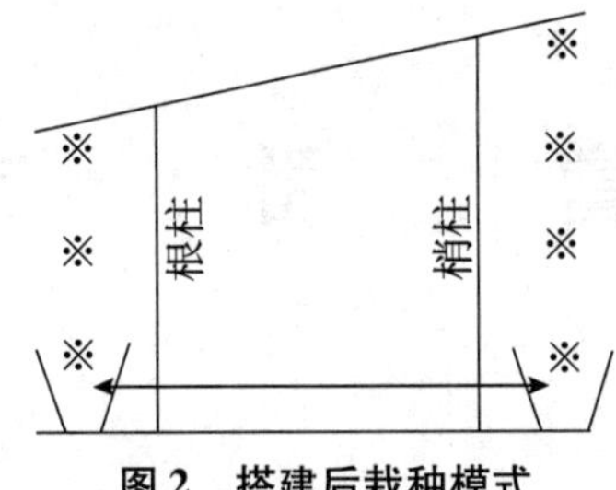

图 2　搭建后栽种模式

注：※代表葡萄，\ /代表葡萄栽种沟，沟宽 80～120 cm。

5.1.2.2　葡萄栽植行距大于 450 cm

将根柱挪至栽种沟边，梢柱向行内挪移 180 cm 以上。

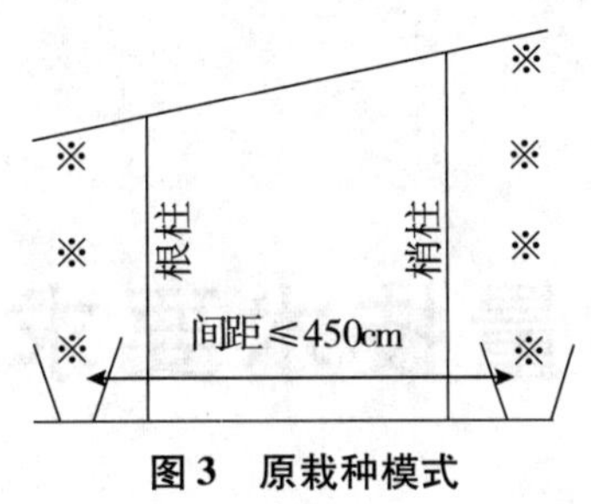

图 3　原栽种模式

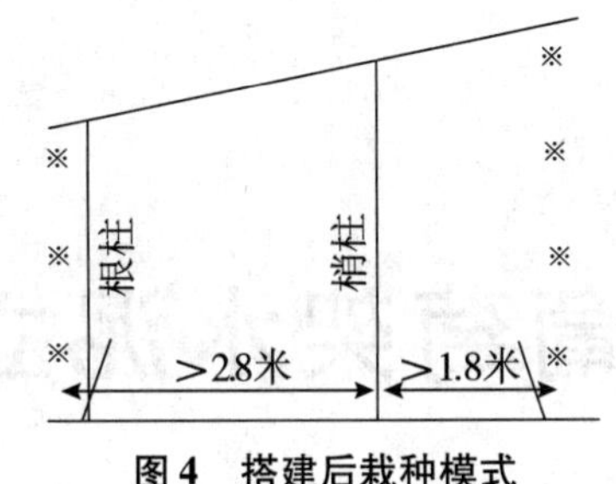

图 4　搭建后栽种模式

注：※代表葡萄，\ /代表葡萄栽种沟，沟宽 80～120 cm。

5.1.3　确定立柱埋设点

首先确定每行两端边柱的位置，然后以每行两个边柱为端点拉线，每 400 cm 打一个点，即中柱位置。

5.1.4　挖坑

根据点位进行挖坑，坑深 50 cm。

5.1.5　埋设立柱

立柱埋深 50 cm，根柱地上部分高度 170 cm，梢柱地上部分高度 190 cm，埋设立柱时确保立柱在同一直线和水平高度。

边柱均向外倾斜 15～35 度，在垂直高度上比中柱高出 10 cm。

### 5.2　搭建横梁

5.2.1　边柱椽子绑在根柱和梢柱外侧，用 8#镀锌铁丝固定。

5.2.2　中柱椽子较粗一端搭在根柱顶端，另一端搭在梢柱顶端，并用 8#镀锌铁丝固定，构成改良式棚架的骨架。

### 5.3　埋设地锚

地锚埋设点距边柱 80～120 cm，深度 80～120 cm。地锚拉线与立柱对齐。

### 5.4　布设架面

横梁上每道镀锌铁丝间距不超过 50 cm，铁丝与横梁交叉处用 14#镀锌铁丝固定。

ICS

DB

吐　鲁　番　市　地　方　标　准

DB 6521/T 232—2020

# 葡萄架水泥立柱质量技术要求

2020 - 06 - 20 发布　　2020 - 07 - 15 实施

吐鲁番市市场监督管理局　发布

# 前　言

本标准根据 GB/T 1. 1—2009《标准化工作导则　第 1 部分：标准的结构和编写》进行编写。

本标准由吐鲁番市林果业技术推广服务中心提出。

本标准由吐鲁番市林业和草原局归口。

本标准由吐鲁番市林果业技术推广服务中心、吐鲁番市质量与计量检测所负责起草。

本标准主要起草人：阿迪力・阿不都古力、刘丽媛、陈志强、吾尔尼沙・卡得尔、韩泽云、王婷、吴玉华。

# 葡萄架水泥立柱质量技术要求

## 1　范围

本标准规定了吐鲁番区域内葡萄搭架使用水泥立柱的质量等级、技术要求、试验方法、检验规则和标志等。

本标准适应于以水泥、砂石料、钢筋（或冷拔低碳钢丝）为原料，经浇灌而成的混凝土水泥立柱。

## 2　规范性引用文件

下列文件中的条款通过本标准中引用成为本标准的条款，凡是注日期的引用文件，仅所注日期的版本适用于本标准。凡是不注日期的引用文件，其最新版本（包括所有的修改单）适用于本文件。

GB 50204　混凝土结构工程施工质量验收规范

GB/T 14684　建筑用砂

GB/T 14685　建筑用卵石、碎石

## 3　定义

### 3.1　水泥立柱

以水泥、砂石料、钢筋为原料，经浇灌而成的柱体（以下简称立柱）。

### 3.2　冷拔丝

是钢筋经过剥壳等一系列工序生产出来的产品，是金属冷加工的一种。

## 4 质量等级

4.1 抗压强度为实心 $C_{20}$（MPa）。

4.2 强度合格的立柱，根据尺寸偏差分为一等品（A）、合格品（B）两个质量等级。

4.3 制作水泥立柱、边柱所用的砂石料质量应符合 GB/T 14684 和 GB/T 14685 要求。

## 5 规格

### 5.1 立柱

立柱的外形为长方柱体，横切面长 × 宽为 100 mm × 100 mm。吐鲁番葡萄标准化生产上常用的水泥立柱有两种高度分别为 2.2 m、2.4 m。

### 5.2 边柱

边柱的外形为长方柱体，横切面长 × 宽为 150 mm × 150 mm。吐鲁番葡萄标准化生产上常用的水泥边柱有两种高度分别为 2.6 m、2.8 m。

## 6 产品标记

由产品名称、规格、品种、强度等级、质量等级和标准编号组成。

标记示例：规格为 100 mm × 100 mm，强度等级为 $C_{20}$，一等品立柱，其标记为：

水泥立柱 $HC_{20}A$　DB 6521/T 232。

## 7 技术要求

### 7.1 尺寸偏差

尺寸允许偏差应符合表 1 规定。

**表 1　尺寸允许偏差**

| 项目 | 指标 | |
|---|---|---|
| | 一等品 | 合格品 |
| 长度（mm） | ±30 | ±50 |
| 宽度（mm） | ±3 | ±5 |
| 高度（mm） | ±3 | ±5 |
| 弯曲 | 1/750 | |

### 7.2 外观质量

立柱的外观质量应符合表 2 规定。

表 2 外观质量

| 项目 | 缺陷指标 |
|---|---|
| 主筋 | 主筋要求上下两端有 4 根长度不超过 100 mm 的露筋部位 |
| 孔洞 | 直径和深度均超过保护层厚度 |
| 裂缝 | 不允许 |
| 外表缺陷 | 允许立柱表面有小面积掉皮、起砂现象 |

### 7.3 抗压强度

应符合 GB 50204 规定要求。

### 7.4 钢筋要求

立柱每根水泥柱中用 4 根 4 mm 冷拔丝，强度为 $C_{30}$。

边柱每根水泥柱中用 6 根以上 4mm 冷拔丝，强度为 $C_{30}$。

## 8 试验方法

### 8.1 试件状态调整

进行试验前，试件应在常温下养护 48 小时，作为状态调整。

### 8.2 外观质量检测

对受测立柱，目测有无主筋外露。孔洞、裂纹用精度为 0.5 mm 的钢直尺量测表面裂纹，缺棱掉角数据，并记录缺陷数量。

### 8.3 尺寸偏差检测

8.3.1 长度

用精度为 1 mm 的钢卷尺拉测，过立柱两端中心线，取其算术平均值为检测结果。

计算公式：

a）每根立柱长度允许偏差 = 实测值 - 标示值

b）长度允许偏差 $d_L = \sum_{i=0}^{n} di$，其中：n≥10。

8.3.2 宽度和厚度

各距两立柱端 20 mm，平行于该立柱端；用精度为 1 mm 的钢卷尺拉测，每根立柱分别选 3 ~ 4 个部位进行测量，求平均值为每一根立柱的宽厚。

允许偏差计算公式：

a）每一根立柱偏差 = 实测值 - 标示值

b）长度允许偏差 $d_L = \sum_{i=0}^{n} di$

注：每批产品测定 n≥10。

8.3.3 弯曲

通过立柱端点至立柱面拉直测线，用精度为0.5 mm的钢直尺测量弯曲，取最大值为检测结果。

### 8.4 抗压强度

按照GB 50204规定执行。

## 9 检验规则

### 9.1 检验分类

9.1.1 出厂检验

产品出厂必须进行出厂检验。经检验合格后方可出厂。出厂检验项目为6.1、6.2中的全项。

### 9.2 型式检验

按本标准技术要求规定的全部项目进行检验，一般每半年进行一次，有下列情况之一时亦应进行型式检验：

a）产品定型投产时；

b）更换主要设备时；

c）出厂检验结果与上次型式检验有较大差异时；

d）原料产地或供货商发生变化时；

e）停产半年以上恢复生产时；

f）市场监督管理局部门提出要求时。

### 9.3 批次

同一品种、同一班组、同一规格的产品为一批次。

### 9.4 抽样方法

在每一批次产品中，随机抽取10根产品为供检样。

### 9.5 判定

产品检验项目全部符合本标准，判定为合格产品。如有一项或一项以上不符合本标准，须在同批产品留样中取样复验不合格项目；复验后仍不符合本标准时，判定该批产品为不合格产品。

ICS 67. 160. 10
C 151

# T/XJWA

新疆维吾尔自治区酿酒工业协会团体标准

T/XJWA 001—2021

# 桑葚酒

Mulberry Wine

2021－09－07 发布　　2021－09－15 实施

新疆维吾尔自治区酿酒工业协会　发布

# 前　言

本文件按照 GB/T 1. 1—2020《标准化工作导则　第 1 部分：标准化文件的结构和起草规则》的要求起草。

本文件由新疆维吾尔自治区酿酒工业协会提出。

本文件由吐鲁番市林果业技术推广服务中心、新疆农业大学、吐鲁番市葡萄酒产业协会起草。

本文件主要起草人是：刘丽媛、王婷、杨兴元、周慧、罗闻芙、周黎明、王春燕、孟建祖、李万倩、武云龙、韩泽云、王琼、吴玉华、吴久赟、吾尔尼沙·卡得尔、古亚汗·沙塔尔、阿迪力·阿不都古力、张海军、潘迅、陈宜斌。

# 桑葚酒

## 1　范围

本文件规定了桑葚酒的术语和定义、产品分类、要求、分析方法、检验规则、标志、包装、运输和贮存。

本文件适用于桑葚酒的生产、检验与销售。

## 2　规范性引用文件

下列文件对于本文件的应用是必不可少的。凡是注日期的引用文件，仅注日期的版本适用于本文件。凡是不注日期的引用文件，其最新版本（包括所有的修改单）适用于本文件。

GB 2758　食品安全国家标准　发酵酒及其配制酒

GB 2760　食品安全国家标准　食品添加剂使用标准

GB 31640　食品安全国家标准　食用酒精

GB 5009. 13　食品安全国家标准　食品中铜的测定

GB 5009. 225　食品安全国家标准　酒中乙醇浓度的测定

GB 5009. 266　食品安全国家标准　食品中甲醇的测定

GB 7718　食品安全国家标准　预包装食品标签通则

GB 4806. 5　食品安全国家标准　玻璃制品

GB 12696　食品安全国家标准　发酵酒及其配制酒生产卫生规范

GB/T 15037　葡萄酒

GB/T 15038　葡萄、果酒通用分析方法

GB/T 191　包装储运图示标识

NY/T 1508—2017　绿色食品　果酒

JJF 1070—2005　定量包装商品净含量计最检验规则

定量包装商品计量监督管理办法（国家质量监督检验检疫总局〔2005〕第75号令）

## 3 术语和定义

下列术语和定义适用于本文件。

### 3.1 桑葚酒

以鲜桑葚或桑葚汁为原料酿制而成，含有一定酒精度的桑葚果酒。

3.1.1 桑葚发酵酒

以鲜桑葚或桑葚汁为原料，经全部或部分酒精发酵酿制而成的，含有一定酒精度的发酵酒。

3.1.2 特种桑葚酒

用鲜桑葚或鲜桑葚汁在酿造工艺中使用特定方法酿制而成的桑葚酒。

3.1.2.1 桑葚利口酒

桑葚利口酒是以桑葚发酵酒为主要原料，添加桑葚白兰地、食用酒精以及桑葚汁、浓缩桑葚汁、果葡糖浆或白砂糖为辅料，经陈酿、调配、灌装等工艺生产而成，酒精度为15.0～22.0 % vol的桑葚酒。

注：加入的桑葚蒸馏酒、桑葚白兰地或食用酒精以及桑葚汁、浓缩桑葚汁、白砂糖之总量不得超过产品总质量（或总体积）的25.0 %。

3.1.2.2 加香桑葚酒

以桑葚发酵酒为酒基，经浸泡芳香植物或加入芳香植物的提取液而制成的，具有浸泡植物或植物提取物特征的桑葚酒。

注：芳香植物指根据相关规定可在食品加工中使用的具有芳香特征的植物。

3.1.2.3 低醇桑葚酒

采用鲜桑葚或桑葚汁，经全部或部分发酵，潜在酒精度不低于7.0 % vol的原酒，然后采用特种工艺降低或不降低酒精度，最后成为酒精度为1.0～7.0 % vol的桑葚酒。

## 4 产品分类

产品分类见表1。

表1 产品分类

<table>
<tr><th></th><th>分类</th><th colspan="3">细分</th></tr>
<tr><td rowspan="6">桑葚酒</td><td rowspan="5">桑葚发酵酒</td><td>按色泽分类</td><td colspan="2">白桑葚发酵酒、桃红桑葚发酵酒、红桑葚发酵酒</td></tr>
<tr><td rowspan="2">按二氧化碳含量和加工工艺分类</td><td colspan="2">平静桑葚发酵酒</td></tr>
<tr><td colspan="2">起泡桑葚发酵酒</td></tr>
<tr><td rowspan="2">按含糖量分类</td><td>平静桑葚发酵酒</td><td>干型、半干型、半甜型、甜型</td></tr>
<tr><td>起泡桑葚发酵酒</td><td>干型、半干型、甜型</td></tr>
<tr><td>特种桑葚酒</td><td colspan="3">桑葚利口酒、加香桑葚酒、低醇桑葚酒</td></tr>
</table>

## 5 酿造工艺

### 5.1 桑葚发酵酒

桑葚鲜果→ 采收、挑选→破碎、打浆→发酵（加入酵母等）→皮渣分离→澄清→贮存→调配→过滤→杀菌→灌装→包装→成品。

### 5.2 特种桑葚酒

5.2.1 桑葚利口酒

桑葚鲜果→采收、挑选→破碎、打浆→发酵（加入酵母等）→皮渣分离→调整成分（加入桑葚汁、浓缩桑葚汁、蒸馏酒、白兰地或食用酒精调整酒精度为 15.0 ~ 22.0 % vol）→陈酿→调配→过滤→杀菌→灌装→包装→成品。

5.2.2 加香桑葚酒

桑葚鲜果→采收、挑选→ 破碎、打浆→发酵（加入酵母等）→皮渣分离→浸泡植物香料→调配→过滤→杀菌→灌装→包装→成品。

5.2.3 低醇桑葚酒

桑葚鲜果→采收、挑选→ 破碎、打浆→发酵（加入酵母等）→终止发酵（酒精度≤7% vol）→皮渣分离→调配→过滤→杀菌→灌装→包装→成品。

## 6 要求

### 6.1 感官要求

应符合表 2 的要求。

表 2 感官要求

### 6.2 理化要求

应符合表 3 的要求。

**表 3 理化要求**

| 项 目 | | | | 要 求 |
|---|---|---|---|---|
| 桑葚酒 | 酒精度（20 ℃）/（% vol） ≥ | | | 7.0 |
| | 总糖（以葡萄糖）/（g/L） | 平静桑葚酒 | 干型 ≤ | 6.0 |
| | | | 半干型 | 6.1 ~ 16.0 |
| | | | 半甜型 | 16.1 ~ 45.0 |
| | | | 甜型 ≥ | 45.1 |
| | | 起泡桑葚酒 | 干型 | 17.1 ~ 32.0（允许检测误差为 ±1.0） |
| | | | 半干型 | 32.1 ~ 50.0 |
| | | | 甜型 ≥ | 50.1 |

（续表）

<table>
<tr><th colspan="4">项　目</th><th>要　求</th></tr>
<tr><td rowspan="7">桑葚酒</td><td rowspan="3">干浸出物/（g/L）</td><td>白桑葚酒</td><td>≥</td><td>16.0</td></tr>
<tr><td>桃红桑葚酒</td><td>≥</td><td>17.0</td></tr>
<tr><td>红桑葚酒</td><td>≥</td><td>18.0</td></tr>
<tr><td>二氧化碳（20 ℃/MPa）</td><td>起泡桑葚酒</td><td>≥</td><td>0.05（全部自然发酵）</td></tr>
<tr><td colspan="2">挥发酸（以乙酸计）/（g/L）</td><td>≤</td><td>2.0</td></tr>
<tr><td colspan="2">铁/（mg/L）</td><td>≤</td><td>18.0</td></tr>
<tr><td colspan="4">分析方法：酒精度按 GB 5009.2256 执行，其余项目按 GB/T 150386 执行</td></tr>
</table>

### 6.3　卫生要求

应符合 GB 12696 规定。

### 6.4　微生物要求

应符合 NY/T 1508—2017 规定。

### 6.5　食品添加剂要求

应符合 GB 2760 的规定。

### 6.6　食用酒精

应符合 GB 31640 的规定。

### 6.7　玻璃制品

应符合 GB 4806.5 的规定。

### 6.8　净含量

应按《定量包装商品计量监督管理办法》执行，检验方法按 JJF 1070—2005 执行。

## 7　检验规则

### 7.1　组批

同一生产期内所生产的、同一类别、同一品质，且经包装出厂的、规格相同的产品为同一批次。

### 7.2　抽样

应按 GB/T 15037 的规定执行。

### 7.3　检验分类

7.3.1　出厂检验

应按 GB/T 15037 的规定执行。

7.3.2 检验项目

感官要求、酒精度、总糖、干浸出物、总酸、挥发酸、二氧化碳、总二氧化硫、净含量、微生物。

7.3.3 型式检验

7.3.3.1 检验项目：本文件中全部要求项目。

7.3.3.2 一般情况下，同一类产品的型式检验每年进行一次，有下列情况之一者，亦应进行：

a）原辅材料有较大变化时；

b）更改关键工艺或设备时；

c）新试制的产品或正常生产的产品停产 3 个月后，重新恢复生产时；

d）出厂检验与上次型式检验结果有较大差异时。

### 7.4 判定规则

7.4.1 出厂检验项目或型式检验项目、检验结果全部符合本文件项目时，判为合格品。

7.4.2 出厂检验项目或型式检验项目、检验结果如有不符合本文件项目，可加倍抽样复检，复检后仍不符合本文件项目时，判为不合格品。

## 8 标志

8.1 标签应符合 GB 7718、GB2758 的有关规定，并标注产品类型。

8.2 外包装纸箱上除标明产品名称、制造者（或经销商）名称和地址外，还应注明生产许可证、规格和生产日期。

8.3 包装储运图示标志应符合 GB/T 191—2008 的要求。

## 9 包装、运输和贮存

应按 GB/T 15037 的规定执行。

ICS 67.160.10
C 151

# T/XJWA

新疆维吾尔自治区酿酒工业协会团体标准

T/XJWA 002—2021

# 桑葚白兰地

Mulberry Brandy

2021—09—07 发布　　2021—09—15 实施

新疆维吾尔自治区酿酒工业协会　发布

## 前　言

本文件按照 GB/T 1. 1—2020《标准化工作导则　第 1 部分：标准化文件的结构和起草规则》的要求起草。

本文件由新疆维吾尔自治区酿酒工业协会提出。

本文件由吐鲁番市林果业技术推广服务中心、新疆农业大学、吐鲁番市葡萄酒产业协会起草。

本文件主要起草人是：王婷、刘丽媛、杨兴元、王春燕、古亚汗・沙塔尔、罗闻芙、周黎明、孟建祖、韩泽云、阿迪力・阿不都古力、武云龙、吾尔尼沙・卡得尔、吴玉华、周慧、李万倩、王琼、雷静、张海军、李天翀。

# 桑葚白兰地

## 1　范围

本文件规定了桑葚白兰地的术语和定义、产品分类、要求、试验方法、检验规则以及标志、包装、运输和贮存。

本文件适用于桑葚白兰地的生产和销售。

## 2　规范性引用文件

下列文件对于本文件的应用是必不可少的。凡是注日期的引用文件，仅所注日期的版本适用于本文件。凡是不注日期的引用文件，其最新版本（包括所有的修改单）适用于本文件。

GB 2757　食品安全国家标准　蒸馏酒及其配制酒

GB 2758　食品安全国家标准　发酵酒及其配制酒

GB 2760　食品安全国家标准　食品添加剂使用标准

GB 31640　食品安全国家标准　食用酒精

GB 5009. 13　食品安全国家标准　食品中铜的测定

GB 5009. 225　食品安全国家标准　酒中乙醇浓度的测定

GB 5009. 266　食品安全国家标准　食品中甲醇的测定

GB 7718　食品安全国家标准　预包装食品标签通则

GB 4806. 5　食品安全国家标准　玻璃制品

GB 14881　食品安全国家标准　食品生产通用卫生规范

GB 12696　食品安全国家标准　发酵酒及其配制酒生产卫生规范

GB/T 11856　白兰地

国家质量监督检验检疫总局令〔2005〕第 75 号《定量包装商品计量监督管理办法》

## 3 术语和定文

下列术语和定义适用于本文件。

### 3.1 桑葚白兰地

以桑葚及其果汁、皮渣为原料，经发酵、蒸馏、橡木桶陈酿、调配而成的桑葚蒸馏酒。

3.1.1 桑葚原汁白兰地

以桑葚汁、浆为原料，经发酵、蒸馏、在橡木桶中陈酿、调配而成的白兰地。

3.1.2 桑葚皮渣白兰地

以发酵后的桑葚皮渣为原料，经蒸馏、在橡木桶中陈酿、调配而成的白兰地。

3.1.3 桑葚调配白兰地

以桑葚白兰地为基酒，加入一定量食用酒精等调配而成的白兰地。

### 3.2 酒龄

桑葚白兰地原酒在橡木桶中陈酿的时间（年）。

3.2.1 非酒精挥发物总量

除酒精之外的挥发性物质（挥发酸、酯类、醛类、糠醛及高级醇等）的总含量。

## 4 产品分类

按原料分为：

a）桑葚原汁白兰地；

b）桑葚皮渣白兰地；

c）调配型白兰地。

## 5 要求

### 5.1 感官要求

应符合表1的规定。

**表1　　感官要求**

| 项　目 | 要　求 | | | |
|---|---|---|---|---|
| | 特级（XO） | 优级（VSOP） | 一级（VO） | 二级（VS） |
| 外观 | 澄清透明、晶亮，无悬浮物、无沉淀 | | | |
| 色泽 | 金黄色至赤金色 | 金黄色至赤金色 | 金黄色 | 浅金黄色至金黄色 |
| 香气 | 具有和谐的桑葚品种香，陈酿的橡木香，醇和的酒香，幽雅浓郁 | 具有明显的桑葚品种香，陈酿的橡木香，醇和的酒香，浓郁、协调 | 具有桑葚品种香、酒香及橡木香，香气协调、浓郁 | 具有桑葚品种香、橡木香及酒香，无明显刺激感和异味 |

（续表）

| 项　目 | 要　求 | | | |
|---|---|---|---|---|
| | 特级（XO） | 优级（VSOP） | 一级（VO） | 二级（VS） |
| 口味 | 醇和、甘洌、沁润、细腻、丰满、绵延 | 醇和、甘洌、丰满、绵柔 | 醇和、甘洌、完整、无杂味 | 较纯正、无邪杂味 |
| 风格 | 具有本品独特的风格 | 具有本品突出的风格 | 具有本品明显的风格 | 具有本品应有的风格 |

## 5.2 理化要求

应符合表2的规定。

**表2　　理化要求**

| 项　目 | 要　求 | | | |
|---|---|---|---|---|
| | 特级（XO） | 优级（VSOP） | 一级（VO） | 二级（VS） |
| 酒龄/年　≥ | 6 | 4 | 3 | 2 |
| 酒精度（20 ℃）/（% vol）　≥ | 36.0 | | | |
| 非酒精挥发物总量/［g/L（100% vol 乙醇）］　≥ | 2.50 | 2.00 | 1.25 | 1.00 |
| 铜/（mg/L）　≤ | 6.0 | | | |
| 甲醇　≤ | 2.0 | | | |

注1：酒精度实测值与标签标示值允许差为 ±1.0% vol。
注2：甲醇指标按100%酒精度折算。

## 5.3 食品安全要求

发酵、陈酿等过程应符合 GB 2758 的规定。

## 5.4 食品添加剂要求

应符合 GB 2760 的规定。

## 5.5 食用酒精

应符合 GB 31640 的规定。

## 5.6 玻璃制品

应符合 GB 4806.5 的规定。

## 5.7 卫生要求

应符合 GB 12696 和 GB 14881 的规定。

## 6 试验方法

### 6.1 感官指标和理化指标

感官指标按 GB/T 11856 规定的方法检验。理化指标中酒精度按 GB 5009.225 的方法检验；铜按 GB 5009.13 的方法检验；非酒精挥发物总量按 GB/T 11856 的方法检验；甲醇按 GB 5009.266 的方法检验。

### 6.2 食品安全要求

按 GB 2757 规定的方法检验。

## 7 检验规则

按 GB/T 11856 规定的方法执行。

## 8 标志、包装、运输、贮存

### 8.1 标志

应符合 GB 7718 规定的方法执行。

### 8.2 包装

应符合 JJF 1070—2005 规定的方法执行。定量包装商品净含量计最检验规则包装定量误差应符合国家质量监督检验检疫总局令（2005）第 75 号。

### 8.3 运输

8.3.1 运输车应清洁卫生、不得与有毒有害及有异味的物品一起运输。

8.3.2 运输过程中应防止暴晒、雨淋，防止冰冻，避免强烈震荡。

8.3.3 搬运时应轻拿、轻放，不得抛摔。

### 8.4 贮存

8.4.1 应贮存在阴凉、通风、干燥的库房内。

8.4.2 贮存中应严禁火种，不得与有毒有害及有异味的物品共同存放。

8.4.3 产品码放应离地 10 cm 以上，离墙 20 cm 以上。

ICS 67. 160. 10
C 151

# T/XJWA

新疆维吾尔自治区酿酒工业协会团体标准

T/XJWA 003—2021

# 桑葚利口酒

Mulberry Liqueur

2021—09—07 发布　　2021—09—15 实施

新疆维吾尔自治区酿酒工业协会　发布

# 前　言

本文件按照 GB/T 1. 1—2020《标准化工作导则　第 1 部分：标准化文件的结构和起草规则》的要求起草。

本文件由新疆维吾尔自治区酿酒工业协会提出。

本文件由吐鲁番市林果业技术推广服务中心、新疆农业大学、吐鲁番市葡萄酒产业协会起草。

本文件主要起草人是：王婷、刘丽媛、杨兴元、韩泽云、武云龙、吴久赟、古亚汗·沙塔尔、王琼、阿迪力·阿不都古力、李万倩、孟建祖、罗闻芙、王春燕、周慧、吴玉华、吾尔尼沙·卡得尔、张海军、李天翀。

# 桑葚利口酒

## 1　范围

本文件规定了桑葚利口酒的术语和定义、要求、生产工艺、检验规则、标志、包装、运输和贮存。

本文件适用于桑葚利口酒的生产。

## 2　规范性引用文件

下列文件对于本文件的应用是必不可少的。凡是注日期的引用文件，仅注日期的版本适用于本文件。凡是不注日期的引用文件，其最新版本（包括所有的修改单）适用于本文件。

GB 31640　食品安全国家标准　食用酒精

GB 5009. 225　食品安全国家标准　酒中乙醇浓度的测定

GB 5009. 266　食品安全国家标准　食品中甲醇的测定

GB 14881　食品安全国家标准　食品生产通用卫生规范

GB 4806. 5　食品安全国家标准　玻璃制品

GB 7718　食品安全国家标准　预包装食品标签通则

GB 2760　食品安全国家标准　食品添加剂使用标准

GB/T 15038　葡萄酒、果酒通用分析方法

GB/T 191　包装储运图示标志

JJF 1070—2005　定量包装商品净含量计量检验规则

国家质量监督检验检疫总局〔2005〕第 75 号令《定量包装商品计量监督管理办法》

## 3　术语和定义

桑葚利口酒是以桑葚发酵酒为主要原料，添加桑葚白兰地、食用酒精以及桑葚汁、浓缩桑葚汁、

果葡糖浆或白砂糖为辅料，经陈酿、调配、灌装等工艺生产而成，酒精度为 15.0 ~ 22.0 % vol 的桑葚酒。

## 4 要求

### 4.1 感官要求

感官要求见表 1。

**表 1　　感官要求**

| 项　目 | 指　标 | 检验方法 |
|---|---|---|
| 色泽 | 紫黑色、紫红色 | GB/T 15038 |
| 组织形态 | 澄清透明，有光泽，无悬浮物，允许有少量沉淀 | |
| 气味 | 果香韵郁，酒香优雅，具有桑葚果香和酒香，无异味 | |
| 滋味 | 口感纯正，酒体丰满，具有桑果的典型风味 | |
| 杂质 | 无 | 取适量样品置于透明的容器中，肉眼观察 |

### 4.2 理化指标

理化指标见表 2。

**表 2　　理化指标**

| 项　目 | 指　标 | 检验方法 |
|---|---|---|
| 酒精度（20 ℃）,% vol | 15.0 ~ 22.0 | GB 5009.225 |
| 总糖（以葡萄糖计），g/L　≥ | 12.0 | GB/T 15038 |
| 挥发酸（以乙酸计），g/L　≤ | 1.2 | |
| 干浸出物，g/L　≥ | 16.0 | |
| 甲醇，g/L　≤ | 2.0 | GB 5009.266 |

注 1：酒精度实测值与标签标示值允许差为 ±1.0% vol。
注 2：甲醇指标按 100% 酒精度折算。

### 4.3 生产加工卫生要求

应符合 GB 14881 的规定。

### 4.4 微生物要求

应符合 NY/T 1508—2017 规定。

### 4.5 食品添加剂要求

应符合 GB 2760 的规定。

### 4.6 食用酒精

应符合 GB 31640 的规定。

### 4.7 玻璃制品

应符合 GB 4806.5 的规定。

### 4.8 净含量

应按《定量包装商品计量监督管理办法》执行，检验方法按 JJF 1070—2005 执行。

## 5 生产工艺

桑葚鲜果→采收、挑选→破碎、打浆→发酵（加入白砂糖、酵母等）→皮渣分离→调整成分（加入桑葚汁、浓缩桑葚汁、蒸馏酒、白兰地或食用酒精调整酒精度为 15.0 ~ 22.0 % vol）→陈酿→调配→ 过滤→杀菌→灌装→包装→成品。

## 6 检验规则

### 6.1 组批

同一批原料，同一生产线，同一品种，同一班次生产的产品为一批。

从同一规格、同一批次产品中随机抽样，抽样数量为 6 瓶。样品分成 2 份，1 份用于检验，1 份备查。

### 6.2 出厂检验

每批产品出厂前须经生产单位检验部门对其感官要求、挥发酸、干浸出物、酒精度、净含量、微生物进行检验合格后方可出厂销售。

### 6.3 型式检验

按本文件技术要求规定的全部项目进行检验，一般每半年进行一次，有下列情况之一时亦应进行型式检验：

a）产品定型投产时；

b）更换主要设备时；

c）出厂检验结果与上次型式检验有较大差异时；

d）原料产地或供货商发生变化时；

e）停产半年以上恢复生产时；

f）市场监督管理机构提出要求时。

### 6.4 判定规则

产品检验项目全部符合本文件，判定为合格产品。如有一项或一项以上不符合本文件，须在同批产品留样中取样复验不合格项目；复验后仍不符合本文件时，判定该批产品为不合格产品。

## 7 标志、包装、运输、贮存

### 7.1 标志、标签

7.1.1 标签按 GB 7718 规定执行，按含糖量标注产品类型（或含糖量）。

7.1.2 包装储运图示标志应符合 GB/T 191 规定。

7.1.3 应以“% vol”为单位标示酒精度，应标“过量饮酒有害健康”。

### 7.2 包装

7.2.1 包装材料应采用符合食品卫生要求的包装材料，不得使用回收玻璃酒瓶。包装容器应整齐、清洁，封装严密，无漏气、漏酒现象。

7.2.2 外包装应使用合格的瓦楞纸箱或具有相同功能的其他包装，箱内有防震、防撞的间隔材料。

### 7.3 运输、贮存

7.3.1 用软木塞封装的酒，在贮运时应“倒放”或“卧放”。

7.3.2 运输和贮存时应保持清洁、避免强烈振荡、日晒、雨淋，防止冰冻，装卸时应轻拿轻放。

7.3.3 贮存地点应阴凉、干燥、通风良好，严防日晒、雨淋，严禁火种。

7.3.4 成品不得与潮湿地面直接接触，不得与有毒、有害、有异味、有腐蚀性物品同贮、同运。

7.3.5 运输温度宜保持在 15 ~ 35 ℃，贮存温度宜保持在 5 ~ 25 ℃。

7.3.6 按上述条件运输、贮存的桑葚利口酒不应发生浑浊、酸败现象。超过 12 个月的葡萄酒，允许有少量沉淀。

ICS 67.160.10
C 151

# T/XJWA

## 新疆维吾尔自治区酿酒工业协会团体标准

T/XJWA 004—2021

# 杏子酒

## Apricot Wine

2021—09—07 发布 2021—09—15 实施

新疆维吾尔自治区酿酒工业协会 发布

## 前　言

本文件按照 GB/T 1.1—2020《标准化工作导则　第 1 部分：标准化文件的结构和起草规则》的要求起草。

本文件由新疆维吾尔自治区酿酒工业协会提出。

本文件由吐鲁番市林果业技术推广服务中心、新疆农业大学、吐鲁番市葡萄酒产业协会起草。

本文件主要起草人是：刘丽媛、王婷、杨兴元、周黎明、周慧、武云龙、王春燕、韩泽云、罗闻芙、吴久赟、阿迪力·阿不都古力、古亚汗·沙塔尔、孟建祖、吾尔尼沙·卡得尔、吴玉华、李万倩、王琼、张海军、陈宜宾。

# 杏子酒

## 1　范围

本文件规定了杏子发酵酒的术语和定义、工艺要求、工艺、检验检测、技术要求、理化指标、试验方法、检验规则、标识、包装、运输和贮存。

本文件适用于杏子鲜果为主要原料，添加酵母等辅料，经发酵酿造而成的杏子发酵酒。

## 2　规范性引用文件

下列文件对于本文件的应用是必不可少的。凡是注日期的引用文件，仅注日期的版本适用于本文件。凡是不注日期的引用文件，其最新版本（包括所有的修改单）适用于本文件。

GB 2758　食品安全国家标准　发酵酒及其配制酒

GB 2760　食品安全国家标准　食品添加剂使用标准

GB 2762　食品安全国家标准　食品污染物限量

GB 2763　食品安全国家标准　食品中农药最大残留限量

GB 4789.2　食品安全国家标准　食品微生物学检验　菌落总数测定

GB 4789.3　食品安全国家标准　食品微生物学检验　大肠菌群计数

GB 4789.4　食品安全国家标准　食品微生物学检验　沙门氏菌检验

GB 4789.10　食品安全国家标准　食品微生物学检验　金黄色葡萄球菌检验

GB 5009.34　食品安全国家标准　食品中二氧化硫的测定

GB 5009.7　食品安全国家标准　食品中还原糖的测定

GB 5009.12　食品安全国家标准　食品中铅的测定

GB 5009.13　食品安全国家标准　食品中铜的测定

GB 5009.15　食品安全国家标准　食品中镉的测定

GB 5009.266　食品安全国家标准　食品中甲醇的测定

GB 4806.5　食品安全国家标准　玻璃制品

GB 7718　食品安全国家标准　预包装食品标签通则

GB 23200.8　食品安全国家标准　水果和蔬菜中500种农药及相关化学品残留量的测定　气相色谱—质谱法

GB 23750　植物性产品中草甘膦残留量的测定　气相色谱—质谱法

GB/T 317　白砂糖

GB/T 15037　葡萄酒

GB/T 15038　葡萄酒、果酒通用分析方法

GB/T 191　包装储运图示标志

GB/T 23379　水果、蔬菜及茶叶中吡虫啉残留的测定　高效液相色谱法

JJF 1070—2005　定量包装商品净含量计量检验规则

NY/T 1434—2007　蔬菜中2，4—D等13种除草剂多残留的测定　液相色谱质谱法

NY/T 2637—2014　水果和蔬菜可溶性固形物含量的测定　折射仪法

SN/T 0293—2014　出口植物源性食品中百草枯和敌草快残留量的测定　液相色谱—质谱/质谱法

国家质量监督检验检疫总局［2005］第75号令　定量包装商品计量监督管理办法

## 3　术语和定义

下列术语和定义适用于本文件。

### 3.1　杏子酒

以成熟的杏子为原料，在一定温度条件下，经全部或部分酒精发酵酿制而成的，含有一定酒精度的发酵果酒。

## 4　工艺要求

### 4.1　原辅料

4.1.1　应采用绿色基地等栽培的杏子，并符合附录A的规定。

4.1.2　白砂糖应符合GB/T 317中优级及以上的规定。

4.1.3　食品添加剂使用应符合GB 2760的要求。

### 4.2　工艺

4.2.1　工艺流程

杏子鲜果→挑选→去核→破碎→前发酵（加入白砂糖、酵母等）→皮渣分离→澄清→贮存→调配→过滤→杀菌→灌装→包装→成品。

4.2.2　关键工序

4.2.2.1　发酵应采用自动控温系统，温度控制在15～18 ℃，发酵时间控制在15 d左右。

4.2.2.2　调配按设计配方进行调配，控制酒精度与标示值误差小于±1% vol。

4.2.2.3　采用硅藻土过滤器、板框过滤器等进行过滤，除去微生物。

## 5 技术要求

### 5.1 感官要求

感官要求应符合表 1 的规定。

**表 1** **感官要求**

| 项目 | 要求 | 检验方法 |
| --- | --- | --- |
| 外观 | 澄清、透明，无悬浮物，允许瓶底有少量自然沉降物 | GB/T 15038 |
| 色泽 | 浅黄或金黄色 | |
| 香气 | 具有杏子清新的果香和清雅、香甜、优雅的酒香 | |
| 口味 | 具有纯净新鲜爽怡口感，酒体醇厚，酸甜协调 | |

### 5.2 理化要求

理化要求应符合表 2 的规定。

**表 2** **理化要求**

| 项目 | 要求 | 检验方法 |
| --- | --- | --- |
| 酒精度[a]（20 ℃），% vol ≥ | 7.0 | GB/T 15038 |
| 总糖（葡萄糖计），g/L ≥ | 12.0 | |
| 挥发酸（以乙酸计），g/L ≤ | 2.0 | |
| 干浸出物，g/L ≥ | 16.0 | |
| 总二氧化硫，mg/L ≤ | 250 | GB 5009.34 |
| 甲醇[b]，g/L ≤ | 2.0 | GB 5009.266 |
| 铜，mg/L ≤ | 1.0 | GB 5009.13 |

[a] 酒精度标签标示值与实测值允许误差为 ±1.0 % vol。
[b] 甲醇按 100 % 酒精度折算。

### 5.3 微生物限量

微生物限量应符合表 3 的规定。

**表 3** **微生物限量**

| 项目 | 指标 | 检验方法 |
| --- | --- | --- |
| 菌落总数，CFU/mL ≤ | 50 | GB 4789.2 |
| 大肠菌群，MPN/mL ≤ | 3.0 | GB 4789.3 |
| 沙门氏菌 | 应符合 GB 2758 的规定 | GB 4789.4 |
| 金黄色葡萄球菌 | | GB 4789.10 |

### 5.4　农药最大残留限量

农药最大残留限量应符合 GB 2763 的要求。

### 5.5　玻璃制品

应符合 GB 4806.5 的规定。

### 5.6　净含量

按 JJF 1070—2005 规定的方法检验，应符合国家质量监督检验检疫总局令［2005］第75 号《定量包装商品计量监督管理办法》的要求。

## 6　检验规则

### 6.1　检验分类

检验分为出厂检验和型式检验。

### 6.2　出厂检验

6.2.1　产品出厂需经工厂检验部门逐批检验合格，附产品合格证方能出厂。

6.2.2　出厂检验项目见表 4。

**表 4　出厂检验分类和检验项目**

<table>
<tr><th>序号</th><th colspan="2">检验项目</th><th>型式检验</th><th>出厂检验</th><th>技术要求</th><th>试验方法</th></tr>
<tr><td>1</td><td colspan="2">感官</td><td rowspan="15">○</td><td>○</td><td>5.1</td><td rowspan="5">GB/T 15038</td></tr>
<tr><td rowspan="5">2</td><td rowspan="5">理化指标</td><td>酒精度</td><td>○</td><td rowspan="5">5.2</td></tr>
<tr><td>总糖</td><td>○</td></tr>
<tr><td>挥发酸</td><td>○</td></tr>
<tr><td>干浸出物</td><td>○</td></tr>
<tr><td>总二氧化硫</td><td>×</td><td>GB 5009.34</td></tr>
<tr><td rowspan="2">3</td><td rowspan="2">污染物和有害物质限量</td><td>甲醇</td><td>×</td><td rowspan="2">5.3</td><td>GB5009.26</td></tr>
<tr><td>铜</td><td>×</td><td>GB 5009.13</td></tr>
<tr><td rowspan="4">4</td><td rowspan="4">微生物限量</td><td>菌落总数</td><td>×</td><td rowspan="4">5.4</td><td>GB 4789.2</td></tr>
<tr><td>大肠菌群</td><td>×</td><td>GB 4789.3</td></tr>
<tr><td>沙门氏菌</td><td>×</td><td>GB 4789.4</td></tr>
<tr><td>金黄色葡萄球菌</td><td>×</td><td>GB 4789.10</td></tr>
<tr><td>5</td><td colspan="2">农药最大残留限量</td><td>×</td><td>5.5</td><td>GB 2763</td></tr>
<tr><td>6</td><td colspan="2">净含量</td><td>○</td><td>5.6</td><td>JJF 1070—2005</td></tr>
<tr><td colspan="7">注：标有“○”的为必须检验项目，标有“×”的为非必须检验项目。</td></tr>
</table>

### 6.3 型式检验

6.3.1 正常生产时每年进行一次型式检验，有下列情况时应进行型式检验：

a）正常生产时，如主要原辅材料、配料、关键工艺有较大改变时；

b）产品停产六个月以上，恢复生产时；

c）出厂检验结果与上次型式检验结果有较大差别时；

d）国家监管部门提出要求时。

6.3.2 型式检验项目见表4。

### 6.4 组批

同原料、同配方、同工艺并一次调配所生产的产品为一批。

### 6.5 抽样方法和抽样数量

6.5.1 应按 GB/T 15037 的规定执行。

6.5.2 型式检验应从出厂检验的合格品中随机抽取12瓶样品，6瓶用于检测，其余6瓶封存，保留3个月备查。

### 6.6 判定规则

6.6.1 出厂检验

判定按表4规定的项目检验，检验结果全部符合本文件要求，判为出厂检验合格，若有一项指标不符合本文件要求时，可以在同批产品中加倍抽样进行复检；复检结果合格，则判为出厂检验合格，如复验结果仍不合格，则判该批次出厂检验不合格。微生物指标检测若出现一次不合格即判定为不合格，不得复检。

6.6.2 型式检验判定

型式检验项目全部合格，则判定为型式检验合格。

## 7 标识、包装、运输和贮存

### 7.1 标识

7.1.1 标签应符合 GB 7718、GB 2758 的有关规定，并标注产品类型。

7.1.2 外包装纸箱上除标明产品名称、制造者（或经销商）名称和地址外，还应注明生产许可证号、规格和生产日期。

7.1.3 包装储运图示标志应符合 GB/T 191 的要求。

### 7.2 包装

7.2.1 包装材料应采用符合食品卫生要求的包装材料，不得使用回收玻璃酒瓶。包装容器应整齐、清洁，封装严密，无漏气、漏酒现象。

7.2.2 外包装应使用合格的瓦楞纸箱或具有相同功能的其他包装，箱内有防震、防撞的间隔材料。

### 7.3 运输、贮存

7.3.1 用软木塞封装的酒，在贮运时应“倒放”或“卧放”。

7.3.2 运输和贮存时应保持清洁、避免强烈振荡、日晒、雨淋，防止冰冻，装卸时应轻拿轻放。

7.3.3 贮存地点应阴凉、干燥、通风良好，严防日晒、雨淋，严禁火种。

7.3.4 成品不得与潮湿地面直接接触，不得与有毒、有害、有异味、有腐蚀性物品同贮、同运。

7.3.5 运输温度宜保持在 15 ~ 35 ℃，贮存温度宜保持在 5 ~ 25 ℃。

7.3.6 按上述条件运输、贮存的杏子酒不应发生浑浊、酸败现象。超过 12 个月的杏子酒，允许有少量沉淀。

## 附录 A
## （规范性附录）
## 杏子鲜果质量要求

### A.1 杏子鲜果原料质量要求

杏子原料的质量安全指标应符合表 A.1 的规定，且每年至少提供一份按国家食品安全标准要求检测合格的杏子检测报告。

**表 A.1** 杏子鲜果质量指标

| 项目 | 要求 | 试验方法 |
| --- | --- | --- |
| 含糖量，% ≥ | 10 | GB 5009.7 |
| 可溶性固形物，% ≥ | 12 | NY/T 2637 - 2014 |
| 铅（以 Pb 计），mg/kg≤ | 0.1 | GB 5009.12 |
| 镉（以 Cd 计），mg/kg≤ | 0.05 | GB 5009.15 |
| 2，4—D 和 2，4—D 钠盐，mg/kg≤ | 0.1 | NY/T 1434 - 2007 |
| 百草枯，mg/kg≤ | 0.01 | SN/T 0293 - 2014 |
| 倍硫磷，mg/kg≤ | 0.05 | GB 23200.8 |
| 苯线磷，mg/kg≤ | 0.02 | GB 23200.8 |
| 吡虫啉，mg/kg≤ | 5 | GB/T 23379 |
| 草甘膦，mg/kg≤ | 0.1 | GB 23750 |

### A.2 其他污染物限量

符合 GB 2762 的规定。

### A.3 农药残留限量

符合 GB 2763 规定。

ICS 67. 160. 10
CCS X 63

# T/CBJ

团　　体　　标　　准

T/CBJ 9101—2021

# 露　酒

LuJiu

2021—12—23 发布　　2022—12—27 实施

中国酒业协会　发 布

# 前　言

本文件按照 GB/T 1.1—2020《标准化工作导则　第 1 部分：标准化文件的结构和起草规则》的规定起草。

本文件由中国酒业协会提出。

本文件由中国酒业协会团体标准审查委员会归口。

本文件起草单位：中国酒业协会、中国食品发酵工业研究院有限公司、宜宾学院、劲牌有限公司、山西杏花村汾酒厂股份有限公司、泸州老窖养生酒业有限责任公司、宜宾五粮液仙林生态酒业有限公司、海南椰岛酒业发展有限公司、宁夏红枸杞产业有限公司、浙江致中和实业有限公司、安徽迎驾贡酒股份有限公司、青海互助青稞酒股份有限公司、济南趵突泉酿酒有限责任公司、南通颐生酒业有限公司、上海冠生园华佗酒业有限公司、广东省阳春酒厂有限公司、唐山百姓梦酒业有限公司、绍兴古越龙山果酒有限公司、上海金枫酒业股份有限公司、贵州一号大院酒庄股份有限公司。

本文件主要起草人：宋书玉、杜小威、郭新光、杨强、杨波、吉喆、杨素红、肖礼勇、董建方、杨国琪、广家权、冯声宝、吕志远、吴明、周爽、吴安杏、李荣强、张国樟、张晖、何旭、王旭亮、孟镇、王凤仙、刘小兵、兰余、王喆、赵智慧、袁华伟、杜静怡。

# 露　酒

## 1　范围

本文件规定了露酒的术语和定义、产品分类、要求、试验方法、检验规则、标志、包装、运输和贮存。

本文件适用于露酒的生产、检验和销售。

## 2　规范性引用文件

下列文件中的内容通过文中的规范性引用而构成本文件必不可少的条款。其中，注日期的引用文件，仅该日期对应的版本适用于本文件；不注日期的引用文件，其最新版本（包括所有的修改单）适用于本文件。

GB/T 191　包装储运图示标志

GB 4789.1　食品安全国家标准　食品微生物学检验　总则

GB 4789.4　食品安全国家标准　食品微生物学检验　沙门氏菌检验

GB 4789.10　食品安全国家标准　食品微生物学检验　金黄色葡萄球菌检验

GB 5009.225　食品安全国家标准　酒中乙醇浓度的测定

GB/T 10345　白酒分析方法

GB 12456　食品安全国家标准　食品中总酸的测定

GB/T 13662 黄酒
GB/T 15038 葡萄酒、果酒通用分析方法
GB/T 17204 饮料酒术语和分类
JJF 1070 定量包装商品净含量计量检验规则
定量包装商品计量监督管理办法（国家质量监督检验检疫总局［2005］第 75 号令）

## 3 术语和定义

GB/T 17204 界定的以及下列术语和定义适用于本文件。

### 3.1 露酒 lujiu

以黄酒、白酒为酒基，加入按照传统既是食品又是中药材或特定食品原辅料或符合相关规定的物质，经浸提和（或）复蒸馏等工艺或直接加入从食品中提取的特定成分制成的，不直接或间接添加食品添加剂，具有特定风格的饮料酒。

注 1：酒基不包括调香白酒。

注 2：酒基中可加入少量以粮谷为原料制成的其他发酵酒。

### 3.2 植物类露酒 lujiu made from plants

利用可食用或按照传统既是食品又是中药材（或符合相关规定）的植物及其制品，经再加工制成的具有特定风格的饮料酒。

### 3.3 动物类露酒 lujiu made from animals

利用可食用或按照传统既是食品又是中药材（或符合相关规定）的动物及其制品，经再加工制成的具有特定风格的饮料酒。

### 3.4 动植物类露酒 lujiu made from plants and animals

同时利用动物及其制品和植物及其制品，经再加工制成的具有特定风格的饮料酒。

### 3.5 其他类露酒 lujiu from other material

利用除动植物及其制品之外的其他原料或同时利用动植物及其制品和其他原料，经再加工制成的具有特定风格的饮料酒。

### 3.6 浸提 immersion and extraction

以食品级溶剂提取原料中特定成分的工艺过程。

注：通常的方法包括浸泡、渗漉、煎煮、回流等。

### 3.7 复蒸馏 redistillation

在酒基中加入原料，进行蒸馏的工艺过程。

### 3.8 浸提发酵 immersion and fermentation

将一部分原料使用酒基进行浸提，另一部分原料用于发酵，再将两部分进行调配、再加工的工艺。

### 3.9 浸提蒸馏 immersion and distill

将一部分原料使用酒基进行浸提，另一部分原料用于发酵、蒸馏，再将两部分进行调配、再加工的工艺或原料使用酒基浸提后全部蒸馏，所得馏出液用于调配、再加工的工艺。

## 4 产品分类

### 4.1 按酒基分类

按所用酒基分为：
——黄酒类；
——白酒类；
——混合类。

### 4.2 按原料分类

按所用原料分为：
——动物类；
——植物类；
——动植物类；
——其他类。

### 4.3 按生产工艺分类

按生产工艺分为：
——浸提类；
——复蒸馏类；
——浸提发酵类；
——浸提蒸馏类；
——其他类。

## 5 要求

### 5.1 原料、辅料

5.1.1 所用酒基应符合相应标准的规定。

5.1.2 按照传统既是食品又是中药材的原辅料，其种类和质量应符合相关规定。

5.1.3 其他原辅料应符合相应标准和相关规定。

### 5.2 感官要求

感官要求应符合表 1 的规定。

表 1　　感官要求

| 项目 | 要求 |
| --- | --- |
| 外观和色泽[a] | 酒体清亮，无悬浮物，无沉淀[b]，或具有本品应有的外观和色泽 |
| 香气 | 具有本品特有的香气，诸香谐调 |
| 口味口感 | 具有本品特有的口味口感，酒体完整 |
| 风格 | 具有本品典型风格 |

[a] 不适用于酒体具有原料形态的产品。

[b] 自生产日期三个月后，允许有少量沉淀、褪色。

## 5.3　理化要求

应符合表 2 的规定。

表 2　　理化要求

| 项目 | | | 要求 |
| --- | --- | --- | --- |
| 酒精度[a]（20 ℃）/（%vol） | | | 4.0～68.0 |
| 总酸[b]/（g/L） | 以黄酒为酒基（以乳酸计） | | 1.0～10.0 |
| | 混合酒基（以乙酸计） | ≤ | 10.0 |
| 总酸＋总醋[c]/（g/L） | | ≥ | 0.30 |
| 总糖[d]/（g/L） | | ≤ | 200 |
| 非糖固形物[e]（g/L） | | ≥ | 0.1 |

[a] 标签标示值和实测值允许差为 ±1% vol。

[b] 适用于以黄酒和混合酒基的产品。

[c] 适用于以白酒为酒基的产品。

[d] 标签标示值与实测值允许差为 ±10%。

[e] 适用于浸提、浸提发酵、浸提蒸馏工艺生产的产品。

## 5.4　微生物限量

当产品酒精度≤20% vol 时，微生物限量应符合表 3 的规定。

表 3　　微生物限量

| 项目 | 采样方案及限量[a] | | | 检验方法 |
| --- | --- | --- | --- | --- |
| | $n$ | $c$ | $m$ | |
| 沙门氏菌 | 5 | 0 | 0/25 mL | GB 4789.4 |
| 金黄色葡萄球菌 | 5 | 0 | 0/25 mL | GB 4789.10 |

[a] 样品的分析及处理按 GB 4789.1 执行。

### 5.5 净含量

按《定量包装商品计量监督管理办法》执行。

## 6 试验方法

### 6.1 感官要求

6.1.1 酒样准备

将酒样编号，置于水浴中调温至 20 ℃ ~25 ℃，将洁净、干燥的品尝杯对应酒样编号，对应注入适量酒样。

6.1.2 外观与色泽

将注入酒样的品尝杯置于明亮处，举杯齐眉，用肉眼观察杯中酒的色泽、透明度和澄清度、有无沉淀及悬浮物。

6.1.3 香气

手握杯柱，慢慢将酒杯置于鼻孔下方，嗅闻其挥发香气，然后慢慢摇动酒杯，嗅闻空气进入后的香气。加盖，用手握酒杯腹部 2 min，摇动后，再嗅闻香气，记录气味特征。

6.1.4 口味口感

喝入适量酒样于口中，尽量均匀分布于味觉区，仔细品尝有了明确印象后咽下，再体会口感后味，记录口味口感特征。

6.1.5 风格

根据外观、色泽、香气与口味特点，综合分析评价其风格及典型的强弱程度，写出结论意见。

### 6.2 理化要求

6.2.1 酒精度

按 GB 5009.225 的要求执行。

6.2.2 总酸

按 GB 12456 的要求执行，换算为 g/L 表示。

6.2.3 总糖

按 GB/T 15038 的要求执行。

6.2.4 总酸 + 总酯

6.2.4.1 按 GB 12456 规定的方法得到样品中总酸的含量（$X_1$）。

6.2.4.2 按附录 A 规定的方法得到样品中总酯的含量（$X_2$）。

6.2.4.3 计算

样品中总酸 + 总酯含量按公式（1）计算：

$$X = X_1 + X_2 \quad (1)$$

式中：

$X$——样品中总酸 + 总酯的含量，单位为克每升（g/L）；

$X_1$——样品中总酸的含量，单位为克每升（g/L）；

$X_2$——样品中总酯的含量，单位为克每升（g/L）。

计算结果表示到小数点后两位。

6.2.5　非糖固形物

按 GB/T 13662 的要求执行。

### 6.3　净含量

按 JJF 1070 的要求执行。

## 7　检验规则

### 7.1　组批

同一品种和规格、同一班次的具有同样质量的产品为一批。

### 7.2　抽样

7.2.1　按表 4 抽取样本（箱），从每箱任意位置抽取样本（瓶）。单件包装净含量小于 500 mL，总取样量不足 1 500 mL 时，可按比例增加抽样量。

**表 4　　抽样表**

| 抽样范围/箱 | 样本数/箱 | 单位样本数/瓶 |
|---|---|---|
| ≤50 | 3 | 3 |
| 51 ~ 1200 | 5 | 2 |
| 1201 ~ 35000 | 8 | 1 |
| ≥35001 | 13 | 1 |

7.2.2　采样后应立即贴上标签，注明：样品名称、品种规格、数量、制造者名称、采样时间与地点、采样人。将两瓶样品封存，保留两个月备查。其他样品立即送化验室，进行感官、理化和食品安全等指标的检验。

### 7.3　检验分类

7.3.1　出厂检验

7.3.1.1　产品出厂前，应由生产厂的检验部门按本文件规定逐批进行检验，检验结果符合本文件，方可出厂。

7.3.1.2　检验项目：感官要求、酒精度、总酸或总酸 + 总酯、非糖固形物、总糖、净含量、沙门氏菌、金黄葡萄球菌。按 5.3 和 5.4 要求种类检验项目进行。

7.3.2　型式检验

7.3.2.1　检验项目：本文件中全部要求项目。

7.3.2.2　一般情况下，同一类产品的型式检验每一年进行一次，有下列情况之一者，亦应进行：

a）原辅材料有较大变化时；

b）更改关键工艺或设备；

c）新试制的产品或正常生产的产品停产六个月后，重新恢复生产时；

d）出厂检验与上次型式检验结果有较大差异时；

e）国家监督检验机构按有关规定需要抽检时。

### 7.4 判定规则

7.4.1 检验结果有一项或一项以上不合格项目时，应重新自同批产品中抽取两倍量样品对不合格项目进行复检，以复检结果为准。

7.4.2 若复检结果仍有一项或一项以上不合格，则判该批产品不合格。

7.4.3 若5.4项不合格时不应复检，直接判定该批产品为不合格批次或该次型式检验结论不合格。

## 8 标志

8.1 预包装露酒应标示所用酒基种类，并标明含糖量。当总糖含量≤5 g/L 时，可不标示含糖量；当5 g/L < 总糖含量 < 60 g/L 时，可标示含糖量范围；当总糖含量≥60 g/L 时，应标示具体数值。

8.2 外包装纸箱上除标明产品名称、制造者（或经销商）名称和地址外，还应标明单位包装的净含量和规格。

8.3 包装储运图示标志应符合 GB/T 191 要求。

## 9 包装、运输和贮存

9.1 包装容器应清洁，封装严密，无漏酒现象，并符合相应标准。

9.2 外包装应符合相应的标准。

9.3 运输和贮存时应保持清洁、避免强烈振荡、日晒、雨淋，防止冰冻，装卸时应轻拿轻放；存放地点宜避光、通风良好；严禁火种。

9.4 成品不应与潮湿地面直接接触。

9.5 贮存、运输温度宜保持在 5 ℃ ~35 ℃。

# 附录 A
# （规范性）
# 露酒中总酯的测定方法

## A.1 原理

以碱中和试样中的游离酸，再准确加入一定量的碱，加热回流使酯类皂化，通过消耗碱的量计算出总酯的含量。

## A.2 试样制备

A.2.1 准确量取 100 mL 液温为 20 ℃的样品于 500 mL 蒸馏瓶中，用 50 mL 蒸馏水分三次冲洗容量瓶，洗液并入蒸馏瓶中，加入沸石或玻璃珠，连接冷凝管，开启循环水（水温宜低于 15 ℃），缓慢加热蒸馏，以 100 mL 容量瓶为容器收集蒸馏液。

A. 2. 2　试样沸腾后，在 30 min ~ 40 min 内完成蒸馏，当接近容量瓶刻度时，取下容量瓶，盖塞，于 20 ℃水浴中保温 30 min，加水定容，混匀备用。

## A. 3　试验步骤和结果计算

按 GB/T 10345 的规定执行。

## A. 4　精密度

在重复性测定条件下获得的两次独立测定结果的绝对差值不超过其算术平均值的 2% 。

# 第三部分　栽培管理

ICS 65.020.20
B 05

# GB

中 华 人 民 共 和 国 国 家 标 准

GB/T 20496—2006

# 进口葡萄苗木疫情监测规程

Guidelines for quarantine surveillance
on imported grape seedlings

2006-09-19 发布　　2007-03-01 实施

中华人民共和国国家质量监督检验检疫总局
中国国家标准化管理委员会 发布

# 前　言

本标准的附录A、附录B、附录C、附录D均为资料性附录。

本标准由中华人民共和国农业部提出。

本标准由农业部种植业管理司归口。

本标准主要起草单位：全国农业技术推广服务中心。

本标准参加起草单位：国家质检总局动植物检疫实验所、河北省植保总站、山西省植保站、宁夏回族自治区植保站。

本标准主要起草人：王福祥、朱水芳、柯汉英、李俊林、张增福、李先誉。

# 进口葡萄苗木疫情监测规程

## 1　范围

本标准适用于所有国（境）外进口葡萄苗木进境检疫放行后种植期间的疫情监测。

## 2　术语和定义

下列术语和定义适用于本标准。

### 2.1　葡萄苗木　grape seedlings

可供繁殖用的葡萄苗（含试管苗）、接穗、插条、叶片、芽体等。

### 2.2　疫情监测　pest surveillance

通过调查、检测或其他程序确定有害生物发生或不存在的官方过程。

## 3　监测的有害生物

### 3.1　昆虫类

3.1.1　南美按实蝇 *Anastrepha fraterculus*（Wiedemann）

3.1.2　昆士兰果实蝇 *Bactrocera*（Bactrocera）*tryoni*（Froggatt）

3.1.3　美国白蛾 *Hyphantria cunea*（Drury）

3.1.4　柳扁蛾 *Phassus excrescens* Butler

3.1.5　柑橘粉蚧 *Planococcus citri*（Rissd）

3.1.6　日本金龟子 *Popillia japonica* Newman

3.1.7　梨圆盾蚧 *Quadraspidiotus perniciosus*（Comst.）

3.1.8 葡萄根瘤蚜 *Daktulosphaira vitifoliae*（Fitch）

### 3.2 线虫类

3.2.1 长针线虫属 *Longidorus* spp.
3.2.2 根结线虫属 *Meloidogyne* spp.
3.2.3 拟毛刺线虫属 *Paratrichodorus* spp.
3.2.4 短体线虫属 *Pratylenchus* spp.
3.2.5 毛刺线虫属 *Trichodorus* spp.
3.2.6 柑桔半穿刺线虫 *Tylenchulus semipenetrans* Cobb
3.2.7 剑线虫属 *Xiphinema* spp.

### 3.3 真菌类

3.3.1 蔓枯病菌 *Cryptosporella viticola*（Reddick）Shear
3.3.2 炭疽病菌 *Glomerella cingulata*（Stoneman）Sqaulding et Schrenk
3.3.3 黑腐病菌 *Guignardia bidwellii*（Ell）Viala et Ravaz
3.3.4 咖啡美洲叶斑病菌 *Mycena citricolor* Sacc.
3.3.5 霜霉病菌 *Plasmopora viticola*（Bark. et Curt.）Berl. et de Toni
3.3.6 黑痘病菌 *Sphaceloma ampelinum* de Bary
3.3.7 白粉病菌 *Uncinula necato*（Achw.）Burr.

### 3.4 细菌类

3.4.1 葡萄根癌细菌 *Agrobacterium tumefaciens*（Smith et Townsend）Conn.
3.4.2 葡萄癌肿病菌 *Agrobacterium vitis*
3.4.3 葡萄黑木病菌 *Grapevine boisnoir phytoplasma*
3.4.4 葡萄金黄化植原体 *Grapvine flavesccnce doree phytoplasma*
3.4.5 葡萄细菌性疫病菌 *Xylophilus ampelinus*（Panagopoulos）Willems et al.

### 3.5 病毒类

3.5.1 南芥菜花叶病毒 *Arabis mosaic virus*
3.5.2 葡萄斑点病毒 *Grapevine fleck virus*
3.5.3 烟草环斑病毒 *Tobacco ringspot virus*
3.5.4 番茄环斑病毒 *Tomato ringspot virus*
3.5.5 葡萄扇叶病毒 *Grapevine fan leaf virus*
3.5.6 葡萄卷叶相关病毒 1、2、3*Grapevine leafroll associated virus* 1.2.3
3.5.7 葡萄栓皮综合症 *Rugose wood complex*

### 3.6 杂草类

分枝列当 *Orobanche ramosa* L.

### 3.7 检疫审批单中提出的其他有害生物

监测的有害生物以检疫审批单上提出的要求为准，执行本标准时应相应调整。

## 4 部分监测的有害生物田间调查及危害状识别

部分监测的有害生物田间调查及危害状识别参见附录A。

## 5 部分监测的有害生物实验室检验

部分监测的有害生物实验室检验参见附录B。

## 6 修剪工具管理

葡萄种苗的修剪工具要专管专用，每次使用前应消毒。

## 7 疫情监测程序

### 7.1 育苗期监测

7.1.1 前期检查

7.1.1.1 口岸调离运输监管

经口岸检疫放行后，货主不得擅自拆包或改变指定种植地点。到达隔离或种植地点后检疫机构查验有关单证。

7.1.1.2 开包验单

必须有植物检疫人员在场，检疫人员核对进口葡萄种苗的品种、数量，检查包装物、铺垫材料有无有害生物，作好检查记录。

7.1.1.3 抽样

500株以下（含500株），全部检查；500株以上开包后分上、中、下三层，每层按大五点取样，抽样检查数量不少于500株。

7.1.1.4 检查

重点查看芽眼、茎蔓表皮，主要检查是否带土壤、虫瘿、菌瘿、杂草及病害症状。必要时作室内检查并填写初检登记表（见表1）。

表1 进口葡萄苗木初检登记表

| 检查日期： | | | |
|---|---|---|---|
| 收货日期： | | | |
| 储藏条件： | | | |
| 包装编号 | 开包抽样情况 | | |
| | 未发现 | 待查 | 发现 |
| 1 | | | |
| 2 | | | |

（续表）

| 3 | | | |
|---|---|---|---|
| 4 | | | |
| 5 | | | |
| 6 | | | |
| 7 | | | |
| 8 | | | |
| 9 | | | |
| 10 | | | |
| 处理意见 | | | |

7.1.1.5　处理

7.1.1.5.1　入圃种植

未发现病虫害或发现一般病虫害经处理后拆包入盆或入圃种植。室内检验发现监测的有害生物，经处理合格的（处理方法参见附录 C），放在花盆或隔离苗圃进行试种。生长期间进一步观察。处理不合格的，按检疫机构的要求处理。

7.1.1.5.2　销毁

确诊发现监测的有害生物，且无法进行有效处理的，销毁全部种苗。包装材料应全部销毁，不得移作他用或随意丢弃。

7.1.1.5.3　PRA 分析

发现本规程所列有害生物以外的我国未见报导的新有害生物，立即开展风险分析，没有条件进行风险分析的应立即向上级检疫机构报告。有害生物风险大的种苗按应监测的有害生物对待，有处理方法的处理后种植，没有处理方法的销毁。风险小的病虫按一般病虫害对待。

7.1.2　盆栽土、苗床和幼苗处理

植物检疫机构监督引种单位进行苗床和幼苗处理。

7.1.2.1　盆栽土或苗床处理：每立方米用 40% 毒死蜱乳油 0.3 g 加 15 g～20 g 五氯硝基苯或加 70% 甲基托布津混匀。

7.1.2.2　幼苗处理：每 15 d 喷施 800 倍～1 000 倍液甲基托布津或多菌灵。

7.1.3　育苗期间检疫检验

7.1.3.1　检疫检验时间

进行三次检查，分别在催根期（须根生长至 2 片叶）、出苗期（植株生长出 4 片～5 片叶）和成苗期（出圃前 10 天）进行。

7.1.3.2　检疫检验

7.1.3.2.1　调查方法：500 株以下的，逐株检查；500 株以上的，棋盘式 10 点取样法，每点不少于 10 株，取样最少数量不少于 500 株。随带手持放大镜，仔细察看有无监测的有害生物发生，并每点拔 1 株仔细观察根部有无蚜虫、介壳虫卵和病斑。可疑标本送室内检验。

7.1.3.2.2　育苗后期管理：少量盆栽苗继续留在盆中接受生长期间的检疫；对于大量需移栽苗木，未发现监测的有害生物、符合出圃条件的，集中种植在检疫部门指定的地方，周围500m内不得种植果树、蔬菜类作物。发现本规程所列有害生物，按检疫机构意见销毁或药剂处理。发现我国未见报导的新有害生物，按7.1.1.5.3处理。

## 7.2　生长期间检疫检验

7.2.1　检疫检验时间

分两年进行。第一年三次，分别为苗期、花期和后期；第二年五次，分别为萌芽期、新梢生长期、花期、果粒生长期和采收后期。

7.2.2　检疫检验方法

盆栽苗逐株检查；田间苗在田间踏查的基础上，采取抽样调查法（同育苗期）。检查有无褐腐、叶片皱缩、扭曲，有无僵果、黑果，必要时作室内检验，并填写检疫检验登记表（见表2）。

**表2　　检疫检验记录表**

| 检查场地编号 | 面积 | 株数 | 品种 | 检疫日期 |
|---|---|---|---|---|
| | | | | |
| 检查情况 | | | | |

处理意见：

检疫员：

7.2.3　有害生物处理

发现监测的有害生物，检疫机构根据情况，立即采取全部或部分处理或销毁，并对葡萄园进行封锁和处理。发现病害葡萄种植地的处理可参见附录D。

## 7.3　出具疫情监测报告

经两年监测出具监测报告，详见表3。

**表3　　引进种苗入境后疫情监测报告**

| 引种单位： | 联系人： | 联系电话： |
|---|---|---|
| 审批单位： | 审批单编号： | 审批数量： |
| 植物名称： | 品种名称： | |
| 种苗来源国（地区）： | 引进数量： | |
| 种植地点： | 种植面积： | 种植日期： |
| 应检有害生物名单（中文名和学名）： | | |

（续表）

疫情监测结果：
1. 发现危险性有害生物及危害程度：

2. 发现可疑有害生物及危害程度：

处理意见：
1. 符合国家检疫要求，入境后检疫合格。
2. 发现危险性有害生物，经处理（处理方法附后），应继续检疫年，不宜再次引进。
3. 发现危险性有害生物，对全部种苗作销毁处理。
4. 其他处理意见：

检疫实施单位（植物检疫专用章）
专职检疫员（签字）
年 月 日

注：本报告一式三联，第一联交引种单位，作为再次引进同一种苗的依据之一；第二联由检疫实施单位留存；第三联交检疫审批单位。

## 附录 A
## （资料性附录）
## 部分监测的有害生物田间调查及危害状识别

### A.1 昆虫类

A.1.1 南美按实蝇 *Anastrepha fraterculus*（Wiedemann）

是热带美洲地区重要的水果害虫之一。严重危害番石榴、芒果、柑橘、葡萄和李属水果。雌虫在果皮下产卵，在果皮上留下产卵痕，除此而外，在危害早期很难发现其他为害状。幼虫在果实内蛀食，形成很多孔道，并最终导致果实腐烂。

A.1.2 昆士兰果实蝇 *Bactrocera*（Bactrocera）*tryoni*（Froggatt）

危害苹果、杏、葡萄、鳄梨、腰果、无花果、番石榴、番荔枝、葡萄柚、枇杷、芒果、李、辣椒、番茄等重要经济果蔬作物，成虫将卵产于果皮下，幼虫在果实内取食危害，引起果实脱落，品质降低以至腐烂。

A.1.3 美国白蛾 *Hyphantria cunea*（Drury）

是典型的杂食性害虫，危害多种阔叶树，如桑、白蜡槭、胡桃、苹果、葡萄、李、樱桃、柿、榆和柳树等200多种植物。危害时取食叶肉，吐丝做网巢，有的网巢长达1m以上。幼虫群集网中为害，严重时全株树叶被吃光，造成长势衰弱，抗逆性低下，果实品质降低，部分枝条甚至整株死亡。

A.1.4 柑橘粉蚧 *Planococcus citri*（Rissd）

为害柑橘、柚、橙、柠檬、芒果、菠萝、葡萄、香蕉、龙眼等多种植物的嫩稍嫩枝、果实、叶和根。被害果瘦小，表面有絮状污染物。果蒂被害时，可引起落果。该虫向体外排泄含糖液体，可招致蚁类上树，植物表面霉菌大量繁殖，使果表和叶面乌黑，严重影响植物生长和果实品质。

A. 1. 5　日本金龟子 *Popillia japonica* Newman

为多食性害虫，已发现近 300 种寄主植物，其中包括葡萄、苹果、草莓、树莓、樱桃、梨、桃、玫瑰、杜鹃、蜀葵、锦葵等重要经济作物。

幼虫在地下为害，取食根部，切断根系使其枯死，严重时引起植物大面积死亡。成虫善飞翔，危害植物叶片，取食叶肉及叶表皮，仅剩叶脉，取食花影响授粉，危害果实，使果表受损或将果实咬洞、穿孔。成虫对水果气味及黄颜色趋性强。

A. 1. 6　梨圆盾蚧 *Quadraspidiotus perniciosus*（Comst.）

可为害 300 多种植物，主要寄主为苹果、梨，其次为葡萄、樱桃、海棠、杏、桃、山楂等。严重为害果树的枝条，重者枯死；果实受害后，出现红晕，形成小红圈，品质降低。

A. 1. 7　葡萄根瘤蚜 *Daktulosphaira vitifoliae*（Fitch）

仅为害葡萄属（*Vitis*）植物（葡萄及野生葡萄）。成若虫刺吸叶、根的汁液，分叶瘿型和根瘤型两型。欧洲系统葡萄上只有根瘤型，美洲系统上两型都有。叶瘿型：被害叶向叶背凸起成囊状，虫在瘿内吸食、繁殖，重者叶畸形萎缩，生育不良，甚至枯死。根瘤型：粗根被害形成瘿瘤，后瘿瘤变褐腐烂，皮层开裂，须根被害形成菱角形根瘤。

## A. 2　线虫类

A. 2. 1　长针线虫属 *Longidorus* spp.

可危害多种水果，为害植物根部导致根系受损伤、发育受阻，有时近根尖处肿胀形成虫瘿。虫口密度大时，地上部生长衰弱。若有此类线虫传播的病毒存在时，线虫取食传毒，病毒在植物上的特异症状发展、逐步表现出来。

A. 2. 2　根结线虫属 *Meloidogyne* spp.

可危害多种水果，主要为害植株根部及其他地下器官导致其形成肿瘤，常称其为根结，根结初期一般为黄白色、表面光滑，以后逐渐变为黄褐色、表面粗糙。在根结上还可以长出不定须根，须根受侵染后又形成根结，如此反复侵染，便形成乱发状须根团，地上部表现为生长矮小、黄化等衰退症状。根结线虫偶尔也可以侵染地上部的茎和叶形成瘿瘤。

A. 2. 3　拟毛刺线虫属 *Paratrichodorus* spp.

可危害多种水果，为害植物根部尤其是新根，导致根系变黑、缩短残缺，地上部褪绿、矮化。若有此类线虫传播的病毒存在时，线虫取食传毒，病毒在植物上的特异症状发展、逐步表现出来。

A. 2. 4　短体线虫属 *Pratylenchus* spp.

可危害多种水果，主要为害寄主植物的根部和其他地下部器官，偶尔侵染地上部如茎、果等，受侵染部位的组织变为黑褐色，呈水浸状，表面有伤痕，根部粗短、腐烂，地上部则表现为生长矮化、凋萎或死亡。

A. 2. 5　毛刺线虫属 *Trichodorus* spp.

可危害多种水果，症状同拟毛刺线虫。

A. 2. 6　剑线虫属 *Xiphinema* spp.

可危害多种水果，症状同长针线虫。

## A. 3　真菌类

A. 3. 1　蔓枯病菌 *Cryptosporella viticola*（*Reddick*）Shear

新梢、果粒、老蔓表现症状。新梢基部产生黑褐色、不整形稍隆起病斑。如果老蔓有越冬旧病斑，新梢抽出后不久突然枯萎。果粒感病后，表面变灰色，后期上面密生黑色小粒点，果粒逐渐干缩成僵果。老蔓产生暗褐条斑，病菌能侵入韧皮部和木质部，到秋季病蔓表皮纵裂成丝状，切开病蔓，可见内部已腐朽变色。在主蔓上有老病斑时，除表现上述症状外，全株生长衰弱，节间缩短，叶片细小褪色以至萎蔫或卷缩。上述发病部位到后期均着生黑色小粒点，为病原的分生孢子器。

A. 3. 2 炭疽病菌 *Glomerella cingulata*（Stoneman）Sqaulding et Schrenk

可发生在果粒、穗轴、叶片、卷须和新梢等部位，但主要为害果粒。幼果表面呈现黑色、圆形、蝇粪状病斑，由于幼果较酸，果肉坚硬，病斑仅限于表皮，且不扩大，不发展，也不形成分生孢子。果粒典型症状从着色期开始，此时果粒柔软多汁，病斑扩大较快。病斑初呈淡褐色，圆形，有的扩大到半个果粒面，病斑表面密生黑色小粒点，天气潮湿时排出绯红色粘质孢子块，病果粒逐渐干枯最后成僵果。

叶脉、叶柄等部位出现长椭圆形病斑，深褐色，表面隐约可见绯红色分生孢子块，但不如在果粒明显。叶上病斑数量一般发生不多，对树叶无明显影响，也不至引起落叶。

穗轴、果梗产生 1 cm ~ 2 cm 的长椭圆形深褐色病斑，但葡萄成熟时，也有长条穗轴表现症状，使整穗果粒干缩，潮湿时病部表面长绯红色病原菌。

卷须感病常枯死，表面长绯红色病原菌。

A. 3. 3 黑腐病菌 *Guignardia bidwellii*（Ell）Viala et Ravaz

主要为害果穗，也可侵害叶片、叶柄和新生枝蔓。

果实发病，先在果面上发生紫黑色圆形病斑，直径 5 mm ~ 10 mm，逐渐扩大后，病斑略凹陷，中部灰色，边缘褐色。随着病斑继续扩大，果粒逐渐软腐，失水后干缩，变成黑色有棱角的僵果。上面着生黑色小粒点，即病菌的分生孢子器或子囊壳。空气潮湿时涌出孢子角。病僵果常常挂在枝蔓上。

叶片发病，叶脉间先呈现针尖状红褐色近圆形小斑点，直径 2 mm ~ 3 mm，以后逐渐扩大，中央灰白色，外部褐色，边缘黑色，后期病斑上产生许多黑色粒状小点，即分生孢子器，沿病斑排成环状。

新生蔓及叶柄发病，产生椭圆形、深褐色病斑，微凹陷，其上散生小黑点。

A. 3. 4 咖啡美洲叶斑病菌 *Mycena citricolor*（Berk et Cutt）Sacc.

寄主范围涉及 50 余科 500 余种植物。病菌可侵染叶片、幼枝和幼果。病叶上病斑一般为圆形、椭圆形，黑褐色，中心点为橘黄色，有时穿孔，病斑直径 6 mm ~ 13 mm。幼果受侵也产生圆形病斑。产芽体阶段在病斑上表面长出毛发状菌丝体（1 mm ~ 4 mm 长），天气潮湿时，病斑下表面也可长出菌丝体。病害侵染严重时，可造成全部叶片脱落。

A. 3. 5 霜霉病菌 *Plasmopora viticola*（Berk. et Curt.）Berl et de Toni

主要为害葡萄的叶片，也能侵害嫩梢、花和幼果等柔嫩部分。叶片发病，最初为细小的不定形淡黄色水渍状斑点，以后逐渐扩大，在叶片正面出现黄色或褐色的不规则形病斑，边缘界限不明显，常数个病斑合并成多角形大斑。病斑背面产生白色的霜状霉层。发病严重时，叶片焦枯卷缩而早期脱落；嫩梢、叶柄、果梗等发病，初产生水渍状淡黄色病斑，以后变为黄褐色至褐色，形状不规则，天气潮湿时，表面密生白色霜状霉层。天气干旱时，病斑组织干缩下陷，生长停滞，甚至扭曲或枯死；花及幼果受害，病斑初为浅绿色，后呈深褐色，病粒变硬，也可产生霜状霉层，不久即皱缩脱落。较大的果粒感病时，呈现红褐色斑，后僵化裂开，着色后不再感病。

A. 3. 6 黑痘病菌 *Sphaceloma ampelinum* de Bary

主要侵染植株的幼嫩绿色部分，如果穗、果梗、叶片、叶柄、新梢及卷须等，叶片发病，开始出现针头大小红褐色至黑褐色斑点，周围有淡黄色的晕圈，以后逐渐扩大，形成直径 1mm ~ 4mm 的近圆形或不规则形的病斑，中央灰白色，稍凹陷，边缘暗褐色或紫褐色。后期病斑干枯破裂，形成穿孔。叶脉上病斑呈菱形，并凹陷，灰色或灰褐色，边缘暗褐色。叶脉受害后，由于组织干枯，常使叶片扭曲、皱缩，甚至枯死。穗轴及小穗轴受害，则全穗或部分小穗发育不良，甚至枯死。果梗受害可使果粒干枯脱落或僵化。绿色穗粒染病呈现褐色圆斑，以后中部变成灰白色，稍凹陷，边缘红色或紫色，似“鸟眼”状，病斑直径可达 3 mm ~ 8 mm，后期病斑硬化或龟裂，穗粒变小，味酸质硬，丧失经济价值。穗粒后期染病，常开裂畸形。成熟穗粒染病，只在果皮表面出现僵斑，影响品质。新梢、蔓、叶柄或卷须受害时，初为圆形或不规则形褐色小斑，以后呈灰黑色，边缘深褐色或紫色，中部凹陷开裂，形成溃疡病。病梢生长停滞以至萎缩干枯，叶柄出现病斑较晚。葡萄苗期嫩梢染病严重时枯死。

A. 3. 7 白粉病菌 *Uncinula necato*（Achw.）Burr.

主要为害叶片、新生枝蔓、穗轴及果实等绿色组织。

嫩叶发病，先在叶表产生灰白色，无明显边缘的病斑，其上覆灰白色粉状物，即病菌的菌丝体和分生孢子。发病较重时，整个叶片盖满白粉，叶片凹凸不平，有时能产生小黑点，是病菌的闭囊壳。严重时，病叶卷缩、枯萎，甚至脱落。

穗轴和新生枝蔓发病，表面覆盖灰白色粉状物，其下为羽状纹向四周蔓延形成褐色斑或不规则形黑褐色斑，严重时，穗轴、果梗变脆，枝蔓不能成熟。

果实受害，果面覆盖一层白粉，擦去白粉后，果实表面为褐色芒状花纹或褐至紫褐色不定形斑。严重受害的果粒，变成黑色，被一层白粉。天气潮湿时，受害的较大果粒，易发生纵裂，腐烂。有的病果粒，因部分表皮细胞死亡后停止生长，而成为畸形果。幼果受害，覆盖白粉的果粒易枯萎脱落。

## A. 4 细菌类

A. 4. 1 葡萄金黄化植原体 *Grapvine flavesccnce doree Phytoplasma*

典型症状出现在夏季，在最敏感的品种上，叶片黄化，由于植株木质化不好，枝条下垂，嫩枝节间缩短、坏死，有时出现纵向排列的黑色疱斑，叶片变硬、变脆、叠加排列呈伞状，白葡萄品种叶片变成金黄色，而黑葡萄品种叶片变成红色，在初秋，叶片上沿叶脉有时出现奶油黄色至褐色的斑点开花前发病，花序干枯，或引起果实干瘪、果硬、味苦，失去经济价值。

葡萄卷叶、栓皮病、扇叶的黄化株系都和葡萄金黄化植原体引起的症状有相似之处。但卷叶和栓皮病叶片卷曲并黄化，而葡萄金黄病除有黄化卷叶外，还沿叶脉出现奶油黄色斑点或角斑，叶片变硬和变脆，并且枝条木质化程度低，有黑色色斑，扇叶黄化株系引起叶片叶脉黄斑，但不卷叶或引起叶变脆，另外其他病害都不引起金黄化植原体特有的瘪果。

A. 4. 2 葡萄细菌性疫病菌 *Xylophilus ampelinus*（Panagopoulos）Willems et al.

仅为害葡萄。侵染芽、短枝、幼嫩枝梢、叶柄、花、果粒、主茎和叶片。主要的症状为溃疡斑。早春，病枝的芽抽不出来，或者生长矮化，甚至枯死。由于病茎形成层增生，往往表现轻度肿胀，同时皮层出现裂缝，逐渐变深变长，发展为溃疡斑。幼嫩枝梢基部节间处形成浅黄色斑点，向上不断扩展、颜色转深、开裂、最后形成溃疡斑。春末，许多木质化的枝条，也会形成裂缝，最后形成溃疡斑。夏天，如半边叶柄发病表现溃疡后，可导致半边叶片坏死，症状十分明显。溃疡斑也会在第 1 或第 2 的花柄或果柄上出现，偶尔发生叶斑或叶缘坏死。不一定出现菌脓。

## A. 5 病毒类

A. 5. 1 南芥菜花叶病毒 *Arabis mosaic virus*

寄主范围很广，达 174 属 200 多种植物。植物受害后主要表现为叶片斑驳和点斑、矮化以及畸形

(包括耳突)。症状在不同寄主上表现不同，而且随株系、栽培品种、季节以及年份不同而变化。此外在许多植物上还表现为潜伏感染而不显症。

A. 5. 2　烟草环斑病毒 *Tobacco ringspot virius*

寄主范围很广，可侵染300多种植物。其中葡萄染病后植株生长缓慢、矮化，叶片产生褪绿环或水浸状斑，也产生斑驳、畸形并具不规则锯齿形或宽叶柄叶缘，病株易受冻害，第二年结果减少。树干纹孔状，有沟，韧皮部异常增厚并呈海绵状。

A. 5. 3　番茄环斑病毒 *Tomato ringspot virus*

寄主范围很广，能侵染105属170余种单、双子叶植物。病毒本身株系很多，在葡萄上的症状因不同地区以及不同品种具有较大差异。在北美洲地区，总的来说冷的地区发病重。一般在病毒感染第一年的葡萄上，症状不明显或只有少数枝条叶上具环斑症状，并且这些叶部症状并不是在整个生长季节都具有。这便使得第一年发病的植株很难发现到。第二年症状要明显得多，而畸形主要表现为叶片比健康叶小（三分之一大小，侵染后在较短的一段时间内叶片上也可出现环斑症状，但不是主要诊断依据），枝条变小，节间缩短，在寒冷地区病芽冬天死亡增多导致新出芽数量明显减少。果穗减少而且果实发育不均匀，产量明显降低，第三年在寒冷地区发病植株只在葡萄基部才能长出新的枝条，并且很少能结果。在湿度高的地方，可能叶部和地上部分症状不太明显，但果穗只有正常植株三分之一，果实发育不均匀，是最典型的症状。有些株系引起叶片黄化或黄脉症。

# 附录 B
# (资料性附录)
# 部分监测的有害生物实验室检验

## B. 1　昆虫类

B. 1. 1　南美按实蝇 *Anastrepha fraterculus*（Wiedemann）

成虫：体长约12 mm，黄褐色，单眼三角区黑色。中胸背板黄褐色，具3条白黄色纵纹，沟中部有一褐色小斑，横缝至小盾片鲜黄色。后胸背板和后小盾片2侧黑色。中胸后背片2侧和后小盾片均具褐色斑纹。胸鬃黄褐色至黑色；毛被黄褐色。腹侧鬃纤细。翅色带橘黄色或褐色。前缘带与S带通常在$R_{4+5}$脉上相接；倒V带与S带分离，但翅的斑纹偶有变异（如有的前缘带与S带不连。墨西哥类型V带与S带相连）。足全部黄褐色，前足腿节有1列褐色腹鬃，中足腹节具1根黑色端刺。腹部黄褐色。雌腹末产卵器鞘长1. 65 mm ~ 2. 1 mm，粗，端部渐细。锉器上有4排 ~ 5排钩状物。产卵器长1. 0 mm ~ 1. 95 mm，粗，基部加宽，其梢部长0. 25 mm ~ 0. 27 mm，有齿部分之前缢缩。齿钝圆，着生于产卵器末端一半左右处。产卵器基部黄褐色，端部暗棕黄色。雄腹末抱握器长约0. 35 mm，基部中等粗大，端部明显扁平，较窄，钝。齿位于偏基的中间部位。

幼虫：老熟幼虫口脊7条 ~ 11条。前气门指状突9个 ~ 13个。腹节无背刺。

B. 1. 2　昆士兰果实蝇 *Bactrocera*（*Bactrocera*）*tryoni*（Froggatt）

成虫：头部黄褐色，中颜板具1对梨形黑色颜面斑。中胸背板大部红褐色，中间自前缘伸至横缝的1对狭纵条，肩胛与横缝之间的2个斑点以及缝后中央的1个倒喇叭形斑纹均为黑色。缝后具1对黄色侧纵条，肩胛、背侧胛均呈黄色。小盾片除基部1黑色狭横带外，余全黄色。足大部分黄至红褐色，后胫节黑褐色至黑色。翅前缘带暗褐色，狭而长，自翅基直达翅尖。臀条暗褐色，较宽，伸达后缘。腹部第1背板暗褐色，第2背板基本黄褐色；第3至第5背板的色斑多有变化：深色型大部分为污褐色，淡色型的中间黄褐色区域阔而长，中央的1条暗褐色纵纹细而不明显。第5背板具腺斑1对。雌虫第3背板具栉毛。雌虫产卵管基节红褐色，约1.3 mm，其末端尖锐，具亚端刚毛4对。

卵：长0.8 mm～1.0 mm，乳白色至乳黄色，梭形。

幼虫：3龄幼虫体长8 mm～11 mm，口脊9条～12条。前气门指状突9个～12个。气门毛端部分枝，背、腹丛12根～17根，每侧丛5根～9根。

B.1.3　美国白蛾 *Hyphantria cunea*（Drury）

成虫：赤褐色，圆筒形，体长6 mm～15 mm，宽2.1 mm～3.0 mm。头部黑色，具细粒状突起。触角10节，锤状部3节，其长度超过触角全长一半，端节椭圆形。前胸背板前缘弧状凹入，前缘角有1个较大的齿状突起，与之相连的还有5个～6个锯齿状突起，前半部密布粒状突起。鞘翅两侧自基缘向后几乎平行延伸，至翅后四分之一处急剧收缩。雄虫的鞘翅斜面两侧有两对钩状突起，上面1对较大，尖钩状，向上弯曲，下面1对较小，位于鞘翅边缘，无尖钩，稍隆起。雌虫鞘翅斜面仅有稍微隆起的瘤粒，无尖钩。

幼虫：成熟幼虫体肥胖，长8.5 mm～15 mm，宽3.5 mm～4 mm，乳白色。体长12节，体壁皱褶。头部大部分被前胸背板覆盖，背面中央有1白色中线，前额密被黄褐色短柔毛。体向腹节弯曲，胸部特别粗，具1条白色而稍向下陷的中线，中线后端较大。胸部侧面中间有1浅黄色的骨化片，长1.5 mm～1.8 mm，斜向，其下方有1黄褐色的椭圆形气门。

蛹：体长7 mm～15 mm。前蛹期体乳白色，可见触角轮廓，锤状部3节，复眼暗褐色。前胸背板前缘凹入，两侧密布乳白色锯齿状突起，且密布浅褐色柔毛。中胸背具1瘤突，后胸背板中央有1纵向凹入，后缘具1束浅褐色毛。腹部各节后缘中部有1列浅褐色毛，第6节毛呈倒“V”形。后蛹期体转浅黄色，复眼和上颚黑色，触角可见柄节、鞭节6节和锤状部3节，前胸背板两侧锯齿状突起呈褐色，鞘翅渐向背中吻合，斜面具1对明显突起。

B.1.4　柑橘粉蚧 *Planococcus citri*（Rissd）

雌成虫：体卵圆形，淡红色或淡绿色，体长2.4 mm～3 mm，全体被白蜡，背中腺上蜡粉较薄。体缘有18对白色细蜡丝，向后渐变长。眼明显，无旁孔。触角8节，节细长，各节长度有变化，但一般第2、3、8节较长。口针达中足基节间。足发达，前足基节与胫节具有透明的孔；跗冠毛1对，爪冠毛长于爪，且端稍膨大。在第4－5腹节腹板间有1大腹脐。肛环发达，有内外列孔及6根环毛。尾瓣在肛环两旁很突出，其腹面有一狭长的硬化条纹和5根长度不一的毛。多孔腺分布于体腹面，第5－9腹节腹板上较多，呈横带状分布。管状腺在腹面边缘成群，腹部腹板上成横列，体背缘有少量。刺孔群18对，末对刺孔群有两锥刺、一群三孔腺及3根～4根小的细跗毛；其余刺孔群仅有二锥刺，一群三孔腺，无细跗毛，锥刺亦比末对刺孔群的小，背裂很发达，且裂唇常硬化。体背面的毛较长而粗，腹面的毛纤细。

雄成虫：体长约0.8 mm，栗褐色或黄褐色，前翅为浅蓝色半透明状，腹末有白色细长尾丝1对。

卵：椭圆形，淡黄或橙黄色，产于雌成虫腹末的卵囊内。

幼虫：初孵椭圆形，体扁平，淡黄色，无蜡粉和蜡丝，触角和足都很发达，腹末有尾丝1对。第2与第3龄若虫与雌成虫相似，但个体较小，体被有蜡粉和蜡丝，但较薄。

B.1.5　日本金龟子 *Popillia japonica* Newman

成虫：体卵圆形，长9 mm～15 mm，宽4 mm～7 mm；带强金属光泽；前胸、头、足、小盾片墨绿色，鞘翅黄褐色至赤褐色；鞘翅外、内端缘暗绿色；臀板基部有2个白色毛斑；腹部1－5节腹板中央两侧中部各着生1列白色刚毛，刚毛列在腹侧分别聚成1毛斑，6对毛斑不被鞘翅覆盖。唇基倒簸箕形，强卷；前缘加厚并上翘，厚度为其宽度的四分之一至八分之三，前角近100。水平夹角；顶观，头顶前至唇基前缘部呈平坦的斜截面；额唇基沟中断或消失；唇基除基中部外刻点粗密交合成皱刻状；额和唇基中部刻点连续，适中粗密，排列均匀，点径与点间近等；头顶常具哑铃形无刻点区；触角9节，鞭部5节；颏中部纵凹。前胸背板宽胜于长，强隆弓，侧缘前段向前弧弯收拢；前角锐，后角钝角形，基缘向后方突出，并在小盾片前凹入，后缘边框近完整；侧区小凹陷1对；盘区刻点与额部刻点近等，较疏，两侧刻点渐粗密，在前侧区及小凹陷周围刻点多交合或至少点径大于点间。小盾片圆三角形，常具不规则刻点。鞘翅扁平、短，向后收狭，露现部分前臀板；肩疣，端疣发达；具缘膜；鞘翅缝角间具有1对小齿；鞘翅背面6条点行，行2散乱并在近端部五分之四处消失；行间平坦；点行刻点粗密深凹，点径一般大于点间。臀板强隆，具鳞状横刻纹；前臀板具有白色刚毛。中胸腹突前伸较明显，胸腹部布满白毛。足粗壮；前足胫端部外侧具2个相连大齿，内侧中端具1距。后足胫节内侧无刺列，但有一个长毛列。雄性外生殖器的阳基侧突向端尖细，端部下弯强，背面马鞍状，前侧缘凹弯强，前侧缘与后侧缘成圆弧弯折，端尖腹面小纵脊与阳基侧突腹片极接近；阳茎基片端缘弧凹深；阳茎内骨阔大；内阳茎囊长形，中部一侧有一长条形毛区，毛区后具一粗壮骨片，骨片端半部具3个~6个大尖齿，侧面观成整齐的齿轮状。雌性生殖器的卵巢与输卵管总长近2倍于交配囊，交配囊端部不膨大；受精囊肾形，附腺圆形。

卵：刚产的卵乳白色，呈圆形，直径1 mm，之后变成长卵形，长1.5 mm，宽1 mm，色也渐加深。

幼虫：体白色，呈“C”型弯曲，体长18 mm~25 mm，上颚极发达，黑褐色，尾节极膨大，蓝色或黑色；腹毛区具一横弧状肛裂，且具2列相向短刚毛，每列6根。幼虫3个龄期，头壳宽度分别为1.2 mm、1.9 mm、3.1 mm。

蛹：阔纺锤形，长14 mm，宽7 mm，灰白色至黄褐色，跗肢活动自如，离蛹。

B.1.6　梨圆盾蚧 *Quadraspidiotus perniciosus*（Comst.）

若虫：初孵时很小，体长仅0.2 mm，橘黄色，椭圆形，上下极扁平，腹部末端生有2根刚毛，具触角、足，能爬动。不久即固定，体背形成白色、灰白色介壳。2龄若虫介壳近圆形，直径0.6 mm~0.8 mm，灰白色或黑色。介壳中部隆起，正中央有一乳头状突，突起周围下陷，下陷的外围又呈一轮圈状突。介壳下虫体较介壳略小，鲜黄色，触角、足尚存但无行动能力，腹部末端已形成臀板区。

雌成虫介壳及虫体：介壳圆形，稍隆起，灰色。脱皮壳黄色，位于介壳中央或略偏。成虫体短卵圆形，腹部向臀板渐尖。臀叶2对，第1对彼此较接近，其顶端钝圆，外侧边有凹刻，有时内边也有小凹刻，第2对较小，靠近第1对，其外边有大凹刻。臀板第1切口和第2切口有2个臀棘，较细，不明显。第2对臀叶向前臀板边缘有3个翼状臀棘。有厚皮槌。阴门周腺无。

雄成虫介壳及虫体：介壳在2龄若虫基础上向腹端方向加大，极少有向前后两端加大的。介壳加大部分灰白色，其中不夹杂若虫蜕皮。成虫体长0.6 mm，翅展1.2 mm左右，体淡橘黄色，眼点黑色。中胸前盾片色略深呈横带状，前翅长大，并拢后长约腹部的1倍，外缘近圆形，翅脉简单，白色。腹部末端的性刺细长。

蛹：1龄蛹体橘黄色，眼点紫色，触角、足等肉芽状，白色透明，腹部末端有2条短刚毛，体长1 mm。2龄蛹体橘黄色，眼点黑色，触角、足正常，无色，腹部末端性刺芽明显，较1龄蛹稍微长。

B.1.7　葡萄根瘤蚜 *Viteus vitifolia*（Fitch）

葡萄根瘤蚜有3种形态（或4种形态），即无翅型（根瘤型、叶瘿型）、有翅型（有翅产性型）、有性型。前2种为孤雌生殖，第3种为两性生殖。

根瘤型：成虫体卵圆形，长1.2 mm~1.5 mm，黄色至黄褐色，无翅，无腹管。体背有黑瘤：头部4个，胸节各6个，腹节各4个。触角3节，第3节有1感觉圈。眼由3个小眼组成，红色。卵长椭圆形，长0.3 mm，淡黄色至暗黄色。若虫共4龄。

叶瘿型：体近圆形，黄色，无翅，体背面凹凸不平，无黑瘤。触角端部有5毛。卵和若虫与根瘤型相近，但色较浅。

有翅型：成虫长椭圆形，前宽后狭，长约0.9 mm，黄至橙黄色，触角第3节有2个感觉圈，顶端有5毛。卵和若虫同根瘤型，3龄出现灰黑色翅芽。

有性型：雌成虫约0.38 mm，雄0.32 mm。黄至黄褐色，无翅，无口器，触角同叶瘿型。雄外生殖器乳头状，突出腹末。有性型蚜虫是由有翅型蚜虫所产的卵孵化出来的。其卵大的孵化成雌虫，卵小的孵化成雄虫。

## B.2 线虫类

B.2.1 长针线虫属 *Longidorus* spp.

雌雄虫线形，虫体细长（3 mm ~ 10 mm）。食道前体部细长、后部膨大呈长圆筒形，整个食道呈长瓶状，齿针（odontostylet）呈长针状，齿尖针（odontostyle）基部平滑、不分叉，齿托（odontophore）基部不膨大成凸缘状，齿针导环为单环通常距头端2倍头宽内。

B.2.2 根结线虫属 *Meloidogyne* spp.

根结线虫的雌雄虫是异形的。成熟雌虫球形，具突出的颈部，角质不规则加厚，口针细弱、长度一般短于25μm，排泄孔位于中食道球前水平处，阴门和肛门位于末端，无尾，会阴部有指纹状花纹，无胞囊期，卵不留在体内而是产在体外的胶质卵囊中，刺激寄主形成根瘤；雄虫线形，头部不缢缩，头架和口针强状，食道峡部粗短，泄殖腔口位于近末端，无交合伞；2龄幼虫前期呈线形，可移动，头部不缢缩，头架和口针细弱，尾后部透明，虫体在后期膨大固着；3、4龄幼虫在2龄幼虫的角质层内形成，豆夹状，无口针。

B.2.3 拟毛刺线虫属 *Paratrichodorus* spp.

虫体粗短呈雪茄形或腊肠形，瘤针向腹面弯、背部呈弓状，食道前部细、后部膨大，整个食道呈长瓶状。热杀死后，虫体角质层显著膨胀；雌虫双卵巢、对生，阴道长约为阴门处体宽的三分之一；雄虫热杀死后虫体直或略向腹面弯。

B.2.4 短体线虫属 *Pratylenchus* spp.

雌雄虫为线形，虫体粗短，头部低平，头部高度通常小于头基环直径的二分之一，口针粗短（11 μm ~ 25 μm），基部球发达，食道腺覆盖肠的腹面。雌虫单生殖腺，有后阴子宫囊。雄虫交合伞伸到尾端。

B.2.5 毛刺线虫属 *Trichodorus* spp.

虫体粗短呈雪茄形或腊肠形，瘤针（onchiostyle）向腹面弯、背部呈弓状，食道前部细、后部膨大，整个食道呈长瓶状。热杀死后，虫体角质层不膨胀或膨胀不明显；雌虫双卵巢、对生，阴道长约为阴门处体宽的二分之一；雄虫热杀死后虫体后部向腹面弯，虫体呈“J”形。

B.2.6 剑线虫属 *Xiphinema* spp.

雌雄虫线形、细长，体长1.5 mm ~ 6 mm，食道形态同长针线虫，齿尖针基部分叉，齿托基部膨大呈凸缘状，齿针导环为双环，位于近齿尖针基部附近。

## B.3 真菌类

B.3.1 蔓枯病菌 *Cryptosporella viticola*（Reddick）Shear

子座埋于基物内，多腔，扁形，（440 μm ~ 470 μm）×（110 μm ~ 130 μm）。分生孢子器黑褐色，

烧瓶状，几个联合埋生在轮廓不整齐的子座中。分生孢子有大小两种，均无色，单胞。一种为圆柱形或长纺锤形，稍弯曲，大小（5 μm ~ 10 μm）×（1.5 μm ~ 2.0 μm）；另一种为丝状，常为钩形，大小（20 μm ~ 40 μm）×1 μm。有性世代不常见。子囊壳黑褐色，球形，壳壁薄，孔口短。子囊无色，圆筒形或纺锤形。子囊孢子无色，单胞，长椭圆形，子囊之间生有侧丝。

B. 3. 2　炭疽病菌 *Glomerella cingulata*（stoneman）Sqaulding et Schrenk

病菌产生分生孢子，椭圆形、圆筒形，无色，单胞，大小（10.3 μm ~ 15 μm）×（3.3 μm ~ 4.7 μm）。萌发时产生隔膜，成为双胞。分生孢子在分生孢子盘上发生。分生孢子梗无色，单胞，大小（12 μm ~ 26 μm）×（3.5 μm ~ 4 μm）。

B. 3. 3　黑腐病菌 *Guignardia bidwellii*（Ell）Viala et Ravaz

分生孢子器和子囊壳在寄主表皮下形成。分生孢子器球形或扁球形，壳壁厚，黑色，大小 80 μm ~ 180 μm，内壁着生分生孢子梗，丝状，梗端着生分生孢子。分生孢子卵圆形或圆形，无色，单胞，大小（8 μm ~ 11 μm）×（6 μm ~ 8 μm）。子囊球形或近圆形，孔口不突出，壳壁厚。子囊棍棒状，大小（62 μm ~ 80 μm）×（9 μm ~ 12 μm），内有 8 个子囊孢子，有时具侧丝。子囊孢子长椭圆形，或近圆形，无色，单胞，大小（12 μm ~ 17 μm）X（5 μm ~ 7 μm）。

B. 3. 4　咖啡美洲叶斑病菌 *Mycena citricolor*（Berk et Cutt）Sacc.

病菌无性阶段的侵染体是橘黄色芽胞，一般 6 天 ~ 10 天内可从病斑上产生。有性阶段为黄色伞菌，在菌褶上着生少数担孢子。孢梗很小，黄色，菌盖薄，膜质，半球形到钟形、下陷或在中心具脐状突起，后略呈扁平，光滑无毛，有辐射状条纹，直径 1.5 mm ~ 2.5 mm，边缘很尖。菌柄呈直刚毛状，约 0.1 cm ~ 1.5 cm 长。菌褶不多，远隔、黄色、蜡质。担子呈棍棒状，（14 μm ~ 17 μm）×（4 μm ~ 5 μm）。担子体小，椭圆形或卵圆形，下部细尖、透明、无小油滴或仅有（4 μm ~ 5 μm）×2.5 μm 的小油滴，产芽体有一黄色实心的小柄，上着生芽胞，小柄细长，0.2 mm，圆柱形，成熟时弯曲，基部直径 0.12 mm，芽胞头下直径 0.05 mm。芽胞直径平均 0.36 mm，实心、革质、坚硬，扁球形或椭球形，芽胞外生，有气生、辐射状菌丝体。

B. 3. 5　霜霉病菌 *Plasmopora viticola*（Berk. et Curt）Berl et de Toni

胞囊梗由气孔伸出，1 根 ~ 20 根成簇状，无色，大小（300 μm ~ 400 μm）×（7 μm ~ 9 μm），单轴分枝 3 次 ~ 6 次，一般分枝 2 次 ~ 3 次，两次分枝间互成直角。最后枝端长 2 个 ~ 4 个小梗，短小，顶端着生一个孢子囊。孢子囊无色，倒卵形至圆形，大小（12 μm ~ 30 μm）×（8 μm ~ 18 μm）。孢子囊在水中萌发时产生 6 个 ~ 9 个游动孢子。游动孢子无色，有两根鞭毛，后失去鞭毛，变成圆形静止孢子，静止后产生芽管，由气孔侵入寄主。病菌有性世代形成卵孢子。卵孢子多在葡萄生长后期于病叶内形成，圆球形，褐色，厚壁，直径 30 μm ~ 35 μm。

B. 3. 6　黑痘病 *Sphaceloma ampelinum* de Bary

在果园中常见的是病菌无性世代。分生孢子盘生在寄主表皮下的病组织中，突破表皮后，长出分生孢子梗及分生孢子。分生孢子梗短，无色，单胞，顶端着生分生孢子。分生孢子无色，单胞，长圆形或卵圆形，稍弯，中部缢缩，大小（5 μm ~ 6 μm）×（2.5 μm ~ 3.5 μm），孢子内有两个油球。

B. 3. 7　白粉病菌 *Uncinula necato*（Achw.）Burr

营养菌丝白色，无性阶段为 Oidium sp. 型，分生孢子椭圆形或卵圆形，内含颗粒体，大小为（16 μm ~ 21 μm）×（28 μm ~ 36 μm），单胞，无色，呈念珠状串生。很少形成闭囊壳。闭囊壳散生，黑褐色，直径 80 μm ~ 100 μm，有 10 支 ~ 30 支附属丝。附属丝基部褐色，有分隔，不分枝，顶端向一方卷曲，长度为闭囊壳的 2 倍 ~ 3 倍。闭囊壳内包藏 4 个 ~ 6 个子囊。子囊一端稍突起，无色，椭圆形，大小（50 μm ~ 60 μm）×（25 μm ~ 35 μm），内含 4 个 ~ 6 个子囊孢子。子囊孢子无色，单胞，椭圆形，大小（20 μm ~ 25 μm） × （10 μm ~ 12 μm）。

## B.4 细菌类

B.4.1 葡萄金黄化植原体 *Grapvine flavesccnce doree Phytoplasma*

可采用植原体 Nested - PCR 及 RFLP 进行检测鉴定，具体操作如下：

B.4.1.1 材料准备

B.4.1.1.1 新鲜植物材料

植原体病害的病原分布于维管束系统中，整个植株中分布不均匀，在寒冷地区冬天，地上部分病原含量低或已全部死亡，第二年病原从地下部分运输到地上部分，取样时值得注意。

B.4.1.1.2 仪器设备

PCR 仪、冷冻离心机及离心管（5.0 mL，1.5 mL，0.5 mL）、紫外分光光度计、精密天平、加样器、研钵、水浴锅、振荡器、电泳仪、电泳槽、紫外检测仪及配套照相机和胶卷。

B.4.1.1.3 试剂

B.4.1.1.3.1 研磨液（100 mL）

| | |
|---|---|
| $K_2HPO_4 \cdot 3H_2O$ | 2.17 g |
| $KH_2PO_4$ | 0.4 g |
| 蔗糖 | 10 g |
| BSA（Fraction V） | 0.15 g |
| PVP - 10 | 2 g |
| pH7.6，高压灭菌， | 4 ℃，2 个月 |

B.4.1.1.3.2 DNA 提取液

| | |
|---|---|
| Tris - HCl | 10 mmol/L |
| EDTA | 100 mmol/L |
| NaCl | 250 mmol/L |

蛋白酶 K5 mg/mL，-20 ℃

10% 十二烷肌氨酸钠

异丙醇

三氯甲烷 + 异戊醇（24 + 1）

苯酚 + 三氯甲烷 + 异戊醇（25 + 24 + 1）

TE，10 mmol/L Tris - HCl，1 mmol/L EDTA，pH8.0，高压灭菌，室温保存

质量浓度为 10% 的 SDS

5 mol/L NaCl，高压灭菌，室温保存

CTAB/NaCl（10 mL）：10% CTAB 在 0.7 mol/L NaCl 中（4.1 g NaCl 在 80 mL 双蒸水中，慢加 10 g CTAB，加热搅拌）

70% 乙醇

1 × TAE

5 × TBE：54 g Tris 碱，27.5 g 硼酸，20 mL 0.5 mol/L EDTA（pH8.0）

B.4.1.1.3.3 电泳加样缓冲液

0.25% 溴酚蓝，0.25% 二甲苯青 FF，质量浓度为 40% 的蔗糖水溶液

溴化乙锭（EB）：贮备液 10 mg/mL，使用液 0.5 μg/mL

B. 4. 1. 2　步骤

B. 4. 1. 2. 1　植原体 DNA 的提取

B. 4. 1. 2. 1. 1　取所选新鲜材料的韧皮部及叶中脉 2 g ~ 3 g，用 1. 5mL 离心管（下同）或干材料 0. 3 g，加入液氮研磨，再加入抽提缓冲液 4 mL 充分研磨，4 ℃13000 r/min，15 min，弃上清。

B. 4. 1. 2. 1. 2　加入 8 mL DNA 提取液，160 μL 蛋白酶 K（5 mg/mL），轻摇混匀，加入 880 μL 10% 十二烷肌氨酸钠，混匀，在 55 ℃温育 1 h ~ 2 h，4 ℃ 6000 r/min，10 min，取上清。

B. 4. 1. 2. 1. 3　加入三分之二体积（400 μL）异丙醇到上清液中，轻轻混匀，-20 ℃保持至少 30 min，4 ℃ 8000 r/min，15 min，弃上清。

B. 4. 1. 2. 1. 4　加入 3 mL TE 缓冲液，加入 150 μL 10% SDS，60 μL 蛋白酶 K，轻轻彻底混匀，37 ℃温育 30 min ~ 60 min。

B. 4. 1. 2. 1. 5　加 525 μL 15 mol/L NaCl 混匀，再加入 420 μL CTAB/NaC1 溶液混匀，65 ℃温育 10 min。

B. 4. 1. 2. 1. 6　加入等体积（600 μL）三氯甲烷 + 异戊醇（24 + 1）混匀，4 ℃6000 r/min，5 min，重复直至无中白色层。

B. 4. 1. 2. 1. 7　上层水相加入等体积（500 μL）苯酚 + 三氯甲烷 + 异戊醇（25 + 24 + 1），混匀，4 ℃ 6000 r/min，5 min。

B. 4. 1. 2. 1. 8　上清液加入三分之二体积（400 μL）异丙醇，混匀，-20 ℃保持至少 30 min，4 ℃ 12000 r/min，10 min，弃上清液。

B. 4. 1. 2. 1. 9　加入 500 μL 17% 乙醇洗涤，过夜，4 ℃ 6000 r/min，20 min。可洗涤两次。

B. 4. 1. 2. 1. 10　加入 100 μL TE 混匀溶解。

B. 4. 1. 2. 2　植原体 DNA 的浓度及纯度测定

取 10 μL 样品 + 1990 μL TE，用紫外分光光度计测 DNA 浓度和纯度。2000 μL TE 为对照。

DNA 浓度按式（1）计算：

$$c = A_{260} \times 50 \times D/1000 \quad (1)$$

式中：

$c$——DNA 浓度，单位为微克每微升（μg/μL）；

$A_{260}$——吸收光程为 1 cm、波长为 260 nm 时 DNA 吸光值；

$D$——测定 DNA 溶液的稀释倍数。

DNA 的纯度按式（2）计算：

$$P = A_{260}/A_{280} \quad (2)$$

式中：

$P$——DNA 的纯度，比值应大于 1. 7，表明蛋白等杂质去除较充分；

$A_{260}$——吸收光程为 1 cm、波长为 260 nm 时 DNA 吸光值；

$A_{280}$——吸收光程为 1 cm、波长为 280 nm 时 DNA 吸光值。

B. 4. 1. 2. 3　PCR 及 Nested - PCR

B. 4. 1. 2. 3. 1　PCR

反应体积为 50 μL（1 × PCR Buffer，10 ng DNA，200 μmol/L dNTP，200 μmol/L 引物对 R16mF2/R16mR2，1. 25 U *Taq* 酶）

| | |
|---|---|
| 10 × PCR Buffer（含 Mg 离子） | 5 μL |
| 10 mmol/L dNTP | 1 μL |

| | |
|---|---|
| 10 mmol/L 引物 R16mF2 | 1 μL |
| 10 μmol/L 引物 R16mR1 | 1 μL |
| 植原体 DNA 模板 | (50 ng) 1.75 μL |
| *Tag* DNA 聚合酶 | (5U/μL) 0.25 μL |
| 无菌双蒸水 | 40 μL |
| 总体积 | 50 μL |

加入矿物油，防止蒸发。

反应循环为：

88 ℃ 15 min，

93 ℃ 3 min，50 ℃ 80 s，72 ℃ 90 s，

93 ℃ 40 s，50 ℃ 80 s，72 ℃ 90 s，35 个循环，

最后 72 ℃保温 8 min。

B.4.1.2.3.2 Nested－PCR

取第一次直接 PCR 产物 1 μL 稀释 40 倍，取 1 μL 为 Nest－PCR 模板，引物对为 R16F2/R2，退火温度由 50 ℃改为 55 ℃，其他条件同第一次 PCR。

B.4.1.2.4 琼脂糖电泳

B.4.1.2.4.1 1%的琼脂糖凝胶制备

200 mL 1×TAE，加入 1 g 电泳级琼脂糖水浴煮沸溶解，封板灌胶，半小时后在封口膜上加样。

B.4.1.2.4.2 加样

5 μL 扩增产物＋2 μL Loading Buffer。

1 μL Marker＋2 μL Loading Buffer＋4 μL TAE 缓冲液。

Marker 为 Lambda DNA/Hind Ⅲ＋EcoRI。

B.4.1.2.4.3 电泳

电泳 1.5 h 左右，用 0.5 μg/mL 溴化乙锭（EB）染色 30 min～40 min，250 nm～320 nm 紫外光观察，PCR 产物分别为 1.5 kb 和 1.2 kb。

B.4.1.2.5 FRLF 鉴定

B.4.1.2.5.1 酶解

20 μL 酶解总体积：加 9 μL 双蒸水，2 μL AluI（Mse I）酶缓冲液，8 μL PCR 反应产物，1 μL AluI（Mse I 或其他所需内切酶）酶液，40 μL 矿物油，37 ℃恒温保持 16 h～18 h。

B.4.1.2.5.2 丙烯酰胺电泳

a）配液

| | |
|---|---|
| 5%聚丙烯酰胺 | 5 mL |
| 无菌双蒸水 | 18 mL |
| 30%的（丙烯酰胺＋甲酰胺）(29＋1) | 4.2 mL |
| 10×TBE | 2.5 mL |
| 20%过硫酸铵 | 0.2 mL |
| TEMED | 25 μL |

b）制胶

1）选配套的玻板，垫片，梳子，洗净晾干；

2）装好玻板，垫片，梳子，斜放灌胶；

3）灌胶要快，要均匀，聚丙烯酰胺和甲叉聚丙烯酰胺有毒。

c）加样及染色

1）0.5 h 后加 1×TBE 缓冲液；

2）加样 5 μL 酶解液 +2 μL Loading Buffer

3 μL Marker +2 μL Loading Buffer +2 μL TBE 缓冲液

PCR DNA Marker：100 bp Ladder；

3）电压 80V，2 h 左右；

4）0.5 μg/mL 溴乙锭染色，250 nm～320 nm 紫外光观察记录并照相。

B.4.1.3 结果判断

阳性结果：经过巢式 PCR 扩增得到一条 1.2 kb DNA 产物，经 AIuI、MseI 和 Rsel 得特异的 RFLP 图谱（和阳性对照一样）

阴性结果：无 PCR 特异扩增或有扩增 RFLP 图谱不一样。

如有阳性结果，需做进一步的 DNA 测序和同源性分析或送交上级检测部门验证。

B.4.2 葡萄细菌性疫病菌 *Xylophilus ampelinus*（Panagopoulos）Willems et al.

B.4.2.1 分离培养

病材料应力求新鲜，用自来水彻底冲洗并吸去多余水分。选择病健交界处，用解剖刀切取小块组织，在无菌培养皿的水滴中磨碎，然后在琼脂平板上用划线法进行分离。平皿置 25 ℃～27 ℃培养72 h 或更长时间，检查出现的菌落。

B.4.2.2 鉴定

上述分离到的菌株，应进行鉴别。葡萄疫病菌很容易与黄单胞菌属中的其他 4 个种相区分，最大的特点是该菌不能水解七叶苷，而且是具有较强的脲酶活性。必要时需做致病性试验。接种用的菌，要求菌龄 48 h，菌液浓度为每 1 mL 含有 $10^6$个～$10^7$个细菌。选择幼嫩的葡萄枝条，用蘸满菌液的针，刺伤枝条接种。

## B.5 病毒类

B.5.1 南芥菜花叶病毒 *Arabis mosaic virus*

该病毒在一些草本指示植物上产生典型症状。在昆诺阿藜（*Chenopodium quinoa*）和苋色藜（*C. amaranticolor*）上首先出现局部褪绿，然后是系统性斑驳；在黄瓜（*Cucumis sativus*）子叶上引起局部褪绿和沿脉变色或出现黄斑；在菜豆（*Phaseolus vulgaris*）上表现为局部褪绿、坏死和畸形；在矮牵牛（*Petunia hybride*）上先是呈现局部褪绿或小型坏死环斑，接着是系统环斑和线纹或明脉。但是，并非所有毒株（如啤酒花株系 ArMV－H）都产生这些明显症状，或所有传染都能产生症状。基于这种原因，以及由于 ArMV 通常是和草莓潜环斑病毒（SLRV）混合侵染，具有相同的线虫介体并产生相似的症状，因此，利用血清学鉴定更为准确。

另一种检测方法是利用 cDNA 克隆斑点杂交试验，这种方法至少已在两个实验室中建立。

B.5.2 烟草环斑病毒 *Tobacco ringspot virius*

在防虫温室或网室里种植 1 年～2 年，在各生长阶段，观察其叶片是否有异常或症状，取可疑病株的幼嫩部位和取无症状表现的植株的同样部位，进行以下检验。

B.5.2.1 接种鉴别寄主

普通烟（*Nicotiana tabacum*）whiteBurley 品种：产生局部褪绿环斑或坏死斑，系统褪绿斑和橡叶，最后无症带毒。

菜豆（*Phaseolus vulgaris*）Pinto 品种：产生局部坏死环斑，以后为系统坏死环斑，生长点坏死顶枯。

B. 5. 2. 2　血清学检测

推荐 DAS - ELISA。影响 ELISA 的因素较多，其中 TRSV 抗血清的特异性最为重要，必须用特异性强的抗血清，选择适宜的工作浓度，并设阴、阳性对照，以提高 ELISA 检测的准确性。

B. 5. 2. 3　分子生物学检测

现在能用 PCR 以及核酸杂交准确地检测本病毒。

B. 5. 3　番茄环斑病毒 *Tomato ringspot virus*

B. 5. 3. 1　PCR 检测方法

该病毒是我国公布的一类禁止进境检疫性有害生物，是严重危害苹果、葡萄、梨、桃、樱桃、草莓等许多水果类作物和大豆的主要病毒。ToRSV 寄主范围、症状、病毒形态、大小等特性很难与同类病毒相区分。而且该病毒株系多、血清型多，在寄主体内病毒浓度很低，分布也不均匀，这些都给检疫诊断带来很大困难，即使用高灵敏度的 ELISA 技术，也难以准确检测。Griesbach 根据复制酶基因设计的引物，能扩增所有的番茄环斑病毒株系。国家出入境检验检疫局动植物检疫实验所克隆了复制酶基因片段，并建立了 ToRSV 的检测试剂盒。

B. 5. 3. 1. 1　材料准备

B. 5. 3. 1. 1. 1　引物

根据病毒的聚合酶基因来设计合成的，其序列为：

U1（5’→3’）GACGAAGTTATCAATGGCAGC（互补）；

D1（5’→3’）TCCGTCCAATCACGCGAATA（同源）。

B. 5. 3. 1. 1. 2　阳性对照

ToRSV 复制酶克隆。

B. 5. 3. 1. 1. 3　实验设备

20 μL、200 μL 和 1000 μL 加样枪各 1 支及配套的灭菌枪头若干，1. 5 mL 灭菌 Ependorf 管若干，研钵，冰壶，紫外分光光度计，冷冻台式离心机，液氮罐，电泳仪，微型琼脂糖水平电泳槽，紫外透射仪，暗室，水平仪，水平台，20 μL 加样枪及配套枪头，微波炉，一次性手套，保鲜膜。

B. 5. 3. 1. 1. 4　实验试剂

巯基乙醇，水饱和苯酚，异戊醇，三氯甲烷，3 mol/L 乙酸钠 pH5. 2，乙醇。

TE（pH8. 0）：10 mmol/L Tris - HCl pH8. 0

1 mmol/L EDTA pH8. 0

提取缓冲液（100 mL）：0. 75 g 甘氨酸 + 80 mL DDW，用 NaOH 调 pH 到 9. 0

0. 292 g NaCl

0. 2 mL 0. 5 mol/L EDTA

2 g SDS（十二烷基磺酸钠）

1 g SLS（十二烷肌酸钠）

溶解，并定容到 100 mL，高压灭菌，室温保存。

核酸分子量标准 DNA/HindIII + EcoRI；

5 μg/mL 溴化乙锭（EB）：200 mL 蒸馏 + 100 μL 10 mg/mL EB；

50 × TAE（1000 mL）：242 g Tris；

57. 1 mL 冰乙酸；

100 mL 0. 5 mol/L EDTA（pH8. 0）；

1% 琼脂糖：2 g 琼脂糖 +200 mL 1 × TAE，加热溶解；

10 × Loading：0. 25% 溴酚蓝；

0. 25% 二甲苯蓝；

30% 甘油。

B. 5. 3. 1. 2　材料准备步骤

B. 5. 3. 1. 2. 1　总核酸的提取

称取新鲜植物组织（包括显症叶片和健康叶片），于液氮中研磨，加入 3 体积水饱和酚，0. 5% 巯基乙醇，3 体积低盐提取缓冲液（0. 1 mol/L 甘氨酸 - 氯化钠，50 mmol/L NaCl，1 mmol/L EDTA，2% SDS，1% SLS，pH9. 0），摇动 5 min，4 ℃ 12000 r/min 离心 10 min；转移上相；加入十分之一体积 pH5. 2 的 3 mol/L 乙酸钠，0. 6 体积异丙醇，小心混匀，－20 ℃放置 2 h，4 ℃12000 r/min 离心20 min，弃上清，用 1 mL70% 乙醇洗涤沉淀，4 ℃ 12000 r/min 离心 20 min，弃上清，用 1 mL 70% 乙醇洗涤沉淀，4 ℃ 12000 r/min 离心 5 min，弃上清，空气中干燥后，用适当体积的 TE 悬浮沉淀。

B. 5. 3. 1. 2. 2　cDNA 的合成

在 0. 5 mL 微量离心管中加入总核酸 0. 5 μL（1μg），互补引物 D1（10 μmol/L）3 μL，DDW 9. 0 μL，86 ℃ 5 min，取出后于冰上冷却 2 min，加入 RNAsin0. 5 μL，5 × RTbuffer 4 μL，10 mmol/L dNTP 2 μL，AMV - RT（3 U/μL）1 μL，40 ℃ 60 min。即为 cDNA。

B. 5. 3. 1. 2. 3　PCR 反应

向 0. 5 mL 离心管中加入下列物质：DDW40 μL，引物 U1，D1（10 μmol/L）各 1 μL，10 mmol/L dNTP 1 μL，10 × PCR buffer 5 μL，cDNA1 μL，矿物油 20 μL，88 ℃ 10 min 后，加入 Taq DNA 聚合酶（1 U/μL）1 μL。PCR 程序为：94 ℃ 3 min，60 ℃ 92 s，72 ℃ 90 s。94 ℃ 40 s，60 ℃ 90 s，72 ℃ 90 s，30 个循环；72 ℃ 7 min。

B. 5. 3. 1. 2. 4　琼脂糖电泳

1% 琼脂糖，1 × TAE，加样 5 μL ~ 15 μL，80V 恒压 1 h，溴化乙锭染色后，紫外灯下观察结果。

B. 5. 3. 1. 3　结果与分析

如 PCR 产物电泳结果，只出现一条明亮的带，其位置在 PCR 分子量标准 500 bP 下方，与预期两引物扩增的 449 bp 片段相接近，与阳性对照相一致，而健康对照和阴性对照没有出现这条带。这说明这条带是特异性的 PCR 反应产物。

检测样品最好作进一步的检测证实，如 Southern 杂交，PCR 产物测序。或提交上级检疫部门作进一步的复查。

B. 5. 3. 2　双抗体夹心酶联技术规程（碱性磷酸酯酶）

双抗体夹心酶联（DAS - ELISA）可广泛应用于病毒、细菌等微生物的检测中，它简单、灵敏、迅速，是目前应用最广的血清学方法。

B. 5. 3. 2. 1　材料准备

B. 5. 3. 2. 1. 1　样品抽提缓冲液：溶于 1000 mL 1 × PBST

| | |
|---|---|
| 无水亚硫酸钠 | 1. 3 g |
| 聚乙烯吡咯烷酮（MW24 - 40000） | 20. 0 g |
| 叠氮化钠 | 0. 2 g |
| 卵清白蛋白 | 2. 0 g |
| Tween - 20 | 20. 0 g |

pH9.6

4.0 ℃保存

B.5.3.2.1.2　包被缓冲液：溶于蒸馏水中至1000 mL

| | |
|---|---|
| 无水碳酸钠 | 1.59 g |
| 碳酸氢钠 | 2.93 g |
| 叠氮化钠 | 0.2 g |

pH9.6

4 ℃保存。

B.5.3.2.1.3　PBST缓冲液：溶于蒸馏水中至1000 mL

| | |
|---|---|
| NaCl | 8.0 g |
| $Na_2HPO_4$（无水） | 1.15 g |
| $KH_2PO_4$（无水） | 0.2 g |
| KCl | 0.2 g |
| Tween－20 | 0.5 mL |

pH7.4

B.5.3.2.1.4　ECI buffer：溶于1000 mL 1×PBST

| | |
|---|---|
| 牛血清白蛋白（BSA） | 2.0 g |
| 聚乙烯吡咯烷酮（PVP） | 20.0 g |
| 叠氮化钠 | 0.2 g |

pH7.4

4 ℃保存

B.5.3.2.1.5　底物缓冲液：溶于800 mL蒸馏水中

| | |
|---|---|
| $MgCl_2$ | 0.1 g |
| 叠氮化钠 | 0.2 g |
| 二乙醇胺 | 97.0 mL |

用盐酸调节pH9.8，用蒸馏水定容到1000 mL，4 ℃保存。

B.5.3.2.2　具体步骤

B.5.3.2.2.1　包被板：按照标签上的稀释倍数，用1倍包被缓冲稀释浓缩的包被抗体。混合均匀。一般8个孔配1 mL或96孔的板准备10 mL。每孔加100 μL，置湿盒中，室温下放置4 h，或普通冰箱中（4 ℃）过夜。

B.5.3.2.2.2　洗板：把孔中的包被抗体倒出，用1倍PBST装满每个孔，然后快速把板倒空，重复4次~8次。洗完以后，拿着板在折叠的毛巾上拍几次，使孔中不留液体。

B.5.3.2.2.3　加入样品：称量（种子需浸泡，待吸足水）后加1：（5~10）样品抽提缓冲液（植物组织重量：缓冲液体积），研碎，对照同法处理备用。

B.5.3.2.2.4　按照设计的加样表格，加入100 μL样品到每个孔中，加入100 μL阳性汁液至阳性孔中，加100 μL抽提缓冲液到缓冲液空白对照孔中。把板放入湿盒中，室温培育2 h，或普通冰箱中过度。

B.5.3.2.2.5　洗板：把孔中的包被抗体倒出，用1倍PBST装满每个孔，然后快速把板倒空，重复4次~8次。洗完以后，拿着板在折叠的毛巾上拍几次，使孔中不留液体。

B.5.3.2.2.6　加入酶标物：临用之前10 min，配制酶标物，一般8个孔配1 mL或96个孔的板准备10 mL。每个孔中加入100 μL，放在一个湿盒中，室温培育2 h。

B. 5. 3. 2. 2. 7　洗板：同上次一样，用1倍PBST洗4次~8次。

B. 5. 3. 2. 2. 8　加入底物PNP溶液：配制浓度为1 mg/mL的PNP溶液：在上一步培育结束大约15 min之前，取5 mL室温下的PNP缓冲液，然后加入一片PNP（每片PNP可以配制5 mL PNP溶液，浓度为1 mg/mL。注意：不能接触PNP药片或把PNP溶液暴露于强光下，光线或污染物能够引阴性孔呈现背景颜色）。

每孔加入100 μL PNP溶液。在一湿盒中培育30 min~60 min。

B. 5. 3. 2. 2. 9　终止反应：加入50 μL 3 mol/L氢氧化钠，终止显颜色反应。

B. 5. 3. 2. 3　结果分析

通过眼睛观察，或用酶联仪在405 nm下读数来判断结果。有颜色出现的孔表明结果为阳性，没有明显的颜色形成表明结果为阴性。只有当阳性对照孔是阳性，缓冲液对照孔保持没有颜色，检测的结果才有效。若培育的时间超过60 min，只要阴性对照孔保持没有颜色，结果可以接受。

## 附录C
## （资料性附录）
## 苗木药剂处理方法

### C. 1　药剂浸泡法

用50%辛硫磷乳油1500倍浸泡1 min（每捆枝条10根~20根）；每1000条用药液10 kg~12 kg。

### C. 2　药剂熏蒸法

在26. 7 ℃时，用溴甲烷密闭熏蒸，用量为36 $g/m^3$ ~40 $g/m^3$密闭3 h。

## 附录D
## （资料性附录）
## 大田有害生物的处理

**D. 1**　检疫机构视有害生物风险情况，将发现的病株拔除或将发现病株同批进口葡萄种苗全部拔除，集中销毁。

**D. 2**　对病株周围或整个种植地块的土壤进行消毒，每立方米用40%毒死蜱乳油0. 3 g和每立方米15 g~20 g五氯硝基苯或70%甲基托布津混匀进行杀虫和灭菌。

**D. 3**　病株周围5 m~6 m见方的所有植株喷施800倍~1000倍70%甲基托布津或40%多菌灵和喷施杀虫剂。

ICS
B 21

# NY

## 中 华 人 民 共 和 国 农 业 行 业 标 准

NY/T 469—2001

# 葡萄苗木

## Grape nursery stock

2001-09-27 发布　　　　2001-11-01 实施

中华人民共和国农业部　发布

# 前　言

本标准的附录 A 和附录 B 都是标准的附录。

本标准由农业部市场与经济信息司提出。

本标准起草单位：中国农业科学院郑州果树研究所、天津市农科院林果所、北京农学院等。

本标准主要起草人：孔庆山、刘崇怀、潘兴、修德仁、晁无疾、刘俊、刘捍中、杨承时、吴德展。

# 葡萄苗木

## 1　范围

本标准规定了葡萄苗木的质量标准、判定规则、检验方法、起苗、贮苗和包装。

本标准适用于一年生自根和嫁接有萄苗木。

## 2　引用标准

下列标准所包含的条文，通过在本标准中引用而构成为本标准的条文。本标准出版时，所示版本均为有效。所有标准都会被修订，使用本标准的各方应探讨使用下列标准最新版本的可能性。

GB 9847—1988　苹果苗木

SB/T 10332—2000　大白菜

## 3　定义

本标准采用下列定义。

### 3.1　接穗

用于嫁接繁殖的当年生新梢（绿枝嫁接）或一年生成熟枝条（硬枝嫁接）。

### 3.2　自根苗

利用插条经扦插或通过组培获得的苗木。

### 3.3　嫁接苗

利用接穗经嫁接培育成的非自根性苗木。

### 3.4　侧根数量

葡萄苗木地下部从插条（或砧木插条）上直接生长出的侧根数。

### 3.5 侧根粗度

侧根距基部 1.5 cm 处的粗度。

### 3.6 侧根长度

侧根基部至先端的距离。

### 3.7 枝干高度

根颈至剪口处的枝条长度。

### 3.8 枝干粗度

根颈以上 5 cm 处（扦插苗）或接口上第二节中间处（嫁接苗）的粗度（枝条直径）。

### 3.9 接口高度

根颈（地面处）至嫁接口的距离。

### 3.10 检疫对象

国家检疫部门规定的危险性病虫害。

## 4 质量标准

### 4.1 自根苗的质量标准

自根苗的质量标准见表 1。

**表 1　自根苗质量标准**

| 项　目 | | 级　别 | | |
|---|---|---|---|---|
| | | 一 级 | 二 级 | 三 级 |
| 品种纯度 | | ≥98% | | |
| 根系 | 侧根数量 | ≥5 | ≥4 | ≥4 |
| | 侧根粗度，cm | ≥0.3 | ≥0.2 | ≥0.2 |
| | 侧根长度，cm | ≥20 | ≥15 | ≤15 |
| | 侧根分布 | 均匀舒展 | | |
| 枝干 | 成熟度 | 木质化 | | |
| | 枝干高度，cm | 20 | | |
| | 枝干粗度，cm | ≥0.8 | ≥0.6 | ≥0.5 |
| 根皮与枝皮 | | 无新损伤 | | |

（续表）

| 项 目 | 级 别 | | |
|---|---|---|---|
| | 一 级 | 二 级 | 三 级 |
| 芽眼数 | ≥5 | ≥5 | ≥5 |
| 病虫害情况 | 无检疫性对象 | | |

### 4.2 嫁接苗的质量标准

嫁接苗的质量标准见表2。

**表2　　嫁接苗质量标准**

| 项 目 | | | 级 别 | | |
|---|---|---|---|---|---|
| | | | 一 级 | 二 级 | 三 级 |
| 品种与砧木纯度 | | | ≥98% | | |
| 根系 | 侧根数量 | | ≥5 | ≥4 | ≥4 |
| | 侧根粗度，cm | | ≥0.4 | ≥0.3 | ≥0.2 |
| | 侧根长度，cm | | ≥20 | | |
| | 侧根分布 | | 均匀舒展 | | |
| 项 目 | | | 级 别 | | |
| | | | 一级 | 二级 | 三级 |
| 枝干 | 成熟度 | | 充分成熟 | | |
| | 枝干高度，cm | | ≥30 | | |
| | 接口高度，cm | | 10～15 | | |
| | 粗度 | 硬枝嫁接，cm | ≥0.8 | ≥0.6 | ≥0.5 |
| | | 绿枝嫁接，cm | ≥0.6 | ≥0.5 | ≥0.4 |
| | 嫁接愈合程度 | | 愈合良好 | | |
| 根皮与枝皮 | | | 无新损伤 | | |
| 接穗品种芽眼数 | | | ≥5 | ≥5 | ≥5 |
| 砧木萌蘖 | | | 完全清除 | | |
| 病虫害情况 | | | 无检疫对象 | | |

## 5 检测方法与检验规则

5.1 检测苗木的质量与数量，采用随机抽样法。按 GB 9847 执行。

5.2 砧木或品种的纯度：苗木生产过程中，育苗单位应在生长季节依据砧木或品种的植物学特征进行纯度鉴定和去杂，除萌（嫁接苗），并对一般病虫害加以防治。

5.3 侧根数量：目测，计数。

5.4 侧根粗度、枝干粗度：用游标卡尺测量直径。

5.5 侧根长度、枝干长度、接口高度：用尺测量。

5.6 接口部愈合程度：外部目测或对接合部纵剖观测。

5.7 芽眼数：目测，计数。

5.8 病虫危害、机械损伤：目测。

5.9 检疫：植物检疫部门取样检疫。

5.10 每批苗木抽样检验时对不合格等级标准的苗木的各项目进行记录，如果一株苗木同时有几种缺陷，则选择一种主要缺陷，按一株不合格品计算。计算不合格百分率。各单项百分率之和为总不合格百分率。按 SB/T 10332 计算。

## 6 等级判定规则

6.1 各级苗木标准允许的不合格苗木只能是邻级，不能是隔级苗木。

6.2 一级苗的总不合格百分率不能超过 5%，单项不合格百分率不能超过 2%；二级、三级苗的总不合格百分率不能超过 10%，单项不合格百分率不能超过 5%。不合乎容许度范围的降为邻级，不够三级的视为等外品。

## 7 起苗、贮苗、出圃、包装

### 7.1 起苗

秋季至土壤封冻前起苗。土壤过干时应浇水后起苗，起苗应在苗木两侧距离 20 cm 以外处下锹。起苗时亦应避免对地上部分枝干造成机械损伤。起苗后立即根据苗木质量要求时苗木进行修整和分级，捆扎成捆，并及时按品种分别进行贮存。

### 7.2 贮苗

苗木在贮存期间不能受冻、失水、霉变。

### 7.3 出圃

7.3.1 苗木出圃应随有苗木生产许可证、苗木标签和苗木质量检验证书。

7.3.2 标签样式见附录 A。

7.3.3 葡萄苗木质量检验证书见附录 B。

### 7.4 包装

远途运苗，在运输前应用麻袋、尼龙编织袋、纸箱等材料包装苗木。每捆 20 株。包内要填充保湿材料，以防失水，并包以塑料膜。每包装单位应附有苗木标签，以便识别。

## 附录 A
## （标准的附录）
## 葡萄苗木标签

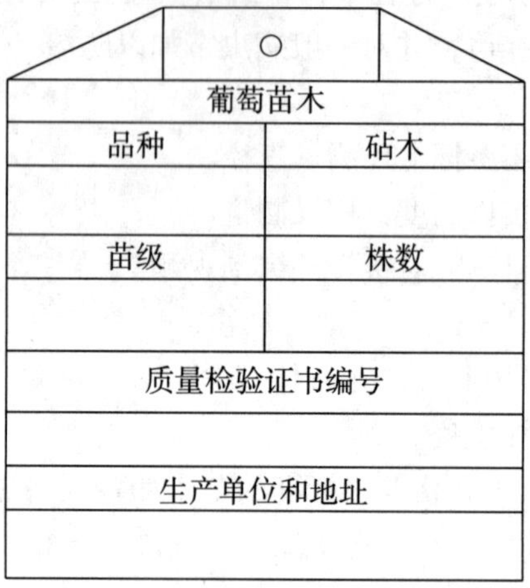

| 葡萄苗木 | |
|---|---|
| 品种 | 砧木 |
| | |
| 苗级 | 株数 |
| | |
| 质量检验证书编号 | |
| | |
| 生产单位和地址 | |
| | |

图 A.1

## 附录 B
## （标准的附录）
## 葡萄苗木质量检验证书

葡萄苗木质量检验证书存根

编号：__________

品种/砧木：______________________________

株数：__________其中：一级：__________二级：__________三级：__________

起苗木日期：__________包装日期：__________发苗日期：__________

育苗单位：______________________用苗单位：______________________

检验单位：__________检验人：__________签证日期：__________

葡萄苗木质量检验证书

编号：__________

品种/砧木：______________________________

株数：__________其中：一级：__________二级：__________三级：__________

起苗木日期：__________包装日期：__________发苗日期：__________

品种来源：______________________砧木来源：______________________

育苗单位：__________用苗单位：__________

检验意见：______________________________

检验单位：__________ 检验人：__________签证日期：__________

ICS 65.020
B 61

# 中华人民共和国农业行业标准

NY/T 1843—2010

# 葡萄无病毒母本树和苗木

Virus-free mother plant and nursery stock of grapevine

2010-05-20 发布　　2010-09-01 实施

中华人民共和国农业部　发布

# 前　言

本标准的附录 A、附录 B 和附录 C 均为资料性附录。

本标准由中华人民共和国农业部种植业管理司提出并归口。

本标准起草单位：中国农业科学院果树研究所、农业部果品及苗木质量监督检验测试中心（兴城）。

本标准主要起草人：董雅凤、张尊平、刘凤之、范旭东、聂继云、李静。

# 葡萄无病毒母本树和苗木

## 1　范围

本标准规定了葡萄无病毒母本树和苗木的质量要求、检验规则、检测方法、包装和标识。

本标准适用于葡萄无病毒母本树和苗木的繁育及销售。

## 2　规范性引用文件

下列文件中的条款通过本标准的引用而成为本标准的条款。凡是注日期的引用文件，其随后所有的修改单（不包括勘误的内容）或修订版均不适用于本标准，然而，鼓励根据本标准达成协议的各方研究是否可使用这些文件的最新版本。凡是不注日期的引用文件，其最新版本适用于本标准。

NY 469　葡萄苗木

全国农业植物检疫性有害生物名单（农业部公告第 617 号，2006 年 3 月）

## 3　术语和定义

下列术语和定义适用于本标准。

### 3.1　葡萄无病毒原种　virus－free primary source of grapevine

通过脱毒处理或无性系筛选获得、经单株检测无病毒后隔离保存的原株。

### 3.2　葡萄无病毒母本树　virus－free mother plant of grapevine

葡萄无病毒原种材料繁育的、用于提供品种或砧木繁殖材料的无病毒母株。

### 3.3　葡萄无病毒砧木　virus－free rootstock of grapevine

从无病毒砧木母本树上取得繁殖材料、经扦插或通过组培获得用于嫁接的葡萄砧木苗。

### 3.4 葡萄无病毒接穗 virus – free scion of grapevine

从无病毒母本树上获得的、用于嫁接繁殖的当年生新梢或一年生成熟枝条。

### 3.5 葡萄无病毒苗木 virus – free nursery stock of grapevine

用无病毒接穗和无病毒砧木繁育的葡萄嫁接苗，以及通过扦插、组织培养等方法繁育的葡萄自根苗。

## 4 要求

4.1 葡萄无病毒母本树和苗木无葡萄扇叶病毒（Grapevine fanleaf virus，GFLV）、葡萄卷叶病毒1（Grapevine leafroll associated virus1，GLRaV – 1）、葡萄卷叶病毒3（Grapevine leafroll associated virus 3，GLRaV – 3）、葡萄病毒A（Grapevine virus A，GVA）和葡萄斑点病毒（Grapevine fleck virus，GFkV）。

4.2 无《全国农业植物检疫性有害生物名单》（农业部公告第617号，2006年3月）规定的检疫性有害生物。

4.3 品种纯正、生长健壮。

4.4 葡萄无病毒自根苗和嫁接苗的质量符合NY 469的规定。

## 5 试验方法

### 5.1 葡萄无病毒原种

5.1.1 葡萄无病毒原种栽培容器中保存于防虫网室或防虫温室中，每个品种5株。每株原种均有编号、来源和病毒检测记录。

5.1.2 每年生长季节观察树体状况，发现有病毒病症状的植株，立即淘汰并销毁。

5.1.3 每5年全部复检一次，带病毒植株立即淘汰并销毁。

5.1.4 病毒检测采用指示植物结合酶联免疫吸附（ELISA）或反转录聚合酶链式反应（RT – PCR）方法进行。

### 5.2 葡萄无病毒母本树

5.2.1 葡萄无病毒母本树栽植于没有传毒线虫、6年之内未栽植过葡萄的地块，与普通葡萄园和苗圃的距离大于60 m，修剪工具、生产工具及农机具专管专用，并定期消毒。

5.2.2 每个生长季节观察树体状况，并抽取5% ~10%的母本树进行病毒检测。发现有病毒病症状的植株和检测带病毒的植株，立即淘汰并销毁。

5.2.3 病毒检测采用ELISA或RT – PCR方法进行。

### 5.3 葡萄无病毒苗木

5.3.1 葡萄无病毒苗木应在距离普通葡萄园或苗圃30 m以上、没有传毒线虫且在3年内未栽植过葡萄的地块进行繁殖，修剪工具、生产工具及农机具专管专用，并定期消毒。

5.3.2 采用随机取样方法抽取苗木进行病毒检测。以1万株抽检10株为基数（不足1万株以1

万株计），10 万株内（含 10 万株）每增加 1 万增检 5 株；超过 10 万株，每增加 1 万增检 2 株。

5.3.3 病毒检测采用 ELISA 或 RT－PCR 方法进行。

5.3.4 等级规格检验按 NY 469 规定执行。

## 6 检验规则

### 6.1 指示植物检测

6.1.1 葡萄扇叶病毒、葡萄卷叶病毒、葡萄病毒 A 和葡萄斑点病毒均可采用指示植物进行检测。

6.1.2 用绿枝嫁接、硬枝嫁接或芽接方法，将待检样品嫁接到指示植物上，每个样品重复 3 株。

6.1.3 生长季节定期观察指示植物的症状表现，检测用指示植物和症状表现参见附录 A。

### 6.2 ELISA 检测

6.2.1 葡萄扇叶病毒、葡萄卷叶病毒 1、葡萄卷叶病毒 3、葡萄病毒 A 和葡萄斑点病毒可采用 ELISA 方法进行检测。

6.2.2 取样部位和时间参见附录 B。

6.2.3 ELISA 检测具体操作方法参见试剂盒使用说明。

### 6.3 RT－PCR 检测

6.3.1 葡萄扇叶病毒、葡萄卷叶病毒、葡萄病毒 A 和葡萄斑点病毒均可采用 RT－PCR 方法进行检测。

6.3.2 取样部位和时间参见附录 B。

6.3.3 检测程序参见附录 C。

## 7 标识和包装

### 7.1 标识

7.1.1 葡萄无病毒母本树标签内容包括品种名称、砧木类型、母本树编号、病毒检测单位和检测时间、母本树培育单位。每捆挂 2 个标签。

7.1.2 葡萄无病毒苗木标签内容包括品种、砧木、等级、株数、生产单位和地址。每捆挂 2 个标签。

### 7.2 包装

分品种、种类（母本树、自根苗、嫁接苗）和等级，分别定量包装，每捆 20～30 株为宜。注意苗木保湿。包装内外附有苗木标签，不应与普通苗木混装。

# 附录 A
## （资料性附录）
## 葡萄病毒在指示植物上的症状表现

表 A.1 葡萄病毒在指示植物上的症状表现

| 病毒种类 | 木本指示植物 | 指示植物症状 |
|---|---|---|
| 葡萄扇叶病毒 | 沙地葡萄圣乔治（*Vitis rupestris* St. Gorge） | 叶片出现褪绿斑点、呈扇形 |
| 葡萄卷叶病毒 | 欧洲葡萄（*Vitis vinifera*）[a] | 叶片下卷，叶脉间变红 |
| 葡萄病毒 A | Kober 5BB | 木质部产生茎沟槽，叶片黄斑 |
| 葡萄斑点病毒 | 沙地葡萄圣乔治（*Vitis rupestris* St. Gorge） | 叶脉透明 |

[a] 指红色品种，常用的有品丽珠（Cabernet franc）、赤霞珠（Cabernet sauvingnon）、黑比诺（Pinot noir Mission），蜜笋（Mission）、巴贝拉（Barbera）等。

# 附录 B
## （资料性附录）
## ELISA 和 RT－PCR 检测适宜时期和取样部位

表 B.1 ELISA 和 RT－PCR 检测适宜时期和取样部位

| 病毒种类 | ELISA 检测 | | RT－PCR 检测 | |
|---|---|---|---|---|
| | 适宜时期 | 取样部位 | 适宜时期 | 取样部位 |
| 葡萄扇叶病毒 | 新梢生长期 | 嫩叶 | 新梢生长期 | 嫩叶 |
| 葡萄卷叶病毒 | 休眠期 | 成熟枝条韧皮部 | 休眠期 | 成熟枝条韧皮部 |
| 葡萄病毒 A | 休眠期 | 叶片、休眠枝条韧皮部 | 休眠期 | 休眠枝条韧皮部 |
| 葡萄斑点病毒 | 新梢生长期 | 嫩叶 | 休眠期 | 休眠枝条韧皮部 |

# 附录 C
## （资料性附录）
## RT－PCR 检测

### C.1 总 RNA 提取

采用二氧化硅吸附法：（1）刮取 100 mg 枝条韧皮部组织放入塑料袋中，加入 1 mL 研磨缓冲液（4.0 mol/L 硫氰酸胍，0.2 mol/L 醋酸钠，25 mmol/L EDTA，1.0 mol/L 醋酸钾，2.5% PVP－40，2% 偏重亚硫酸钠）磨碎；（2）取 500 μL 匀浆置于 1.5 mL 消毒离心管中（先加入 150 μL 10% N－lauroyl-sar－cosine），70 ℃保温 10 min、冰中放置 5 min 后，14 000 r/min 离心 10 min；（3）取 300 μL 上清

液，加入150 μL 100%乙醇、300 μL 6 mol/L 碘化钠、30 μL 10%硅悬浮液（pH2.0），室温下振荡20 min；（4）6 000 r/min 离心1 min，弃去上清，加入500 μL 清洗缓冲液（10.0 mmol/L Tris－HCl，pH7.5；0.5 mmol/L EDTA；50.0 mmol/L NaCl；50%乙醇）重悬浮沉淀，6 000 r/min 离心1 min；（5）重复步骤（4）；（6）将离心管反扣在纸巾上，室温下自然干燥后，重新悬浮于无 RNase 和 DNase 的水中，70 ℃保温4 min；（7）13000 r/min 离心3 min，取上清液，保存于－70 ℃超低温冰箱中。

### C.2 合成 cDNA

5 μL 总 RNA 与1 μL 0.1 μg/μL 随机引物5'd（NNN NNN）3'和9 μL 水混合，95 ℃变性5 min 后立即置于冰中冷却2 min。再加入含5 μL 5×MLV－RT 缓冲液、1.25 μL 10 mmol/L dNTPs、0.5 μL 200 U/μL M－MLV 反转录酶和3.25 μL 灭菌纯水的反转录混合液，经37 ℃ 10 min、42 ℃ 50 min、70 ℃ 5 min 合成 cDNA。

### C.3 PCR 扩增

PCR 反应混合液共25 μL，包括2.5 μL cDNA、2.5 μL 10×PCR 缓冲液、0.5 μL 10 mmol/L dNTPs、0.5 μL 10 μmol/L 互补引物、0.375 μL 2 U/μL Taq DNA 聚合酶、18.125 μL 灭菌纯水。PCR 反应条件根据各组引物的退火温度及扩增产物大小设计。

### C.4 结果判定

检测时设阴、阳对照，采用1%琼脂糖电泳分析 PCR 产物，观察到与阳性对照相同的目的条带的样品为阳性，带病毒；与阴性对照一样，未观察到目的条带的样品为阴性，无病毒。

ICS 65.020.20
B 05

# 中华人民共和国农业行业标准

NY/T 2379—2013

# 葡萄苗木繁育技术规程

## Code practice of grape nursery stock

2013-09-10 发布　　2014-01-01 实施

中华人民共和国农业部　发布

# 前　言

本标准按照 GB/T 1.1—2009 给出的规则起草。

本标准由中华人民共和国农业部提出。

本标准由全国果品标准化技术委员会（SAC/TC 510）归口。

本标准起草单位：中国农业科学院果树研究所、农业部果品及苗木质量监督检验测试中心（兴城）。

本标准主要起草人：李静、聂继云、毋永龙、李海飞、徐国锋、李志霞。

# 葡萄苗木繁育技术规程

## 1　范围

本标准规定了葡萄苗木繁育技术的苗圃地选择与规划、自根苗繁育、嫁接苗繁育、苗木出圃和苗木贮藏等。

本标准适用于葡萄苗木繁育。

## 2　规范性引用文件

下列文件对于本文件的应用是必不可少的。凡是注日期的引用文件，仅注日期的版本适用于本文件。凡是不注日期的引用文件，其最新版本（包括所有的修改单）适用于本文件。

NY 469　葡萄苗木

NY/T 1843　葡萄无病毒母本树和苗木

NY/T 5088　无公害食品　鲜食葡萄生产技术规程

## 3　苗圃地选择与规划

### 3.1　苗圃地选择

选择无检疫性和危害性病虫害，交通便利，背风向阳，地势平坦，排水良好，地下水位在1.5 m以下，有灌溉条件，土层深厚，土壤肥沃，不能连作，苗圃区和轮作区交替培育葡萄苗木。

### 3.2　母本园和采穗圃的建立

按 NY/T 1843 要求选择无病毒、无检疫性病虫害的葡萄苗定植在母本园和采穗圃中，用于接穗和砧木种条的采集。

### 3.3 苗圃地整地

在繁殖区施优质有机肥，翻入耕层，耙平后起垄，灌水，待水渗下稍干时，垄和垄间沟内喷施除草剂，扣地膜。

## 4 自根苗繁育

### 4.1 硬枝扦插育苗

4.1.1 硬枝扦插种条的准备

在3.2中采集无病毒、节间短、髓部小、色泽正常、生长健壮、芽眼饱满、无病虫危害的一年生枝条作为扦插种条。种条剪成长40 cm～50 cm，每捆50枝～100枝，标明品种及采集地点，使用杀菌剂浸泡后晾干，放置在控制温湿度的条件下贮藏。

4.1.2 硬枝扦插种条的催根

春季取出扦插种条，按2芽～3芽长度剪截，上端离芽眼1.5 cm处平剪，下端离芽眼1 cm～2 cm处斜剪成马蹄型，将下端速蘸到催根剂中，取出，放置到温度控制在（20±2）℃的电热温床或火炕上，使用锯木屑或沙埋到插条基部1/3处，产生愈伤组织后即可由催根床移至苗圃进行扦插。

4.1.3 硬枝扦插种条的扦插

当地温上升到15 ℃以上时，按行、株距，破膜扎孔，将催根后的嫁接苗定植在垄上，根据土壤墒情，沟内、垄上灌透水。

4.1.4 硬枝扦插后的管理

新梢抽出5 cm～10 cm时，选留一个粗壮枝，其余抹掉。新梢生长到30 cm左右时，立杆拉绳引绑新梢，副梢留1片叶摘心。

### 4.2 绿枝扦插育苗

4.2.1 绿枝扦插种条的准备

在葡萄生长季，从苗圃母本区采集半木质化的新梢，快速剪成2节～3节一段，保留顶部全叶或半叶。剪后立即将基部浸入水中，扦插前，将枝条速蘸到催根剂中，取出，采用营养钵或苗床扦插育苗。

4.2.2 绿枝扦插条的定植及移栽

将催根的绿枝插条插入营养钵或苗床上，插后立即浇水，扣上塑料拱棚，并遮阴管理。棚内湿度保持在95%左右，温度控制在25 ℃～28 ℃，移栽到苗圃前5 d左右撤掉拱棚炼苗，在3.3整好的苗圃地。

4.2.3 绿枝扦插苗的管理

按4.1.4管理。

## 5 嫁接苗繁育

### 5.1 绿枝嫁接育苗

5.1.1 绿枝嫁接砧木的准备

选择抗逆性强适应当地栽培的砧木品种，按照4.1的方式培育砧木。嫁接前，首先对砧木进行摘心、抠除腋芽、去掉副梢，在砧木基部留2个～3个叶片，节上留2 cm～3 cm的节间剪断，备用。

5.1.2 绿枝嫁接接穗的准备

从葡萄苗木母本园和采穗圃采集当年生、品种纯正、无病虫害、无病毒病粗度0.4 cm～0.6 cm半木质化的新梢作为绿枝嫁接接穗。

5.1.3 绿枝嫁接方法

将5.1.1中准备好的砧木用芽接或枝接方式嫁接。砧穗形成层对齐，如果砧穗粗度不一致时，至少要使砧穗形成层一侧对齐，接穗斜面刀口上露出1 mm~2 mm，以利愈合。然后用1 cm宽的塑料薄膜带缠绕，只露出接芽缠绑。

5.1.4 绿枝嫁接后的管理

根据苗木发育和土壤墒情需要，嫁接后灌水，抹掉砧木上的萌蘖，当接芽抽出20 cm~30 cm新梢时，选留1条粗壮枝，引绑在竹竿或铁线上。同时，对副梢留1片叶子摘心。及时灌水、施肥和摘心。

### 5.2 硬枝嫁接育苗

5.2.1 硬枝嫁接砧木种条的准备

按4.1.1贮藏砧木种条。嫁接前取出，成捆放入清水中浸泡12 h~24 h，然后取出剪截成长度30 cm的砧木，备用。

5.2.2 硬枝嫁接接穗的准备

按4.1.1贮藏接穗种条。嫁接前取出，成捆放入清水中浸泡12 h~24 h，然后取出剪截成接穗长度10 cm~12 cm，剪留1个饱满芽，接穗芽上部剪留2 cm~3 cm，下部剪留8 cm~9 cm的段，放入容器中用湿布盖好备用。

5.2.3 硬枝嫁接方法

5.2.3.1 人工嫁接

采用劈接或双舌接将接穗插入砧木，使砧穗形成层至少一侧对齐，接穗部分需稍微露白；用嫁接膜将接穗与砧木绑紧然后捆成捆。

5.2.3.2 机械嫁接

使用嫁接机嫁接。

5.2.4 硬枝嫁接插条的催根

将嫁接好的插条按生长方向一捆挨一捆立放在容器中，放入催根溶液浸泡。将浸泡后嫁接插条放在温度控制在25 ℃~28 ℃苗床催根，待嫁接插条嫁接口愈合并且砧木基部长出愈伤组织，经2 d~3 d低温锻炼，当地温上升到15 ℃以上时，入圃定植，根据土壤墒情灌水。

5.2.5 硬枝嫁接插条扦插后的管理

同4.1.4的管理。

## 6 苗木出圃

苗木出圃按NY 469分级存放。

## 7 苗木及砧穗贮藏

葡萄苗木、所用的砧木和接穗的种条的贮藏按4.1.1管理。

## 8 病虫害防治

苗木生长期重点防治刺吸性害虫，其他病虫害按NY/T 5088的要求防控。

ICS 65.020
B 16

# 中 华 人 民 共 和 国 农 业 行 业 标 准

NY/T 2378—2013

# 葡萄苗木脱毒技术规范

Technical code for the elimination of viruses from grapevine nursery stock

2013-09-10 发布　　2014-01-01 实施

中华人民共和国农业部　发 布

# 前　言

本标准按照 GB/T 1.1—2009 给出的规则起草。

本标准由农业部种植业管理司提出。

本标准由全国果品标准化技术委员会（SAC/TC 510）归口。

本标准起草单位：中国农业科学院果树研究所、农业部果品及苗木质量监督检验测试中心（兴城）。

本标准主要起草人：董雅凤、张尊平、范旭东、任芳、刘凤之、聂继云。

# 葡萄苗木脱毒技术规范

## 1　范围

本标准规定了葡萄苗木脱毒的术语和定义，脱毒对象和脱毒方法。

本标准适用于葡萄加工品种、鲜食品种和砧木品种的脱毒。

## 2　规范性引用文件

下列文件对于本文件的应用是必不可少的。凡是注日期的引用文件，仅注日期的版本适用于本文件。凡是不注日期的引用文件，其最新版本（包括所有的修改单）适用于本文件。

NY/T 1843　葡萄无病毒母本树和苗木

NY/T 2377　葡萄病毒检测技术规范

## 3　术语和定义

下列术语和定义适用于本文件。

### 3.1　葡萄苗木　grapevine nursery stock

采用接穗和砧木嫁接繁育的葡萄嫁接苗，以及通过扦插、组织培养等方法繁育的葡萄自根苗。

### 3.2　脱毒　virus elimination

采取一定的技术措施，从感染病毒的植株得到无病毒后代植株（不含有葡萄扇叶病毒、葡萄卷叶相关病毒 1、葡萄卷叶相关病毒 3、葡萄病毒 A 和葡萄斑点病毒）的过程。

### 3.3　茎尖培养　shoot tip culture

将嫩梢的生长点连同叶原基，大小约 0.2 cm ~ 0.3 cm 的茎尖接种于试管内无菌培养基上，促其长成完整植株的过程。

### 3.4 葡萄试管苗 grapevine plantlet in vitro

指通过离体培养方法获得的无菌葡萄瓶苗。

### 3.5 热处理 heat treatment

将盆栽苗或试管苗置于恒温培养箱中，于38 ℃恒温或38 ℃与32 ℃变温，每天光照12 h～16 h条件下生长，通过高温抑制病毒扩散，以获得无病毒茎尖的过程。

## 4 脱毒对象

4.1 葡萄弱叶病毒（*Grapevine fanleaf virus*，GFLV）。

4.2 葡萄卷叶相关病毒1（*Grapevine leafroll－associated virus*1，GLRaV－1）。

4.3 葡萄卷叶相关病毒3（*Grapevine leafroll－associated virus*3，GLRaV－3）。

4.4 葡萄病毒A（*Grapevine virus A*，GVA）。

4.5 葡萄斑点病毒（*Grapevine fleck virus*，GFkV）。

4.6 其他病毒脱除参照本标准。

## 5 脱毒方法

### 5.1 器材

超净工作台、高压灭菌锅、光照培养箱、体视显微镜、pH计、电磁炉、电冰箱、电子天平、消毒器、弯头镊子（25 cm）、解剖刀、解剖针、组织培养瓶、封口膜、培养皿、三角瓶等。

### 5.2 盆栽苗热处理

取脱毒葡萄品种的盆栽苗置于温室中，苗木萌动发芽后，放入光照培养箱中。恒温热处理：在（38±1）℃条件下处理30 d～40 d。变温热处理：32 ℃和38 ℃每隔8 h变换一次，处理60 d。每天光照12 h以上，光照强度为5 000 lx～10 000 lx。处理结束后从该盆栽苗上剪取顶芽，进行茎尖培养，茎尖培养方法见5.4。

### 5.3 试管苗热处理

待脱毒试管苗转接后，于25 ℃～28 ℃继代培养10 d～15 d，置恒温培养箱中（32 ℃）培养1周，然后升温至（38±1）℃，每天光照12 h以上，光照强度1 500 lx～2 000 lx，依据不同葡萄品种特性恒温热处理30 d～40 d或变温热处理（温度为32 ℃和38 ℃每隔8 h变换一次）60 d。为防止培养基干燥，热处理期间，可加入少量灭菌的1/2 MS培养基。热处理到期后，从试管苗上剥取0.2 cm～0.3 cm茎尖进行培养。

### 5.4 茎尖培养

5.4.1 培养基制备：采用MS基本培养基，添加植物生长调节剂、蔗糖、琼脂等，配制培养基的具体操作程序参见附录A。

5.4.2 盆栽苗热处理后茎尖分离培养：从热处理到期的盆栽苗上，采集生长旺盛、长约 1 cm～2 cm的顶梢，去掉叶片，在超净工作台上进行消毒处理。先用75%酒精浸泡0.5 min，经蒸馏水冲洗后放入0.1%升汞中消毒5 min～10 min，无菌水浸洗3次～5次，取出后置于无菌培养皿上，在解剖镜下剥取0.2 cm～0.3 cm大小的茎尖，接种在分化增殖培养基上。

5.4.3 试管苗热处理后茎尖分离培养：从热处理到期的试管苗上取顶梢，在无菌培养皿上剥取0.2 cm～0.3 cm大小的茎尖，接种在分化增殖培养基上。

5.4.4 茎尖增殖：将接种的培养瓶置于25 ℃～28 ℃、光照强度1 000 lx～2 000 lx、每天光照时间12 h的组培室中培养。根据生长状况，每1个～2个月转接1次，转接时，先将试管苗基部愈伤组织切除，再切成带1个腋芽的茎段，接种在增殖培养基上。由同一个茎尖增殖得到的组培苗为一个芽系，统一编号。继代5次～6次，同一芽系的试管苗数量达到5瓶以上时，进行病毒检测。

5.4.5 病毒检测：茎尖培养获得的所有芽系均需进行病毒检测，以初步明确脱毒结果。具体检测方法见NY/T 2377。

5.4.6 生根移栽：春季，经检测不带病毒的芽系，切取带1个芽的茎段，接种到生根培养基上，在组培室培养1个月后，将培养瓶置于智能温室或日光温室中，闭瓶炼苗1周～2周。移栽前，在瓶中加少量水使培养基软化。移栽时，从瓶中取出幼苗，将试管苗根部附着的培养基洗干净，栽入装有基质（蛭石：草炭 =1：1）的塑料营养钵中。试管苗移栽后，加盖塑料薄膜和遮阳网保湿、遮阴，保持空气相对湿度80%以上，温度控制在20 ℃～28 ℃。

5.4.7 移栽试管苗病毒检测：翌年春季和秋季，从移栽成活的试管苗上采集嫩叶和休眠枝条进行病毒检测，具体检测方法见NY/T 2377。

5.4.8 脱毒结果判定：根据试管苗和移栽成活苗的病毒检测结果判定脱毒结果，如未检测到本标准规定的脱毒对象，没有表现任何病毒病症状，且生长和结果性状符合该品种特性，则可以作为无病毒原种保存，为无病毒母本树和苗木繁育提供繁殖材料，具体要求参见NY/T 1843。

## 附录A
## （资料性附录）
## 葡萄培养基制备

### A.1 常用溶液配制

除特别说明外，均用蒸馏水溶解和定容，各种母液配完后，分别用玻璃瓶贮存，并且贴上标签，注明母液号、配制倍数和日期等，置4 ℃冰箱保存。制备培养基用的母液和植物生长调节剂溶液配好后应尽快使用，保存期最好不超过4个月，如发现沉淀，则应丢弃。

A.1.1 MS母液

Ⅰ号母液（溶解定容至1000 mL，50×）

| | |
|---|---|
| $NH_4NO_3$ | 82.5 g |
| $KNO_3$ | 95.0 g |
| $KH_2PO_4$ | 8.5 g |

Ⅱ号母液（溶解定容至500 mL，100×）

| | |
|---|---|
| $H_3BO_3$ | 310.0 mg |
| $MnSO_4 \cdot H_2O$ | 845 mg |

| | |
|---|---|
| $ZnSO_4 \cdot 7H_2O$ | 430.0 mg |
| KI | 41.5 mg |
| $Na_2MoO_4 \cdot 2H_2O$ | 12.5 mg |
| $CuSO_4 \cdot 5H_2O$（62.5 mg/250 mL） | 5 mL |
| $CoCl_2 \cdot 6H_2O$（62.5 mg/250 mL） | 5 mL |
| Ⅲ号母液（溶解定容至500 mL，100×） | |
| $CaCl_2 \cdot 2H_2O$ | 22.0 g |
| Ⅳ号液（溶解定容至500 mL，100×） | |
| $MgSO_4 \cdot 7H_2O$ | 18.5 g |
| Ⅴ号母液（溶解定容至500 mL，100×） | |
| $Na_2$—EDTA | 1.865 g |
| $FeSO_4 \cdot 7H_2O$ | 1.39 g |
| Ⅵ号母液（溶解定容至500 mL，100×） | |
| 肌醇（Myo－inositol） | 5.0 g |
| 维生素 $B_6$ | 25.0 mg |
| 烟酸（Nicotinic acid） | 25.0 mg |
| 维生素 $B_1$ | 5.0 mg |
| 甘氨酸 | 100.0 mg |

A.1.2　生长调节剂

一般配成1 mg/10 mL的贮存溶液，IAA、$GA_3$、IBA、NAA等先用少量乙醇溶解，BA先用少量1 mol/L盐酸溶解，再加蒸馏水定容。

A.1.3　1.0 mol/L盐酸和1.0 mol/L NaOH（调整pH用）

1.0 ml/L HCl：取8.4 mL浓HCl，定容至100 mL。

1.0 mol/L NaOH：称4 g NaOH溶解后定容至100 mL。

## A.2　制备培养基

A.2.1　培养基种类

分化增殖培养基：1/2MS（每1 L取Ⅰ号母液10 mL，取Ⅱ号、Ⅲ号、Ⅳ号、Ⅴ号、Ⅵ号母液各5 mL）附加$GA_3$ 0.1 mg/L～0.5 mg/L、IBA 0.1 mg/L～0.5 mg/L、BA 0.5 mg/L～1.0 mg/L、蔗糖30 g/L、琼脂5 g/L。

生根培养基：1/2MS（每1 L取Ⅰ号母液10 mL，取Ⅱ号、Ⅲ号、Ⅳ号、Ⅴ号、Ⅵ母液各5 mL）附加IBA 0.1 mg/L～0.3 mg/L（或NAA 0.05 mg/L～0.2 mg/L、IAA 0.2 mg/L～0.5 mg/L）、蔗糖15 g/L、琼脂5 g/L。

A.2.2　培养基制备

A.2.2.1　根据所需培养基种类和数量依次吸取Ⅰ号～Ⅳ号母液，例如配1/2MS培养基2 L，则加入Ⅰ号母液20 mL，Ⅱ号～Ⅳ号母液各10 mL。

A.2.2.2　加入生长调节剂。例如，BA的使用浓度为1.0 mg/L，则配2 L培养基加入20.0 mL浓度为1.0 mg/10 mL的BA溶液。

A.2.2.3　加蒸馏水定容，充分混匀，用1.0 mol/L盐酸或1.0 mol/L NaOH调pH至5.6～5.8。

A.2.2.4　稍加热，即放入琼脂，待其溶化后，加入蔗糖，充分搅拌溶解。

A. 2. 2. 5　分装培养基。150 mL 的三角瓶，每瓶可装 40 mL ~ 50 mL，1L 培养基可灌 20 瓶 ~ 25 瓶。使用其他培养容器时，也应保持培养基的厚度为 1. 0 cm ~ 1. 5 cm，以确保试管苗有足够的生长空间，且 1 个月 ~2 个月内培养基不干裂。

A. 2. 2. 6　将三角瓶封口包扎后，放入高压灭菌锅内，121 ℃、1. 1 kg/cm$^2$ 消毒 15 min ~ 20 min。消毒完毕，放尽消毒锅中的热空气，立即取出平放，冷却后即可接种试管苗。

培养基制备好后，应尽快用完，若剩余，可置于冰箱冷藏室中黑暗保存（保存期不宜超过 2 周），以减缓营养物质和植物生长调节剂的分解。葡萄组培快繁时，培养基中激素的浓度和种类应根据品种和试管苗生长情况进行适度调整，以获得最佳效果。

# SN

中华人民共和国出入境检验检疫行业标准

SN/T 1992—2007

# 进境葡萄繁殖材料植物检疫要求

Phytosanitary requirements for the importation of grapevine propagation materials into China

2007-12-24 发布　　　　2008-07-01 实施

中华人民共和国国家质量监督检验检疫总局　发布

## 前 言

本标准的附录 A、附录 B 和附录 C 为资料性附录。

本标准由国家认证认可监督管理委员会提出并归口。

本标准负责起草单位：中国检验检疫科学研究院、中华人民共和国天津出入境检验检疫局。

本标准主要起草人：魏梅生、葛建军、赵文军、严进、郭京泽、陈乃中。

本标准系首次发布的出入境检验检疫行业标准。

# 进境葡萄繁殖材料植物检疫要求

## 1 范围

本标准对葡萄繁殖材料上的有害生物进行了风险分析并提出了明确的植物检疫要求。

本标准适用于所有进境的葡萄繁殖材料。

## 2 术语和定义

下列术语和定义适用于本标准。

### 2.1 葡萄繁殖材料 grapevine propagation material

用于繁殖的葡萄藤、插条（不带根的葡萄插条、嫁接葡萄插条）、带根嫁接苗、组培苗、接穗、接芽、砧木、种子、花粉等形式的植物材料和产品。

### 2.2 葡萄繁殖材料上的有害生物 pest of grapevine

植物病毒、类病毒、细菌、真菌、线虫、昆虫等有害生物。

## 3 有害生物风险分析

葡萄繁殖材料有害生物风险分析按照 FAO 的《有害生物风险分析指南》和《检疫性有害生物风险分析》的程序进行。在风险评估的基础上，确定了限定的有害生物名单，并对这些有害生物采取相应的植物检疫措施。葡萄繁殖材料上限定的有害生物名单（包括检疫性有害生物和限定的非检疫性有害生物）参见附录 A。

## 4 入境前的要求

### 4.1 入境前的许可

葡萄繁殖材料的货主或其代理人首先要获得葡萄繁殖材料的进口许可。

### 4.2 首次产地预检疫

中国检验检疫主管部门将派检疫人员赴出口国产地考察，考核有关检疫性有害生物非疫区或非发生生产地区和低度流行区建立的情况，考察产地有害生物的发生和防治情况，对葡萄繁殖材料的种植者和生产场所进行认可。

### 4.3 葡萄繁殖材料的来源和田间环境卫生

4.3.1 葡萄繁殖材料的来源

葡萄繁殖材料，其最基础的繁殖材料应来自出口国官方认可的特定的种苗选育机构，其健康状况和遗传学背景，业已经过严格的筛选和甄别。

预繁殖材料要具有合格的认证标签（如欧盟的白色认证标签）。出口国应将新品种的选育及病虫害检测报告交中方备案。

4.3.2 田间环境卫生

葡萄苗的预繁殖基地和田间生产苗圃应是认证合格的，在出口国的官方植物保护组织注册，并经中国检验检疫主管部门和出口国的官方植物保护组织共同指定，具有葡萄苗生产许可证。出口国的官方植保组织每年应向中国检验检疫主管部门提供这些预繁殖基地和田间生产苗圃的名单和种植地的编号，以及在生长季节所进行的有害生物检测和防治的报告。

要有特定的隔离条件和预防葡萄根瘤蚜措施，杜绝葡萄根瘤蚜的危害。

要有特定的隔离条件和预防传毒线虫、传毒粉蚧和传播葡萄金黄化植原体的叶蝉等介体的措施，将它们随葡萄繁殖材料传带的风险，降至可以接受的水平。主要传播介体参见附录B。

采取适当的措施来控制隔离缓冲带内的作物和杂草，以减少有害生物的转主寄主。

前茬作物轮休和作物轮作或化学防治要有足够的时间间隔，加强生物防治技术措施的应用，保障生产场所的合格。

葡萄繁殖材料处在良好的园艺学生长环境中。

### 4.4 检测

葡萄繁殖材料应在中国检验检疫主管部门认可的预繁殖基地和田间生产苗圃进行种植，对中方所关注的限定的有害生物的检测方法和结果判定标准，将由中方和出口国双方共同认定。

田间植株在易于观察到病害症状的生长季节，至少要检验一次。针对不同健康水平的要求，有相应的检测频率、检测要求和检测方法。

出口国的植物保护组织应向中方提供诊断检测的结果、检测方法以及出口国葡萄认证计划中已考虑的有害生物名单，并将其名单和本标准附录A的名单进行比较。

使用表A.1中未列出的检测方法或对所列方法的修改，应当得到中方的许可。未经中方同意而单方面使用新的检测方法或对原批准方法的变更，中方可拒绝葡萄繁殖材料的入境。

嫁接葡萄指示植物（参见附录C）是葡萄繁殖材料健康检测中的强制性方法，其他的方法不能代替。

接种草本指示植物只能在特定的时期检测到那些可以摩擦接种的病毒。

血清学的酶联检测（ELISA）和免疫电子显微镜观察（IEM）适用于对葡萄芽、根、叶片、枝条的快速检测，尤其适合田间病害的监测和抽查。

聚合酶链式反应（PCR）、反转录-聚合酶链式反应（RT-PCR）、聚丙烯酰胺凝胶电泳（PAGE）检测，分子杂交等分子生物学方法也是重要的方法，可用于检测。

### 4.5 不同形式繁殖材料的处理

4.5.1 种子

葡萄繁殖材料为种子时，种子应从无病害症状或害虫的植株上采集。要对种子进行有效的表面消毒处理，并喷上合适的杀菌剂。

4.5.2 组培苗

葡萄繁殖材料为组培苗时，组培葡萄苗应是经过脱毒与检测的，交换的组培苗培养基中不得含有抗生素，不得有真菌、细菌的污染。

4.5.3 花粉

葡萄繁殖材料为花粉时，暂无特定的要求。

4.5.4 插条

葡萄繁殖材料为插条（不带根的葡萄插条和嫁接葡萄插条）时，插条要从健康的植株上采集，采集插条的工具，每次使用前都要进行有效的消毒处理；插条应采一年生的枝条，最好是休眠的枝条，若采集已萌发的枝条，应除去带有的叶片和卷须等。全休眠插条要用50 ℃的热水处理45 min。采集后的休眠插条用0.5%的次氯酸钠溶液处理5 min，再用适当的杀虫剂和杀菌剂处理。

4.5.5 带根嫁接葡萄苗

葡萄繁殖材料为带根嫁接葡萄苗时，砧木和接芽应来自健康的植株，砧木要抗根瘤蚜。在田间苗圃生长期间，对有害生物进行有效的检测和防治。采收后的带根嫁接葡萄苗经挑选、修枝和修根后，应经过高压水洗，以彻底除去葡萄苗根部的土壤。在进境前用50 ℃的热水处理45 min，并用适当的杀虫剂和杀菌剂浸泡处理。

### 4.6 繁殖材料的包装

葡萄繁殖材料的包装要用新的、干净的、符合中国植物检疫要求的非动植物材料，外包装上应标明葡萄繁殖材料的类型、品种（带根嫁接苗，要标明砧木和接穗的名称）、长度、数量、具体产地、种植者、国别等信息，以便发现问题时能及时追溯原因。

### 4.7 流通环节的查验

葡萄繁殖材料在销售和购买的流通过程中有说明和检查要求。

## 5 口岸查验要求

进境的葡萄繁殖材料，应同时具有健康合格的认证标签（如欧盟的蓝色认证标签）、出口国官方植物检疫证书和进口许可检疫审批单。除要满足出口国葡萄繁殖材料健康生产要求外，出口国应严格按照中国的检疫要求进行检疫，保证不带有任何中方关注的限定的有害生物。经检疫合格的葡萄繁殖材料，应附有出口国官方植物检疫证书，证书的格式和要求要符合国际植物保护公约（IPPC）关于植物检疫证书的规定。

葡萄繁殖材料到达中国指定的入境口岸时，中国检验检疫部门将核查有关单证和包装标志，并进行检疫：

——如发现葡萄繁殖材料来自非指定的产区或生产单位，将禁止入境；

——如检疫发现附录A所列的限定的有害生物或土壤，中方将对该批葡萄繁殖材料做退货或销毁处理，并暂停出口国有关地区的葡萄繁殖材料的入境；

——如检疫发现附录A之外其他新的限定的有害生物，将按中国有关检疫法规进行处理。

同时中国检验检疫主管部门会将上述有关情况尽快通知出口国的官方植物保护组织。

## 6 入境后的隔离检疫要求

中方将对进境的葡萄繁殖材料进行抽样检测，必要时，部分样品送至国家级隔离检疫圃或中国检验检疫部门认可的检疫设施中进行检疫。

用于科学研究目的的葡萄繁殖材料，除非有中国检验检疫部门的许可，否则在研究工作完成后，葡萄繁殖材料作销毁处理。

## 7 其他要求

如果不能满足上述要求，不能将葡萄繁殖材料携带有害生物的风险降至可以接受的水平，则禁止入境。

对本标准所述要求技术方面的合理修改可通过官方双边谈判来解决。

## 附录A
## （资料性附录）
## 进境葡萄繁殖材料上限定的有害生物及诊断方法

表A.1

| 有害生物名称 | 诊断方法 |
|---|---|
| 葡萄线虫传多面体病毒 Grapevinenepoviruses | |
| 南芥菜花叶病毒<br>Arabis mosaic virus（ArMV） | 1）汁液摩擦接种昆诺阿藜或苋色藜、心叶烟。<br>2）ELISA，IEM，RT－PCR。<br>3）嫁接 Siegfriedrebe。 |
| 菊芋意大利潜隐病毒<br>Artichoke Italian latent virus（AILV） | ELISA，RT－PCR。 |
| 乌饭树叶斑驳病毒<br>Blueberry leaf mottle virus（BLMoV） | 1）汁液摩擦接种昆诺阿藜或苋色藜。<br>2）ELISA，IEM。 |

（续表）

| 有害生物名称 | 诊断方法 |
| --- | --- |
| 葡萄保加利亚潜病毒<br>Grapevine Bulgarian latent virus（GBLV） | 汁液摩擦接种昆诺阿藜或苋色藜。 |
| 葡萄铬黄花叶病毒<br>Grapevine chrome mosaic virus（GCMV） | 1）嫁接 Pinotnoir，Jubileum 75。<br>2）汁液摩擦接种曼陀罗、昆诺阿藜和苋色藜。<br>3）ELISA，IEM。 |
| 葡萄扇叶病毒<br>Grapevine fanleaf virus（GFLV） | 1）嫁接 Pinotnoir，Jubileum 75。<br>2）汁液摩擦接种曼陀罗、昆诺阿藜和苋色藜。<br>3）ELISA，IEM。 |
| 葡萄突尼斯环斑病毒<br>Grapevine Tunisianringspot virus（GTRSV） | 1）汁液摩擦接种昆诺阿藜。<br>2）ELISA，IEM。 |
| 桃丛簇花叶病毒<br>Peach rosette mosaic virus（PRMV） | 1）汁液摩擦接种昆诺阿藜或苋色藜。<br>2）ELISA，IEM。 |
| 悬钩子环斑病毒<br>Raspberry ringspot virus（RpRSV） | 1）汁液摩擦接种昆诺阿藜、苋色藜和克利夫兰烟。<br>2）ELISA，IEM。<br>3）嫁接 Siegfriedrebe。 |
| 烟草环斑病毒<br>Tobacco ringspot virus（TRSV） | 1）汁液摩擦接种昆诺阿藜或苋色藜。<br>2）ELISA，IEM，RT－PCR。 |
| 番茄黑环病毒<br>Tomato black ring virus（TBRV） | 1）汁液摩擦接种昆诺阿藜或苋色藜。<br>2）ELISA，IEM。<br>3）嫁接 Siegfriedrebe。 |
| 番茄环斑病毒<br>Tomato ringspot virus（ToRSV） | 1）汁液摩擦接种昆诺阿藜或苋色藜。<br>2）ELISA，IEM，RT－PCR。 |
| 葡萄卷叶综合症 Grapevine leafroll complex | |
| 葡萄卷叶病 Grapevine leafroll disease | 嫁接 Pinot noir，Cabernet franc，Merlot，Barbera，Mission。 |
| 葡萄卷叶相关病毒 1 号 Grapevine leafroll－associated virus 1（GLRaV－1） | 1）嫁接 Pinot noir，Cabernet franc。<br>2）ELISA，RT－PCR。 |
| 葡萄卷叶相关病毒 2 号 Grapevine leafroll－associated virus 2（GLRaV－2） | 1）嫁接 Pinot noir，Cabernet franc。<br>2）ELISA，RT－PCR。 |
| 葡萄卷叶相关病毒 3 号 Grapevine leafroll－associated virus 3（GLRaV－3） | 1）嫁接 Pinot noir，Cabernet franc。<br>2）ELISA，RT－PCR。 |
| 葡萄卷叶相关病毒 4 号 Grapevine leafroll－associated vinus 4（GLRaV－4） | 1）嫁接 Pinot noir，Cabernet franc。<br>2）ELISA，RT－PCR。 |

（续表）

| 有害生物名称 | 诊断方法 |
| --- | --- |
| 葡萄卷叶相关病毒 5 号 Grapevine leafroll – associated virus 5（GLRaV –5） | 1）嫁接 Pinot noir，Cabernet franc。<br>2）ELISA，RT – PCR。 |
| 葡萄卷叶相关病毒 6 号 Grapevine leafroll – associated virus 6（GLRaV –6） | 1）嫁接 Pinot noir，Cabernet franc。<br>2）ELISA，RT – PCR。 |
| 葡萄卷叶相关病毒 7 号 Grapevine leafroll – associated virus 7（GLRaV –7） | 1）嫁接 Pinot noir，Cabernet franc。<br>2）ELISA，RT – PCR。 |
| 葡萄卷叶相关病毒 8 号 Grapevine leafroll – associated virus 8（GLRaV –8） | 1）嫁接 Pinot noir，Cabernet franc。<br>2）ELISA。 |
| 葡萄卷叶相关病毒 9 号 Grapevine leafroll – associated virus 9（GLRaV –9） | 1）嫁接 Pinot noir，Cabernet franc。<br>2）RT – PCR。 |
| 葡萄皱木综合症 Grapevine rugose wood complex | |
| 葡萄栓皮病 Grapevine corky bark disease（CB） | 嫁接 LN33。 |
| 葡萄 A 病毒 Grapevine virus A（GVA） | ELISA，RT – PCR。 |
| 葡萄 B 病毒 Grapevine virus B（GVB） | ELISA，RT – PCR。 |
| 葡萄 C 病毒 Grapevine virus C（GVC） | ELISA，RT – PCR。 |
| 葡萄 D 病毒 Grapevine virusD（GVD） | ELISA，RT – PCR。 |
| Kober 茎沟病 Kober stem grooving disease（KSG） | 嫁接 Kober 5BB。 |
| LN33 茎沟病 LN33 stem grooving disease（LNSG） | 嫁接 LN33。 |
| 沙地葡萄茎痘病<br>Grapevine rupestris stem pitting disease（RSP） | 嫁接 St. George。 |
| 沙地葡萄茎痘相关病毒<br>Grapevine rupestris stem pitting assiciatedvirus（GRSPaV） | 1）嫁接 St. George。<br>2）ELISA，RT – PCR。 |
| 其他病毒病害 | |
| 草莓潜环斑病毒<br>Strawberry latent ringspot virus SLRSV） | 1）汁液摩擦接种昆诺阿藜、苋色藜和黄瓜。<br>2）ELISA，IEM，RT – PCR |
| 葡萄阿吉纳希克病毒 Grapevine Ajinashika virus（GAV） | 1）嫁接 Koshu。2）ELISA。 |
| 葡萄阿尔及利亚潜隐病毒<br>Grapevine Algerian latent virus（GALV） | ELISA，IEM。 |
| 葡萄果心坏死病毒<br>Grapevine berry inner necrosis virus（GINV） | 1）嫁接 Kyoho。2）摩擦接种昆诺阿藜或苋色藜。3）RT – PCR。 |
| 葡萄布拉迪斯拉发花叶病毒<br>Grapevine Bratislave mosaic virus | 摩擦接种昆诺阿藜或苋色藜。 |
| 葡萄线纹病毒 Grapevine line patttern virus（GLPV） | 摩擦接种昆诺阿藜，黄瓜。 |
| 番茄丛矮病毒 Tomato bushy stuntvirus（TBSV） | 1）摩擦接种昆诺阿藜或苋色藜。2）ELISA，RT – PCR。 |

（续表）

| 有害生物名称 | 诊断方法 |
| --- | --- |
| 葡萄斑点病毒 Grapevine fleck virus（GFkV） | 1）嫁接 St. George。2）ELISA，RT－PCR。 |
| 葡萄矮化病毒 Grapevine stunt virus（GSV） | 嫁接 Campbell Early。 |
| 藜草花叶病毒 Sowbane mosaic virus（SoMV） | 1）汁液摩擦接种苋色藜、昆诺阿藜或墙生藜。2）ELISA。 |
| 葡萄侵染性坏死 Grapevineinfectious necrosis | 目视检查。 |
| 葡萄耳突病 Grapevine enation disease | 嫁接 LN33 和 Italia。 |
| 葡萄脉坏死 Grapevine vein necrosis | 嫁接 110R。 |
| 葡萄脉花叶 Grapevine vein mosaic | 嫁接河岸葡萄。 |
| 类病毒 | |
| 澳大利亚葡萄类病毒 Australian grapevine viroid（AGVd） | 先接种黄瓜 Suyo 品种再用 PAGE，RT－PCR，分子杂交检测。 |
| 葡萄黄斑类病毒 1 号 Grapevineyellow speckle viroid －1（GYSVd－1） | PAGE，RT－PCR，分子杂交。 |
| 葡萄黄斑类病毒 2 号 Grapevine yellow speckle viroid －2（GYSVd－2） | PAGE，RT－PCR，分子杂交。 |
| 柑橘裂皮类病毒 Citrus exocortis viroid（CEVd－g） | PAGE，RT－PCR，分子杂交。 |
| 酒花矮化类病毒 Hop stunt viroid（HSVd－g） | PAGE，RT－PCR，分子杂交。 |
| 细菌类病害 | |
| 葡萄细菌性疫病 Xylophilus ampelinus | 1）目视检查。2）ELISA，PCR。 |
| 皮尔斯氏病 Xylella fastidiosa | 1）目视检查。2）ELISA，PCR。 |
| 葡萄根癌病 Agrobacterium tume faciens | 1）目视检查。2）ELISA，PCR。3）选择性培养基培养。 |
| 澳大利亚葡萄黄化病 Australian grapevine yellows | PCR。 |
| 葡萄黑木病 Grapevine bois noir | 1）嫁接 Chardonnay，Riesling。2）PCR。 |
| 葡萄金黄化植原体 Grapevine flavescence dorée | 1）嫁接 Baco 22A 和 Chardonnay，Aramon。2）ELISA，PCR。 |
| 葡萄脉黄化和卷叶 Grapevine vein yellows and leaf roll | PCR。 |
| Grapevine vergelbungskrankheit | PCR。 |
| 欧洲葡萄黄化病 Grapevine yellows in Europe－Elqui yellows | 1）嫁接 Chardonnay，Riesling。2）PCR。 |
| 非欧洲的葡萄黄化病　曲叶和浆果皱缩 Grapevine yellows outside Europe leaf curl and berry shrivel | PCR。 |
| 真菌病害 | |
| 葡萄枝蔆病菌 *Eutypa armeniacae* | 观察症状，分离培养，镜检。 |
| 葡萄苦腐病菌 *Geeneria uvicola* | 观察症状，分离培养，镜检。 |
| 葡萄溃疡病菌 *Phoma glomerata* | 观察症状，分离培养，镜检。 |

（续表）

| 有害生物名称 | 诊断方法 |
|---|---|
| 葡萄根腐病菌 *Phyamatotrichum omnivorum* | 分离根部及土壤，镜检。 |
| 葡萄角斑病菌 *Pseudopezicula tracheiphila* | 观察症状，分离培养，镜检。 |
| 葡萄蔓割病菌 *Cryptosporella viticola* | 观察症状，分离培养，镜检。 |
| 葡萄炭疽病菌 *Glomerella cingulate* | 观察症状，分离培养，镜检。 |
| 葡萄黑腐病菌 *Guignardia bidwellii* | 观察症状，分离培养，镜检。 |
| 葡萄霜霉病菌 *Plasmopara viticola* | 观察叶片及新梢症状，镜检。 |
| 葡萄黑痘病菌 *Sphaceloma ampelinum* | 观察症状，分离培养，镜检。 |
| 葡萄白粉病菌 *Uncinula necator* | 观察叶片及幼嫩组织症状，镜检。 |
| 线虫 | |
| 短体线虫属 *Pratylenchuts*（非中国种） | 镜检。 |
| 根结线虫属 *Meloidogyne*（非中国种） | 镜检。 |
| 拟毛刺线虫属 *Paratrichodorus*（传毒种） | 镜检。 |
| 毛刺线虫属 *Tyichodorus*（传毒种） | 镜检。 |
| 长针线虫属 *Longidorus*（传毒种） | 镜检。 |
| 剑线虫属 *Xiphinema*（传毒种） | 镜检。 |
| 昆虫 | |
| 葡萄根瘤蚜 *Viteus vitifoliae* | 1）目视检查。2）制作玻片标本，镜检。 |
| 橘粉蚧 *Planococcus citri* | 1）目视检查。2）制作玻片标本，镜检。 |
| 无花果粉蚧 *P. ficus* | 1）目视检查。2）制作玻片标本，镜检。 |
| 拟长尾粉蚧 *Pseudococcus longispinus* | 1）目视检查。2）制作玻片标本，镜检。 |
| 叶蝉 *Scaphoides titanus* | 1）目视检查。2）制作玻片标本，镜检。 |

## 附录B
## （资料性附录）
## 葡萄繁殖材料上一些病害的主要传播介体

**表 B.1**

| 介体名称 | 传播的病害 |
|---|---|
| 美洲剑线虫 *Xiphinemaamericanum* | 番茄环斑病毒，烟草环斑病毒，桃丛簇花叶病毒 |
| 加州剑线虫 *X. californum* | 番茄环斑病毒 |
| 裂尾剑线虫 *X. diversicaudatum* | 南芥菜花叶病毒，草莓潜环斑病毒 |
| 标准剑线虫 *X. index* | 葡萄扇叶病毒 |

（续表）

| 介体名称 | 传播的病害 |
| --- | --- |
| 意大利剑线虫 *X. italiae* | 葡萄扇叶病毒 |
| 里夫丝剑线虫 *X. rivesi* | 番茄环斑病毒 |
| *X. vuittenezi* | 葡萄铬黄花叶病毒 |
| 渐狭长针线虫 *Longidorus attenuatus* | 番茄黑环病毒 |
| 折环长针线虫 *L. diadecturus* | 桃丛簇花叶病毒 |
| 逸去长针线虫 *L. elongatus* | 番茄黑环病毒，悬钩子环斑病毒，桃丛族花叶病毒 |
| 大体长针线虫 *L. macrosoma* | 悬钩子环斑病毒 |
| 橘粉蚧 *Planococcuscitri* | 葡萄 A 病毒 |
| 无花果粉蚧 *P. ficus* | 葡萄 A 病毒，葡萄卷叶相关病毒 3 号 |
| 拟长尾粉蚧 *Pseudococcuslongispinus* | 葡萄 A 病毒，葡萄卷叶相关病毒 3 号 |
| 叶蝉 *Scaphoidestitanus* | 葡萄金黄化植原体 |

## 附录 C
## （资料性附录）
## 嫁接诊断用主要葡萄指示植物

表 C.1

| 葡萄种或品种名称 | | 诊断的病害 |
| --- | --- | --- |
| 欧洲葡萄<br>*Vitis vinifera* | 丽珠 Cabernet franc | 卷叶病毒 |
| | 黑比诺 Pinot noir | 卷叶病毒 |
| | 梅鹿特 Merlot | 卷叶病毒 |
| | 巴巴拉 Barbera | 卷叶病毒 |
| | 蜜笋 Mission | 卷叶病毒 |
| | 霞多丽 Chardonnay | 葡萄黑木病、葡萄金黄化植原体和欧洲葡萄黄化病 |
| | 雷司令 Riesling<br>Aramon | 葡萄黑木病和欧洲葡萄黄化病葡萄金黄化植原体 |
| | 意大利 Italia<br>Jubileum75<br>Siegfriedrebe<br>Koshu | 葡萄耳突病<br>葡萄铬黄花叶病毒<br>南芥菜花叶病毒、悬钩子环斑病毒、番茄黑环病毒<br>葡萄阿吉纳希克病毒 |
| 沙地葡萄 Vitis rupesris<br>圣乔治 St. George | | 葡萄扇叶病毒，葡萄斑点病毒，沙地葡萄茎痘病及相关病毒 |

（续表）

| 葡萄种或品种名称 | 诊断的病害 |
| --- | --- |
| 河岸葡萄 *Vitis riparia*<br>光荣 Gloire de Montpellie | 葡萄脉花叶 |
| 冬葡萄×河岸葡萄（*Vitis berlandieri*×*Vitis ribaria*）<br>Kober 5BB | Kober 茎沟病 |
| Couderc1613×冬葡萄（Couderc1613×*Vitis berlandieri*）<br>LN33 | 葡萄栓皮，葡萄耳突，LN33 茎沟 |
| 沙地葡萄×冬葡萄（*Vitis rupesris*×*V. berlandieri*）<br>110R | 葡萄脉坏死 |
| 巨峰 Kyoho | 葡萄果心坏死病毒 |
| 康拜尔早生 Campbell Early | 葡萄矮化病毒 |
| 巴可 22A Baco22A | 葡萄金黄化植原体 |

ICS

# DBN

吐 鲁 番 市 农 业 地 方 标 准

DBN 6521/T 111—2015

# 吐鲁番地区酿酒葡萄栽培技术规程

2015－04－25 发布　　2015－05－10 实施

吐鲁番地区质量技术监督局　发布

# 前　言

本标准根据依据 GB/T 1. 1—2009《标准化工作导则第一部分标准的结构和编写》和 DB 65/T 2035. 2—2003《标准体系工作导则第 2 部分农业标准体系框架与要求》编写。

本标准由吐鲁番地区林业局归口。

本标准由吐鲁番地区林果业技术推广服务中心提出。

本标准由吐鲁番地区林果业技术推广服务中心、新疆农业科学院园艺作物研究所负责起草。

本标准主要起草人：吴玉华，潘明启，罗闻芙，徐彦斌，周黎明，古亚汗・沙塔尔，周慧，伍新宇，王春燕，阿迪力・阿不都古力，强彦生。

# 吐鲁番地区酿酒葡萄栽培技术规程

## 1　范围

本规程规定了酿酒葡萄栽培的术语和定义、建园、苗木定植、水肥管理、整形修剪、产量调控、病虫害防治、果实采收要求。

本规程适用吐鲁番地区酿酒葡萄生产。

## 2　规范性引用文件

下列文件对于本文件的应用是必不可少的。凡是注日期的引用文件，仅所注日期的版本适用于本文件。凡是不注日期的引用文件，其最新版本（包括所有的修改单）适用于本文件。

GB 4285　农药安全使用标准

NY 469　葡萄苗木

NY/T 391　绿色食品　产地环境技术条件

NY/T 393　绿色食品　农药使用原则

NY/T 394　绿色食品　肥料使用准则

DB 65/T 3655　新疆葡萄主要有害生物综合（绿色）防治技术规程

DB 65/T 2001　酿酒葡萄

DB 65/T 2141　新建葡萄园技术规程

DB 65/T 2143　葡萄架水泥支柱

DB 65/T 2144　吐鲁番葡萄的越冬防寒和出土规范

DB 65/T 2145　葡萄肥水管理技术规程

## 3 术语和定义

下列定义适用于本标准。

### 3.1 结果母校

着生结果枝的枝条。

### 3.2 结果技

着生花序和果穗的新梢。

### 3.3 短梢修剪

一年生枝留1~2芽进行短截。

### 3.4 长梢修剪

一年生枝留3芽以上进行短截。

## 4 主要指标要求

### 4.1 品质指标

葡萄应在植株上自然成熟，已表现出品种固有色泽与风味，葡萄含糖量≥170 g/L，果实新鲜，无破损，不含有二次果、生青果、霉烂果等，杂质含量在0.5%以内。

### 4.2 产量指标

按DB 65/T 2001.4.1产量要求中的一级和二级标准执行，即确定三年生以上成龄酿酒葡萄园产量500 kg/666.7 $m^2$ ~1000 kg/666.7 $m^2$。

### 4.3 主栽品种

4.3.1 红色品种

赤霞珠、品丽珠、蛇龙珠、梅鹿辄（美乐）、马瑟兰、嘉年华、双红、西拉等。

4.3.2 白色品种

意斯林、霞多丽、雷司令、白诗南、艾格力、媚丽、小白玫瑰等。

4.3.3 砧木品种

可在冬季寒冷、葡萄园土壤质地为沙土条件下采用。以5BB、$SO_4$、山河系、河岸系等专用砧木、高位嫁接苗木为主。

### 4.4 架式

采用等行距篱架栽培。

## 5 园地选择和规划

### 5.1 环境

按 NY/T 391 执行。

### 5.2 土壤

建园时应选用沙壤土、轻沙壤土和轻粘土 。

### 5.3 综合规划

按 DB 65/T 2141.5 综合规划中的内容执行，包括规划、平整土地、条田设置、林带设置和道路渠道配置。

## 6 开沟搭架

### 6.1 开沟

以南北向开沟为佳，也可根据葡萄园地势、坡降和灾害性风向等确定沟向。定植沟宽 1.0 m，深 1.0 m。在定植沟的中下部施充分腐熟有机肥 3 $m^3$/667 $m^2$ ~4 $m^3$/667 $m^2$，磷酸二铵 20 kg/667 $m^2$ ~30 kg/667 $m^2$，也可回填秸秆。回填时，保留沟深 25 cm ~30 cm。

### 6.2 覆膜与洗盐压碱

土壤盐碱含量较高时，可采用在定植沟二侧边缘铺设塑料膜的限根栽培方式，塑料膜要采用防渗膜，铺膜后压实边缘。土壤回填后先灌大水 2 次 ~3 次，减少土壤盐碱含量。

### 6.3 搭架

6.3.1 架杆

水泥柱按 DB 65/T 2143 执行。也可采用木橡、钢架、合金架、镀锌角钢等。

6.3.2 架丝

架丝采用直径 1.2 mm ~1.4 mm 的镀锌钢丝。

6.3.3 搭架

支柱均立于沟中间或边缘。行内每隔 5 m 设立一支柱，每支柱横拉 3 道 ~4 道钢丝，最下一道钢丝距地面 0.5 m，架面地上高度 1.7 m ~1.8 m。上部 2 道 ~3 道钢丝可采用双钢丝，用于夹缚枝蔓。边柱要加粗，并采用锚索或顶柱方式加固。

## 7 苗木定植

### 7.1 苗木标准

按 NY 469 执行。

### 7.2 定植时期

春季 3 月底 ~4 月中旬，10 cm 土壤温度稳定在 10 ℃以上定植。

### 7.3 定植技术

定植前5天~7天对定植沟进行灌水，沉实后整平。定植前苗木用清水浸泡12小时，对苗木根系进行轻剪、消毒。定植后立即灌水。苗木必须栽成一条直线。

## 8 树形培养

### 8.1 倾斜龙干树形（厂形）

采用单蔓或双蔓，行距3.2 m~4.0 m，株距0.8 m~1.0 m的栽培模式。种植密度167株/666.7 $m^2$~260株/666.7 $m^2$。

8.1.1 第一年整形与修剪

定植当年，苗木萌芽后边留一个或两个生长健壮的新梢，使其垂直向上生长，8月中旬主梢摘心，促进成熟。

冬季修剪时在主梢充分成熟部位进行剪截，剪口粗度0.6 cm以上。

8.1.2 第二年整形与修剪

春季葡萄出土后，将一年生枝按与地面呈小于30°的夹角，倾斜牵引到距地面50 cm的第一道钢丝后，水平绑缚到第一道钢丝，逐年形成一条多年生的蔓。主蔓水平部分作为结果部位，单主蔓长度允许重叠0.20 m，主蔓长度以与下一株葡萄碰触为止。同行内主蔓顺同一个方向倾斜。

结果部位生长量未达到要求的植株，萌芽后边留2个~4个新梢垂直沿架面生长。冬季修剪时，将顶端的一年生枝按中长梢修剪，长度到下一株葡萄枝蔓为止，其余在结果部位的新梢进行2芽~3芽短中梢修剪，做结果母枝。

8.1.3 第三年及以后整形与修剪

第三年以后葡萄进入正常结果期。春季萌芽后结果部位保留15个~30个/m结果枝。结果枝在架面均匀分布、垂直向上生长沿架面绑缚。结果枝生长到超过架面20 cm~30 cm时，进行打顶。冬季修剪时枝蔓结果部位保留8个~10个/m结果母枝，各结果母枝留2芽~3芽短中梢修剪，作为下一年的结果母枝。

### 8.2 爬地龙树形

可在定植沟内生草、行间覆盖条件下边用。

8.2.1 爬地龙（有主蔓）

采用近地双或单龙干（多年生枝）。种植密度为株距1.0 m，行距3.0 m~4.0 m。

8.2.1.1 第一年整形与修剪

将定植用苗剪留两芽，用引枝绳培育一（单爬地龙）或两个新梢（双爬地龙）。冬季修剪时将所培育的一年生枝剪留1.0 m（单龙）或0.5 m（双龙）固定在离地面或沟面0.2 m的第一道铁丝上埋土。

8.2.1.2 第二年整形与修剪

出土后，将由芽眼发出的新梢向上直立绑缚，使之在架面上分布均匀。高度超过架面的部分，全部剪掉。保持叶幕层厚度为0.5 m，超过部分，全部剪掉，使叶幕层成为高度为1.5 m、厚度为0.5 m的“绿篱”。在冬季修剪时，将一年生枝剪3芽埋土。将修剪枝留在架面上。

8.2.1.3　第三年及以后整形与修剪

春季出土前，将留在架面上的修剪枝清理干净。出土后，将由芽眼发出的新梢向上直立绑缚，每个结果母枝留 3 个新梢，使之在架树体萌动之前。

面上分布均匀。高度超过架面的部分，全部剪掉。保持叶幕层厚度为 0.5 m，超过部分，全部剪掉，使叶幕层成为高度为 1.5 m、厚度为 0.5 m 的“绿篱”。在冬季修剪时，将带两个一年生枝的部分全部剪掉，另一一年生枝剪留 3 芽埋土。将修剪枝留在架面上。

8.2.2　爬地龙（无主蔓）

采用无主干的近地双或单臂（一年生枝）。种植密度为株距 1.0 m，行距 3.0 m ~ 4.0 m。

8.2.2.1　第一年整形与修剪

将定植用苗剪留两芽，用引枝绳培育一（ 单爬地龙 ）或两个新梢（双爬地龙）。冬季修剪时将所培育的一年生枝剪留 1.0 m（单龙）或 0.5 m（双龙）固定在离地面或沟面 0.3 m 的第一道铁丝上埋土。

8.2.2.2　第二年整形与修剪

出土后，将由芽眼发出的新梢向上直立绑缚，使之在架面上分布均匀。高度超过架面的部分，全部剪掉。保持叶幕层厚度为 0.5 m，超过部分，全部剪掉，使叶幕层成为高度为 1.5 m、厚度为 0.5 m 的“绿篱”。冬季修剪时，远留离树桩最近的两个一年生枝，将里侧的一年生枝剪留两芽，外侧枝长梢修剪后，固定在离地面或沟面 0.3 m 的第一道铁丝上埋土。将修剪枝留在架面上 。

8.2.2.3　第三年及以后整形与修剪

春季出土前，将留在架面上的修剪枝清理干净。出土后，将由芽眼发出的新梢向上直立绑缚，使之在架面上分布均匀。高度超过架面的部分，全部剪掉。保持叶幕层厚度为 0.5 m，超过部分，全部剪掉。使叶幕层成为高度为 1.5 m、厚度为 0.5 m 的“绿篱”。在冬季修剪时，将上年修剪留下的长梢全部剪掉，在上年留下的短梢上，将里侧的一年生枝剪留两芽，外侧枝长梢修剪后，固定在离地面或沟面 0.3 m 的第一道铁丝上埋土。将修剪枝留在架面上。

## 9　肥水管理

### 9.1　常规模式

按 NY/T 394、DB 65/T 2145 执行。

### 9.2　滴灌模式

有条件的配置营养液水肥一体化系统，根据葡萄的不同生长时期的养分需求，滴灌营养液或清水。

9.2.1　灌溉制度

在萌芽前灌出土水 1 次，新梢生长期灌水 1 次浆果膨大期每 5 天 ~ 10 天灌水 1 次，果实成熟期灌水 1 次，葡萄埋土前 7 天 ~ 10 天灌埋土水。

9.2.2　灌水方法与灌水量

亩灌水量一般每次 20 $m^3$ ~ 30 $m^3$，越冬水 60 $m^3$ ~ 80 $m^3$，每年用水定额 450 $m^3$ ~ 500 $m^3$。盐碱含量较高的地块，可在用水空闲时间加大滴水量，进行以水洗盐碱。

## 10 果实采收

### 10.1 采收期

当果实达到本标准 4.1 所示指标时，进行采收。

### 10.2 采收要求

选晴天早晨露水干后进行。不同品种要分采、分运，采收后 12 小时内必须运达酒厂立即加工。

## 11 越冬防寒和出土

按 DB 65/2144 执行。

## 12 病虫害防治

按 GB 4285、NY/T 393、DB 65/T 3655－2014 执行。

ICS 65.020.40
B 61
备案号：

# DB65

## 新 疆 维 吾 尔 自 治 区 地 方 标 准

DB 65/T 2620—2006

# 酿酒葡萄育苗技术规程

The Technical Regulation of Rooting the Vine's Cutting

2006-06-15 发布 2006-08-01 实施

新疆维吾尔自治区质量技术监督局 发布

# 前　言

本标准依据 GB/T 1.1－2000 标准化工作导则－标准的结构和编写规则、GB/T 2366.1－1990 标准化工作导则－原则与方法及 GB/T 2366.3－1990 综合标准化工作导则－农业产品综合标准化的一般要求编写。

本标准由乌鲁木齐市质量技术监督局提出。

本标准由新疆维吾尔自治区农业厅归口。

本标准起草单位：新天国际葡萄酒业有限公司、乌鲁木齐市质量技术监督局

本标准主要起草人：董新平、陈卫民、朱向东、杨森、热西旦、刘敏、饶金刚、全建伟、马莉涛

# 酿酒葡萄育苗技术规程

## 1　范围

本标准规定了酿酒葡萄育苗方法和技术要求。

本标准适用于新疆维吾尔自治区境内适于酿酒葡萄种植的区域。

## 2　葡萄育苗方法

葡萄育苗方法分为以下四种：

a）葡萄单芽营养袋温室育苗

b）葡萄露地硬枝扦插育苗

c）葡萄嫁接育苗

d）葡萄压条育苗

## 3　技术要求

葡萄的繁殖方法较多，大田常用的有扦插育苗、嫁接育苗、压条育苗等方法，保护地中一般采用营养袋育苗，而为了培育无毒种苗，或为了快速、大规模扩繁，则需要采用实验室组培育苗，这是将来苗木繁育发展的方向，会逐渐替代现有苗木繁育方式。

### 3.1　葡萄单芽营养袋温室育苗

葡萄温室营养袋快速繁育苗木法有以下优点。①种条利用率高：采用单芽扦插，较露地扦插育苗提高繁殖系数 2～3 倍。②栽植成活率高，苗齐苗壮：苗木带土移栽，不伤根系，易成活，缓苗时间短，生长健壮；③提早一年成园：当年春季 2 月在温室内育苗，5～6 月定植，当年秋季苗高可达 1 米以上；④成本低：一年生扦插苗每株约 1.5 元～2.0 元，营养袋苗仅 0.3 元～0.4 元，降低成本 3 倍

左右。

3.1.1 种条收集与贮藏

前一年结合冬剪收集种条，剪成长 70 cm ~80 cm、6 ~10 芽的枝段，每 100 根一捆。以 3 ~5 年生树采集种条最好。若种条从外地购进，应在 11 月中旬以前或 2 月中旬以后，注意保湿运输。

选高燥地块挖贮藏坑，宽 2 m ~3 m，深 1.2 m，长度由种条量决定。坑内土壤湿度若不足需灌水。种条斜向竖放，上部再横向放置一层，覆草后盖土 30 cm。气温高时盖土分两次进行，随时检测坑内温度，不得超过 5 ℃，也不得低于 -5 ℃。

3.1.2 电热催根

3.1.2.1 电温床铺设

电温床设在加温温室内，用控温仪连接电热线加温，接线法见说明书。温床为长方形，床底要整平，床框用红砖砌成，两端各固定一根方木条，按间距要求钉铁钉，电热线往复扣在铁钉上拉紧，不得交叉。布线前先在温床内铺 5 cm 厚杨树锯末，喷洒 50% 退菌特 800 ~1000 倍或 25% 多菌灵 600 ~800 倍液消毒杀菌，布线后再铺 5 cm 厚锯末，再喷洒一遍农药，即可待插。

3.1.2.2 种条剪截与处理

催根一般于 2 月初开始，选正常冬藏种条截成 7 cm ~8 cm 单芽茎段，芽上留 1 cm 平剪，芽下留 6 cm ~7 cm 斜剪。用清水浸泡 12 h 后扦插上电温床。

为使种条快速脱离休眠和消灭毛毡病，种条在浸泡前可用变温处理：在 30 ℃水中浸 5 ~7 分钟，再放入 50 ℃水中浸 5 ~7 分钟。为促进种条生根，还可用激素处理：用 700 PPM 萘乙酸（NAA）或 1000 PPM 吲哚乙酸（IAA）快速浸蘸插条基部 1 秒钟，或用生根粉浸泡 12 h（浓度见使用说明）。

3.1.2.3 插条上电温床

将插条芽眼向上紧密直插于温床上，基部插入锯末内 2 cm，每平方米摆放插条 7000 ~8000 根，每床可催根 42000 -52000 根。再用细河沙填满缝隙，浇透温水（25 ℃），喷一遍农药杀菌，覆盖薄膜，即可通电加温。

3.1.2.4 温床管理

温床加温后，5 ~7 天形成层开始活动，10 天形成愈伤组织，半月后普遍长出新根。不同品种、不同质量插条，其催根效果不同，催根时间亦不同。一般催根时间以 80% 插条形成愈伤组织、芽眼基本萌发、约 15 ~20 天为宜，可扦插入营养袋。

（1）温度：葡萄发根适温是 25 ℃ ~30 ℃，而发芽只需 10 ℃即可，因此要求温床温度控制在 28 ℃左右最好。变温管理较恒温管理发根好，加温开始 1 ~4 天控制温度在 28 ℃ ~30 ℃，有利于中柱鞘薄壁细胞分裂；愈伤组织出现至幼根突破表皮后，温度稍低较利于根的分化、生长，因此发根后可降至 25 ℃ ~26 ℃。温度过高，只发生大量愈伤组织而不分化根系。室温前期要保持在 20 ℃，在催根前三天烧火增温：后期不低于 10 ℃。

（2）水分：视插条内部干湿情况而定，每天上午喷洒 15 ℃清水一次，每三天喷洒透水一次，保持 75 ~80% 湿度，当芽眼萌发后，要及时揭膜通风换气，防止新芽黄化软弱。

（3）防病：高温高湿利于发病，催根床加温前要全面消毒一次，以后每 7 天喷一次，可用 50% 退菌特可湿性粉剂 800 ~1000 倍与 3000 倍农用莲霉素交替使用。

3.1.3 温室育苗

3.1.3.1 温室或大棚准备

在电热催根同时，温室或大棚的准备工作也要进行。提前两周将温室或大棚内积雪清扫出去，然后覆盖薄膜并加温，促进冻土和肥料解冻，以利于配制营养土。

3.1.3.2 营养土配制

用1 cm孔径筛将解冻熟土和腐熟有机肥过筛，然后按菜园熟土：有机肥 =3：1 的比例加适量磷酸二铵（每立方营养土 800 g）用水拌匀，湿度以手捏成团、抛下即散为宜。

3.1.3.3 营养袋制作和装袋

营养袋为直径6 cm、高13 cm的无底圆筒，用厚0.045 mm的薄膜裁成22 cm宽的长条，用缝纫机缝成长圆筒，再裁剪而成。若用市售营养袋成品，直接使用即可。装袋时要求上松下紧，上部留 1 cm余地便于以后覆土和浇水。营养袋紧密摆放，每平方米约可摆350 个袋。摆放时每隔1.5 m用红砖摆一便道，利于以后管理。

3.1.3.4 插条扦插

先给营养袋浇透水，用粗细与插条相当的尖物在营养袋中扎眼后将插条插入，深度以土表近芽眼为宜，再覆土露半芽。完毕后逐袋浇足水。

3.1.3.5 苗期管理

（1）防病：猝倒病、立枯病和霜霉病是苗期主要病害，插条扦插完毕后，要立即喷一次50%退菌特可湿性粉剂800 倍液，便道和温室四壁都要喷到。以后经常观察，发现病情立即喷药。

（2）温度：白天高温不超过35 ℃，过高要通风换气，20 ℃ ~25 ℃为宜，夜间不低于12 ℃，插后三天苗木即可正常活动。温度要掌握“三高三低”原则：白天高、夜间低；晴天高、阴天低；前期高、后期低。注意收听天气预报，作好风、雪和霜冻预防工作。

（3）水分：插后10 天内应充分保持袋内湿润，每三天浇一水，要逐袋浇透，时间以早晨10 时前最好，切忌中午浇水。最好用15 ℃温水。前期要量少次多，后期要量多次少。

（4）叶面喷肥：为促进苗木生长，可在育苗期叶面喷肥 3 ~5 次，前期用 0.3%尿素或磷酸二铵，后期用0.5%磷酸二氢钾。

（5）苗木摘心：苗高 30 cm 时将茎尖摘去，使苗木健壮整齐。要及时拔除袋内杂草。

（6）移袋：为防止苗根扎入地下，使苗木生长整齐，在苗高 30 cm 时要将营养袋移动一次，并选出弱小苗，另摆他地培养。

（7）炼苗：为使苗木定植露地后能很好适应外界气候环境，必须在定植前进行抗逆锻炼。一般要求在定植前 15 天逐渐由下而上揭去保护地薄膜，一周后完全揭膜，并适当控水。

（8）苗木定植：5 月中旬至6 月中旬为葡萄适宜定植期，合格营养袋葡萄苗的标准为：苗高15 cm以上，基部粗度大于0.3 cm，生长健壮，不徒长，根系发达。

### 3.2 葡萄露地硬枝扦插育苗

是用一年生成熟枝条作为繁殖材料进行育苗的方法。

3.2.1 插条的收集与贮存

方法同营养袋育苗法。

3.2.2 插条的浸水与剪截

贮存种条用清水浸泡 12 h，再剪成长度为 2 ~3 芽的插条，有时一些贵重品种常剪成单芽。由于单芽条内的营养水平较低，生根成活率较双芽条低，在 60% ~70%。剪条时应注意在顶芽的上端留 1 cm左右残桩平剪，在下端斜剪。插条尽可能地长留，以增加体内的养分，用于后期的生根与发芽。

3.2.3 插条处理

3.2.3.1 药剂处理

以 200 ppm（即5000 倍）的 ABT 生根粉溶液浸泡插条基部 5 秒钟，或 700 ppm 萘乙酸（NAA）或

1000 ppm 吲哚乙酸（IAA）快速浸蘸插条基部 1 秒钟，对于促进其快速形成愈伤组织有良好效果。

3.2.3.2　电热催根

用电热线催根，方法同营养袋育苗。也可在温室地面铺一层 10 cm 厚干锯末，在其上盖上电热毯，并用塑料布蒙上，其上再铺 5 cm 厚的河砂，将捆好的插条摆在河砂上，最后用河砂填满空，只露出插条的顶芽，喷透水，即可通电加温。当床温达到 25 ℃时，拨于开关低档上，15 天左右即可形成愈伤组织或幼根。

3.2.4　扦插时间与方法

大田扦插宜在地温稳定在 10 ℃以上时为好，对于已催根的插条，过早下地会使愈伤组织和幼根坏死。对于已生出幼根较长的插条，需要开沟植入，以尽可能少地损伤根系。一般采用平畦扦插，行距 40 cm。株距 15 cm ~ 20 cm。

3.2.5　苗木管理

及时进行土、肥、水管理和病虫害防治，保持苗木健壮，秋季出圃。

### 3.3　葡萄嫁接育苗

嫁接育苗是用优良品种的枝条作接穗，用抗寒性强或抗病虫害的苗木或枝条作为砧木，以提高苗木综合性状的一种育苗方法。目前生产中常用硬枝嫁接和绿枝嫁接两种方法。

3.3.1　硬枝嫁接

用一年生枝条或带根苗木为砧木、一年生品种枝条作为接穗进行嫁接。生产上多用劈接法。在砧木上方 5 cm 处剪断，从枝条中央劈开，将接穗芽下留 1 cm ~ 2 cm，削成 2 cm ~ 3 cm 长的楔形斜面，插入砧木切口内，使形成层对齐，再用塑料薄膜捆紧包严。若用枝条作为砧木，以双芽枝为好，并抹去砧木的芽。嫁接后放于 25 ℃的湿锯末中催根，促进二者的愈合，待砧木生根后植于大田。若以带根的苗木为砧木，最好接在二年生干上，嫁接后直接定植于大田亦可。

3.3.2　绿枝嫁接

嫁接时间以砧木、接穗均达到半木质化时进行为好，嫁接越早，后期枝条成熟越好。一般最晚不宜晚于夏至，但新疆北部由于秋季气温下降迅速，冬季气温又很低，所以枝条需要充分生长和成熟才能够安全越冬，所以嫁接时间应再提前 20 天左右。绿枝嫁接方法与硬枝嫁接基本相同，只是剪砧时要在砧木上留 3 ~ 4 片叶，并抹去砧木芽，接好后用塑料薄膜扎紧封严，并将砧木上叶片包在接穗上形成一把活伞，对成活非常有利。

### 3.4　葡萄压条育苗

葡萄压条育苗分为硬枝压条与绿枝压条两种。

3.4.1　硬枝压条

前一年冬剪时将枝条轻剪长放，在早春发芽前将枝条埋入土中，使其生根，秋天从母株上剪下，成为一株独立的苗木。为了提高繁殖系数，一根长的枝条可连续埋没多处，形成多株苗木。

3.4.2　绿枝压条

将半木质化绿枝埋入土中，使绿枝生根而形成新的植株。为了大量繁殖优良品种苗木，可将长放的一年生枝条平压于地上，当其上萌发的新梢达到 30 cm 时，再将硬枝与新梢基部一同埋入土中，使硬枝和绿枝同时生根，秋季刨出后剪离形成多株苗木。

### 3.5　苗木贮藏与越冬

当年培育的葡萄苗木若当年不定植，需露地贮藏越冬。

3.5.1 贮藏越冬场所

选择平坦、高燥、土层深厚的场所挖贮藏坑。坑宽 1 m、深 1.2 m，长度依据苗木数量而定。坑内土壤湿度应在 70% 左右，若不足需灌水增湿。

3.5.2 苗木摆放

将葡萄苗木按 100～200 株/捆绑扎，根系向下，倾斜状密摆于贮藏坑内，然后在苗木上覆盖 20 cm 厚土壤。覆土时在贮藏坑上每隔 1 米竖向放置一个由玉米秸杆或芦苇做成的通气把，保证坑内通风。

3.5.3 苗木管理

苗木入坑前后要在坑内、坑边撒施鼠药：贮藏期应经常检查坑内温度、湿度，苗木不应受冻或抽干。

ICS 67.080.10
B 31

# 中华人民共和国农业行业标准

NY/T 2682—2015

# 酿酒葡萄生产技术规程

Technical regulations for wine grape production

2015-02-09 发布　　　　2015-05-01 实施

中华人民共和国农业部　发布

## 前　言

本标准按照 GB/T 1.1—2009 给出的规则起草。

本标准由农业部种植业管理司提出。

本标准由全国果品标准化技术委员会（SAC/TC 510）归口。

本标准起草单位：烟台市农业技术推广中心、烟台市农业科学院果树分院。

本标准主要起草人：王奎良、唐美玲、于凯、曲日涛、缪玉刚、王福成。

# 酿酒葡萄生产技术规程

## 1　范围

本标准规定了酿酒葡萄生产的园地选择与规划、苗木定植、土肥水管理、整形修剪、果穗管理、埋土防寒和出土上架、病虫害防治、采收与运输等技术要求。

本标准适用于酿酒葡萄产区。

## 2　规范性引用文件

下列文件对于本文件的应用是必不可少的。凡是注日期的引用文件，仅注日期的版本适用于本文件。凡是不注日期的引用文件，其最新版本（包括所有的修改单）适用于本文件。

GB/T 8321　（所有部分）农药合理使用准则

GB/T 15038　葡萄酒、果酒通用分析方法

NY 469　葡萄苗木

NY/T 496　肥料合理使用准则　通则

NY/T 857　葡萄产地环境技术条件

NY/T 5088　无公害食品　鲜食葡萄生产技术规程

## 3　要求

### 3.1　园地选择与规划

3.1.1　园地选择

3.1.1.1　气候条件

年均气温 8 ℃以上，年活动积温（≥10 ℃）在 2800 ℃以上，无霜期 160 d 以上，年降水量 350 mm ~ 800 mm，年日照时数 2200 h 以上。

3.1.1.2　土壤条件

排水良好的砾质壤土或沙质壤土，土层厚度大于 80 cm；pH 6.0 ~ 8.0；含盐量不超过 3.0 g/kg。

3.1.1.3 环境条件

空气、灌溉水、土壤环境质量应符合 NY/T 857 的规定。

3.1.2 园地规划

根据园区面积、地形地貌和机械化管理的要求，合理设计林田水路系统，按照优质高效的原则选择适宜的栽植模式。种植小区的道路可与排灌系统统筹规划，合理布局，地势低洼的地方，排水沟集应通畅；防风林须建在果园的迎风面，与主风向垂直，乔木和灌木搭配合理。

3.1.3 品种选择

按照适地适栽原则，根据产地生态条件和葡萄酒的产品类型，选择最适应当地栽培的优良品种组合。

3.1.4 架式选择

采用单篱架栽培。

## 3.2 苗木定植

3.2.1 苗木质量

苗木应符合 NY 469 的规定，宜采用无病毒嫁接苗木，寒冷地区宜采用抗寒砧木的嫁接苗。

3.2.2 定植

3.2.2.1 定植密度

根据立地条件、土壤肥力和架式确定栽培密度，适宜的行距 2 m~3.5 m，株距 0.8 m~1.2 m，每 667 $m^2$159 株~416 株，宜选择南北行向。

3.2.2.2 定植时期

春季定植为主，一般在 10 cm 土壤温度稳定在 10 ℃以上时进行定植。

3.2.2.3 定植技术

定植沟宽宜为 0.8 m，深 0.8 m~1.0 m。沟底可铺 20 c m~40 cm 厚的秸秆、杂草等有机物。然后将原表土及行间表土与肥料混匀，施入填平。肥料用量一般每 667 $m^2$用有机肥 5 000 kg 左右，并加钙镁磷肥或过磷酸钙 50 kg。

定植前将苗木在水中浸泡，使其充分吸水后取出。苗木地上部剪留 2 个~3 个芽或 8 cm~10 cm 长，将根系剪留 5 cm~8 cm。用 5 波美度石硫合剂消毒，然后蘸泥浆栽植。栽植时，舒展苗木根系，填土踏实。浇透水后培土。有条件的地区可以覆膜。栽植深度同苗圃覆土深度，或嫁接苗接口露出地面 10 cm。

## 3.3 土肥水管理

3.3.1 土壤管理

3.3.1.1 清耕

少雨地区在葡萄行和株间进行多次中耕除草，保持土壤疏松和无杂草。

3.3.1.2 生草和覆草

在葡萄行间人工种植鼠茅草、三叶草、黑麦草等。亦可在葡萄行间覆盖玉米秸、高粱秸、豆秧、稻草等，覆盖厚度为 15 cm~20 cm，上面压少量土。

3.3.1.3 覆地膜

沿葡萄行向覆盖地膜。采用水肥一体化浇水施肥的葡萄园，可在滴灌带铺好后，覆盖地膜。

3.3.2 施肥

3.3.2.1 施肥原则

按照NY/T 496的规定执行。根据葡萄的需肥规律进行平衡施肥，以有机肥为主，化肥为辅。亦可根据土壤和叶片分析结果进行营养诊断施肥。使用的商品肥料应在农业行政主管部门登记使用或免于登记的肥料。

3.3.2.2 基肥

基肥一般在秋季果实采收后施入。基肥以有机肥为主，每667 $m^2$施用量2 000 kg ~ 3 000 kg，并与部分磷钾肥混合施用。施肥方法以沟施为主，施肥沟深度达根系集中分布区，隔年交替在植株两侧开沟施肥。

3.3.2.3 追肥

每年3次，第一次在萌芽前后，以氮肥为主，适量配施磷钾肥；第二次在果实膨大期，以氮磷肥为主；第三次在浆果转色期，以钾肥为主。结果树一般每生产100 kg葡萄需追施氮（N）0.6 kg、磷（$P_2O_5$）0.3 kg、钾（$K_2O$）0.6 kg。追肥一般在距根颈40 cm左右处开10 cm以上的浅沟，进行沟施。营养不足时可进行根外追肥，花期喷施0.2%硼砂溶液1次 ~ 2次；果实膨大期喷施0.3%尿素溶液；着色期喷施0.3%磷酸二氢钾溶液2次 ~ 3次。

3.3.3 灌水与排水

宜进行测墒灌溉，依据土壤类型、降水（气候条件）、树势和产量的不同每年灌溉3次 ~ 5次。注重催芽水和封冻水。浆果采收前30 d停止灌水。可采用微喷、滴灌等灌溉技术。雨季及时排水。

### 3.4 整形修剪

3.4.1 架形及结构

单篱架，垂直形叶幕。架柱高180 cm ~ 200 cm，立柱间隔6 m，其上牵引3道 ~ 4道镀锌铁丝或塑钢丝，第一道丝距地面40 cm ~ 80 cm。

3.4.2 树形

3.4.2.1 倾斜式单龙蔓形

主蔓基部可与地面平行，以较少夹角（小于20°）逐渐上扬到第一道丝，沿同一方向形成一条多年生臂，长度视株距而定。臂上培养3个 ~ 4个结果枝组，每个结果枝组上留1个 ~ 2个结果母枝。该树形适合埋土防寒地区。

3.4.2.2 单干双臂形

植株只留1个固定主干，一般干高60 cm ~ 70 cm，地势较低或平坦的果园适当增加干高，主干顶部两侧各留1个蔓，在第一道丝上形成固定的双臂，长度视株距而定。每个臂上培养2个 ~ 4个结果枝组，每个结果枝组留1个 ~ 3个结果母枝。该树形适合不埋土越冬地区。

3.4.3 整形

3.4.3.1 倾斜式单龙蔓整形

3.4.3.1.1 栽植当年，选留1个生长健壮的新梢，按架面垂直向上生长，当长度超过150 cm即摘心，摘心处保留2个 ~ 3个副梢。冬季修剪时一年生枝剪口直径应大于1 cm。

3.4.3.1.2 第二年春季萌芽前，每行葡萄按同一方向将一年生枝斜拉并绑缚于第一道丝，选留适量新梢垂直沿架面生长；冬季修剪时，将单臂顶端的一年生枝按中长梢修剪，长度不宜超过下一个植株，其余按一定距离进行短梢或中梢修剪，若为中梢修剪应在临近部位留2芽 ~ 3芽的预备枝。

3.4.3.1.3 第三年春季萌芽后，选留一定量的新梢，间距10 cm ~ 15 cm，垂直沿架面绑缚。

3.4.3.2 单干双臂整形

3.4.3.2.1 苗木定植后，选择1个健壮新梢培养主干，生长到60 cm~75 cm时摘心，留2个副梢，按一年或两年培养双臂。冬季进行修剪，健壮枝条剪口直径应达到1 cm。若枝条细弱，则适合于短截，或在靠近主干处选一个下芽短截，次年继续培养另一个臂。

3.4.3.2.2 第二年，对只有一个单臂的，继续选留另一单臂。对已形成两个臂的，抹掉臂上萌发的下芽，留上芽，间距为10 cm~20 cm，同时去除主干上的萌蘖。新梢垂直生长至第二道丝时沿架面绑缚。冬季修剪方法为：在臂上每隔10 cm~20 cm留1个枝条进行短截（留2芽~4芽）。

3.4.3.2.3 第三年生长季节要注意双臂的生长势，及时去掉双臂上的徒长枝，冬季修剪时，进行短梢修剪。

3.4.4 休眠期修剪

3.4.4.1 修剪原则

冬剪时间应在落叶后至萌芽前1个月进行，埋土防寒地区应在埋土前进行。根据产量和树形确定留芽量。剪截后的伤口应封蜡。

3.4.4.2 修剪方法

根据品种和架式进行短梢修剪（一年生枝保留1芽~3芽）、中梢修剪（一年生枝保留4芽~6芽）或长梢修剪（一年生枝保留7芽以上）。更新修剪采用单枝更新或双枝更新。

3.4.5 生长季修剪

3.4.5.1 抹芽

抹芽一般从萌芽至展叶初期进行。抹除畸形芽、副芽、双芽中的弱芽、病虫芽以及老蔓上的萌芽。

3.4.5.2 定梢

当留下的芽萌生的新梢长到5片~6片叶时，选留一部分粗壮、花序好的新梢，去除其他新梢。一般留梢密度为每延长米架面定梢数为12个~15个。

3.4.5.3 绑梢

当新梢长至20 cm~30 cm时，将新梢均匀分布，垂直绑到架面丝上。

3.4.5.4 主梢和副梢的管理

当主梢超过最上端丝20 cm时进行截顶，去掉结果部位及其以下的副梢。当叶幕厚度超过40 cm时，进行剪截，修剪3次~4次。

## 3.5 果穗管理

3.5.1 产量指标

应根据栽培品种特性，土壤水肥条件和管理水平及产品质量要求不同来确定品种适宜的产量。一般每667 $m^2$控制在800 kg~1000 kg。

3.5.2 花序管理

植株负载量过大时疏去过密、过多及细弱果枝上的花序；根据品种、长势、肥水条件确定留果穗数量，一般每个结果枝保留1个~2个果穗，1个果穗平均有20片叶以上。

## 3.6 冬季埋土防寒、出土上架及春季霜冻预防

3.6.1 埋土防寒

一般在土壤封冻前适时晚埋。将葡萄枝蔓下架，捆扎后埋土。应在距植株80 cm~100 cm以外的行间取土。可先在基部垫土，防止粗蔓基部压伤。埋土应拍实，不宜过干或过湿，厚度应为当地地温

稳定在 -5 ℃的土层深度，宽度为 1 m 加上埋土厚度的 2 倍，沙土地葡萄园应适当加厚、加宽。

3.6.2 出土

出土一般在平均气温稳定在 10 ℃以上进行。

3.6.3 上架

一般在伤流前为宜，将主蔓均匀绑缚于架面上。

3.6.4 预防晚霜

3.6.4.1 灌水

在霜冻来临时或提前 1 d 进行全园灌水，安装喷灌设施的葡萄园可喷水灌溉。

3.6.4.2 熏烟

霜冻前点火熏烟，火堆排列方向与冷空气方向垂直，堆置点与冷空气流动方向一致，间距12 m～15 m。

3.6.4.3 喷洒防霜剂

在霜冻前，对葡萄植株，尤其是葡萄幼龄器官喷布防霜剂 1 次～2 次。

3.6.4.4 覆膜

对于葡萄种植面积相对较小的篱架葡萄园，在霜冻前盖塑料膜。

## 3.7 病虫害防治

应坚持“预防为主、综合防治”的植保方针，综合应用“农业防治、生物防治、物理防治和化学防治”等措施。农药使用应符合 GB/T 8321 和 NY/T 5088 的要求。

3.7.1 农业防治

葡萄园附近不应种杨柳树，搞好果园清园工作，及时剪除病虫枝、叶、果，并清除出园，集中焚烧或挖坑深埋。秋季结合施肥深翻树盘，以消灭越冬虫体。早期架下喷施石灰杀死病残体中的病原物。

3.7.2 物理防治

根据病虫害生物学特性，采用频振式杀虫灯、黑光灯、糖醋液、性诱剂、黄板、气味物等诱杀害虫，降低虫口基数。

3.7.3 生物防治

合理选择生物农药；利用及释放天敌控制有害生物的发生；在行间或地头种植对害虫有诱集作用的植物。

3.7.4 化学防治

病虫害化学防治措施见附录 A。

## 3.8 采收与运输

3.8.1 果实质量要求

3.8.1.1 感官要求

葡萄果实完熟，具有品种固有的色泽、滋味和香气。

3.8.1.2 总糖

生产一般葡萄酒的葡萄总糖含量（以葡萄糖计）不低于 170 g/L，生产优质葡萄酒的葡萄总糖含量（以葡萄糖计）不低于 190 g/L。

3.8.1.3 可滴定酸

葡萄可滴定酸（以酒石酸计）在 5.0 g/L～7.0 g/L。

3.8.2 采收

3.8.2.1 采收期的确定

在葡萄成熟期前，每隔 3 d～4 d 测定 1 次葡萄含糖量、含酸量。葡萄达到果实质量标准即为果实成熟采收期。

3.8.2.2 采收要求

宜在天气晴朗的早晨露水干后或下午气温下降后进行采收。采收时将果穗从穗柄基部剪下，及时去除病虫果、二次果、生青果、霉烂果、泥浆果等，果实随采、随运。

3.8.3 运输

一般用周转箱包装，消毒后使用。装运过程中应轻搬轻放。从采收到榨汁不宜超过 12 h。

## 附录 A
## (规范性附录)
## 酿酒葡萄病虫害化学防治

酿酒葡萄病虫害化学防治见表 A.1。

表 A.1 酿酒葡萄病虫害化学防治

| 防治时期 | 主要防治对象 | 兼治对象 | 防治方案 |
|---|---|---|---|
| 休眠期 | 白粉病、炭疽病 | 越冬的各种病虫害 | 3 波美度～5 波美度石硫合剂枝干喷雾 |
| | 红蜘蛛、介壳虫 | | |
| 萌芽至开花前 | 炭疽病、黑痘病、霜霉病 | 穗轴褐枯病、灰霉病 | 3 叶～4 叶期，喷施 10% 苯醚甲环唑水分散粒剂 1 500 倍～2 000倍液或 25% 咪鲜胺乳油 1 000 倍液，或 50% 异菌脲悬浮剂 1 000 倍液；花序分离期喷施 75% 百菌清 600 倍液，或 25% 嘧菌酯悬浮剂 1 500 倍～2 000 倍液进行预防保护 |
| | 绿盲蝽 | 毛毡病、介壳虫 | 萌芽至展叶前重点防治绿盲蝽，可选用 1% 苦皮藤素水乳剂 800 倍～1 000 倍液，或 25% 吡虫啉乳油 2 000 倍～3 000 倍液喷雾防治 |
| 落花后至幼果期 | 黑痘病、灰霉病、霜霉病 | 炭疽病、白腐病、白粉病等 | 发病前喷施 80% 代森锰锌可湿性粉剂 800 倍～1 500 倍液，发病初期选用 60% 唑醚·代森联水分散粒剂 1 500 倍液，或 25% 烯酰吗啉悬浮剂 1 000 倍～1 500 倍液，或 22.5% 啶氧菌酯悬浮剂 1 000 倍～1 500 倍液喷雾 |
| | 绿盲蝽、叶蝉 | 介壳虫 | 2.5% 高效氯氟氰菊酯乳油 2 500 倍液，或 25% 噻虫嗪水分散粒剂 4 000 倍～5 000 倍液喷雾 |

（续表）

| 防治时期 | 主要防治对象 | 兼治对象 | 防治方案 |
| --- | --- | --- | --- |
| 果实膨大期 | 霜霉病、白腐病、炭疽病、白粉病 | 黑痘病、灰霉病 | 主要喷施1∶0.5∶200倍波尔多液为主，也可选用60%唑醚·代森联水分散粒剂1 500倍液，或78%波尔多液·代森锰锌可湿性粉剂500倍~600倍液，或5%己唑醇悬浮剂2 000倍~2 500倍，或10%苯醚甲环唑水分散粒剂1 500倍~2 000倍液，或25%嘧菌酯悬浮剂1 500倍~2 000倍液喷雾，与波尔多液交替使用 |
|  | 叶蝉 | 烟粉虱、斑衣蜡蝉 | 选用25%噻虫嗪水分散粒剂4 000倍~5 000倍液，或25%吡虫啉乳油2 000倍~3 000倍液喷雾 |
| 转色至成熟期 | 白腐病、炭疽病、霜霉病 | 黑霉病、灰霉病 | 10%苯醚甲环唑水分散粒剂1 500倍液或40%氟硅唑乳油6 000倍液喷施，25%戊唑醇水乳剂2 000倍液，或50%异菌脲可湿性粉剂750倍~1 500倍液喷雾 |

ICS 65.020.01
B 05
备案号：

# DB65

## 新 疆 维 吾 尔 自 治 区 地 方 标 准

DB 65/T 2621—2006

# 酿酒葡萄采收技术规程

The Technical Regulation of Picking Wine Grapes

2006-06-15 发布　　2006-08-01 实施

新疆维吾尔自治区质量技术监督局　发布

# 前　言

本准依据 GB/T 1. 1—2000 标准化 1 作导则－标准的结构和编写规则、GB/T 2366. 1—1990 标准化工作导则－原则与方法及 GB/T 2366. 3—1990 综合标准化工作导则－农业产品综合标准化的一般要求编写。

本标准附录 A 为规范性附录。

本标准由乌鲁木齐市质量技术监督局提出。

本标准由新疆维吾尔自治区农业厅归口。

本标准起草单位：新天国际葡萄酒业有限公司、乌鲁木齐市质量技术监督局

本标准主要起草人：董新平、陈卫民、朱向东、杨淼、热西旦、刘敏、饶金刚、全建伟、马莉涛

# 酿酒葡萄采收技术规程

## 1　范围

本标准规定了酿酒葡萄采收技术要求。

本标准适用于新疆维吾尔自治区境内适于酿酒葡萄种植的区域。

## 2　规范性引用文件

下列文件中的条款通过本标准的引用而成为本标准的条款。凡是注日期的引用文件，其随后所有的修改单（不包括勘误的内容）或修订版均不适用于本标准，然而，鼓励根据本标准达成协议的各方研究是否可使用这些文件的最新版本，凡是不注日期的引用文件，其最新版本适用于本标准。

DB/T 65 2212—2005　无公害食品　酿酒葡萄

## 3　酿酒葡萄采收技术要求

### 3. 1　葡萄采前含糖量、含酸量调查方法

3. 1. 1　调查期间

果粒透明期～完全成熟（7 月下旬～9 月底）。

3. 1. 2　调查日期

前期隔 7 日调查一次，中期隔 5 日，后期隔 3 日，计 12～13 次。

3. 1. 3　样株选取方法

用对角线取样法，随机选取 5 个点，每点取 2 株，每株在架面中部选取 1 穗果，计 10 穗。取样时每穗取上、中、下部各 1 粒果实，共计 30 粒。共同破碎后测定果汁含糖量、含酸量。

3.1.4　测定

取样当日必须测定。

可溶性固形物：用折光测糖仪直接测定，注意测定前用蒸馏水校正到刻度“0”；最后一次用测糖仪测定后还需分析总糖含量，达到采收要求的18度标准。

总酸：取葡萄汁5 mL~10 mL，用0.1M $N_aOH$滴定中和，重复3次，并做空白试验。计算出含酸量。深色品种应多加蒸馏水稀释，细心观察终点。

3.1.5　绘制含糖量、含酸量变化曲线

认真记载测定数据。并绘制不同品种葡萄含糖量、含酸量变化曲线（如附录A）。

### 3.2　酿酒葡萄采收

3.2.1　制定采收计划

由酿酒葡萄基地管理部门按照葡萄酒厂收购计划制定酿酒葡萄采收计划。

3.2.2　采收时间

酿酒葡萄采收时间宜选择晴天早晨露水干后进行。

3.2.3　采收期葡萄品质要求

酿酒葡萄含糖量（总糖）达到195.0 g/L以上。酸度在6.5~8.0 g/L之间。

3.2.4　采收方法

各酿酒葡萄品种分开，果实要新鲜；采收时要分选出生青、霉烂、泥浆果粒及杂草、叶、土块等，不得有二次果，含杂量不得超过新疆标准DB/T 65 2212—2005的要求；葡萄要轻拿轻放，不得损伤。

3.2.5　盛装容器

葡萄盛装容器为洁净、光滑的硬质容器，如塑料筐、木板箱等，容量一般在15~25公斤。

## 附录A
## （规范性附录）
## 葡萄成熟期含糖量含酸量调查表

品种：________________　　地点：________________

| 日期 | 月日 | 月日 | 月日 | 月日 | 月日 | 月日 | 月日 | 月日 |
|---|---|---|---|---|---|---|---|---|
| 含糖量（%） | | | | | | | | |
| 总酸（g/L） | | | | | | | | |

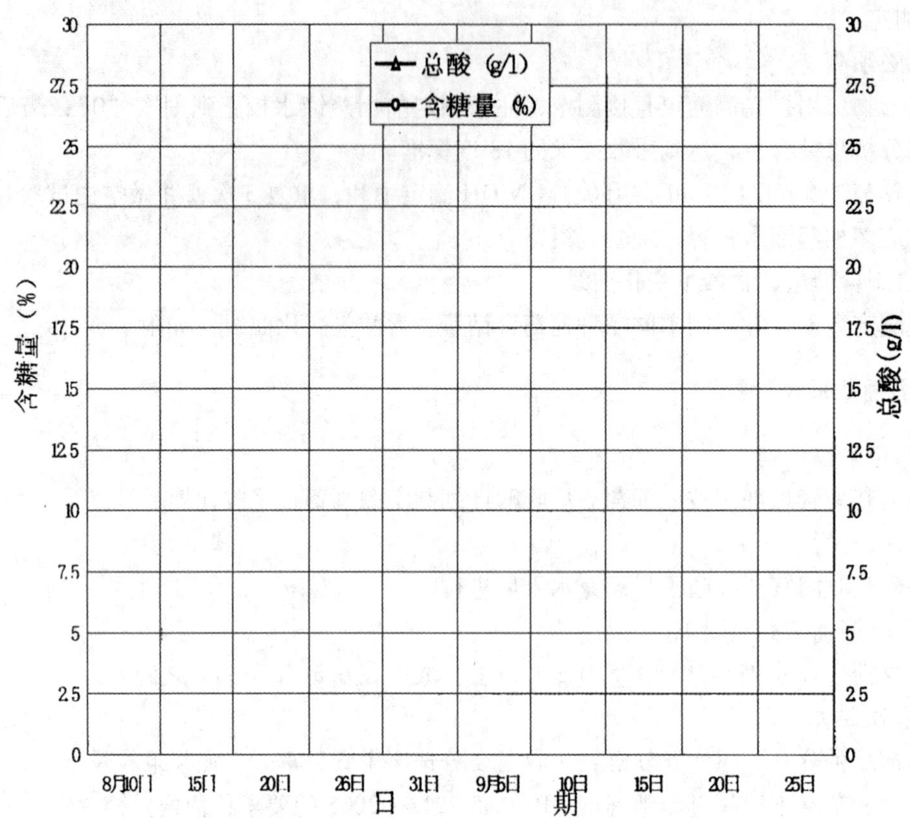

总酸 (g/l)
含糖量 (%)
含糖量（%）
总酸(g/l)
30
27.5
25
22.5
20
17.5
15
12.5
10
7.5
5
2.5
0
8月10日
15日
20日
26日
31日
9月5日
10日
15日
20日
25日
日 期

ICS

# DBN

吐　鲁　番　市　农　业　地　方　标　准

DBN 6521/T 178—2018

# 吐鲁番葡萄
# “三改、两控、一优化”栽培技术标准

2018－05－10 发布　　　　2018－06－10 实施

吐鲁番市质量技术监督局　发 布

# 前　言

本标准根据依据 GB/T 1.1—2009《标准化工作导则第一部分标准的结构和编写》和 DB 65/T 2035.2—2003《标准体系工作导则第 2 部分农业标准体系框架与要求》编写。

本标准由吐鲁番市林果业技术推广服务中心提出。

本标准由吐鲁番市林业局归口。

本标准由吐鲁番市林果业技术推广服务中心负责起草。

本标准主要起草人：吾尔尼沙·卡得尔，周慧，周黎明，阿得力·阿不都古力，武云龙

# 吐鲁番葡萄“三改、两控、一优化”栽培技术标准

## 1　范围

本标准规定了吐鲁番葡萄“三改”（指改园、改架、改树）技术、“两控”技术（指控产量、控花果）和“一优化”（指优化鲜食包装）技术的要求。

本标准适用吐鲁番市葡萄生产，及其他生态条件相似区域的葡萄生产。

## 2　规范性引用文件

下列文件对于本文件的应用是必不可少的。凡是注日期的引用文件，仅所注日期的版本适用于本文件。凡是不注日期的引用文件，其最新版本（包括所有的修改单）适用于本文件。

GB 4285　农药安全使用标准

NY/T 391　绿色食品　产地环境技术条件

NY/T 393　绿色食品　农药使用原则

NY/T 394　绿色食品　肥料使用准则

DB 65/T 3655—2014　新疆葡萄主要有害生物综合（绿色）防治技术规程

DB 65/T 2143　葡萄架水泥支柱

DB 65/T 2144　吐鲁番葡萄的越冬防寒和出土规范

DB 65/T 2145　葡萄肥水管理技术规程

## 3　定义

下列定义适用于本标准。

### 3.1　结果母枝

着生结果枝的枝条。

### 3.2 结果枝

着生花序、结果穗的新梢。

### 3.3 摘心

摘取新梢顶部幼嫩部分。

### 3.4 短梢修剪

一年生枝留 1 ~2 芽进行短截。

### 3.5 长梢修剪

一年生枝留 3 芽以上进行短截。

### 3.6 穴施

追肥时在距离主蔓根部 20 cm 处，挖 20 cm 深的小坑，施肥后立刻埋土。

### 3.7 坑施

施基肥时在距离主蔓根部 50 cm 以上的地点，挖 40 × 40 cm 深的坑，尽量减免伤根，施肥后坑内上层 20 cm 用园土填平。

## 4 三改

指改园、改架和改树。

### 4.1 改园

包括改道路和改防风林。

4.1.1 改道路

根据葡萄园实际情况进行田间道路改造，小区间分支道宽 4 ~6 m，使埋土、打药、施肥等机械能够进出作业。

4.1.2 改防风林

对缺株断行、缺边断带的林带进行补植补造，对林相不整齐的林带进行修枝整形。

### 4.2 改架

把葡萄低矮架式改为高棚架。

按 DBN 6521/T 169 －2017 中的内容执行，包括架材准备、立柱使用规格、立柱栽植行的确定、确定立柱埋设点、挖坑、埋设立柱和搭建横梁。

### 4.3 改树

指改造树体整形方式。

4.3.1　多主蔓龙干型

每株留 2 – 3 个主蔓，主蔓在架面上每 20 ~ 30 cm 留一个结果枝组，每个结果枝组留 3 ~ 4 个结果枝和预备枝相互更替结果。结果枝组在主蔓上交替分布呈“非”字状。

4.3.2　将扇形改造成多主蔓龙干型

4.3.2.1　第一年整形

在不影响葡萄产量的基础上，春季将扇形中生长密闭、长势弱的主蔓剪除，留下 2 – 3 个粗壮的主蔓。同时，注重培养从基部萌发的枝条，成为预备枝。

夏季修剪时，将扇形结果枝组中靠外部的枝条剪除，保留离主蔓最近的结果枝。

秋季修剪时，选留并培养主蔓上的延长枝，同时进一步剪除主蔓上多余的侧枝，对留下的侧枝进行回缩。同时，对于从根部萌发的预备枝，留下 1.5 ~ 1.8 m 长、完全木质化的部分，其余剪除。

4.3.2.2　第二年整形

春季，结果枝组中，将生长密闭、长势弱的枝条剪除，留下 1 ~ 2 个粗壮的结果母枝。同时，将主蔓上的结果母枝尽量回缩到龙干上，形成龙干型。对于从根部萌发的预备枝，采用多主蔓龙干型整形方式进行培养。

## 5　两控

即控产量、控花果。

### 5.1　开墩

当春季气温稳定达到 10 ℃应及时出土上架绑蔓。

### 5.2　修剪

5.2.1　夏季修剪

5.2.1.1　抹芽

在可见到花序时进行。抹除结果枝组中的无头芽和弱芽，三芽、双芽和密生短枝芽只保留一个健壮的芽，结果枝组以外的萌芽全部抹除。

5.2.1.2　摘心

结果枝从花序向上留 4 ~ 6 叶进行摘心，营养枝留 8 ~ 10 叶摘心，延长枝留 10 ~ 15 叶摘心。

5.2.1.3　副梢处理

结果枝上花序以下的副梢全部抹除，花序以上留 1 ~ 2 个副梢，副梢留 3 ~ 4 叶摘心，二次副梢留 1 ~ 2 叶摘心。预备枝和延长枝上的副梢留 3 ~ 4 叶摘心，二次副梢全部摘除。

5.2.2　秋季修剪

除主蔓作为延长枝外，其余枝条均采用以 2 ~ 4 节短梢为主的修剪方法。在架面的主蔓上每隔 20 ~ 30 cm 配置 1 个结果母枝。每个主蔓留 30 ~ 35 个芽，15 ~ 16 个结果母枝。

### 5.3　花果管理

5.3.1　疏花序

每个结果枝留 1 个果穗。

5.3.2　修花序

5月中下旬，剪去花序长度五分之一左右穗尖部分，并剪去副穗。

5.3.3　疏果粒

果粒绿豆大小时，疏除座果密集部分、僵果、表面擦伤、机械损伤果。

5.3.4　理顺果穗

将夹在铁丝和枝条中间的果穗，顺势放成下垂状。

### 5.4　赤霉素的使用

5.4.1　第一次喷施

开花前一周，喷施浓度为50～100 ppm，即1 g赤霉素溶解后加水10～20公斤。

5.4.2　第二次喷施

开花后7～10天左右，喷施浓度为100～150 ppm，即1 g赤霉素溶解后加水7.5～10公斤。

5.4.3　赤霉素喷施要及时，在早晨或傍晚喷施，如遇下雨天要补喷。

### 5.5　施肥

5.5.1　催芽肥

葡萄萌芽前，结合灌水每亩穴施氮肥10～15公斤。

5.5.2　膨大肥

葡萄果粒膨大期，结合灌水，追肥2～3次，每次每亩施入复合肥20～25公斤。

5.5.3　催熟肥

7月上旬浆果开始发软、尚未着色时，把美国二铵和磷酸二氢钾以6∶1的比例混合配好后，每亩施入20～25公斤，施肥后及时浇水。

5.5.4　采收后施肥

葡萄采收后，每亩穴施N、P、K复合肥料25公斤。施肥后及时浇水。

5.5.5　越冬肥（基肥）

秋季葡萄埋墩前，每亩坑施2.5～3吨充分腐熟的农家肥。

5.5.6　叶面肥

葡萄生长阶段不定期在叶背喷施氨基酸高钾肥500～600倍或喷施黄腐酸类肥料。

5.5.7　全年施肥量及每次施肥量可根据土壤条件、树龄、产量高低和肥料质量酌定。

### 5.6　灌水

全生育期灌水次数为10～12次，灌水定额为800～1000 $m^3$/亩。

5.6.1　花期前

根据土壤含水量灌1～2次。

5.6.2　花期

严禁灌水。

5.6.3　花期后

充足灌水，每7～15天轮灌1次。

5.6.4　浆果成熟期

控制灌水。

5.6.5 越冬期
冬灌水浇足。

### 5.7 清理果园

埋土前，喷施 3 ~5 波美度石硫合剂，可减少下一年病虫源。

### 5.8 埋墩

在十一月底、土壤封冻前，将藤蔓缓慢下架，在主蔓弯曲处下方先用土或草秸做好垫枕，然后将枝蔓略微捆束，顺向轻轻放入沟内。埋土厚度在 30 cm 以上，要在距葡萄根部 50 cm 以外取土。

### 5.9 病虫害防治

按 GB 4285、NY/T 393、DB 65/T 3655—2014 执行。

## 6 一优化

指优化鲜食葡萄产品包装。

### 6.1 产品质量标准

6.1.1 单粒重
≥3.0 克。
6.1.2 单穗重
500 ~800 克。
6.1.3 可溶性固形物含量
采用手持式折光仪测量，达到 16% 以上。
6.1.4 其它
粒黄绿色或淡绿色，色泽均匀一致；大小基本一致，颗粒较饱满，无坏裂及霉变，果肉酸甜适口，肉质较脆，无异味。

### 6.2 采收

当果实达到本标准 6.1 所示指标时，进行采收。

### 6.3 包装

6.3.1 包装场所遮阴、清洁，有条件者可建造能调控气温的包装间。

6.3.2 包装箱根据市场需求设计尺寸，应精致且具有一定的牢固度和通气性，图案应突出地域风情。

ICS

# DBN

吐 鲁 番 市 农 业 地 方 标 准

DBN 6521/T 207—2019

# 吐鲁番有机葡萄生产技术规程

2019－11－25 发布　　2019－12－25 实施

吐鲁番市市场监督管理局　发 布

## 前　言

本标准根据 GB/T 1. 1—2009 给出的规则编写。

本标准由吐鲁番市林果业技术推广服务中心提出。

本标准由吐鲁番市林业和草原局归口。

本标准由吐鲁番市林果业技术推广服务中心、吐鲁番市质量与计量检测所负责起草。

本标准由吐鲁番市市场监督管理局发布。

本标准主要起草人：刘丽媛、王春燕、武云龙、吾尔尼沙・卡得尔、王新丽、韩泽云、周黎明、阮晓慧、周慧、阿迪力・阿不都古力、徐彦斌、周黎明、罗闻芙、王婷、陈志强、宋钰、曲江、吴玉华、古亚汗・沙塔尔、陈志强、宋钰、曲江。

# 吐鲁番有机葡萄生产技术规程

## 1　范围

本标准规定了吐鲁番有机葡萄生产的基地规划与建设、土壤管理和施肥、病虫草害防治、修剪和采摘等技术。

本标准适用于吐鲁番有机葡萄生产。

## 2　规范性引用文件

下列标准所包含的条文，通过在本标准中引用而构成为本标准的条文。本标准发布实施，所示版本均为有效。凡是不注日期的引用文件，其最新版本适用于本标准。

GB 3095　环境空气质量二级标准

GB 5084　农田灌溉用水水质符合标准

GB 15618　土壤环境质量二级标准

GB/T 19630. 1　有机产品

QB/T 2289. 4　园艺工具　剪枝剪

DBN 6521/T 169　吐鲁番葡萄改良式棚架搭建技术规程

## 3　定义

### 3. 1　有机葡萄

指利用有机农业技术、经无工业污染种植、生产且获得有机认证机构认证而成的葡萄。

### 3.2 有机葡萄栽培

指在葡萄种植生产过程中不使用农药、化肥、生长调节剂、抗生素、转基因技术。着生在骨干枝上，由2个以上结果枝和营养枝组成的生长结果基本单位。

### 3.3 有机肥

指无公害化处理的堆肥、沤肥、厩肥、沼气肥、绿肥、饼肥及有机葡萄专用肥。葡萄着生花序、果穗的新梢。

## 4 建园

### 4.1 园地选择

葡萄园应选择采光性好、周边防风林带健全、附近无污染源及其他不利条件，交通运输便利，地形较为平整，有灌溉条件的地块。

### 4.2 品种选择

本地主栽葡萄品种无核白、无核紫、吐鲁番红等。

### 4.3 土壤

以沙壤土为宜。土层厚度1 m以上，pH值低于8.5，总盐含量低于0.3 %，表层有机质含量不低于1 %。

4.3.1 土壤管理

定期监测土壤肥力水平和重金属元素含量，每2年检测一次。根据检测结果，有针对性地采取土壤改良措施。

4.3.2 采用地面覆盖、增施有机肥等措施提高葡萄园的保土蓄水能力。

### 4.4 水

灌溉水符合GB 5084水质标准。

### 4.5 大气

产地大气符合GB 3095标准。

### 4.6 架式

架式符合DBN 6521/T 169　吐鲁番葡萄改良式棚架搭建技术规程

### 4.7 防护林

葡萄园四周种植防护林。以杨树、胡杨为主。

## 5 定植

### 5.1 定植时间

春季，以火焰山为界，山南定植时间为3月上中旬，山北为3月中下旬。

秋季，以火焰山为界，山南定植时间为10月中下旬，山北为10月上中旬。

### 5.2 定植沟

定植前要开挖定植沟。行距4.5~5 m，株距1.2~1.5 m。沟宽0.8~1 m，深0.4~0.6 m，沟底正中挖40×40 cm定植穴。

### 5.3 定植方法

挖穴时，表土和心土分开堆放。每穴腐熟有机肥10 kg，先将肥料与表土拌均匀，然后填入穴内，进行苗木栽植。

### 5.4 补植

第二年后对缺株断行严重、成活率较低的葡萄园，通过补植缺株、压蔓等措施提高苗木成活率。

## 6 整形修剪

剪枝剪应符合QB/T 2289.4要求。

### 6.1 整形

6.1.1 多主蔓龙干形

即每株留3~4个主蔓，主蔓在架面上每20~30 cm留一个结果枝组，每个结果枝组留3~4个结果枝和预备枝相互更替结果。结果枝组在主蔓上交替分布呈“非”字状。

### 6.2 修剪

6.2.1 夏季修剪

6.2.1.1 抹芽

花序可见时进行，抹除无头芽、三芽、弱芽，双芽、密生短枝保留一个健壮的芽，结果枝组以外的萌芽全部抹除。

6.2.1.2 除萌

主蔓基部的萌蘖除少数用作更新蔓外，其余全部在4月下旬至5月上旬除去。

6.2.1.3 摘心

结果枝在花前3~7 d进行摘心，从花序向上留4~6叶为宜。预备枝留6~8叶摘心，延长枝留10~15叶摘心。

6.2.1.4 副梢处理

结果枝上花序以下的副梢全部抹除，花序以上留1~2个副梢，副梢留3~4叶摘心，二次副梢留1

叶摘心。预备枝和延长枝上的副梢也留 3 ~ 4 叶摘心，二次副梢全部摘除。

6.2.2　秋季修剪

秋季修剪指除主蔓作为延长枝外，其余枝条均采用以 2 ~ 4 节短梢为主的修剪方法。在架面的主蔓上每隔 20 ~ 30 cm 配置 1 个结果枝组。

## 7　花果管理

### 7.1　疏花序

每个结果枝留 1 个果穗。

### 7.2　修花序

开花前一周剪去花序长度五分之一左右穗尖部分，并剪去副穗。

### 7.3　疏果粒

果粒绿豆大小时进行，疏除座果密集部分、僵果、表面擦伤、机械损伤果。

## 8　水肥管理

### 8.1　施肥

8.1.1　基肥

每亩施有机肥 4 ~ 5 $m^3$，同时可配施一定数量的矿物源肥料和微生物肥料，于当年秋季穴施或开沟施入。

8.1.2　追肥

可结合葡萄生长规律进行多次，采用腐熟后的有机液肥，结合浇水随水冲施。所使用肥料必须在国家农业部登记注册并获得有机认证机构的认证。

8.1.3　叶面肥根据葡萄生长情况合理使用，但使用的叶面肥必须在国家农业部登记注册并获得有机认证机构的认证。叶面肥料在葡萄采摘前 10 d 停止使用。

8.1.4　禁止使用化学肥料和含有毒、有害物质的城市垃圾、污泥和其他物质等。

### 8.2　灌水

灌水按照“前促、后控、中间足”的原则，根据土壤含水量情况灌水。花后至浆果膨大期充足供水。土壤湿度为田间最大持水量的 60 ~ 70 %。浆果成熟期控制灌水。入冬埋土前灌透冬灌水。

## 9　病虫害防治

### 9.1　农业防治

9.1.1　加强栽培管理，增强树势，提高抗性，合理控制负载。

9.1.2　合理施肥，多施有机肥，适当增施磷钾肥，控制氮肥，增强树势，提高树体抗病力。

9.1.3　加强对树体的管理。及时除萌、绑蔓、摘心和摘除副梢，防止养分无谓的消耗。

9.1.4　适时灌水和中耕除草，增加土壤的通透性和降低田间湿度，创造有利树体生长发育的环境条件。

9.1.5 注意清园。生长期及时摘除病叶，剪除有病虫枝、病果，清除地面的烂果，于园外集中挖坑深埋，减少田间菌源，防止再次侵染及交叉感染。

9.1.6 在葡萄园周边定植核桃树、椿树等趋避性强的树种，能起到防风、驱虫作用。

### 9.2 物理防治

利用害虫的趋性，进行灯光诱杀、色板诱杀、性诱杀或糖醋液诱杀。田间每亩挂 1 个黄板或 15 亩设置一个杀虫灯，扑杀有害害虫。

### 9.3 生物防治

保护和利用当地葡萄园中的草蛉、瓢虫和寄生蜂等天敌昆虫，以及蜘蛛、捕食螨鸟类等有益生物，减少人为因素对天敌的伤害。重视当地病虫害天敌等生物及其栖息地的保护，增进生物多样性。

### 9.4 农药使用准则

允许有条件地使用生物源农药，如微生物源农药、植物源农药和动物源农药。禁止使用和混配化学合成的杀虫剂、杀菌剂、杀螨剂和植物生长调节剂。

## 10 除草

采用机械或人工方法防除杂草。禁止使用和混配化学合成的除草剂。

## 11 采收

### 11.1 采摘

结合品种特性，适时采收。采摘时一手托着果穗，另一手握剪刀，将果穗剪下置于专用果框内，放置时轻拿轻放，不要擦掉果粉。

### 11.2 包装

为了提高果实商品性，应对采回的果实进行分级包装，包装材料应符合国家卫生要求和相关规定，提倡使用可重复、可回收和可生物降解的包装材料。包装应简单，实用、设计醒目，禁止使用接触过禁用物质的包装物或容器。

## 12 记录控制

有机葡萄生产者应建立并保护相关记录，从而为有机生产活动可溯源提供有效的证据。记录应清晰准确，记录主要包括以病虫害防治、肥水管理、花果管理等为主的生产记录，为保持可持续生产而进行的土壤培肥记录，与产品流通相关的包装、出入库和销售记录，以及产品的销售后的申请投诉记录等等，记录至少保存 5 年。

ICS

# DBN

吐　鲁　番　市　农　业　地　方　标　准

DBN 6521/T 203—2019

# 吐鲁番葡萄越冬防寒及出土技术规范

2019－11－25 发布　　2019－12－25 实施

吐鲁番市市场监督管理局　发布

## 前　言

本标准根据 GB/T 1.1—2009 给出的规则编写。

本标准由吐鲁番市林果业技术推广服务中心提出。

本标准由吐鲁番市林业和草原局归口。

本标准由吐鲁番市林果业技术推广服务中心、吐鲁番市质量与计量检测所负责起草。

本标准由吐鲁番市市场监督管理局发布。

本标准主要起草人：吾尔尼沙・卡得尔、武云龙、王新丽、韩泽云、刘丽媛、王婷、王春燕、周慧、阮晓慧、阿迪力・阿不都古力、徐彦斌、周黎明、罗闻芙、古亚汗・沙塔尔、吴玉华、陈志强、宋钰、曲江。

# 吐鲁番葡萄越冬防寒及出土技术规范

## 1　范围

本标准规定了吐鲁番葡萄的下架、覆盖、埋土防寒和出土规范技术。

本标准适用于吐鲁番葡萄的越冬防寒及出土。

## 2　定义

下列术语和定义适用于本标准。

### 2.1　下架

葡萄埋土之前，将藤蔓从架面拉下，按一个方向理顺摆放于沟内，捆在一起。

### 2.2　覆盖

使用透气性好的材料如纱网盖于捆好的枝蔓上。

### 2.3　埋土

将捆好的藤蔓用土埋起来进行安全越冬。

### 2.4　出土

开春时将埋土清除覆土，掀开覆盖物，将藤蔓拉上葡萄架。

## 3 葡萄下架

### 3.1 下架时间

一般在十月底进行。

### 3.2 下架方法

将藤蔓缓慢下架，采用一条龙，将藤蔓按顺序理顺摆放于沟内捆在一起。

## 4 埋土

### 4.1 冬灌水

葡萄埋土之前，结合施肥灌透、灌足冬灌水。浇冬灌水在土壤临冻前完成，时间一般在10下旬左右。

### 4.2 埋土时间

葡萄冬灌后，视土壤墒情来决定埋土防寒时间，勿过早或过晚。一般在土壤封冻前15天左右，每年大约在十一月底前完成。

### 4.3 埋土方法

4.3.1 人工埋土：成龄葡萄园因树龄大主蔓粗，弯曲不易，一般采用顺沟埋土。即葡萄下架后，先在主蔓根部下架弯曲处周围培30 cm土枕，防止枝蔓下架时断裂。每株用编织绳捆上2~3道，向行内同一个方向倾倒放入沟中，一株压一株如覆瓦状，并撒些毒饵以防鼠害，然后覆土。

4.3.2 机械埋土：在株行距能够进行机械化作业的葡萄园，葡萄下架、覆盖后，可使用埋土机进行埋土。机械埋土时要注意防止碰到立柱及碰伤葡萄藤蔓。

4.3.3 人工埋土和机械埋土均要求在距葡萄根部50 cm以外取土，覆土厚度30 cm以上。严禁使用干土，覆盖要严实，不允许出现漏洞，确保埋土质量。

## 5 出土

### 5.1 出土条件

当春季日均温度稳定达到10 ℃应及时出土并解开覆盖物。

### 5.2 方法

将人工或机械扒开覆土回填原处，保持原有沟的形状，然后解开覆盖物，将藤蔓逆着下架顺序，随解随摆于葡萄架面上，应细心操作，防止碰伤芽眼。清除沟内余土，将沟修平修直。上架绑蔓后及时喷施一次3~5波美度石硫合剂。

ISC 13. 060. 01
Z 51

# 中　华　人　民　共　和　国　国　家　标　准

GB 5084—2021
代替 GB 5084—2005、GB 22573—2008、GB 22574—2008

# 农田灌溉水质标准

Standard for irrigation water quality

2021 - 01 - 20 发布　　　　2021 - 07 - 01 实施

生　态　环　境　部
国家市场监督管理总局　发布

# 前　言

为贯彻《中华人民共和国环境保护法》《中华人民共和国土壤污染防治法》《中华人民共和国水污染防治法》，加强农田灌溉水质监管，保障耕地、地下水和农产品安全，制定本标准。

本标准规定了农田灌溉水质要求、监测和监督管理要求。

本标准于1985年首次发布，1992年和2005年分别进行了2次修订，本次为第3次修订。本次修订的主要内容：

1. 修改了标准适用范围；

2. 更新了规范性引用文件；

3. 增加了农田灌溉用水、水田作物和旱地作物等术语与定义；

4. 增加了总镍、氯苯、1，2-二氯苯、1，4-二氯苯、硝基苯、甲苯、二甲苯、异丙苯、苯胺等9项农田灌溉水质选择控制项目限值；

5. 修改了对农田灌溉水质的监测要求；

6. 增加了标准的实施与监督规定。

自本标准实施之日起，《农田灌溉水质标准》（GB 5084—2005）、《灌溉水中氯苯、1，2-二氯苯、1，4-二氯苯、硝基苯限量》（GB 22573—2008）、《灌溉水中甲苯、二甲苯、异丙苯、苯酚和苯胺限量》（GB 22574—2008）废止。

本标准是农田灌溉水质的基本要求。省级人民政府对本标准未作规定的项目，可以制定地方农田灌溉水质标准；对本标准已作规定的项目，可以制定严于本标准的地方农田灌溉水质标准。地方农田灌溉水质标准应报国务院生态环境主管部门备案。

本标准由生态环境部土壤生态环境司、法规与标准司组织制订。

本标准主要起草单位：中国环境科学研究院、生态环境部南京环境科学研究所、生态环境部土壤与农业农村生态环境监管技术中心、农业农村部环境保护科研监测所。

本标准生态环境部2021年1月9日批准。

本标准自2021年7月1日起实施。

本标准由生态环境部解释。

# 农田灌溉水质标准

## 1　适用范围

本标准规定了农田灌溉水质要求、监测与分析方法和监督管理要求。

本标准适用于以地表水、地下水作为农田灌溉水源的水质监督管理。城镇污水（工业废水和医疗污水除外）以及未综合利用的畜禽养殖废水、农产品加工废水和农村生活污水进入农田灌溉渠道，其下游最近的灌溉取水点的水质按本标准进行监督管理。

## 2 规范性引用文件

本标准引用了下列文件或其中的条款。凡是注明日期的引用文件，仅注日期的版本适用于本标准。凡是未注日期的引用文件，其最新版本（包括所有的修改单）适用于本标准。

GB 7467 水质 六价铬的测定 二苯碳酰二肼分光光度法

GB 7475 水质 铜、锌、铅、镉的测定 原子吸收分光光度法

GB 7484 水质 氟化物的测定 离子选择电极法

GB 7494 水质 阴离子表面活性剂的测定 亚甲蓝分光光度法

GB 11889 水质 苯胺类化合物的测定 N－（1－萘基） 乙二胺偶氮分光光度法

GB 11896 水质 氯化物的测定 硝酸银滴定法

GB 11901 水质 悬浮物的测定 重量法

GB 11912 水质 镍的测定 火焰原子吸收分光光度法

GB 13195 水质 水温的测定 温度计或颠倒温度计测定法

GB 20922 城市污水再生利用 农田灌溉用水水质

GB/T 15505 水质 硒的测定 石墨炉原子吸收分光光度法

GB/T 16489 水质 硫化物的测定 亚甲基蓝分光光度法

HJ/T 49 水质 硼的测定 姜黄素分光光度法

HJ/T 50 水质 三氯乙醛的测定 吡唑啉酮分光光度法

HJ/T 51 水质 全盐量的测定 重量法

HJ/T 74 水质 氯苯的测定 气相色谱法

HJ 84 水质 无机阴离子（$F^-$、$Cl^-$、$NO_2^-$、$Br^-$、$NO_3^-$、$PO_4^{3-}$，$SO_3^{2-}$、$SO_4^{2-}$）的测定 离子色谱法

HJ/T 200 水质 硫化物的测定 气相分子吸收光谱法

HJ/T 343 水质 氯化物的测定 硝酸汞滴定法（试行）

HJ 347.2 水质 粪大肠菌群的测定 多管发酵法

HJ/T 399 水质 化学需氧量的测定 快速消解分光光度法

HJ 484 水质 氰化物的测定 容量法和分光光度法

HJ 485 水质 铜的测定 二乙基二硫代氨基甲酸钠分光光度法

HJ 486 水质 铜的测定 2，9－二甲基－1，10 菲啰啉分光光度法

HJ 487 水质 氟化物的测定 茜素磺酸锆目视比色法

HJ 488 水质 氟化物的测定 氟试剂分光光度法

HJ 503 水质 挥发酚的测定 4－氨基安替比林分光光度法

HJ 505 水质 五日生化需氧量（$BOD_5$）的测定 稀释与接种法

HJ 592 水质 硝基苯类化合物的测定 气相色谱法

HJ 597 水质 总汞的测定 冷原子吸收分光光度法

HJ 621 水质 氯苯类化合物的测定 气相色谱法

HJ 637 水质 石油类和动植物油类的测定 红外分光光度法

HJ 639 水质 挥发性有机物的测定 吹扫捕集/气相色谱－质谱法

HJ 648 水质 硝基苯类化合物的测定 液液萃取/固相萃取－气相色谱法

HJ 686　水质　挥发性有机物的测定　吹扫捕集/气相色谱法
HJ 694　水质　汞、砷、硒、铋和锑的测定　原子荧光法
HJ 700　水质　65 种元素的测定　电感耦合等离子体质谱法
HJ 716　水质　硝基苯类化合物的测定　气相色谱 - 质谱法
HJ 775　水质　蛔虫卵的测定　沉淀集卵法
HJ 776　水质　32 种元素的测定　电感耦合等离子体发射光谱法
HJ 806　水质　丙烯腈和丙烯醛的测定　吹扫捕集/气相色谱法
HJ 810　水质　挥发性有机物的测定　顶空/气相色谱 - 质谱法
HJ 811　水质　总硒的测定　3，3′-二氨基联苯胺分光光度法
HJ 822　水质　苯胺类化合物的测定　气相色谱 - 质谱法
HJ 823　水质　氰化物的测定　流动注射 - 分光光度法
HJ 824　水质　硫化物的测定　流动注射 - 亚甲基蓝分光光度法
HJ 825　水质　挥发酚的测定　流动注射 -4 - 氨基安替比林分光光度法
HJ 826　水质　阴离子表面活性剂的测定　流动注射 - 亚甲基蓝分光光度法
HJ 828　水质　化学需氧量的测定　重铬酸盐法
HJ 908　水质　六价铬的测定　流动注射 - 二苯碳酰二肼光度法
HJ 970　水质　石油类的测定　紫外分光光度法（试行）
HJ 1048　水质　17 种苯胺类化合物的测定　液相色谱 - 三重四极杆质谱法
HJ 1067　水质　苯系物的测定　顶空/气相色谱法
HJ 1147　水质　pH 值的测定　电极法
NY/T 396　农用水源环境质量监测技术规范

## 3　术语和定义

下列术语和定义适用于本标准。

**3.1　农田灌溉用水　farmland irrigation water**

为满足农作物生长需要，经人为输送，直接或通过渠道、管道供给农田的水。

**3.2　水田作物　paddy field crops**

适于水田淹水环境生长的农作物，如水稻等。

**3.3　旱地作物　dry land crops**

适于旱地、水浇地等非淹水环境生长的农作物，如小麦、玉米、棉花等。

## 4　农田灌溉水质要求

4.1　农田灌溉水质控制项目分为基本控制项目和选择控制项目。

4.1.1　基本控制项目为必测项目，应符合表 1 的规定。

4.1.2　选择控制项目由地方生态环境主管部门会同农业农村、水利等主管部门根据农田灌溉用水

类型和作物种类要求选择执行，应符合表2的规定。

**表1　　农田灌溉水质基本控制项目限值**

| 序号 | 项目类别 | 作物种类 | | |
|---|---|---|---|---|
| | | 水田作物 | 旱地作物 | 蔬菜 |
| 1 | pH值 | 5.5~8.5 | | |
| 2 | 水温/℃≤ | 35 | | |
| 3 | 悬浮物/（mg/L）≤ | 80 | 100 | 60[a]，15[b] |
| 4 | 五日生化需氧量（$BOD_5$）/（mg/L）≤ | 60 | 100 | 40[a]，15[b] |
| 5 | 化学需氧量（$COD_{Cr}$）/（mg/L）≤ | 150 | 200 | 100[a]，60[b] |
| 6 | 阴离子表面活性剂（mg/L）≤ | 5 | 8 | 5 |
| 7 | 氯化物（以$Cl^-$计）/（mg/L）≤ | 350 | | |
| 8 | 硫化物（以$S^{2-}$计）/（mg/L）≤ | 1 | | |
| 9 | 全盐量/（mg/L）≤ | 1000（非盐碱土地区），2000（盐碱土地区） | | |
| 10 | 总铅/（mg/L）≤ | 0.2 | | |
| 11 | 总镉/（mg/L）≤ | 0.01 | | |
| 12 | 铬（六价）/（mg/L）≤ | 0.1 | | |
| 13 | 总汞/（mg/L）≤ | 0.001 | | |
| 14 | 总砷/（mg/L）≤ | 0.05 | 0.1 | 0.05 |
| 15 | 粪大肠菌群数/（MPN/L）≤ | 40000 | 40000 | 20000[a]，10000[b] |
| 16 | 蛔虫卵数/（个/10L）≤ | 20 | | 20[a]，10[b] |

[a] 加工、烹调及去皮蔬菜。[b]生食类蔬菜、瓜类和草本水果。

**表2　　农田灌溉水质选择控制项目限值**

| 序号 | 项目类别 | 作物种类 | | |
|---|---|---|---|---|
| | | 水田作物 | 旱地作物 | 蔬菜 |
| 1 | 氯化物（以$CN^-$计）/（mg/L）≤ | 0.5 | | |
| 2 | 氟化物（以$F^-$计）/（mg/L）≤ | 2（一般地区），3（高氟区） | | |
| 3 | 石油类/（mg/L）≤ | 5 | 10 | 1 |
| 4 | 挥发酚/（mg/L）≤ | 1 | | |
| 5 | 总铜/（mg/L）≤ | 0.5 | 1 | |
| 6 | 总锌/（mg/L）≤ | 2 | | |
| 7 | 总镍/（mg/L）≤ | 0.2 | | |
| 8 | 硒/（mg/L）≤ | 0.02 | | |
| 9 | 硼/（mg/L）≤ | 1[a]，2[b]，3[c] | | |
| 10 | 苯/（mg/L）≤ | 2.5 | | |
| 11 | 甲苯/（mg/L）≤ | 0.7 | | |

（续表）

| 序号 | 项目类别 | 作物种类 | | |
|---|---|---|---|---|
| | | 水田作物 | 旱地作物 | 蔬菜 |
| 12 | 二甲苯/（mg/L）≤ | 05 | | |
| 13 | 异丙苯/（mg/L）≤ | 0.25 | | |
| 14 | 苯胺/（mg/L）≤ | 0.5 | | |
| 15 | 三氯乙醛/（mg/L）≤ | 1 | 0.5 | |
| 16 | 丙烯醛/（mg/L）≤ | 0.5 | | |
| 17 | 氯苯/（mg/L）≤ | 0.3 | | |
| 18 | 1，2－二氯苯/（mg/L）≤ | 1.0 | | |
| 19 | 1，4－二氯苯（mg/L）≤ | 0.4 | | |
| 20 | 硝基苯/（mg/L）≤ | 2.0 | | |

[a] 对硼敏感作物，如黄瓜、豆类、马铃薯、笋瓜、韭菜、洋葱、柑橘等。

[b] 对硼耐受性较强的作物，如小麦、玉米、青椒、小白菜、葱等。

[c] 对硼耐受性强的作物，如水稻、萝卜、油菜、甘蓝等。

4.2　城镇污水处理厂再生水进行农田灌溉，同时应执行 GB 20922 的规定。

4.3　向农田灌溉渠道排放城镇污水以及未综合利用的畜禽养殖废水、农产品加工废水、农村生活污水，应保证其下游最近的灌溉取水点的水质符合本标准的要求。

## 5　监测与分析方法

### 5.1　监测

农田灌溉水质基本控制项目和选择控制项目的监测布点和采样方法应符合 NY/T 396 的要求，待农田灌溉水质监测技术规范发布实施后从其规定。

### 5.2　分析方法

本标准控制项目分析方法按表 3 执行。本标准发布实施后国家发布的监测标准，如适用性满足要求，同样适用于本标准相应控制项目的测定。

**表 3　农田灌溉水质控制项目分析方法**

| 序号 | 分析项目 | 标准名称 | 标准编号 |
|---|---|---|---|
| 1 | pH 值 | 水质 pH 值的测定 电极法 | HJ 1147 |
| 2 | 水温 | 水质 水温的测定 温度计或颠倒温度计测定法 | GB 13195 |
| 3 | 悬浮物 | 水质 悬浮物的测定 重量法 | GB 11901 |
| 4 | 五日生化需氧量（$BOD_5$） | 水质 五日生化需氧量（$BOD_5$）的测定 稀释与接种法 | HJ 505 |

（续表）

| 序号 | 分析项目 | 标准名称 | 标准编号 |
| --- | --- | --- | --- |
| 5 | 化学需氧量（$COD_{Cr}$） | 水质化学需氧量的测定快速消解分光光度法 | HJ/T 399 |
| | | 水质化学需氧量的测定 重铬酸盐法 | HJ 828 |
| 6 | 阴离子表面活性剂 | 水质 阴离子表面活性剂的测定 亚甲蓝分光光度法 | GB 7494 |
| | | 水质 阴离子表面活性剂的测定 流动注射－亚甲基蓝分光光度法 | HJ 826 |
| 7 | 氯化物 | 水质 氯化物的测定 硝酸银滴定法 | GB 11896 |
| | | 水质 无机阴离子（$F^-$、$Cl^-$、$NO_2^-$、$Br^-$、$NO_3^-$、$PO_4^{3-}$、$SO_3^{2-}$、$SO_4^{2-}$）的测定 离子色谱法 | HJ 84 |
| | | 水质 氯化物的测定 硝酸汞滴定法（试行） | HJ/T 343 |
| 8 | 硫化物 | 水质 硫化物的测定 亚甲基蓝分光光度法 | GB/T 16489 |
| | | 水质 硫化物的测定 气相分子吸收光谱法 | HJ/T 200 |
| | | 水质 硫化物的测定 流动注射－亚甲基蓝分光光度法 | HJ 824 |
| 9 | 全盐量 | 水质 全盐量的测定 重量法 | HJ/T 51 |
| 10 | 总铅 | 水质 铜、锌、铅、镉的测定 原子吸收分光光度法 | GB 7475 |
| | | 水质 65 种元素的测定 电感耦合等离子体质谱法 | HJ 700 |
| | | 水质 32 种元素的测定 电感耦合等离子体发射光谱法 | HJ 776 |
| 11 | 总镉 | 水质 65 种元素的测定 电感耦合等离子体质谱法 | HJ 700 |
| | | 水质 32 种元素的测定 电感耦合等离子体发射光谱法 | HJ 776 |
| 12 | 铬（六价） | 水质 六价铬的测定 二苯碳酰二肼分光光度法 | GB 7467 |
| | | 水质 六价铬的测定 流动注射－二苯碳酰二肼光度法 | HJ 908 |
| 13 | 总汞 | 水质 总汞的测定 冷原子吸收分光光度法 | HJ 597 |
| | | 水质 汞、砷、硒、铋和锑的测定 原子荧光法 | HJ 694 |
| 14 | 总砷 | 水质 汞、砷、硒、铋和锑的测定 原子荧光法 | HJ 694 |
| | | 水质 65 种元素的测定 电感耦合等离子体质谱法 | HJ 700 |
| 15 | 总镍 | 水质 镍的测定 火焰原子吸收分光光度法 | GB 11912 |
| | | 水质 65 种元素的测定 电感耦合等离子体质谱法 | HJ 700 |
| | | 水质 32 种元素的测定 电感耦合等离子体发射光谱法 | HJ 776 |
| 16 | 粪大肠菌群数 | 水质 粪大肠菌群的测定 多管发酵法 | HJ 347. 2 |
| 17 | 蛔虫卵数 | 水质 蛔虫卵的测定 沉淀集卵法 | HJ 775 |
| 18 | 氰化物 | 水质 氰化物的测定 容量法和分光光度法 | HJ 484 |
| | | 水质 氰化物的测定 流动注射－分光光度法 | HJ 823 |

（续表）

| 序号 | 分析项目 | 标准名称 | 标准编号 |
| --- | --- | --- | --- |
| 19 | 氟化物 | 水质 氟化物的测定 离子选择电极法 | GB 7 484 |
| | | 水质 无机阴离子（$F^-$、$Cl^-$、$NO_2^-$、$Br^-$、$NO_3^-$、$PO_4^{3-}$、$SO_3^{2-}$、$SO_4^{2-}$）的测定 离子色谱法 | HJ 84 |
| | | 水质 氟化物的测定 茜素磺酸锆目视比色法 | HJ 487 |
| | | 水质 氟化物的测定 氟试剂分光光度法 | HJ 488 |
| 20 | 石油类 | 水质 石油类和动植物油类的测定 红外分光光度法 | HJ 637 |
| | | 水质 石油类的测定 紫外分光光度法（试行） | HJ 970 |
| 21 | 挥发酚 | 水质 挥发酚的测定 4－氨基安替比林分光光度法 | HJ 503 |
| | | 水质 挥发酚的测定 流动注射－4－氨基安替比林分光光度法 | HJ 825 |
| 22 | 硼 | 水质 硼的测定 姜黄素分光光度法 | HJ/T 49 |
| | | 水质 65 种元素的测定 电感耦合等离子体质谱法 | HJ 700 |
| 23 | 总铜 | 水质 铜、锌、铅、镉的测定 原子吸收分光光度法 | GB 7475 |
| | | 水质 铜的测定 二乙基二硫代氨基甲酸钠分光光度法 | HJ 485 |
| | | 水质 铜的测定 2，9－二甲基－1，10 菲啰啉分光光度法 | HJ 486 |
| | | 水质 65 种元素的测定 电感耦合等离子体质谱法 | HJ 700 |
| | | 水质 32 种元素的测定 电感耦合等离子体发射光谱法 | HJ 776 |
| 24 | 总锌 | 水质 铜、锌、铅、镉的测定 原子吸收分光光度法 | GB 7475 |
| | | 水质 65 种元素的测定 电感耦合等离子体质谱法 | HJ 700 |
| | | 水质 32 种元素的测定 电感耦合等离子体发射光谱法 | HJ 776 |
| 25 | 硒 | 水质 硒的测定 石墨炉原子吸收分光光度法 | GB/T 15505 |
| | | 水质 汞、砷、硒、铋和锑的测定 原子荧光法 | HJ 694 |
| | | 水质 65 种元素的测定 电感耦合等离子体质谱法 | HJ 700 |
| | | 水质 总硒的测定 3，3′－二氨基联苯胺分光光度法 | HJ 811 |
| 26 | 苯 | 水质 挥发性有机物的测定 吹扫捕集/气相色谱－质谱法 | HJ 639 |
| | | 水质 挥发性有机物的测定 吹扫捕集/气相色谱法 | HJ 686 |
| | | 水质 挥发性有机物的测定 顶空/气相色谱－质谱法 | HJ 810 |
| | | 水质 苯系物的测定 顶空/气相色谱法 | HJ 1067 |
| 27 | 甲苯 | 水质 挥发性有机物的测定 吹扫捕集/气相色谱－质谱法 | HJ 639 |
| | | 水质 挥发性有机物的测定 吹扫捕集/气相色谱法 | HJ 686 |
| | | 水质 挥发性有机物的测定 顶空/气相色谱－质谱法 | HJ 810 |
| | | 水质 苯系物的测定 顶空/气相色谱法 | HJ 1067 |

（续表）

| 序号 | 分析项目 | 标准名称 | 标准编号 |
|---|---|---|---|
| 28 | 二甲苯 | 水质 挥发性有机物的测定 吹扫捕集/气相色谱－质谱法 | HJ 639 |
| | | 水质 挥发性有机物的测定 吹扫捕集/气相色谱法 | HJ 686 |
| | | 水质 挥发性有机物的测定 顶空/气相色谱－质谱法 | HJ 810 |
| | | 水质 苯系物的测定 顶空/气相色谱法 | HJ 1067 |
| 29 | 异丙苯 | 水质 挥发性有机物的测定 吹扫捕集/气相色谱－质谱法 | HJ 639 |
| | | 水质 挥发性有机物的测定 吹扫捕集/气相色谱法 | HJ 686 |
| | | 水质 挥发性有机物的测定 顶空/气相色谱－质谱法 | HJ 810 |
| | | 水质 苯系物的测定 顶空/气相色谱法 | HJ 1067 |
| 30 | 苯胺 | 水质 苯胺类化合物的测定 N－（1－萘基）乙二胺偶氮分光光度法 | GB 11889 |
| | | 水质 苯胺类化合物的测定 气相色谱－质谱法 | HJ 822 |
| | | 水质 17 种苯胺类化合物的测定 液相色谱－三重四极杆质谱法 | HJ 1048 |
| 31 | 三氯乙醛 | 水质 三氯乙醛的测定 吡唑啉酮分光光度法 | HJ/T 50 |
| 32 | 丙烯醛 | 水质 丙烯腈和丙烯醛的测定 吹扫捕集/气相色谱法 | HJ 806 |
| 33 | 氯苯 | 水质 氯苯的测定 气相色谱法 | HJ/T 74 |
| | | 水质 氯苯类化合物的测定 气相色谱法 | HJ 621 |
| | | 水质 挥发性有机物的测定 吹扫捕集/气相色谱－质谱法 | HJ 639 |
| | | 水质 挥发性有机物的测定 顶空/气相色谱－质谱法 | HJ 810 |
| 34 | 1，2－二氯苯 | 水质 氯苯类化合物的测定 气相色谱法 | HJ 621 |
| | | 水质 挥发性有机物的测定 吹扫捕集/气相色谱－质谱法 | HJ 639 |
| | | 水质 挥发性有机物的测定 顶空/气相色谱－质谱法 | HJ 810 |
| 35 | 1，4－二氯苯 | 水质 氯苯类化合物的测定 气相色谱法 | HJ 621 |
| | | 水质 挥发性有机物的测定 气相色谱－质谱法 | HJ 639 |
| | | 水质 挥发性有机物的测定 顶空/气相色谱－质谱法 | HJ 810 |
| 36 | 硝基苯 | 水质 硝基苯类化合物的测定 气相色谱法 | HJ 592 |
| | | 水质 硝基苯类化合物的测定 液液萃取/固相萃取－气相色谱法 | HJ 648 |
| | | 水质 硝基苯类化合物的测定 气相色谱－质谱法 | HJ 716 |

## 6 实施与监督

本标准由各级人民政府生态环境主管部门会同农业农村、水利等相关主管部门监督与实施。

ICS 65.080
B 10

# 中 华 人 民 共 和 国 农 业 行 业 标 准

NY/T 496—2010
代替 NY/T 496—2002

# 肥料合理使用准则通则

Rule of rational fertilization——General

2010-05-20 发布　　2010-09-01 实施

中华人民共和国农业部　发布

# 前 言

本标准代替 NY/T 496—2002《肥料合理使用准则 通则》。

本标准与 NY/T 496—2002 相比主要变化如下：

——范围中删除基本原理，用“肥料”代替“以提供植物养分为主要功效的各种物料”。

——术语中删除钙肥、镁肥、硫肥、复混肥料、复合肥料、掺和肥料、植物养分、肥料养分，增加测土配方施肥，修改微量元素、有益元素、微生物肥料、平衡施肥、施肥量、常规施肥的表述，修改部分术语的英文。

——修改施肥目标、矿质营养学说、最小养分律、因子综合作用律、施肥量、施肥方法、增产率、肥料利用率的表述，增加肥料农学效率部分。

本标准由中华人民共和国农业部种植业管理司提出并归口。

本标准起草单位：全国农业技术推广服务中心。

本标准主要起草人：杜森、马常宝、孙钊、董燕、杨首燕、杨帆、高祥照。

本标准所代替标准的历次版本发布情况：

——NY/T 496—2002。

# 肥料合理使用准则通则

## 1 范围

本标准规定了肥料合理使用的通用准则。

本标准适用于各种肥料。

## 2 规范性引用文件

下列文件中的条款通过本标准的引用而成为本标准的条款。凡是注日期的引用文件，其随后所有的修改单（不包括勘误的内容）或修订版均不适用于本标准，然而，鼓励根据本标准达成协议的各方研究是否可使用这些文件的最新版本。凡是不注日期的引用文件，其最新版本适用于本标准。

GB/T 6274 肥料和土壤调理剂术语

## 3 术语和定义

GB/T 6274 确立的以及下列术语和定义适用于本标准。

3.1 肥料 fertilizer

以提供植物养分为其主要功效的物料（GB/T 6274）。

3.2 有机肥料 organic fertilizer

主要来源于植物和（或）动物、施于土壤以提供植物营养为其主委功效的含碳物料（GB/T 6274）。

3.3 无机（矿质）肥料 inorganic（mineral）fertilizer

标明养分呈无机盐形式的肥料，由提取、物理和（或）化学工业方法制成（GB/T 6274）。

3.4 单一肥料 straight fertilizer

氮磷钾三种养分中，仅具有一种养分标明量的氮肥、磷肥或钾肥的通称（GB/T 6274）。

3.5 大量元素 macro－nutrient

对氮、磷、钾元素的通称。

3.6 中量元素 secondary nutrient

对钙、镁、硫元素的通称。

3.7 氢肥 nitrogen fertilizer

具有氮（N）标明量，以提供植物氮养分为其主要功效的单一肥料。

3.8 磷肥 phosphorus fertilizer

具有磷（$P_2O_5$）标明量，以提供植物磷养分为其主要功效的单一肥料。

3.9 钾肥 potassium fertilizer

具有钾（$K_2O$）标明量，以提供植物钾养分为其主要功效的单一肥料。

3.10 微量元素（微量养分） micro－nutrient

植物生长所必需的、但相对来说是少量的元素，包括硼、锰、铁、锌、铜、钼、氯和镍。

3.11 有益元素 beneficial element

不是所有植物生长必需的，但对某些植物生长有益的元素，如钠、硅、钴，硒、铝、钛、碘等。

3.12 有机—无机复混肥料 organic－inorganic compound fertilizer

来源于标明养分的有机和无机物质的产品，由有机和无机肥料混合（或化合）制成。

3.13 农用微生物产品 microbial product in agriculture

是指在农业上应用的含有目标微生物的一类活体制品。

### 3.14 平衡施肥 balanced fertilization

合理供应和调节植物需要的各种营养元素，使其能均衡满足植物生长发育的科学施肥技术。

### 3.15 测土配方施肥 soil testing and formulated fertilization

测土配方施肥是以肥料田间试验、土壤测试为基础，根据作物需肥规律、土壤供肥性能和肥料效应，在合理施用有机肥料的基础上，提出氮、磷、钾及中、微量元素等肥料的施用品种、数量、施肥时期和施用方法。

### 3.16 肥料效应 fertilizer response

肥料效应，简称肥效，是肥料对作物产量的效果，通常以肥料单位养分的施用量所能获得的作物增产量和效益表示。

### 3.17 施肥量 fertilizer application rate/dose

施于单位面积耕地或单位质量生长介质中的肥料或土壤调理剂养分的质量或体积（GB/T 6274）。

### 3.18 常规施肥 conventional fertilization

指当地农民普遍采用的施肥量、施肥品种和施肥方法，亦称习惯施肥。

## 4 肥料合理使用通用准则

### 4.1 施肥目标

合理施肥应达到高产、优质、高效、改土培肥、保证农产品质量安全和保护生态环境等目标。

### 4.2 施肥原理

4.2.1 矿质营养理论

植物生长发育需要碳、氢、氧、氮、磷、钾、钙、镁、硫、铁、锰、钢、锌、硼、钼、氯、镍 17 种必需营养元素和一些有益元素。碳、氢、氧主要来自空气和水，其他营养元素主要以矿物形态从土壤中吸收。每种必需元素均有其特定的生理功能，相互之间同等重要、不可替代。有益元素也能对某些植物生长发育起到促进作用。

4.2.2 养分归还学说

植物收获从土壤中带走大量养分，使土壤中的养分越来越少，地力逐渐下降，为了维持地力和提高产量，应将植物带走的养分适当归还土壤。

4.2.3 最小养分律

植物对必需营养元素的需要量有多有少，决定产量的是相对于植物需委、土壤中含量最少的有效养分，只有针对性地补充最小养分才能获得高产。最小养分随产量和施肥水平等条件的改变而变化。

4.2.4 报酬递减律

在其他技术条件相对稳定的条件下，在一定施肥量范围内，产量随着施肥量的逐渐增加而增加，但单位施肥量的增产量却呈递减趋势。施肥量超过一定限度后将不再增产，甚至造成减产。

4.2.5　因子综合作用律

植物生长受水分、养分、光照、温度、空气、品种以及土壤、耕作条件等多种因子制约，施肥仅是增产的措施之一，应与其他增产措施结合才能取得更好的效果。

### 4.3　施肥原则

在养分需求与供应平衡的基础上，坚持有机肥料与无机肥料相结合；坚持大量元素与中量元素、微量元素相结合；坚持基肥与追肥相结合；坚持施肥与其他措施相结合。

### 4.4　施肥依据

4.4.1　植物营养特性

不同植物种类、品种，同一植物品种不同生育期、不同产量水平对养分需求数量和比例不同；不同植物对养分种类的反应不同；不同植物对养分吸收利用的能力不同。

4.4.2　土壤性状

土壤类型、土壤物理、化学和生物性状等因素影响土壤保肥和供肥能力，从而影响肥料效应。

4.4.3　肥料性质

不同肥料种类和品种的特性，决定该肥料适宜的土壤类型、植物种类和施用方法。

4.4.4　其他条件

合理施肥还应考虑气候、灌溉、耕作、栽培、植物生长状况等其他条件。

### 4.5　施肥技术

施肥技术内容主要包括肥料种类、施肥量、养分配比、施肥时期、施肥方法和施肥位置等。施肥量是施肥技术的核心，肥料效应是上述施肥技术的综合反应。

4.5.1　肥料种类

根据土壤性状、植物营养特性和肥料性质等因素确定肥料种类。

4.5.2　施肥量

确定施肥量的方法主要有肥料效应函数法、测土施肥法和植株营养诊断法等。

4.5.3　养分配比

根据植物营养特性和土壤性状等因素调整肥料养分配比，实行平衡施肥。

4.5.4　施肥时期

根据肥料性质和植物营养特性等因素适时施肥，植物生长旺盛和吸收养分的关键时期应重点施肥。

4.5.5　施肥方法

根据土壤、作物和肥料性质等因素选择施肥方法，注意氮肥深施、磷肥和钾肥集中施用等，以发挥肥料效应，减少养分损失。

4.5.6　施肥位置

根据植物根系生长特性等因素选择适宜的施肥位置，提高养分空间有效性。

## 5　施肥评价指标

### 5.1　增产率

合理施肥产量与常规施肥或无肥区产量的差值占常规施肥或无肥区产量的百分数。

## 5.2 肥料利用率（养分回收率）

指施用的肥料养分被作物吸收的百分数，是评价肥料施用效果的一个重要指标。肥料利用率包括当季利用率和累积利用率。氮肥常用的是当季利用率，磷肥由于有后效，常用累积（选加）利用率。

## 5.3 肥料农学效率

指特定施肥条件下，单位施肥量所增加的作物经济产量，是施肥增产效应的综合体现。

## 5.4 施肥经济效益

5.4.1 纯收益

施肥增加的产值与施肥成本的差值，正值表示施肥获得了经济效益，数额越大，获利愈多。

5.4.2 投入产出比

简称投产比，是施肥成本与施肥增加产值之比。

ICS 67.080
B 31

# DB65

新 疆 维 吾 尔 自 治 区 地 方 标 准

DB 65/T 3271—2011

# 成龄葡萄滴灌水肥管理技术规程

Technical Regulations of Water andFertilizer Management of Grown GrapeUnder Drip – Irrigation

2011 – 09 – 01 发布　　2011 – 09 – 15 实施

新疆维吾尔自治区质量技术监督局　发 布

## 前　言

本标准按照 GB/T 1. 1—2009 标准编写规则起草。

本标准由新疆维吾尔自治区产品质量监督检验研究院提出。

本标准由新疆维吾尔自治区农业厅归口。

本标准起草单位：新疆水利水电科学研究院、新疆农业科学院、新疆维吾尔自治区产品质量监督检验研究院、新疆葡萄瓜果研究开发中心、新疆吐鲁番地区水利科学研究所。

本标准主要起草人：张江辉、白云岗、谢香文、梁智、王全九、卢震林、蔡军社、杨建云。

# 成龄葡萄滴灌水肥管理技术规程

## 1　范围

本标准规定了成龄葡萄滴灌的灌溉、施肥管理技术。

本标准适用于吐哈盆地，其他地区可参照本规程。

## 2　规范性引用文件

下列文件对于本文件的应用是必不可少的。凡是注日期的引用文件，仅所注日期的版本适用于本文件。凡是不注日期的引用文件，其最新版本（包括所有的修改单）适用于本文件。

GB/T 50485—2009　微灌工程技术规范

DB 65/T 3057—2010　大田作物膜下滴灌系统运行管理规程

## 3　术语和定义

### 3. 1　滴灌

利用专门设备，将有压水流变成细小的水流或水滴，湿润植物根部土壤的灌水方法。

### 3. 2　灌溉制度

指植物年生育周期内的灌水时间、灌水量、灌水次数和灌溉总量的总称。

### 3. 3　灌水定额

单位灌溉面积上一次灌水的量。

### 3. 4　灌溉定额

年周期内灌水定额的总和。

### 3.5 灌水周期

两次灌水的间隔时间。

### 3.6 土壤肥力

土壤为植物正常生长提供并协调营养物质和环境条件的能力。

### 3.7 基肥

果实收获后至来年萌芽前结合土壤耕作施用的肥料。

### 3.8 追肥

植物生长期间所施用的肥料。

### 3.9 成龄葡萄

进入盛果期的葡萄树。

## 4 灌溉管理

### 4.1 滴灌系统管理

4.1.1 管网布设

地面管网更新按原设计执行。

4.1.2 支毛管更换。

按原设计执行。

4.1.3 系统管理

参见 DB 65/T 3057—2010。

### 4.2 灌溉制度

原则上一次灌水深度不小于 60 cm。

4.2.1 灌溉定额 10050 $m^3/hm^2$ ~ 11475 $m^3/hm^2$，灌水 20 次左右，灌溉定额随不同区域和产量有所增减。

4.2.2 萌芽期：灌水周期 8 d ~ 10 d，灌水 3 ~ 4 次，灌水定额 450 $m^3/hm^2$ ~ 525 $m^3/hm^2$，可根据气候条件适当增减。

4.2.3 花期：灌水周期 8 d ~ 10 d，灌水 1 次，灌水定额 450 $m^3/hm^2$ ~ 525 $m^3/hm^2$。

4.2.4 坐果期：灌水周期 8 d ~ 10 d，灌水 1 次，灌水定额 450 $m^3/hm^2$ ~ 525 $m^3/hm^2$。

4.2.5 果实膨大期：灌水周期 4 d ~ 5 d，灌水 7 次，灌水定额 450 $m^3/hm^2$ ~ 525 $m^3/hm^2$，如遇干热天气可适当增加灌溉次数和灌溉水量。

4.2.6 果粒成熟期：灌水周期 8 d ~ 10 d，灌水 4 ~ 5 次，灌水定额 450 $m^3/hm^2$ ~ 525 $m^3/hm^2$，可根据土壤保水条件适当增减。

4.2.7 枝蔓成熟期：灌水周期 25 d，灌水 2 次，灌水定额 450 $m^3/hm^2$ ~ 525 $m^3/hm^2$，一般情况下 9 月下旬停水。

4.2.8　埋墩水：灌水周期25 d，灌水1次，灌水定额1500 $m^3/hm^2$，一般情况下10月中、下旬停水。

4.2.9　成龄葡萄根据目标产量、不同土质状况进行灌溉制度推荐见下表1、表2。

**表1　　壤土区成龄葡萄滴灌灌溉制度表**

| 物候期 | 项目 | | |
|---|---|---|---|
| | 灌水次数（次） | 灌水周期（d） | 灌水定额（$m^3/hm^2$） |
| 萌芽期 | 4 | 9 | 450 |
| 开花期 | 1 | 9 | 450 |
| 座果期 | 1 | 9 | 450 |
| 果粒膨大期 | 7 | 4.5 | 450 |
| 果粒成熟期 | 4 | 9 | 450 |
| 枝蔓成熟期 | 2 | 25 | 450 |
| 埋墩 | 1 | | 1500 |
| 全生育期 | 20 | | 10050 |

**表2　　砂土区成龄葡萄滴灌灌溉制度表**

| 物候期 | 项目 | | |
|---|---|---|---|
| | 灌水次数（次） | 灌水周期（d） | 灌水定额（$m^3/hm^2$） |
| 萌芽期 | 3 | 9 | 525 |
| 开花期 | 1 | 9 | 525 |
| 座果期 | 1 | 9 | 525 |
| 果粒膨大期 | 7 | 4.5 | 525 |
| 果粒成熟期 | 5 | 9 | 525 |
| 枝蔓成熟期 | 2 | 25 | 525 |
| 埋墩 | 1 | | 1500 |
| 全生育期 | 20 | | 11475 |

## 5　施肥管理

### 5.1　基本原则

成龄葡萄施肥应采用：有机、无机相结合的原则，施肥技术与树体调控技术相结合的原则，水肥联合调控的原则。

## 5.2 有机肥、氮肥、磷肥、钾肥的施用

5.2.1 施肥量的确定

成龄葡萄根据目标产量、不同土壤养分测试值进行施肥量推荐，见表3。“目标产量”根据葡萄品种、树龄、树势、气候、土壤、栽培管理等综合因素确定当年合理的目标产量。施肥量推荐表中的肥料用量为肥料养分纯量，应用时须换算成肥料实物量，其换算公式如下：

使用肥料实物量 = 参照表中的肥料养分纯量 ÷ 使用肥料养分含量（%）

**表3　　成龄无核白葡萄施肥量推荐表**

<table>
<tr><td colspan="10">有机肥推荐量（油渣按1/7折算，鸡粪按1/3折算）</td></tr>
<tr><td>目标产量（t/667m²）</td><td colspan="3">2.5</td><td colspan="3">3</td><td colspan="3">3.5</td></tr>
<tr><td>土壤有机质（%）</td><td colspan="2"><1</td><td>1~2.5</td><td colspan="2"><1</td><td>1~2.5</td><td colspan="2"><1</td><td>1~2.5</td></tr>
<tr><td>有机肥用量（kg/667m²）</td><td colspan="2">2500</td><td>1500</td><td colspan="2">3000</td><td>2000</td><td colspan="2">3500</td><td>2500</td></tr>
<tr><td colspan="10">化学氮肥推荐量</td></tr>
<tr><td>目标产量（t/667m²）</td><td colspan="3">2.5</td><td colspan="3">3</td><td colspan="3">3.5</td></tr>
<tr><td>土壤碱解氮（mg/kg）</td><td>30~50</td><td>50~70</td><td>70~90</td><td>30~50</td><td>50~70</td><td>70~90</td><td>30~50</td><td>50~70</td><td>70~90</td></tr>
<tr><td>纯N推荐量（kg/667m²）</td><td>18~23</td><td>13~18</td><td>7~13</td><td>22~26</td><td>16~22</td><td>9~16</td><td>25~30</td><td>18~25</td><td>11~18</td></tr>
<tr><td colspan="10">化学磷肥推荐量</td></tr>
<tr><td>目标产量（t/667m²）</td><td colspan="3">2.5</td><td colspan="3">3</td><td colspan="3">3.5</td></tr>
<tr><td>土壤有效磷（mg/kg）</td><td>10~20</td><td>20~30</td><td>30~40</td><td>10~20</td><td>20~30</td><td>30~40</td><td>10~20</td><td>20~30</td><td>30~40</td></tr>
<tr><td>$P_2O_5$推荐量（kg/667m²）</td><td>15~22</td><td>10~15</td><td>4~10</td><td>18~26</td><td>12~18</td><td>6~12</td><td>22~28</td><td>15~22</td><td>8~15</td></tr>
<tr><td colspan="10">化学钾肥推荐量</td></tr>
<tr><td>目标产量（t/667m²）</td><td colspan="3">2.5</td><td colspan="3">3</td><td colspan="3">3.5</td></tr>
<tr><td>土壤有机质（%）</td><td>100~150</td><td>150~210</td><td>210~250</td><td>100~150</td><td>150~210</td><td>210~250</td><td>100~150</td><td>150~210</td><td>210~250</td></tr>
<tr><td>有机肥用量（kg/667m²）</td><td>12~16</td><td>9~12</td><td>6~8</td><td>14~18</td><td>10~14</td><td>7~10</td><td>16~20</td><td>12~16</td><td>8~12</td></tr>
</table>

备注：标准有机肥

5.2.2 肥料分配及施肥方法

5.2.2.1 基肥

葡萄树施基肥主要在秋季果实采收前后（9月底~10月中旬），结合深翻耕进行，将全部的有机肥、10%的化学氮肥、40%的化学磷肥、20%的化学钾肥在这个时期施入，有微量元素缺乏症的园片可在此时补充。

基肥施用方法：在距葡萄根颈60 cm～100 cm处开深50 cm～60 cm、宽40 cm的条状沟，将配方化肥、全部的有机肥和表土混合后施入沟中覆土；第一年在葡萄树的一侧施肥，第二年在葡萄树的另一侧施肥，在葡萄树的两侧轮流施肥。

5.2.2.2　追肥

关键期水肥要保证充足。

萌芽－开花期：将65%的化学氮肥、25%的化学磷肥、15%的化学钾肥在这个时期随水滴肥，滴肥次数2次～4次。沙质土，追肥宜少量多次；反之，追肥次数可减少。

浆果生长期：将15%的化学氮肥、35%的化学磷肥、65%的化学钾肥在这个时期随水滴肥，滴肥次数2次～4次。沙质土，追肥宜少量多次；反之，追肥次数可减少。

果实采收后：将10%的化学氮肥随水滴施。

### 5.3　微量元素肥料

土壤微量元素有效含量，有效锌小于2 mg/kg，有效锰小于7 mg/kg，有效硼小于2 mg/kg，有效铁小于15 mg/Kg时，就应补充该微量元素，可在秋季结合基肥同有机肥混合一并施入，每667 $m^2$施1 kg～2 kg微量元素肥料，也可采用叶面追肥，喷施2次～3次微量元素肥料。微量元素肥料可采用硫酸锌、硫酸锰、硫酸亚铁、硼酸或硼砂，也可施用复合微量元素肥料。

## 6　技术档案

6.1　认真做好灌溉与施肥量的记录，记录每次灌水、施肥的时间、用量、肥料种类。

6.2　详细记录主要栽培措施（翻耕、整形修剪、喷药、病虫害防治、采收、冬灌）的实施时间、技术措施、用量。

6.3　统计并记录各田块的产量及品质指标（糖度、单果重、维C含量、酸度）。

6.4　每隔3年，在采收后取土测定果园0 cm～60 cm土层的土壤养分和盐分，确定土壤的肥力等级、施肥量、冬灌水量。

ICS

# DBN

## 吐 鲁 番 市 农 业 地 方 标 准

DBN 6521/T 204—2019

# 吐鲁番葡萄水肥管理技术规程

2019 - 11 - 25 发布　　2019 - 12 - 25 实施

吐鲁番市市场监督管理局　发 布

## 前　言

本标准根据 GB/T 1. 1—2009 给出的规则编写。

本标准由吐鲁番市林果业技术推广服务中心提出。

本标准由吐鲁番市林业和草原局归口。

本标准由吐鲁番市林果业技术推广服务中心、吐鲁番市质量与计量检测所负责起草。

本标准由吐鲁番市市场监督管理局发布。

本标准主要起草人：周慧、王婷、王新丽、刘丽媛、阮晓慧、徐彦斌、周黎明、罗闻芙、阿迪力·阿不都古力、韩泽云、武云龙、古亚汗·沙塔尔、阮晓慧、王春燕、吾尔尼沙·卡得尔、吴玉华、陈志强、宋钰、曲江。

# 吐鲁番葡萄水肥管理技术规程

## 1　范围

本标准规定了吐鲁番葡萄肥料的种类、施肥时间、施肥量和施肥方法，以及灌水时间、灌水量。

本标准适用于吐鲁番葡萄生产的水肥管理。

## 2　规范性引用文件

下列文件中的条款通过本标准中引用成为本标准的条款，凡是注日期的引用文件，仅所注日期的版本适用于本标准。凡是不注日期的引用文件，其最新版本适用于本标准。

NY/T 496　肥料合理使用准则　通则

## 3　定义

### 3.1　基肥

以有机肥为主，是较长时期供给葡萄多种养分的基础肥料。

### 3.2　追肥

在葡萄生产期，根据葡萄生长需要补充的肥料。

### 3.3　复合肥

指含有两种或两种以上营养元素的化肥。

### 3.4 催芽肥

在葡萄萌芽前，为满足葡萄发芽生长所需而施入的肥料。

### 3.5 花前肥

葡萄开花前施入的肥料。

### 3.6 膨果肥

葡萄果实膨大期施入的肥料

### 3.7 月子肥

葡萄采摘后促进树体恢复追施的肥料。

## 4 施肥原则

按照《NY/T 496—2010 肥料合理使用准则》规定执行。

## 5 施肥方式

### 5.1 基肥

5.1.1 施肥时期：采果后，埋土前施入。有机肥为主，磷钾肥混合使用。

5.1.2 施肥量：成龄盛果期葡萄园每亩施 3～4 $m^3$。

5.1.3 施肥方法：沟、穴施（放射状沟、环状沟、条状沟），施肥穴长、宽、高为 60×60×50 cm，要略深于根系集中分布层，肥料应施在沟穴下层，并要土、肥拌匀。

### 5.2 追肥

5.2.1 追肥时期

5.2.1.1 萌芽期：葡萄出土后至萌芽施入催芽肥，以氮肥为主。此期结合灌水，每亩施入氮肥 10～15 kg。

5.2.1.2 开花前期：在葡萄萌芽至开花前施入花前肥。此期结合灌水，每亩施入氮、磷复合肥 15～20 kg。

5.2.1.3 果实膨大期：在开花坐果后到果实膨大期，以磷、钾肥为主。此期结合灌水 2～3 次，每亩施入磷、钾复合肥 15～20 kg。

5.2.1.4 果实成熟期：在葡萄果粒着色前至成熟采摘前施入成熟肥。每亩施 10～15 kg。

5.2.1.5 葡萄采收后到埋土前，距离树体 50 厘米处，施入复合肥或葡萄专用肥 20～25 kg，促进树体恢复。

5.2.2 施肥量

生长期追肥，按葡萄产量确定施肥量。成龄结果树按每生产 100 kg 葡萄，需施用三要素施肥的量进行计算，施用量为：氮（全氮）1 kg，磷（五氧化二磷）0.6～0.8 kg，钾（氧化钾）1.2～1.4 kg。

## 6 灌水

葡萄生育周期内，实行“前促、后控、中间足”的配水原则。

葡萄萌芽期、花期田间土壤持水量在60% ~70%，后期浆果膨大期田间土壤持水量保持在50% ~60%。花后至浆果膨大期需充足供水，浆果成熟期需控制灌水，埋土前需要灌透水。

ICS 65. 100. 01
B 17

# 中 华 人 民 共 和 国 农 业 行 业 标 准

NY/T 393—2020
代替 NY/T 393—2013

# 绿色食品　农药使用准则

Green food – Guideline for application of pesticide

2020 – 07 – 27 发布　　2020 – 11 – 01 实施

中华人民共和国农业农村部　发 布

# 前　言

本标准按照 GB/T 1.1—2009 给出的规则起草。

本标准代替 NY/T 393—2013《绿色食品　农药使用准则》，与 NY/T 393—2013 相比，除编辑性修改外主要技术变化如下：

——增加了农药的定义（见 3.3）。

——修改了有害生物防治原则（见 4）。

——修改了农药选用的法规要求（见 5.1）。

——修改了绿色食品农药残留要求（见 7）。

——在 AA 级和 A 级绿色食品生产均允许使用的农药清单中，删除了（硫酸）链霉素，增加了具有诱杀作用的植物（如香根草等）、烯腺嘌呤和松脂酸钠；删除了 2 个表注，增加了 1 个表的脚注（见表 A.1）。

——在 A 级绿色食品生产允许使用的其他农药清单中，删除了 7 种杀虫杀螨剂（S－氰戊菊酯、丙溴磷、毒死蜱、联苯菊酯、氯氟氰菊酯、氯菊酯和氯氰菊酯）、1 种杀菌剂（甲霜灵）、12 种除草剂（草甘膦、敌草隆、噁草酮、二氯喹啉酸、禾草丹、禾草敌、西玛津、野麦畏、乙草胺、异丙甲草胺、莠灭净和仲丁灵）及 2 种植物生长调节剂（多效唑和噻苯隆）；增加了 9 种杀虫杀螨剂（虫螨腈、氟啶虫胺腈、甲氧虫酰肼、硫酰氟、氰氟虫腙、杀虫双、杀铃脲、虱螨脲和溴氰虫酰胺）、16 种杀菌剂（苯醚甲环唑、稻瘟灵、噁唑菌酮、氟吡菌酰胺、氟硅唑、氟吗啉、氟酰胺、氟唑环菌胺、喹啉铜、嘧菌环胺、氰氨化钙、噻呋酰胺、噻唑锌、三环唑、肟菌酯和烯肟菌胺）、7 种除草剂（苄嘧磺隆、丙草胺、丙炔噁草酮、精异丙甲草胺、双草醚、五氟磺草胺、酰嘧磺隆）及 1 种植物生长调节剂（1－甲基环丙烯）；删除了 2 个条文的注，在条文中增加了关于根据国家新的禁限用规定自动调整允许使用清单的规定（见 A.2）。

本标准由农业农村部农产品质量安全监管司提出。

本标准由中国绿色食品发展中心归口。

本标准起草单位：浙江省农业科学院农产品质量标准研究所、中国绿色食品发展中心、中国农业大学理学院、农业农村部农产品及加工品质量安全监督检验测试中心（杭州）、浙江省农产品质量安全中心。

本标准主要起草人：张志恒、王强、张志华、张宪、潘灿平、郑永利、于国光、李艳杰、李政、戴芬、郑蔚然、徐明飞、胡秀卿。

本标准所代替标准的历次版本发布情况为：

——NY/T 393—2000；NY/T 393—2013。

# 引　言

绿色食品是在优良生态环境中按照绿色食品标准生产，实行全程质量控制并获得绿色食品标志使用权的安全、优质食用农产品及相关产品。规范绿色食品生产中的农药使用行为，是保证绿色食品符合性的一个重要方面。

本标准用于规范绿色食品生产中的农药使用行为。2013 年版标准在前版标准的基础上，已经建立起了比较完整有效的标准框架，包括规定有害生物防治原则，要求农药的使用是最后的必要选择；规定允许使用的农药清单，确保所用农药是经过系统评估和充分验证的低风险品种；规范农药使用过程，进一步减缓农药使用的健康和环境影响；规定了与农药使用要求协调的残留要求，在确保绿色食品更高安全要求的同时，也作为追溯生产过程是否存在农药违规使用的验证措施。

本次修订延续上一版的标准框架，主要根据近年国内外在农药开发、风险评估、标准法规、使用登记和生产实践等方面取得的新进展、新数据和新经验，更多地从农药对健康和环境影响的综合风险控制出发，适当兼顾绿色食品生产对农药品种的实际需求，对标准作局部修改。

# 绿色食品　农药使用准则

## 1　范围

本标准规定了绿色食品生产和储运中的有害生物防治原则、农药选用、农药使用规范和绿色食品农药残留要求。

本标准适用于绿色食品的生产和储运。

## 2　规范性引用文件

下列文件对于本文件的应用是必不可少的。凡是注日期的引用文件，仅注日期的版本适用于本文件。凡是不注日期的引用文件，其最新版本（已包括所有的修改单）适用于本文件。

GB 2763　食品安全国家标准　食品中农药最大残留限量

GB/T 8321（所有部分）　农药合理使用准则

GB 12475　农药储运、销售和使用的防毒规程

NY/T 391　绿色食品　产地环境质量

NY/T 1667　（所有部分）　农药登记管理术语

## 3　术语和定义

NY/T 1667　界定的以及下列术语和定义适用于本文件。

### 3.1　AA 级绿色食品　AA grade green food

产地环境质量符合 NY/T 391 的要求，遵照绿色食品标准生产，生产过程中遵循自然规律和生态学原理，协调种植业和养殖业的平衡，不使用化学合成的肥料、农药、兽药、渔药、添加剂等物质，产品质量符合绿色食品产品标准，经专门机构许可使用绿色食品标志的产品。

### 3.2　A 级绿色食品　A grade green food

产地环境质量符合 NY/T 391 的要求，遵照绿色食品生产标准生产，生产过程中遵循自然规律和生

态学原理，协调种植业和养殖业的平衡，限量使用限定的化学合成生产资料，产品质量符合绿色食品产品标准，经专门机构许可使用绿色食品标志的产品。

3.3 农药 pesticide

用于预防、控制危害农业、林业的病、虫、草、鼠和其他有害生物以及有目的地调节植物、昆虫生长的化学合成或者来源于生物、其他天然物质的一种物质或者几种物质的混合物及其制剂。

注：既包括属于国家农药使用登记管理范围的物质，也包括不属于登记管理范围的物质。

## 4 有害生物防治原则

绿色食品生产中有害生物的防治可遵循以下原则。

——以保持和优化农业生态系统为基础：建立有利于各类天敌繁衍和不利于病虫草孳生的环境条件，提高生物多样性，维持农业生态系统的平衡；

——优先采用农业措施：如选用抗病虫品种、实施种子种苗检疫、培育壮苗、加强栽培管理、中耕除草、耕翻晒垡、清洁田园、轮作倒茬、间作套种等；

——尽量利用物理和生物措施：如温汤浸种控制种传病虫害，机械捕捉害虫，机械或人工除草，用灯光、色板、性诱剂和食物诱杀害虫，释放害虫天敌和稻田养鸭控制害虫等；

——必要时合理使用低风险农药：如没有足够有效的农业、物理和生物措施，在确保人员、产品和环境安全的前提下，按照第5、6章的规定配合使用农药。

## 5 农药选用

5.1 所选用的农药应符合相关的法律法规，并获得国家在相应作物上的使用登记或省级农业主管部门的临时用药措施，不属于农药使用登记范围的产品（如薄荷油、食醋、蜂蜡、香根草、乙醇、海盐等）除外。

5.2 AA级绿色食品生产应按照附录A中A.1的规定选用农药，A级绿色食品生产应按照附录A的规定选用农药，提倡兼治和不同作用机理农药交替使用。

5.3 农药剂型宜选用悬浮剂、微囊悬浮剂、水剂、水乳剂、颗粒剂、水分散粒剂和可溶性粒剂等环境友好型剂型。

## 6 农药使用规范

6.1 应根据有害生物的发生特点、危害程度和农药特性，在主要防治对象的防治适期，选择适当的施药方式。

6.2 应按照农药产品标签或按GB/T 8321和GB 12475的规定使用农药，控制施药剂量（或浓度）、施药次数和安全间隔期。

## 7 绿色食品农药残留要求

7.1 按照5的规定允许使用的农药，其残留量应符合GB 2763的要求。

7.2 其他农药的残留量不得超过0.01 mg/kg，并应符合GB 2763的要求。

# 附录A
# (规范性附录)
# 绿色食品生产允许使用的农药清单

## A.1 AA级和A级绿色食品生产均允许使用的农药清单

AA级和A级绿色食品生产可按照农药产品标签或GB/T 8321的规定（不属于农药使用登记范围的产品除外）使用表A.1中的农药。

**表A.1 AA级和A级绿色食品生产均允许使用的农药清单[a]**

| 类别 | 物质名称 | 备注 |
|---|---|---|
| I. 植物和动物来源 | 楝素（苦楝、印楝等提取物，如印楝素等） | 杀虫 |
| | 天然除虫菊素（除虫菊科植物提取液） | 杀虫 |
| | 苦参碱及氧化苦参碱（苦参等提取物） | 杀虫 |
| | 蛇床子素（蛇床子提取物） | 杀虫、杀菌 |
| | 小檗碱（黄连、黄柏等提取物） | 杀菌 |
| | 大黄素甲醚（大黄、虎杖等提取物） | 杀菌 |
| | 乙蒜素（大蒜提取物） | 杀菌 |
| | 苦皮藤素（苦皮藤提取物） | 杀虫 |
| | 藜芦碱（百合科藜芦属和喷嚏草属植物提取物） | 杀虫 |
| | 桉油精（桉树叶提取物） | 杀虫 |
| | 植物油（如薄荷油、松树油、香菜油、八角茴香油等） | 杀虫、杀螨、杀真菌、抑制发芽 |
| | 寡聚糖（甲壳素） | 杀菌，植物生长调节 |
| | 天然诱集和杀线虫剂（如万寿菊、孔雀草、芥子油等） | 杀线虫 |
| | 具有诱杀作用的植物（如香根草等） | 杀虫 |
| | 植物醋（如食醋、木醋、竹醋等） | 杀菌 |
| | 菇类蛋白多糖（菇类提取物） | 杀菌 |
| | 水解蛋白质 | 引诱 |
| | 蜂蜡 | 保护嫁接和修剪伤口 |
| | 明胶 | 杀虫 |
| | 具有驱避作用的植物提取物（大蒜、薄荷、辣椒、花椒、薰衣草、柴胡、艾草、辣根等的提取物） | 驱避 |
| | 害虫天敌（如寄生蜂、瓢虫、草岭、捕食螨等） | 控制虫害 |

（续表）

| 类别 | 物质名称 | 备注 |
| --- | --- | --- |
| II. 微生物来源 | 真菌及真菌提取物（白僵菌、轮枝菌、木霉菌、耳霉菌、淡紫拟青霉、金龟子绿僵菌、寡雄腐霉菌等） | 杀虫、杀菌、杀线虫 |
| | 细菌及细菌提取物（芽孢杆菌类、荧光假单胞杆菌、短稳杆菌等） | 杀虫、杀菌 |
| | 病毒及病毒提取物（核型多角体病毒、质型多角体病毒、颗粒体病毒等） | 杀虫 |
| | 多杀霉素、乙基多杀菌素 | 杀虫 |
| | 春雷霉素、多抗霉素、井冈霉素、嘧啶核苷类抗菌素、宁南霉素、申嗪霉素、中生菌素 | 杀菌 |
| | S－诱抗素 | 植物生长调节 |
| Ⅲ. 生物化学产物 | 氨基寡糖素、低聚糖素、香菇多糖 | 杀菌、植物诱抗 |
| | 几丁聚糖 | 杀菌、植物诱抗、植物生长调节 |
| | 苄氨基嘌呤、超敏蛋白、赤霉酸、烯腺嘌呤、羟烯腺嘌呤、三十烷醇、乙烯利、吲哚丁酸、吲哚乙酸、芸薹素内酯 | 植物生长调节 |
| IV. 矿物来源 | 石硫合剂 | 杀菌、杀虫、杀螨 |
| | 铜盐（如波尔多液、氢氧化铜等） | 杀菌，每年铜使用量不能超过6 $kg/hm^2$ |
| | 氢氧化钙（石灰水） | 杀菌、杀虫 |
| | 硫黄 | 杀菌、杀螨、驱避 |
| | 高锰酸钾 | 杀菌，仅用于果树和种子处理 |
| | 碳酸氢钾 | 杀菌 |
| | 矿物油 | 杀虫、杀螨、杀菌 |
| | 氯化钙 | 用于治疗缺钙带来的抗性减弱 |
| | 硅藻土 | 杀虫 |
| | 黏土（如斑脱土、珍珠岩、蛭石、沸石等） | 杀虫 |
| | 硅酸盐（硅酸钠、石英） | 驱避 |
| | 硫酸铁（3价铁离子） | 杀软体动物 |
| V. 其他 | 二氧化碳 | 杀虫，用于储存设施 |
| | 过氧化物类和含氯类消毒剂（如过氧乙酸、二氧化氯、二氯异氰尿酸钠、三氯异氰尿酸等） | 杀菌，用于土壤、培养基质、种子和设施消毒 |
| | 乙醇 | 杀菌 |
| | 海盐和盐水 | 杀菌，仅用于种子（如稻谷等）处理 |
| | 软皂（钾肥皂） | 杀虫 |
| | 松脂酸钠 | 杀虫 |

（续表）

| 类别 | 物质名称 | 备注 |
|---|---|---|
| V. 其他 | 乙烯 | 催熟等 |
| | 石英砂 | 杀菌、杀螨、驱避 |
| | 昆虫性信息素 | 引诱或干扰 |
| | 磷酸氢二铵 | 引诱 |

[a] 国家新禁用或列入《限制使用农药名录》的农药自动从该清单中删除

## A.2 A级绿色食品生产允许使用的其他农药清单

当表A.1所列农药不能满足生产需要时，A级绿色食品生产还可按照农药产品标签或GB/T 8321的规定使用下列农药：

a）杀虫杀螨剂

1）苯丁锡 fenbutati oxide

2）吡丙醚 pyriproxifen

3）吡虫啉 imidacloprid

4）吡蚜酮 pymetrozine

5）虫螨腈 chlorfenapyr

6）除虫脲 diflubenzuron

7）啶虫脒 acetamiprid

8）氟虫脲 flufenoxuron

9）氟啶虫胺腈 sulfoxaflor

10）氟啶虫酰胺 flonicamid

11）氟铃脲 hexaflumuron

12）高效氯氰菊酯 beta - cypermethrin

13）甲氨基阿维菌素苯甲酸盐 emamectin benzoate

14）甲氰菊酯 fenpropathrin

15）甲氧虫酰肼 methoxyfenozidc

16）抗蚜威 pirimicarb

17）四螨嗪 clofentezine

18）辛硫磷 phoxim

19）溴氰虫酰胺 cyantraniliprole

20）喹螨醚 fenazaquin

21）联苯肼酯 bifenazate

22）硫酰氟 sulfuryl fluoride

23）螺虫乙酯 spirotetramat

24）螺螨酯 spirodiclofen

25）氯虫苯甲酰胺 chlorantraniliprole

26）灭蝇胺 cyromazine

27）灭幼脲 chlorbenzuron

28）氰氟虫腙 metaflumizone

29）噻虫啉 thiacloprid

30）噻虫嗪 thiamethoxam

31）噻螨酮 hexythiazox

32）噻嗪酮 buprofezin

33）杀虫双 bisultap thiosultapdisodium

34）杀铃脲 triflumuron

35）虱螨脲 lufenuron

36）四聚乙醛 metaldehyde

37）乙螨唑 etoxazole

38）茚虫威 indoxacard

39）唑螨酯 fenpyroximate

b）杀菌剂

1）苯醚甲环唑 difenoconazole
2）吡唑醚菌酯 pyraclostrobin
3）丙环唑 propiconazol
4）代森联 metriam
5）代森锰锌 mancozeb
6）代森锌 zineb
7）稻瘟灵 isoprothiolane
8）啶酰菌胺 boscalid
9）啶氧菌酯 picoxystrobin
10）多菌灵 carbendazim
11）噁霉灵 hymexazol
12）噁霜灵 oxadixyl
13）噁唑菌酮 famoxadonc
14）粉唑醇 flutriafol
15）氟吡菌胺 fluopicolide
16）氟吡菌酰胺 fluopyram
17）氟啶胺 fluazinam
18）氟环唑 epoxiconazole
19）氟菌唑 triflumizole
20）氟硅唑 flusilazole
21）氟吗啉 flumorph
22）氟酰胺 flutolanil
23）氟唑环菌胺 sedaxane
24）腐霉利 procymidone
25）咯菌腈 fludioxonil
26）甲基立枯磷 tolclofos – methyl
27）甲基硫菌灵 thiophanate – methyl
28）腈苯唑 fenbuconazole
29）腈菌唑 myclobutanil
30）精甲霜灵 metalaxyl – M
31）克菌丹 captan
32）喹啉铜 oxine – copper
33）醚菌酯 kresoxim – methyl
34）嘧菌环胺 cyprodinil
35）嘧菌酯 azoxystrobin
36）嘧霉胺 pyrimethani
37）棉隆 dazomet
38）氰霜唑 cyazofamid
39）氰氨化钙 calcium cyanamide
40）噻呋酰胺 thifluzamide
41）噻菌灵 thiabendazole
42）噻唑锌
43）三环唑 tricyclazole
44）三乙膦酸铝 fosetyl – aluminium
45）三唑醇 triadimenol
46）三唑酮 triadimefon
47）双炔酰菌胺 mandipropamid
48）霜霉威 propamocarb
49）霜脲氰 cymoxanil
50）威百亩 metam – sodium
51）萎锈灵 carboxin
52）肟菌酯 trifloxystrobin
53）戊唑醇 tebuconazole
54）烯肟菌胺
55）烯酰吗啉 dimethomorph
56）异菌脲 iprodione
57）抑霉唑 imazalil

c）除草剂

1）2 甲 4 氯 MCPA
2）氨氯吡啶酸 picloram
3）苄嘧磺隆 bensulfuron – methyl
4）丙草胺 pretilachlor
5）丙炔噁草酮 oxadiargyl
6）丙炔氟草胺 flumioxazin
7）草铵膦 glufosinate – ammonium
8）二甲戊灵 pendimethalin
9）二氯吡啶酸 clopyralid
10）氟唑磺隆 flucarbazone – sodium
11）禾草灵 diclofop – methyl
12）咪唑喹啉酸 imazaquin
13）灭草松 bentazone
14）氰氟草酯 cyhalofop butyl
15）炔草酯 clodinafop – propargyl
16）乳氟禾草灵 lactofen
17）噻吩磺隆 thifensulfuron – methyl
18）双草醚 bispyribac – sodium
19）双氟磺草胺 florasulam
20）甜菜安 desmedipham
21）环嗪酮 hexazinone
22）磺草酮 sulcotrione
23）甲草胺 alachlor
24）精吡氟禾草灵 fluazifop – P
25）精喹禾灵 quizalofop – P
26）精异丙甲草胺 s – metolachlor
27）绿麦隆 chlortoluron
28）氯氟吡氧乙酸（异辛酸）fluroxypyr
29）氯氟吡氧乙酸异辛酯 fluroxypyr – mepthyl
30）麦草畏 dicamba
31）甜菜宁 phenmedipham
32）五氟磺草胺 penoxsulam
33）烯草酮 clethodim
34）烯禾啶 sethoxydim
35）酰嘧磺隆 amidosulfuron
36）硝磺草酮 mesotrione
37）乙氧氟草醚 oxyfluorfen
38）异丙隆 isoproturon
39）唑草酮 carfentrazone – ethyl

d）植物生长调节剂

1）1 – 甲基环丙烯 1 – methylcyclopropene
2）2，4 – 滴 2，4 – D（只允许作为植物生长调节剂使用）
3）矮壮素 chlormequat
4）氯吡脲 forchlorfenuron
5）萘乙酸 1 – naphthal acetic acid
6）烯效唑 uniconazole

国家新禁用或列入《限制使用农药名录》的农药自动从上述清单中删除。

ICS 65.020
B 17

# 中 华 人 民 共 和 国 农 业 行 业 标 准

NY/T 1276—2007

# 农药安全使用规范　总则

## General Guidelines for Pesticide Safe Use

2007-04-17 发布　　2007-07-01 实施

中华人民共和国农业部　发 布

# 前　言

本标准的附录 A 为资料性附录。

本标准由中华人民共和国农业部提出并归口。

本标准起草单位：农业部全国农业技术推广服务中心。

本标准主要起草人：梁桂梅、梁帝允、唐会联、陈博、袁会珠、张绍明、张贵锋。

本标准由全国农业技术推广服务中心负责解释。

# 农药安全使用规范　总则

## 1　范围

本标准规定了使用农药人员的安全防护和安全操作的要求。

本标准适用于农业使用农药人员。

## 2　规范性引用文件

下列文件中的条款通过本标准的引用而成为本标准的条款。凡是注日期的引用文件，其随后所有的修改单（不包括勘误的内容）或修订版均不适用于本标准。然而，鼓励根据本标准达成协议的各方研究是否可使用这些文件的最新版本。凡是不注日期的引用文件，其最新版本适用于本标准。

GB 12475　农药贮运、销售和使用的防毒规程

NY 608　农药产品标签通则

## 3　术语和定义

下列术语和定义适用于本标准。

### 3.1　持效期　pesticide duration

农药施用后，能够有效控制农作物病、虫、草和其他有害生物为害所持续的时间。

### 3.2　安全使用间隔期　preharvest interval

最后一次施药至作物收获时安全允许间隔的天数。

### 3.3　农药残留　pesticide residue

农药使用后在农产品和环境中的农药活性成分及其在性质上和数量上有毒理学意义的代谢（或降解、转化）产物。

### 3.4 用药量 formulation rate

单位面积上施用农药制剂的体积或质量。

### 3.5 施药液量 spray volume

单位面积上喷施药液的体积。

### 3.6 低容量喷雾 low volume spray

每公顷施药液量在 50 L ~ 200 L（大田作物）或 200 L ~ 500 L（树木或灌木林）的喷雾方法。

### 3.7 高容量喷雾 high volume spray

每公顷施药液量在 600 L 以上（大田作物）或 1 000 L 以上（树木或灌木林）的喷雾方法。也称常规喷雾法。

## 4 农药选择

### 4.1 按照国家政策和有关法规规定选择

4.1.1 应按照农药产品登记的防治对象和安全使用间隔期选择农药。

4.1.2 严禁选用国家禁止生产、使用的农药；选择限用的农药应按照有关规定；不得选择剧毒、高毒农药用于蔬菜、茶叶、果树、中药材等作物和防治卫生害虫。

### 4.2 根据防治对象选择

4.2.1 施药前应调查病、虫、草和其他有害生物发生情况，对不能识别和不能确定的，应查阅相关资料或咨询有关专家，明确防治对象并获得指导性防治意见后，根据防治对象选择合适的农药品种。

4.2.2 病、虫、草和其他有害生物单一发生时，应选择对防治对象专一性强的农药品种；混合发生时，应选择对防治对象有效的农药。

4.2.3 在一个防治季节应选择不同作用机理的农药品种交替使用。

### 4.3 根据农作物和生态环境安全要求选择

4.3.1 应选择对处理作物、周边作物和后茬作物安全的农药品种。

4.3.2 应选择对天敌和其他有益生物安全的农药品种。

4.3.3 应选择对生态环境安全的农药品种。

## 5 农药购买

购买农药应到具有农药经营资格的经营点，购药后应索取购药凭证或发票。所购买的农药应具有符合 NY 608 要求的标签以及符合要求的农药包装。

## 6 农药配制

### 6.1 量取

6.1.1 量取方法

6.1.1.1 准确核定施药面积，根据农药标签推荐的农药使用剂量或植保技术人员的推荐，计算用药量和施药液量。

6.1.1.2 准确量取农药，量具专用。

6.1.2 安全操作

6.1.2.1 量取和称量农药应在避风处操作。

6.1.2.2 所有称量器具在使用后都要清洗，冲洗后的废液应在远离居所、水源和作物的地点妥善处理。用于量取农药的器皿不得作其他用途。

6.1.2.3 在量取农药后，封闭原农药包装并将其安全贮存。农药在使用前应始终保存在其原包装中。

### 6.2 配制

6.2.1 场所

应选择在远离水源、居所、畜牧栏等场所。

6.2.2 时间

应现用现配，不宜久置；短时存放时，应密封并安排专人保管。

6.2.3 操作

6.2.3.1 应根据不同的施药方法和防治对象、作物种类和生长时期确定施药液量。

6.2.3.2 应选择没有杂质的清水配制农药，不应用配制农药的器具直接取水，药液不应超过额定容量。

6.2.3.3 应根据农药剂型，按照农药标签推荐的方法配制农药。

6.2.3.4 应采用“二次法”进行操作。

1）用水稀释的农药：先用少量水将农药制剂稀释成“母液”，然后再将“母液”进一步稀释至所需要的浓度。

2）用固体载体稀释的农药：应先用少量稀释载体（细土、细沙、固体肥料等）将农药制剂均匀稀释成“母粉”，然后再进一步稀释至所需要的用量。

6.2.3.5 配制现混现用的农药，应按照农药标签上的规定或在技术人员的指导下进行操作。

## 7 农药施用

### 7.1 施药时间

7.1.1 根据病、虫、草和其他有害生物发生程度和药剂本身性能，结合植保部门的病虫情报信息，确定是否施药和施药适期。

7.1.2 不应在高温、雨天及风力大于3级时施药。

### 7.2 施药器械

7.2.1 施药器械的选择

7.2.1.1 应综合考虑防治对象、防治场所、作物种类和生长情况、农药剂型、防治方法、防治规模等情况：

1）小面积喷洒农药宜选择手动喷雾器。

2）较大面积喷洒农药宜选用背负机动气力喷雾机．果园宜采用风送弥雾机。

3）大面积喷洒农药宜选用喷杆喷雾机或飞机。

7.2.1.2 应选择正规厂家生产、经国家质检部门检测合格的药械。

7.2.1.3 应根据病、虫、草和其他有害生物防治需要和施药器械类型选择合适的喷头，定期更换磨损的喷头；

1）喷洒除草剂和生长节剂应采用扇形雾喷头或激射式喷头。

2）喷洒杀虫剂和杀菌剂宜采用空心圆锥雾喷头或扇形雾喷头。

3）禁止在喷杆上混用不同类型的喷头。

7.2.2 施药器械的检查与校准

7.2.2.1 施药作业前，应检查施药器械的压力部件、控制部件。喷雾器（机）截止阀应能够自如扳动，药液箱盖上的进气孔应畅通，各接口部分没有滴漏情况。

7.2.2.2 在喷雾作业开始前、喷雾机具检修后、拖拉机更换车轮后或者安装新的喷头时，应对喷雾机具进行校准，校准因子包括行走速度、喷幅以及药液流量和压力。

7.2.3 施药机械的维护

7.2.3.1 施药作业结束后，应仔细清洗机具，并进行保养。存放前应对可能锈蚀的部件涂防锈黄油。

7.2.3.2 喷雾器（机）喷洒除草剂后，必须用加有清洗剂的清水彻底清洗干净（至少清洗三遍）。

7.2.3.3 保养后的施药器械应放在干燥通风的库房内，切勿靠近火源，避免露天存放或与农药、酸、碱等腐蚀性物质存放在一起。

### 7.3 施药方法

应按照农药产品标签或说明书规定，根据农药作用方式、农药剂型、作物种类和防治对象及其生物行为情况选择合适的施药方法。施药方法包括喷雾、撒颗粒、喷粉、拌种、熏蒸、涂抹、注射、灌根、毒饵等。

### 7.4 安全操作

7.4.1 田间施药作业

7.4.1.1 应根据风速（力）和施药器械喷洒部件确定有效喷幅，并测定喷头流量，按以下公式计算出作业时的行走速度：

$$V = \frac{Q}{q \times B} \times 10 \quad \cdots\cdots (1)$$

式中：

$V$——行走速度，米/秒（m/s）；

$Q$——喷头流量，毫升/秒（mL/s）；

$q$——农艺上要求的施药液量，升/公顷（$L/hm^2$）；

$B$——喷雾时的有效喷幅，米（m）。

7.4.1.2　应根据施药机械喷幅和风向确定田间作业行走路线。使用喷雾机具施药时，作业人员应站在上风向，顺风隔行前进或逆风退行两边喷洒，严禁逆风前行喷洒农药和在施药区穿行。

7.4.1.3　背负机动气力喷雾机宜采用降低容量喷雾方法，不应将喷头直接对着作物喷雾和沿前进方向福摆喷洒。

7.4.1.4　使用手动喷雾器喷洒除草剂时，喷头一定要加装防护罩，对准有害杂草喷施。喷洒除草剂的药械宜专用，喷雾压力应在 0.3 MPa 以下。

7.4.1.5　喷杆喷雾机应具有三级过滤装置，末级过滤器的滤网孔对角线尺寸应小于喷孔直径的 2/3。

7.4.1.6　施药过程中遇喷头堵塞等情况时，应立即关闭截止阀，先用清水冲洗喷头，然后戴着乳胶手套进行故障排除，用毛刷疏通喷孔，严禁用嘴吹吸喷头和滤网。

7.4.2　设施内施药作业

7.4.2.1　采用喷雾法施药时，宜采用低容量喷雾法，不宜采用高容量喷雾法。

7.4.2.2　采用烟雾法、粉尘法、电热熏蒸法等施药时，应在傍晚封闭棚室后进行，次日应通风 1 小时后人员方可进入。

7.4.2.3　采用土壤熏蒸法进行消毒处理期间，人员不得进入棚室。

7.4.2.4　热烟雾机在使用时和使用后半个小时内，应避免触摸机身。

## 8　安全防护

### 8.1　人员

配制和施用农药人员应身体健康，经过专业技术培训，具备一定的植保知识。严禁儿童、老人、体弱多病者、经期、孕期、哺乳期妇女参与上述活动。

### 8.2　防护

配制和施用农药时应穿戴必要的防护用品，严禁用手直接接触农药，谨防农药进入眼睛、接触皮肤或吸入体内。应按照 GB 12475 的规定执行。

## 9　农药施用后

### 9.1　警示标志

施过农药的地块要树立警示标志，在农药的持效期内禁止放牧和采摘，施药后 24 h 内禁止进入。

### 9.2　剩余农药的处理

9.2.1　未用完农药制剂

应保存在其原包装中，并密封贮存于上锁的地方，不得用其他容器盛装，严禁用空饮料瓶分装剩余农药。

9.2.2 未喷完药液（粉）

在该农药标签许可的情况下，可再将剩余药液用完。对于少量的剩余药液，应妥善处理。

### 9.3 废容器和废包装的处理

9.3.1 处理方法

玻璃瓶应冲洗3次，砸碎后掩埋；金属罐和金属桶应冲洗3次，砸扁后掩埋；塑料容器应冲洗3次，砸碎后掩埋或烧毁；纸包装应烧毁或掩埋。

9.3.2 安全注意事项

9.3.2.1 焚烧农药废容器和废包装应远离居所和作物，操作人员不得站在烟雾中，应阻止儿童接近。

9.3.2.2 掩埋废容器和废包装应远离水源和居所。

9.3.2.3 不能及时处理的废农药容器和废包装应妥善保管，应阻止儿童和牲畜接触。

9.3.2.4 不应用废农药容器盛装其他农药，严禁用作人、畜饮食用具。

### 9.4 清洁与卫生

9.4.1 施药器械的清洗

不应在小溪、河流或池塘等水源中冲洗或洗涮施药器械，洗涮过施药器械的水应倒在远离居民点、水源和作物的地方。

9.4.2 防护服的清洗

9.4.2.1 施药作业结束后，应立即脱下防护服及其他防护用具，装入事先准备好的塑料袋中带回处理。

9.4.2.2 带回的各种防护服、用具、手套等物品，应立即清洗2~3遍，晾干存放。

9.4.3 施药人员的清洁

施药作业结束后，应及时用肥皂和清水清洗身体，并更换干净衣服。

### 9.5 用药档案记录

每次施药应记录天气状况、作物种类、用药时间、药剂品种、防治对象、用药量、对水量、喷洒药液量、施用面积、防治效果、安全性。

## 10 农药中毒现场急救

### 10.1 中毒者自救

10.1.1 施药人员如果将农药溅入眼睛内或皮肤上，应及时用大量干净、清凉的水冲洗数次或携带农药标签前往医院就诊。

10.1.2 施药人员如果出现头痛、头昏、恶心、呕吐等农药中毒症状，应立即停止作业，离开施药现场，脱掉污染衣服或携带农药标签前往医院就诊。

### 10.2 中毒者救治

10.2.1 发现施药人员中毒后，应将中毒者放在阴凉、通风的地方，防止受热或受凉。

10.2.2 应带上引起中毒的农药标签立即将中毒者送至最近的医院采取医疗措施救治。

10.2.3 如果中毒者出现停止呼吸现象，应立即对中毒者施以人工呼吸。

# 附录 A
## （资料性附录）
## 用药档案记录卡格式

农药使用日期和时间：
农田位置：
作物及生长阶段：
目标有害生物以及生长发育阶段：
使用的农药品种和剂量：
用水量：
操作者姓名：
邻近作物：
助剂的使用：
采用的个人防护设备：
喷雾过程中和喷雾后的气象条件：
操作者在雾滴云中暴露的时间：

ICS 65.080
CCS B 10

# 中华人民共和国农业行业标准

NY/T 394—2021
代替 NY/T 394—2013

# 绿色食品　肥料使用准则

GreenFood – Fertilizer Application Guideline

2021-05-07 发布　　2021-11-01 实施

中华人民共和国农业农村部　发布

# 前　言

本文件按 GB/T 1. 1—2020《标准化工作导则　第 1 部分：标准化文件的结构和起草规则》的规定起草。

本文件代替 NY/T 394—2013《绿色食品　肥料使用准则》。与 NY/T 394—2013 相比，除结构调整和编辑性改动外，主要技术变化如下：

——修改了肥料使用原则，补充了微量养分，增加了肥料中有害物质限量要求；

——修改了肥料使用规定，体现了绿色，减肥，生态发展的理念。

本文件由农业农村部农产品质量安全监管司提出。

本文件由中国绿色食品发展中心归口。

本文件主要起草单位：中国农业大学资源与环境学院、中国绿色食品发展中心、中国农业科学院农业资源与农业区划研究所、石河子大学农学院、河南菡香生态农业专业合作社，北京德青源农业科技股份有限公司。

本文件主要起草人：李学贤、徐玖亮、张志华、张宪、袁亮、赵秉强、李季，危常州、张青松、张福锁。

本文件及其所代替文件的历次版本发布情况为：

——2000 年首次发布为 NY/T 394—2000，2013 年第一次修订；

——本次为第二次修订。

# 引　言

合理使用肥料是保障绿色食品生产的重要环节，同时也是降低化学肥料投入和环境代价、保障土壤健康和生物多样性，提高养分利用效率和作物品质的重要措施。绿色食品的发展对生产用肥提出了新的要求，现有标准已经不能满足新的生产发展形势和需求。

本文件在原文件基础上进行了修订，对肥料使用方法作了更详细的定性和定量规定。本文件按照促进农业绿色发展与养分循环，保证食品安全与优质的原则，规定优先使用有机肥料，充分减控化学肥料，禁止使用可能含有安全隐患的肥料。本文件的实施将对绿色食品生产中的肥料使用发挥重要指导作用。

# 绿色食品肥料使用准则

## 1　范围

本文件规定了绿色食品生产中肥料使用原则、肥料种类及使用规定。

本文件适用于绿色食品的生产。

## 2 规范性引用文件

下列文件中的内容通过文中的规范性引用而构成本文件必不可少的条款。其中，注日期的引用文件，仅该日期对应的版本适用于本文件；不注日期的引用文件，其最新版本（包括所有的修改单）适用于本文件。

GB 15063　复合肥料

GB/T 17419　含有机质叶面肥料

GB 18877　有机-无机复合肥料

GB 20287　农用微生物菌剂

GB/T 23348　缓释肥料

GB/T 23349　肥料中砷、镉、铅、铬、汞生态指标

GB/T 34763　脲醛缓释肥料

GB/T 35113　稳定性肥料

GB 38400　肥料中有毒有害物质的限量要求

HG/T 5045　含腐植酸尿素

HG/T 5046　腐植酸复合肥料

HG/T 5049　含海藻酸尿素

HG/T 5514　含腐植酸磷酸一铵、磷酸二铵

HG/T 5515　含海藻酸磷酸一铵、磷酸二铵

NY 227　微生物肥料

NY/T 391　绿色食品　产地环境质量

NY 525　有机肥料

NY/T 798　复合微生物肥料

NY 884　生物有机肥

NY/T 1868　肥料合理使用准则　有机肥料

NY/T 3034　土壤调理剂

NY/T 3442　畜禽粪便堆肥技术规范

## 3 术语和定义

下列术语和定义适用于本文件。

### 3.1 AA 级绿色食品　AA grade green food

产地环境质量符合 NY/T 391 的要求，遵照绿色食品生产标准生产，生产过程中遵循自然规律和生态学原理，协调种植业和养殖业的平衡，不使用化学合成的肥料、农药、兽药、渔药、添加剂等物质，产品质量符合绿色食品产品标准，经专门机构许可使用绿色食品标志的产品。

### 3.2 A 级绿色食品　A grade green food

产地环境质量符合 NY/T 391 的要求，遵照绿色食品生产标准生产，生产过程中遵循自然规律和生

态学原理，协调种植业和养殖业的平衡，限量使用限定的化学合成生产资料，产品质量符合绿色食品产品标准，经专门机构许可使用绿色食品标志的产品。

### 3.3 农家肥料 farmyard manure

由就地取材的主要由植物、动物粪便等富含有机物的物料制作面成的肥料，包括秸秆肥、绿肥、厩肥、堆肥、沤肥，沼肥，饼肥等。

3.3.1 秸秆肥 straw manure

成熟植物体收获之外的部分以麦秸、稻草，玉米秸，豆秸，油菜秸等形式直接还田的肥料。

3.3.2 绿肥 green manure

新鲜植物体就地翻压还田或异地施用的肥料，主要分为豆科绿肥和非豆科绿肥。

3.3.3 厩肥 barnyard manure

圈养畜禽排泄物与秸秆等垫料发酵腐熟而成的肥料。

3.3.4 堆肥 compost

植物、动物排泄物等有机物料在人工控制条件下（水分，碳氮比和通风等），通过微生物的发酵，使有机物被降解，并生产出一种适宜于土地利用的肥料。

3.3.5 沤肥 wale

植物、动物排泄物等有机物料在淹水条件下发酵腐熟而成的肥料。

3.3.6 沼肥 anaerobic digestate fertilizer

以农业有机物经厌氧消化产生的沼气沼液为载体，加工成的肥料。主要包括沼渣和沼液肥。

3.3.7 饼肥 cake fertilizer

由含油较多的植物种子压榨去油后的残渣制成的肥料。

### 3.4 有机肥料 organic fertilizer

植物秸秆等废弃物和（或）动物粪便等经发酵腐熟的含碳有机物料，其功能是改善土壤理化性质、持续稳定供给植物养分、提高作物品质。

### 3.5 微生物肥料 microbial fertilizer

含有特定微生物活体的制品，应用于农业生产，通过其中所含微生物的生命活动，增加植物养分的供应量或促进植物生长，提高产量，改善农产品品质及农业生态环境的肥料。

### 3.6 有机－无机复混肥料 organic－inorganic compound fertilizer

含有一定量有机肥料的复混肥料。

注：其中复混肥料是指，氮，磷、钾3种养分中，至少有2种养分标明量的由化学方法和（或）掺混方法制成的肥料。

### 3.7 无机肥料 inorganic fertilizer

主要以无机盐形式存在的能直接为植物提供矿质养分的肥料。

### 3.8 土壤调理剂 soil amendment

加入土壤中用于改善土壤的物理、化学和（或）生物性状的物料，功能包括改良土壤结构、降低土壤盐碱危害、调节土壤酸碱度、改善土壤水分状况、修复土壤污染等。

## 4 肥料使用原则

4.1 土壤健康原则。坚持有机与无机养分相结合、提高土壤有机质含量和肥力的原则，逐渐提高作物秸秆、畜禽粪便循环利用比例，通过增施有机肥或有机物料改善土壤物理、化学与生物性质，构建高产、抗逆的健康土壤。

4.2 化肥减控原则。在保障养分充足供给的基础上，无机氮素用量不得高于当季作物需求量的一半，根据有机肥磷钾投入量相应减少无机磷钾肥施用量。

4.3 合理增施有机肥原则。根据土壤性质、作物需肥规律、肥料特征，合理地使用有机肥，改善土壤理化性质，提高作物产量和品质。

4.4 补充中微量养分原则。因地制宜地根据土壤肥力状况和作物养分需求规律，适当补充钙、镁、硫、锌、硼等养分。

4.5 安全优质原则。使用安全、优质的肥料产品，有机肥的腐熟应符合 NY/T 3442 的要求，肥料中重金属、有害微生物、抗生素等有毒有害物质限量应符合 GB 38400 的要求，肥料的使用不应对作物感官、安全和营养等品质以及环境造成不良影响。

4.6 生态绿色原则。增加轮作、填闲作物，重视绿肥特别是豆科绿肥栽培，增加生物多样性与生物固氮，阻遏养分损失。

## 5 可使用的肥料种类

### 5.1 AA 级绿色食品生产可使用的肥料种类

可使用 3.3、3.4、3.5 规定的肥料。

### 5.2 A 级绿色食品生产可使用的肥料种类

除 5.1 规定的肥料外，还可以使用 3.6、3.7 及 3.8 规定的肥料。

## 6 禁止使用的肥料种类

6.1 未经发酵腐熟的人畜粪尿。

6.2 生活垃圾、未经处理的污泥和含有害物质（如病原微生物、重金属、有害气体等）的工业垃圾。

6.3 成分不明确或含有安全隐患成分的肥料。

6.4 添加有稀土元素的肥料。

6.5 转基因品种（产品）及其副产品为原料生产的肥料。

6.6 国家法律法规规定禁用的肥料。

## 7 使用规定

### 7.1 AA 级绿色食品生产用肥料使用规定

7.1.1 应选用 5.1 所列肥料种类，不应使用化学合成肥料。

7.1.2 可使用完全腐熟的农家肥料或符合 NY/T 3442 规范的堆肥，宜利用秸秆和绿肥，配合施用具有生物固氮、腐熟秸秆等功效的微生物肥料。不应在土壤重金属局部超标地区使用秸秆肥或绿肥，肥料的重金属限量指标应符合 NY 525 和 GB/T 23349 的要求，粪大肠菌群数、蛔虫卵死亡率应符合 NY 884 的要求。

7.1.3 有机肥料应达到 GB/T 17419、GB/T 23349 或 NY 525 的指标，按照 NY/T 1868 的规定使用。根据肥料性质（养分含量、C/N、腐熟程度）、作物种类、土壤肥力水平和理化性质、气候条件等选择肥料品种，可配施腐熟农家肥和微生物肥提高肥效。

7.1.4 微生物肥料符合 GB 20287 或 NY 884 或 NY 227 或 NY/T 798 的要求，可与 5.1 所列肥料配合施用，用于拌种、基肥或追肥。

7.1.5 无土栽培可使用农家肥料、有机肥料和微生物肥料，掺混在基质中使用。

### 7.2 A 级绿色食品生产用肥料使用规定

7.2.1 应选用 5.2 所列肥料种类。

7.2.2 农家肥料的使用按 7.1.2 的规定执行。按照 C/N≤25∶1 的比例补充化学氮素。

7.2.3 有机肥料的使用按 7.1.3 的规定执行。可配施 5.2 所列其他肥料。

7.2.4 微生物肥料的使用按 7.1.4 的规定执行。可配施 5.2 所列其他肥料。

7.2.5 使用符合 GB 15063、GB 18877、GB/T 23348、GB/T 34763、GB/T 35113、HG/T 5045、HG/T 5046、HG/T 5049、HG/T 5514、HG/T 5515 等要求的无机、有机－无机复混肥料作为有机肥料、农家肥料、微生物肥料的辅助肥料。化肥减量遵循 4.2 的规定，提高水肥一体化程度，利用硝化抑制剂或脲酶抑制剂等提高氮肥利用效率。

7.2.6 根据土壤障碍因子选用符合 NY/T 3034 要求的土壤调理剂改良土壤。

ICS 65.020
B 16

# 中华人民共和国农业行业标准

NY/T 2377—2013

# 葡萄病毒检测技术规范

Code of practice for the detection of grapevine viruses

2013-09-10 发布　　2014-01-01 实施

中华人民共和国农业部　发布

# 前　言

本标准按照 GB/T 1. 1—2009 给出的规则起草。

本标准由农业部种植业管理司提出。

本标准由全国果品标准化技术委员会（SAC/TC 510）归口。

本标准起草单位：中国农业科学院果树研究所、农业部果品及苗木质量监督检验测试中心（兴城）。

本标准主要起草人：董雅凤、张尊平，范旭东、任芳、刘凤之、聂继云。

# 葡萄病毒检测技术规范

## 1　范围

本标准规定了葡萄主要病毒检测技术的术语和定义、检测对象、检测方法和检测结果的判定。

本标准适用于葡萄接穗、插条、苗木、组培苗、田间植株主要葡萄病毒的检测。

## 2　规范性引用文件

下列文件对于本文件的应用是必不可少的。凡是注日期的引用文件，仅注日期的版本适用于本文件。凡是不注日期的引用文件，其最新版本（包括所有的修改单）适用于本文件。

NY/T 1843　葡萄无病毒母本树和苗木

## 3　术语和定义

下列术语和定义适用于本文件。

### 3. 1　葡萄无性繁殖材料　grapevine asexual propagation materials

用于嫁接繁殖葡萄苗木的接穗或扦插繁殖葡萄苗木的插条。

### 3. 2　葡萄苗木　grapevine nursery stock

采用品种接穗和砧木嫁接繁育的葡萄嫁接苗，以及通过扦插、组织培养等方法繁育的葡萄自根苗。

### 3. 3　葡萄组培苗　grapevine nursery stock from tissue culture

指利用葡萄外殖体，在无菌和适宜的人工条件下，培育的完整植株。

### 3.4 指示植物 indicator plant

是指被某种或某类病毒侵染后，在适宜的环境条件下，能够表现典型症状的寄主植物。

### 3.5 酶联免疫吸附测定 enzyme - linked immunosorbent assay (ELISA)

在固相支持物上（酶联板）包被病毒特异性抗体，加入待测样品后，再用酶标记的病毒抗体进行免疫识别，最后通过酶与底物的颜色反应检测病毒是否存在的一种血清学检测方法。

### 3.6 逆转录聚合酶链式反应 reverse transcription - polymerase chain reaction (RT - PCR)

利用逆转录酶将 RNA 逆转录为 cDNA，再以此为模板并以耐热 DNA 聚合酶和一对引物（与待测目标核酸分子序列同源的 DNA 片段）通过高温（DNA 分子变性）和低温（引物和目标核酸分子复性并被耐热 DNA 聚合酶延伸）交替循环扩增待测目标核酸分子的方法。

## 4 检测对象

4.1 葡萄扇叶病毒（*Grapevine fanleaf virus*，GFIV）
4.2 葡萄卷叶相关病毒 1（*Grapevine leafroll - associated virus* 1，GLRaV - 1）
4.3 葡萄卷叶相关病毒 2（*Grapevine leafroll - associated virus* 2，GLRaV - 2）
4.4 葡萄卷叶相关病毒 3（*Grapevine leafroll - associated virus* 3，GLRaV - 3）
4.5 葡萄卷叶相关病毒 4（*Grapevine leafroll - associated virus* 4，GLRaV - 4）
4.6 葡萄卷叶相关病毒 5（*Grapevine leafroll - associated virus* 5，GLRaV - 5）
4.7 葡萄卷叶相关病毒 7（*Grapevine leafroll - associated virus* 7，GLRaV - 7）
4.8 葡萄病毒 A（*Grapevine virus* A，GVA）
4.9 葡萄病毒 B（*Grapevine virus* B，GVB）
4.10 葡萄斑点病毒（*Grapevine fleck virus*，GFkV）
4.11 沙地葡萄茎痘病毒（*Grapevine rupestris stem pitting associated virus*，GRSPaV）

## 5 检测方法

### 5.1 指示植物嫁接法

5.1.1 葡萄扇叶病毒、葡萄卷叶相关病毒、葡萄病毒 A 和葡萄斑点病毒均可采用指示植物进行检测。

5.1.2 采用绿枝嫁接和硬枝嫁接方法，将待检样品嫁接到指示植物，或将指示植物嫁接到待检样品上，每个组合重复 3 株 ~5 株。

5.1.3 生长季节定期观察指示植物的症状表现，具体操作方法和指示植物症状表现参见附录 A。

### 5.2 酶联免疫吸附法 (ELISA)

5.2.1 葡萄扇叶病毒，葡萄卷叶相关病毒 1，葡萄卷叶相关病毒 2，葡萄卷叶相关病毒 3，葡萄卷叶相关病毒 5，葡萄卷叶相关病毒 7，葡萄病毒 A，葡萄病毒 B 和葡萄斑点病毒等能够获得稳定可靠抗血清的病毒，可采用 EL. ISA 方法进行检测。

5.2.2　适宜的检测时期和取样部位参见附录 B。

5.2.3　具体检测程序参见附录 C。

### 5.3　逆转录聚合酶链式反应（RT－PCR）

5.3.1　葡萄扇叶病毒，葡萄卷叶相关病毒 1，葡萄卷叶相关病毒 2，葡萄卷叶相关病毒 3，葡萄卷叶相关病毒 4，葡萄卷叶相关病毒 5，葡萄卷叶相关病毒 7，葡萄病毒 A，葡萄病毒 B，葡萄斑点病毒和沙地葡萄茎痘病毒均可采用 RT－PCR 方法进行检测。

5.3.2　适宜的检测时期和取样部位参见附录 B。

5.3.3　具体检测程序参见附录 D。

## 6　检测结果判定

根据附录 A，附录 C 和附录 D 判定检测结果。检测结果呈阳性，即判定该样品携带相应的病毒；检测结果呈阴性，应进行复检。如采用 2 种以上的检测方法，且检测结果不一致，则以阳性结果为准，判定该样品携带相应的病毒。

对葡萄无病毒母本树和苗木进行检测时，应根据 NY/T 1843 的要求进行。

## 附录 A
## （资料性附录）
## 指示植物嫁接检测

### A.1　嫁变方法

A1.1　绿枝嫁接

上年培育盆栽指示植物或待检样品的扦插生根苗，翌年 5 月～6 月，当砧木和接穗均达半木质化时开始嫁接。嫁接时，砧木留 3 片～4 片叶平剪，抹除夏芽及副梢，从断面中间垂直劈一个 2.5 cm～3.0 cm 长的切口；选择与砧木粗度和成熟度相近的待检样品或指示植物作为接穗，抹除接穗上的夏芽或剪去萌发的副梢，在芽下方 0.5 cm 左右，从芽两侧向下削成长 2.5 cm～3.0 cm 长的平滑斜面，呈楔形；削好的接穗马上插入砧木的切口中，使二者形成层对齐，接穗斜面露白 0.5mm，用 1.0 cm～1.2 cm 宽的薄塑料条，从砧木接口下边向上缠绕，只将接芽露出，一直缠到接穗顶端，封严接穗上的所有切口后再回缠打个活结。如果绿枝嫁接时间较早，气温偏低，可套小塑料袋增温、保湿，以提高成活率。

A1.2　硬枝嫁接

早春萌芽前，以上年培育的盆栽指示植物或待检样品做砧木，剪留 10 cm～15 cm 长，用切接刀在砧木中心垂直向下劈 2.5 cm～3.0 cm 长的切口；选择与砧木粗度相近的接穗，用清水浸泡 24 h 后剪截，接穗上端距芽眼约 1.5 cm 处平剪，再用切接刀在接穗芽下 0.5 cm～1 cm 处，从芽两侧向下削成长 2.5 cm～3.0 cm 长的平滑斜面，呈楔形；将削好的接穗一边的形成层与砧木形成层对齐插入砧木的切口内，接穗削面在砧木劈口上露出 1 mm～2 mm，然后用塑料条从砧木切口的下方向上螺旋式缠绕，将接口缠紧封严。

### A.2　嫁接数量与对照

检测时，须设阴、阳对照；同一指示植物与同一个样品组合（包括阴、阳对照）嫁接 3 株～5 株。

### A.3 嫁接后的管理

嫁接后的盆苗置于防虫温室中，温度控制在20 ℃～26 ℃，并及时浇水、除去砧木上萌发的新梢，以促进接芽萌发。嫁接成活后，加强肥水管理和病虫害防治。待指示植物长出嫩叶后，于生长季节定期观察，并记载症状表现。有的病毒病在第2年才开始表现症状，因此，至少观察2年。由于病毒症状表现受温度、指示植物生长状态和病毒浓度等多种因素的影响，有必要在生长季节进行多次调查，以保证鉴定结果准确可靠。

### A.4 结果判断

嫁接组合中，只要有1株表现典型症状（表A.1），即判定该样品携带相应的葡萄病毒。

**表A.1 葡萄病毒指示植物及症状表现**

| 病毒种类 | 指示植物 | 症状表现 |
|---|---|---|
| 葡萄扇叶病毒 | 沙地葡萄圣乔治（*Vitis rupestris cv.* St. Gorge） | 叶片出现褪绿斑点、扇形叶 |
| 葡萄卷叶相关病毒 | 欧亚种葡萄（*Vitis vini fera*）[a] | 叶缘向下反卷，叶脉间变红 |
| 葡萄病毒A | Kober 5BB | 木质部产生茎沟槽，叶片黄斑 |
| 葡萄斑点病毒 | 沙地葡萄圣乔治（*Vitis rupestris cv.* St. Gorge） | 叶脉透明 |

[a] 指红色品种，常用的有品丽珠（Cabernet franc）、赤霞珠（Cabernet sauvignon）、黑比诺（Pinot noir）、梅森（Mission）、巴贝拉（Barbera）等。

## 附录B
## （资料性附录）
## ELISA和RT－PCR检测适宜取样时期和部位

ELISA和RT－PCR检测适宜取样时期和部位见表B.1。

**表B.1 ELISA和RT－PCR检测适宜取样时期和部位**

| 病毒种类 | ELISA检测 | | RT－PCR检测 | |
|---|---|---|---|---|
| | 适宜时期 | 取样部位 | 适宜时期 | 取样部位 |
| 葡萄扇叶病毒 | 新梢生长期 | 嫩叶 | 新梢生长期 | 嫩叶 |
| 葡萄卷叶相关病毒1，葡萄卷叶相关病毒2，葡萄卷叶相关病毒3，葡萄卷叶相关病毒4，葡萄卷叶相关病毒5，葡萄卷叶相关病毒7 | 休眠期 | 成熟枝条韧皮部 | 休眠期 | 成熟枝条韧皮部 |
| 葡萄病毒A | 休眠期 | 成熟枝条韧皮部 | 休眠期 | 成熟枝条韧皮部 |
| 葡萄病毒B | 休眠期 | 成熟枝条韧皮部 | 休眠期 | 成熟枝条韧皮部 |
| 葡萄斑点病毒 | 休眠期 | 成熟枝条韧皮部 | 休眠期 | 成熟枝条韧皮部 |

# 附录 C
# （资料性附录）
# 酶联免疫吸附检测（ELISA）

## C.1 仪器设备和用具

C.1.1 仪器设备

酶标仪、电子天平（感量 0.000 1 g）、冰箱、恒温箱（0 ℃～50 ℃），酸度计、离心机。

C.1.2 用具

可调式移液器（2 μL，10 μL，100 μL、200 μL、1000 μL）及相应的吸头、酶标板、离心管、研钵等。

## C.2 试剂

C.2.1 包被缓冲液（0.05 mol/L 碳酸盐缓冲液，pH9.6）

$Na_2CO_3$ 1.59 g

$NaHCO_3$ 2.93 g

溶于 900 mL 蒸馏水中，搅拌至完全溶解，调节 pH 至 9.6，定容至 1 000 mL。

C.2.2 冲洗缓冲液（PBST，pH7.4）

$Na_2HPO_4 \cdot 12H_2O$ 5.802 g

$NaH_2PO_4 \cdot 2H_2O$ 0.592 g

NaCl 8.766 g

Tween－20 0.5 mL

溶于 900 mL 蒸馏水中，搅拌至完全溶解，调节 pH 至 7.4，定容至 1 000 mL。

C.2.3 样品提取缓冲液（不同抗血清，提取缓冲液不同，应根据血清试剂盒说明配制）

聚乙烯吡咯烷酮（PVP） 2.0 g

溶于 100 mL 冲洗缓冲液（C.2.2）。

C.2.4 酶标抗体缓冲液（不同抗血清，提取缓冲液不同，应根据血清试剂盒说明配制）

聚乙烯吡咯烷酮（PVP） 2.0 g

牛血清白蛋白（BSA） 0.2 g

溶于 100 mL 冲洗缓冲液（C.2.2）。

C.2.5 底物缓冲液（pH9.8）

二乙醇胺 9.7 mL

定容至 100 mL，用 6 mol/L HCl 调 pH 至 9.8。

C.2.6 底物（现用现配）

在 10 mL 底物缓冲液（C.2.4）中加 10 mg 对硝基苯磷酸二钠盐（PNPP）。

C.2.7 终止液（1 mol/L NaOH）

NaOH 4 g

先用少量蒸馏水溶解后，定容至 100 ml。

注：所用试剂均为分析纯，酶标抗体为碱性磷酸酶标记的抗体。

## C.3 检测

C.3.1 加抗血清

用包被缓冲液（C.2.1）将病毒特异抗血清 IgG 稀释至工作浓度，加入到酶标板的微孔中，每孔 100 μL，通常在 37 ℃保温 2 h（不同抗血清，保温时间和温度不同，应根据血清试剂盒说明确定），用 PBST（C.2.2）洗板 3 次 ~4 次。

C.3.2 加抗原样品

根据检测病毒种类，取嫩叶或一年生休眠枝条韧皮部，每 1 g 样品加入 5 mL ~ 10 mL 样品提取缓冲液（C.2.3），研磨后，3 000 r/min 离心 5 min。每个微孔板需同时设阳性，阴性和空白对照，对照和每个样品分别加 2 个微孔，每个微孔加 100 μL 上清液。4 ℃冰箱中放置过夜后，按 C.3.1 方法洗板。

C.3.3 加酶标抗体

用酶标抗体缓冲液（C.2.4）将碱性磷酸酶标记的特异抗血清 I gG 稀释至工作浓度，加入到微孔中，每孔 100 μL，按 C.3.1 保温和洗板。

C.3.4 加底物

每个微孔加 100 μL 底物（C.2.5），黑暗中室温放置 15 min ~ 30 min。

C.3.5 终止反应

每个微孔加 25 μL 终止液。

C.3.6 结果判定

测定酶标板各微孔 405 nm 吸光值。若待检样品 2 孔平均吸光值/阴性对照 2 孔平均吸光值≥2，则判定该样品为阳性；如果样品 2 孔平均吸光值/阴性对照 2 孔平均吸光值 <2，则判定该样品为阴性。

# 附录 D
# （资料性附录）
# RT – PCR 检测

## D.1 仪器设备和材料

D.1.1 微量移液器：200 μL ~ 1 000 μL、20 μL ~ 200 μL、10 μL ~ 100 μL、0.5 μL ~ 10 μL。

D.1.2 电子天平：感量为 0.01 g 和 0.000 1 g。

D.1.3 高速冷冻离心机。

D.1.4 PCR 仪。

D.1.5 水平凝胶电泳仪。

D.1.6 凝胶成像系统。

D.1.7 DEPC 水处理的吸头和离心管。

## D.2 试剂

D.2.1 研磨缓冲液

| | |
|---|---|
| 4.0 mol/L 硫氰酸胍 | 23.6 g |
| 0.2 mol/L NaAC | 0.82 g |

| | |
|---|---|
| 25 mmol/L EDTA | 0.365 g |
| 1.0 M KAC | 4.9 g |
| 2.5% PVP－30 | 1.25 g |

DEPC 处理水定容至 50 mL，4 ℃保存。使用前加入 2% 偏重亚硫酸钠。

D.2.2　清洗缓冲液

| | |
|---|---|
| 10.0 mmol/L Tris－HCl | 0.394 1 g |
| 0.5 mmol/L EDTA | 0.036 5 g |
| 50 mmol/L NaCl | 0.730 5 g |
| 50% 乙醇 | 125 mL |

DEPC 处理水定容至 250 mL，4 ℃贮存。

D.2.3　50×TAE 缓冲液

| | |
|---|---|
| Tris | 60.5 g |
| 冰乙酸 | 13.5 mL（或 37.5 mL 36% 乙酸） |
| EDTA | 2.3 g |

灭菌蒸馏水定容至 250 mL，pH 为 8.0。

D.2.4　6×凝胶加样缓冲液

| | |
|---|---|
| 溴酚蓝 | 0.125 g |
| 二甲苯青 FF | 0.125 g |

40%（*W/V*）蔗糖水溶液

灭菌蒸馏水定容至 50 ml，4 ℃冰箱保存，

## D.3　检测

D.3.1　总 RNA 提取

采用二氧化硅吸附法提取总 RNA：

a）称取 100 mg 待检材料放入塑料袋中，加入 1 ml 研磨缓冲液磨碎；

b）取 500 μL 匀浆置于 1.5 mL 消毒离心管中（预先加入 150 μL 10% N－lauroylsarcosine），70 ℃保温 10 min、冰中放置 5 min 后，14 000 r/min 离心 10 min；

c）取 300 μL 上清液，加入 150 μL 100% 乙醇、300 μL 6 mol/L 碘化钠、30 μL 10% 硅悬浮液（pH2.0），室温下振荡 20 min；

d）6 000 r/min 离心 1 min，弃去上清，加入 500 μL 清洗缓冲液重悬浮沉淀，6 000 r/min 离心 1 min；

e）重复步骤 d）；

f）将离心管反扣在纸巾上，室温下自然干燥后，重新悬浮于无 RNase 和 DNase 的水中，70 ℃保温 4 min；

g）13 000 r/min 离心 3 min，取上清液，保存于－70 ℃超低温冰箱中。也可采用商品性试剂盒或其他方法提取总 RNA。

D.3.2　合成 cDNA

5 μL 总 RNA 与 1 μL 0.1 μg/ μL 随机引物 5’ d（NNN NNN）3’ 和 9 μL 水混合，95 ℃变性 5 min 后立即置于冰中冷却 2 min。再加入含 5 μL 5×MMLV－RT 缓冲液、1.25 μL 10 mmol/L dNTPs、0.5 μL 200 U/μL M－MLV 逆转录酶和 3.25 μL 灭菌纯水的逆转录混合液，经 37 ℃ 10 min、42 ℃ 50 min、

70 ℃5 min 合成 cDNA。

D. 3. 3 PCR 扩增

PCR 反应混合液共 25 μL，包括 2. 5 μL cDNA、2. 5 μL 10 × PCR 缓冲液、0. 5 μL 10 mmol/L dNTPs、0. 5 μL 10 μmol/L 正向和反向引物（表 D. 1）、0. 375 μL 2 U/μL Taq DNA 聚合酶、18. 125 μL 灭菌纯水。按如下程序进行 PCR 扩增：94 ℃ 10 min；94 ℃ 30 s，退火（退火温度见表 D. 1）45 s，72 ℃50 s 共 35 个循环，最后 72 ℃延伸 10 min。根据各组引物的退火温度及扩增产物大小设计。

D. 3. 4 结果判定

检测时设阴性、阳性对照，采用 1. 5% 琼脂糖凝胶电泳，180 v 电泳约 30 min，0. 5 μg/mL EB 溶液染色 10 min ~ 15 min，观察到与阳性对照位置相同的目的条带的样品为阳性，携带所检病毒；与阴性对照一样，未观察到目的条带的样品为阴性，不携带所检病毒。

**表 D. 1　　葡萄病毒 RT – PCR 引物**

| 病毒名称 | 引物序列（5’ -3’） | 退火温度（℃） | 产物（bp） |
|---|---|---|---|
| 葡萄扇叶病毒（GFLV） | P1：CCAAAGTTGGTTTCCCAAGA<br>P2：ACCGGATTGACGTGGGTGAT | 56 | 605 |
| 葡萄卷叶相关病毒 1（GLRaV – 1） | P1：TCTTTACCAACCCCGAGATGAA<br>P2：GTGTCTGGTGACGTGCTAAACG | 54 | 232 |
| 葡萄卷叶相关病毒 2（GLRaV – 2） | P1：TTGACAGCAGCCGATTAAGCG<br>P2：CTGACATTATTGGTGCGACGG | 51 | 333 |
| 葡萄卷叶相关病毒 3（GLRaV – 3） | P1：CGCTAGGGCTGTGGAAGTATT<br>P2：GTTGTCCCGGGTACCAGATAT | 52 | 546 |
| 葡萄卷叶相关病毒 4（GLRaV – 4） | P1：CTCAAACCAGCGGCTGTTG<br>P2：GTGATACCATATACATACCGACC | 54 | 441 |
| 葡萄卷叶相关病毒 5（GLRaV – 5） | P1：CCCGTGATACAAGGTAGGACA<br>P2：CAGACTTCAOCTCCTGTTAC | 54 | 690 |
| 葡萄卷叶相关病毒 7（GLRaV – 7） | P1：TATATCCCAACGGAGATGGC<br>P2：ATGTTCCTCCACCAAAATCG | 52 | 502 |
| 葡萄病毒 A（GVA） | P1：AAGCCTGACCTAGTCATCTTGG<br>P2：GACAAATGGCACACTACG | 52 | 430 |
| 葡萄病毒 B（GVB） | P1：ATCAGCAAACACGCTTGAACCG<br>P2：GTGCTAAGAACGTCTTCACAGC | 55 | 450 |
| 葡萄斑点病毒（GFkV） | P1：GTCCTCCTACACCTCCCTGTCCAT<br>P2：CCTCATCCGCGGAGTTATCGAAT | 60 | 412 |
| 沙地葡萄茎痘病毒（GRSPaV） | P1：GGCCAAGGTTCAGTTTG<br>P2：ACACCTGCTGTGAAAGC | 50 | 498 |

# SN

中华人民共和国出入境检验检疫行业标准

SN/T 3554—2013

# 葡萄粉蚧检疫鉴定方法

Detection and identification of Planococcus ficus (Signoret)

2013-03-01 发布　　2013-09-16 实施

中华人民共和国国家质量监督检验检疫总局　发布

# 前　言

本标准按照 GB/T 1. 1—2009 给出的规则起草。

请注意本文件的某些内容可能涉及专利。本文件的发布结构不承担识别这些专利的责任。

本标准由国家认证认可监督管理委员会提出并归口。

本标准起草单位：中华人民共和国沈阳出入境检验检疫局，中华人民共和国山西出入境检验检疫局、中华人民共和国江西出入境检验检疫局、中华人民共和国吉林出入境检验检疫局、中国检验检疫科学研究院、中华人民共和国海南出入境检验检疫局。

本标准主要起草人：付海滨、李惠萍、黄丽莉、魏春艳，陈乃中，徐卫，王芳、李俊环、耿庆华。

# 葡萄粉蚧检疫鉴定方法

## 1　范围

本标准明确了葡萄粉蚧［*Planococcus ficus*（Signoret）］的检疫鉴定方法。

本标准适用于葡萄粉蚧的检测和实验室鉴定。

## 2　术语和定义

下列术语和定义适用于本文件。

### 2.1　背孔　ostioles

着生在虫体背面的一横裂如嘴唇状的构造，数目常为两对，少数只具一对。背孔按着生位置的不同可分为前背孔和后背孔，前背孔生在前胸背板上，后背孔则生在第 6 腹节背板上。

### 2.2　腹脐　circulus

腹脐位于虫体腹部腹面，常以局部地角质化的狭窄的硬化框为界限，其数目和大小在不同的蚧虫种类中变化很大，也有的种类无腹脐。

### 2.3　盘腺　disk pores

盘腺又名孔腺，为蚧虫分泌蜡腺的一种类型，包括三孔腺、五孔腺、多孔腺、筛状孔等多种形状的腺体，三孔腺（trilocular pores）：盘腺的一种，各种大小的略呈三角形或圆形的硬化结构，其中部有三个长形的腺孔，五孔腺（quinquelocularpores）：盘腺的一种，具有 5 个腺孔，多孔腺（multilocularpores）：盘腺的一种，不同直径的圆形或卵圆形硬化孔，腺孔多于 5 个。

### 2.4 领状管腺 oral－collar tubular ducts

管腺的一种，圆柱形，管口有一圈硬化环。

### 2.5 尾瓣 anal lobes

粉蚧第9腹节在肛环两侧的突出部分。

### 2.6 肛环 anal ring

肛门开口处的硬化环，常为椭圆形，其上具有蜡腺孔和肛环毛。

### 2.7 阴门 vulva

阴门位于身体腹面，在第8至第9节腹节腹板间，为雌性生殖孔的开口，阴门周围常有盘腺分布，有些成群排列。

### 2.8 刺孔群 cerarius

刺孔群一般由两个，少数一个或数个圆锥状刺和聚集在刺附近的三孔腺或少数五孔腺，并常有一些毛共同组成。刺孔群为粉蚧科中许多种类都具有的特殊泌蜡构造，常着生在虫体背面边缘，少数种类背面中部也有分布。

## 3 葡萄粉蚧基本信息

学名：*Planococcus ficus*（Signoret，1994）。

异名：*Planococcus vitis* Ezzat&Mcconnell，*Dactylopius ficus* Borchsenius。

英文名称：Vine mealybug，Mediterranean vine mealybug。

分类地位：同翅目（Homoptera），粉蚧科（Pseudococcidae），臀纹粉蚧属（Planococcus Ferris）。

该虫以雌成虫和若虫随寄主植物、随风、机械等远距离传播。葡萄粉蚧的分布、形态特征、传播途径及生物学特性为制定该检疫鉴定方法提供了依据（参见附录A）。葡萄粉蚧与该属内的大洋臀纹粉蚧（*Planococcus minor*）和霍氏粉蚧（*Planococcus halli*）在形态上十分相似，主要区分特征见附录B，同时，葡萄粉蚧主要危害葡萄，霍氏粉蚧主要危害甘薯，大洋臀纹粉蚧则危害多种寄主植物。

## 4 方法原理

根据葡萄粉蚧的危害状，在检疫现场或发生疑似葡萄粉蚧的田地，肉眼观察寄主根部、树皮下、叶片等部位，取得雌虫样品，制作玻片标本，用显微镜观察，根据形态特征对种类进行判定。

## 5 器材与试剂

### 5.1 器材

生物显微镜、体视显微镜、酒精灯、水浴锅、温箱、小烧杯、比色皿、小镊子、解剖针（刀）、接种环、小毛笔、载玻片、盖玻片、标签等。

### 5.2 试剂

10%氢氧化钾或10%氢氧化钠、蒸馏水、70%乙醇、95%乙醇、无水乙醇、冰乙酸、酸性品红、中性树胶、丁香油、甘油、二甲苯、苯酚等。

## 6 检测

对可能携带粉蚧的进境水果、种苗、花卉等检疫物各部位进行检查，重点检查果实的果柄、果蒂及植株的腋芽、枝条、叶鞘、树皮下等处，寄生部位常伴有白色的蜡粉或蜡丝等分泌物。如发现粉蚧，将其放入样品袋中，加以标记，做好现场记录，送实验室进行鉴定。

## 7 标本的制作准备

葡萄粉蚧雌成虫的玻片标本按附录 C 进行制备。

## 8 实验室鉴定

### 8.1 臀纹粉蚧属（Planococcus Ferris）雌成虫

虫体椭圆形，体外被白色蜡质分泌物所覆盖，体缘放射状伸出白色蜡丝，腹端最后一对蜡丝较长。眼发达。触角常为8节，足细长，发达，后足除跗节外其他节常具透明小孔，爪之下表面无小齿。胸气门开口宽圆。具前和后背孔，其背孔唇缘有时稍硬化。腹脐一个或缺如。尾瓣腹面常有不规则长条形硬化纹。肛环较硬化，具有1列外环孔和1列内环孔，肛环毛6根。刺孔群18对，每个刺孔群常由2根小刺组成，刺孔群的刺为圆锥形，顶端尖锐，很少有毛状的顶端。具多孔腺和三孔腺，多孔腺常在腹部之腹板上形成横列或横带，三孔腺遍布虫体背和腹两面。领状管腺主要分布在虫体腹面，在虫体边缘其数量最多，有时也分布在虫体背面。体毛在虫体背和腹面均有分布。

### 8.2 葡萄粉蚧雌成虫鉴定特征

雌成虫体椭圆形，侧面观微圆形（参见附录 D），体长2.5 mm～3 mm，若虫身体黄色，完全成熟的成虫粉红色或橙棕色，足棕红色，身体被有薄蜡粉，但常显露体节，在背部背中区有纵向的斑纹，周缘有蜡丝，多数较短，常稍有弯曲，末对稍长，末前对短，末对约为体长的1/8。触角8节，眼在其后，近头缘，足粗大，后足基节、腿节和胫节上有透明孔，腹脐大，有节间褶横过。背孔2对，发达。肛环在背末，有成列环孔和6根长环毛，其长约为环径的2倍，尾瓣略突，其腹面有硬化棒。刺孔群18对，每对有2根锥刺。通常在前足基节后面有5个或更多个多孔腺，在腹面中足基节侧面有不多于6个领状管腺，腹面两触角之间领状管腺少于5个。

## 9 结果判定

以雌成虫形态特征为依据，其余特征描述可作参考，符合8.2特征即可鉴定为葡萄粉蚧。

## 10　标本保存

葡萄粉蚧各龄若虫、成虫均可用乙醇－甘油保存液保存，成虫也可制成玻片标本保存，同时记录害虫名称、截获时间、地点、人员等相关信息，一般保存期至少6个月。

## 附录A
## （资料性附录）
## 葡萄粉蚧其他信息

### A.1　分布范围

亚洲：印度、巴基斯坦、阿富汗、沙特阿拉伯、叙利亚、伊朗、伊拉克、以色列、阿塞拜疆、黎巴嫩、埃及、土库曼斯坦、土耳其。

北美洲：美国、特立尼达和多巴哥、多米尼加共和国。

南美洲：阿根廷、巴西、智利、乌拉圭。

欧洲：法国、希腊、意大利、葡萄牙、西班牙、塞浦路斯。

非洲：南非、利比亚、毛里求斯、突尼斯。

### A.2　寄主

葡萄（*Vitis vinifera*）、芒果（*Mangifera indica*）、夹竹桃（*Nerium oleander*）、大丽花属（*Dahlia*）、胡桃木（*Juglans nigra*）、鳄梨树（*Persea americana*）、无花果（*Ficus carica*）、海枣（*Phoenix dactylifera*）、柳树（*Salix babylonica*）、可可（*Theobroma cacao*）、苹果（*Malus pumila*）、温柏（*Cydonia oblonga*）、苏合香（*Liquidambar orientalis*）等。

### A.3　生物学特性及危害

葡萄粉蚧取食植物汁液，降低葡萄生殖力，可为害葡萄的各个部位，多寄生在根部和树皮下。除了为害葡萄，该虫还为害芒果、夹竹桃、大丽花属、竹子、胡桃木、鳄梨树、豆科灌木、无花果、海枣、柳树、可可树、苹果、温柏、苏合香等。

葡萄粉蚧大量分泌的蜜露能招引煤灰状霉菌的形成，影响光合作用，致被害枝叶生长不良，提早落叶落果，影响成熟或未成熟葡萄果的外观，严重时产量会大大降低，葡萄粉蚧分泌的蜜露还能招来大量蚂蚁。另外，实验已经证明，葡萄粉蚧能在葡萄树之间大面积传播与引起卷叶病有关的GLRaV－3病毒，该病毒在世界多数葡萄种植地区已成为一种毁灭性的病害，该虫还是葡萄栓皮病病毒的传播载体。

葡萄粉蚧在南非每个雌成虫可产卵362个，发育最高和最低温度分别为35.61 ℃和16.59 ℃，最适宜温度为23 ℃～27 ℃，每年发生5代～6代，而在意大利每年发生3代。在美国加利福尼亚地区每年发生约3代～7代，冬季在树皮下、发育芽中和根上能发现卵、一龄若虫、二龄成虫，当春天来临气温回升时，葡萄粉蚧种群密度增加，出来在葡萄枝干上活动，在春末和夏天葡萄粉蚧可在葡萄树所有部位进行为害，葡萄收获后不久，种群密度会下降。当然，发生地区和寄主植物的不同，也会有稍微的变化。

### A.4 传播扩散

葡萄粉蚧可以通过爬行、随风、机械等传播健康植株。若虫可以在同一个葡萄园内从染虫植物传播到健康植物上，刚孵化的一龄若虫可以从染虫植物传播到附近的健康植物上，若虫也可以通过人为的把树叶、修剪枝条、葡萄串或机械工具等从染虫果园带到其他果园。远距离传播主要是通过苗木、水果等的调运造成的。

## 附录 B
## （规范性附录）
## 葡萄粉蚧及其重要近似种重要形态特征

1 体背无管腺 ………………………………………… 南洋臂纹粉蚧 *Planococcuslilacinus*

　体背有管腺 ………………………………………… 2

2 前足基节后面有多孔腺 ………………………………………… 3

　前足基节后面无多孔腺 ………………………………………… 霍氏粉赖 *P. halli*

3 后腿节有半透明孔，在前胸和头部有细长的锥刺 ………………………… 葡萄粉蚧 *P. ficus*

　后腿节无半透明孔，前胸和头部有短的圆锥形的锥刺 ………………… 大洋臀纹粉蚧 *P. minor*

## 附录 C
## （规范性附录）
## 葡萄粉蚧雌虫玻片标本制作方法

### C.1 标本固定

挑取样品上的粉蚧置入70%乙醇中杀死固定2 h，以备制作玻片标本。如需长期保存，则在70%乙醇中加入少量甘油（50∶1）作为保存液。

### C.2 净化

通常把已经在70%乙醇中固定的虫体用解剖针在虫体背面刺小洞，或用解剖刀在虫体中腹背交界处划开一条开口，然后将标本移入加有10%氢氧化钾或10%氢氧化钠溶液的小烧杯或其他小型容器中，置于水浴锅中加热，以不沸腾为度，定时观察，直至体外蜡质和虫体内含物全部融化，直至彻底清除内含物、虫体变为清洁透明，以便看清虫体表面的细微结构，净化时间以标本透明为准。

### C.3 漂洗

经氢氧化钾或氢氧化钠处理过的标本，应用酸性酒精或清水漂洗。将经碱液净化处理的标本转移到酸性酒精（冰酸10 mL，蒸馏水45 mL，95%酒精45 ml.）中，漂洗中和10 min。

### C.4 染色

染色时以浅的器皿如表面皿或凹玻片等为好，可看得清楚，便于操作。将标本转移到酸性品红

（酸性品红95%乙醇饱和溶液）中染色，染色时间视标本着色情况而定，一般在8 h以上。

### C.5 脱水

用70%乙醇洗掉多余染色剂，再依次经过95%乙醇，100%乙醇脱水各5 min。

### C.6 固色透明

移入二甲苯酚（二甲苯：苯酚为3：1）内5 min～10 min，进一步透明；移入二甲苯中1 min～3 min使颜色固定；移入丁香油中10 min～30 min或更长时间。

### C.7 整姿封盖

将标本转移到载玻片上，丁香油未干时立刻整理姿式，然后加一滴中性树胶，整姿后用盖玻片封片。

## 附录D
## （资料性附录）
## 葡萄粉蚧雌成虫形态特征图

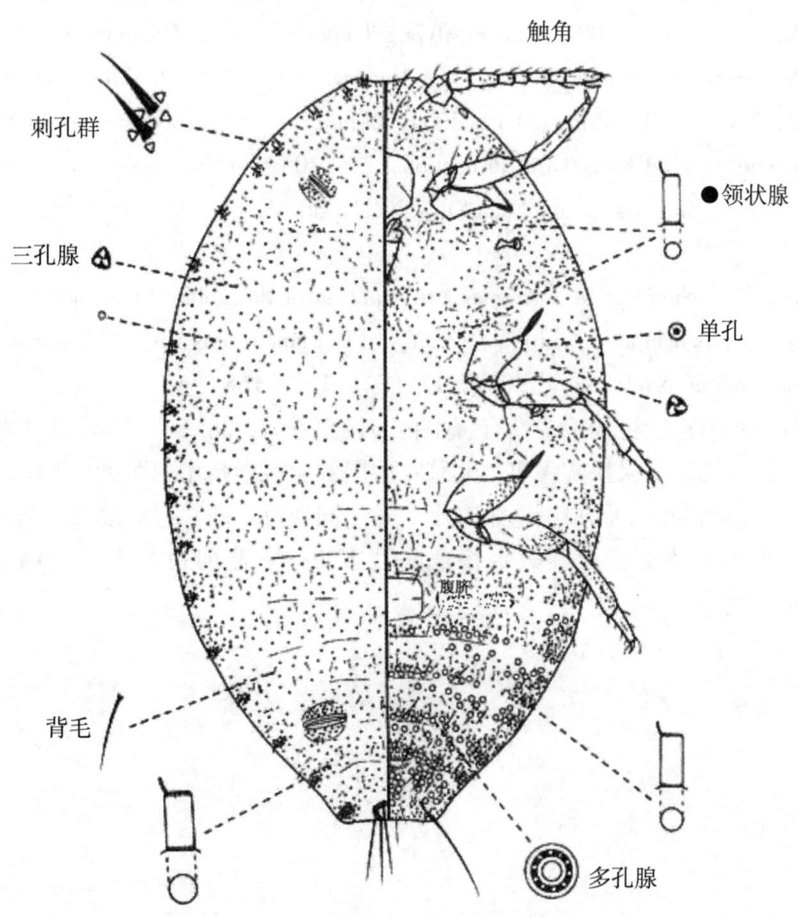


图D.1 葡萄粉蚧［*Planococcus ficus*（Signoret）］雌成虫形态特征图

# 参考文献

[1] Daane KM. Malakar - Kuenen R, Guillén M, Bentley WJ. Martin LA, Yokota GY, 2003. Population dynamics of the vine mealybug andits natural enemies in the Coachella and San Joaquin Valleys. In. 2001 -2002 Viticulture Research Report. California Table Grape Commission Annual Report, 31: 1.

[2] Haviland DR, Bentley W, Daane KM, 2005. Hot - Water Treatments for Control of Planococcus ficus (Homoptera: Pseudococcidae) on Dormant Grape Cuttings. Journal of Economic Entomology, 98 (4): 1109 -1115.

[3] Tanne E, Ben - Dovv Y, Raccah B, 1989. Transmission of the corky - barkdiseasebythe mealybug Planococcus ficus. Hytoparasitica, 17: 55.

[4] Tsai CW, Chau J, Fernandez L, Bosco D, Daane KM, Almeida RPP, 2008. Transmission of Grapevine leafroll - associated virus 3by the Vine Mealybug (Planococcus ficus). Virology, 98 (10): 1093 -1098.

[5] Walton VM. Pringle KL, 2004. A Survey of Mealybugs and Associated Natural Enemies in Vineyards in the Western Cape Province, South Africa. S. Afr. J. Enol. Vitic., 25 (1): 23 -25.

[6] Walton VM. Pringle KL. 2004. Vine mealybugPlanococcus ficus (Signoret) (Hemiptera: Pseudococcidae), a Key Pest in South African vineyards, A Review. S. Afr. J. Enol. Vitic., 25 (2): 54 -62.

[7] WaltonVM, Daane KM, Pringle KL, 2004. Monitoring Planococcus ficus in South African vineyards with sex pheromone - baited traps. Crop Protection, 23: 1089 -1096.

[8] http://www.sel.barc.usda.gov/ScaleKeys/Mealybugs/Key/Mealybugs/Media/html/SelectSpeciesFSet.html.

[9] Masten Milek T., Simala, M. &Krcmar, S. Species of the genus Planococcus Ferris, 1950 (Hemiptera: Coccoidea: Pseudococcidae), with special regard to Planococcus vovae (Nasonov, 1908) as a species newly recorded in Croatia. Nat. Croat., 2008, 17 (3): 157 -168.

[10] 陈乃中等. 中国进境植物检疫性有害生物(昆虫卷). 北京: 中国农业出版社, 2009.

[11] 陈乃中, 沈佐锐。水果果实害虫. 北京: 中国农业科学技术出版社, 2002.

[12] 王子清. 中国动物志 昆虫纲 第二十二卷 同翅目 蚧总科. 北京: 科学出版社, 2001.

[13] 付海滨, 曲辉, 李惠萍, 等. 警惕危险性害虫——葡萄粉蚧入侵我国. 环境昆虫学报, 2010, 32 (2): 296 -299.

ICS 65. 080
CCS B 10

# 中 华 人 民 共 和 国 农 业 行 业 标 准

NY/T 1868—2021
代替 NY/T 1868—2010

# 肥料合理使用准则　有机肥料

Rule of rational fertilization－Organic fertilizer

2021－05－07 发布　　2021－11－01 实施

中华人民共和国农业农村部　发 布

# 前 言

本文件按照 GB/T 1.1—2020《标准化工作导则　第 1 部分：标准化文件的结构和起草规则》的规定起草。

本文件代替 NY/T 1868—2010《肥料合理使用准则　有机肥料》与 NY/T 1868—2010 相比，除结构调整和编辑性改动外，主要技术变化如下：

——修改了范围（见第 1 章）；

——修改了规范性引用文件（见第 2 章）；

——增加了“腐熟度”和“无害化处理”的术语和定义（见 3.4、3.5）；

——增加了有机肥料来源（见 4.1）；

——修改了有机肥料种类（见 4.2）；

——增加了促进作物生长的作用（见 6.3）；

——删除了提高有机肥料品质和强化无害化处理的合理使用原则；

——增加了安全施用的合理使用原则（见 7.3）；

——删除“安全施用”的合理施用要点；

——增加了不同种类有机肥料施用技术（见第 9 章）；

——增加了安全施用（见第 10 章）。

本文件由农业农村部种植业管理提出并归口。

本文件起草单位：全国农业技术推广服务中心，南京农业大学，新疆维吾尔自治区土壤肥料工作站、元泰丰（包头）生物科技有限公司。

本文件主要起草人：杜森、周璇、郭世伟、钟永红、徐洋、傅国海、高祥照、沈其荣、汤明尧、彭敏、沈欣、赵英杰、吴优。

本文件及其所代替文件的历次版本发布情况为：

——2010 年首次发布为 NY/T 1868 - 2010；

——本次为第一次修订。

# 肥料合理使用准则　有机肥料

## 1　范围

本文件规定了有机肥料的术语和定义、来源和种类、性质、作用、合理施用原则、要点、不同种类有机肥料施用技术和安全施用等要求。

本文件适用于各类有机肥料的使用。

## 2 规范性引用文件

下列文件中的内容通过文中的规范性引用，而构成本文件必不可少的条款。其中，注日期的引用文件，仅该日期对应的版本适用于本文件；不注日期的引用文件，其最新版本（包括所有的修改单）适用于本文件。

GB/T 6274—2016 肥料和土壤调理剂术语

GB/T 18877 有机－无机复混肥料

GB/T 25246 畜禽粪便还田技术规范

GB/T 36195—2018 畜禽粪便无害化处理技术规范

NY/T 525—2021 有机肥料

NY/T 798 复合微生物肥料

NY 884 生物有机肥

NY 1106 含腐植酸水溶肥料

NY 1429 含氨基酸水溶肥料

## 3 术语和定义

GB/T 6274—2016、GB/T 36195—2018、NY/T 525—2021 界定的以及下列术语和定义适用于本文件。

### 3.1 肥料 fertilizer

以提供植物养分为主要功效的物料

[来源：GB/T 6274－2016，2.1.2]。

### 3.2 有机肥料 organic fertilizer

主要来源于植物和/或动物，施于土壤以提高土壤肥力、提供植物营养等为主要功效的含碳物料。

[来源：GB/T 6274—2016，2.1.7，有修改]。

### 3.3 碳氮比 C/N

有机肥料中总碳的质量百分数与总氮的质量百分数之比。

### 3.4 腐熟度 maturity

有机物料腐熟的程度，指堆肥中有机物经过矿化，腐殖化过程后达到稳定化的程度。

[来源：NY/T 525—2021，3.3，有修改]。

### 3.5 无害化处理 sanitation treatment

利用高温、好氧、厌氧发酵或消毒等技术使有机物料达到卫生学要求的过程。

[来源：GB/T 36195—2018，3.1，有修改]。

## 4 来源和种类

### 4.1 来源

4.1.1 有机肥料主要来源于植物和/或动物，包括作物秸秆、植物残体、人畜粪便、绿肥、沼肥、泥炭、褐煤、风化煤以及部分农产品加工废弃物等。

4.1.2 中药渣、骨粉、蚯蚓粪、食品级饮料加工废弃物、糖醛渣、水产养殖废弃物等用作有机肥料时，应进行安全风险评估。评估内容包括但不限于重金属、抗生素、盐分、有机污染物等。

4.1.3 禁止使用粉煤灰、钢渣、动物残体、城市垃圾、污泥、含有外来入侵物种物料等对动植物和农田环境有危害风险的物料用作有机肥料。

### 4.2 种类

4.2.1 粪尿

人或动物的排泄物，包括人粪尿、家畜畜尿、禽类，蚕沙等。

4.2.2 秸秆肥

作物收获后的副产品，主要包括各类粮食作物、薯类作物、油料作物、棉麻作物的秸秆、各类瓜果蔬菜秸秆等。

4.2.3 绿肥

直接翻埋或经堆沤后作肥料施用的绿色植物体。主要包括紫云英、苕子、箭筈豌豆、草木犀、苜蓿、田菁、柽麻等豆科绿肥，肥田萝卜、肥用油菜、二月兰等十字花科绿肥，黑麦草、燕麦等禾本科绿肥，红萍等水生绿肥。

4.2.4 堆（沤）肥

以畜禽粪便、秸秆、杂草、树叶、草皮、绿肥及其他有机废弃物为原料，经堆积、沤制、发酵腐熟而成，包括堆肥、沤肥、厩肥等。

4.2.5 饼肥

油料种子经榨油后剩下的残渣，主要包括大豆饼、油菜籽饼、芝麻饼、花生饼、棉籽饼、葵花籽饼、茶籽饼等。

4.2.6 沼肥

植物残体、畜离粪便等废弃物经沼气发酵后形成，包括沼渣、沼液或非工业分离的沼渣沼液混合物。

4.2.7 土杂肥

泥土与生物残体的混合物，主要包括泥肥、肥土、草木灰等。

4.2.8 海肥

以海产物制成的肥料，主要包括动物性海肥、植物性海肥和矿物性海肥。

4.2.9 商品有机肥料

畜禽粪便、作物秸秆、植物残体等原料经无害化处理、腐熟加工，用于市场销售的有机肥料，其质量应符合 NY/T 525 的技术要求。

4.2.10 生物有机肥

由特定功能微生物与主要以植物残体、畜禽粪便、农作物秸秆为原料并经无害化处理、腐熟的有机肥料复合而成，其质量应符合 NY884 的技术要求。

4.2.11　复合微生物肥料

由特定微生物与营养物质复合而成的活体微生物制品，其质量应符合 NY/T 798 的技术要求。

4.2.12　有机－无机复混肥料

含有一定量有机肥料的复混肥料，其质量应符合 GB/T 18877 的技术要求。

4.2.13　腐植酸类肥料

以矿物源腐植酸为基础原料制成，包括腐植酸铵、腐植酸钠、病植酸钾、腐植酸复混肥料、腐植酸有机肥料、腐植酸生物有机肥料等，其质量应符合相关标准的技术要求。

4.2.14　有机水溶肥料

含有机物质的水溶性肥料，包括含氨基酸水溶肥料、含腐植酸水溶肥料、含海藻酸水溶肥料及其他有机水溶肥料等，其质量应符合 NY 1106、NY 1429 等相关标准的技术要求。

## 5　性质

### 5.1　营养全

有机肥料通常含有多种矿质营养元素，糖、氨基酸、蛋白质、纤维素等有机成分，以及多种微生物及其代谢产物，但养分含量一般较低。

### 5.2　肥效长

有机肥料中的营养元素多数呈与有机碳相结合的状态，需经分解转化后才能被作物吸收利用，养分释放慢，肥效缓长。

### 5.3　成分复杂

有机肥料种类繁多，成分复杂。有的含有塑料、玻璃、金属、陶瓷、橡胶等杂质，以及重金属、氯、钠、环境激素、抗生素、病原菌等有害物质。

### 5.4　碳氮比不同

不同种类有机肥料的碳氮比不同，其腐熟分解速率、养分释放和固定也有较大差异。

## 6　作用

### 6.1　提高土壤肥力

施用有机肥料能够增加土壤有机质，改善土壤理化性状和生物多样性，增强土壤保水保肥能力，提高土壤缓冲性能。

### 6.2　提供植物营养

有机肥料既含矿质营养元素，又含有机成分，能够为作物生长提供营养，有利于提高产量，改等品质。

### 6.3　促进作物生长

有机肥料通常含有一些刺激作物生长、抑制病菌的物质，在降解过程中会产生各种酚类、生长素及类激素等，能够促进作物生长，提高作物抗逆性。

### 6.4 促进物质循环

合理利用有机肥料资源，能够促进物质良性循环，减少有机废弃物对环境的不良影响，同时减少化肥用量，降低能源消耗，减轻环境污染。

## 7 合理施用原则

### 7.1 长期施用

充分利用各种有机肥料资源，坚持长期施用有机肥料，维持、提高土壤肥力，改善作物养分供应。

### 7.2 有机无机结合

有机肥料应与无机肥料配合使用，合理配比，长短互补、缓急相济，充分发挥其作用，满足作物生长需要，实现高产稳产、用地养地相结合。

### 7.3 安全施用

有机肥料应进行无害化处理，严格控制杂质和有毒有害物质含量，避免对作物、土壤、及生态环境产生不良影响。适量合理施用，在设施农业等投入量高的区域和临近水源地等生态涵养区应控制施用总量。

## 8 合理施用要点

### 8.1 因目的合理施用

根据施肥目的选择有机肥种类。以培肥土壤为主要目的，应施用有机质含量高的有机肥，如秸秆类、牛粪等。以提供养分为主要目的，应施用养分含量较高的有机肥，如饼肥、粪肥等。

### 8.2 因作物合理施用

多年生作物、生育期较长的作物及块根块茎等作物，可施用腐熟程度较低的有机肥料。生育期较短的作物，宜施用腐熟程度较高的有机肥料。

### 8.3 因土壤合理施用

有机质含量较低的土壤应多施用有机肥料。质地黏重、透气性能差的土壤，宜施用腐熟程度较高的有机肥料，质地较轻、保水保肥能力差的土壤，可施用腐熟程度较低的有机肥料，或采取秸秆还田、种植绿肥适时翻压等措施。水田施用腐熟程度较低的有机肥料应控制用量。有机质含量低，理化性质差的盐碱土，宜施用腐熟程度较高的有机肥料，并适当增加施用量。

### 8.4 因气候合理施用

在气温低、降雨少的地区，宜施用腐熟程度较高的有机肥料。在温暖湿润的地区，微生物数量及活性高，有机物分解速度快，可施用腐熟程度较低的有机肥料

### 8.5 采用合理的施肥方式

有机肥以作基肥为主，可采用撒施、条状沟施、环状沟施、放射状沟施、穴施等方法，注意均匀施入，耕翻入土，推荐机械深施。作追肥时，需要及时浇足水分。一些高度腐熟的堆沤肥、商品有机肥等可以作种肥、营养土。

## 9 不同种类有机肥料施用技术

### 9.1 秸秆肥

9.1.1 翻压还田

采用机械作业等方式，在作物收获后将秸秆切断或粉碎直接翻入土壤，也可采用高茬、作物整秆（根茬）深翻入土等方式。通常情况下，麦稻秸秆等粉碎细度为5 cm～10 cm，玉米秸秆粉碎细度为10 cm～15 cm。粉碎的秸秆深翻入土25 cm左右，整秆（根茬）深翻入土30 cm以上。注意作物收获后尽早翻压，配合施用氮肥或秸秆腐熟剂。还田后注意调节土壤水分，保证秸秆充分腐熟。

9.1.2 覆盖还田

作物收获后将秸秆整株或粉碎后直接铺放在地表。小麦、玉米、豆类等直播作物在播种后立即铺覆秸秆，油菜、棉花、瓜菜类等移栽作物可在移栽前全田覆盖秸秆，然后草间扒窝移栽或预留播栽行摆放，果、茶等园地可因作物生长需要随时覆盖秸秆。注意均匀覆盖地表，适当增施氮肥，保持秸秆适宜湿度，加速腐熟。

9.1.3 堆沤还田

将秸秆收割粉碎后，加入适量畜禽粪便、发酵微生物菌剂、其他肥料等进行堆沤发酵腐熟后还田。堆沤时物料应混匀，调节碳氮比，秸秆含水量在60%左右，堆体四周及顶部要封严，避免踩压堆垛。在冬季或高寒地区堆腐时，应在堆体上加盖塑料薄膜增温，当堆体温度超过65 ℃时应采取通风措施。

9.1.4 沟埋还田

作物秸秆整秆或粉碎后埋入农田墒沟，或农田与果园定向开挖的深沟内，通过加入畜禽粪便、增施氮肥、接种秸秆腐熟剂等措施，促进秸秆腐熟还田。一般墒沟深约20 cm，宽约20 cm，沟间距10 m～15 m，北方旱作玉米区，可在玉米行间进行整秆沟埋，一般沟深20 cm～27 cm，宽约40 cm，沟间距1.3 m～1.5 m。果园一般沟深40 cm～50 cm，宽约40 cm。注意调节秸秆水分，适当施用氮肥和秸秆腐熟剂。

### 9.2 绿肥

9.2.1 南方水田绿肥

可选择紫云英、苕子、箭筈豌豆、蚕豆，黄花苜蓿等豆科绿肥，或肥田萝卜、肥用油菜、多花黑麦草等非豆科绿肥。秋季（9月上旬至11月上旬）播种，通常情况下播量为，紫云英、黄花苜蓿22.5 kg/hm$^2$～45 kg/hm$^2$，苕子37.5 kg/hm$^2$～60 kg/hm$^2$，箭筈豌豆、蚕豆90 kg/hm$^2$～150 kg/hm$^2$，肥田萝卜7.5 kg/hm$^2$～15 kg/hm$^2$，肥用油菜4.5 kg/hm$^2$～7.5 kg/hm$^2$，多花黑麦草22.5 kg/hm$^2$～30 kg/hm$^2$。采用翻压还田作基肥，豆科绿肥应在水稻直播或插映前7 d～15 d翻压：非豆科绿肥的翻压时间应适当提早，翻压量22.5 t/hm$^2$～37.5 t/hm$^2$。紫云英结荚期还田的，应在30%～50%黑荚时翻压还田。翻压前宜施生石灰750 kg/hm$^2$，翻压后2 d～3 d灌浅水沤田。豆科绿肥还田，接茬水稻可减少20%～40%的氮肥用量。

9.2.2　旱地绿肥

采取轮作、套作、混作等方式，秋季种植苕子、箭筈豌豆、肥田萝卜、山黧豆、冬油菜、草木犀，苜蓿等绿肥作物。冬闲田秋播（9 月上旬至 11 月上旬），秋闲田 7 月至 8 月初播种。通常情况下播量为，苕子 45 $kg/hm^2$ ~60 $kg/hm^2$，肥田萝卜 7.5 $kg/hm^2$ ~15 $kg/hm^2$，山黧豆 45 $kg/hm^2$ ~60 $kg/hn^2$，冬油菜 7.5 $kg/hm^2$ ~15 $kg/hm^2$，箭筈豌豆 90 $kg/hm^2$ ~150 $kg/hm^2$，草木犀 22.5 $kg/hm^2$ ~30 $kg/hm^2$，苜蓿 15 $kg/hm^2$ ~30 $kg/hm^2$。下茬作物播种或移栽前 15 d ~20 d 翻压，翻压深度以 12 cm ~18 cm 为宜，注意压实。翻压量 22.5 $t/hm^2$ ~30 $t/hm^2$。土壤偏酸性的旱地，翻压前施生石灰 750 $kg/hm^2$，豆科绿肥还田，接茬作物可减少 15% ~30% 氮肥用量。

9.2.3　果园绿肥

种植毛叶苕子，光叶苕子、箭筈豌豆、山黧豆、紫云英、决明等节肥型绿肥作物，或油菜、二月兰、鼠茅草、黑麦草等培肥型绿肥作物，可采用撒播后浅旋 5 cm 的简化播种方式。决明于 4 月上旬至 5 月上中旬播种，其他秋播（9 月上旬至 11 月上旬）。通常情况下播量为，苕子 30 $kg/hm^2$ ~45 $kg/hm^2$，箭筈豌豆 60 $kg/hm^2$ ~90 $kg/hm^2$，山黧豆 45 $kg/hm^2$ ~60 $kg/hm^2$，紫云英 22.5 $kg/hm^2$ ~30 $kg/hm^2$，决明 11.25 $kg/hm^2$ ~15 $kg/hm^2$，油菜 7.5 $kg/hm^2$ ~15 $kg/hm^2$，二月兰 22.5 $kg/hm^2$ ~30 $kg/hm^2$，鼠茅草 22.5 $kg/hm^2$ ~30 $kg/hm^2$，多花黑麦草 22.5 $kg/hm^2$ ~30 $kg/hm^2$。可采用自然覆盖的方式，或在绿肥盛花期或旺长期刈割覆盖于果树树盘及行间，或结合果园施肥将绿肥翻压于施肥沟或行间，翻压深度为 15 cm ~20 cm，自然覆盖时，3 年 ~5 年翻耕更新一次。翻压一季豆科绿肥，果园可减少氮肥用量 37.5 $kg/hm^2$ ~ 45 $kg/hm^2$；两季周年覆盖或长势特别旺盛时，可减少氮肥用量 60 $kg/hm^2$ ~ 75 $kg/hm^2$。

9.2.4　茶园绿肥

夏播（4 月上旬至 5 月上中旬）选用耐酸性较强的决明，秋播（9 月上旬至 11 月上旬）宜采用光叶苕子、毛叶苕子、箭筈豌豆、紫云英等豆科绿肥。播种方式及播种量参见 9.2.3。在绿肥初花期或盛花期进行刈割覆盖，或结合茶园施肥进行翻压还园。高秆型绿肥宜采取刈割覆盖与直接翻压相结合方式还园，矮生型或匍匐型绿肥宜采取翻压方式。幼龄茶园埋翻压宜距茶树根颈部 45 cm ~55 cm，成龄茶园宜翻压于茶行中间。翻压深度为 15 cm ~20 cm。

## 9.3　堆（沤）肥

9.3.1　堆肥

通常作基肥施用，一般施用量为 15 $t/hm^2$ ~30 $t/hm^2$，可采用撒施、条施、沟施、穴施或环状施肥等方式。宜在秋季施肥，施用时避开雨季，施入后应在 24 h 内翻耕入土。条施、穴施和环状施肥的沟深、沟宽应按不同作物、不同生长期相应生产技术规程的要求执行。

9.3.2　沤肥

在水田作物上作基肥施用，一般施用量为 45 $t/hm^2$ ~75 $t/hm^2$，可结合整地撒施后耕翻。应与氮肥、磷肥等配施。

9.3.3　厩肥

作基肥施用时，在旱地上采取开沟条施或穴施，水田采用撒施。作追肥施用时，厩肥需充分腐熟，并结合中耕培土施用。

## 9.4 饼肥

9.4.1 基施

饼肥通常用作基肥，可沤制发酵后施用，一般用量375 kg/hm$^2$～750 kg/hm$^2$，施用深度为10 cm～20 cm。饼肥也可与腐熟完全的堆沤肥混合施用，注意配施适量化肥。饼肥腐熟分解时易升温，并产生有机酸等，影响种子发芽和幼苗生长，应注意与种子保持一定距离。

9.4.2 追施

作追肥时需经发酵处理，并适当提前施用。在行间沟施或穴施，施后盖土。

## 9.5 沼肥

9.5.1 基施

腐熟的沼渣一般作基肥，用量为30 t/hm$^2$～45 t/hm$^2$，采用撒施、条施、穴施等方式，及时翻耕覆土。水田应均匀撒施后翻耕入土10 cm左右，旱地宜采用穴施、沟施，然后覆土。不宜与草木灰等碱性肥料混施。

9.5.2 追施

沼液一般作追肥，用量为75 t/hm$^2$～150 t/hm$^2$，采用条施、穴施、环状施肥或喷灌、滴灌等方式，及时覆土。沼液灌溉应根据养分含量适当稀释，滴灌施用时注意过滤，避免堵塞管道和滴头。腐熟的沼渣也可作追肥，施用时避免与作物根系接触。

9.5.3 叶面喷施和浸种

沼液可作叶面喷施，应根据养分含量和作物特点进行稀释，藏蔬幼苗期一般稀释10倍～20倍，中后期稀释5倍～10倍。喷施宜在上午或傍晚为宜，高温及雨天不宜喷施。沼液可浸种，使用前应稀释，浸种时间一般12 h～22 h，浸泡后的种子要沥干后用清水洗净。

## 9.6 土杂肥

可作基肥、追肥施用，肥土用量一般为15 t/hm$^2$～22.5 t/hm$^2$。草木灰用量一般750 kg/hm$^2$～1.5 t/hm$^2$。肥土施用前应加水焖酥、打碎后与堆肥，化肥等配合施用，施用后及时覆土，并结合灌水。草木灰不应与氮素化肥混存混用。

## 9.7 海肥

一般经沤制、腐熟后施用。植物性海肥可粉碎后与2倍～4倍土杂肥、厩肥，粪尿等混合堆沤15 d～30 d，腐熟后作基肥或追肥施用。动物性海肥可与3倍～4倍土杂肥、厩肥、粪尿等混匀沤制发酵1月～2月，作基肥或追肥施用。海肥含盐量较高，应避免施用于盐碱土。

## 9.8 商品有机肥料

可采用穴施或沟施作基肥施用，用量一般为1.5 t/hm$^2$～7.5 t/hm$^2$，应注意与化肥配合施用。施用时应与植株根系保持一定距离，在两行作物中间沟施或株间穴施。施用时注意参照产品说明书。注意部分商品有机肥不能用于食用农产品。

## 9.9 生物有机肥

可作基肥、种肥、追肥施用。作基肥时可撒施后翻压入土，或采用穴施、沟施、环状施用等方式集中施用。作追肥时可在根系密集层附近深施覆土，也可采用叶面喷施，按 1∶10 的质量比例将肥料与水混匀，静止沉淀后取上清喷施。作种肥时可与化肥混合随机械播种施入土壤，或开沟播种后撒施覆土。避免与碱性肥料或杀菌剂同时施用。施用时注意参照产品说明书。

### 9.10 复合微生物肥料

作基肥时在播种前或定植前单独或与其他肥料混合施用。作追肥时可采用条施、沟施、灌根、喷施等方式。作种肥时避免与种子直接接触，可将肥料施于种子附近。避免与碱性肥料或杀菌剂同时施用。施用时注意参照产品说明书。

### 9.11 有机－无机复混肥料

可作基肥、追肥和种肥施用。作种肥时，可采用条施、点施和穴施等方式，但应避免与种子的直接接触。施用时注意参照产品说明书。

### 9.12 腐植酸类肥料

可采用浸种蘸根、叶面喷施、沟施或穴施等方式，作种肥、追肥和基肥施用。浸种时肥液浓度一般为 0.005% ~0.05%，时间为 5 h ~10 h。蘸根时肥液浓度一般为 0.01% ~0.05%。叶面喷施时肥液浓度一般为 0.01% ~0.05%，作物花期喷施 2 次 ~3 次。作基肥时，固体腐植酸类肥料施用量为 1.5 $t/hm^2$ ~2.25 $t/hm^2$。作追肥时，可在作物幼苗期和抽穗期前，用浓度为 0.01% ~0.1% 的肥液浇灌在根系附近。水田可随灌水时施用或水面泼施。施用时注意参照产品说明书。

### 9.13 有机水溶肥料

主要采用叶面喷施、浸种蘸根、水肥一体化等方式施用。施用时应严格控制肥液浓度，避免浓度过高造成肥害或浓度过低降低肥效。含氨基酸、腐植酸，海藻酸等有机水溶肥料，叶面喷施时一般稀释 500 倍 ~1000 倍，选择叶面施肥关键期进行喷施。水肥一体化施用应按照灌溉系统类型控制水不溶物含量，注意肥料与灌水的反应及肥料混合的兼容性，避免堵塞灌水器。施用时注意参照产品说明书。

## 10 安全施用

### 10.1 潜在风险

10.1.1 未完全腐熟

未腐熟或腐熟不完全的有机肥料中可能含有杂草种子、病原菌及寄生虫卵等，带来病虫草害发生、蚊蝇孳生等安全卫生问题。施入土壤后通过微生物降解产生有机酸、$NH_4$ 等中间产物，造成烧苗烧根、种子不发芽等危害。

10.1.2 重金属积累

一些畜禽粪便、植物残体、农产品加工废弃物中重金属含量较高，长期大量施用会造成土壤重金属积累。

10.1.3 有机污染物积累

规模化养殖场中因使用消毒剂、饲料添加剂和兽药等，导致部分畜禽粪便中有机氯、抗生素类等物质含量较高，长期大量施用会带来土壤有机污染物积累。

10.1.4 养分积累或淋溶流失

长期过量施用有机肥料会造成单一营养元素，尤其是磷元素的过量积累。部分有机肥料容易淋溶流失，选择或使用不当可能会加剧水源污染。盐碱地和水源地应优选有机肥料品质、控制有机肥料用量、监控有机肥料流失。

### 10.2 安全施用要点

10.2.1 原料管控

按照有机肥料来源分类，严格管控积造原料。需进行安全风险评估的物料，应全面评估有毒有害物质风险。禁止使用垃圾，污泥等可能含有有毒有害物质、存在风险隐患的物料直接用于农田或生产有机肥料。循环利用的垃圾、污泥等，应称为农用垃圾或农用污泥，仅用于城市及道路绿化，不能用作有机肥料，不能进入耕地。明确标注来源，定期监测，开展风险评估。

10.2.2 无害化处理

有机肥料积造过程中，应经过无害化处理，杀灭对作物、畜禽或人体有害的杂草种子、病原菌、寄生虫卵等，清除塑料、玻璃，金属、石块等杂物，严格拉控制重金属、氧、钠、环境激素、抗生素、农药残留等有害物质，保证农产品安全生产，达到对环境卫生无害。畜禽粪便无害化处理应符合 GB/T 36195—2018 的规定。制作肥料的畜禽粪便中重金属含量应符合 GB/T 25246 的要求。

10.2.3 合理使用

一般情况下有机物料应经过高温堆肥充分发酵腐熟后施用，以提高肥效。高温堆肥最高堆温应达到 50 ℃，时间保持 5 d ~ 7 d，其卫生学指标及重金属含量应符合 GB/T 25246 的规定。在有机肥料使用过程中，应选择适宜的种类、时间、方法和用量，防止因过量使用，过于集中施用而造成的污染。在施用腐熟度较低的有机肥料时，应避开作物根系，配合施用化肥和石灰，减少烧苗烧根、病虫草害等危害。

# SN

中华人民共和国出入境检验检疫行业标准

SN/T 1366—2004

# 葡萄根瘤蚜的检疫鉴定方法

Methods for quarantine and identification of grape phylloxera *Viteus vitifolii* (Fitch)

2004-06-01 发布　　2004-12-01 实施

中华人民共和国国家质量监督检验检疫总局　发布

# 前　言

本标准由国家认证认可监督管理委员会提出并归口。
本标准起草单位：中华人民共和国山东出入境检验检疫局。
本标准主要起草人：王寿民、郑雪明、王振忠、鞠洪绶。
本标准系首次发布的检验检疫行业标准。

# 葡萄根瘤蚜的检疫鉴定方法

## 1　范围

本标准规定了葡萄根瘤蚜的检疫和鉴定方法。
本标准适用于葡萄苗木、插条传带的葡萄根瘤蚜的检疫鉴定。

## 2　原理

2.1　葡萄根瘤蚜 *Viteus vitifolti*（Fitch）属同翅目（Homoptera）、胸喙亚目（Sternorrhycha）、球蚜总科（Adelgoidea）、根瘤蚜科（Phylloxeridae）。

2.2　单食性，主要为害葡萄的根部。须根被害后肿胀形成菱角形或鸟头状根瘤，侧根和大根被害后形成关节形肿瘤；部分葡萄品种的叶部受害后在叶背面形成虫瘿。此虫主要随带根的葡萄苗木或插条的调运而传播。

2.3　该虫的寄主、形态特征、传播途径、危害症状是本标准鉴定方法的依据。

## 3　术语和定义

下列术语和定义适用于本标准。

### 3.1　根瘤　root nodule

因蚜虫刺吸植物根部而导致植物根组织形成的瘤状物称为根瘤。

### 3.2　虫瘿　gall

因昆虫或螨类的取食刺激引起植物组织局部增生而形成的瘤状物。

### 3.3　喙　proboscis

头部前方延伸的部分

3.4　原生感觉圈　primary sensorium

蚜虫触角第一节上的感觉孔。

3.5　次生感觉圈　Secondary sensorial

蚜虫触角上除了第一节外，其他各触角节上的感觉孔。

3.6　无翅成蚜　wingless adult aphid

无翅的孤雌蚜虫。

3.7　若虫　nymph

渐变态中幼体与成虫在体型、习性及栖息环境等方面都很相似，但幼体的翅发育还不完全，成为翅芽，生殖器官也未发育成熟，特称为若虫。

3.8　中胸盾片　mesoscutum

有翅蚜中胸前端的三角形骨片。

3.9　尾片　cauda

蚜虫腹末生有一个圆锥形或乳头状突起。

3.10　腹管　cornicles

蚜虫科多数种类在第六或第七腹节两侧前方生有一对管状突起。

## 4　仪器、用具及试剂

4.1　体视解剖镜、生物显微镜。

4.2　手持放大镜、小镊子、解剖针、毛笔、剪刀、小玻瓶、指形管、标签纸、橡皮塞、脱脂棉、载玻片、盖玻片。

4.3　75%乙醇，用于蚜虫的采集及保存。

4.4　5%氢氧化钾、50%乙醇、95%乙醇、蒸馏水、品红、无水乙醇和二甲苯混合液（1∶1）、丁香油、中性树胶，用于玻片标本的制作。

## 5　现场检疫

### 5.1　检查

5.1.1　检查葡萄根部（尤其须根），有无被害后形成的菱形（或鸟头状）根瘤，侧根和大根处有无关节形肿瘤。

5.1.2　检查叶片上有无虫瘿。

5.1.3　检查运输工具、包装物及四周区域。

5.2　将获得的各虫态蚜虫放入盛有75%乙醇的小玻瓶或指形管中保存，在实验室根据鉴别特征进行结果判定。

## 6 室内鉴定

6.1 将现场检疫所得的乙醇浸泡标本，换上棉花塞，放在开水杯中水浴一次至两次，凉后换橡皮塞保存。用体视解剖镜观察各虫态浸液标本的形态特征。

### 6.2 玻片制作

6.2.1 用“0”号昆虫针在蚜虫腹部刺穿一孔至二孔，在5%氢氧化钾溶液水浴加热3 min～10 min，清除蚜虫腹内残余内容物，用蒸馏水清洗一次至二次后，依次用50%乙醇（5 min）、70%乙醇（5 min）、95%乙醇（2 min）脱水，然后用1%的（以95%乙醇作为溶剂）品红溶液染色，再用95%乙醇清洗多余的颜色，移入无水乙醇和二甲苯混合液（1∶1）中，用小毛笔除去污物。

6.2.2 在载玻片上滴数滴丁香油，放入标本，整姿，用吸水纸吸干丁香油，滴入中性树胶数滴，盖好盖玻片，置入40 ℃～50 ℃恒温箱内烘烤二至三天。

6.3 在生物显微镜下观察玻片标本的形态特征。

## 7 主要鉴定特征

### 7.1 根瘤蚜科的鉴定特征

无翅蚜和若蚜触角三节，有一个圆形原生感觉圈。眼有三小眼面。头部与胸部之和长于腹部。尾片半月形，无腹管。罕见有产卵器。有翅蚜触角三节，有两个纵长次生感觉圈。前翅有三脉：一根中脉和两根共柄的肘脉，后翅无脉。静止时翅平叠于背面。中胸盾片不分为两片。性蚜无喙，不活泼。孤雌蚜与性蚜均卵生。

### 7.2 葡萄根瘤蚜的主要鉴定特征

7.2.1 根瘤型无翅成蚜

体背各节具灰黑色瘤，头部四个，各胸节六个，各腹节四个。胸、腹各节背面各具一横形深色大瘤状突起。触角第三节最长，其端部有一个圆形或椭圆形感觉圈，末端有刺毛三根（个别的具四根）。

7.2.2 叶瘿型无翅成蚜

体背无瘤，体表具细微凹凸皱纹，触角末端有刺毛五根。

7.2.3 有翅蚜

复眼由多个小眼组成，单眼三个。触角第三节有感觉圈两个，一个在基部近圆形，另一个在端部长椭圆形。前翅翅痣长形，有三根斜脉（中脉、肘脉和臀脉），后翅仅有一根脉（径分脉）。

7.2.4 性蚜

无口器和翅，黄褐色，复眼由三个小眼组成。外生殖器孔头状，突出于腹部末端

7.2.5 若虫

共四龄、眼、触角及喙分别与各型成虫相似。

## 8 结果评定

葡萄根部有瘤状膨大或叶背面有虫瘿；虫态特征符合7.2的鉴别特征；符合以上两种特征则可鉴定为葡萄根瘤。

## 9 标本和样品的保存

保存浸液标本和玻片标本。

ICS

# DBN

吐　鲁　番　市　农　业　地　方　标　准

DBN 6521/T 205—2019

# 植物生长调节剂赤霉素的使用规程

2019－11－25 发布　　　　2019－12－25 实施

吐鲁番市市场监督管理局　发布

# 前　言

本标准根据 GB/T 1.1—2009 给出的规则编写。

本标准由吐鲁番市林果业技术推广服务中心提出。

本标准由吐鲁番市林业和草原局归口。

本标准由吐鲁番市林果业技术推广服务中心、吐鲁番市质量与计量检测所负责起草。

本标准由吐鲁番市市场监督管理局发布。

本标准主要起草人：古亚汗·沙塔尔、刘丽媛、王新丽、武云龙、韩泽云、阿迪力·阿不都古力、吾尔尼沙·卡得尔、徐彦斌、周黎明、罗闻芙、王婷、周慧、王春燕、阮晓慧、吴玉华、陈志强、宋钰、曲江。

# 植物生长调节剂赤霉素的使用规程

## 1　范围

本标准规定了植物生长调节剂赤霉素的使用浓度、方法、使用时间。

本标准适用于无核白葡萄生产使用的植物生长调节剂 - 赤霉素。

## 2　术语和定义

赤霉素：是一类非常重要的植物生长调节剂，能加速植物细胞的伸长、分化，促进细胞的分裂和膨大，用 GA 来表示，其有效成分为 $GA_3$。

## 3　对葡萄果实的作用

3.1　促进果实细胞分裂，并使果肉细胞伸长、增大。

3.2　增加生长素的含量，促进果实吸收营养物质。

## 4　喷施时间与浓度

### 4.1　浓度范围

50 ~ 150 mg/L。

### 4.2　喷施时间

4.2.1　赤霉素喷施要及时，在早晨或傍晚喷施，如遇下雨天要补喷。

4.2.2 田间气温在35 ℃以上不可喷施。

### 4.3 喷施浓度

4.3.1 第一次在开花前一周，喷施浓度为50～100 mg/L，即1 g赤霉素溶解后加水10～20 kg。

4.3.2 第二次在开花后7～10 d左右，喷施浓度为100～150 mg/L，即1 g赤霉素溶解后加水7.5～10 kg。

4.3.3 第三次在第二次喷施后5～7 d进行，浓度为50 mg/L左右，即1 g赤霉素溶解后加水20 kg。

## 5 溶解方法

5.1 粉剂赤霉素每克加10～15 mg的90%酒精，充分震荡至完全溶解，放置10分钟后稀释到所需的浓度，随配随用。

5.2 水溶性赤霉素参照说明书使用。

## 6 喷施方法

对着果穗喷，喷施做到均匀，不漏喷果穗。

ICS

# DBN

吐 鲁 番 市 农 业 地 方 标 准

DBN 6521/T 206—2019

# 吐鲁番葡萄主要病虫害及其防治规程

2019－11－25 发布　　　　2019－12－25 实施

吐鲁番市市场监督管理局　发 布

# 前　言

本标准根据 GB/T 1. 1—2009 给出的规则编写。

本标准由吐鲁番市林果业技术推广服务中心提出。

本标准由吐鲁番市林果业技术推广服务中心、吐鲁番市质量与计量检测所负责起草。

本标准由吐鲁番市市场监督管理局发布。

本标准主要起草人：吴玉华、周慧、王新丽、徐彦斌、王春燕、武云龙、阮晓慧、阿迪力·阿不都古力、徐彦斌、周黎明、罗闻芙、韩泽云、古亚汗·沙塔尔、吾尔尼沙·卡得尔、王婷、刘丽媛、陈志强、宋钰、曲江。

# 吐鲁番葡萄主要病虫害及其防治规程

## 1　范围

本标准规定了吐鲁番葡萄的主要病虫害、发病症状、发病规律、防治方法。

本标准适用于吐鲁番葡萄病虫害的防治。

## 2　规范性引用文件

下列文件中的条款通过本标准中引用成为本标准的条款，凡是注日期的引用文件，仅所注日期的版本适用于本标准。凡是不注日期的引用文件，其最新版本适用于本标准。

NY/T 393　绿色食品　农药使用准则

## 3　防治原则

坚持“预防为主，综合防治”的植保方针，加强葡萄综合管理，按照以农业防治为主，化学防治为辅的原则，正确掌握病虫害发生动态，科学合理使用农药，选用高效、低毒、低残留农药和生物制剂，通过综合防治技术的全面实施，在不用或少用农药的条件下，控制葡萄病虫害的发生和蔓延，保护葡萄的安全生产。

### 3. 1　葡萄病虫害综合防治技术

3. 1. 1　葡萄苗木的调入

3. 1. 1. 1　严格按照《植物检疫条例》执行。

3. 1. 2　综合防治方法

3. 1. 2. 1　加强栽培管理，减少病虫发生。

3. 1. 2. 1. 1　保持田间清洁，随时清除病枝、残叶、病果、病穗，集中深埋或销毁，减少病源。

3.1.2.1.2 合理控制负载。避免过度消耗树体营养，影响树势树势。及时绑蔓、摘心、除副梢，改善架面通风透光条件，可减轻危害。

3.1.2.1.3 加强肥水管理，增强树势，提高树体抵御病虫害的能力。

3.1.2.1.4 及时清除杂草，铲除病虫生存环境和越冬场所。

3.1.2.2 利用害虫生物习性，杀灭害虫。

3.1.2.2.1 在葡萄整个生长期里悬挂黄板，利用害虫的趋黄性，诱杀葡萄斑叶蝉等有翅类害虫的成虫。每亩地挂20~30块。挂在葡萄架第一道铁丝上，与铁丝平行。

3.1.2.2.2 使用性诱剂，诱杀雌性成虫，能有效地降低害虫种群繁殖后代的能力。每亩用诱芯3~5个，错位悬挂。

3.1.2.2.3 在葡萄园内设置杀虫灯，利用害虫的趋光性，诱杀葡萄斑叶蝉等害虫成虫。

3.1.2.3 狠抓春秋关键防治期

3.1.2.3.1 春季在葡萄出土后、萌芽前，对全园植株喷施晶体石硫合剂进行多种病虫的预防。

3.1.2.3.2 秋季葡萄修剪后、埋土前，对全园植株喷施石硫合剂，可有效防治葡萄斑叶蝉、葡萄糖戚蚧、葡萄毛毡病、白粉病等病虫危害。

3.1.2.4 化学防治

3.1.2.4.1 参照绿色食品 农药使用准则 NY/393—2013。

3.1.2.4.2 葡萄整个生长期，根据病虫害预测预报，确定最佳防治时机，开展统防统治。

3.1.2.4.3 科学合理使用农药，将病虫危害控制在经济阈值以下。

3.1.2.4.3.1 正确掌握用药量。按照农药使用说明书上标明的使用倍数或亩用药量用药，不得随意增减。配药时应使用称量器具，如量筒、量杯、天平、小秤等。

3.1.2.4.3.2 交替轮换用药，正确复配、混用，避免长期使用单一农药品种，延缓病虫产生抗性。

3.1.2.4.3.3 严格执行农药安全间隔期，保证葡萄采收上市时农药残留不超标。

## 4 葡萄主要病虫及防治技术

### 4.1 病害

4.1.1 葡萄白粉病

4.1.1.1 发病条件

高温、高湿最易于发生和流行。当气温在29~35 ℃时病害发展最快，干旱的夏季和温暖而潮湿、闷热的天气有利于白粉病的大发生。

4.1.1.2 发病时间

各地发生时期的早晚及发病盛期与发病条件密切相关，吐鲁番市5月下旬至6月上旬开始发病，6月下旬至7月下旬为发病盛期。

4.1.1.3 发病原因

栽植过密，肥水不当，绑蔓摘心不及时，修剪轻，造成通风透光不良，过于郁蔽。

4.1.1.4 防治方法

4.1.1.4.1 加强栽培管理

4.1.1.4.1.1 改善架式通风透光条件，及时绑蔓、摘心、抹芽。

4.1.1.4.1.2 及时清园，结合冬季修剪，剪除病枝蔓，彻底清扫果园，减少菌源。

4.1.1.4.2　化学防治

春季葡萄出土后芽眼萌动前及秋季葡萄下架后埋土前使用3～5波美度石硫合剂喷雾（29%石硫合剂3～5倍），可兼治多种病害和虫害。

4.1.2　葡萄毛毡病

4.1.2.1　发病条件

葡萄毛毡病是由一种锈壁虱寄生所致。毛毡病主要危害葡萄叶片，也危害葡萄嫩梢、幼果、卷须及花梗。叶片被害处表面凸起，背面凹陷，密生毡状绒毛，初为灰白色，最后变为暗褐色。叶表面凹凸不平，早期落叶。

4.1.2.2　发病时间

吐鲁番发病严重的葡萄园4月下旬开始出现病叶。

4.1.2.3　防治方法

4.1.2.3.1　加强栽培管理措施

4.1.2.3.1.1　春季4月下旬5月初葡萄修剪期，剪除树势弱的枝条和个别有毛毡病的枝条或叶片就地掩埋，严禁带出葡萄田。

4.1.2.3.1.2　合理施肥，增强树势，提高抗病能力。

4.1.2.3.1.3　保持葡萄园的清洁，清除葡萄园的落叶，枯草。

4.1.2.3.2　化学防治

4.1.2.3.2.1　春季葡萄出土后芽眼萌动前及秋季葡萄下架后埋土前使用3～5波美度石硫合剂喷雾（29%石硫合剂3～5倍），可兼治多种病害和虫害。

4.1.2.3.2.2　葡萄毛毡病发生初期（时间：4月下旬），选择高效、低毒杀螨剂，10～15 d喷1次，连喷3次达到一定效果。

4.1.3　葡萄褐纹病（葡萄斑点病）

真菌病害，在我区大部分葡萄园都有发生，个别年份降雨较多则发病严重，一般在6月底～7月初开始发病。

4.1.3.1　发病条件

4.1.3.1.1　一般葡萄生长后期雨水较多发病较重。

4.1.3.1.2　葡萄园管理粗放，肥水不当，过于荫蔽，通风透光条件较差、结果太多，发病较重。

4.1.3.2　发病时间

葡萄斑点病在吐鲁番地区一般6月底～7月初开始发病，多由植株下部叶片开始发生，逐渐向上部叶片蔓延，因多在葡萄生长后期发病。

4.1.3.3　防治方法

4.1.3.3.1　加强田间管理

4.1.3.3.1.1　控制氮肥施用量，重施磷钾肥，补充微量元素，合理负载，逐渐增强树势，提高植株抗逆能力。

4.1.3.3.1.2　注意清洁田园，修剪后要彻底清扫枯枝落叶，集中烧毁以减少菌源。

4.1.3.3.2　化学防治

4.1.3.3.2.1　春季葡萄出土后芽眼萌动前及秋季葡萄下架后埋土前使用3～5波美度石硫合剂喷雾（29%石硫合剂3～5倍），可兼治多种病害和虫害。

4.1.3.3.2.2　抓住有利时机，在病害发生初期，选择高效、低毒杀菌剂（防治真菌病害）提前预防，10～15 d喷1次，连喷3次达到一定效果。

4.1.4 葡萄根茎癌

4.1.4.1 发病条件

4.1.4.1.1 葡萄根茎癌属细菌性病害，土壤带菌，在吐鲁番葡萄从根茎部到葡萄冠层，整株都可发病。目前全市均有发生。

4.1.4.1.2 葡萄园内卫生环境差、湿度大，出土、埋土时对葡萄树的损伤越大，发病越重，

4.1.4.1.3 埋土时的土壤湿度大，发病重。

4.1.4.2 发病时间

葡萄根茎癌5月中下旬开始发病，重病枝条的发病初期，病处嫩叶呈玫瑰红色。在茎皮的裂口处出现黄绿色或粉红色豆粒状小瘤，为增生的分生组织。

4.1.4.3 防治方法

4.1.4.3.1 加强栽培管理措施

4.1.4.3.1.1 改良土壤。测定土壤pH值后，因地制宜地改变土壤酸碱度，制造不利于病菌生存的环境。

4.1.4.3.1.2 尽量减少伤口。在发病地块，尽量避免人、畜机械损伤葡萄植株，并注意消灭地下害虫，减少虫伤，防止病菌从伤口侵入。

4.1.4.3.2 化学防治

4.1.4.3.2.1 春季葡萄出土后芽眼萌动前及秋季葡萄下架后埋土前使用3~5波美度石硫合剂喷雾（29%石硫合剂3-5倍），喷雾要彻底，要对葡萄架面、水泥立柱、铁丝及周围树、杂草等全部喷布，可兼治多种病害和虫害。

4.1.4.3.2.2 对已染病的植株，若轻度发生先将瘤块削去，然后用石硫合剂残渣或石灰乳涂抹伤口处；或涂50倍的多菌灵药液。严重发生植株进行病蔓更新。

4.1.5 虫害

4.1.5.1 葡萄斑叶蝉

4.1.5.1.1 危害特点

吐鲁番市1年发生4代，以成虫和若虫聚集在叶片背面刺吸汁液，受害叶片正面出现密集的白色小斑点，严重时白点连成大的斑块，叶片黄白色，造成早期落叶。同时，斑叶蝉排出的分泌物可污染叶片和果实，影响葡萄品质。

4.1.5.1.2 发生条件

一般架面低矮、修剪不合理、枝条疯长、架面郁蔽的葡萄园发生较严重。

4.1.5.1.3 防治技术

4.1.5.1.3.1 加强田间管理

科学施肥，合理灌溉。以施有机肥为主，化肥为辅。增施有机肥，多施农家肥、绿肥、磷钾肥，适量施用酸性氮肥，做到前促后控，防止枝条徒长，保持树体健壮，增强树体的抗逆性。

4.1.5.1.3.2 采用黄板诱杀

4.1.5.1.3.2.1 悬挂黄板从葡萄出土开始适宜于各世代斑叶蝉成虫的诱杀。

4.1.5.1.3.2.2 用专用诱杀黄板挂在葡萄架第一条拉线上，与铁丝平行，每亩地挂20~30块，连片葡萄园挂20块，单独葡萄园挂30块即可。

4.1.5.1.3.2.3 黄板要经常检查，一是根据诱虫情况及时清理黄板上粘附的成虫；二是春季刮风多，黄板易粘附尘土，影响成虫诱杀效果。

4.1.5.1.3.2.4 一般气温较高时黄板上的胶粘性好，诱杀效果也好，可根据诱虫情况7~10 d更

换一次。

4.1.5.1.3.3 化学防治

4.1.5.1.3.3.1 防治时期

4.1.5.1.3.3.1.1 第一代成虫防治：5 月下旬 ~6 月上旬，

4.1.5.1.3.3.1.2 秋季防治：9 月中旬 ~11 下旬，秋季葡萄成熟后要尽早采收。

4.1.5.1.3.3.2 防治用药

按照 NY/T 393 执行。

4.1.5.2 葡萄糖戚蚧

4.1.5.2.1 危害特点

吐鲁番市 1 年发生 2 代，以成虫和若虫在枝叶、果穗和果粒刺吸葡萄汁液危害，常常会造成葡萄树势减弱，葡萄果粒脱落或营养不良，降低葡萄的含糖量。虫体排泄出一种无色粘液，污染叶面和果实，且该粘液常招致蚂蚁吸食，并引起霉菌寄生，严重影响葡萄外观和食用。该虫有明显的好隐蔽、喜潮湿、恶阳光的生活习性。

4.1.5.2.2 发生条件

一般架势低矮、修剪不合理、枝条疯长、架面郁蔽的葡萄园发生较严重。

4.1.5.2.3 防治方法

4.1.5.2.3.1 加强栽培管理

4.1.5.2.3.1.1 科学施肥，合理灌溉。以施有机肥为主，化肥为辅。增施有机肥，多施农家肥、绿肥、磷钾肥，适量施用酸性氮肥，做到前促后控，防止枝条徒长，保持树体健壮，增强树体的抗逆性。

4.1.5.2.3.1.2 及时上架绑蔓。科学修剪，改善架面通风透光条件，创造不利于糖戚蚧发生的环境。

4.1.5.2.3.1.3 注意葡萄园卫生。及时清园，减少越冬虫源。

4.1.5.2.3.1.4 人工抹除越冬代成虫。在 4 月底 5 月初越冬代成虫开始产卵时期，结合葡萄抹芽，人工抹除。

4.1.5.2.3.2 化学防治

4.1.5.2.3.2.1 春季葡萄出土后芽眼萌动前及秋季葡萄下架后埋土前使用 3 ~5 波美度石硫合剂喷雾（29% 石硫合剂 3 ~5 倍），

4.1.5.2.3.2.2 关键时期喷药：一般在若虫孵化出壳后到固定前为防治适期。

4.1.5.2.3.2.2.1 第 1 次化学防治关键期是 1 代若虫孵化期（5 月底 ~6 月初）；

4.1.5.2.3.2.2.2 第 2 次化学防治关键期是秋季葡萄采收、修剪完毕至埋土前防治（8 月底 ~9 月初）。

4.1.5.2.3.2.2.3 喷雾要彻底，要对葡萄架面椽子、水泥立柱、铁丝及周围树、杂草等全部喷布，可兼治多种病害和虫害。

4.1.5.2.3.2.2.4 按照 NY/T 393—2013 农药使用准则，科学合理使用农药。

4.1.5.3 白星花金龟

4.1.5.3.1 危害特点

主要以成虫危害成熟的果实为主，造成果实腐烂，失去商品性。

4.1.5.3.2 防治措施

4.1.5.3.2.1 人工捕杀

4.1.5.3.2.1.1 捕杀幼虫和卵

4.1.5.3.2.1.1.1 幼虫多数集中在未腐熟的粪堆中，春季施用时翻倒粪堆，捡拾农家肥中的幼虫和蛹，可消灭大部分幼虫和卵，降低成虫的危害基数。在危害严重的地区，对农家肥用杀虫剂喷洒，并封闭粪堆闷杀。

4.1.5.3.2.1.1.2 成虫有假死性和群聚危害性，可用塑料袋套住被害果实捕捉成虫将其杀灭。

4.1.5.3.2.2 毒饵诱杀

将西瓜或甜瓜切成两半，留部分瓜瓤，撒上杀虫剂，放在农作物和果园地四周，可有效诱杀成虫。

# 第四部分　生产管理

ICS 67.020
X 00

# 中 华 人 民 共 和 国 国 家 标 准

GB/T 22000—2006/ISO 22000：2005

# 食品安全管理体系——食品链中各类组织的要求

Food safety management systems—
Requirements for any organization in the food chain
（ISO 22000：2005，IDT）

2006-03-01 发布 2006-07-01 实施

中华人民共和国国家质量监督检验检疫总局
中国国家标准化管理委员会 发布

# 前 言

本标准等同采用国际标准 ISO 22000：2005《食品安全管理体系 食品链中各类组织的要求》（Food safety management systems—Requirements for any organization in the food chain）。

本标准的附录 A、附录 B、附录 C 均为资料性附录。

本标准由中国标准化研究院和国家认证认可监督管理委员会注册管理部提出。

本标准由中国标准化研究院归口。

本标准主要起草单位：中国标准化研究院、国家认证认可监督管理委员会注册管理部、中国合格评定国家认可中心、农业部畜牧局、卫生部卫生监督中心、商务部屠宰技术鉴定中心、国家认监委认证认可技术研究所、中国检验认证集团质量认证有限公司、方圆标志认证中心等。

本标准主要起草人：刘文、史小卫、王菁、杨志刚、吴晶、刘继业、包大跃、赵箭、刘克、刘俊华、姜宏、赵志伟。

# ISO 前言

国际标准化组织（ISO）是各国标准化团体（ISO 成员团体）组成的世界性联合会。制定国际标准的工作通常由 ISO 的技术委员会完成，各成员团体若对某技术委员会确立的项目感兴趣，均有权参加该委员会的工作。与 ISO 保持联系的各国际组织（官方的或非官方的）也可参加有关工作。在电工技术标准化方面，ISO 与国际电工委员会（IEC）保持密切合作关系。

国际标准遵照 ISO/IEC 导则第 2 部分的规则起草。

技术委员会的主要任务是制定国际标准。由技术委员会通过的国际标准草案提交各成员团体表决，需取得至少 75% 参加表决的成员团体的同意，才能作为国际标准正式发布。

本标准中的某些内容有可能涉及一些专利问题，对此应引起注意。ISO 不负责识别任何这样的专利权问题。

ISO 22000 由 ISO/TC 34　食品技术委员会制定。

# 引 言

食品安全与消费环节（由消费者摄入）食源性危害的存在状况有关。由于食品链的任何环节均可能引入食品安全危害，应对整个食品链进行充分地控制。因此，食品安全应通过食品链中所有参与方的共同努力来保证。

食品链中的组织包括：饲料生产者、初级食品生产者，以及食品生产制造者、运输和仓储经营者，零售分包商、餐饮服务与经营者（包括与其密切相关的其他组织，如设备、包装材料、清洁剂、添加剂和辅料的生产者），也包括相关服务提供者。

为了确保整个食品链直至最终消费的食品安全，本标准规定了食品安全管理体系的要求。该体系结合了下列普遍认同的关键要素：

——相互沟通；

——体系管理；

——前提方案；

——HACCP 原理。

为了确保食品链每个环节所有相关的食品危害均得到识别和充分控制，整个食品链中各组织的沟通必不可少。因此，组织与其在食品链中的上游和下游组织之间均需要沟通。尤其对于已确定的危害和采取的控制措施，应与顾客和供方进行沟通，这将有助于明确顾客和供方的要求（如在可行性、需求和对终产品的影响方面）。

为了确保整个食品链中的组织进行有效的相互沟通，向最终消费者提供安全的食品，认清组织在食品链中的作用和所处的位置是必要的。图 1 表明了食品链中相关方之间沟通渠道的一个实例。

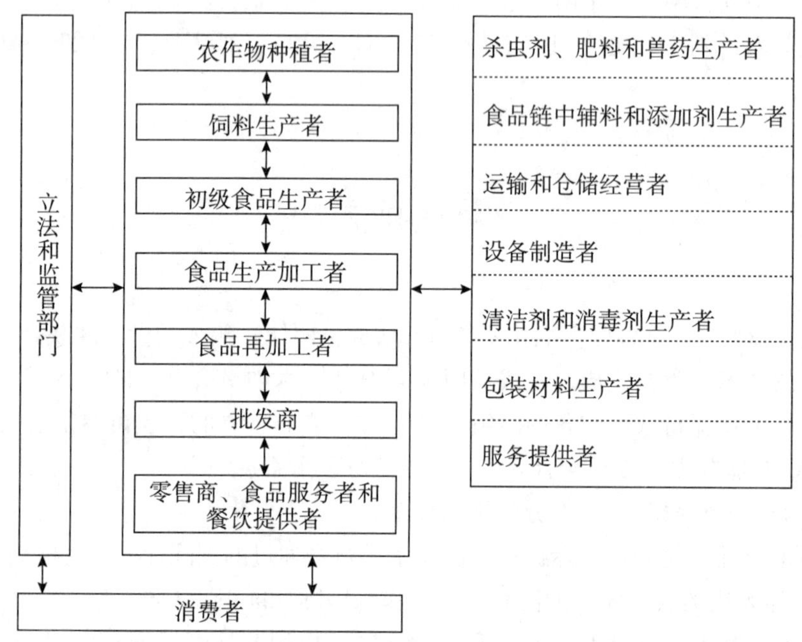


注：此图并未表示沿食品链的跨跃式相互沟通的类型。

**图 1　食品链的沟通示例**

在已构建的管理体系框架内，建立、运行和更新最有效的食品安全体系，并将其纳入组织的整体管理活动，将为组织和相关方带来最大利益。本标准与 GB/T 19001—2000 相协调，以加强两者的兼容性。附录 A 提供了本标准和 GB/T 19001—2000 的对应关系表。

本标准可以独立于其他管理体系标准之外单独使用，其实施可结合或整合组织已有的相关管理体系要求，同时组织也可利用现有的管理体系建立一个符合本标准要求的食品安全管理体系。

本标准整合了国际食品法典委员会（CAC）制定的危害分析和关键控制点（HACCP）体系和实施步骤；基于审核的需要，本标准将 HACCP 计划与前提方案（PRPs）相结合。由于危害分析有助于建立有效的控制措施组合，所以它是建立有效的食品安全管理体系的关键。本标准要求对食品链内合理预期发生的所有危害，包括与各种过程和所用设施有关的危害，进行识别和评估。因此，对于已确定的危害是否需要组织控制，本标准提供了判断并形成文件的方法。

在危害分析过程中，组织应通过组合前提方案、操作性前提方案和 HACCP 计划，选择和确定危害控制的方法。

国际食品法典委员会（CAC）制定的危害分析和关键控制点（HACCP）原则和实施步骤（参考文献［11］）与本标准的对应关系见附录B。

为便于应用，本标准制定为可适用于认证的标准。但各组织也可根据各自的需要，选择相应的方法和途径来满足本标准要求。为帮助各组织实施本标准。ISO/TS 22004 提供了本标准的应用指南。

虽然本标准仅对食品安全方面进行了阐述，但本标准提供的方法同样可用于食品的其他特定方面，如风俗习惯、消费者意识等。

本标准允许组织［如小型和（或）欠发达组织］实施由外部制定的控制措施组合。

本标准旨在为满足食品链内经营与贸易活动的需要，协调全球范围内关于食品安全管理的要求，尤其适用于组织寻求一套重点突出、连贯且完整的食品安全管理体系，而不仅仅是满定于通常意义上的法规要求。本标准要求组织通过食品安全管理体系以满足与食品安全相关的法律法规要求。

# 食品安全管理体系<br>食品链中各类组织的要求

## 1 范围

本标准规定了食品安全管理体系的要求，以便食品链中的组织证实其有能力控制食品安全危害，确保其提供给人类消费的食品是安全的。

本标准适用于食品链中所有方面和任何规模的、希望通过实施食品安全管理体系以稳定提供安全产品的所有组织。组织可以通过利用内部和（或）外部资源来实现本标准的要求。

本标准规定的要求使组织能够：

——策划、实施、运行、保持和更新食品安全管理体系，确保提供的产品按预期用途对消费者是安全的；

——证实符合适用的食品安全法律法规要求；

——评价和评估顾客要求，并证实其符合双方商定的、与食品安全有关的顾客要求，以增强顾客满意；

——与供方、顾客及食品链中的其他相关方在食品安全方面进行有效沟通；

——确保符合其声明的食品安全方针；

——证实符合其他相关方的要求；

——寻求由外部组织对其食品安全管理体系的认证，或进行符合性自我评估，或自我声明。

本标准所有要求都是通用的，适用于食品链中各种规模和复杂程度的所有组织，包括直接或间接介入食品链中的一个或多个环节的组织。直接介入的组织包括但不限于：饲料生产者、收获者，农作物种植者，辅料生产者、食品生产制造者、零售商，餐饮服务与经营者，提供清洁和消毒、运输、贮存和分销服务的组织。其他间接介入食品链的组织包括但不限于：设备、清洁剂、包装材料以及其他与食品接触材料的供应商。

本标准允许任何组织实施外部开发的控制措施组合，特别是小型和（或）欠发达组织（如小农场、小分包商、小零售或食品服务商）。

注：ISO/TS 22004 提供了本标准的应用指南。

## 2 规范性引用文件

下列文件中的条款通过本标准的引用而成为本标准的条款。凡是注日期的引用文件，其随后所有的修改单（不包括勘误的内容）或修订版均不适用于本标准，然而，鼓励根据本标准达成协议的各方研究是否可使用这些文件的最新版本。凡是不注日期的引用文件，其最新版本适用于本标准。

GB/T 19000—2000 质量管理体系 基础和术语（idt ISO 9000：2000）

## 3 术语和定义

GB/T 19000—2000 确立的以及下列术语和定义适用于本标准。

为方便本标准的使用者，对引用 GB/T 19000 - 2000 的部分定义加以注释，但这些注释仅适用于本标准特定用途。

注：未定义的术语保持其字典含义。定义中黑体字表明参考了本章的其他术语，引用的条款号在括号内。

### 3.1 食品安全 food safety

食品在按照预期用途进行制备和（或）食用时，不会对消费者造成伤害的概念。

注1：改编自参考文献［11］

注2：食品安全与食品安全危害（3.3）的发生有关，但不包括与人类健康相关的其他方面，如营养不良。

### 3.2 食品链 food chain

从初级生产直至消费的各环节和操作的顺序，涉及食品及其辅料的生产、加工、分销、贮存和处理。

注1：食品链包括食源性动物的饲料生产和用于生产食品的动物的饲料生产。

注2：食品链也包括与食品接触材料或原材料的生产。

### 3.3 食品安全危害 food safety hazard

食品中所含有的对健康有潜在不良影响的生物、化学或物理的因素或食品存在状况

注1：改编自参考文献［11］。

注2：术语“危害”不应和“风险”混淆。对食品安全而言，“风险”是食品暴露于特定危害时，对健康产生不良影响的概率（如生病）与影响的严重程度（如死亡、住院、缺勤等）之间构成的函数。风险在 TSO/1EC 导则 51 中定义为伤害发生的概率与其严重程度的组合。

注3：食品安全危害包括过敏原。

注4：对饲料和饲料配料而言，相关食品安全危害是指可能存在或出现于饲料和饲料配料中，再通过动物消费饲料转移至食品中，并由此可能导致人类不良健康后果的因素。对饲料和食品的间接操作（如包装材料、清洁剂等的生产者）而言，相关食品安全危害是指按所提供产品和（或）服务的预期用途，可能直接或间接转移到食品中，并由此可能造成人类不良健康后果的因素。

### 3.4 食品安全方针 food safety policy

由组织的最高管理者正式发布的该组织总的食品安全（3.1）宗旨和方向。

### 3.5 终产品 end product

不再进一步加工或转化的产品。

注：需其他组织进一步加工或转化的产品，是该组织的终产品或下游组织的原料或辅料。

### 3.6 流程图 flow diagram

以图解的方式系统地表达各环节之间的顺序及相互作用。

### 3.7 控制措施 control measure

〈食品安全〉能够用于防止或消除食品安全危害（3.3）或将其降低到可接受水平的行动或活动。

注：改编自参考文献［11］

### 3.8 前提方案 prerequisite program，PRP

前提条件 prerequisite

〈食品安全〉在整个食品链（3.2）中为保持卫生环境所必需的基本条件和活动，以适合生产、处理和提供安全终产品（3.5）和人类消费的安全食品。

注：前提方案决定于组织在食品链中的位置及类型（见附录C），等同术语如：良好农业规范（GAP）、良好兽医规范（GVP）、良好操作规范（GMP）、良好卫生规范（GHP）、良好生产规范（GPP）、良好分销规范（GDP）、良好贸易规范（GTP）。

### 3.9 操作性前提方案 operational prerequisite program；operational PRP

为减少食品安全危害（3.3）在产品或产品加工环境中引入和（或）污染或扩散的可能性，通过危害分析确定基本的前提方案（3.8）。

### 3.10 关键控制点 critical control point，CCP

〈食品安全〉能够进行控制，并且该控制对防止、消除食品安全危害（3.3）或将其降低到可接受水平所必需的某一步骤。

注：引自参考文献［11］。

### 3.11 关键限值 critical limit，CL

区分可接收和不可接收的判定值。

注1：改编自文献［11］。

注2：设定关键限值保证关键控制点（CCP）（3.10）受控。当超出或违反关键限值时，受影响产品应视为潜在不安全产品。

### 3.12 监视 monitoring

为评估控制措施（3.7）是否按预期运行，对控制参数进行策划并实施的一系列观察或测量活动。

### 3.13 纠正 correction

为消除已发现的不合格所采取的措施。[GB/T 19000—2000，定义3.6.6]

注1：在本标准中，纠正与潜在不安全产品的处理有关，所以可以连同纠正措施（3.14）一起实施。

注2：纠正可以是重新加工、进一步加工和（或）消除不合格的不良影响（如改做其他用途或特定标志）等。

### 3.14 纠正措施 corrective action

为消除已发现的不合格或其他不期望情况的原因所采取的措施。［GB/T 19000—2000，定义3.6.5］

注1：一个不合格可以有若干个原因。

注2：纠正措施包括原因分析和采取措施防止再发生。

### 3.15 确认 validation

获取证据以证实由HACCP计划和操作性前提方案（PRPs）（3.9）安排的控制措施（3.7）有效。

注：本定义基于文献［11］，比GB/T 19000的定义更适用于食品安全（3.1）领域。

### 3.16 验证 verification

通过提供客观证据对规定要求已得到满足的认定。[GB/T 19000－2000，定义3.8.4]

### 3.17 更新 updating

为确保应用最新信息而进行的即时和（或）有计划的活动。

## 4 食品安全管理体系

### 4.1 总要求

组织应按本标准的要求建立有效的食品安全管理体系，并形成文件，加以实施和保持，必要时进行更新。

组织应确定食品安全管理体系的范围。该范围应规定食品安全管理体系中所涉及的产品或产品类别、过程和生产场地。

组织应：

a）确保在体系范围内合理预期发生的与产品相关的食品安全危害得到识别、评价和控制，以避免组织的产品直接或间接伤害消费者；

b）在整个食品链内沟通与产品安全有关的适宜信息；

c）在组织内就有关食品安全管理体系建立、实施和更新进行必要的信息沟通，以满足本标准的要求，确保食品安全；

d）定期评价食品安全管理体系，必要时更新，以确保体系反映组织的活动并包含需控制的食品安全危害最新信息。

组织应确保控制所选择的任何可能影响终产品符合性且源于外部的过程，并应在食品安全管理体系中加以识别，形成文件。

### 4.2　文件要求

4.2.1　总则

食品安全管理体系文件应包括：

a）形成文件的食品安全方针和相关目标的声明（见 5.2）；

b）本标准要求的形成文件的程序和记录；

c）组织为确保食品安全管理体系有效建立、实施和更新所需的文件。

4.2.2　文件控制

食品安全管理体系所要求的文件应予以控制。记录是一种特殊类型的文件。应依据 4.2.3 的要求进行控制。

文件控制应确保所有提出的更改在实施前加以评审，以明确其对食品安全的效果以及对食品安全管理体系的影响。

应编制形成文件的程序，规定以下方面所需的控制：

a）文件发布前得到批准，以确保文件是充分与适宜的；

b）必要时对文件进行评审与更新，并再次批准；

c）确保文件的更改和现行修订状态得到识别；

d）确保在使用处获得适用文件的有关版本；

e）确保文件保持清晰、易于识别；

f）确保相关的外来文件得到识别，并控制其分发；

g）防止作废文件的非预期使用，若因任何原因而保留作废文件时，应确保对这些文件进行适当的标志。

4.2.3　记录控制

应建立并保持记录，以提供符合要求和食品安全管理体系有效运行的证据。记录应保持清晰、易于识别和检索。应编制形成文件的程序，规定记录的标志、贮存、保护、检索、保存期限和处理所需的控制。

## 5　管理职责

### 5.1　管理承诺

最高管理者应通过以下活动，对其建立、实施食品安全管理体系并持续改进其有效性的承诺提供证据：

a）表明组织的经营目标支持食品安全；

b）向组织传达满足与食品安全相关的法律法规、本标准以及顾客要求的重要性；

c）制定食品安全方针；

d）进行管理评审；

e）确保资源的获得。

### 5.2　食品安全方针

最高管理者应制定食品安全方针，形成文件并对其进行沟通。

最高管理者应确保食品安全方针：

a）与组织在食品链中的作用相适宜；

b）既符合法律法规的要求，又符合与顾客商定的对食品安全的要求；

c）在组织的各层次进行沟通、实施并保持；

d）在持续适宜性方面得到评审（见5.8）；

e）充分体现沟通（见5.6）；

f）由可测量的目标来支持。

### 5.3 食品安全管理体系策划

最高管理者应确保：

a）对食品安全管理体系进行策划，以满足4.1的要求，同时实现支持食品安全的组织目标；

b）在对食品安全管理体系的变更进行策划和实施时，保持体系的完整性。

### 5.4 职责和权限

最高管理者应确保规定各项职责和权限并在组织内进行沟通，以确保食品安全管理体系有效运行和保持。

所有员工都有责任向专门人员报告与食品安全管理体系有关的问题。应授予指定人员明确的职责和权限，以采取措施并予以记录。

### 5.5 食品安全小组组长

组织的最高管理者应任命食品安全小组组长，无论其在其他方面的职责如何，应具有以下方面的职责和权限：

a）管理食品安全小组（见7.3.2），并组织其工作，

b）确保食品安全小组成员的相关培训和教育；

c）确保建立、实施、保持和更新食品安全管理体系；

d）向组织的最高管理者报告食品安全管理体系的有效性和适宜性。

注：食品安全小组组长的职责可包括与食品安全管理体系有关事宜的外部联络。

### 5.6 沟通

#### 5.6.1 外部沟通

为确保在整个食品链中能够获得充分的食品安全方面的信息，组织应制定、实施和保持有效的措施，以便与下列各方进行沟通：

a）供方和承包方；

b）顾客或消费者，特别是在产品信息（包括预期用途、特定贮存要求以及保质期等信息的说明）、问询、合同或订单处理及其修改，以及顾客反馈信息（包括抱怨）等方面进行沟通；

c）立法和执法部门；

d）对食品安全管理体系的有效性或更新具有影响或将受其影响的其他组织。

外部沟通应提供组织的产品在食品安全方面的信息，这些信息可能与食品链中其他组织相关。这种沟通尤其适用于那些需要由食品链中其他组织控制的已知的食品安全危害。沟通记录应保持。

应获得来自顾客和立法与监管部门的食品安全要求。

指定人员应具有规定的职责和权限以进行有关食品安全信息的对外沟通。通过外部沟通获得的信息应作为体系更新（见 8.5.2）和管理评审的输入（见 5.8.2）。

5.6.2 内部沟通

组织应制定、实施和保持有效的安排，以便与有关人员就影响食品安全的事项进行沟通。

为保持食品安全管理体系的有效性，组织应确保食品安全小组及时获得变更的信息，包括但不限于以下方面：

a）产品或新产品；

b）原料、辅料和服务；

c）生产系统和设备；

d）生产场所、设备位置和周边环境；

e）清洁和消毒程序；

f）包装、贮存和分销系统；

g）人员资格水平和（或）职责及权限分配；

h）法律法规要求；

i）与食品安全危害和控制措施有关的知识；

j）组织遵守的顾客、行业和其他要求；

k）来自外部相关方的有关问询；

l）表明与产品有关的食品安全危害的抱怨；

m）影响食品安全的其他条件。

食品安全小组应确保食品安全管理体系的更新（见 8.5.2）包括上述信息。最高管理者应确保将相关信息作为管理评审的输入（见 5.8.2）。

## 5.7 应急准备和响应

最高管理者应建立、实施并保持程序，以管理能影响食品安全的潜在紧急情况和事故，并应与组织在食品链中的作用相适宜。

## 5.8 管理评审

5.8.1 总则

最高管理者应按策划的时间间隔评审食品安全管理体系，以确保其持续的适宜性、充分性和有效性。评审应包括评估食品安全管理体系改进的机会和变更的需求，包括食品安全方针。

管理评审的记录应予以保持（见 4.2.3）。

5.8.2 评审输入

管理评审输入应包括但不限于以下信息：

a）以往管理评审的跟踪措施；

b）验证活动结果的分析（见 8.4.3）；

c）可能影响食品安全的环境变化（见 5.6.2）；

d）紧急情况、事故（见 5.7）和撤回（见 7.10.4）；

e）体系更新活动的评审结果（见 8.5.2）；

f）包括顾客反馈的沟通活动的评审（见 5.6.1）；

g）外部审核或检验。

注：“撤回”包括召回。

提交给最高管理者的资料的形式，应能使其理解所含信息与已声明的食品安全管理体系目标之间的关系。

5.8.3　评审输出

管理评审输出的决定和措施应与以下方面有关：

a）食品安全保证（见4.1）；

b）食品安全管理体系有效性的改进（见8.5）；

c）资源需求（见6.1）；

d）组织食品安全方针和相关目标的修订（见5.2）。

## 6　资源管理

### 6.1　资源提供

组织应提供充足资源，以建立、实施、保持和更新食品安全管理体系。

### 6.2　人力资源

6.2.1　总则

食品安全小组和其他从事影响食品安全活动的人员应是能够胜任的，并受到适当的教育和培训，具有适当的技能和经验。

当需要外部专家帮助建立、实施、运行或评估食品安全管理体系时，应在签订的协议或合同中对这些专家的职责和权限予以规定。

6.2.2　能力、意识和培训

组织应：

a）确定其活动影响食品安全的人员所必需的资格和能力；

b）提供必要的培训或采取其他措施以确保人员具有这些必要的能力；

c）确保对食品安全管理体系负责监视、纠正、采取纠正措施的人员受到培训；

d）评价上述a）、b）和c）的实施及其有效性；

e）确保这些人员认识到其活动对实现食品安全的相关性和重要性；

f）确保所有影响食品安全的人员理解有效沟通（见5.6）的要求；

g）保持b）和c）中规定的培训和措施的适当记录。

### 6.3　基础设施

组织应提供资源，以建立和保持实施本标准要求所需的基础设施。

### 6.4　工作环境

组织应提供资源，以建立、管理和保持实施本标准要求所需的工作环境。

## 7　安全产品的策划和实现

### 7.1　总则

组织应策划和开发实现安全产品所需的过程。

组织应实施和运行所策划的活动及其变更并确保其有效，包括前提方案、操作性前提方案和（或）HACCP 计划。

### 7.2 前提方案（PRPs）

7.2.1 组织应建立、实施和保持前提方案（PRPs），以助于控制：

a）食品安全危害通过工作环境引入产品的可能性；

b）产品的生物性、化学性和物理性污染，包括产品之间的交叉污染；

c）产品和产品加工环境的食品安全危害水平。

7.2.2 前提方案（PRPs）应：

a）与组织在食品安全方面的需求相适宜；

b）与组织运行的规模和类型、制造和（或）处置的产品性质相适宜；

c）在整个生产系统中实施，无论是普遍适用还是适用于特定产品或生产线；

d）获得食品安全小组的批准。

组织应识别与以上相关的法律法规要求。

7.2.3 当选择和（或）制定前提方案（PRPs）时，组织应考虑和利用适当信息（如法律法规要求、顾客要求、公认的指南、国际食品法典委员会的法典原则和操作规范，国家、国际或行业标准）。

注：附录 C 提供了法典的相关出版物清单。

在制定这些方案时，组织应考虑如下信息：

a）建筑物和相关设施的构造与布局；

b）包括工作空间和员工设施在内的厂房布局；

c）空气、水、能源和其他基础条件的供给；

d）包括废弃物和污水处理在内的支持性服务；

e）设备的适宜性，及其清洁、保养和预防性维护的可实现性；

f）对采购材料（如原料、辅料、化学品和包装材料）、供给（如水、空气、蒸汽、冰等）、清理（如废弃物和污水处理）和产品处置（如贮存和运输）的管理；

g）交叉污染的预防措施；

h）清洁和消毒；

i）虫害控制；

j）人员卫生；

k）其他有关方面。

应对前提方案的验证进行策划（见 7.8），必要时应对前提方案进行更改（见 7.7）。应保持验证和更改的记录。

文件需规定如何管理前提方案中所包括的活动。

### 7.3 实施危害分析的预备步骤

7.3.1 总则

应收集、保持和更新实施危害分析需要的所有相关信息，形成文件，并保持记录。

7.3.2 食品安全小组

应任命食品安全小组。

食品安全小组应具备多学科的知识和建立与实施食品安全管理体系的经验。这些知识和经验包括但不限于组织的食品安全管理体系范围内的产品、过程、设备和食品安全危害。

应保持记录，以证实食品安全小组具备所要求的知识和经验（见6.2.2）。

7.3.3 产品特性

7.3.3.1 原料、辅料和与产品接触的材料

应在文件中对所有原料、辅料和与产品接触的材料予以描述，其详略程度应足以实施危害分析（见7.4）。适宜时，描述内容包括以下方面：

a）化学、生物和物理特性；

b）配制辅料的组成，包括添加剂和加工助剂；

c）产地；

d）生产方法；

e）包装和交付方式；

f）贮存条件和保质期；

g）使用或生产前的预处理；

h）与采购材料和辅料预期用途相适宜的有关食品安全的接收准则或规范。

组织应识别与以上方面有关的食品安全法律法规要求。

上述描述应保持更新，需要时，包括按照7.7要求进行的更新。

7.3.3.2 终产品特性

终产品特性应在文件中予以规定。其详略程度应足以进行危害分析（见7.4），适宜时，描述内容包括以下方面的信息：

a）产品名称或类似标志；

b）成分；

c）与食品安全有关的化学、生物和物理特性；

d）预期的保质期和贮存条件；

e）包装；

f）与食品安全有关的标志和（或）处理、制备及使用的说明书；

g）分销方式。

组织应确定与以上方面有关的食品安全法规要求。

上述描述应保持更新，需要时，包括按照7.7的要求进行的更新。

7.3.4 预期用途

应考虑终产品的预期用途和合理的预期处理，以及非预期但可能发生的错误处置和误用，并将其在文件中描述，其详略程度应足以实施危害分析（见7.4）。

应识别每种产品的使用群体，适宜时，应识别其消费群体；并考虑对特定食品安全危害易感的消费群体。

上述描述应保持更新，需要时，包括按照7.7要求进行的更新。

7.3.5 流程图、过程步骤和控制措施

7.3.5.1 流程图

应绘制食品安全管理体系所覆盖产品或过程类别的流程图。流程图应为评价可能出现、增加或引入的食品安全危害提供基础。

流程图应清晰、准确和足够详尽。适宜时，流程图应包括：

a）操作中所有步骤的顺序和相互关系；

b）源于外部的过程和分包工作；

c）原料、辅料和中间产品投入点；

d）返工点和循环点；

e）终产品、中间产品和副产品放行点及废弃物的排放点。

根据7.8的要求，食品安全小组应通过现场核对来验证流程图的准确性。经过验证的流程图应作为记录予以保持。

7.3.5.2 过程步骤和控制措施的描述

应描述现有的控制措施、过程参数和（或）其实施的严格程度，或影响食品安全的程序，其详略程度足以实施危害分析（见7.4）。

还应描述可能影响控制措施的选择及其严格程度的外部要求（如来自执法部门或顾客）。上述描述应根据7.7的要求进行更新。

## 7.4 危害分析

7.4.1 总则

食品安全小组应实施危害分析，以确定需要控制的危害，确定为确保食品安全所要求的控制程度，并确定所要求的控制措施组合。

7.4.2 危害识别和可接受水平的确定

7.4.2.1 应识别并记录与产品类别、过程类别和实际生产设施相关的所有合理预期发生的食品安全危害。识别应基于以下方面：

a）根据7.3收集的预备信息和数据；

b）经验；

c）外部信息，尽可能包括流行病学和其他历史数据；

d）来自食品链中，可能与终产品、中间产品和消费食品的安全相关的食品安全危害信息。应指出可能引入每一食品安全危害的步骤（从原料、加工和分销）。

7.4.2.2 在识别危害时，应考虑：

a）特定操作的前后步骤；

b）生产设备、设施和（或）服务和周边环境；

c）在食品链中的前后关联。

7.4.2.3 针对每个识别的食品安全危害，只要可能，应确定终产品中食品安全危害的可接受水平。确定的水平应考虑已发布的法律法规要求、顾客对食品安全的要求、顾客对产品的预期用途以及其他相关数据。确定的依据和结果应予以记录。

7.4.3 危害评估

应对每种已识别的食品安全危害（见7.4.2）进行危害评估，以确定消除危害或将危害降至可接受水平是否为生产安全食品所必需；以及是否需要将危害控制到规定的可接受水平。

应根据食品安全危害造成不良健康后果的严重性及其发生的可能性，对每种食品安全危害进行评估。应描述所采用的方法，并记录食品安全危害评估的结果。

7.4.4 控制措施的选择和评估

基于7.4.3的危害评估，应选择适宜的控制措施组合，使食品安全危害得到预防、消除或降低至规定的可接受水平。

在选定的组合中，应对7.3.5.2中所描述的每个控制措施，评审其控制确定食品安全危害的有效性。

应按照控制措施是需要通过操作性前提方案还是通过 HACCP 计划进行管理，对所选择的控制措施进行分类。

应使用符合逻辑的方法对控制措施选择和分类。逻辑方法包括与以下方面有关的评估：

a）针对实施的严格程度，控制措施对确定的食品安全危害的控制效果；

b）对控制措施进行监视的可行性（如适时监视以便于立即纠正的能力）；

c）相对其他控制措施，该控制措施在系统中的位置；

d）控制措施作用失效的可能性或过程发生显著变异的可能性；

e）一旦控制措施的作用失效，结果的严重程度；

f）控制措施是否有针对性地建立并用于消除或显著降低危害水平；

g）协同效应（即两个或更多措施作用的组合效果优于每个措施单独效果的总和）。

属于 HACCP 计划管理的控制措施应按照 7.6 实施，其他控制措施应作为操作性前提方案按照 7.5 实施。

应在文件中描述所使用的分类方法学原理和参数，并记录评估的结果。

## 7.5 操作性前提方案（PRPs）的建立

操作性前提方案应形成文件，其中每个方案应包括如下信息：

a）由每个方案控制的食品安全危害（见 7.4.4）；

b）控制措施（见 7.4.4）；

c）监视程序，以证实实施了操作性前提方案；

d）当监视显示操作性前提方案失控时，所采取的纠正和纠正措施（分别见 7.10.1 和 7.10.2）；

e）职责和权限；

f）监视的记录。

## 7.6 HACCP 计划的建立

7.6.1 HACCP 计划

应将 HACCP 计划形成文件；并针对每个已确定的关键控制点（CCP），包括如下信息：

a）该关键控制点（见 7.4.4）所控制的食品安全危害；

b）控制措施（见 7.4.4）；

c）关键限值（见 7.6.3）；

d）监视程序（见 7.6.4）；

e）当超出关键限值时，应采取的纠正和纠正措施（见 7.6.5）；

f）职责和权限；

g）监视的记录。

7.6.2 关键控制点（CCPs）的确定

应对需要 HACCP 计划控制的每种危害，针对确定的控制措施确定关键控制点（见 7.4.4）。

7.6.3 关键控制点的关键限值的确定

应对每个关键控制点所设定的监视确定其关键限值。

关键限值的建立应确保终产品（见 7.4.2）的安全危害不超过已知的可接受水平。

关键限值应是可测量的。

关键限值选定的理由和依据应形成文件。

基于主观信息（如对产品、加工过程、处置的视觉检验等）的关键限值，应有指导书、规范和（或）教育及培训的支持。

7.6.4 关键控制点的监视系统

应对每个关键控制点建立监视系统，以证实关键控制点处于受控状态。该系统应包括所有针对关键限值的、有计划的测量或观察。

监视系统应由相关程序、指导书和记录构成，包括以下内容：

a）在适当的时间范围内提供结果的测量或观察；

b）所用的监视装置；

c）适用的校准方法（见8.3）；

d）监视频次；

e）与监视和评价监视结果有关的职责和权限；

f）记录的要求和方法。

监视的方法和频次应能够及时确定关键限值何时超出，以便在产品使用或消费前对产品进行隔离。

7.6.5 监视结果超出关键限值时采取的措施

应在HACCP计划中规定超出关键限值时所采取的策划的纠正和纠正措施。这些措施应确保查明不符合的原因，使关键控制点控制的参数恢复受控，并防止再次发生（见7.10.2）。

为适当地处置潜在不安全产品（见7.10.3），应建立和保持形成文件的程序，以确保对其评价后再放行。

## 7.7 预备信息的更新、规定前提方案和HACCP计划文件的更新

制定操作性前提方案（见7.5）和（或）HACCP计划（见7.6）后，必要时，组织应更新如下信息：

a）产品特性（见7.3.3.）；

b）预期用途（见7.3.4）；

c）流程图（见7.3.5.1）；

d）过程步骤（见7.3.5.2）；

e）控制措施（见7.3.5.2）。

必要时，应对HACCP计划（见7.6.1）以及描述前提方案（见7.2）的程序和指导书进行修改。

## 7.8 验证策划

验证策划应规定验证活动的目的、方法、频次和职责。验证活动应确定：

a）前提方案得以实施（见7.2）；

b）危害分析（见7.3）的输入持续更新；

c）HACCP计划（见7.6.1）中的要素和操作性前提方案（见7.5）得以实施且有效；

d）危害水平在确定的可接受水平之内（见7.4.2）；

e）组织要求的其他程序得以实施且有效。

该策划的输出应采用与组织运作方法相适宜的形式。

应记录验证的结果，且传达到食品安全小组。应提供验证的结果以进行验证活动结果的分析（见8.4.3）。

当体系验证是基于终产品的测试，且测试样品的结果不满足食品安全危害的可接受水平时（见7.4.2），受影响批次的产品应作为潜在不安全产品，按照7.10.3的规定进行处置。

### 7.9 可追溯性系统

组织应建立且实施可追溯性系统，以确保能够识别产品批次及其与原料批次、生产和交付记录的关系。

可追溯性系统应能够识别直接供方的进脚和终产品初次分销的途径。

应按规定的期限保持可追溯性记录，以便对体系进行评估，使潜在不安全产品得以处理，在产品撤回时，也应按规定的期限保持记录。可追溯性记录应符合法律法规要求、顾客要求，例如可以是基于终产品的批次标志。

### 7.10 不符合控制

7.10.1 纠正

当关键控制点的关键限值超出（见7.6.5）或操作性前提方案失控时，组织应确保根据产品的用途和放行要求，识别和控制受影响的产品。

应建立和保持形成文件的程序，规定：

a）识别和评估受影响的终产品，以确定对它们进行适宜的处置（见7.10.3）。

b）评审所实施的纠正。

超出关键限值的条件下生产的产品是潜在不安全产品，应按7.10.3要求进行处置。不符合操作性前提方案条件下生产的产品，评价时应考虑不符合原因和由此对食品安全造成的后果；必要时，按7.10.3进行处置。评价应予以记录。

所有纠正应由负责人批准并予以记录，记录还应包括不符合的性质及其产生原因和后果，以及不合格批次的可追溯性信息。

7.10.2 纠正措施

通过监视操作性前提方案和关键控制点所获得的数据，应由指定的具备足够知识（见6.2）和权限（见5.4）的人员进行评价，以启动纠正措施。

当关键限值超出（见7.6.5）和不符合操作性前提方案时，应采取纠正措施。

组织应建立和保持形成文件的程序，规定适宜的措施以识别和消除已发现的不符合的原因，防止其再次发生，并在不符合发生后，使相应的过程或体系恢复受控状态。这些措施包括：

a）评审不符合（包括顾客抱怨）；

b）评审监视结果可能向失控发展的趋势；

c）确定不符合的原因；

d）评价采取措施的需求，以确保不符合不再发生；

e）确定和实施所需的措施；

f）记录所采取纠正措施的结果；

g）评审采取的纠正措施，以确保其有效。

纠正措施应予以记录。

7.10.3 潜在不安全产品的处置

7.10.3.1 总则

除非组织能确保如下情况，否则应采取措施处置所有不合格产品，以防止不合格产品进入食品链：

a）相关的食品安全危害已降至规定的可接受水平；

b）相关的食品安全危害在进入食品链前将降至确定的可接受水平（见 7.4.2）；

c）尽管不符合，但产品仍能满足相关规定的食品安全危害的可接受水平。

可能受不符合影响的所有批次产品应在评价前处于组织的控制之中。

当产品在组织的控制之外，并继而确定为不安全时，组织应通知相关方，并启动撤回（见 7.10.4）。

注：“撤回”包括召回。

处理潜在不安全产品的控制要求、相关响应和授权应形成文件。

7.10.3.2　放行的评价

受不符合影响的每批产品应在符合下列任一条件时，才可作为安全产品放行：

a）除监视系统外的其他证据证实控制措施有效；

b）证据表明，针对特定产品的控制措施的组合作用达到预期效果（即符合 7.4.2 确定的可接受水平）；

c）抽样、分析和（或）其他验证活动的结果证实受影响批次的产品符合确定的相关食品安全危害的可接受水平。

7.10.3.3　不合格品的处理

评价后，当产品不能放行时，产品应按如下方式之一进行处理：

a）在组织内或组织外重新加工或进一步加工，以确保食品安全危害得到消除或降至可接受水平；

b）销毁和（或）按废物处理。

7.10.4　撤回

为能够并便于完全、及时地撤回被确定为不安全批次的终产品：

a）最高管理者应指定有权启动撤回的人员和负责执行撤回的人员；

b）组织应建立、保持形成文件的程序，以便：

1）通知相关方［如：立法和执法部门、顾客和（或）消费者］；

2）处置撤回产品及库存中受影响的产品；

3）安排采取措施的顺序。

撤回的产品在被销毁、改变预期用途、确定按原有（或其他）预期用途使用是安全的或为确保安全重新加工之前，应被封存或在监督下予以保留。

撤回的原因、范围和结果应予以记录，并向最高管理者报告，作为管理评审的输入（见 5.8.2）。组织应通过应用适宜技术验证并记录撤回方案的有效性（如模拟撤回或实际撤回）。

## 8　食品安全管理体系的确认、验证和改进

### 8.1　总则

食品安全小组应策划和实施对控制措施和（或）控制措施组合进行确认所需的过程，并验证和改进食品安全管理体系。

### 8.2　控制措施组合的确认

对于包含在操作性前提方案中和 HACCP 计划中的控制措施实施之前以及变更后（见 8.5.2），组织应确认（见 3.15）：

a）所选择的控制措施能使其针对的食品安全危害实现预期控制；

b）控制措施及其组合时有效，能确保控制已确定的食品安全危害，并获得满足规定可接受水平的终产品。

当确认结果表明不能满足一个或两个上述要素时，应对控制措施和（或）其组合进行修改和重新评估（见7.4.4）。

修改可能包括控制措施［即过程参数、严格程度和（或）其组合］的变更和（或）原料、生产技术、终产品特性、分销方式、终产品预期用途的变更。

## 8.3　监视和测量的控制

组织应提供证据表明采用的监视、测量方法和设备是适宜的，以确保监视和测量程序的成效。

为确保结果有效，必要时，所使用的测量设备和方法应：

a）对照能溯源到国际或国家标准的测量标准，在规定的时间间隔或在使用前进行校准或检定。当不存在上述标准时，校准或检定的依据应予以记录；

b）进行调整或必要时再调整；

c）得到识别，以确定其校准状态；

d）防止可能使测量结果失效的调整；

e）防止损坏和失效。

校准和检定结果记录应予以保持。

此外，当发现设备或过程不符合要求时，组织应对以往测量结果的有效性进行评估。当测量设备不符合时，组织应对该设备以及任何受影响的产品采取适当的措施。这种评估和相应措施的记录应予以保持。

当计算机软件用于规定要求的监视和测量时，应确认其满足预期用途的能力。确认应在初次使用前进行。必要时，再确认。

## 8.4　食品安全管理体系的验证

### 8.4.1　内部审核

组织应按照策划的时间间隔进行内部审核，以确定食品安全管理体系是否：

a）符合策划的安排、组织所建立的食品安全管理体系的要求和本标准的要求；

b）得到有效实施和更新。

审核方案策划应考虑拟审核过程和区域的状况和重要性，以及以往审核（见8.5.2和5.8.2）产生的更新的措施。应规定审核的准则、范围、频次和方法。审核员的选择和审核的实施应确保审核过程的客观性和公正性。审核员不应审核自己的工作。

应在形成文件的程序中规定策划、实施审核、报告结果和保持记录的职责和要求。

负责受审核区域的管理者应确保及时采取措施，以消除所发现的不符合情况及原因，不能不适当地延误。跟踪活动应包括对所采取措施的验证和验证结果的报告。

### 8.4.2　单项验证结果的评价

食品安全小组应系统地评价所策划验证（见7.8）的每个结果。

当验证证实不符合策划的安排时，组织应采取措施达到规定的要求。该措施应包括但不限于评审以下方面：

a）现有的程序和沟通渠道（见5.6和7.7）；

b）危害分析的结论（见7.4）、已建立的操作性前提方案（见7.5）和HACCP计划，（见7.6.1）；

c）前提方案（见7.2）；

d）人力资源管理和培训活动（见6.2）的有效性。

8.4.3 验证活动结果的分析

食品安全小组应分析验证活动的结果，包括内部审核（见8.4.1）和外部审核的结果。应进行分析以便：

a）证实体系的整体运行满足策划的安排和本组织建立食品安全管理体系的要求；

b）识别食品安全管理体系改进或更新的需求；

c）识别表明潜在不安全产品高事故风险的趋势；

d）确定信息，用于策划与受审核区域状况和重要性有关的内部审核方案；

e）提供证据证明已采取纠正和纠正措施的有效性。

分析的结果和由此产生的活动应予以记录，并以相关的形式向最高管理者报告，作为管理评审的输入（见5.8.2），也应用作食品安全管理体系更新的输入（见8.5.2）。

## 8.5 改进

8.5.1 持续改进

最高管理者应确保组织通过以下活动，持续改进食品安全管理体系的有效性：沟通（见5.6）、管理评审（见5.8）、内部审核（见8.4.1）、单项验证结果的评价（见8.4.2）、验证活动结果的分析（见8.4.3）、控制措施组合的确认（见8.2）、纠正措施（见7.10.2）和食品安全管理体系更新（见8.5.2）。

注：GB/T 19001 阐述了质量管理体系有效性的持续改进。GB/T 19004 在 GB/T 19001 基础之上提供了质量管理体系有效性和效率持续改进的指南。

8.5.2 食品安全管理体系的更新

最高管理者应确保食品安全管理体系持续更新。

为此，食品安全小组应按策划的时间间隔评价食品安全管理体系，应考虑评审危害分析（见7.4）、已建立的操作性前提方案（见7.5）和HACCP计划（见7.6.1）的必要性。

评价和更新活动应基于：

a）5.6中所述的内部和外部沟通信息的输入；

b）与食品安全管理体系适宜性、充分性和有效性有关的其他信息的输入；

c）验证活动结果分析（见8.4.3）的输出；

d）管理评审的输出（见5.8.3）。

体系更新活动应以适当的形式予以记录和报告，作为管理评审的输入（见5.8.2）。

# 附录 A
## （资料性附录）

GB/T 22000—2006 与 GB/T 19001—2000 之间的对应关系

**表 A.1　GB/T 22000—2006 与 GB/T 19001—2000 之间的对应关系**

| GB/T 22000—2006 | | GB/T 19001—2000 | |
|---|---|---|---|
| 引言 | | <br>0.1<br>0.2<br>0.3<br>0.4 | 引言<br>总则<br>过程方法<br>与 GB/T 19004 的关系<br>与其他管理体系的相容性 |
| 范围 | 1 | 1<br>1.1<br>1.2 | 范围<br>总则<br>应用 |
| 规范性引用文件 | 2 | 2 | 引用标准 |
| 术语和定义 | 3 | 3 | 术语和定义 |
| 食品安全管理体系 | 4 | 4 | 质量管理体系 |
| 总要求 | 4.1 | 4.1 | 总要求 |
| 文件要求<br>总则<br>文件控制<br>记录控制 | 4.2<br>4.2.1<br>4.2.2<br>4.2.3 | 4.2<br>4.2.1<br>4.2.3<br>4.2.4 | 文件要求<br>总则<br>文件控制<br>记录控制 |
| 管理职责 | 5 | 5 | 管理职责 |
| 管理承诺 | 5.1 | 5.1 | 管理承诺 |
| 食品安全方针 | 5.2 | 5.3 | 质量方针 |
| 食品安全管理体系策划 | 5.3 | 5.4.2 | 质量管理体系策划 |
| 职责和权限 | 5.4 | 5.5.1 | 职责和权限 |
| 食品安全小组组长 | 5.5 | 5.5.2 | 管理者代表 |
| 沟通<br>外部沟通<br>内部沟通 | 5.6<br>5.6.1<br>5.6.2 | 5.5<br>7.2.1<br>7.2.3<br>5.5.3<br>7.3.7 | 职责、权限与沟通<br>与产品有关的要求的确定<br>顾客沟通<br>内部沟通<br>设计和开发更改的控制 |
| 应急准备和响应 | 5.7 | 5.2<br>8.5.3 | 以顾客为关注焦点<br>预防措施 |

（续表）

| GB/T 22000—2006 | | GB/T 19001—2000 | |
|---|---|---|---|
| 管理评审 | 5.8 | 5.6 | 管理评审 |
| 总则 | 5.8.1 | 5.6.1 | 总则 |
| 评审输入 | 5.8.2 | 5.6.2 | 评审输入 |
| 评审输出 | 5.8.3 | 5.6.3 | 评审输出 |
| 资源管理 | 6 | 6 | 资源管理 |
| 资源提供 | 6.1 | 6.1 | 资源提供 |
| 人力资源 | 6.2 | 6.2 | 人力资源 |
| 总则 | 6.2.1 | 6.2.1 | 总则 |
| 能力、意识和培训 | 6.2.2 | 6.2.2 | 能力、意识和培训 |
| 基础设施 | 6.3 | 6.3 | 基础设施 |
| 工作环境 | 6.4 | 6.4 | 工作环境 |
| 安全产品的策划和实现 | 7 | 7 | 产品实现 |
| 总则 | 7.1 | 7.1 | 产品实现的策划 |
| 前提方案（PRPs） | 7.2<br>7.2.1<br>7.2.2<br>7.2.3 | 6.3<br>6.4<br>7.5.1<br>8.5.3<br>7.5.5 | 基础设施<br>工作环境<br>生产和服务提供的控制<br>预防措施<br>产品防护 |
| 实施危害分析的预备步骤 | 7.3 | 7.3 | 设计和开发 |
| 总则 | 7.3.1 | | |
| 食品安全小组 | 7.3.2 | | |
| 产品特性 | 7.3.3 | 7.4.2 | 采购信息 |
| 预期用途 | 7.3.4 | 7.2.1 | 与产品有关的要求的确定 |
| 流程图、过程步骤和控制措施 | 7.3.5 | 7.2.1 | 与产品有关的要求的确定 |
| 危害分析 | 7.4 | 7.3.1 | 设计和开发策划 |
| 总则 | 7.4.1 | | |
| 危害识别和可接受水平的确定 | 7.4.2 | | |
| 危害评估 | 7.4.3 | | |
| 控制措施的选择和评估 | 7.4.4 | | |
| 操作性前提方案（PRPs）的建立 | 7.5 | 7.3.2 | 设计和开发输入 |
| HACCP 计划的建立 | 7.6 | 7.3.3 | 设计和开发输出 |
| HACCP 计划 | 7.6.1 | 7.5.1 | 生产和服务提供的控制 |
| 关键控制点（CCPs）的确定 | 7.6.2 | | |
| 关键控制点的关键限值的确定 | 7.6.3 | | |
| 关键控制点的监视系统 | 7.6.4 | 8.2.3 | 过程的监视和测量 |
| 监视结果超出关键限值时采取的措施 | 7.6.5 | 8.3 | 不合格品控制 |

（续表）

| GB/T 22000—2006 | | GB/T 19001—2000 | |
|---|---|---|---|
| 预备信息的更新、规定前提方案和HACCP 计划文件的更新 | 7.7 | 4.2.3 | 文件控制 |
| 验证策划 | 7.8 | 7.3.5 | 设计和开发验证 |
| 可追溯性系统 | 7.9 | 7.5.3 | 标志和可追溯性 |
| 不符合控制<br>纠正<br>纠正措施<br>潜在不安全产品的处置<br>撤回 | 7.10<br>7.10.1<br>7.10.2<br>7.10.3<br>7.10.4 | 8.3<br>8.3<br>8.5.2<br>8.3<br>8.3 | 不合格品控制<br>不合格品控制<br>纠正措施<br>不合格品控制<br>不合格品控制 |
| 食品安全管理体系的确认、验证和改进 | 8 | 8 | 测量、分析和改进 |
| 总则 | 8.1 | 8.1 | 总则 |
| 控制措施组合的确认 | 8.2 | 8.4<br>7.3.6<br>7.5.2 | 数据分析<br>设计和开发确认<br>生产和服务提供过程的确认 |
| 监视和测量的控制 | 8.3 | 7.6 | 监视和测量装置的控制 |
| 食品安全管理体系的验证<br>内部审核<br>单项验证结果的评价<br>验证活动结果的分析 | 8.4<br>8.4.1<br>8.4.2<br>8.4.3 | 8.2<br>8.2.2<br>7.3.4<br>8.2.3<br>8.4 | 监视和测量<br>内部审核<br>设计和开发评审<br>过程的监视和测量<br>数据分析 |
| 改进<br>持续改进<br>食品安全管理体系的更新 | 8.5<br>8.5.1<br>8.5.2 | 8.5<br>8.5.1<br>7.3.4 | 改进<br>持续改进<br>设计和开发评审 |

**表 A.2　　GB/T 19001—2000 与 GB/T 22000—2006 之间的对应关系**

| GB/T 19001—2000 | | GB/T 22000—2006 | |
|---|---|---|---|
| 引言<br>总则<br>过程方法<br>与 GB/T 19004 的关系<br>与其他管理体系的相容性 | <br>0.1<br>0.2<br>0.3<br>0.4 | | 引言 |
| 范围<br>总则<br>应用 | 1<br>1.1<br>1.2 | 1 | 范围 |

（续表）

| GB/T 19001—2000 | | GB/T 22000—2006 | |
|---|---|---|---|
| 引用标准 | 2 | 2 | 规范性引用文件 |
| 术语和定义 | 3 | 3 | 术语和定义 |
| 质量管理体系 | 4 | 4 | 食品安全管理体系 |
| 总要求 | 4.1 | 4.1 | 总要求 |
| 文件要求<br>总则<br>质量手册<br>文件控制<br><br>记录控制 | 4.2<br>4.2.1<br>4.2.2<br>4.2.3<br><br>4.2.4 | 4.2<br>4.2.1<br>4.2.2<br>7.7<br><br>4.2.3 | 文件要求<br>总则<br>文件控制<br>预备信息的更新、规定前提方案和<br>HACCP 计划文件的更新<br>记录控制 |
| 管理职责 | 5 | 5 | 管理职责 |
| 管理承诺 | 5.1 | 5.1 | 管理承诺 |
| 以顾客为关注焦点 | 5.2 | 5.7 | 应急准备和响应 |
| 质量方针 | 5.3 | 5.2 | 食品安全方针 |
| 策划<br>质量目标<br>质量管理体系策划 | 5.4<br>5.4.1<br>5.4.2 | <br>5.3<br>8.5.2 | <br>食品安全管理体系策划<br>食品安全管理体系的更新 |
| 职责、权限与沟通<br>职责和权限<br>管理者代表<br>内部沟通 | 5.5<br>5.5.1<br>5.5.2<br>5.5.3 | 5.6<br>5.4<br>5.5<br>5.6.2 | 沟通<br>职责和权限<br>食品安全小组组长<br>内部沟通 |
| 管理评审<br>总则<br>评审输入<br>评审输出 | 5.6<br>5.6.1<br>5.6.2<br>5.6.3 | 5.8<br>5.8.1<br>5.8.2<br>5.8.3 | 管理评审<br>总则<br>评审输入<br>评审输出 |
| 资源管理 | 6 | 6 | 资源管理 |
| 资源提供 | 6.1 | 6.1 | 资源提供 |
| 人力资源<br>总则<br>能力、意识和培训 | 6.2<br>6.2.1<br>6.2.2 | 6.2<br>6.2.1<br>6.2.2 | 人力资源<br>总则<br>能力、意识和培训 |
| 基础设施 | 6.3 | 6.3<br>7.2 | 基础设施<br>前提方案（PRPs） |
| 工作环境 | 6.4 | 6.4<br>7.2 | 工作环境<br>前提方案（PRPs） |

（续表）

| GB/T 19001—2000 | | GB/T 22000—2006 | |
|---|---|---|---|
| 产品实现 | 7 | 7 | 安全产品的策划和实现 |
| 产品实现的策划 | 7.1 | 7.1 | 总则 |
| 与顾客有关的过程<br>与产品有关的要求的确定<br>与产品有关的要求的评审<br>顾客沟通 | 7.2<br>7.2.1<br>7.2.2<br>7.2.3 | 7.3.4<br>7.3.5<br>5.6.1<br>5.6.1 | 预期用途<br>流程图、过程步骤和控制措施<br>外部沟通<br>外部沟通 |
| 设计和开发<br>设计和开发策划<br>设计和开发输入<br>设计和开发输出<br>设计和开发评审<br>设计和开发验证<br>设计和开发确认<br>设计和开发更改的控制 | 7.3<br>7.3.1<br>7.3.2<br>7.3.3<br>7.3.4<br>7.3.5<br>7.3.6<br>7.3.7 | 7.3<br>7.4<br>7.5<br>7.6<br>8.4.2<br>8.5.2<br>7.8<br>8.2<br>5.6.2 | 实施危害分析的预备步骤<br>危害分析<br>操作性前提方案（PRPs）的建立<br>HACCP 计划的建立<br>单项验证结果的评价<br>食品安全管理体系的更新<br>验证策划<br>控制措施组合的确认<br>内部沟通 |
| 采购<br>采购过程<br>采购信息<br>采购产品的验证 | 7.4<br>7.4.1<br>7.4.2<br>7.4.3 | 7.3.3 | 产品特性 |
| 生产和服务提供<br>生产和服务提供的控制<br>生产和服务提供过程的确认<br>标志和可追溯性<br>顾客财产<br>产品防护 | 7.5<br>7.5.1<br>7.5.2<br>7.5.3<br>7.5.4<br>7.5.5 | 7.2<br>7.6.1<br>8.2<br>7.9<br>7.2 | 前提方案（PRPs）<br>HACCP 计划<br>控制措施组合的确认<br>可追溯性系统<br>前提方案（PRPs） |
| 监视和测量装置的控制 | 7.6 | 8.3 | 监视和测量装置的控制 |
| 测量、分析和改进 | 8 | 8 | 食品安全管理体系的确认、验证和改进 |
| 总则 | 8.1 | 8.1 | 总则 |
| 监视和测量<br>顾客满意<br>内部审核<br>过程的监视和测量<br>产品的监视和测量 | 8.2<br>8.2.1<br>8.2.2<br>8.2.3<br>8.2.4 | 8.4<br>8.4.1<br>7.6.4<br>8.4.2 | 食品安全管理体系的验证<br>内部审核<br>关键控制点的监视系统<br>单项验证结果的评价 |
| 不合格品控制 | 8.3 | 7.6.5<br>7.10 | 监视结果超出关键限值时采取的措施<br>不符合控制 |

（续表）

| GB/T 19001—2000 | | GB/T 22000—2006 | |
|---|---|---|---|
| 数据分析 | 8.4 | 8.2<br>8.4.3 | 控制措施组合的确认<br>验证活动结果的分析 |
| 改进<br>持续改进<br>纠正措施<br>预防措施 | 8.5<br>8.5.1<br>8.5.2<br>8.5.3 | 8.5<br>8.5.1<br>7.10.2<br>5.7<br>7.3 | 改进<br>持续改进<br>纠正措施<br>应急准备和响应<br>前提方案（PRPs） |

## 附录 B
## （资料性附录）

HACCP 与 GB/T 22000—2006 的对应关系。

**表 B.1　　HACCP 原理和实施步骤与 GB/T 22000—2006 的对应关系**

| HACCP 原理 | HACCP 实施步骤[a] | | GB/T 22000—2006 | |
|---|---|---|---|---|
| | 组成 HACCP 小组 | 步骤 1 | 7.3.2 | 食品安全小组 |
| | 产品描述 | 步骤 2 | 7.3.3<br>7.3.5.2 | 产品特性<br>过程步骤和控制措施的描述 |
| | 识别预期用途 | 步骤 3 | 7.3.4 | 预期用途 |
| | 制定流程图<br>流程图的现场确认 | 步骤 4<br>步骤 5 | 7.3.5.1 | 流程图 |
| 原理 1<br>进行危害分析 | 列出与各步骤有关的所有潜在危害，进行危害分析，并对识别的危害考虑控制的措施 | 步骤 6 | 7.4<br>7.4.2<br>7.4.3<br>7.4.4 | 危害分析<br>危害识别和可接受水平的确定<br>危害评估<br>控制措施的选择和评估 |
| 原理 2<br>确定关键控制点（CCPs） | 确定关键控制点 | 步骤 7 | 7.6.2 | 关键控制点（CCPs）的确定 |
| 原理 3<br>建立关键限值 | 建立每个关键控制点的关键限值 | 步骤 8 | 7.6.3 | 关键控制点的关键限值的确定 |
| 原理 4<br>建立关键控制点（CCPs）的监视系统 | 建立每个关键控制点的监测系统 | 步骤 9 | 7.6.4 | 关键控制点的监视系统 |

（续表）

| HACCP 原理 | HACCP 实施步骤[a] | | GB/T 22000—2006 | |
|---|---|---|---|---|
| 原理 5<br>建立纠正措施，以便当监控表明某个特定关键控制点（CCP）失控时采用 | 建立纠偏行动 | 步骤 10 | 7.6.5 | 监视结果超出关键限值时采取的措施 |
| 原理 6<br>建立验证程序，以确认 HACCP 体系运行的有效性 | 建立验证程序 | 步骤 11 | 7.8 | 验证策划 |
| 原理 7<br>建立有关上述原理及其在应用中的所有程序和记录的文件系统 | 建立文件和记录保持系统 | 步骤 12 | 4.2<br>7.7 | 文件要求<br>预备信息的更新、规定前提方案和 HACCP 计划文件的更新 |

[a] 见参考文献［11］。

## 附录 C
## （资料性附录）

## 提供控制措施实例的法典参考文献
## ——包括前提方案和指南及其选择和使用

### C.1　法典和导则[1)]

C.1.1　通用

CAC/RCP 11969，Rev.4（2003）推荐的国际操作规范——食品卫生总则；收录了 HACCP 体系及其应用指南

食品卫生控制措施确认导则[2)]

与食品检验和认证相关的可追溯性/产品追溯应用原理

商品特定法典和导则

C.1.2　饲料

CAC/RCP 45—1997　降低产奶动物饲用原料和补充饲料中黄曲霉毒素 $B_1$ 的操作规范

CAC/RCP 54—2004　良好动物饲养操作规范

C.1.3　特殊膳食食品

CAC/RCP 21—1979 婴幼儿食品卫生操作规范[3)]

CAC/GL 08—1991 较大婴幼儿配方辅助食品导则

---

1）这些文件及其最新版本可从法典委员会的网址上下载：http：//www.codexalimentarius.net。

2）正在制定中。

3）正在修订中。

C. 1. 4　特殊加工食品

CAC/RCP 8—1976，Rev. 2（1983）　速冻食品加工处理卫生操作规范

CAC/RCP 23—1979，Rev. 2（1993）　低酸及酸化低酸罐头食品卫生操作规范

CAC/RCP 46—1999　延长货架期的冷藏包装食品卫生操作规范

C. 1. 5　食品辅料

CAC/RCP 42—1995　香辛料和干燥香辛植物卫生操作规范

C. 1. 6　水果和蔬菜

CAC/RCP 22—1979　花生卫生操作规范

CAC/RCP 2—1969　罐装果蔬制品卫生操作规范

CAC/RCP 3—1969　干燥水果卫生操作规范

CAC/RCP 4—1971　脱水椰子卫生操作规范

CAC/RCP 5—1971　脱水水果和蔬菜（包括食用菌）卫生操作规范

CAC/RCP 6—1972　木本坚果卫生操作规范

CAC/RCP 53—2003　新鲜水果和蔬菜卫生操作规范

C. 1. 7　肉类和肉制品

CAC/RCP 41—1993　屠宰动物宰前宰后检验及屠宰动物和肉类宰前宰后的评价规范

CAC/RCP 32—1983　用于进一步加工的机械分割肉和畜禽肉的生产、储存及拼配操作规范

CAC/RCP 29—1983，Rev. 1（1993）　野味卫生操作规范

CAC/RCP 30—1983　青蛙腿加工卫生操作规范

CAC/RCP 11—1976，Rev. 1（1993）　鲜肉卫生操作规范

CAC/RCP 13—1976，Rev. 1（1985）　加工肉禽产品卫生操作规范

CAC/RCP 14—1976　禽类加工卫生操作规范

CAC/GL 52—2003　肉类卫生通则

肉类卫生操作规范[2)]

C. 1. 8　奶和奶制品

CAC/RCP 57—2004　奶和奶制品卫生操作规范

食品预防兽药残留和奶和奶制品（包括奶和奶制品）药物残留控制计划导则（修订版）[2)]

C. 1. 9　蛋和蛋制品

CAC/RCP 15—1976　蛋制品卫生操作规范（分别于1978年和1985年进行了修订）

蛋制品卫生操作规范（修订版）[2)]

C. 1. 10　鱼和渔业产品

CAC/RCP 37—1989　头足类动物操作规范

CAC/RCP 35—1985　面糊和（或）面包包裹的速冻渔业产品操作规范

CAC/RCP 28—1983　蟹类操作规范

CAC/RCP 24—1979　龙虾操作规范

CAC/RCP 25—1979　熏鱼操作规范

CAC/RCP 26—1979　盐腌鱼操作规范

CAC/RCP 17—1978　小虾或大虾操作规范

CAC/RCP 18—1978　软体鱼贝类卫生操作规范

CAC/RCP 52—2003　鱼和渔业产品操作规范

鱼和渔业产品操作规范（水产养殖）[2]

C. 1. 11　水

CAC/RCP 33—1985　天然矿泉水的采集、加工和销售卫生操作规范

CAC/RCP 48—2001　瓶装/包装饮用水（非天然矿泉水）卫生操作规范

C. 1. 12　运输

CAC/RCP 47—2001　散装和半包装食品运输卫生操作规范

CAC/RCP 36—1987，Rev. 1（1999）　散装食用油脂贮存和运输操作规范

CAC/RCP 44—1995　热带新鲜水果和蔬菜包装和运输操作规范

C. 1. 13　零售

CAC/RCP 43—1997，Rev. 1（2001）　街道食品制作和销售卫生操作规范（区域性规范——拉丁美洲和加勒比海地区）

CAC/RCP 39—1993　大众餐厅中预制和已制食品卫生操作规范

CAC/GL—22—1997，Rev. 1（1999）　非洲街道贩卖食品控制措施设计导则

## C. 2　食品安全危害特定法典和指南[1]

CAC/RCP 38—1993　兽药使用控制操作规范

CAC/RCP 50—2003　预防苹果汁及其他饮料中苹果汁成分棒曲霉素污染操作规范

CAC/RCP 51—2003　预防谷物中霉菌毒素污染操作规范，包括赭曲霉素 A、玉米赤霉烯酮、伏马毒素、单端孢霉烯族毒素的附录

CAC/RCP 55—2004　预防和减少花生中黄曲霉毒素污染操作规范

CAC/RCP 56—2004　预防和减少食品中铅污染操作规范

食品中单核细胞增多性李斯特菌控制导则[2]

预防和减少罐藏食品中无机锡污染操作规范[2]

抗菌抗性最小化操作规范[2]

预防和减少木本坚果中黄曲霉毒素污染操作规范[2]

## C. 3　特定控制措施的法典和导则

CAC/RCP 19—1979，Rev. 1（1983）　用于处理食品的辐照设施操作规范

CAC/RCP 40—1993　经防腐处理和包装的低酸食品卫生操作规范

CAC/RCP 49—2001　减少食品中化学制品污染源措施的操作规范

CAC/GL 13—1991　利用乳过氧化物酶体系保存原料奶导则

CAC/STAN 106—1983，Rev. 1（2003）　辐照食品通用标准

# 参考文献

[1] GB/T 19001—2000　质量管理体系　要求

［2］GB/T 19004—2000　质量管理体系　业绩改进指南
［3］GB/T 19022—2003　测量管理体系　测量过程和测量设备的要求
［4］ISO 14159：2002　设备安全　设备设计的卫生要求
［5］GB/T 19080—2003　食品和饮料行业 GB/T 19001—2000　应用指南
［6］GB/T 19011—2003　质量和（或）环境管理体系审核指南
［7］ISO/TS 22004：食品安全管理体系——ISO 22000：2005　应用指南
［8］ISO 22005：[3] 饲料和食品链的可追溯性——体系设计和开发的通用原理和指南
［9］ISO/IEC 导则 51：1999 安全方面——包括在标准内的指南
［10］ISO/IEC 导则 62：1996 质量体系评审和认证/注册机构的通用要求
［11］国际食品法典卫生学基本读本．联合国粮农组织——世界卫生组织．罗马，2001
［12］参考网址：http：//www. iso. org
http：//www. codexalimentarius. net

3）正在修订中。

JCS 67.160.10
X 62

# 中 华 人 民 共 和 国 国 家 标 准

GB/T 23543—2009

# 葡萄酒企业良好生产规范

Good manufacturing practice for wine enterprises

2009-04-14 发布 2009-12-01 实施

中华人民共和国国家质量监督检验检疫总局
中国国家标准化管理委员会 发布

# 前 言

本标准由全国食品工业标准化技术委员会提出。

本标准由全国酿酒标准化技术委员会归口。

本标准起草单位：中国食品发酵工业研究院、中粮酒业有限公司、烟台张裕葡萄酿酒股份有限公司、中法合营王朝葡萄酿酒有限公司、青岛华东葡萄酿酒有限公司。

本标准主要起草人：熊正河、钟其顶、郭新光、杨楠、李记明、尹吉泰、夏广丽、张辉、吕振荣、张春娅、刘春生。

# 葡萄酒企业良好生产规范

## 1 范围

本标准规定了葡萄酒企业的厂区环境、厂房与设施、设备与工器具、人员管理与培训、物料控制与管理、生产过程控制、质量管理、卫生管理、成品储存与运输、文件和记录、投诉处理和产品召回以及产品信息和宣传引导等方面的基本要求。

本标准适用于葡萄酒企业的设计、建造（改扩建）、生产管理和质量管理。

## 2 规范性引用文件

下列文件中的条款通过本标准的引用而成为本标准的条款。凡是注日期的引用文件，其随后所有的修改单（不包括勘误的内容）或修订版均不适用于本标准，然而，鼓励根据本标准达成协议的各方研究是否可使用这些文件的最新版本。凡是不注日期的引用文件，其最新版本适用于本标准。

GB 2760 食品添加剂使用卫生标准

GB 4285 农药安全使用标准

GB 10344 预包装饮料酒标签通则

GB 15037 葡萄酒

GB/T 15091 食品工业基本术语

## 3 术语和定义

GB/T 15091 确立的以及下列术语和定义适用于本标准。

### 3.1 葡萄酒 wines

以鲜葡萄或葡萄汁为原料，经全部或部分发酵酿制而成的，含有一定酒精度的发酵酒。

## 4 厂区环境

4.1 工厂应建在无有害气体、烟雾、灰沙等污染物和其他危及葡萄酒生产卫生安全的地区。原酒生产场所应靠近葡萄种植区域，不应设置在易受污染区域。

4.2 厂区环境应随时保持清洁，厂区的道路应硬化，空地应绿化。

4.3 厂区内不应有不良气味、有害（毒）气体或其他有碍卫生的设施，否则应有相应的控制措施。

4.4 厂区内禁止饲养动物。

4.5 厂区应具备与生产系统相匹配的排水系统，排水道应有适当斜度，不应有严重积水、渗漏、淤泥、污秽、破损。

4.6 厂区周界应有适当防范外来污染源的设计与构筑。

4.7 生活区应与生产区域隔离。

## 5 厂房与设施

### 5.1 厂房和场地

5.1.1 厂房建筑、设备要依照葡萄酒生产工艺流程合理布局，能满足生产工艺、卫生管理、设备维修的要求，人流、物流的流向应布置合理，避免交叉污染。

5.1.2 厂房和设施应有足够空间，以便有秩序地放置设备和物料。厂房内设备与设备之间或设备与墙壁之间应留有适当的距离，便于员工通行和维修。

5.1.3 厂区应保持道路、院落和停车场清洁卫生，应配备废物处理处置设施，使其不成为葡萄酒污染源。

5.1.4 厂房应采取预防措施以防害虫和其他动物进入工作场所。灌装车间的灌装线、照明设施和天花板应有防护措施，防止异物进入酒中。

5.1.5 厂房内电源应有漏电保护装置，配电设施应能防水。

5.1.6 厂房设计及设施应符合国家消防有关规定，并安装消防设施。

5.1.7 相关生产车间应配置适当的劳动防护用品（如帽子、防滑工作鞋、工作服）。

### 5.2 设施的卫生与控制

5.2.1 厂房地板、墙壁、天花板易清扫，能保持清洁卫生和维修良好。

5.2.2 生产车间地面、内墙壁、屋顶应使用光滑、无毒、防水、不易脱落、易于清洗消毒的建材。顶角、墙角、地角应呈弧形，以便于冲洗、消毒。发酵、滤酒、灌装工序的墙壁和天花板应有防霉措施。

5.2.3 生产车间、仓库应有良好的通风设施，保持空气流通，温湿度适当。

5.2.4 生产车间地面应有适当的排水坡度及排水系统，排水沟应有足够的尺寸，并保持顺畅，且沟内不得设置其他管路，应防止倒虹吸。

5.2.5 所有区域都应提供充足的照明或自然光，保证照明灯的光泽不改变产品的本色，亮度满足工作场所和操作人员的正常需要。

5.2.6 厕所应设于较方便的地点，并与生产场所保持一定距离，其数量应能满足员工使用。厕所门窗不应直接开向生产车间，应采用冲水式厕所。厕所采光、排气良好。

5.2.7 葡萄酒生产企业应具有充足的水源，在葡萄酒的加工设备、用具清洗或员工卫生设施等其他需水的方面，提供适当压力的活水。

5.2.8 企业应注重环境保护，应有“三废”处理措施，“三废”的排放应符合国家或地方排放标准。

## 6 设备与工器具

6.1 企业应具备基本的葡萄酒生产设备和分析检测设备。

6.2 设备的选型、安装应符合生产要求，易于清洗、消毒或灭菌，便于生产操作、维修和保养，并能减少污染。

6.3 凡与葡萄汁/酒接触的设备、容器、管路等，应采用无毒、不吸水、易清洗、无异味且不与葡萄汁/酒起反应的材料制作。

6.4 设备所用的润滑剂等不得对料液或容器造成污染。

6.5 与设备连接的主要固定管道应标明管内物料名称、流向。

6.6 用于生产和检验的仪器、仪表、量具、衡器等，其适用范围和精密度应符合生产和检验要求，有明显的合格标志。

## 7 人员管理与培训

### 7.1 总体要求

7.1.1 从事葡萄酒生产的人员应身体健康，须持有有效健康证。

7.1.2 企业应根据岗位需要配备与企业规模相适应的专业人员。

### 7.2 卫生管理

7.2.1 应保持良好的个人卫生，防止污染。

7.2.2 进入灌装车间前，应穿戴整洁工作服，并保持双手洁净。

7.2.3 工作期间不得有抽烟、饮食、饮酒或其他有碍生产操作的行为。

7.2.4 生产车间不得带入或存放个人生活用品。

7.2.5 制定参观人员卫生管理制度，设立参观设施，若进入生产场所应符合相应的卫生要求。

### 7.3 人员意识、能力、教育与培训

7.3.1 企业应建立各级人员的培训制度，以确保员工具备相应岗位所需技能水平。

7.3.2 新进人员应进行岗前培训，合格后方可上岗工作。

7.3.3 应定期对员工进行葡萄酒生产和安全理论知识培训，并对培训内容和培训效果进行评估。

7.3.4 培训应有记录，并存档。

## 8 物料控制与管理

### 8.1 物料采购和安全控制总体原则

8.1.1 与生产相关的原辅料、加工助剂、添加剂以及与产品直接接触的包装材料和容器等均应符

合国家有关法规或标准的规定，国家和行业标准未涵盖到的，葡萄酒企业应建立企业内控标准。

8.1.2 企业应对物料采购和验收进行管控，坚持索证制度，必要时应配备基本的检验设备，对原辅料进行检验，保证原辅料的质量和安全。

8.1.3 应建立物料供货商评价及追踪管理制度，并制定原料及包装材料的检验验收标准和检验方法，并确保实施。

8.1.4 检验合格的物料应以“先进先用”为原则，如经长期储存，使用前应重新检验。

8.1.5 应建立文件化的物料接收程序和不合格处理程序。

### 8.2 葡萄原料控制与管理

要始终考虑到葡萄原料初级生产对葡萄酒的产品质量和安全性产生的重要影响，鼓励葡萄种植企业按照良好农业规范（GAP）等要求进行生产。

8.2.1 葡萄种植

8.2.1.1 葡萄栽培应在无污染的环境中进行，根据自然环境及品种特性，种植适栽品种。

8.2.1.2 葡萄种植过程中，根据土壤肥力的分析确定需要的施肥量，并以有机肥为主，化肥为辅。

8.2.1.3 葡萄病虫害防治应贯彻以综合防治为主的原则，采收前1个月不得使用杀虫剂，采摘前10天不得使用杀菌剂。葡萄农药使用应符合GB 4285的规定，使用国家允许的低毒化学杀虫剂，不得使用剧毒化学杀虫剂。

8.2.1.4 葡萄栽培中禁止使用催熟剂和着色剂，采收前1个月不能灌水。

8.2.1.5 葡萄产量：酿制优质白葡萄酒的葡萄每公顷产量不超过15 000 kg，酿制一般白葡萄酒的葡萄每公顷产量不超过20 000 kg。酿制优质红葡萄酒的葡萄每公顷产量不超过12 000 kg，酿制一般红葡萄酒的葡萄每公顷产量不超过18 000 kg。

8.2.1.6 葡萄含糖量：酿制优质白葡萄酒的葡萄含糖量不低于170 g/L，酿制一般白葡萄酒的葡萄含糖量不低于150 g/L。酿制优质红葡萄酒的葡萄含糖量不低于180 g/L，酿制一般红葡萄酒的葡萄含糖量不低于160 g/L（以葡萄糖计）。

8.2.1.7 葡萄采摘：根据葡萄成熟度确定最佳采收期，按照葡萄品种、质量等级采摘。盛装原料的容器应清洁、专用，禁止使用装过农药或其他可能对葡萄原料造成污染的容器。

8.2.1.8 应有文件记录葡萄原料品种、产地、产量和基本质量指标信息。

8.2.2 葡萄采购

8.2.2.1 采购的酿酒葡萄原料应是在无污染区域内种植和收获的产品。

8.2.2.2 采购的葡萄原料是按照葡萄种植相关技术规范执行的，并能出具相关证明。

8.2.2.3 采购时对葡萄原料的糖、酸等指标进行质量检验。

8.2.3 葡萄运输与贮藏

8.2.3.1 葡萄运输过程中注意不要挤压，基地原料就近处理，进厂的原料须在24 h内破碎完毕。长途运输需要帐篷或其他覆盖物，防止污染。

8.2.3.2 长时间运输和贮藏过程中可往葡萄里添加适量二氧化硫溶液、亚硫酸钾、无水亚硫酸钾、亚硫酸铵或亚硫酸氢铵，预防葡萄微生物污染，并起到抗氧化作用。

### 8.3 原酒采购

8.3.1 原酒生产企业应有相应的有效资质和生产许可证。

8.3.2 采购原酒时应按照国家有关规定或标准要求对原酒进行检验，国家和行业标准中未涵盖的指标，企业根据自身需要设定指标进行检验，检验合格的方可收购。

8.3.3 采购原酒时，需索要详细的生产过程记录材料，包括葡萄原料、添加剂、加工助剂等内容及有资质的检测机构出具的合格检验报告。

8.3.4 原酒收购使用的不锈钢罐、皮囊（食品级）和中转容器等应清洁卫生，并采取适当的措施保证运输过程中不受外界污染和防止原酒暴露空气而引起酒被氧化变坏。到酒厂后应马上采取处理措施。

### 8.4 加工助剂及添加剂的管理

8.4.1 葡萄酒生产过程使用的加工助剂和添加剂应符合 GB 2760 及相关法规、标准的规定。

8.4.2 加工助剂及添加剂储存时，应采取有效措施防止污染、损失。

## 9 生产过程控制

### 9.1 总体要求

9.1.1 应制定生产和卫生操作规程，由专人负责管理。生产过程应做好记录，并规定记录存留时间，负责人需定期对记录进行审核。

9.1.2 与葡萄汁/葡萄酒接触的容器、管道和工器具等应采取有效的防污染措施。

9.1.3 生产过程中添加剂的使用应双人复核、双人投料。

### 9.2 葡萄处理

9.2.1 葡萄处理过程中接触的容器、管道和工器具应清洁卫生，使用前后应进行清洗。

9.2.2 应去除生青、受损或腐烂的葡萄。

9.2.3 葡萄采收后应在最短的时间内破碎处理，根据工艺需要选择合适的破碎度，破碎过程中防止破碎果籽和果梗。

9.2.4 酿造白葡萄酒压榨分离葡萄浆果应在葡萄破碎后马上进行，以减少葡萄汁氧化、污染，压榨过程应采用软压取汁方式，不应压破或压碎葡萄果梗和果核。

9.2.5 酿制需浸提的葡萄酒（汁）需在除梗或除梗破碎后，采用传统带皮发酵，用机械的方法轻柔的使酒液通过皮渣层进行循环，或采用二氧化碳浸提、热浸提方法，根据酒种或品种的不同使葡萄的固体部分和液体部分保持或长或短一段时间的接触。

9.2.6 按照葡萄处理操作规程进行操作并做好记录，内容应包括葡萄原料入罐时间、品种、入罐量和采取的工艺措施、使用的添加剂和（或）加工助剂及加入量等，生产负责人或工艺管理人员应定期对记录进行检查，应有书面规定记录的留存时间。

### 9.3 葡萄汁处理

9.3.1 在破碎和压榨处理时添加二氧化硫或代用品，以防止微生物污染或者有利于工艺操作。所添加的二氧化硫或代用品应符合相关规定，并均匀分布在葡萄汁中。

9.3.2 澄清过程中使用的果胶酶、明胶、皂土（膨润土）等使用之前应做用量试验。

9.3.3 增糖可通过以下方法实现：果实采收后自然风干、添加浓缩葡萄汁、添加白砂糖，其中白砂糖加入量不得超过产生 2 %（体积分数）酒精的量。白砂糖的质量要求应符合相关标准的规定。

9.3.4　葡萄汁或葡萄酒酸度的调整

9.3.4.1　降酸过程中使用的加工助剂需符合相关标准规定，由降酸葡萄汁或经过降酸处理得到的葡萄酒中的酒石酸含量应不低于1 g/L。

9.3.4.2　增酸允许使用乳酸、苹果酸、酒石酸和柠檬酸。

9.3.5　按照葡萄汁处理操作规程进行操作并记录，包括工艺措施、使用的添加剂和（或）加工助剂、加入量、加入时间等，生产负责人或工艺管理人员应定期对记录进行检查，应有书面规定记录的留存时间。

### 9.4　发酵过程控制

9.4.1　对发酵车间、发酵过程中使用的仪器设备、容器进行消毒处理，确保发酵车间清洁卫生，防止杂菌生长。

9.4.2　所使用的活性干酵母应符合相关规定，菌种管理应制定严格的操作制度，菌种保存、扩大培养应按照规定严格执行。

9.4.3　酒精发酵过程中，为促进发酵或防止发酵意外中止，可以添加酵母促进剂、酵母菌皮，并适当采取通风等措施。添加的酵母促进剂应符合相关标准规定。

9.4.4　可采用自然诱发或添加乳酸菌进行苹果酸—乳酸发酵。

9.4.5　通过加热方法使发酵中止时不应引起葡萄醪液外观、颜色、香气与滋味的明显变化；过滤、离心等处理过程中使用的仪器应消毒处理，防止杂菌污染；通过添加酒精中断发酵时酒精应是葡萄蒸馏酒精或食用酒精。

9.4.6　按照葡萄酒发酵工艺规程进行操作并记录，包括菌种（酵母菌、乳酸菌）使用、工艺措施、使用的添加剂和（或）加工助剂、加入量、加入时间等，生产负责人或工艺管理人员应定期对记录进行检查，应有书面规定记录的留存时间。

### 9.5　原酒贮存和陈酿

9.5.1　用于原酒贮存和陈酿的水泥池、不锈钢罐、橡木桶和玻璃瓶等容器应清洁卫生，使用前应进行消毒杀菌处理。

9.5.2　应避免原酒在贮存容器中氧化，或与空气接触导致微生物繁殖。进行添酒工艺时添加的原酒应与容器中酒质相同。在隔绝空气倒酒时，容器要先用符合有关规定的惰性气体充满，可以是二氧化碳、氮气或氩气，中转设备和容器应清洁卫生，防止氧化和杂菌污染。

9.5.3　按照原酒贮存和陈酿工艺规程进行操作并记录，原酒记录应详细，可追溯。生产年份、产地和品种葡萄酒时，应确保相关信息记录齐全、准确。生产负责人或工艺管理人员应定期对记录进行检查，应有书面规定记录的留存时间。

### 9.6　葡萄酒后处理

9.6.1　葡萄酒澄清、过滤过程中使用的仪器设备应清洁卫生，使用前进行消毒处理。

9.6.2　葡萄酒进行冷冻、非生物稳定性处理过程中使用的加工助剂和酒中的最大残留量应符合相关规定。所用助剂使用量在使用前需做用量试验，应避免处理中的过度或不足，造成酒质量的下降。

9.6.3　进行热处理如巴氏杀菌处理时，升温和所用技术不应引起葡萄酒外观、香气和口感的明显变化。

9.6.4　按照葡萄酒后处理工艺规程进行操作并记录，包括添酒、倒酒记录、非生物稳定性、生物稳定性处理等，生产负责人或工艺管理人员应定期对记录进行检查，应有书面规定记录的留存时间。

### 9.7 葡萄酒过滤和灌装

9.7.1 过滤工序和灌装工序的墙壁、地面以及设备、工器具应保持清洁，避免生长霉菌和其他杂菌。

9.7.2 使用前应对包装容器及包装物进行卫生、质量严格检验，合格后方可使用。

9.7.3 每天生产前需对灌装机清洗消毒。如果连续生产超过 24 h，需定时对灌装机进行清洗、检验，防止微生物污染。

9.7.4 按照灌装工艺规程进行操作并记录，并由负责人审核、留存。

## 10 质量管理

### 10.1 总体要求

10.1.1 企业应有相应的质量管理机构和人员，进行全面质量管理。

10.1.2 应制定质量管理标准，质量管理标准应涉及：人员要求、设备使用、物料采购、生产过程控制、生产环境要求、产品分析检测等方面内容，经质量管理机构确认后实施。

### 10.2 检测与质量控制

10.2.1 生产企业应设与葡萄酒生产能力相适应的卫生、质量检验室，配备经专业培训、考核合格的检验人员。

10.2.2 应具备一定的检验设备，对物料、半成品和成品进行检测，精确度和灵敏度要符合有关检验要求。

10.2.3 企业质量管理部门负责葡萄酒生产全过程的质量管理和检验，独立行使质量检测权和合格判定权。

### 10.3 生产过程质量管理

10.3.1 鼓励葡萄酒生产企业实施危害分析及关键控制点（HACCP）管理体系，找出生产过程中的质量控制点，并制定相应控制措施。

10.3.2 应检查设备使用前是否保持清洁，并处于正常状态。

10.3.3 生产过程中若发现有检验不合格或其他异常现象时，应迅速追查原因并妥善处理。

### 10.4 成品质量管理

10.4.1 应按照国家、行业或企业产品质量标准的要求，制定成品检验项目、检验标准、抽样及检验方法。

10.4.2 应制定规范化的成品留样保存计划，每批成品应按规定留样。

10.4.3 每批成品须经质量部门检验，葡萄酒成品应符合 GB 15037 和其他相关标准规定，不合格品不得出厂。

### 10.5 仪器或设备校准

10.5.1 依据国家或行业相关计量规定对检测仪器进行定期校准，并做好记录。

10.5.2 在没有国家或行业测量设备校准方法时，企业可制定校准规范，以企业标准形式发布和实施，用以满足测量设备检修的需要。

## 11 卫生管理

### 11.1 总体要求

11.1.1 企业应设置专门的卫生管理机构及配备经培训合格的专职卫生管理人员。

11.1.2 制定企业卫生管理制度，宣传和贯彻企业卫生规章，监督、检查实际执行情况，组织卫生宣传教育工作，培训有关人员，定期组织本企业人员的健康检查和管理，确保葡萄酒企业生产卫生质量安全。

### 11.2 清洗和消毒工作

11.2.1 应制定有效的清洗及消毒方法和制度，以确保生产场所、设备、管路清洁卫生，防止污染。

11.2.2 使用清洗剂和消毒剂时，应采取适当措施，防止人身、产品受到污染。

### 11.3 除虫、灭害的管理

11.3.1 厂区应制定病虫害防治加护，包括防治方法、防治区域等，定期或在必要时进行除虫灭害工作，防治鼠、蚊、蝇、昆虫等的聚集和孳生。

11.3.2 生产场所禁止使用各种杀虫剂或其他药剂。

### 11.4 化学品管理

11.4.1 清洗剂、消毒剂以及其他化学物品均应有固定包装，并在明显处标示“有害品”字样，储存于专门库房或柜橱内，加锁并由专人负责保管，建立保存和使用管理制度。

11.4.2 化学品应由经培训的人员按照说明进行使用，防止污染和人身中毒。

11.4.3 除卫生和工艺需要，均不应在生产车间使用和存放可能污染产品的化学品。

### 11.5 卫生设施的管理

更衣室、厕所等卫生设施，应有人管理，并保持良好状态。

### 11.6 工作服管理

11.6.1 工作服包括工作衣、裤、发帽、鞋靴等，某些工序（种）还应配备口罩、围裙、套袖等卫生防护用品。

11.6.2 工作服应有清洗保洁制度，定期更换，保持清洁。

## 12 成品储存与运输

12.1 成品（预包装产品）的储存环境和运输应避免日光直射、雨淋、冰冻和撞击。进货的容器、车辆应检查，以免造成原辅料或厂区污染。

12.2 仓库应经常清理，储存物品不得直接放置地面。成品仓库应按生产日期、品名、包装形式及批号分别堆置，加以适当标示，并做记录。

12.3 每批成品应经检验，符合产品质量标准后，方可出货。

12.4 成品贮放应有存量记录，成品应做进出库记录，内容应包括批号、出货时间、地点、对象、数量等，便于质量追踪。

12.5 装卸时应轻拿轻放，严禁与有腐蚀、有毒、有害的物品一起混装。

## 13 文件和记录

### 13.1 总体要求

企业应保证所有文件和记录及时归档，记录信息真实、准确、详细。

### 13.2 生产管理、质量管理的各项制度和记录

13.2.1 应有厂房、设施和设备的使用、维护、保养、检修等制度和记录。

13.2.2 应有物料验收、生产操作、检验、发放、成品销售和用户投诉等制度和记录。

13.2.3 应有不合格品管理、物料退库和报废、紧急情况处理等制度和记录。

13.2.4 应有环境、厂房、设备、人员等卫生管理制度和记录。

13.2.5 应有本标准和专业技术培训等制度和记录。

### 13.3 生产管理文件

13.3.1 应有生产工艺规程、岗位作业指导书或标准操作规程。应对葡萄采收、酿造、陈酿、灌装和贮存等生产过程进行如实记录、检查，并详细记录异常纠偏及防止再次发生的措施。

13.3.2 应有批生产记录，内容包括：产品名称、生产批号、生产日期、操作者、复核者的签名、有关操作与设备、相关生产阶段的产品数量、物料领用发放、生产过程的控制记录及特殊问题记录。

### 13.4 质量管理文件

13.4.1 应有物料、中间产品和成品质量标准及其检验操作规程。

13.4.2 应有批检验记录。

### 13.5 文件起草、修订、审批和保管

应建立文件的起草、修订审查、批准、撤销、印制及保管的管理制度。分发、使用的文件应为批准的现行文本。已撤销和过时的文件除留档备查外，不应在工作现场出现。

### 13.6 制定生产管理文件和质量管理文件要求

13.6.1 文件标题应能清楚地说明文件的性质。

13.6.2 各类文件应有便于识别其文本、类别的系统编码和日期。

13.6.3 文件使用的语言应确切、易懂。

13.6.4 填写数据时应有足够的空格。

13.6.5 文件制定、审查和批准的责任应明确，并有责任人签名。

## 14 投诉处理和产品召回

14.1 每批成品均应有销售记录，根据销售记录能追溯每批葡萄酒售出情况，必要时应能及时全部追回。

14.2 企业应建立不良反应监察报告制度，对用户的质量投诉和不良反应应详细记录和调查处理，若出现质量安全问题时，应及时向当地质量监督管理部门报告。

14.3 应有书面文件规定何种情况下考虑召回产品，并根据危害程度，建立召回产品分类、处置及报告制度。

14.4 召回程序应规定参与评估的人员、启动召回的方法、召回通知到的对象以及召回后产品的处理方法。

14.5 应定期进行模拟召回训练，并记录存档。

14.6 鼓励企业建立产品信息化管理程序，确保产品质量安全信息管理。

## 15 产品信息和宣传引导

### 15.1 产品信息

所有的产品都应具有或提供充分的产品信息，预包装产品标签应符合 GB 10344 的有关规定，以便经营者或消费者能够安全、正确地对产品进行处理、展示、储存、使用和溯源。

### 15.2 对消费者的宣传引导

健康教育应包括产品安全常识，应能使消费者认识到葡萄酒产品信息的重要性，并能够按照产品说明健康消费。

UDC

# 中 华 人 民 共 和 国 国 家 标 准

GB 50687—2011

# 食品工业洁净用房建筑技术规范

Architectural and technical code for cleanroom in food industry

2011－04－02 发布　　2012－05－01 实施

中华人民共和国住房和城乡建设部
中华人民共和国国家质量监督检验检疫总局
联合发布

# 中华人民共和国国家标准

食品工业洁净用房建筑技术规范

Architectural and technical code for cleanroom in food industry

GB 50687—2011

主编部门：中华人民共和国住房与城乡建设部

批准部门：中华人民共和国住房与城乡建设部

施行日期：2012 年 5 月 1 日

## 中华人民共和国住房和城乡建设部
## 公告
## 第 968 号

## 关于发布国家标准《食品工业洁净用房建筑技术规范》的公告

现批准《食品工业洁净用房建筑技术规范》为国家标准，编号为 GB 50687—2011，自 2012 年 5 月 1 日起实施。其中，第 3.3.5、6.2.5、7.2.1、8.3.4（1、4）条（款）为强制性条文，必须严格执行。

本规范由我部标准定额研究所组织中国建筑工业出版社出版发行。

中华人民共和国住房和城乡建设部

2011 年 4 月 2 日

## 前　言

根据住房和城乡建设部《关于印发〈2008 年工程建设标准规范制订、修订计划（第一批）〉的通知》（建标［2008］102 号）的要求，由中国建筑科学研究院会同有关单位编制完成的。

本规范在编制过程中，编制组进行了广泛调查研究，认真总结实践经验，参考有关国际标准和国外先进标准，并在广泛征求意见的基础上，最后经审查定稿。

本规范共分 10 章和 2 个附录，主要技术内容包括：总则，术语，工厂平面布置，洁净用房分级和环境参数，对工艺设计的要求，建筑，通风与净化空调，给水排水，电气，检测、验证与验收。

本规范中以黑体字标志的条文为强制性条文，必须严格执行。

本规范由住房和城乡建设部负责管理和对强制性条文的解释，中国建筑科学研究院负责具体技术内容的解释。本规范在执行过程中有意见建议，请寄中国建筑科学研究院建筑环境与节能研究院（地址：北京市朝阳区北三环东路30号，邮编：100013）。

本规范主编单位：中国建筑科学研究院

本规范参编单位：同济大学
浙江大学建筑设计院
中国人民解放军总后勤部建筑设计研究院
杭州娃哈哈集团有限公司
苏净集团苏州安泰空气技术有限公司
上海北亚洁净工程有限公司
重庆思源安装工程有限公司
北京洲际资源环保科技有限公司
上海松华空调净化设备有限公司
北京方浩赛阳科技有限公司
广西工联工业工程咨询设计有限公司
广西凌云浪伏茶业有限公司

本规范主要起草人：许钟麟　张益昭　曹国庆　潘红红
沈晋明　胡吉士　刘凤琴　郭　丽
金　真　王啸波　梁志忠　张敦杰
洪玉忠　王晓辉　郑　云

本规范主要审查人员：吴元炜　范存养　邵　强　蔡同一
王　玮　张　日　薛英超　田鸣华
胡贤忠　刘　丹

## 1 总则

1.0.1　为提高污染控制水平，满足食品生产安全卫生需求，合理应用空气洁净技术，制定本规范。

1.0.2　本规范适用于食品加工和生产的新建、改建和扩建厂房中洁净用房的设计、施工、工程检测和工程验收。

1.0.3　食品工业洁净用房建筑除应执行本规范规定外，还应符合国家现行有关标准的规定。

## 2 术语

2.0.1　食品　food

供人食用或者饮用的成品和原料以及按照传统既是食品又是药品的物品，但不包括以治疗为目的的物品。

2.0.2　食品工业　food industry

以农业、渔业、畜牧业、林业或化学工业的产品或半成品为原料，制造、提取、加工成食品或半成品，具有连续而有组织的经济活动工业体系。

2.0.3　洁净用房　cleanroom

空气悬浮微粒浓度受控的房间，也称洁净室。它的建造和使用应减少室内诱入、产生及滞留的微粒。室内其他有关参数如温度、湿度、压力等按要求进行控制。

2.0.4　良好卫生生产环境（GHP）　good hygiene practice

针对食品危害的过程控制体系，通过对食品生产全过程进行危害分析、污染控制、关键点控制而营造的符合食品卫生条件的生产环境。

2.0.5　关键控制区域　critical control zone

食品加工过程中洁净用房内的一个区域，若该区域控制不当，极可能造成危害，如导致成品污染。

2.0.6　背景区域　background zone

同一洁净用房内关键控制区域周边的区域。

2.0.7　食品接触面　food contact surfaces

接触食品的那些表面以及经常在正常加工过程中会将污水滴溅在食品上或溅在接触食品的那些表面上的表面。包括用具及接触食品的设备表面。

2.0.8　人身净化用室　room for cleaning human body

人员在进入洁净区之前按一定程序进行净化的房间。

2.0.9　物料净化用室　room for cleaning material

物料在进入洁净区之前按一定程序进行净化的房间。

2.0.10　含尘浓度　particle concentration

单位体积空气中悬浮微粒的颗数。

2.0.11　含菌浓度　microorganisms concentration

单位体积空气中微生物的数量。

2.0.12　空气洁净度　air cleanliness

以单位体积空气中大于等于某粒径的微粒数量来区分的洁净程度。

2.0.13　气流流型　air pattern

室内空气的流动形态。

2.0.14　空气吹淋室　air shower

利用高速洁净气流吹落并清除进入洁净用房人员或物料表面附着微粒的小室。

2.0.15　缓冲室　buffer room

设置在洁净用房出入口、有高效过滤器送风、有一定换气次数的房间。

2.0.16　传递窗　pass box

在洁净用房隔墙上设置的传递物料和工器具的箱体，两侧装有不能同时开启的窗扇。

2.0.17　洁净工作服　clean working garment

为把工作人员身体外部附着的微粒限制在最小程度所使用的发尘量少的洁净服装。

2.0.18　酸性氧化电位水　acidic electrolyzed - oxidizing water

将低浓度的氯化钠（溶液浓度小于0.1%）加入经过软化处理的自来水中，在有离子隔膜式电解槽中电解后，在阳极一侧生成的具有高氧化还原电位、低浓度有效氯的酸性水溶液。

2.0.19　空态　as - built

设施已经建成，净化空调系统正常运行，但无生产设备、材料及人员的状态。

2.0.20　静态　at - rest

设施已经建成且齐备，净化空调系统正常运行，现场没有人员，但生产设备已安装完毕而未运行的状态；或生产设备停止运行并进行自净达到30 min ~ 40 min后的状态；或正在按建设方（用户）和施工方商定的方式运行的状态；是洁净用房的三种占用状态（空态、静态、动态）之一。

2.0.21　动态　operational

空调净化与生产设施以规定的方式运行，有规定的人员在场的状态。

2.0.22　高效空气过滤器　high efficiency particulate air filter

用于进行空气过滤且按《高效空气过滤器性能试验方法　效率和阻力》GB/T 6165规定的钠焰法检测，过滤效率不低于99.9%的空气过滤器。

2.0.23　工艺用水　process water

食品生产工艺中使用的水，包括饮用水和纯净水。

2.0.24　浮游菌　suspended bacteria

悬浮在空气中的带菌微粒。

2.0.25　沉降菌　settlement bacteria

降落在表面上的带菌微粒。

2.0.26　消毒　disinfection

杀死食品生产环境和用品中有害微生物的过程。

2.0.27　综合性能评定　comprehensive performance assessment

对已竣工验收的洁净用房的工程技术指标进行综合检测和评定。

## 3　工厂平面布置

### 3.1　一般规定

3.1.1　建有洁净用房的食品工厂的选址、规划、设计、布局、新建和改扩建应符合食品卫生生产要求，不得发生污染、交叉污染和混料。

3.1.2　厂区的生产环境应整洁，路面及运输不应对食品的生产造成污染。

### 3.2　总平面布置

3.2.1　建有洁净用房的食品工厂厂区内的建筑物位置应满足食品生产工艺的需要，在生产区中应明确区分洁净生产区和一般生产区。

3.2.2　生产过程中发生空气污染严重的建筑应建在厂区内常年最少风向的上风侧。

3.2.3　相互有不利影响的生产工艺，不宜设在同一建筑物内；当设在同一建筑物内时，各自生产区域之间应有隔断措施。

3.2.4　一般生产区应包括仓储用房、非洁净生产用房、外包装用房等。

### 3.3　洁净生产区

3.3.1　有卫生生产环境要求的洁净生产区宜包括易腐性食品、即食半成品或成品的最后冷却或包装前的存放、前处理场所；不能最终灭菌的原料前处理、产品灌封、成型场所，产品最终灭菌后的暴露环境；内包装材料准备室和内包装室以及为食品生产、改进食品特性或保存性的加工处理场所和检验室等。布局。生产线布置不应造成往返交叉和不连续。

3.3.2　洁净生产区应按生产流程及相应洁净用户等级要求合理

3.3.3　生产区内有相互联系的不同等级洁净用房之间应按照品种和工艺的需要设置缓冲室、空气吹淋室等防止交叉污染的措施，当设置缓冲室时，其面积不应小于3 $m^2$。

3.3.4　原料前处理不宜与成品生产使用同一洁净区域，当生产工艺有特殊要求时，应根据工艺要求确定。

3.3.5　在不能最终灭菌食品的生产、检验、包装车间以及易腐败的即食性成品车间的入口处，必须设置独立隔间的手消毒室。

3.3.6　生产车间内应划出与生产规模相适应的面积和空间作为物料、中间产品、待验品、成品和洁具的暂存区，并应严防交叉、混淆和污染。

3.3.7　当生产确需将危险品放在车间内时，危险品应单独存放于专用场所。

3.3.8　检验室宜独立设置，对其排气和排水应有相应处理措施。对样本的检验过程有空气洁净要求时，应设洁净工作台。

3.3.9　宜设置与生产规模、品种、人员素质等相适应的清洗、消毒（包括雾化消毒）、灭菌的污染控制综合设施。

### 3.4　仓储区

3.4.1　仓储区位置应便于物流管理和卫生管理。

3.4.2　各种物料、产品应按品种分类分批储存。同一库内不得储存相互影响食品风味的物品。

3.4.3　储存物料、产品应符合先进先出的原则，应便于及时剔除不符合质量和卫生标准的物品。

3.4.4　仓储区内应有退货或召回的物料或产品单独隔离存放的区域。

## 4　洁净用房分级和环境参数

### 4.1　一般规定

4.1.1　食品工业洁净用房应根据食品生产对除菌除尘和卫生要求分级。

4.1.2　洁净用房应明确其中生产的关键控制点、关键区域和背景区域，并应分别定级。应尽量缩小高级别区域的面积。

### 4.2　等级

4.2.1　食品工业洁净用房等级应符合表4.2.1的规定：

**表4.2.1　　食品工业洁净用房等级**

| 等级 | 操作区 | 说明 |
| --- | --- | --- |
| Ⅰ级 | 高污染风险的洁净操作区 | 高污染风险是指进行风险评估时确认在不能最终灭菌条件下，食品容易长菌、配制灌装速度慢、灌装用容器为广口瓶、容器须暴露数秒后方可密闭等状况 |
| Ⅱ级 | Ⅰ级区所处的背景环境，或污染风险仅次于Ⅰ级的涉及非最终灭菌食品的洁净操作区 | — |
| Ⅲ级 | 生产过程中重要程度较次的洁净操作区 | — |
| Ⅳ级 | 属于前置工序的一般清洁要求的区域 | — |

4.2.2　各级洁净用房洁净区微生物的最低要求应符合表4.2.2的规定。

**表4.2.2　　洁净区微生物的最低要求**

| 洁净用房等级 | 空气浮游菌（cfu/m³） | | 空气沉降菌（φ90 mm） | | 表面微生物（动态） | | |
|---|---|---|---|---|---|---|---|
| | | | | | 接触皿（φ55 mm）（cfu/皿） | | 5指手套（cfu/手套） |
| | 静态 | 动态 | 静态（cfu/30 min） | 动态（cfu/4h） | 与食品接触表面 | 建筑内表面 | |
| Ⅰ级 | 5 | 10 | 0.2 | 3.2 | 2 | 不得有霉菌斑 | <2 |
| Ⅱ级 | 50 | 100 | 1.5 | 24 | 10 | | 5 |
| Ⅲ级 | 150 | 300 | 4 | 64 | 不作规定 | | 不作规定 |
| Ⅳ级 | 500 | 不作规定 | 不作规定 | 不作规定 | 不作规定 | | 不作规定 |

注：1 表中各数值均为平均值，单点最大值不宜超过平均值的2倍。

2 动态检测时可使用多个沉降皿连续进行监控，但单个沉降皿的暴露时间可以小于4 h，按实际时间计算沉降菌。

3 与食品接触表面不得检出沙门氏菌和金黄色葡萄球菌。

4.2.3　各级洁净用房的悬浮微粒要求应符合表4.2.3的规定。

**表4.2.3　　各级洁净用房的悬浮微粒要求**

| 洁净用房等级 | 悬浮微粒最大允许数（粒/m³） | | | |
|---|---|---|---|---|
| | 静态 | 动态 | 静态 | 动态 |
| | ≥0.5 μm | ≥5 μm | ≥0.5 μm | ≥5 μm |
| Ⅰ级 | 3520 | 29 | 35200 | 293 |
| Ⅱ级 | 352000 | 2930 | 3520000 | 29300 |
| Ⅲ级 | 3520000 | 29300 | — | — |
| Ⅳ级 | 35200000 | 293000 | — | — |

4.2.4　洁净用房工程验收时应达到相应各等级的静态标准。

4.2.5　食品的生产应根据不同生产阶段、不同关键控制点或食品本身的属性在对应等级的洁净区域内进行。涉及婴幼儿和特殊高危人群的食品，可提高生产环境洁净用房等级。卫生生产环境宜符合本规范附录A的规定。

## 4.3　环境参数

4.3.1　食品工业洁净用房的温度和湿度应符合下列规定：

1　当生产工艺对温度和湿度有特殊要求时，食品工业洁净用房的温度和湿度应根据工艺要求确定。

2　当生产工艺对温度和湿度无特殊要求时，Ⅰ级、Ⅱ级洁净用房温度应为20 ℃～25 ℃，相对湿度应为30%～65%；Ⅲ级、Ⅳ级洁净用房温度应为18 ℃～26 ℃，相对湿度应为30%～70%。

4.3.2　食品工业洁净用房应根据生产要求提供照度，并应符合下列规定：

1　检验场所工作面混合照明的最低照度不应低于500 lx，加工场所工作面一般照明的最低照度不应低于200 lx。

2　辅助工作室、走廊、缓冲室、人员净化和物料净化用室一般照明的照度值不宜低于100 lx。

3　对照度有特殊要求的生产部位可设置局部照明。

4.3.3　I级洁净用房的噪声级（静态）不应大于65 dB（A），其他等级洁净用房噪声级（静态）不应大于60 dB（A）。

## 5　对工艺设计的要求

### 5.1　工艺布局

5.1.1　工艺平面应与工艺要求的洁净用房等级相适应，并应防止食品、食品接触面和食品包装受到污染。原料、半成品、成品、生食和熟食应在各自独立的有完整分隔的生产区内加工制作。

5.1.2　工艺设备布置应符合生产流程要求，同类型设备宜集中布置。

5.1.3　工艺布置宜使原料、半成品的运输距离缩至最短，不宜往返交叉。

5.1.4　操作台之间、设备之间以及设备与建筑围护结构之间应有安全维修和清洁的距离。

5.1.5　生产和操作过程中产生粉尘和气体污染的工艺设备宜布置在洁净用房外，若布置在室内时，宜靠墙且靠近回、排风口或设局部排风装置的位置布置。

### 5.2　工艺设备与工艺管道

5.2.1　工艺设备的设计、选型、安装应便于清洗、消毒或灭菌。

5.2.2　工艺设备及其安装用的机械设备在进入洁净用房安装现场前应进行清洁。

5.2.3　生产过程中有腐蚀性介质排出的工艺设备宜集中布置。

5.2.4　工艺管道的设计和安装应避免死角、盲管，在满足工艺要求的前提下宜短捷。

5.2.5　穿过围护结构进入洁净用房的工艺管道应设套管，套管内管材不应有焊缝与接头，管材与套管间应用不燃材料填充并密封。

5.2.6　用于灌注食品的压缩空气或清洁食品接触面的压缩空气应经过过滤处理，并至少达到与环境相同的洁净度。

5.2.7　工艺管道主管系统宜设置必要的检测孔、取样孔和清扫孔。

5.2.8　不便移动的设备应设置在位清洗、消毒或灭菌设施。

5.2.9　清洗室的设置应符合下列规定：

1（Ⅰ~Ⅲ）级洁净区的设备、容器、工器具及洁净工作服宜在本区域外设置专区清洗，Ⅳ级洁净区的清洗室可设置在本区域内，清洗室的洁净用房等级不应低于Ⅳ级。

2　存放洗涤干燥或灭菌后的设备、容器及工器具的洁净用房应与其使用环境具有相同的等级。

### 5.3　物流与物料净化

5.3.1　进出洁净用房的物流与人流应使用不同的通道和出入口，并应单向输送，不得交叉；宜有废弃物的专用通道和出口。

5.3.2　物料净化程序应包括外包清洁、拆包、传递或传输。

5.3.3　进入洁净区的各种物料、原辅料、设备、工具和包装材料等，均应在紧邻洁净区的拆包间内清理、吹净、拆包，拆包后的物料通过传递窗进入洁净区。

5.3.4　不能拆除外包装的应在拆包间对其表面进行清洁和消毒。

5.3.5 在不同等级的洁净用房之间进行物料传递时，宜采用传递窗。

5.3.6 当采用传送带连续传送物料、物件时，除具有连续消毒条件外，传送带不应穿越非洁净区，并应在洁净区与非洁净区之间设置缓冲设施，在两区之间分段传送。

5.3.7 当用电梯传送物料、物件时，电梯宜设在非洁净区，输送人员、物料的电梯应分开设置。当将电梯设在洁净区时，电梯前应设缓冲室。

5.3.8 当生产流水作业需要在洁净用房墙上开洞时，宜在洞口保持从洁净用房等级高的一侧经孔洞压向洁净用房低的一侧或按工艺要求的定向气流，洞口气流平均风速不应小于0.2 m/s。停止生产时洞口宜有封闭的措施。

### 5.4 人员净化

5.4.1 人员通过用房宜包括雨具存放、换鞋、存外衣、卫生间、盥洗室、淋浴室、换洁净或无菌工作服、换无菌鞋和空气吹淋室等设施。

5.4.2 更衣室内脱衣区和穿洁净工作服区应有分隔，穿洁净工作服区宜按Ⅲ～Ⅳ级洁净用房设计，穿无菌内衣及其后区域宜按Ⅱ～Ⅲ级洁净用房设计。

5.4.3 可灭菌食品生产区人员净化程序宜按图5.4.3顺序安排。

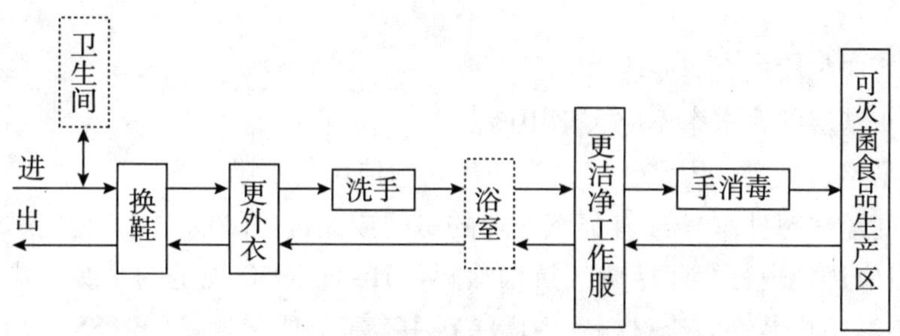


**图5.4.3 可灭菌食品生产区人员净化程序**

5.4.4 不可灭菌食品生产区人员净化程序应按图5.4.4顺序安排。

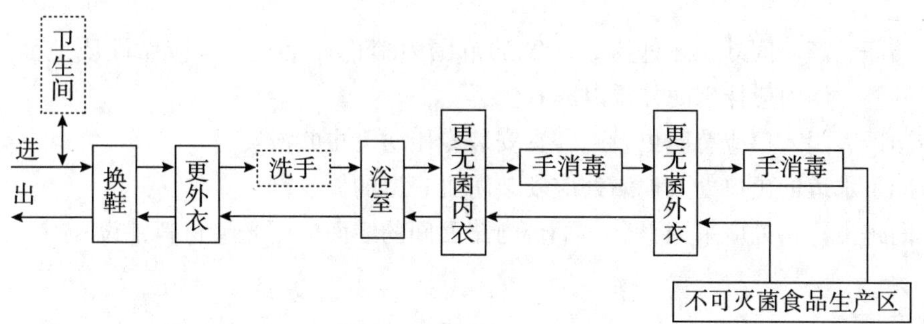


**图5.4.4 不可灭菌食品生产区人员净化程序**

5.4.5 手消毒器和手消毒擦拭巾宜在生产人员通道上设置。

## 6 建筑

### 6.1 一般规定

6.1.1 食品工业洁净用房的建筑设计除应满足生产工艺需求外，尚应满足不产尘、不积尘、耐腐蚀、防潮、防霉、易清洁的要求，并应符合防火、环保规定。

6.1.2 食品工业洁净用房应便于安装空调净化设备、风管和风口，室内净高应满足生产工艺要求。

### 6.2 建筑装饰

6.2.1 生产车间内的地面和墙面应使用非吸收性、不透水、易清洗消毒、不藏污纳垢的浅色材料铺设，表面应平坦光滑。管道、灯具、风口应采用易擦洗、消毒的产品，不应出现不易清洁的部位。

6.2.2 车间地面应有1% ~2%的排水坡度。

6.2.3 生产过程中有腐蚀性介质排出的设备所在的地面应局部设立防止介质漫延的设施。

6.2.4 墙面及柱面与地面的交接应用圆弧过渡，所有阴角宜为圆角。墙角拐弯处和推车通道的相应高度墙面应有防撞设施。

6.2.5 **木质材料不得外露使用。所有门不应采用木质材料外露的门。**

6.2.6 当洁净走廊设外窗时，应设双层密闭外窗。

6.2.7 食品生产车间围护结构内表面可涂饰抗菌防霉涂料，涂料表面的基层处理应符合下列规定：

1 新建建筑物的混凝土或抹灰层在涂饰涂料前应涂刷抗碱封闭底漆，若是旧墙面，还应事先清除疏松的旧装饰层。

2 金属板材基底应先涂饰金属底漆。

3 混凝土或抹灰基层的含水率不应大于10%。

4 基层腻子应平整、坚实，用水、用蒸汽的房间应使用耐水腻子。

6.2.8 相对湿度经常超过80%或有蒸汽作业的房间或关键区域的内表面当涂饰抗菌防霉涂料时，抗菌涂料的防霉等级应达到现行行业标准《抗菌涂料》HG/T 3950规定的零级，涂料中有害物质限量应符合现行国家标准《室内装饰装修材料　内墙涂料中有害物质限量》GB 18582的有关规定，并应根据使用情况定期重涂。

### 6.3 建筑防虫害、鼠害措施

6.3.1 在洁净生产车间外墙之外约3 m宽的范围内禁止种草种花，应做硬质地面，并宜再加30 cm以上深和宽的沟，沟内应抹水泥并添以卵石。

6.3.2 洁净区大门入口应有防虫设施，宜安装专用防飞虫吹淋装置。

6.3.3 车间下水道的出口处及地漏处应安装防虫、鼠的栅、网。

6.3.4 车间进出物料处应采用平台，平台与路面间的墙面应用光滑材料铺设。

## 7 通风与净化空调

### 7.1 系统

7.1.1 食品工业洁净用房宜采用局部空气净化方法（含设备自身所带的净化措施）以及符合卫生标准的消毒灭菌措施，应保护关键区域达到所需的控制参数。

7.1.2 空气净化系统送风应设置三级过滤，其位置应为新风口、风机正压段、送风口。

7.1.3 室外可吸入颗粒物浓度PM10未超过现行国家标准《环境空气质量标准》GB 3095中二级标准时，净化空调系统新风口宜设粗效和中效空气过滤器。室外可吸入颗粒物浓度PM10超过上述二级标准时，宜在新风口增设第三道低阻高中效空气过滤器。

7.1.4 风机正压段、空调机组出口前应设不低于中效的空气过滤器。

7.1.5 Ⅰ级、Ⅱ级洁净用房的送风口应安装高效空气过滤器，Ⅲ级、Ⅳ级洁净用房的送风口或纤维织物送风管前的送风段应安装不低于高中效的空气过滤器。

7.1.6 洁净用房回风口宜安装初阻力不大于30 Pa、细菌一次通过的除菌效率不低于90%、颗粒物一次通过的计重过滤效率不低于95%的空气净化和消毒装置。

7.1.7 洁净用房内不宜布置高温、高湿和产生臭味、气体（包括蒸汽及有毒气体）或粉尘（如磨粉工段）的工序。否则应布置于封闭或半封闭设备内，并应设置局部排风；当不能封闭或半封闭时，净化空调系统不应使用循环风，并应设置排除有害物的排风装置。

7.1.8 空调机组内过滤器前后应安装压差计。

7.1.9 风口和风管应方便清洗，易堵和清洗频繁的管段可采用纤维织物风管。

7.1.10 物料收集用的排风管道宜采用304或316不锈钢。

## 7.2 气流组织

**7.2.1 室内气流应保持从清洁区域流向污染区域的定向流。**

7.2.2 Ⅰ级区宜采用四周加围挡壁的局部垂直单向流，Ⅰ级的背景环境及其他级别洁净用房宜采用非单向流。

7.2.3 局部Ⅰ级洁净用房送风口面积应比下方控制区面积每边至少各大20 cm以上。

7.2.4 局部Ⅰ级洁净用房送风口下方，在不妨碍操作的条件下，应设柔性或刚性围挡壁。围挡壁宜下垂至送风口下方0.5 m或低于操作面。

7.2.5 当局部Ⅰ级洁净用房送风口（不含自循环的送风末端）下无围挡壁或围挡壁高度不大于0.5 m时，若送风口面积不小于全室面积的1/14，则局部Ⅰ级洁净用房的Ⅱ级背景环境中可不另设送风口。

7.2.6 Ⅰ级洁净用房回风口应均匀分布在下部两侧；其他等级洁净用房回风口宜均匀分布在下部两侧，当只能一侧布置时，生产线应布置在送风口正下方。

## 7.3 净化送风参数

7.3.1 Ⅰ级洁净用房距地面0.8 m高度的截面风速不应小于0.2 m/s，当测点位于实体操作面上方时，测点高度可从实体操作面上调0.25 m。

7.3.2 不同等级洁净用房静态时换气次数应按人员数量、面积大小、操作强度等条件计算确定或按表7.3.2选用。

**表7.3.2 洁净用房静态时换气次数**

| | |
|---|---|
| Ⅱ级 | 不小于20次/h |
| Ⅲ级 | 不小于15次/h |
| Ⅳ级 | 不小于10次/h |
| 无等级要求 | 不小于5次/h |

7.3.3 新风量应按每人不小于40 $m^3/h$ 设计，并应满足排风和维持正压的需要。

7.3.4 有可关闭的门窗相邻相通的洁净用房之间以及洁净区与非洁净区之间应保持不小于5 Pa的静压差，洁净区对室外应保持不小于10 Pa的静压差。当生产工艺要求在洁净用房墙上开有不可关闭的洞口时，洞口气流流向及平均风速应符合本规范第 5.3.8 条规定。

7.3.5 有内部污染产生的房间宜保持相对负压，对外来污染有控制要求的房间宜保持相对正压。

## 8 给水排水

### 8.1 一般规定

8.1.1 食品工业洁净用房的工艺给排水系统，从设计、施工到生产运行应有可靠性验证。

8.1.2 洁净用房的给水排水干管应敷设在技术夹层或技术夹道内。

8.1.3 当管道外表面存在结露风险时，应采取防护措施。防结露层外表面应光滑易于清洁，并不得对洁净用房造成污染。

8.1.4 管道穿过洁净用房墙壁、楼板时应设套管，管道和套管之间应采取密封措施。

### 8.2 给水

8.2.1 洁净用房内的给水应符合现行国家标准《生活饮用水卫生标准》GB 5749 的有关规定，宜有两路进口，且为连续正压系统供给。

8.2.2 洁净用房内的洗浴及卫生设备应符合下列规定：

1 洁净用房内及洁净区入口处应设置洗手、消毒、干手设备，每（10 ~ 15）人宜设一套设备，并应设有可调节冷热水的龙头，其数量应符合使用要求。

2 贮热水的设备水温不应低于 60 ℃；当设置循环系统时，循环水温度应在 50 ℃以上。

3 给水龙头应采用非手动开关。

4 洁净用房内的给水管与卫生器具及设备的连接应有空气隔断，严禁直接相连。

8.2.3 洁净用房内的给水系统应根据生产、生活和消防等各项用水对水质、水温、水压和水量的要求分别设置独立的系统，其管路应有颜色区别。

8.2.4 纯净水供水管道应采用循环供水方式，循环附加水量为使用水量的 30% ~ 100%，不循环的支管长度不应大于 6 倍管径，并应在供水干管上设有清洗口。

8.2.5 洁净厂房周围宜设置洒水设施。

8.2.6 洁净用房内的墙面、设备、器具及洗手消毒宜采用对人体和食品无害的绿色环保消毒液。当进入洁净用房前设置鞋消毒池时，池内宜放置环保消毒液。当消毒液使用酸性氧化电位水或氧化电位水的副产品碱性水时，应符合下列规定：

1 应在冲洗干净后用酸性氧化电位水消毒。

2 酸性氧化电位水的 pH 应为 2.0 ~ 2.7，ORP 不应小于 1100 mv，有效氯的含量应为 60 mg/L ± 10 mg/L。

3 制备酸性氧化电位水的硬度应小于 50 mg/L，应随制随用，并应在流动中冲洗或浸泡。pH 值、ORP 及有效氯的含量应在线监测，自动控制在有效范围内。

4 间歇使用酸性氧化电位水消毒时，使用前应放空滞留在管道中的酸性氧化电位水。密闭、透光储罐中的酸性氧化电位水不得超过 3 d。

5 应有相应的制备、储存和输送酸性氧化电位水的在线监测和实时显示措施。

6 当将氧化电位水的副产品碱性水用于洁净用房内的设备、器具及工作人员手的一般清洗时，管道应定期用酸性氧化电位水清洗。

### 8.3 排水

8.3.1 洁净用房的排水系统应根据工艺设备排出的废水性质、浓度和水量等特点确定。有害废水经废水处理应达到国家排放标准后排出。

8.3.2 洁净用房内的排水设备以及与重力回水管道相连接的设备应在其排出口以下部位设高度大于 50 mm 的水封装置。

8.3.3 洁净用房内的卫生器具和装置的污水透气系统应独立装置。

8.3.4 洁净用房内的地漏等排水设施的设置应符合下列规定：

1 **Ⅰ级洁净用房内不应设地漏。**

2 Ⅱ级洁净用房内不宜设地漏，否则应采用专用地漏，且应有防污染措施。

3 Ⅰ级、Ⅱ级洁净用房内不宜设排水沟。

4 Ⅰ级、Ⅱ级洁净用房内不应有排水立管穿过；Ⅲ级、Ⅳ级洁净用房内如有排水立管穿过时，不应设检查口。

5 连接排水管处应有可清洁的排渣口。

6 当设排水明沟时，应设可阻留残留杂物的箅子，沟底应为圆弧。明沟终点应设沉渣坑，除渣后的废水应接排水管道。

### 8.4 消防给水和灭火设备

8.4.1 洁净用房的消防给水和固定灭火设备的设置应符合现行国家标准《建筑设计防火规范》GB 50016 的有关规定。

8.4.2 洁净用房的生产层及上下技术夹层（不含不通行的技术夹层），应设置室内消火栓。消火栓的用水量不应小于 10 L/s，同时使用水枪数不应少于 2 支，水枪充实水柱长度不应小于 10 m，每支水枪的出水量应按不小于 5 L/s 计算。

## 9 电气

### 9.1 配电

9.1.1 洁净用房的用电负荷等级和供电要求应根据现行国家标准《供配电系统设计规范》GB 50052 的有关规定和生产工艺确定。

9.1.2 洁净用房的电源进线应设置切断装置，切断装置宜设在洁净区外便于操作管理的地点。

9.1.3 洁净用房内配电设备的选择与布置应符合下列规定：

1 洁净用房内应选择不易积尘、便于擦拭、外壳不易锈蚀的小型暗装配电设备，不宜设置大型落地安装的配电设备。

2 洁净用房配电设备应按湿度条件选择，应满足所在车间防水、水蒸气和酸碱腐蚀的要求。

9.1.4 洁净用房内的电气管线宜敷设在技术夹层或技术夹道内，穿线导管应采用不燃烧体。洁净用房内连接至设备的电气管线和接地线宜暗敷。

9.1.5 洁净用房内的电气管线管口以及安装于墙上的各种电器设备与墙体接缝处均应密封。

### 9.2 照明

9.2.1 洁净用房内的照明光源宜采用高效荧光灯。若工艺有特殊要求或照度值达不到设计要求时，也可采用其他形式光源。

9.2.2　洁净用房内照明灯具的选择与布置应符合下列规定：

1　洁净用房内宜选用外部造型简单、不易积尘、便于清洁的洁净灯具。

2　洁净用房内的照明灯具宜吸顶明装，灯具与顶棚接缝处应密封；当采用嵌入式灯具时，其安装缝隙应采取密封措施。

3　潮湿和有水雾的车间应采用防潮灯具，防爆车间应采用防爆灯具。

4　紫外线消毒灯的控制开关应设置在洁净用房外。

9.2.3　洁净用房应根据实际工作的需要提供照度，最低照度应符合本规范第4.3.2条的规定。

9.2.4　洁净用房内应设置备用照明，并应满足所需场所或部位活动和操作的最低照明。

### 9.3　自动控制

9.3.1　洁净用房宜对供热、供冷、纯水、通风空调和气体供应等系统进行自动监控。

9.3.2　净化空调系统新风口、排风口应有自动关闭措施。

9.3.3　洁净用房的空调系统应有风机启停顺序和温湿度的自动控制系统。

9.3.4　在满足生产工艺要求的前提下，宜对风机、水泵等动力设备采取变频调速等节能控制措施。

9.3.5　食品工厂内的洁净生产区入口应有门禁自动控制措施。

## 10　检测、验证与验收

### 10.1　环境参数检测

10.1.1　环境参数的检测方法应按现行国家标准《洁净室施工及验收规范》GB 50591的有关规定执行。

10.1.2　动态监测点应经评估后确定，不应随意更换。

### 10.2　确认和验证

10.2.1　洁净用房在设计过程中，应对照本规范附录B，经过对设计文件、图纸的检查确认，验证其符合本规范的规定。

10.2.2　洁净用房在施工安装过程中，应对照本规范附录B，经过对外观检查、设备运转的检查确认，验证其符合本规范的规定。

10.2.3　洁净用房在净化空调系统和水系统安装完成后，应对照附录B，并通过调整测试或对其结果的检查确认，验证系统运行符合工艺要求和本规范的规定。

10.2.4　洁净用房在完成本规范第10.2.2条的安装确认和第10.2.3条的运行确认后，在工程验收之前，应通过对静态性能全面测定的确认，验证洁净用房及其净化空调系统的综合性能应符合表10.2.4规定。测定方法应按现行国家标准《洁净室施工及验收规范》GB 50591的有关规定执行。

**表 10.2.4** **工程验收静态性能确认表**

| 序号 | 项目 | 单位 | 标准 | |
|---|---|---|---|---|
| 1 | 送风高效，过滤器检漏，不泄漏 | 粒/min·采样容积 | <3（大气尘） | |
| 2 | 定向气流 | — | 由Ⅰ级流向Ⅳ级<br>由洁净区流向非洁净区<br>由非洁净区流向污染区<br>非单向流室内由送风口流向排风口、回风口 | |
| 3 | Ⅰ级工作区截面风速 | m/s | 工作面高度<br>地面上 0.8 m<br>实心工作面上 0.25 m | ≥0.2 |
| 4 | 换气次数 | $h^{-1}$ | Ⅱ级<br>Ⅲ级<br>Ⅳ级<br>无洁净度要求 | ≥20<br>≥15<br>≥10<br>≥5 |
| 5 | 静压差 | Pa | 与相邻相通房间<br>与室外 | ≥5（视要求为正或负）<br>≥10（视要求为正或负） |
| 6 | 新风量 | $m^3$/（h·人） | ≥40 | |
| 7 | 开放的洞口风速 | m/s | ≥0.2 | |
| 8 | 洁净度 | 级 | Ⅰ<br>Ⅱ<br>Ⅲ<br>Ⅳ | 洁净度 5 级（≥0.5 μm 和≥5 μm 微粒的最大点浓度和室平均统计值均达标，下同）<br>洁净度 7 级<br>洁净度 8 级<br>洁净度 9 级 |
| 9 | 空气浮游菌 | cfu/$m^3$ | Ⅰ级<br>Ⅱ级<br>Ⅲ级<br>Ⅳ级 | ≤5<br>≤50<br>≤150<br>≤500 |
| 10 | 空气沉降菌（φ90 皿） | cfu/30 min | Ⅰ级<br>Ⅱ级<br>Ⅲ级<br>Ⅳ级 | ≤0.2<br>≤1.5<br>≤4<br>不作规定 |
| 11 | 噪声 | dB（A） | Ⅰ级<br>低于Ⅰ级 | ≤65<br>≤60 |

（续表）

| 序号 | 项目 | 单位 | 标准 | |
|---|---|---|---|---|
| 12 | 照度 | lx | 加工场所工作面<br>一般照明<br>加工场所工作面<br>混合照明<br>非加工场所工作面<br>一般照明 | ≥200<br>≥500<br>≥100 |
| 13 | 温度 | ℃ | Ⅰ、Ⅱ级舒适性要求<br>Ⅲ、Ⅳ舒适性要求<br>工艺要求 | 20～25<br>18～26<br>按设计图 |
| 14 | 相对湿度 | % | Ⅰ、Ⅱ级舒适性要求<br>Ⅲ、Ⅳ舒适性要求<br>工艺要求 | 30～65<br>30～70<br>按设计图 |
| 15 | 自净时间 | min | ≤30 或≤40 | |
| 16 | 甲醛 | $mg/m^3$ | ≤0.1 | |

### 10.3 工程验收

10.3.1 洁净用房的工程验收应由建设方组织，并应遵照现行国家标准《洁净室施工及验收规范》GB 50591 的有关规定进行。

10.3.2 洁净用房的工程验收应在有质检资格的检验单位进行综合性能的全面测定之后进行。

## 附录 A 食品生产良好卫生生产环境

A.0.1 非最终灭菌食品洁净用房等级宜符合表 A.0.1 的规定。

**表 A.0.1 非最终灭菌食品洁净用房等级**

| 洁净用房等级 | 适用的生产阶段或关键控制点 |
|---|---|
| Ⅱ级背景下的Ⅰ级 | 易腐或即食生食切割 |
| | 食品的冷却 |
| | 食品灌装（或灌封）、分装、轧盖 |
| | 灌装前液体或食品的加工、配制 |
| | 微生物指标检验 |
| Ⅱ级 | 直接接触食品的包装材料的存放以及处于未完全密闭状态下的转运 |
| Ⅲ级 | 直接接触食品的包装材料、器具的最终清洗、装配或包装、灭菌 |

（续表）

| 洁净用房等级 | 适用的生产阶段或关键控制点 |
| --- | --- |
| Ⅳ级 | 食品原料的预处理 |

注：表中生产阶段或关键控制点应符合本规范表 4.2.1 的说明，具有高污染风险，才适用Ⅱ级背景下的Ⅰ级（含设备自身具备的）的条件，如冷却阶段中的月饼、酸奶的冷却，检验阶段中的一般理化检测则不适用此种条件。

A.0.2 最终灭菌食品洁净用房等级宜符合表 A.0.2 的规定。

**表 A.0.2　　最终灭菌食品洁净用房等级**

| 洁净用房等级 | 适用的生产阶段或关键控制点 |
| --- | --- |
| Ⅲ级 | 食品的灌装（或灌封）、包装 |
| | 高污染风险食品的配制、加工 |
| | 直接接触食品的包装材料和器具最终清洗后的处理 |
| Ⅳ级 | 轧盖或封口 |
| | 灌装前物料的准备 |
| | 液体的浓配或采用密闭系统的稀配 |
| | 直接接触食品的包装材料的最终清洗 |

注：此处的高污染风险是指进行风险评估时确认产品容易长菌、配制后需等待较长时间方可灭菌或不在密闭容器中配制等情况。

# 附录 B　工程验收检查确认项目

**表 B　　工程验收检查确认项目**

| 序号 | 条号 | 项目 |
| --- | --- | --- |
| 1 | 3.3.3 | 生产区内相互联系的不同等级洁净用房之间设的缓冲室面积是否不小于 3 $m^2$ |
| 2 | 3.3.5 | 在不能最终灭菌食品的生产、检验、包装车间以及易腐败的即食性成品车间的入口处是否设置了独立隔间的手消毒室 |
| 3 | 4.1.1 | 食品工业洁净用房分级是否符合要求及本规范第 4.1 节、第 4.2 节相关条款 |
| 4 | 5.1.4 | 操作台之间、设备之间以及设备与建筑围护结构之间是否有足够的距离 |
| 5 | 5.1.5 | 必须布置在洁净用房内的产生污染的工艺设备是否靠近回、排风口，是否有局部排风装置 |
| 6 | 5.2.4 | 工艺管道有无死角、盲管 |
| 7 | 5.2.5 | 穿过围护结构进入洁净用房的工艺和给排水管道是否设有套管，套管内间隙是否用不燃材料填充并密封 |
| 8 | 5.2.9 | Ⅰ~Ⅲ级清洗室是否设在区外 |
| 9 | 5.3.1 | 进入洁净用房的人、物流是否分门而入 |
| 10 | 5.3.3 | 拆包间的位置是否符合要求 |

（续表）

| 序号 | 条号 | 项目 |
|---|---|---|
| 11 | 5.3.6 | 传送带是否直接穿越非洁净区 |
| 12 | 5.3.7 | 电梯是否设在非洁净区 |
| 13 | 5.3.7 | 人、物电梯是否分开 |
| 14 | 5.3.7 | 设在洁净区的电梯前是否有缓冲室 |
| 15 | 5.4.5 | 生产通道上是否设置手消毒设施 |
| 16 | 6.2.1 | 生产车间地面是否为非吸收性、不透水并平坦光滑 |
| 17 | 6.2.2 | 生产车间地面坡度是否有1%～2%坡度 |
| 18 | 6.2.3 | 有腐蚀性介质排出的设备所在的地面是否有防止介质漫延设施 |
| 19 | 6.2.4 | 围护结构与地面的交角是否有圆弧过渡 |
| 20 | 6.2.4 | 所有阳角是否为圆角 |
| 21 | 6.2.4 | 墙角与通道上是否有防撞设施 |
| 22 | 6.2.5 | 是否有外露木质构件 |
| 23 | 6.2.5 | 是否用了木质材料外露的门 |
| 24 | 6.2.6 | 走廊外窗是否为双层密闭窗 |
| 25 | 6.2.8 | 抗菌防霉涂料是否有合格证明 |
| 26 | 6.3.1 | 车间外墙之外3 m内是否种了花草，是否为硬质地面 |
| 27 | 6.3.2 | 大门入口是否有防飞虫设施 |
| 28 | 6.3.3 | 下水道出口处是否有防虫、鼠的栅网 |
| 29 | 6.3.4 | 进出物料处是否设平台 |
| 30 | 7.1.2 | 空气净化系统送风是否有三级过滤 |
| 31 | 7.1.3 | 新风过滤器是否适合当地环境空气质量标准 |
| 32 | 7.1.4 | 风机正压段是否有不低于中效的过滤器 |
| 33 | 7.1.6 | 洁净用房回风口是否有合乎要求的过滤器 |
| 34 | 7.1.7 | 洁净用房内的产生温、湿、污染的设备是否被封闭或半封闭，是否有排风 |
| 35 | 7.1.7 | 洁净用房内的产生温、湿、污染的设备敞开布置时，室内是否不用循环风并有经处理达标的排风 |
| 36 | 7.1.8 | 空调机组内过滤器前后是否有压差计 |
| 37 | 7.1.10 | 物料收集排风管是否为不锈钢的 |
| 38 | 7.2.1 | 室内气流是否为从清洁区至污染区的定向流 |
| 39 | 7.2.3 | 局部Ⅰ级送风口是否比下方控制区每边各大20 cm |
| 40 | 7.2.4 | 送风口围挡壁下垂是否够0.5 m |
| 41 | 7.2.5 | 局部Ⅰ级送风面积与室内面积比例是否符合规定 |
| 42 | 8.1.2 | 给、排水干管是否设在洁净用房的技术夹层或夹道内 |
| 43 | 8.2.2 | 洁净区入口是否每（10～15）人设一套洗手消毒干手设备，是否有冷热水龙头 |

（续表）

| 序号 | 条号 | 项目 |
|---|---|---|
| 44 | 8.2.2 | 储存热水温度是否不低于 60 ℃，循环热水温度是否不低于 50 ℃ |
| 45 | 8.2.2 | 给水龙头是否为非手动开关 |
| 46 | 8.2.2 | 给水管与卫生器具及设备连接是否有空气隔断 |
| 47 | 8.2.3 | 洁净用房不同用途给水管是否有颜色区别 |
| 48 | 8.2.4 | 纯化水干管上是否有清洗口 |
| 49 | 8.2.5 | 洁净用房周围是否有洒水设施 |
| 50 | 8.3.3 | 洁净用房卫生器具污水透气管是否独立设置 |
| 51 | 8.3.4 | Ⅰ级洁净用房是否不设地漏 |
| 52 | 8.3.4 | Ⅰ、Ⅱ级洁净用房是否有排水立管穿过 |
| 53 | 8.3.4 | 可用地漏的是否为专用地漏 |
| 54 | 8.3.4 | 可有排水立管穿过的是否不设检查口 |
| 55 | 8.3.4 | 连接排水管处是否有排渣口 |
| 56 | 8.3.4 | 设排水沟的是否设有阻留残物的设施 |
| 57 | 8.4.2 | 洁净用房生产层和非通行夹层是否设置消火栓 |
| 58 | 9.1.2 | 电源是否在便于操作处设切断装置 |
| 59 | 9.1.4 | 穿线导管是否为不燃体 |
| 60 | 9.1.5 | 管线管口、各种电器与墙体接缝是否密封 |
| 61 | 9.2.1 | 光源是否采用高效荧光灯 |
| 62 | 9.2.2 | 灯具是否吸顶明装 |
| 63 | 9.2.2 | 是否采用了防潮防爆灯 |
| 64 | 9.2.2 | 紫外灯开关是否在用房之外 |
| 65 | 9.2.4 | 是否有备用照明 |
| 66 | 9.3.3 | 是否有风机启停顺序和温湿度自控系统 |
| 67 | 9.3.4 | 动力设备是否设变频节能措施 |
| 68 | 9.3.5 | 是否有门禁自控 |

# 本规范用词说明

1　为便于在执行本规范条文时区别对待，对于要求严格程度不同的用词说明如下：

1）表示很严格，非这样做不可的：

正面词采用“必须”，反面词采用“严禁”。

2）表示严格，在正常情况下均应这样做的：

正面词采用“应”，反面词采用“不应”或“不得”。

3）表示允许稍有选择，在条件许可时，首先应这样做的：正面词采用“宜”，反面词采用“不宜”；

表示有选择，在一定条件下可以这样做的用词，采用“可”。

2 本规范中指明应按其他有关标准、规范执行的写法为“应符合……的规定”或“应按……执行”。

## 引用标准名录

1《建筑设计防火规范》GB 50016
2《供配电系统设计规范》GB 50052
3《洁净室施工及验收规范》GB 50591
4《环境空气质量标准》GB 3095
5《生活饮用水卫生标准》GB 5749
6《高效空气过滤器性能试验方法　效率和阻力》GB/T 6165
7《室内装饰装修材料　内墙涂料中有害物质限量》GB 18582
8《抗菌涂料》HG/T 3950

## 中华人民共和国国家标准

食品工业洁净用房建筑技术规范
GB 50687—2011
条文说明

## 制定说明

《食品工业洁净用房建筑技术规范》GB 50687—2011 经住房和城乡建设部 2011 年 4 月 2 日以第 968 号公告批准、发布。

为便于广大设计、施工、科研、学校、生产企业等单位的有关人员在使用本规范时能正确理解和执行条文规定，编制组按章、节、条顺序编制了本规范的条文说明，对条文规定的目的、依据以及执行中需注意的有关事项进行了说明，还着重对强制性条文的强制性理由作出了解释。但是本条文说明不具备与规范正文同等的法律效力，仅供使用者作为理解和把握规范规定的参考。在使用中如发现本条文说明有不妥之处，请将意见函寄中国建筑科学研究院。

## 1 总则

1.0.1 近年我国食品质量屡受质疑，影响经济发展及国家声誉。目前在主要发达国家不仅传统的、产业化的食品工业已采用了洁净室技术，订有洁净级别，而且快餐、正餐的餐饮业，也在走向产业化。产业化生产的质量保证核心是生产环境，必须营造空气洁净微环境，否则产业化、大规模则无可能。但是目前国外也没有完整的像本规范拟定的内容这样的标准，一般是参考美国航天局于1971年正式提出的“HACCP”标准（危害分析与关键控制点）和ISO 2200“国际食品安全论证”。我国虽有20个强制性国标食品GMP，但只有少数标准对车间洁净度级别提出具体要求，如《饮用天然矿泉水厂卫生规范》GB 16330规定，该厂清洗车间的空气洁净度要求10万级厂房，灌装车间应为1000级洁净厂房或局部100级背景万级的生产线。《瓶（桶）装饮用纯净水卫生标准》GB 17324规定，该厂灌装车间要求洁净度级别达1000级。《保健食品良好生产规范》GB 17405规定生产保健食品片剂、胶囊、丸剂及不能最终灭菌的口服液，生产厂房要求10万级。但是除了洁净级别外，对整个洁净环境缺少综合性的要求和措施。所以订立涉及整个生产环境并突出空气洁净措施为保障条件的建筑技术规范实为必要。

1.0.2 我国于2009年2月28日在十一届全国人大常委会第七次会议上通过了《中华人民共和国食品安全法》。该法第九十九条对“食品”的定义如下：食品，指各种供人食用或者饮用的成品和原料以及按照传统既是食品又是药品的物品，但是不包括以治疗为目的的物品。《食品工业基本术语》GB/T 15091对食品的定义：可供人类食用或饮用的物质，包括加工食品、半成品和未加工食品，不包括烟草或只作药品用的物质。根据食品安全检测制度把食品分为：粮食加工品，食用油、油脂及其制品，调味品，肉制品，乳制品，饮料，方便食品，饼干，罐头，冷冻饮品，速冻食品，薯类和膨化食品，糖果制品（含巧克力及制品），茶叶及相关制品，酒类，蔬菜制品，水果制品，炒货食品及坚果制品，蛋制品，可可及焙烤咖啡产品，食糖，水产制品，淀粉及淀粉制品，糕点，豆制品，蜂产品，特殊膳食食品，其他食品。本规范适用于上述各类食品加工和生产（包括产业化餐饮业的加工、生产）过程中需要洁净用房以降低食品生产过程不良率以及保证放行产品的安全性的工厂的设计、施工、工程检测和验收。

1.0.3 本规范对食品工业洁净用房的规划、设计、施工、检测、验收等内容进行了规定，不涉及对无洁净用房的一般食品工业厂房建设的通用要求。食品工业洁净用房建设涉及的专业较多，相关专业均制订有相应的标准及规定，因此除应符合本规范外，尚应符合国家现行的有关标准的规定。

## 3 工厂平面布置

### 3.1 一般规定

3.1.1 洁净厂房与其他工业厂房的区别在于洁净用房内的生产工艺有空气洁净度要求，食品工业洁净用房与其他工业洁净用房相比，空气洁净度标准又有微生物的控制要求。然而，室外大气中含有大量尘粒和细菌，新建、改扩建时，将厂址选择在大气含尘、含菌浓度较低的地区，是建设食品工业洁净厂房的必要前提。

室内污染物主要通过气体流动、表面接触和交叉污染等途径进行传播，在控制气流污染方面，需采取控制气流流量、选择气流流型和处理送、排、回风关系等措施；在控制接触污染方面，需采取降低空气中污染物浓度、控制设备和管道内部结构、净化洁净室内装饰、设备设施用材、健全清洗消毒等措施；在控制交叉污染方面，需采取合理布局、优选设备、有效隔离、加强管理等措施。

3.1.2　厂区整洁的生产环境有利于降低厂区大气中的含尘、含菌量。应合理安排运输路线，不使运输过程污染环境，污染路面。

### 3.2　总平面布置

3.2.1　在进行食品工业生产厂房内总平面布置时，应充分考虑食品生产工艺特点和具体工程项目中洁净厂房内各功能区（包括洁净生产区、辅助生产区、非洁净生产区，共用动力系统和办公等功能区）的合理布置。合理进行人流、物流组织，合理布置公用动力管线，以方便运行维护管理、降低能量消耗、确保安全生产。我国 GMP（1998）要求“生产、行政、生活和辅助区的总体布局应合理”，主要是指生产、行政、生活和辅助的功能各不相同，如在布置上不合理、不相对集中，势必互相带来干扰和妨碍，甚至产生污染，最终将影响食品生产。

在《食品企业通用卫生规范》GB 14881—94 中提出“要合理布局，划分生产区和生活区”，在《熟肉制品企业生产卫生规范》GB 19303—2003 中提出“生产作业区与生活区分开设置”。但是目前国内许多外资项目提倡采用联合厂房，即在一个单体内包括了许多功能区，而国内投资项目通常喜欢将各个功能拆分为不同的单体建筑。为了避免对生活区、辅助区等名词理解不一，又由于本规范重点在洁净用房，所以不提生产、生活分区问题，而从生产区设置开始提出要求。对于现代食品工厂来说，“为了便于对不同生产区域进行设计和卫生管理，通常将食品工厂按车间（区域）的空气洁净度不同划分为非食品处理区、一般生产区准洁净生产区和洁净生产区”，见表 1 ~ 表 3。

**表 1　　一般食品生产车间管制生产区**

<table>
<tr><td>加工调理场所<br>杀菌处理场所（采用开放式设备者）<br>内包装材料的准备室<br>缓冲室<br>非易腐败即食性成品的内包装室</td><td>准清洁生产区</td><td rowspan="2">管制生产区</td></tr>
<tr><td>易腐性、即食半成品（成品）的最后冷却或内包装前的存放场所<br>即食产品的内包装室和无菌包装区</td><td>清洁生产区</td></tr>
</table>

**表 2　　乳制品管制生产区**

<table>
<tr><td>调配室<br>杀菌处理场所（采用开放式设备者）<br>发酵室<br>最终半成品储存室<br>内包装材料准备室<br>缓冲室</td><td>准洁净生产区</td><td rowspan="2">管制生产区</td></tr>
<tr><td>半成品储存室<br>充填及内包装室<br>微生物接种培养室</td><td>洁净生产区</td></tr>
</table>

表 3　　饮料生产车间管制生产区

| | | |
|---|---|---|
| 水处理室<br>萃取室<br>加工调理场（包括浓缩果汁还原处理）<br>杀菌处理场<br>内包装材料的准备室及内包装容器洗涤场<br>缓冲室<br>热（非热）杀菌产品的灌装室 | 准洁净生产区 | 管制生产区 |
| 非热杀菌产品的灌装室<br>待用内包装材料（容器）的暂存场所<br>乳酸菌发酵工序及菌种培养间<br>经灭菌后半成品（成品）的冷却或暂存场所 | 洁净生产区 | |

3.2.2　由于食品生产加工的各自特点，生产加工过程中产生的污染程度、对环境的洁净要求不尽相同，它们的相对位置应予以合理安排。生产过程中发生空气污染较为严重的建筑，应置于厂区常年最少风向的上风侧，这是确保洁净用房少受污染的必要措施。

3.2.3　交叉污染是指通过人员流通、工具传递，物料传输和空气流动等途径，使不同品种的产品成分互相干扰，造成彼此污染，或是因人工器具、物料、空气等不恰当的流向，使洁净度级别低的区域污染物传入洁净度级别高的区域，造成了交叉污染，故作此规定。

## 3.3　洁净生产区

3.3.1　本条对应在洁净生产区内进行的生产工艺进行了规定。

3.3.2　一般应将要求洁净度级别高的区域设于里端或内侧，即设于人流活动少的区域。

3.3.3　缓冲室的设置在洁净厂房内比较普遍，如图 1 所示，如果从邻室 A 进入洁净室 B，人顺着开门方向走进室内的瞬时，在入口处引起的风速在 0.14 m/s ~ 0.2 m/s 以内，逆着开门方向时为 0.08 m/s ~ 0.15 m/s 以内。只有在人进入室内，门开启的瞬间，气流速度有最大值。这一瞬间约为 2 s。虽然室内有正压，此时也不能阻止人进入带进污染。

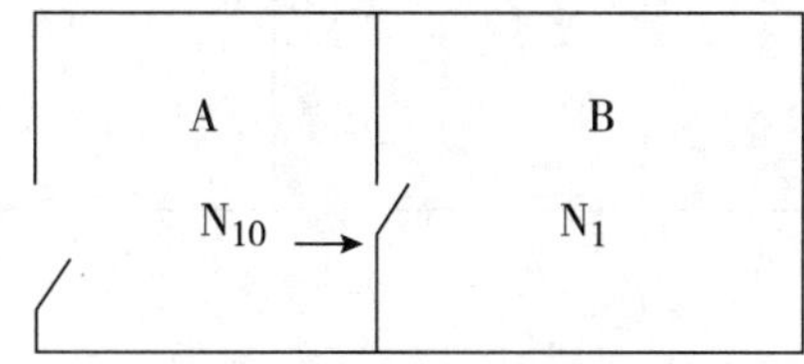


图 1　从邻室进入洁净室

缓冲室就是为了防止进门时带进污染的设施。它位于两间洁净室之间。缓冲室可以有几个门，但同一时间内只能有一个门开启，此门关好，才允许开别的门。如果仅仅如此，则属于气闸室，而缓冲室还必须送洁净风，使其洁净度达到将进入的洁净室所具有的级别，见图 2。

根据理论研究，这里的缓冲室是有特定定义的。一般意义上的气闸室不是这种缓冲室。这种缓冲室是指有一定面积或体积、送洁净风并达到一定空气洁净度级别的小室。因此，对缓冲室的设置可作出以下结论：

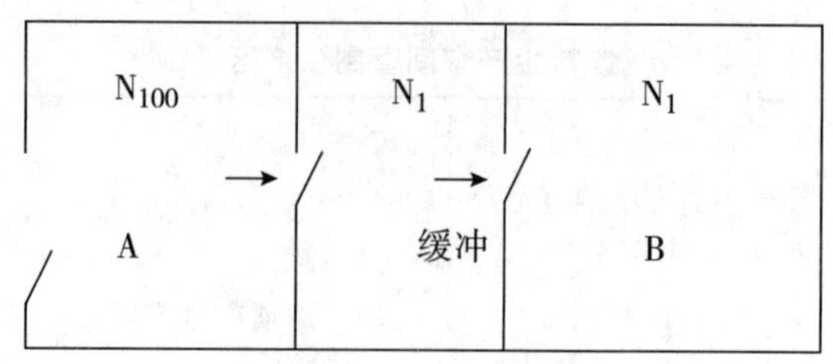


**图 2　缓冲室门的启闭**

①缓冲室体积必须大于 6 $m^3$，如以面积计，不应小于 3 $m^2$；

②缓冲室的级别应同于后面将进入的洁净室（区）的洁净度级别，但不高于 ISO 6 级；

③相差一级的洁净室（如 $N_1$ 和 $N_{10}$）之间完全无必要设缓冲室，开门进入的污染使室内含尘浓度的升高不超过 120%，且时间不超过 2 min；

④相差两级的洁净室（$N_1$ 和 $N_{100}$）之间应根据具体情况考虑是否设缓冲室。虽然开门进入带进的污染可使室内含尘浓度升高两倍以上，但恢复到 120% 以下只要 3 min 左右，如认为这个自净时间是可以接受的，则不必设缓冲室，否则可以设缓冲室；

⑤如果邻室有异种污染源，即使是同级也应在其间设缓冲室。

关于缓冲室作用在表 4 中作了初步归纳。

**表 4　　缓冲室的作用**

| 序号 | 图例 | 作用 |
| --- | --- | --- |
| 1 | 内室 → 缓冲 → 外室 → 非洁净区 →<br>+++　++　+　0 | 绝对保护产品 |
| 2 | 内室 ← 缓冲 ← 外室 ← 非洁净区<br>---　--　-　0 | 绝对保护环境 |
| 3 | 内室 → 外室（二次隔离）→ 缓冲 → 非洁净区 →<br>+++　++　-　0 | 非常保护产品兼及环境 |

（续表）

| 序号 | 图例 | 作用 |
| --- | --- | --- |
| 4 | 内室 ← 外室（二次隔离） ← 缓冲 → 非洁净区<br>--- -- + 0 | 非常保护环境兼及产品 |
| 5 | 内室 ← 缓冲 → 外室 → 非洁净区<br>+ ++ + 0 | 使内室易达到正压，保护产品兼及环境 |
| 6 | 内室 → 缓冲 ← 外室 ← 非洁净区 →<br>– -- – 0 | 使内室易达到负压，保护环境兼及产品 |
| 7 | 内室 → 缓冲 ← 外室 → 非洁净区<br>+ – + 0 | 使内室易达到正压，保护环境兼及产品 |
| 8 | 内室 ← 缓冲 → 外室 → 非洁净区<br>– ++ + 0 | 使内室易达到负压，保护产品兼及环境 |

3.3.4　为避免互相影响、干扰，减少污染，原则上原料前处理（如切割、磨碎、烹调、提取，浓缩和稀释等）不宜与成品生产使用同一洁净区域。当生产工艺有特殊要求时，应根据工艺要求确定。如生鲜食品和冷冻食品的加工原料切割需与成品内包装的生产在同一区域，以减少中间污染环节。

3.3.5　在有关食品的书籍、标准中，对于洗手（含消毒）间的设置都十分明确，特别对操作易腐食品的更是作了硬性“必须”的规定。空气质量再好，如果接触食品的手未消毒好，则也起不了应有的作用。相反，空气质量越好，手消毒的矛盾愈突出。所以此条作为强制性条文列出。

3.3.6　我国药品 GMP（1998）规定“生产区和储存区应有与生产规模相适应的面积和空间用以安置设备、物料，便于操作……”本条借鉴药品 GMP 的规定对暂存区提出要求，这样做也是为了整齐有序，防止差错。

3.3.7　生产区应与检验区分开，这是诸多药品、食品生产的基本原则，而当设洁净用房时，检验室洁净度高，更应独立。

3.3.8　空气净化不是万能的，有了空气净化系统，还应考虑在洁净生产区内设置清洗、消毒、灭菌措施的可能；还应制订洁净用房内如何具体实施清洗、消毒和卫生保持的作业指导性文件，即卫生标准操作程序 SSOP。

### 3.4　仓储区

3.4.1　我国药品 GMP（1998）规定“不合格的物料要专区存放，有易于识别的明显标志”，这是防止混淆的措施。

## 4　洁净用房分级和环境参数

### 4.1　一般规定

4.1.1、4.1.2　食品控制是从饲养（种植）、收获、加工、流通到消费整个过程，本规范的制订主要针对食品生产过程的控制。食品生产过程的控制应注重 HACCP 危害分析和关键控制点，突出对最终产品质量和食品卫生有重要影响的关键控制点，采取相应的预防措施和控制措施。食品开放式生产比封闭式生产需要更高级别卫生要求的生产车间。强调对最终产品质量和食品卫生有重要影响的关键控制点的控制，缩小控制范围。

### 4.2　等级

4.2.1、4.2.2　关于食品工厂分级的建议见表 5～表 11。

**表 5　食品工厂不同生产区域和空气洁净度等级**

| 生产区域 | 空气洁净度级别 | 沉降菌数 | 沉降真菌数 | 生产工段 |
|---|---|---|---|---|
| 清洁生产区 | 1000～10000 | <30 | <10 | 易腐或即食性成品（半成品）的冷却及储存、调整、内包装等 |
| 准清洁生产区 | 100000 | <50 | | 加工、加热处理等 |
| 一般生产区 | 300000 | <100 | | 前处理、原料保管、仓库等 |

**表 6　不同食品生产用洁净间的洁净度要求**

| 洁净度产品类别 | 洁净度（≥0.5 μm 微粒数）/（粒/$ft^3$） | | | | |
|---|---|---|---|---|---|
| | 1 | 10 | 100 | 1000 | 10000 |
| 牛乳、乳制品 | | | | | |
| 食肉、食肉加工 | | | | | |
| 炼乳制品 | | | | | |
| 清酒、酒类 | | | | | |
| 糕饼、豆腐 | | | | | |
| 制果、面包 | | | | | |
| 蘑菇、菌类培养 | | | | | |

表 7　　主要的食品工厂的推荐洁净度

| 食品领域 | BCR 及所有流程 | 空气洁净度级别（ISO） | 温度（℃） | 湿度（%） |
|---|---|---|---|---|
| 肉类加工 | 热处理以后至包装的中间制品冷藏库 | 6~8 | 15~18 | 60 以下 |
| 乳制品加工 | 热处理后至填充包装 | 6~8 | 15~22 | 60 以下 |
| 冷鲜包装切年糕 | 蒸米以后至切块包装消耗冷藏库 | 5~8 | 20~24 | 60 以下 |
| 无菌包装米饭（常温保存） | 做熟至包装 | 6~7 | 24~26 | 60 以下 |
| 冷冻食品 | 加热处理至包装 | 7~8 | 15~20 | 60 以下 |
| 切断蔬菜 | 洗净后至切断包装 | 8 | 20 以下 | 60 以下 |

表 8　　各种食品生产要求的洁净度

| 类型 | 品种 | 空气洁净度级别（ISO） |
|---|---|---|
| 肉（含鱼肉）类加工品 | 肉卷、烤肉、火腿、香肠 | 6~8 |
| 奶制品 | 奶粉、奶油、奶酪、含奶饮料 | 6~7 |
| 饮料 | 果汁、矿泉水、啤酒 | 6~7 |
| 调味品 | 果酱、浓缩浆 | 7~8 |
| 糕点等 | 面包、糕点、速食品、巧克力 | 6~7 |
| 豆制品 | 各种豆腐 | 8 |
| 菌类 | 蘑菇培育 | 6 |
| | 植菌 | 5 |
| 海鲜 | 生食切断 | 5~6 |

表 9　　各种食品生产要求的洁净度

| 阶段 | 空气洁净度级别（ISO） |
|---|---|
| 前置 | 8~9 |
| 加工 | 7~8 |
| 冷却 | 6~7 |
| 灌装、包装 | 6~7 |
| 检验 | 5 |

表 10　　食品工业中各部门对洁净度的要求

| 部门 | 食品加工内容 | 空气洁净度级别 |
|---|---|---|
| 鱼肉加工 | 烤竹鱼沫串冷却室 | 1000 级 |
| 鱼肉加工 | 包装室 | 10000 级 |
| 肉食加工 | 汉堡牛肉饼装入室 | 10000 级 |
| 肉食加工 | 汉堡牛肉饼冷却室 | 1000~10000 级 |
| 肉食加工 | 汉堡牛肉饼包装室 | 10000 级 |

（续表）

| 部门 | 食品加工内容 | 空气洁净度级别 |
|---|---|---|
| 肉食加工 | 火腿包装室 | 10000 级 |
| 肉食加工 | 火腿前室 | 10000 级 |
| 点心加工 | 蛋糕包装室 | 100000 级 |
| 点心加工 | 酥脆饼干包装室 | 1000 级 |
| 蘑菇 | 培菌室 | 10000 级 |
| | 植苗室 | 100 级 |
| 饮料工厂 | 鲜果汁灌装室 | 1000～10000 级 |
| 饮料工厂 | 牛奶灌装室 | 1000 级 |
| 果酱工厂 | 果酱灌装室 | 10000 级 |
| 粘糕加工厂 | 包装室 | 1000～10000 级 |
| 面条加工厂 | 冷却包装室 | 1000～10000 级 |
| 副食品加工厂 | 包装室 | 10000～100000 级 |

**表 11　　日本某食品公司洁净度标准**

| 名称 | 洁净等级 | 细菌数（粒/$ft^3$） | 工序内容 |
|---|---|---|---|
| 无菌 1 级 | 100 | 0.1 | 分析室、检查室 |
| 无菌 2 级 | 1000 | 0.3 | 灌封间 |
| 无菌 3 级 | 10000 | 0.5 | 包装室、调配间 |
| 无菌 4 级 | 100000 | 2.5 | 包装室、灌封准备间 |
| 无菌 5 级 | 300000 | 6.0 | 材料仓库及其他 |

我国少数食品标准中提出洁净用房及其级别要求，但没有综合性的具体设计措施。这些标准和其关于洁净用房的要求如下：

（1）《保健食品良好生产规范》GB 17405—1998

该标准中有关厂房洁净度级别及换气次数的要求如表 12 所示。

**表 12　　洁净度级别及换气次数要求**

| 洁净级别 | 尘埃数（粒/$m^3$） | | 活微生物数 | 换气次数 |
|---|---|---|---|---|
| | ≥0.5 μm | ≥5 μm | cfu/$m^3$ | $h^{-1}$ |
| 10000 级 | ≤350000 | ≤2000 | ≤100 | ≥20 |
| 100000 级 | ≤3500000 | ≤20000 | ≤500 | ≥15 |

“洁净厂房的设计和安装应符合《洁净厂房设计规范》GB 50073 的要求。”

“净化级别必须满足生产加工保健食品对空气净化的需要，生产片剂、胶囊、丸剂以及不能在最后容器中灭菌的口服液等产品应当采用十万级洁净厂房。”

“洁净级别不同的厂房之间，厂房与通道之间应有缓冲设施。应分别设置与洁净级别相适应的人员和物流通道。”

（2）《饮用天然矿泉水厂卫生规范》GB 16330—1996

“清洗车间应为10万级洁净厂房，灌装车间应为1000级洁净厂房，或全室10000级、生产线局部100级。”

（3）《瓶（桶）装饮用纯净水卫生标准》GB 17324—2003

“水处理车间应为封闭间，灌装车间应封闭并设空气洁净装置，空气洁净度应达到1000级，并使用自动化灌装。”

（4）《定型包装饮用水企业生产卫生规范》GB 19304—2003

“清洁区根据不同种类的饮料特点和工艺要求，分别指定不同的空气清洁度要求，如对于果汁和含乳饮料等需要热灌装的产品其清洁区应为10万级洁净厂房。”

“洁净厂房的设计与建造应符合《洁净厂房设计规范》GB 50073的要求。”

“洁净厂房的入口应分别设有人员和物料的净化设施。”

从上面所列4个国标可见，规定的洁净度级别较乱，如把固体制剂和不能灭菌产品设在一个级别中；同样为饮用水有的要大环境1000级，有的为10000级，而要求应更高的含乳饮料仅10万级。同样很少提到措施，一般仅提按《洁净厂房设计规范》GB 50073设计。

从以上资料可见，食品工业是需要洁净用房的，但就我国现有用到洁净用房的标准看，缺少综合性的具体措施，特别如宇航、奥运这些需要产业化的快餐和餐饮业的情况，更需要洁净用房。在奥运期间北京就有企业筹建这样的生产线。本规范就是适应这个要求而安排了相应内容的。就是当需要洁净用房时，可按本规范执行，并不是食品工业都要用洁净用房。

4.2.3　洁净度标准是有统一的国际标准ISO 14644—1的，我国关于洁净厂房的设计规范也采用了ISO标准，所以本规范也这样采用了。动态和静态时发尘量的比例也就是需要的洁净度的比例，国内外通常取3倍（轻微劳动）、5倍（中等劳动）和10倍（强劳动）。如欧盟GMP和我国将修订的GMP都取10倍，本规范取10倍。

4.2.4　自净时间是按ISO 7～8级的换气次数考虑的，如太小则需更大的换气次数，耗能太大，而且早上上班提前（30～40）min（后者主要是对ISO 9级而言的）是可能的、可行的。

4.2.5　食品本身的产品属性［包括产品中的水分含量、酸碱性（pH值）、营养性以及产品中防腐剂含量等］与生产环境要求密切相关。如食品含防腐剂、碱性特别高（pH＞10）、酸性特别低（pH＜3.5）、水分含量低的情况下，食品本身抗腐性很强，对生产环境卫生等级要求不高，反之，要求则很高。同样，如对婴儿、儿童、特殊高危人群提供的食品，则同样产品要提高生产环境卫生等级，本规范在附录A中给出了推荐的良好卫生生产环境，未列出的操作可参照已列出的操作在适当级别的洁净区内进行。应注意的是：不是所有的切割、冷却、检验都要Ⅰ级，而是指有高污染风险的，应由应用者根据实际情况而定。

### 4.3　环境参数

4.3.1　微生物污染与温湿度条件密切相关，食品工业洁净用房的温度和湿度控制成为关键，应根据生产工艺要求进行合理设计建设。如饮料厂的灌装间、乳酸菌发酵间、菌种培养间，要求温度15 ℃～27 ℃，相对湿度≤50%；肉类加工厂的加工调理场、最终半成品之冷却及贮存场所、内包装室，要求温度≤15 ℃；膨化食品厂的内包装车间、调味料配合室要求相对湿度≤75%；冷冻食品厂的冻结前已加热处理之冷冻调理食品最终半成品之冷却及冻结室、内包装室（冷冻烤鳗及冻结前已加热处理之冷冻调理食品），要求温度≤25 ℃；冷藏调理食品厂的最终半成品之冷却及贮存室、内包装室，要求温度≤15 ℃等。

4.3.2 国际照明委员会（CIE）规定，无窗厂房的照度最低不能小于500 lx。根据我国现有的电力水平，应以满足对照明的基本要求为依据，加工场所工作面最低照度为200 lx时基本能满足工人生理、心理上的要求。至于辅助工作室、走廊、气闸室、人员净化和物料净化用室，考虑到与生产车间的明暗适应问题，规定其照度值不宜低于100 lx。

4.3.3 洁净用房噪声标准的制订主要考虑噪声的烦恼效应、语音通信干扰和工作效率的影响：ISO 14644—4 标准附录 F.4.2 条规定："应该根据人员的舒适和安全及环境（如其他设备）产生的背景声压级来选择需要的声压级。洁净室设施标准的 A－加权声压级范围在55 dB～65 dB"。

## 5 对工艺设计的要求

### 5.1 工艺布局

5.1.1 本条文规定操作台之间、设备之间以及设备与建筑围护结构之间应有足够的安全维修和清洁的距离，根据生产实践，设备之间的安全距离宜如表13及图3所示。

表13 设备之间的安全距离

| 项目 | | 尺寸（m） |
|---|---|---|
| 往复运动机械与建筑墙的距离 | ≥ | 1.5 |
| 回转机械间距 | ≥ | 0.8～1.2 |
| 回转运动机械离墙距离 | ≥ | 0.8～1.0 |
| 泵的间距 | ≥ | 1.0 |
| 泵列与泵列间距 | ≥ | 1.5 |
| 离心机周围通道 | ≥ | 1.5 |
| 被吊物与设备最高点间距 | ≥ | 0.4 |
| 储槽间距 | ≥ | 0.4～0.6 |
| 计量桶间距 | ≥ | 0.4～0.6 |
| 控制室、开关室与炉子之间的距离 | | 15 |
| 货车通道（上无吊轨时） | > | 1.52 |
| 运输吊轨距墙 | | 2.13 |
| 冷藏间轨道间隔距离（肉类） | | 0.91 |
| 人行通道宽 | ≥ | 1.0 |
| 不常通行地段的净空 | ≥ | 1.9 |
| 操作台通行部分的最小净空高度 | ≥ | 2.0～2.5 |
| 工艺设备和道路间距离 | ≥ | 1.0 |
| 操作台楼梯的斜度（一般情况/特殊情况） | ≤ | 45°/60° |

5.1.2 因为回、排风口一般靠墙布置，所以要求排污的工艺设备尽量靠墙。

### 5.2 工艺设备与工艺管道

5.2.1 本条规定是为了保护洁净用房的室内环境，工艺设备及相关机械设备进入房间前应清洁，

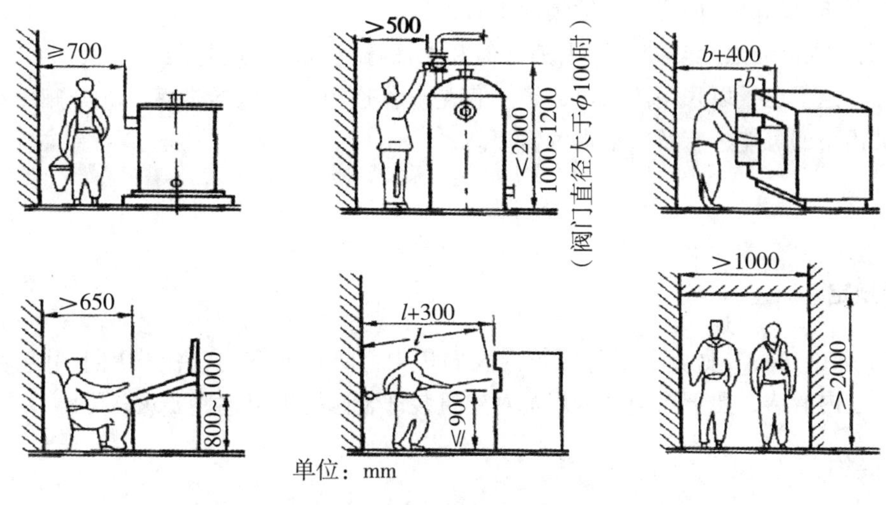


**图3　操作设备所需的最小间距**

检查有无不宜进入洁净环境的材料。

5.2.2　本条规定是为了便于对排出物进行收集处理。

5.2.3　穿过洁净用房的工艺管道，其穿管处的密封是保证室内空气参数（尤其是静压差、含尘浓度、沉降菌浓度等参数）的重要一环。实践表明，采用套管方式是行之有效的。管材与套管间应采用微孔海绵、有机硅橡胶、橡胶圈及环氧树脂冷胶等进行密封。

5.2.4　这些设施包括相应装置，制备、配置清洗剂、消毒剂及纯蒸汽的装置及循环输送管路等。

## 5.3　物流与物料净化

5.3.1　进入洁净区的各种物料应在拆包间进行拆包、清理等处理，拆包间一般跨洁净区与非洁净区设置，在工程实践中，拆包间一般包括两个房间，一个是在非洁净区的拆外包间，一个是在洁净区的物料暂存间，两个房间组成广义上的拆包间，这就是常说的拆包间跨区设置。

5.3.2　在不同等级的洁净用房之间进行物料传递时，宜采用传递窗，也可通过设置在不同等级洁净用房之间的缓冲室进行物料传递。

5.3.3　本条规定当采用传送带连续传送物料、物件时，传送带不应穿越非洁净区，应在洁净区与非洁净区之间设置缓冲设施，并在两区之间分段传送，可采取有效的、不损伤食品品质的其他清洁消毒措施，但应注意传输速度与消毒作用时间的合理匹配。如采取有必要辐射强度的紫外灯照射消毒或喷洒消毒。

5.3.4　电梯井有“烟囱效应”，会把脏空气提升上来，造成气流对流的交叉污染，因此应在电梯室外面设缓冲室，在我国药品 GMP 和兽药 GMP 中都有这样的规定。

5.3.5　开洞后保持两边 5 Pa 以上压差是困难的，但只要开洞口有定向气流，即可防止污染倒灌，因为室内送风系统不可能在洞口处形成大于 0.2 m/s 的垂直于洞口平面的风速，这一数据是 ISO 14644 给出的，是靠动态气流进行密封。

## 5.4　人员净化

5.4.1　这两条分别给出了可灭菌、不可灭菌食品生产人员净化程序，图中以虚线表示的内容为可根据工程实际情况进行增减的内容，一般情况下宜设置。

5.4.2 在生产人员通道上多处设置手消毒器和手消毒擦拭巾，这是药厂在执行GMP过程中发现的很有效的措施，这里也予以采用。人员通道不仅是操作通道，也包括走廊，在走廊中因开门或其他动作，手仍有被污染的可能，有及时消毒的需要。

## 6 建 筑

### 6.1 一般规定

6.1.1 为了减少食品工业洁净用房建筑内表面积尘，防止在室内气流作用下引起积尘的二次飞扬，为了有利于室内清洁、便于除尘，本规范对建筑装饰装修提出了这些要求。

### 6.2 建筑装饰

6.2.1～6.2.4 这几条是参考了《洁净室施工及验收规范》GB 50591—2010第4章的内容制定的。生产车间地面1%～2%的排水坡度坡向地漏或排水沟，便于生产车间的清洗、排水。

6.2.5 生物洁净室不允许木质材料外露使用，主要是怕长霉菌，食品工业洁净用房的空气中富含营养性物质，在合适的湿度下，木质材料受霉菌污染的风险更大。在其他洁净室标准和药品GMP指南等材料中，都有此类内容的强制规定，因此本规范列为强制性条文，必须严格执行。

6.2.6 本节对围护结构内表面抗菌涂饰工程进行了规定，由于在食品工业用房内使用抗菌涂饰工程目前在国内外意见不太统一，担心抗菌产品会使食品中产生抗药性菌株，但对于湿度经常超过75%或有蒸汽作业的房间或关键区域的抗菌防霉问题，目前仍没有更好的解决办法，内表面抗菌有很多方法，如消毒，但本规范仅对使用抗菌涂料的情况进行了规定。当相对湿度达到80%时，不论温度高低，基本上都要发霉，见图4，所以此时可涂防霉涂料。

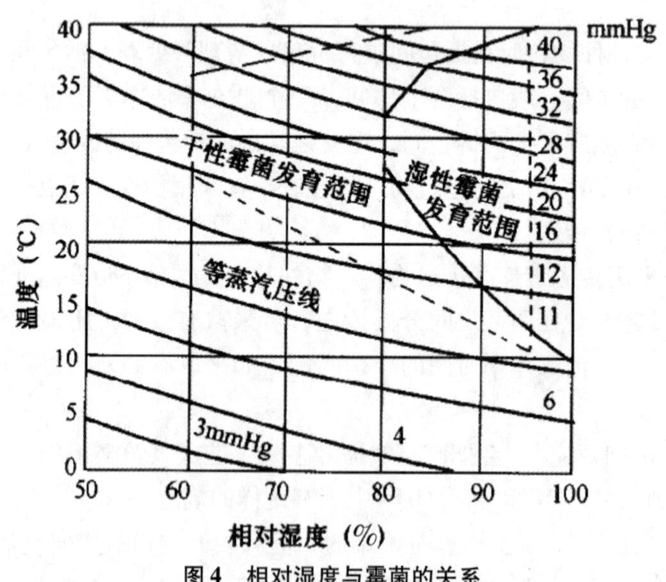


图4 相对湿度与霉菌的关系

### 6.3 建筑防虫害、鼠害措施

6.3.1 本条主要是为了在洁净生产车间外的近邻区域不提供蚊、虫、鼠滋生、躲藏的环境。

## 7 通风与净化空调

### 7.1 系统

7.1.1 HACCP（Hazard Analysis and Critical Control Point，即危害分析与关键控制点）计划，是目前世界上最有权威的食品安全质量保护体系——HACCP 体系的核心，是用来保护食品在整个生产过程中免受可能发生的生物、化学、物理因素的危害。HACCP 体系是一种建立在良好操作规范（GMP）和卫生标准操作规程（SSOP）基础之上的控制危害的预防性体系，它的主要控制目标是食品的安全性，因此它与其他的质量管理体系相比，可以将主要精力放在影响产品安全的关键加工点上，而不是将每一个步骤都放上很多精力，这样在预防方面显得更为有效。洁净用房采用局部净化方法实现对关键区域（对最终产品质量和食品卫生有重要影响的关键控制点）的保护，可缩小控制范围，有利于节能，降低能耗。

7.1.2 空气过滤是最有效、安全、经济和方便的除尘、除菌手段，采用合适的过滤器能保证送风气流达到要求的尘埃浓度和细菌浓度，以及合理的运行费用。根据我国国情，本条文再次强调至少三级过滤以及三级过滤器的常规设置位置。

7.1.3 我国大陆地区大气尘浓度，约比我国台湾省、日本高 3 倍，比欧洲高 5 倍，在欧洲这几年的有关标准中，都将新风过滤器由一道改为两道，通常是中效 + 高中效，并参照室外大气尘状况来确定。我国有关医院的标准也像本条这样；参照大气尘的浓度等级确定新风过滤级数，特别是我国已有超低阻高中效过滤器，使得实现本条规定有了可能。由于净化空调系统污染主要来自新风，虽然新风多用了过滤器，但带来的效果是显著的，据文献报道，这样可保证风管十几年甚至更长时间不用清扫，而表冷器翅片上每增加 0.1 mm 厚的灰尘，阻力增加 19%，因此运行能耗和制冷制热能量都要相应增加。所以这一措施是节能的。

7.1.4 中效空气过滤器集中设置在空气处理机组（AHU，Air Handling Unit）正压段的出口前，这是自有洁净系统以来国际上通行的做法。这是因为负压段易漏风，会造成未经中效空气过滤器过滤的含尘浓度高的空气进入系统，降低系统中效过滤的效果，加大末端高效空气过滤器的过滤负担，缩短其使用年限。所以国际上习惯称此中效过滤器为预过滤器，是保护高效过滤器用的，所以不应用粗效过滤器。

7.1.5 洁净用房空气净化系统末端送风口采用高效空气过滤器过滤，这是我国各类洁净室相关国家标准、行业标准都规定了的。对于 10 万级，30 万级洁净用房的空气净化处理，由于空气洁净度等级较低，在加强了新风净化措施的条件下，可采用高中效空气过滤器作为末端过滤。高中效空气过滤器不仅价格比高效空气过滤器便宜，而且由于高中效空气过滤器的运行终阻力较高效空气过滤器低 200 Pa 左右，可以节省运行费用，若为低阻或超低阻的，则阻力更小。

7.1.6 研究结果表明集中空调系统的大量尘、菌污染来自回风，如果在回风口上加设低阻力、适当过滤效率的过滤器，则风管内积尘量将显著减少，清洗周期延长，节省显而易见。对于普通集中空调系统这一点更突出。

7.1.7 有高温、高湿、臭味和气体（包括蒸汽及有毒气体）或粉尘产生（如磨粉工段）的场所，为了防止通过空气循环造成食品的交叉污染，送入房间的空气应全部排出，同时为保护周围环境，应设置排风装置对排风进行过滤、吸附、热回收等处理，使得排风符合相关国家标准的要求。

7.1.8 空调机组内的过滤装置不是自动更换、清洁型的且更换不方便时，其上积尘时间常会相差很大，则往往延缓更换，此时应有压差报警装置予以提示。

7.1.9　本条强调风口与风管易清洗，饮料与奶粉厂的风口与风管污染很严重，难以清洗，易产生微生物污染，允许使用纤维风管。

7.1.10　物料收集的排风管材料应无毒、不吸附、耐腐蚀，宜采用低碳不锈钢，食品级、医用级的管道，宜采用304或316不锈钢。

## 7.2　气流组织

7.2.1　在进行食品工业洁净用房室内气流组织形式设计时，对送风口和排风口的位置要精心布置，使室内气流合理，形成定向流，减少气流停滞区域，确保室内可能被污染的空气以最快速度流向回（排）风口，这是生物洁净室建设的基本原则，食品工业洁净用房隶属生物洁净室，对防止微生物污染、保持室内定向气流的要求更为迫切，所以此条作为强制性条文列出。

7.2.2　对于空气洁净度等级要求不同的食品工业洁净用房，所采用的气流流型也应不同，本条规定了各种空气洁净度等级应采用的气流流型。本条规定有利于迅速有效地排除尘粒，空气洁净度100级的洁净室采用单向流。

7.2.3　因为气流核心区要向内收缩，其角度约为10°，所以为了把工作区罩住，送风区必须比工作区大。

7.2.4　加围挡壁是空气洁净技术中的一个基本方法，它等于降低了送风高度，提高了工作面上的流速，提高了抗污染的能力。

7.2.5　根据扩大主流区原理，当送风口集中布置时，由于降低了不均匀分布系数，因而提高了洁净度，大约集中面积占室面积1/16时，集中区可达到ISO 5级，周边区可达到ISO 7级，现取1/14，更安全一些。如图5所示，当$\frac{\text{面积Ⅰ}}{\text{室面积（面积Ⅰ+面积Ⅱ）}} \geq \frac{1}{14}$时，背景环境可不另设送风口。这一方法已被现行国家标准《医院洁净手术部建筑技术规范》GB 50333所采用，也被俄罗斯医院标准所采用。需要注意的是本条款不适用于自循环的送风末端（如FFU、层流罩等），当局部Ⅰ级采用自循环的送风末端时，背景环境宜另设送风口。

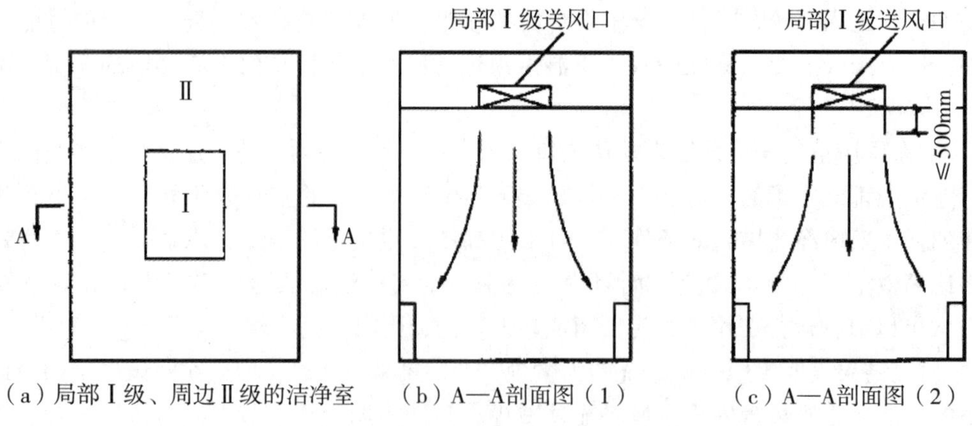

（a）局部Ⅰ级、周边Ⅱ级的洁净室　（b）A—A剖面图（1）　（c）A—A剖面图（2）

**图5　局部Ⅰ级送风口面积与背景环境的关系**

7.2.6　采用双侧下回风是为了尽可能保证送风气流的二维运动，对Ⅰ级区这一点更重要。据实验，四侧回风时，全室平均的乱流度要比两侧回风时大13%以上，所以对于所有洁净用房都应考虑采用两侧下回，不应采用四角或四侧回风。如果只有一面设回风口，则另一面工作时发生的污染将流经这一面的工作区，可能形成交叉污染，因此生产线应布置在送风口正下方。

### 7.3 净化送风参数

7.3.1 垂直单向流洁净室的工作区截面风速按下限风速原则应为0.3 m/s，但对于本规范集中布置送风口的Ⅰ级洁净用房的局部垂直单向流即俗称局部100级来说，由于气流向100级区以外扩散，而这种扩散又受到送风面有无阻挡壁、四边离墙远近等因素影响，从大量实测看，0.3 m/s是一个较严的数。本规范和《洁净室施工及验收规范》GB 50591一样，测点高度一般为0.8 m，考虑到上述局部集中布置送风口的原因，特将运行中截面风速值放宽至不应小于0.2 m/s。

7.3.2 根据不均匀分布理论，换气次数本来可以较小，但本条仍按国内标准先如此给出数据，但参考欧盟GMP的方法，指出必要时可进行计算，计算方法即用不均匀分布计算法。

7.3.3 洁净用房新鲜空气量应根据室内排风量和维持所需压差风量（压差风量宜采用缝隙法或换气次数法确定）两部分风量之和，与室内人员所需的最少新鲜空气量（人均新风量不小于40$m^3$/h）相比较，取两项中的最大值。

7.3.4 为了保证洁净用房（区）在正常工作或空气平衡暂时受到破坏时，气流都能从空气洁净度高的区域流向空气洁净度低的区域，使洁净用房（区）的空气洁净度不会受到污染空气的干扰，所以洁净用房（区）之间必须保持一定的压差。压差值的大小应选择适当。压差值选择过小，洁净用房的压差很容易被破坏，空气洁净度就会受到影响。压差值选择过大，会使净化空调系统的新风量增大，空调负荷增加，同时使中效、高效空气过滤器使用寿命缩短，故很不经济。因此，洁净用房压差值的大小应根据我国现有洁净室的建设经验，参照国内外有关标准和试验研究的结果合理地确定。

对此，国际标准ISO 14644—1、美国联邦标准FS 209E、日本工业标准JIS 9920、俄罗斯国家标准TOCTP 50766—95等现行的有关洁净室标准中都有明确规定，虽然各个国家规定不同等级的洁净室之间、洁净室与相邻的无洁净度级别的房间之间的最小压差值不尽相同，但最小压差值宜在5 Pa以上。

关于洁净室与室外的最小压差，研究结果表明，当室外风速大于3 m/s时，产生的风压力接近5 Pa，若洁净室内压差值为5 Pa时，室外的污染空气就有可能渗漏到室内。由《采暖通风和空气调节设计规范》GB 50019编制组提供的全国气象资料统计，全国203个城市中有74个城市的冬夏平均风速大于3 m/s，占总数的36.4%。因此，洁净室与室外的最小压差值必须大于5 Pa，才能抵御室外污染空气的渗透。本规范参照现行国家标准《洁净厂房设计规范》GB 50073，将洁净用房与室外的最小压差值定为10 Pa。

7.3.5 有内部污染产生的房间保持相对负压，可使室内污染气体不至逸出扩散，以保护周围环境；对外来污染有控制要求的房间保持相对正压，可阻止室外污染渗漏至室内，以保护室内环境。

## 8 给水排水

### 8.1 一般规定

8.1.1 洁净用房内的给水排水干管敷设方式直接影响洁净用房的空气洁净度。为最大限度地减少洁净室内给水排水管道，本条对室内干管的敷设作了规定。

8.1.2 管道内的水与周围环境有温差，管道外壁可能结露，凝水的产生会带来围护结构破坏、影响室内装饰等诸多问题，因此要求对有可能结露的管道采取防结露的措施。对于防结露层的外表面，可以采用薄钢板或薄铝板作外壳，便于清扫而且不易产生灰尘。

8.1.3 穿过洁净用房的管道，其穿管处的密封是保证室内空气参数（尤其是静压差、含尘浓度、沉降菌浓度等参数）的重要一环。密封不好或不进行密封，会导致洁净用房失压，为了维持一定的静压差，必然要增大所需的压差风量，造成能量浪费，如不增大所需压差风量，则失压的后果有可能导致非洁净用房（区）的尘粒顺管道缝隙进入洁净用房，从而破坏洁净用房内的洁净环境。实践表明，采用套管方式是行之有效的：对无法设置套管的部位，应采用微孔海绵、有机硅橡胶、橡胶圈及环氧树脂冷胶等进行密封。

## 8.2 给水

8.2.1 洁净用房内的给水为工艺用水和用以冲刷器具、设备、墙壁、地面的，水的质量会直接影响室内工作环境，影响到食品的质量。因此，供水要不间断，水量和水压要保证，并且水质要可靠。为提高洁净度，减少污染率，对水质要求应符合饮用水标准。

8.2.2 本条是关于洁净用房内洗浴、卫生设备的要求。

1 为提高洁净度，减少人为原因造成的污染、感染率，洁净用房内应设置洗手、消毒、干手设备。车间洗手、消毒设备数量应根据工作人员数量合理匹配，避免出现拥挤、等待等现象。洁净用房内的生活用水主要用于工作人员洗手、清洗手术器具，所以需要冷热水兼有，应有可调节冷热水的龙头，数量应符合工艺要求。

2 据文献介绍，世界卫生组织推荐，“水应高于 60 ℃贮存，至少在 50 ℃下循环，而对某些使用者而言，需要将水龙头出水温度降到 40 ℃ ~45 ℃。为保证蓄水温度不利于肺炎双球菌的生长，这可以通过调温混合阀的使用来实现，该阀设定在靠近排放点的地方”，又据美国 ASHRAE 杂志 2000 年 9 月号（P46）介绍，“在医疗卫生设施中，包括护理部，热水应在等于或高于 60 ℃贮存，在需要循环的场合，回水至少在 51 ℃”。

3 为防止手碰龙头而沾染细菌，在洁净用房内应设非手动开关的龙头。目前广泛采用的肘式、脚踏式开关龙头，还有膝式、光电及红外线控制的开关。

4 给水管道不能直接连接到任何可能引起污染的卫生器具及设备上，除非在这种连接系统中，留有空气隔断装置或设有行之有效的预防回流装置。否则污染的水由于背压、倒流、超压控流等原因，从卫生器具和卫生设备倒流进给水系统污染饮用水，其结果是危险的。

8.2.3 洁净用房内的生产、生活和消防等各项用水对水质、水温、水压和水量会有不同的要求，分别设置将有利于各用水系统的管理，有利于节约运行成本。管路采用不同颜色进行标识，有利于识别，维护检修时不致弄错而造成污染。

8.2.4 食品生产、加工工艺对纯水水质要求较高，往往对水中电解质、细菌、微粒、有机物及溶解氧等都有严格要求，除了严格的纯水制造过程外，纯水输送管道的管材选择和管网设计是保证使用点水质的关键。实践证明采用循环供水方式是行之有效的，主要是基于保证输水管道内的流速和尽量减少不循环段的死水区，以减少纯水在管道内的停留时间，减小管道材料微量溶出物（即使目前质量最好的管道也会有微量物质溶出）对纯水水质的影响，同时也是基于流水不腐的道理。条文中有关要求及数据系根据国内外有关资料并结合近年设计、运行经验提出的。

8.2.5 设有洁净用房的食品工业厂房周围设置洒水设施，是为了便于保持厂房周围的环境卫生，方便绿化管理。

8.2.6 非绿色环保消毒液本身就是一种污染，所以在对洁净用房内的墙面、设备、器具及洗手消毒时宜采用绿色环保消毒液。酸性氧化电位水可用于人员手足部、器械、器具和物品等清洗后的消毒以及环境物表的消毒。其主要有效成分指标要求为：有效氯含量为 60 mg/L ± 10 mg/L　pH 值范围 2.0 ~2.7、氧化还原电位（ORP）≥1100 mV、残留氯离子 <1000 mg/L。

酸性氧化电位水的使用方法为：(1) 待消毒物品常规清洗或使用碱性还原电位水清洗后，使用酸性氧化电位水流动冲洗或浸泡消毒（3～5）min；（2）手、足部常规清洗或使用碱性还原电位水清洗后，使用酸性氧化电位水流动冲洗消毒。

酸性氧化电位水在实际使用中应注意以下问题：（1）应先彻底清楚器械、器具和物品上的有机物，再进行消毒处理；（2）酸性氧化电位水对光敏感。有效氯浓度随时间延长而下降，宜现制备现用；（3）储存应选用避光、密闭、硬质聚氯乙烯材质制成的容器，室温下贮存不超过3 d；（4）酸性氧化电位水制备设施应能在线监测并自动控制 pH、ORP 和有效氯这三项消毒关键指标保持在上述合格范围内，使用单位每天或每班使用前，应在使用现场酸性氧化电位水出水口处，使用精密试纸检测有效氯浓度，检测数值应符合指标要求；（5）不得将酸性氧化电位水和其他药剂混合使用。

酸性氧化电位水有效指标的检测方法为：（1）有效氯含量试纸检测方法——应使用精密有效氯检测试纸，其有效氯范围应与酸性氧化电位水的有效氯含量接近，具体使用方法见试纸使用说明书；（2）pH、ORP 值检测方法——应使用酸度计检测，具体使用方法见酸度计使用说明书；（3）氯离子检测方法——采用硝酸银容量法或离子色谱法，详细方法见《生活饮用水标准检验方法无机非金属指标》GB/T 5750.5。

当采用酸性氧化电位水时，洗手、消毒宜选用碱、酸、停、碱水定时（10 s、20 s、3 s、5 s）的自动洗手装置。

## 8.3 排水

8.3.1 食品加工、生产过程排出的废水因食品品种、加工工艺的不同而异，应根据排出的废水的品种、性质、污染物浓度等设置废水处理站或废水处理装置进行处理，并达到国家排放标准或地方排放标准后排放。

8.3.2 洁净用房内的排水设备以及与重力回水管道相连接的设备，其排水管道无水封时，会产生室内外空气的相通对流，影响室内洁净度。密封的另一个意义是在室内通风系统正常工作时，使室内空气不外渗，在通风系统停止工作时，非洁净空气不倒灌。室内空气不经水封外渗，保证洁净室的洁净度、温湿度、正压值，减少能量的消耗。

一般情况下，洁净室与室外的静压差为10 Pa，考虑水封装置内水的蒸发损失、自虹吸损失及管道内气压变化等因素，水封深度应为50 mm～100 mm 水柱并不小于50 mm，这与《建筑给水排水设计规范》GB 50015 关于水封的设置要求是一致的。

8.3.3 洁净用房内的卫生器具和装置的污水透气系统对于维护洁净用房内的各项指标是极其重要的。透气系统的作用：（1）排除排水管道中的有害气体；（2）平衡管道内的压力，保护水封装置内的水封。通气管的设置位置和高度要确保不对周围环境产生影响，必要时应考虑处理措施。

8.3.4 本条是有关洁净用房内地漏设置的要求：

1 我国药品 GMP（1998）附录一“总则”规定，100 级医药洁净室（区）不得设置地漏，这里对Ⅰ级洁净用房同样作此规定。目前我国食品生产、加工车间内的全室均为Ⅰ级洁净区并不多见，大多采用Ⅲ级（或Ⅱ级）洁净用房中局部Ⅰ级方式，因此更应严格执行100 级区域内不设置地漏的规定，

2 对于不经常从地面排水的洁净用房，应不设置或少设置地漏，避免由于地漏的水封干涸造成污染。此处规定Ⅱ级洁净用房内不宜设地漏，当必须设置时，地漏应为高水封（高于50 mm），应带封盖，防臭防污染。

3 排水沟不易清洁，故Ⅰ、Ⅱ级洁净用房内不宜设排水沟。

4 此款主要是为了防止排水管的泄漏，万一排水管有泄漏，后果十分严重，为了确保洁净用房的空气洁净度避免污染，将此款列为强制性规定。

### 8.4 消防给水和灭火设备

8.4.1 由于我国经济的飞速发展，新建、改扩建的工业建筑大量增加，火灾危险性逐年增大，消防技术也在不断发展，现行国家标准《建筑设计防火规范》GB 50016 及相应的消防设计规范正不断修订完善，所以食品工业洁净用房的消防设计应首先符合这些最基本的消防规范。

8.4.2 洁净用房生产层设施设备较多，原辅料、成品、半成品较多，生产中经常使用多种有火灾危险的物料；上下技术夹层内，物料管道多，易燃易爆介质多，物料管道与风管、电缆桥架等错综复杂。为确保生产层和上下技术夹层的安全，按生产火灾危险性分类设置消火栓是完全必要的，根据《建筑设计防火规范》GB 50016 关于室内消火栓用水量规定，当高度小于等于 24 m 及体积小于等于 10000 $m^3$时，其消火栓消防用水量为 5 L/s。根据食品生产、加工工艺特点此值偏小，故本条文规定了室内消火栓给水的最低限制参数。

## 9 电气

### 9.1 配电

9.1.1 食品工业洁净用房中工艺设备的用电负荷等级应由它对供电可靠性的要求来确定，对这些用电设备的可靠供电是保证生产的前提。食品工业洁净用房一旦停电，室内空气会很快污染，影响食品质量。另外，洁净用房是个相对的密闭体，由于断电造成送风中断，室内的新鲜空气得不到补充，有害气体不能排出，对工作人员的健康也是不利的。

9.1.2 从洁净厂房发生过火灾事故中了解，电气原因引起的火灾事故占很大比例。为了防止食品工业洁净用房在节假日停止工作或无人值班时的电气火灾，以及当火灾发生时便于可靠地切断电源，所以电源进线（不包括消防用电）应设置切断装置为了方便管理，切断装置宜设在非洁净区便于操作管理的地点。

9.1.3 本条是有关洁净用房内配电设备的选用的要求。

1 配电设备暗装主要是防止积尘、便于清扫，对于大型配电设备，如落地式动力配电箱，暗装比较困难，为了减少积尘，宜放在非洁净区，如技术夹层或技术夹道等。

2 由于食品工业洁净用房需要经常清洗，另外很多食品生产车间往往湿度较大，故洁净用房内的电气设备和器材应优先按湿度条件选择，并满足所在车间防水、防汽和酸碱腐蚀的要求。

9.1.4 由于食品工业洁净用房需要经常清洗，有些洁净用房的墙面、地面还有防腐要求，所以电气管线宜敷设在技术夹层、技术夹道内。考虑防火要求，穿线导管应采用不燃烧体。出于同样原因，连接至设备的电气管线和接地线宜暗敷。

9.1.5 当净化空调系统停止运行，该系统又未设值班送风时，为防止由于压差而使尘粒通过电气管线空隙渗入洁净用房内，所以洁净区与非洁净区之间或不同空气洁净度等级的洁净用房之间的电气管线口应作密封处理。

### 9.2 照明

9.2.1 食品工业洁净用房内的照明照度一般要求较高，但灯具安装的数量受到送风风口数量和位置等条件的限制，这就要求在达到同一照度值情况下，安装灯具的个数最少。荧光灯的发光效率一般是白炽灯的（3~4）倍，而且发热量小，有利于空调节能。此外，洁净用房天然采光少，在选用光源时还需考虑它的光谱分布尽量接近于自然光，荧光灯基本能满足这一要求。因此，目前国内外洁净用房一般均采用荧光灯作为照明光源。当有些洁净用房层高较高，采用一般荧光灯照明很难达到设计照度值时，可采用其他光色好、光效率更高的光源。由于某些生产工艺对光源光色有特殊要求，或荧光灯对生产工艺和测试设备有干扰时，也可采用其他形式光源。

9.2.2 本条是有关洁净用房内照明灯具选择与布置的要求。

1、2 虽然照明灯具并不是食品工业洁净用房内的主要尘源，但如果安装不妥，将会通过灯具缝隙渗入尘粒或在灯具上积聚尘粒。实践表明，灯具嵌入顶棚暗装，在施工中往往与建筑配合误差较大，造成密封不严，不能达到预期效果。因此，洁净用房中的灯具安装应以吸顶明装为好。但是，若灯具安装受到层高限制及工艺特殊要求暗装时，一定要做好密封处理，以防止尘粒渗入洁净用房，灯具结构能便于清洁、维护。

3 根据国家有关标准规范规定：有防爆要求的食品工业洁净用房内的照明器具的选择和安装，应首先满足防爆要求；潮湿和有水雾的车间照明器具的选择和安装，应首先满足防潮要求。

4 由于紫外线对人体皮肤有伤害，需要设置紫外消毒灯的房间，为便于操作，紫外灯的控制开关应设在洁净用房外。

9.2.3 洁净用房内的食品生产一般为连续性生产，对照明的连续性、可靠性均有较严格的要求。设置备用照明的目的是为了正常照明因故熄灭时，确保工作人员能够继续从事必要的生产活动或采取应对措施所必须的照度。为减少灯具的重复设置，节省投资，备用照明一般可作为正常照明的一部分。备用照明应满足所需要的场所或部位进行各项活动和工作所需的最低照度值。一般场所备用照明的照度不应低于正常照明照度标准的20%。

### 9.3 自动控制

9.3.1 洁净用房一般均有正、负压控制要求，送风、回风和排风的启闭应连锁。正压洁净室（区）连锁程序为先启动送风机，再启动回风机和排风机，关闭时连锁程序应相反；负压洁净室与正压洁净室启动、关闭连锁程序相反，如本规范第4.3.1条规定，洁净用房一般均有温度和湿度要求。因此洁净用房的空调系统应有风机启停顺序和温湿度的自动控制系统。

9.3.2 食品工业洁净用房内对操作人员的衣着、身体状况、卫生习惯等均有要求，不能随便进入，非车间操作人员应限制进入，因此应在洁净生产区入口处设置门禁措施，防止未经批准人员的进入，确保生产环境的良好卫生条件。

## 10 检测、验证与验收

### 10.1 环境参数检测

10.1.1 洁净室工程检验的程序和项目是共通的，所以《洁净室施工及验收规范》GB 50591 适用于食品工业洁净用房。

10.1.2 动态监测点一般是关键控制点，需要着重控制该区域的环境卫生、洁净度，经评估确定后，不应随意更换，否则监测数据将失去应有的意义，不能有效监控需要控制的环境。

### 10.2 确认和验证

10.2.1 明确洁净用房在设计过程中，应对设计文件、图纸等进行设计确认，应对照附录B进行自检。

10.2.2 明确洁净用房在施工安装过程中，应对外观、设备等进行安装确认，应对照附录B进行自检。

10.2.3 明确洁净用房在净化空调系统和水系统安装完成后，应进行运行确认，应对照附录 B 进行自检。

10.2.4 明确洁净用房在完成本规范第 10.2.1 条的设计确认、本规范第 10.2.2 条的安装确认和本规范第 10.2.3 条的运行确认后，应进行性能确认。

## 10.3 工程验收

10.3.1 本条明确洁净用房的工程验收应由建设方组织，并遵照《洁净室施工及验收规范》GB 50591 的规定进行。

10.3.2 本条明确洁净用房的工程验收必须在有质检资格的检验单位进行综合性能的全面测定之后进行。洁净用房的综合性能评定应严格按照现行国家标准《洁净室施工及验收规范》GB50591 的相关条款进行，并出具有效的“综合性能”评定结果，这里在综合性能上加了引号，意在强调，同时表明是在一个条件的“综合性能”。在实际工作中，有的检测单位在出具检测报告时仅给出单项或某几项性能检测结果（如“沉降菌浓度符合要求”）；或给出多项性能检测结果，但每项性能测试时的系统运行条件不同（如测试换气次数时风机高频率运行，测试噪声时风机低频率运行，测试静压差时中频率运行等），这是不能代表洁净用房“综合性能评定”结果合格的，故不能作为工程验收的充分依据。

UDC

# GB

中 华 人 民 共 和 国 国 家 标 准

GB 50694—2011

# 酒厂设计防火规范

Code for design of fire protection and prevention
of alcoholic beverages factory

2011－07－26 发布　　　　2012－06－01 实施

中华人民共和国住房和城乡建设部
中华人民共和国国家质量监督检验检疫总局
联合发布

# 中华人民共和国国家标准
# 酒厂设计防火规范
# Code for design of fire protection and prevention of alcoholic beverages factory

GB 50694—2011
主编部门：中华人民共和国公安部
批准部门：中华人民共和国住房和城乡建设部
施行日期：2012 年 6 月 1 日

## 中华人民共和国住房和城乡建设部公告

第 1098 号

## 关于发布国家标准《酒厂设计防火规范》的公告

现批准《酒厂设计防火规范》为国家标准，编号为 GB 50694—2011，自 2012 年 6 月 1 日起实施。其中，第 3.0.1、4.1.4、4.1.5、4.1.6、4.1.9、4.1.11、4.2.1、4.2.2、4.3.3、5.0.1、5.0.11、6.1.1、6.1.2、6.1.3、6.1.4、6.1.6、6.1.8、6.1.11、6.2.1、6.2.2、6.2.3、7.1.1、7.3.3、8.0.1、8.0.2、8.0.5、8.0.6、8.0.7、9.1.3、9.1.5、9.1.7、9.1.8 条为强制性条文，必须严格执行。

本规范由我部标准定额研究所组织中国计划出版社出版发行。

中华人民共和国住房和城乡建设部
二〇一一年七月二十六日

## 前　言

本规范是根据住房和城乡建设部《关于印发〈2008 年工程建设标准规范制订、修订计划（第二批）〉的通知》（建标〔2008〕105 号）的要求，由四川省公安消防总队会同有关单位编制而成。

本规范在编制过程中，编制组进行了广泛的调查研究，总结了酒厂的防火设计实践经验和火灾教训，吸取了先进的科研成果，开展了必要的专题研究和试验论证，广泛征求了有关科研、设计、生产、消防监督等部门和单位的意见，对主要问题进行了反复修改，最后经审查定稿。

本规范共分9章，其主要内容有：总则，术语，火灾危险性分类、耐火等级和防火分区，总平面布局和平面布置，生产工艺防火防爆，储存，消防给水、灭火设施和排水，采暖、通风、空气调节和排烟，电气等。

本规范中以黑体字标志的条文为强制性条文，必须严格执行。

本规范由住房和城乡建设部负责管理和对强制性条文的解释，公安部负责日常管理，四川省公安消防总队负责具体技术内容的解释。本规范在执行过程中，如发现需要修改和补充之处，请将意见和资料寄往四川省公安消防总队（地址：成都市金牛区迎宾大道518号；邮政编码：610036），以便今后修订时参考。

本规范主编单位、参编单位、主要起草人和主要审查人：

主编单位：四川省公安消防总队

参编单位：公安部天津消防研究所
山西省公安消防总队
贵州省公安消防总队
四川省宜宾五粮液集团有限公司
泸州老窖股份有限公司
四川剑南春（集团）有限责任公司
中国贵州茅台酒厂有限责任公司
四川省商业建筑设计院有限公司
中国轻工业广州设计工程有限公司
贵州省建筑设计研究院
四川威特龙消防设备有限公司
首安工业消防有限公司

主要起草人：宋晓勇　倪照鹏　潘　京　杨　庆　祁晓霞
朱渝生　刘海燕　黄　勇　刘　沙　李彦军
郭　捷　郭小明　唐　奎　党　纪　李修建
王　宁　李孝权　董　辉　汪映标　刘　敏

主要审查人：刘宝珺　林祥棣　方汝清　刘家铎　杨　光
王祥文　亓延军　赵庆平

## 1　总则

1.0.1　为了防范酒厂火灾，减少火灾危害，保护人身和财产安全，制定本规范。

1.0.2　本规范适用于白酒、葡萄酒、白兰地、黄酒、啤酒等酒厂和食用酒精厂的新建、改建和扩建工程的防火设计，不适用于酒厂自然洞酒库的防火设计。

1.0.3　酒厂的防火设计应遵循国家的有关方针政策，做到安全可靠、技术先进、经济合理。

1.0.4　酒厂的防火设计除应执行本规范的规定外，尚应符合国家现行有关标准的规定。

## 2　术语

2.0.1　酒厂　alcoholic beverages factory

生产饮料酒的工厂。包括生产白酒、葡萄酒、白兰地酒、黄酒和啤酒等各类饮料酒的工厂，主要有原料库、原料粉碎车间、酿酒车间、酒库、勾兑车间、灌装包装车间、成品库等生产、储存设施。

2.0.2 酒精度 alcohol percentage

乙醇在饮料酒中的体积百分比。

2.0.3 酒库 alcoholic beverages warehouse

采用陶坛、橡木桶或金属储罐等容器存放饮料酒的室内场所。

2.0.4 人工洞白酒库 man - made cave Chinese spirits depot

在人工开挖洞内采用陶坛等陶制容器储存白酒的场所。

2.0.5 半敞开式酒库 semi - enclosed alcoholic beverages warehouse

设有屋顶，外围护封闭式墙体面积不超过该建筑外围护墙体外表面面积 1/2 的酒库。

2.0.6 储罐区 tank farm

由一个或多个储罐组成的露天储存场所。

2.0.7 常储量 steady reserves

酒厂保持相对稳定的储酒量，一般为酒库、储罐区和成品库的储存容量之和。

## 3 火灾危险性分类、耐火等级和防火分区

**3.0.1 酒厂生产、储存的火灾危险性分类及建（构）筑物的最低耐火等级应符合表 3.0.1 的规定。本规范未作规定者，应符合现行国家标准《建筑设计防火规范》GB 50016 的有关规定。**

表 3.0.1 生产、储存的火灾危险性分类及建（构）筑物的最低耐火等级

| 火灾危险性分类 | 最低耐火等级 | 白酒厂、食用酒精厂 | 葡萄酒厂、白兰地酒厂 | 黄酒厂 | 啤酒厂 | 其他建（构）筑物 |
|---|---|---|---|---|---|---|
| 甲 | 二级 | 液态法酿酒车间、酒精蒸馏塔、勾兑车间、灌装车间、酒泵房；酒精度大于或等于 38 度的白酒库、人工洞白酒库、食用酒精库，白酒储罐区、食用酒精储罐区 | 白兰地蒸馏车间、白兰地勾兑车间、白兰地酒泵房；白兰地陈酿库 | 采用糟烧白酒、高粱酒等代替酿造用水的发酵车间 | — | 燃气调压站、乙炔间 |
| 乙 | 二级 | 粮食筒仓的工作塔、制酒原料粉碎车间、制曲原料粉碎车间 | 白兰地灌装车间、葡萄酒灌装车间、葡萄酒酒泵房；葡萄酒陈酿库，葡萄酒储罐区 | 粮食筒仓的工作塔、制曲原料粉碎车间、压榨车间、煎酒车间、灌装车间；储罐区 | 粮食筒仓的工作塔、大麦清选车间、麦芽粉碎车间 | 氨压缩机房 |

（续表）

| 火灾危险性分类 | 最低耐火等级 | 白酒厂、食用酒精厂 | 葡萄酒厂、白兰地酒厂 | 黄酒厂 | 啤酒厂 | 其他建（构）筑物 |
|---|---|---|---|---|---|---|
| 丙 | 二级 | 固态制曲车间、包装车间；成品库、粮食仓库 | 白兰地包装车间；白兰地成品库 | 原料筛选车间、制曲车间；粮食仓库 | 粮食仓库 | 自备发电机房；包装材料库、塑料瓶库 |
| 丁 | 三级 | 蒸煮、糖化、发酵车间，固态法、半固态法酵酒车间，制酒母车间，液态制曲车间，酒糟利用车间 | 原料分选、破碎除梗、浸提压榨车间，发酵车间，$SO_2$储瓶间，葡萄酒包装车间；原料库房、葡萄酒成品库 | 制酒母车间，原料浸渍、蒸煮车间，发酵车间，包装车间，酒糟利用车间；陶坛等陶制容器酒库、成品库 | 大麦浸渍车间、发芽车间，发酵车间，麦芽干燥车间，原料糊化、糖化、过滤、煮沸、冷却车间，灌装、包装车间；成品库 | 排水、污水泵房，空气压缩机房；洗瓶车间，机修车间，仪表、电修车间；玻璃瓶库、陶瓷瓶库 |

注：1　采用增湿粉碎、湿法粉碎的原料粉碎车间，其火灾危险性可划分为丁类；采用密闭型粉碎设备的原料粉碎车间，其火灾危险性可划分为丙类。

2　黄酒厂采用黄酒糟生产白酒时，其生产、储存的火灾危险性分类及建（构）筑物的耐火等级应按白酒厂的要求确定。

3.0.2　同一座厂房、仓库或厂房、仓库的任一防火分区内有不同火灾危险性生产、物品储存时，其生产、储存的火灾危险性分类应按现行国家标准《建筑设计防火规范》GB 50016 的有关规定执行。

3.0.3　除本规范另有规定者外，厂房、仓库的耐火等级、允许层数和每个防火分区的最大允许建筑面积应符合现行国家标准《建筑设计防火规范》GB 50016 的有关规定。

3.0.4　白酒、白兰地生产联合厂房内的勾兑、灌装、包装、成品暂存等生产用房应采取防火分隔措施与其他部位进行防火分隔，当工艺条件许可时，应采用防火墙进行分隔。当生产联合厂房内设置有自动灭火系统和火灾自动报警系统时，其每个防火分区的最大允许建筑面积可按现行国家标准《建筑设计防火规范》GB 50016 规定的面积增加至 2.5 倍。

## 4　总平面布局和平面布置

### 4.1　一般规定

4.1.1　酒厂选址应符合城乡规划要求，并宜设置在规划区的边缘或相对独立的安全地带。酒厂应根据其生产工艺、火灾危险性和功能要求，结合地形、气象等条件，合理确定不同功能区的布局，设置消防车道和消防水源。

4.1.2　白酒储罐区、食用酒精储罐区宜设置在厂区相对独立的安全地带，并宜设置在厂区全年最小频率风向的上风侧。人工洞白酒库的库址应具备良好的地质条件，不得选择在有地质灾害隐患的地区。

4.1.3　白酒库、人工洞白酒库、食用酒精库、白酒储罐区、食用酒精储罐区、白兰地陈酿库应与其他生产区及办公、科研、生活区分开布置。

4.1.4 **除人工洞白酒库、葡萄酒陈酿库外，酒厂的其他甲、乙类生产、储存场所不应设置在地下或半地下。**

4.1.5 **厂房内严禁设置员工宿舍，并应符合下列规定：**

1 **甲、乙类厂房内不应设置办公室、休息室等用房。当必须与厂房贴邻建造时，其耐火等级不应低于二级，应采用耐火极限不低于 3.00 h 的不燃烧体防爆墙隔开，并应设置独立的安全出口。**

2 **丙类厂房内设置的办公室、休息室，应采用耐火极限不低于 2.50 h 的不燃烧体隔墙和不低于 1.00 h 的楼板与厂房隔开，并应至少设置 1 个独立的安全出口。当隔墙上需要开设门窗时，应采用乙级防火门窗。**

4.1.6 **仓库内严禁设置员工宿舍，并应符合下列规定：**

1 **甲、乙类仓库内严禁设置办公室、休息室等用房，并不应贴邻建造。**

2 **丙、丁类仓库内设置的办公室、休息室以及贴邻建造的管理用房，应采用耐火极限不低于 2.50 h的不燃烧体隔墙和不低于 1.00 h 的楼板与库房隔开，并应设置独立的安全出口。如隔墙上需要开设门窗时，应采用乙级防火门窗。**

4.1.7 白酒、白兰地灌装车间应符合下列规定：

1 应采用耐火极限不低于 3.00 h 的不燃烧体隔墙与勾兑车间、洗瓶车间、包装车间隔开。

2 每条生产线之间应留有宽度不小于 3 m 的通道。

3 每条生产线设置的成品酒灌装罐，其容量不应大于 3 $m^3$。

4 当每条生产线的成品酒灌装罐的单罐容量大于 3 $m^3$但小于或等于 20 $m^3$，且总容量小于或等于 100 $m^3$时，其灌装罐可设置在建筑物的首层或二层靠外墙部位，并应采用耐火极限不低于 3.00 h 的不燃烧体隔墙和不低于 1.50 h 的楼板与灌装车间、勾兑车间、包装车间、洗瓶车间等隔开，且设置灌装罐的部位应设置独立的安全出口。

5 当每条生产线的成品酒灌装罐的单罐容量大于 20 $m^3$或者总容量大于 100 $m^3$时，其灌装罐应在建筑物外独立设置。

4.1.8 当白酒勾兑车间与其酒库、白兰地勾兑车间与其陈酿库设置在同一建筑物内时，勾兑车间应设置在建筑物的首层靠外墙部位，并应划分为独立的防火分区和设置独立的安全出口，防火墙上不得开设任何门窗洞口。

4.1.9 **消防控制室、消防水泵房、自备发电机房和变、配电房等不应设置在白酒储罐区、食用酒精储罐区、白酒库、人工洞白酒库、食用酒精库、葡萄酒陈酿库、白兰地陈酿库内或贴邻建造。设置在其他建筑物内时，应采用耐火极限不低于 2.00 h 的不燃烧体隔墙和不低于 1.50 h 的楼板与其他部位隔开，隔墙上的门应采用甲级防火门。消防控制室应设置直通室外的安全出口，门上应有明显标识。消防水泵房的疏散门应直通室外或靠近安全出口。**

4.1.10 供白酒库、食用酒精库、白兰地陈酿库、酒泵房专用的 10 kV 及以下的变、配电房，当采用无门窗洞口的防火墙隔开并符合下列条件时，可一面贴邻建造。

1 仅有与变、配电房直接相关的管线穿过隔墙，且所有穿墙的孔洞均应采用防火封堵材料紧密填实。

2 室内地坪高于白酒库、食用酒精库、白兰地陈酿库、酒泵房室外地坪 0.6 m。

3 门、窗设置在白酒库、食用酒精库、白兰地陈酿库、酒泵房的爆炸危险区域外。

4 屋面板的耐火极限不低于 1.50 h。

4.1.11 **供白酒库、人工洞白酒库、白兰地陈酿库专用的酒泵房和空气压缩机房贴邻仓库建造时，应设置独立的安全出口，与仓库间应采用无门窗洞口且耐火极限不低于 3.00 h 的不燃烧体隔墙分隔。**

4.1.12 氨压缩机房的自动控制室或操作人员值班室应与设备间隔开，观察窗应采用固定的密封窗。供其专用的10 kV及以下的变、配电房与氨压缩机房贴邻时，应采用防火墙分隔，该墙不得穿过与变、配电房无关的管线，所有穿墙的孔洞均应采用防火封堵材料紧密填实。当需在防火墙上开窗时，应设置固定的甲级防火窗。氨压缩机房和变、配电房的门应向外开启。

4.1.13 厂房、仓库的安全疏散应符合现行国家标准《建筑设计防火规范》GB 50016的有关规定。

4.1.14 白酒储罐区、食用酒精储罐区的防火堤内严禁植树。

4.1.15 厂区的其他绿化应符合下列规定：

1 不应妨碍灭火救援。

2 生产区不应种植含油脂较多的树木。

3 白酒储罐区、食用酒精储罐区与其周围的消防车道之间不宜种植绿篱或茂盛的灌木。

## 4.2 防火间距

**4.2.1 白酒库、食用酒精库、白兰地陈酿库之间及其与其他建筑、明火或散发火花地点、道路等之间的防火间距不应小于表4.2.1的规定。**

表4.2.1 白酒库、食用酒精库、白兰地陈酿库之间及其与其他建筑物、明火或散发火花地点、道路等之间的防火间距（m）

| 名称 | | 白酒库、食用酒精库、白兰地陈酿库 |
|---|---|---|
| 重要公共建筑 | | 50 |
| 白酒库、食用酒精库、白兰地陈酿库及其他甲类仓库 | | 20 |
| 高层仓库 | | 13 |
| 民用建筑、明火或散发火花地点 | | 30 |
| 其他建筑 | 一、二级耐火等级 | 15 |
| | 三级耐火等级 | 20 |
| | 四级耐火等级 | 25 |
| 室外变、配电站以及工业企业的变压器总油量大于5 t的室外变电站 | | 30 |
| 厂外道路路边 | | 20 |
| 厂内道路 | 主要道路路边 | 10 |
| | 次要道路路边 | 5 |

注：设置在山地的白酒库、白兰地陈酿库，当相邻较高一面外墙为防火墙时，防火间距可按本表的规定减少25%。

**4.2.2 白酒储罐区、食用酒精储罐区与建筑物、变配电站之间的防火间距不应小于表4.2.2的规定。**

表 4.2.2　白酒储罐区、食用酒精储罐区与建筑物、变配电站之间的防火间距（m）

| 项目 | | 建筑物的耐火等级 | | | 室外变配电站以及工业企业的变压器总油量大于 5 t 的室外变电站 |
|---|---|---|---|---|---|
| | | 一、二级 | 三级 | 四级 | |
| 一个储罐区的总储量 $V$（$m^3$） | $50 \leqslant V < 200$ | 15 | 20 | 25 | 35 |
| | $200 \leqslant V < 1000$ | 20 | 25 | 30 | 40 |
| | $1000 \leqslant V < 5000$ | 25 | 30 | 40 | 50 |
| | $5000 \leqslant V < 10000$ | 30 | 35 | 50 | 60 |

注：1　防火间距应从距建筑物最近的储罐外壁算起，但储罐防火堤外侧基脚线至建筑物的距离不应小于 10 m。
2　固定顶储罐区与甲类厂房（仓库）、民用建筑的防火间距，应按本表的规定增加 25%，且不应小于 25 m。
3　储罐区与明火或散发火花地点的防火间距，应按本表四级耐火等级建筑的规定增加 25%。
4　浮顶储罐区与建筑物的防火间距，可按本表的规定减少 25%。
5　数个储罐区布置在同一库区内时，储罐区之间的防火间距不应小于本表相应储量的储罐区与四级耐火等级建筑之间防火间距的较大值。
6　设置在山地的储罐区，当设置事故存液池和自动灭火系统时，防火间距可按本表的规定减少 25 %。

4.2.3　白酒储罐区、食用酒精储罐区储罐与厂外道路路边之间的防火间距不应小于 20 m，与厂内主要道路路边之间的防火间距不应小于 15 m，与厂内次要道路路边之间的防火间距不应小于 10 m。

4.2.4　供白酒储罐区、食用酒精储罐区专用的酒泵房或酒泵区应布置在防火堤外。白酒储罐、食用酒精储罐与其酒泵房或酒泵区之间的防火间距不应小于表 4.2.4 的规定。

表 4.2.4　白酒储罐、食用酒精储罐与其酒泵房或酒泵区之间的防火间距（m）

| 储罐形式 | 酒泵房或酒泵区 |
|---|---|
| 固定顶储罐 | 15 |
| 浮顶储罐 | 12 |

注：总储量小于或等于 1000 $m^3$ 时，其防火间距可减少 25%。

4.2.5　事故存液池与相邻建筑、储罐区、明火或散发火花地点、道路等之间的防火间距按其有效容积对应白酒储罐区、食用酒精储罐区固定顶储罐的要求执行。

4.2.6　厂区围墙与厂区内建（构）筑之间的间距不宜小于 5 m，围墙两侧的建（构）筑物之间应满足相应的防火间距要求。

4.2.7　除本规范另有规定者外，酒厂内不同厂房、仓库之间的防火间距应符合现行国家标准《建筑设计防火规范》GB 50016 的有关规定。

## 4.3　厂内道路

4.3.1　常储量大于或等于 1000 $m^3$ 的白酒厂、年产量大于或等于 5000 $m^3$ 的葡萄酒厂、年产量大于或等于 10000 $m^3$ 的黄酒厂、年产量大于或等于 100000 $m^3$ 的啤酒厂，其通向厂外的消防车出入口不应少于 2 个，并宜位于不同方位。

4.3.2　厂区的道路宜采用双车道，单车道应满足消防车错车要求。

4.3.3　**生产区、仓库区和白酒储罐区、食用酒精储罐区应设置环形消防车道。当受地形条件限制**

**时，应设置有回车场的尽头式消防车道。白酒储罐区、食用酒精储罐区相邻防火堤的外堤脚线之间，应留有净宽不小于 7 m 的消防通道。**

4.3.4 消防车道净宽不应小于 4 m，净空高度不应小于 5 m，坡度不宜大于 8 %，路面内缘转弯半径不宜小于 12 m。消防车道距建筑物的外墙宜大于 5 m。供消防车停留的作业场地，其坡度不宜大于 3%。消防车道与厂房、仓库、储罐区之间不应设置妨碍消防车作业的障碍物。

## 4.4 消防站

4.4.1 下列白酒厂应建消防站：

1 常储量大于或等于 10000 $m^3$的白酒厂。

2 城市消防站接到火警后 5 min 内不能抵达火灾现场且常储量大于或等于 10000 $m^3$的白酒厂。

4.4.2 白酒厂消防站的设置要求及消防车、泡沫液的配备标准应符合表 4.4.2 的规定。

表 4.4.2 消防站的设置要求及消防车、泡沫液的配备标准

| 常储量 $V$（$m^3$） | 消防站设置要求 | 消防车配备标准 | 泡沫液配备标准 |
|---|---|---|---|
| $V \geqslant 50000\ m^3$ | 应设置一级普通消防站或特勤消防站 | 不应少于 5 辆，其中泡沫消防车不应少于 2 辆 | $\geqslant 30\ m^3$ |
| $10000\ m^3 \leqslant V < 50000\ m^3$ | 应设置二级普通消防站 | 不应少于 3 辆，其中泡沫消防车不应少于 1 辆 | $\geqslant 20\ m^3$ |
| $5000\ m^3 \leqslant V < 10000\ m^3$ | 宜设置二级普通消防站 | 不应少于 2 辆，其中泡沫消防车不应少于 1 辆 | $\geqslant 10\ m^3$ |
| $1000\ m^3 \leqslant V < 5000\ m^3$ | — | 不应少于 2 辆，至少应配置泡沫消防车 1 辆 | $\geqslant 5\ m^3$ |

4.4.3 冷却白酒储罐、食用酒精储罐用水罐消防车的数量和技术性能，应按冷却白酒储罐、食用酒精储罐最大需水量配备；扑救白酒储罐、食用酒精储罐火灾用泡沫消防车的数量和技术性能，应按照白酒储罐、食用酒精储罐最大需用泡沫液量配备。

4.4.4 消防站的分级应符合国家现行有关标准的规定，消防站的设计、其他装备和人员配备可按照有关标准和现行国家标准《消防通信指挥系统设计规范》GB 50313 的有关规定执行。

# 5 生产工艺防火防爆

5.0.1 **酒厂具有爆炸危险性的甲、乙类生产、储存场所应进行防爆设计。**

5.0.2 泄压面积的计算应符合现行国家标准《建筑设计防火规范》GB 50016 的有关规定。爆炸危险物质为乙醇时，其泄压比 $C$ 值不应小于 0.110 $m^2/m^3$；爆炸危险物质为氨以及 $K_{尘} < 10\ MPa \cdot m \cdot s^{-1}$的粮食粉尘时，其泄压比 $C$ 值不应小于 0.030 $m^2/m^3$。

5.0.3 厂房、仓库内不应使用敞开式粮食溜管（槽）等设备。具有粉尘爆炸危险性的机械设备，宜设置在单层建筑靠近外墙或多层建筑顶层靠近外墙部位。

5.0.4 输送具有粉尘爆炸危险性的原料时，其机械输送设备应符合下列规定：

1 带式输送机、螺旋输送机、斗式提升机等输送设备，应在适当的位置设置磁选装置及其他清理装置，应在输送设备运转进入筒仓前的适当位置设置防火、防爆阀门。

2 斗式提升机应设置在单独的工作塔内或筒仓外。提升机入口处应单独设置负压抽风除尘系统。提升机的外壳、机头、机座和连接溜管应具有良好的密封性能，机壳的垂直段上应设置泄爆口，机座处应设置清料口，机头处应设置检查口。提升机应设置速度监控、故障报警停机等装置。

3 螺旋输送机全部机体应由金属材料包封，并应具有良好的密封性能。卸料口应采取措施防止堵塞，并应设置堵塞停机装置。

4 带式输送机应设置拉线保护、输送带打滑检测和防跑偏装置，必须采用阻燃输送带且不得采用金属扣连接，设备的进料口和卸料口处应设置吸风口。

5 输送栈桥应采用不燃材料制作。

5.0.5 输送具有粉尘爆炸危险性的原料时，其气流输送设备应符合下列规定：

1 从多个不同的进料点向一个卸料点输送原料时，应采用真空输送系统，卸料器应具有良好的密封性能。

2 从一个进料点向多个不同的卸料点输送原料时，可采用压力输送系统，加料器应具有良好的密封性能。

3 多个气流输送系统并联时，每个系统应设置截止阀。各粮仓间的气流输送系统不应相互连通，如确需连通时，应设置截止阀。

5.0.6 原料清选、粉碎和制曲设备应具有良好的密封性能，内部构件应连接牢固。原料粉碎设备应设置便于操作的检修孔、清理孔。原料粉碎车间不宜设置非生产性电气设备。

5.0.7 原料蒸煮设备宜采用不燃烧材料制作，蒸煮宜采用蒸汽加热。采用木质甑桶时，不宜采用明火加热。

5.0.8 蒸馏应符合下列规定：

1 蒸馏设备宜采用不燃材料制作。

2 蒸馏宜采用蒸汽加热，采用明火加热时应有安全防护措施。采用地锅蒸酒的车间，地锅火门及储煤场地必须设于车间外。

3 蒸馏设备及其管道、附件等应具有良好的密封性能。

4 采用塔式蒸馏设备生产酒精，各塔的排醛系统中应设置酒精捕集器，并应有足够的容积。排醛管出口宜接至室外，且不宜安装阀门。

5 酿酒车间的中转储罐容量不得超过车间日产量的2倍且储存时间不宜超过24 h。

5.0.9 白酒储罐、食用酒精储罐、白兰地陈酿储罐应符合下列规定：

1 进、出输酒管道必须固定并应采用柔性连接。输酒管入口距储罐底部的高度不宜大于0.15 m；确有困难时，输酒管出口标高应大于入口标高，高差不应小于0.1 m。

2 每根输酒管道至少应设置两个阀门，阀门应采用密封性良好的快开阀，快速接口处应设置防漏装置。

3 储罐应设置液位计和高液位报警装置，必要时可设自动联锁启闭进液装置或远距离遥控启闭装置。储罐不宜采用玻璃管（板）等易碎材料液位计。

4 应急储罐的容量不应小于库内单个最大储罐容量。

5 酒取样器、罐盖及现场工具等严禁使用碰撞易产生火花的材料制作。

5.0.10 白酒、白兰地的加浆、勾兑、灌装生产过程应符合下列规定：

1 加浆、勾兑作业时，严禁采用纯氧搅拌工艺，可采用压缩空气作搅拌介质，但加浆、勾兑作业场所应有良好的通风，必要时宜采用负压抽风系统。

2 真空灌装机灌装口排出的酒蒸气应采用负压抽风系统回收，并应直接排至室外。

3 封盖机应采用缓冲柔性封盖机构。

5.0.11 **甲、乙类生产、储存场所应采用不发火花地面。采用绝缘材料作整体面层时，应采取防静电措施。粮食仓库、原料粉碎车间的内表面应平整、光滑，并易于清扫。**

5.0.12 采用糟烧白酒、高粱酒等代替酿造用水发酵时，发酵罐的输酒管入口距罐内搭窝原料底部的高度不应大于0.15 m。黄酒煎酒设备采用薄板式热交换器时，灌酒桶上方的酒蒸气应回流入薄板式热交换器预热段，酒汗出口应设置回收装置，其管道应具有良好的密封性能。

5.0.13 氨制冷系统应设置安全保护装置，且应符合下列规定：

1 氨压缩机应在机组控制台上设事故紧急停机按钮。

2 氨泵应设断液自动停泵装置，排液管上应设压力表和止逆阀，排液总管上应设旁通泄压阀。

3 低压循环储液器、氨液分离器和中间冷却器应设超高液位报警装置及正常液位自控装置；低压储液器应设超高液位报警装置。

4 压力容器（设备）应按产品标准要求设安全阀；安全阀应设置泄压管，泄压管出口应高于周围50 m内最高建筑物的屋脊5 m。

5 应设置紧急泄氨装置。

6 管道应采用无缝钢管，其质量应符合现行国家标准《流体输送用无缝钢管》GB 8163 的要求，应根据管内的最低工作温度选用材质，设计压力应采用2.5 MPa（表压）。

7 应采用氨专用阀门和配件，其公称压力不应小于2.5 MPa（表压），并不得有铜质和镀锌的零配件。

5.0.14 储罐、容器和工艺设备需要保温隔热时，其绝热材料应选用不燃材料。低温保冷可采用阻燃型泡沫，但其保护层外壳应采用不燃材料。

5.0.15 输酒管道的设计应符合现行国家标准《工业金属管道设计规范》GB 50316 的有关规定。输送白酒、食用酒精、葡萄酒、白兰地、黄酒的管道设置应符合下列规定：

1 输酒管道宜架空或沿地敷设。必须采用管沟敷设时，应采取防止酒液在管沟内积聚的措施，并应在进出厂房、仓库、酒泵房、储罐区防火堤处密封隔断。输酒管道严禁与热力管道敷设在同一管沟内。不应与电力电缆敷设在同一管沟内。

2 输酒管道不得穿过与其无关的建筑物。跨越道路的输酒管道上不应设置阀门及易发生泄漏的管道附件。输酒管道穿越道路时，应敷设在管涵或套管内。

3 输酒管道严禁穿过防火墙和不同防火分区的楼板。

4 输酒管道除需要采用螺纹、法兰连接外，均应采用焊接连接。

5.0.16 输酒管道应采用食品用不锈钢管，输酒软管宜采用不锈钢软管。各种物料管线应有明显区别标识，阀门应有明显启闭标识。处置紧急事故的阀门，应设于安全和方便操作的地方，并应有保证其可靠启闭的措施。

5.0.17 其他管道必须穿过防火墙和楼板时，应采用防火封堵材料紧密填实空隙。受高温或火焰作用易变形的管道，在其穿越墙体和楼板的两侧应采取阻火措施。严禁在防火墙和不同防火分区的楼板上留置孔洞。采样管道不应引入化验室。

## 6 储存

### 6.1 酒库

6.1.1 白酒库、食用酒精库的耐火等级、层数和面积应符合表6.1.1的规定。

表6.1.1 白酒库、食用酒精库的耐火等级、层数和面积（$m^2$）

| 储存类别 | 耐火等级 | 允许层数（层） | 每座仓库的最大允许占地面积和每个防火分区的最大允许建筑面积 | | | | |
|---|---|---|---|---|---|---|---|
| | | | 单层 | | 多层 | | 地下、半地下 |
| | | | 每座仓库 | 防火分区 | 每座仓库 | 防火分区 | 防火分区 |
| 酒精度大于或等于60度的白酒库、食用酒精库 | 一、二级 | 1 | 750 | 250 | — | — | — |
| 酒精度大于或等于38度、小于60度的白酒库 | | 3 | 2000 | 250 | 900 | 150 | — |

注：半敞开式的白酒库、食用酒精库的最大允许占地面积和每个防火分区的最大允许建筑面积可增加至本表规定的1.5倍。

6.1.2 全部采用陶坛等陶制容器存放白酒的白酒库，其耐火等级、层数和面积应符合表6.1.2的规定。

表6.1.2 陶坛等陶制容器白酒库的耐火等级、层数和面积（$m^2$）

| 储存类别 | 耐火等级 | 允许层数（层） | 每座仓库的最大允许占地面积和每个防火分区的最大允许建筑面积 | | | | |
|---|---|---|---|---|---|---|---|
| | | | 单层 | | 多层 | | 地下、半地下 |
| | | | 每座仓库 | 防火分区 | 每座仓库 | 防火分区 | 防火分区 |
| 酒精度大于或等于60度 | 一、二级 | 3 | 4000 | 250 | 1800 | 150 | — |
| 酒精度大于或等于52度、小于60度 | | 5 | 4000 | 350 | 1800 | 200 | — |

6.1.3 白兰地陈酿库、葡萄酒陈酿库的耐火等级、层数和面积应符合表6.1.3的规定。

表 6.1.3　白兰地陈酿库、葡萄酒陈酿库的耐火等级、层数和面积（$m^2$）

<table>
<tr><th rowspan="3">储存类别</th><th rowspan="3">耐火等级</th><th rowspan="3">允许层数（层）</th><th colspan="5">每座仓库的最大允许占地面积<br>和每个防火分区的最大允许建筑面积</th></tr>
<tr><th colspan="2">单层</th><th colspan="2">多层</th><th>地下、半地下</th></tr>
<tr><th>每座仓库</th><th>防火分区</th><th>每座仓库</th><th>防火分区</th><th>防火分区</th></tr>
<tr><td>白兰地</td><td rowspan="2">一、二级</td><td>3</td><td>2000</td><td>250</td><td>900</td><td>150</td><td>—</td></tr>
<tr><td>葡萄酒</td><td>3</td><td>4000</td><td>250</td><td>1800</td><td>150</td><td>250</td></tr>
</table>

6.1.4　**白酒库、食用酒精库、白兰地陈酿库、葡萄酒陈酿库及白酒、白兰地的成品库严禁设置在高层建筑内。**

6.1.5　白酒库、食用酒精库、白兰地陈酿库、葡萄酒陈酿库内设置自动灭火系统时，每座仓库最大允许占地面积可分别按表 6.1.1、表 6.1.2、表 6.1.3 的规定增加至 3.0 倍，每个防火分区最大允许建筑面积可分别按表 6.1.1、表 6.1.2、表 6.1.3 的规定增加至 2.0 倍。

6.1.6　**白酒库、食用酒精库内的储罐，单罐容量不应大于 1000 $m^3$，储罐之间的防火间距不应小于相邻较大立式储罐直径的 50%；单罐容量小于或等于 100 $m^3$、一组罐容量小于或等于 500 $m^3$ 时，储罐可成组布置，储罐之间的防火间距不应小于 0.5 m，储罐组之间的防火间距不应小于 2 m。当白酒库、食用酒精库内的储罐总容量大于 5000 $m^3$ 时，应采用不开设门窗洞口的防火墙分隔。**

6.1.7　当采用陶坛、酒海、酒篓、酒箱、储酒池等容器储存白酒时，白酒库内的储酒容器应分组存放，每组总储量不宜大于 250 $m^3$，组与组之间应设置不燃烧体隔堤。若防火分区之间采用防火门分隔时，门前应采取加设挡坎等挡液措施。地震烈度大于 6 度以上的地区，陶坛等陶制容器应采取防震防撞措施。

6.1.8　**人工洞白酒库的设置应符合下列规定：**

**1　人工洞白酒库应由巷道和洞室构成。**

**2　一个人工洞白酒库总储量不应大于 5000 $m^3$，每个洞室的净面积不应大于 500 $m^2$。**

**3　巷道直通洞外的安全出口不应少于两个。每个洞室通向巷道的出口不应少于两个，相邻出口最近边缘之间的水平距离不应小于 5 m。洞室内最远点距出口的距离不超过 30 m 时可只设一个出口。**

**4　巷道的净宽不应小于 3 m，净高不应小于 2.2 m。相邻洞室通向巷道的出口最近边缘之间的水平距离不应小于 10 m。**

**5　当两个洞室相通时，洞室之间应设置防火隔间。隔间的墙应为防火墙，隔间的净面积不应小于 6 $m^2$，其短边长度不应小于 2 m。**

**6　巷道与洞室之间、洞室与防火隔间之间应设置不燃烧体隔堤和甲级防火门。防火门应满足防锈、防腐的要求，且应具有火灾时能自动关闭和洞外控制关闭的功能。**

**7　巷道地面坡向洞口和边沟的坡度均不应小于 0.5 %。**

6.1.9　人工洞白酒库陶坛等陶制容器的存放应符合下列规定：

1　陶坛等陶制容器应分区存放，每区总储量不宜大于 200 $m^3$，区与区之间应设置不燃烧体隔堤或利用地形设置事故存液池。

2　每个分区内的陶坛等陶制容器应分组存放，每组的总储量不宜大于 50 $m^3$，组与组之间的防火间距不应小于 1.2 m。

6.1.10　白酒库、食用酒精库、白兰地陈酿库的承重结构不应采用钢结构、预应力钢筋混凝土结构。

6.1.11 **白酒库、人工洞白酒库、食用酒精库、白兰地陈酿库应设置防止液体流散的设施。**

6.1.12 多层白酒库、食用酒精库、白兰地陈酿库外墙窗户上方应设置宽度不小于0.5 m的不燃烧体防火挑檐。

6.1.13 事故排酒设施应符合下列规定：

1 多层白酒库、食用酒精库、白兰地陈酿库的每个防火分区宜设置事故排酒口及阀门，库外应设置垂直导液管（道），并应用混凝土管道连接排酒口和导液管（道）至室外事故存液池。

2 人工洞白酒库的每个分区应设置事故排酒口及阀门，洞内应设置导液管（暗沟）至室外事故存液池，导液管（暗沟）通过分区的隔断处应设置阀门或防火挡板。

3 多层白酒库、食用酒精库、白兰地陈酿库、人工洞白酒库地面向事故排酒口方向的坡度不应小于0.5 %。

6.1.14 白酒库、人工洞白酒库不燃烧体隔堤的设置应符合下列规定：

1 隔堤的高度、厚度均不应小于0.2 m。

2 隔堤应能承受所容纳液体的静压，且不应渗漏。

3 管道穿堤处应采用不燃材料密封。

## 6.2 储罐区

6.2.1 **白酒储罐区、食用酒精储罐区内储罐之间的防火间距不应小于表6.2.1的规定。**

**表6.2.1** 白酒储罐区、食用酒精储罐区储罐之间的防火间距

<table>
<tr><th colspan="2" rowspan="3">类别</th><th colspan="4">储罐形式</th></tr>
<tr><th colspan="2">固定顶罐</th><th rowspan="2">浮顶罐</th><th rowspan="2">卧式罐</th></tr>
<tr><th>地上式</th><th>半地下式</th></tr>
<tr><td rowspan="2">单罐容量<br>$V$（$m^3$）</td><td>$V\leqslant1000$</td><td>0.75$D$</td><td rowspan="2">0.5$D$</td><td rowspan="2">0.4$D$</td><td rowspan="2">≥0.8 m</td></tr>
<tr><td>$V>1000$</td><td>0.6$D$</td></tr>
</table>

注：1 $D$为相邻较大立式储罐的直径（m）。

2 不同形式储罐之间的防火间距不应小于本表规定的较大值。

3 两排卧式储罐之间的防火间距不应小于3 m。

4 单罐容量小于或等于1000 $m^3$且采用固定式消防冷却水系统时，地上式固定顶罐之间的防火间距不应小于0.6$D$。

6.2.2 **白酒储罐区、食用酒精储罐区单罐容量小于或等于200 $m^3$、一组罐容量小于或等于1000 $m^3$时，储罐可成组布置。但组内储罐的布置不应超过两排，立式储罐之间的防火间距不应小于2 m，卧式储罐之间的防火间距不应小于0.8 m。储罐组之间的防火间距应根据组内储罐的形式和总储量折算为相同类别的标准单罐，并应按本规范第6.2.1条的规定确定。**

6.2.3 白酒储罐区、食用酒精储罐区的四周应设置不燃烧体防火堤等防止液体流散的设施。

6.2.4 白酒储罐区、食用酒精储罐区防火堤的设置应符合下列规定：

1 防火堤内白酒、食用酒精总储量不应大于10000 $m^3$。防火堤内的有效容积不应小于其中最大储

罐的容量；对于浮顶储罐，防火堤内的有效容积可为其中最大储罐容量的一半。

2 防火堤高度应比计算高度高出0.2 m。立式储罐的防火堤内侧距堤内地面高度不应小于1.0 m，且外侧距堤外地面高度不应大于2.2 m；卧式储罐的防火堤内、外侧高度均不应小于0.5 m。防火堤应在不同方位设置两个及以上进出防火堤的人行台阶或坡道。

3 立式储罐的罐壁至防火堤内堤脚线的距离，不应小于罐壁高度的一半。卧式储罐的罐壁至防火堤内堤脚线的距离，不应小于3 m。依山建设的储罐，可利用山体兼作防火堤，储罐的罐壁至山体的距离不应小于1.5 m。

4 雨水排水管（渠）应在防火堤出口处设置水封装置，水封高度不应小于0.25 m，水封装置应采用金属管道排出堤外，并在管道出口处设置易于开关的隔断阀门。

5 防火堤应能承受所容纳液体的静压，且不应渗漏。

6 进出储罐区的各类管线、电缆宜从防火堤顶部跨越或从地面以下穿过。当必须穿过防火堤时，应设置套管并应采取有效的密封措施，也可采用固定短管且两端采用软管密封连接。

7 防火堤内的储罐布置、防火堤的选型与构造应符合现行国家标准《建筑设计防火规范》GB 50016和《储罐区防火堤设计规范》GB 50351的有关规定。

## 7 消防给水、灭火设施和排水

### 7.1 消防给水和灭火器

**7.1.1 酒厂应设计消防给水系统。厂房、仓库、储罐区应设置室外消火栓系统。**

7.1.2 酒厂消防用水应和生产、生活用水统一规划，水源应有可靠保证。消防用水由酒厂自备水源给水管网供给时，其给水工程和给水管网应符合现行国家标准《室外给水设计规范》GB 50013和《建筑设计防火规范》GB 50016等标准的有关规定。

7.1.3 除下列耐火等级不低于二级的建筑可不设置室内消火栓外，酒厂的其他厂房、仓库均应设置室内消火栓系统：

1 白酒厂的蒸煮、糖化、发酵车间，固态、半固态法酿酒车间，制酒母车间，液态制曲车间，酒糟利用车间。

2 葡萄酒厂的原料库房，原料分选、破碎除梗、浸提压榨车间，发酵车间，$SO_2$储瓶间。

3 黄酒厂的原料浸渍、蒸煮车间，制酒母车间，酒糟利用车间。

4 啤酒厂的大麦浸渍、发芽车间，麦芽干燥车间，原料糊化、糖化、过滤、煮沸、冷却车间，发酵车间。

5 粮食仓库、玻璃瓶库、陶瓷瓶库，洗瓶车间、机修车间，仪表、电修车间，空气压缩机房。

7.1.4 白酒库、人工洞白酒库、食用酒精库、白兰地陈酿库的室内消火栓箱内应配备喷雾水枪。人工洞白酒库的消防用水量不应小于20 L/s，室内消火栓宜布置在巷道靠近洞室出口处。

7.1.5 消防给水必须采取可靠措施防止泡沫液等灭火剂回流污染生活、生产水源和消防水池。供给泡沫灭火设备的水质应符合有关泡沫液的产品标准及技术要求。

7.1.6 厂房、仓库、白酒储罐区、食用酒精储罐区、酒精蒸馏塔、办公及生活建筑应按现行国家标准《建筑灭火器配置设计规范》GB 50140的有关规定配置灭火器，其中白酒库、人工洞白酒库、食用酒精库、白酒储罐区、食用酒精储罐区、液态法酿酒车间、酒精蒸馏塔，白兰地蒸馏车间、陈酿库，白酒、白兰地勾兑、灌装车间的灭火器配置场所危险等级应为严重危险级。

7.1.7 除本规范另有规定者外，其他室内外消防给水设计应符合现行国家标准《建筑设计防火规范》GB 50016 的有关规定。

## 7.2 灭火系统和消防冷却水系统

7.2.1 下列场所应设置自动喷水灭火系统：

1 高层原料筛选车间、原料制曲车间。

2 白酒、白兰地灌装、包装车间。

3 白酒、白兰地成品库。

4 建筑面积大于 500 $m^2$的地下白酒、白兰地成品库。

7.2.2 下列场所应设置水喷雾灭火系统或泡沫灭火系统：

1 白酒勾兑车间、白兰地勾兑车间。

2 液态法酿酒车间、酒精蒸馏塔。

3 人工洞白酒库。

4 占地面积大于 750 $m^2$的白酒库、食用酒精库、白兰地陈酿库。

5 地下、半地下葡萄酒陈酿库。

6 白酒储罐区、食用酒精储罐区。

7.2.3 白酒库、食用酒精库、白酒储罐区、食用酒精储罐区的泡沫灭火系统设置应符合下列规定：

1 单罐容最大于或等于 500 $m^3$的储罐，移动式消防设施不能进行保护或地形复杂、消防车扑救困难的储罐区，应采用固定式泡沫灭火系统。

2 单罐容量小于 500 $m^3$的储罐，可采用半固定式泡沫灭火系统。

7.2.4 白酒、食用酒精金属储罐应设置消防冷却水系统，并应符合下列规定：

1 白酒库、食用酒精库的储罐应采用固定式消防冷却水系统。当储罐设有水喷雾灭火系统时，水喷雾灭火系统可兼作消防冷却水系统，但该储罐的消防用水量应按水喷雾灭火系统灭火和防护冷却的最大者确定。

2 白酒储罐区、食用酒精储罐区的储罐多排布置或储罐高度大于 15 m 或单罐容量大于 1000 $m^3$时，应采用固定式消防冷却水系统。

3 白酒储罐区、食用酒精储罐区的储罐高度小于或等于 15 m 且单罐容量小于或等于 1000 $m^3$时，可采用移动式消防冷却水系统或固定式水枪与移动式水枪相结合的消防冷却系统。

7.2.5 自动喷水灭火系统的设计，应符合现行国家标准《自动喷水灭火系统设计规范》GB 50084 的有关规定。

7.2.6 水喷雾灭火系统的设计除应符合现行国家标准《水喷雾灭火系统设计规范》GB 50219 的有关规定外，尚应符合下列规定：

1 设计喷雾强度和持续喷雾时间不应小于表 7.2.6 的规定。

**表 7.2.6　　设计喷雾强度和持续喷雾时间**

| 防护目的 | 设计喷雾强度（L/min · $m^2$） | 持续喷雾时间（h） |
|---|---|---|
| 灭火 | 20 | 0.5 |
| 防护冷却 | 6 | 4 |

2 水雾喷头的工作压力，当用于灭火时，不应小于 0.4 MPa；当用于防护冷却时，不应小于

0.2 MPa。

3 系统的响应时间，当用于灭火时，不应大于 45 s；当用于防护冷却时，不应大于 180 s。

保护面积应按每个独立防火分区的建筑面积确定。

7.2.7 泡沫灭火系统必须选用抗溶性泡沫液，固定顶、浮顶白酒储罐、食用酒精储罐应选用液上喷射泡沫灭火系统，系统设计应符合现行国家标准《泡沫灭火系统设计规范》GB 50151 的有关规定。

7.2.8 白酒库、食用酒精库或白酒储罐区、食用酒精储罐区的固定式泡沫灭火系统采用手动操作不能保证 5 min 内将泡沫送入着火罐时，泡沫混合液管道控制阀应能远程控制开启。

7.2.9 消防系统的启动、停止控制设备应具有明显的标识，并应有防误操作保护措施。供水装置停止运行应为手动控制方式。

### 7.3 排水

7.3.1 酒厂应采取防止泄漏的酒液和消防废水排出厂外的措施，并不得排向库区。

7.3.2 事故存液池的设置应符合下列规定：

1 设有事故存液池的储罐区四周应设导液管（沟），使溢漏酒液能顺利地流出罐区并自流入存液池内。

2 导液管（沟、道）距明火或散发火花地点不应小于 30 m。

3 事故存液池的有效容积不应小于其中最大储罐的容量。对于浮顶罐，事故存液池的有效容积可为其中最大储罐容量的一半。人工洞白酒库和多层白酒库、食用酒精库、白兰地陈酿库设置的事故存液池的有效容积不宜小于 50 $m^3$。

4 事故存液池应有符合防火要求的排水措施。

**7.3.3 含酒液的污水排放应符合下列规定：**

**1 含酒液的污水应采用管道单独排放，不得与其他污水混排。**

**2 排放出口应设置水封装置，水封装置与围墙之间的排水通道必须采用暗渠或暗管。水封井的水封高度不应小于 0.25 m。水封井应设沉泥段，沉泥段自最低的管底算起，其深度不应小于 0.25 m。水封装置出口应设易于开关的隔断阀门。**

## 8 采暖、通风、空气调节和排烟

**8.0.1 甲、乙类生产、储存场所不应采用循环热风采暖，严禁采用明火采暖和电热散热器采暖。原料粉碎车间采暖散热器表面温度不应超过 82 ℃。**

**8.0.2 甲、乙类生产、储存场所应有良好的自然通风或独立的负压机械通风设施。机械通风的空气不应循环使用。**

8.0.3 白酒库、人工洞白酒库、食用酒精库、白兰地陈酿库、氨压缩机房及白酒、白兰地酒泵房应设置事故排风设施，其事故排风量宜根据计算确定，但换气次数不应小于 12 次/h。人工洞白酒库事故排风量应根据最大一个洞室的净空间进行计算确定。事故排风系统宜与机械通风系统合用，应分别在室内、外便于操作的地点设置开关。

8.0.4 甲、乙类生产、储存场所的通风管道及设备宜采用气动执行器与调节水阀、风阀配套使用。

**8.0.5 甲、乙类生产、储存场所的通风管道及设备应符合下列规定：**

**1 排风管道严禁穿越防火墙和有爆炸危险场所的隔墙。**

2 排风管道应采用金属管道，并应直接通往室外或洞外的安全处，不应暗设。

3 通风管道及设备均应采取防静电接地措施。

4 送风机及排风机应选用防爆型。

5 送风机及排风机不应布置在地下、半地下，且不应布置在同一通风机房内。

8.0.6 输送白酒、食用酒精、葡萄酒、白兰地、黄酒的管道，不应穿过通风机房和通风管道，且不应沿通风管道的外壁敷设。

8.0.7 下列情况之一的通风、空气调节系统的风管上应设置防火阀：

1 穿越防火分区处。

2 穿越通风、空气调节机房的房间隔墙和楼板处。

3 穿越防火分隔处的变形缝两侧。

8.0.8 机械排烟系统与机械通风、空气调节系统宜分开设置。当合用时必须采取可靠的防火措施，并应符合机械排烟系统的有关要求。

8.0.9 厂房、仓库采用自然排烟设施时，排烟口宜设置在外墙上方或屋面上，并应有方便开启的装置或火灾时自动开启的装置。

8.0.10 需要排烟的厂房、仓库不具备自然排烟条件时，应设置机械排烟设施。当排烟风管竖向穿越防火分区时，垂直排烟风管宜设置在管井内。

8.0.11 采暖、通风、空气调节系统的防火、防爆设计和建筑排烟设计的其他防火要求应符合现行国家标准《采暖通风与空气调节设计规范》GB 50019 和《建筑设计防火规范》GB 50016 等标准的有关规定。

## 9 电气

### 9.1 供配电及电器装置

9.1.1 酒厂的消防用电负荷等级不应低于现行国家标准《供配电系统设计规范》GB 50052 规定的二级负荷。

9.1.2 甲、乙类生产、储存场所设置的机械通风设施应按二级负荷供电，其事故排风机的过载保护不应直接停排风机。

9.1.3 消防用电设备应采用专用供电回路，其配电设备应有明显标识。当生产、生活用电被切断时，仍应保证消防用电。

9.1.4 消防控制室、消防水泵房、消防电梯等重要消防用电设备的供电应在最末一级配电装置或配电箱处实现自动切换，其配电线路宜采用铜芯耐火电缆。

9.1.5 甲、乙类生产、储存场所与架空电力线的最近水平距离不应小于电杆（塔）高度的1.5倍。

9.1.6 白酒储罐区、食用酒精储罐区、酒精蒸馏塔的供配电电缆宜直接埋地敷设。直埋深度不应小于0.7 m，在岩石地段不应小于0.5 m。

9.1.7 厂房和仓库的下列部位，应设置消防应急照明，且疏散应急照明的地面水平照度不应小于5.0 lx：

1 封闭楼梯间、防烟楼梯间及其前室、消防电梯间的前室或合用前室。

2 消防控制室、消防水泵房、自备发电机房、变、配电房以及发生火灾时仍需正常工作的其他房间。

3 **人工洞白酒库内的巷道。**

4 **参观走道、疏散走道。**

9.1.8 **液态法酿酒车间、酒精蒸馏塔、白兰地蒸馏车间、酒精度大于或等于38度的白酒库、人工洞白酒库、食用酒精库、白兰地陈酿库，白酒、白兰地勾兑车间、灌装车间、酒泵房，采用糟烧白酒、高粱酒等代替酿造用水的黄酒发酵车间的电气设计应符合爆炸性气体环境2区的有关规定；机械化程度高、年周转量较大的散装粮房式仓，粮食筒仓及工作塔，原料粉碎车间的电气设计应符合可燃性非导电粉尘11区的有关规定。**

9.1.9 甲、乙类生产、储存场所的其他电气设计应符合现行国家标准《爆炸和火灾危险环境电力装置设计规范》GB 50058的有关规定。

## 9.2 防雷及防静电接地

9.2.1 酒厂应按现行国家标准《建筑物防雷设计规范》GB 50057和《建筑物电子信息系统防雷技术规范》GB 50343的有关规定进行防雷设计。

9.2.2 甲、乙类生产、储存场所和生产工艺的中心控制室应按第二类防雷建筑物进行防雷设计。

9.2.3 金属储罐必须设防雷接地，其接地点不应少于两处，接地点沿储罐周长的间距不宜大于30 m。当储罐顶装有避雷针或利用罐体作接闪器时，防雷接地装置冲击接地电阻不宜大于10 Ω。

9.2.4 金属储罐的防雷设计应符合下列规定：

1 装阻火器的地上固定顶储罐应装设避雷针（线），避雷针（线）的保护范围，应包括整个储罐。当储罐顶板厚度大于或等于4 mm时，可利用罐体作接闪器。

2 浮顶储罐可不装设避雷针（线），但应将浮顶与罐体用两根截面不小于25 $mm^2$的软铜复绞线作电气连接。

9.2.5 金属储罐上的信息装置，其金属外壳应与罐体做电气连接，配线电缆宜采用铠装屏蔽电缆，电缆外皮及所穿钢管应与罐体做电气连接。铠装电缆的埋地长度不应小于15 m。

9.2.6 防静电接地应符合下列规定：

1 金属储罐、酒泵、过滤机、输酒管道、真空灌装机和本规范第8.0.5条规定的通风管道及设备等应作防静电接地。

2 白酒库、人工洞白酒库、食用酒精库、白酒储罐区、食用酒精储罐区、白兰地陈酿库的收酒区，应设置与酒罐车和酒桶跨接的防静电接地装置，其出入口处宜设置防静电接地装置。

3 每组专设的防静电接地装置的接地电阻不宜大于100 Ω。

9.2.7 地上和管沟敷设的输酒管道的下列部位应设置防静电和防感应雷的接地装置：

1 始端、末端、分支处以及直线段每隔200 m～300 m处。

2 爆炸危险场所的边界。

3 管道泵、过滤器、缓冲器等。

9.2.8 金属储罐的防雷接地装置可兼作防静电接地装置。地上和管沟敷设的输酒管道的防静电接地装置可与防感应雷的接地装置合用，接地电阻不宜大于30 Ω，接地点宜设在固定管墩（架）处。

9.2.9 酒库、储罐区的防雷接地、防静电接地、电气设备的工作接地、保护接地及信息系统的接地等，宜共用接地装置，其接地电阻应按接入设备中要求的最小值确定。

## 9.3 火灾自动报警系统

9.3.1 下列场所应设置火灾自动报警系统：

1 白酒、白兰地成品库。

2 有消防联动控制的厂房、仓库和其他场所。

9.3.2 甲、乙类生产、储存场所的火灾探测器宜采用感温、感光、图像型探测器或其组合，火灾自动报警系统设计应符合现行国家标准《爆炸和火灾危险环境电力装置设计规范》GB 50058 的有关规定。

9.3.3 生产区、仓库区和储罐区的值班室应设火灾报警电话。白酒储罐区、食用酒精储罐区应设置室外手动报警设施。

9.3.4 下列场所应设置乙醇蒸气浓度检测报警装置：

1 液态法酿酒车间、酒精蒸馏塔，白酒勾兑车间、灌装车间、酒泵房，酒精度大于或等于 38 度的白酒库、人工洞白酒库、食用酒精库。

2 白兰地蒸馏车间、勾兑车间、灌装车间、酒泵房、陈酿库。

3 葡萄酒灌装车间、酒泵房、陈酿库。

4 采用糟烧白酒、高粱酒等代替酿造用水的黄酒发酵车间，黄酒压榨车间、煎酒车间、灌装车间。

9.3.5 乙醇蒸气浓度检测报警装置的报警设定值不应大于乙醇蒸气爆炸下限浓度值的25%。乙醇蒸气浓度检测器宜设置在检测场所的低洼处，距楼（地）面高度宜为 0.3 m～0.6 m。

9.3.6 氨压缩机房应设置氨气浓度检测报警装置。

9.3.7 当氨压缩机房内空气中的氨气浓度达到 100 ppm～150 ppm 时，氨气浓度检测报警装置应能自动发出声光报警信号，并自动联动开启事故排风机。氨气浓度检测器应设置在氨制冷机组、氨泵及液氨储罐上方的机房顶板上。

9.3.8 乙醇蒸气浓度检测报警装置应与机械通风设施或事故排风设施联动，且机械通风设施或事故排风设施应设手动开启装置。

9.3.9 设有火灾自动报警系统和自动灭火系统的酒厂应设消防控制室。消防控制室宜独立设置或与其他控制室、值班室组合设置。消防控制室的设置应符合现行国家标准《建筑设计防火规范》GB 50016 的有关规定。

# 本规范用词说明

1 为便于在执行本规范条文时区别对待，对要求严格程度不同的用词说明如下：

1）表示很严格，非这样做不可的：

正面词采用“必须”，反面词采用“严禁”；

2）表示严格，在正常情况下均应这样做的：

正面词采用“应”，反面词采用“不应”或“不得”；

3）表示允许稍有选择，在条件许可时首先应这样做的：

正面词采用“宜”，反面词采用“不宜”；

4）表示有选择，在一定条件下可以这样做的，采用“可”。

2 条文中指明应按其他有关标准执行的写法为：“应符合……的规定”或“应按……执行”。

# 引用标准名录

《室外给水设计规范》GB 50013
《建筑设计防火规范》GB 50016
《采暖通风与空气调节设计规范》GB 50019
《供配电系统设计规范 》GB 50052
《建筑物防雷设计规范》GB 50057
《爆炸和火灾危险环境电力装置设计规范》GB 50058
《自动喷水灭火系统设计规范》GB 50084
《建筑灭火器配置设计规范》GB 50140
《泡沫灭火系统设计规范》GB 50151
《水喷雾灭火系统设计规范》GB 50219
《消防通信指挥系统设计规范》GB 50313
《工业金属管道设计规范》GB 50316
《建筑物电子信息系统防雷技术规范》GB 50343
《储罐区防火堤设计规范》GB 50351
《流体输送用无缝钢管》GB 8163

# 中华人民共和国国家标准

# 酒厂设计防火规范

GB 50694—2011
条文说明

## 制订说明

《酒厂设计防火规范》GB 50694—2011，经住房和城乡建设部 2011 年 7 月 26 日以第 1098 号公告批准发布。

为便于广大设计、施工、科研、学校等单位有关人员在使用本规范时能正确理解和执行条文规定，《酒厂设计防火规范》编制组按章、节、条顺序编制了本规范的条文说明，对条文规定的目的、依据以及执行中需注意的有关事项进行了说明。但是，本条文说明不具备与规范正文同等的法律效力，仅供使用者作为理解和把握规范规定的参考。在使用中如发现本条文说明有不妥之处，请将意见函寄四川省公安消防总队。

ICS 13.100
C 72
备案号：36316—2012

# 中华人民共和国安全生产行业标准

AQ 4222—2012

# 酒类生产企业防尘防毒技术规范

Technical requirement of dust and poison control for wine production enterprises

2012-03-31 发布　　2012-09-01 实施

国家安全生产监督管理总局　发布

# 前　言

本标准全部技术内容为强制性条款。

本标准依据 GB/T 1.1 的要求起草。

本标准由国家安全生产监督管理总局提出。

本标准由全国安全生产标准化技术委员会防尘防毒分技术委员会（TC288/SC7）归口。

本标准起草单位：中国矿业大学（北京）、哈尔滨理工大学。

本标准主要起草人：佟瑞鹏、刘洵、于春雨、周绍杰、任丽军、刘凯。

# 酒类生产企业防尘防毒技术规范

## 1　范围

本标准规定了酒类生产企业防尘防毒的基本要求、技术措施和管理。

本标准适用于饮料酒（发酵酒、蒸馏酒、配制酒）生产过程中的防尘防毒技术要求及管理措施。

## 2　规范性引用文件

下列文件对于本文件的应用是必不可少的。凡是注日期的引用文件，仅注日期的版本适用于本文件。凡是不注日期的引用文件，其最新版本（包括所有的修改单）适用于本文件。

GB 2894　安全标志及其使用导则

GB 8958　缺氧危险作业安全规程

GB/T 11651　劳动防护用品选用规则

GB/T 16758　排风罩的分类及技术条件

GB/T 18664　呼吸防护用品的选择、使用与维护

GB 50187　工业企业总平面设计规范

GBZ 2.1　工作场所有害因素职业接触限值　第 1 部分：化学有害因素

GBZ 158　工业场所职业病危害警示标志

GBZ 159　工作场所空气中有害物质监测的采样规范

GBZ/T 205　密闭空间作业职业危害防护规范

## 3　术语和定义

下列术语和定义适用于本文件

### 3.1 饮料酒 alcoholic beverages

酒精度在 0.5% vol 以上的酒精饮料，包括各种发酵酒、蒸馏酒及配制酒。

注：酒精低于 0.5% vol 的无醇啤酒属于饮料酒。

[GB 17204—2008，定义 2.1]

### 3.2 密闭空间 confined spaces

与外界相对隔离，进出口受限，自然通风不良，足够容纳一人进入并从事非常规、非连续作业的有限空间。

注：改写 GBZ/T 205—2007，定义 3.3。

### 3.3 缺氧环境 oxygen deficient atmosphere

空气中氧的体积百分比低于 18%。

[GBZ/T 205—2007，定义 3.16]

### 3.4 封闭设备 closure device

指酒类生产企业内的仓、塔、器、罐、槽和其他工作室密闭的设备。

## 4 选址与总体布局

### 4.1 选址

4.1.1 厂址选择应远离居民区，并位于居民区的全年最小频率风向的上风侧。

4.1.2 设在山区的厂房，其朝向应考虑因地形及温差产生局部地方风的影响。

### 4.2 厂区布置

4.2.1 厂区总体平面布置，包括建（构）筑物形状、拟建建筑物位置、道路、卫生防护、绿化等可参见 GB 50187 中的总体规划原则。

4.2.2 产生尘毒物质的车间、设备和设施宜选在大气污染物扩散条件好的地段，并布置在厂区全年最小频率风向的上风侧。

4.2.3 生产区与生活区应保持必要的防护距离，并采取绿化措施。

### 4.3 厂房建筑

4.3.1 厂房建筑应根据饮料酒的生产工艺流程及通风净化设备合理设计和布局，厂房面积和厂房高度应能满足工艺布置和通风净化系统的要求。

4.3.2 厂房内的建筑物构件宜减少易积尘的凹凸部分，架空构件应易于清洗，能防止积尘。

4.3.3 多层厂房隔层之间、产尘工序与其他工序之间、集中操作室与产尘点之间均应进行隔断。

4.3.4 厂房内地面应坚硬、平坦、无裂痕、不积水、不渗水、不吸水；应使用不渗水、不吸水材料，无毒、防腐材料铺设，并有适当坡度和良好的排水系统。

4.3.5 厂房内墙及屋顶的内表面应光滑、平整、易清扫。

4.3.6 设备、溜管、管道穿过的层间楼板和隔墙上的空洞应尽可能小，其缝隙应予以密闭。

## 5 生产过程基本要求

5.1 酒类生产企业新建、改建、扩建的工程项目中，产生尘毒危害的工艺和设备其防尘防毒措施项目应与主体工程同时设计、同时施工、同时投入使用。

5.2 生产过程应密闭化、机械化、自动化，粉尘散发严重的工序不应设置固定操作岗位。

5.3 工艺设备应竖向布置，减少中间转运环节，降低物料落差，缩短输送距离。

5.4 工艺设备布置时，应同时为防尘防毒设施的合理配置提供必要条件，并便于操作、维修和日常清扫。

5.5 产生尘毒危害的生产设备与其配套的除尘净化设备，应有电气联锁，延时开停装置。

5.6 应定期对车间地面、通风系统、除尘净化装置进行清洁。

5.7 作业场所的尘毒物质浓度应符合 GBZ 2.1 的要求。

## 6 主要工序防尘防毒

### 6.1 原辅料加工防尘技术要求

6.1.1 小麦、大米、高粱等原辅料筛分、粉碎及干燥设备应置于专用的厂房中，并应采取通风除尘措施。

6.1.2 筛分机、干燥机、粉碎机的进料口和卸料口应根据进料及排料的方式设置密闭或半密闭罩，并采取排风措施。

6.1.3 筛分设备应采用局部密闭罩或整体密闭罩，并在上部排风。

6.1.4 原料及辅料干燥应采用密闭式干燥工艺。

6.1.5 应根据粉碎设备的产尘情况，分别采用局部密闭罩、整体密闭罩或密闭室等不同密闭方式，不得敞开式生产。

### 6.2 装卸、输送及储存

6.2.1 麦芽粉、大米粉、淀粉等粉料的装卸过程宜自动化、机械化、密闭化，装卸点应设清扫装置或喷水清洗装置。

6.2.2 粉状原料、辅料应储存在专用的库房中，不得露天堆放及敞开式运输。

6.2.3 库房结构应避免粉尘扩散和便于运输。库房应隔成若干间储藏室，并设有运输通道和通风设施。

### 6.3 添加剂防尘防毒技术要求

6.3.1 啤酒浸麦工序添加过氧化氢及石灰的作业场所应设置冲淋设施及洗眼设备。

6.3.2 过氧化氢应储存于阴凉干燥处，避免阳光直射。

6.3.3 啤酒浸麦工序中使用甲醛的作业场所应对其浓度进行监测，对其储存和输送设备应定期检查和维护。

6.3.4 葡萄酒生产过程中 $SO_2$ 的添加工序应采取密闭排风措施，并定期检查和维护 $SO_2$ 的储存设备、输送管道及阀门。

6.3.5 用于制备 $SO_2$ 溶液的偏重亚硫酸钾应干燥密闭储存。

6.3.6 应根据各种添加剂的性质及其职业危害的特点制定相应的应急处置措施。

6.3.7 生产车间宜设置与急性中毒事故防范和应急救援相配套的设施及设备。

## 7 辅助设备防尘防毒

### 7.1 锅炉系统

7.1.1 锅炉系统应配备通风除尘设备。

7.1.2 燃煤和炉渣应堆放在专用的仓间内，不得露天堆放。

7.1.3 作业人员在可能接触煤粉的作业过程中应佩戴必要的个体防护用品。

### 7.2 氨制冷系统

7.2.1 在生产过程中应定期对液氨储罐进行检查、维护、维修和保养。

7.2.2 液氨的装卸过程应严格按照装卸操作程序执行，装卸人员应佩戴必要的防护用品。

7.2.3 液氨储罐周围应设置围堰，并在围堰四周及储罐顶部设置喷淋装置，现场应配备堵漏材料和个人防护用品。

7.2.4 对于氨制冷系统应每月至少监测 1 次，每半年至少进行 1 次控制效果评价，采样及测定方法应按 GBZ 159 规定的方法操作，监测结果应整理归档。

### 7.3 排污净化系统

7.3.1 调节池添加的 NaOH 粉末应存储于干燥清洁的仓间内，作业人员应佩戴必要的呼吸防护用品。

7.3.2 排污净化系统的厌氧反应器附近应设置硫化氢监测报警仪，作业时应佩戴必要的呼吸防护用品。

### 7.4 密闭空间

7.4.1 进入发酵池、糖化罐、酒窖等密闭空间前应充分进行通风。

7.4.2 进入密闭空间前应检测内部气体浓度，并正确穿戴必要的个体防护用品。

7.4.3 应在密闭空间外设置警示标识，并在封闭空间外指定 2 名监护者随时保持有效联系。

## 8 通风设施和净化设备

**8.1** 排风罩的形状及结构尺寸应有利于尘毒物质排出，并应符合 GB/T 16758 的相关要求。

**8.2** 原辅料筛分设备、干燥设备、粉碎设备、输送设备、粉料混合机和酒曲碾磨设备应采用整体密闭式排风罩，各个设备在其进料口和卸料口应采用侧吸式或上吸式排风罩。

**8.3** 通风管道应不积灰，并应设置清灰孔，清灰孔不得漏风。

**8.4** 应定期对通风管道进行检查维护。

**8.5** 干燥机排出的含尘气体，若温度较高、湿度较大，宜采用湿式除尘器进行净化。若选用干式除尘器，应采取防结露和防堵塞的措施。

**8.6** 各种除尘器的卸灰口均须安装锁风卸料装置，从除尘器卸下的粉尘应及时处理以防二次污染。

## 9 个体防护

9.1 酒类生产企业应根据作业场所的环境性质、尘毒危害程度，按 GB/T 11651 和 GB/T 18664 的规定选择、配备正确的劳动防护用品。

9.2 应按照呼吸防护用品使用说明书对呼吸防护用品做定期检查和维护，失效时应及时更换。

9.3 在因液氨泄漏造成的缺氧环境中使用呼吸防护用品应按 GB 8958 规定的要求使用。

9.4 不得在原辅料筛分、粉碎、干燥等具有粉尘危害的作业区以及液氨储罐等设备周围饮食、休息。

9.5 原辅料筛分、粉碎、干燥以及液氨储罐、沼气池等具有尘毒危害的作业岗位应按 GB 2894 和 GBZ 158 的规定在显著位置设置警示、警告标志、标示。

## 10 防尘防毒管理

10.1 酒类生产企业应建立健全防尘防毒的规章制度，制定作业环境管理、尘毒作业管理和劳动者健康管理的措施。

10.2 企业应配备专职或兼职的管理人员负责防尘防毒工作。

10.3 企业应组织管理人员和接触尘毒的人员定期进行防尘防毒专业知识教育和考核。

10.4 企业应制定液氨泄漏、中毒、窒息等事故应急预案，并定期演练。

中 国 认 证 认 可 协 会 团 体 标 准

T/CCAA 25—2016

# 食品安全管理体系 葡萄酒及果酒生产企业要求

Food safety management system—
Requirements for Wine and fruit wine producing organizations

2016－10－14 日发布 2016－10－14 日实施

中国认证认可协会 发 布

# 前　言

本标准依据 CNCA/CTS 0025—2008《食品安全管理体系　葡萄酒生产企业要求》起草，通过对其技术性修订和编辑性修改，使其更合理。与 CNCA/CTS 0025—2008 相比较，主要有以下变化：

——考虑了食品安全法、GB/T 23543　葡萄酒企业良好生产规范和 GB 12697　果酒厂卫生规范的相关要求。

——标准范围增加了果酒和冰葡萄酒要求。

——引入了 GB/T 25504 冰葡萄酒的相关要求。

——增加了原酒储存和陈酿要求。

本标准的附录 A 为资料性附录。

本标准由中国认证认可协会提出。

本标准由中国认证认可协会归口。

本标准起草单位：中国质量认证中心、北京中大华远认证中心、北京五洲恒通认证有限公司、长城（天津）质量保证中心、中质协质量保证中心等。

本标准主要起草人：游安君、闫明磊、陈仁智、唐金艳、张永、刘宏霞、张涛、宋振基、曲丽、李辰暄。

# 引　言

本标准从葡萄酒及果酒生产食品安全存在的关键问题入手，采取自主创新和积极引进并重的原则，结合葡萄酒及果酒生产企业特点，提出了建立我国葡萄酒及果酒生产企业食品安全管理体系的特定要求。

GB/T 22000—2006《食品安全管理体系　食品链中各类组织的要求》为食品链中的各类组织提供了通用要求。葡萄酒及果酒生产企业及相关方在使用 GB/T 22000 中，提出了针对本类型企业特点对通用要求进一步细化的需求。

鉴于葡萄酒及果酒生产企业在供水过程方面的差异，本标准提出了针对本类型企业特点的“关键过程控制”要求，主要包括原辅料采购控制与管理、食品添加剂的使用、发酵、后处理、过滤和罐装等关键过程的食品安全控制要求。

# 食品安全管理体系　葡萄酒及果酒生产企业要求

## 1　范围

本标准规定了葡萄酒及果酒生产企业食品安全管理体系的特定要求，包括人力资源、前提方案、关键过程控制、检验、产品追溯与召回。

本标准配合 GB/T 22000 以适用于葡萄酒及果酒生产水企业建立、实施与自我评价其食品安全管理体系，也适用于对此类企业食品安全管理体系的外部评价和认证。

本文件用于认证目的时，应与 GB/T 22000 一起使用。

## 2 规范性引用文件

下列文件中的条款通过本标准的引用而成为本标准的条款。凡是注日期的引用文件，其随后所有的修改单（不包括勘误的内容）或修订版本均不适用于本标准，然而，鼓励根据本标准达成协议的各方研究是否可使用这些文件的最新版本。凡是不注日期的引用文件，其最新版本适用于本标准。

GB 2758 食品安全国家标准 发酵酒及其配制酒

GB 5749 生活饮用水卫生标准

GB 12696 葡萄酒厂卫生规范

GB 12697 果酒厂卫生规范

GB 7718 食品安全国家标准 预包装食品标签通则

GB 15037 葡萄酒

GB 19778 包装玻璃容器 铅、镉、砷、锑溶出允许限量

GB/T 17204 饮料酒分类

GB/T 22000 食品安全管理体系 食品链中各类组织的要求

GB/T 23543 葡萄酒企业良好生产规范

GB/T 25504 冰葡萄酒

GB 4285 农药安全使用标准

GB 2760 食品安全国家标准 食品添加剂使用标准

## 3 术语和定义

GB/T 22000、GB 15037、GB/T 17204、GB/T 25504 中界定的术语和定义适用于本文件。

## 4 人力资源

### 4.1 食品安全小组

食品安全小组成员应具备多学科的知识和建立、实施葡萄酒及果酒食品安全管理体系的经验，包括食品卫生质量控制、产品研发、工艺制定、原辅料采购、生产控制、实验室检验、设备维护、仓储运输、产品销售等方面的知识、技能或经验。

### 4.2 人员能力、意识和培训

4.2.1 食品安全小组人员应熟悉相关法律法规和标准要求，具有守法意识，理解 HACCP 原理、前提方案和食品安全管理体系标准。

4.2.2 企业应配备满足需要的熟悉葡萄酒或果酒生产基本知识及工艺的人员。

4.2.3 从事产品研发、质量控制、检验等工作的人员应具备相关知识。

4.2.4 采购人员应具备识别原材料质量和安全特性的基本知识和技能。

4.2.5 企业应制定和实施人员培训计划，提供培训或采取其他措施以持续满足要求。保证不同岗位的人员掌握供水过程的安全卫生知识和技能。从事产品研发、原辅料采购验收、配料、发酵、灌装、杀菌、检验等工作的人员应持续满足岗位能力要求。

4.2.6 需持证上岗的人员应具备相应资质，并持有效资质证明。

### 4.3 人员健康和卫生

4.3.1 人员健康

4.3.3.1 葡萄酒及果酒生产企业应建立并执行从业人员健康管理制度。

4.3.3.2 从事接触直接入口食品工作人员应每年进行健康检查，必要时应做临时性健康检查，取得健康证明后方可上岗工作。凡患有国务院卫生行政部门规定的有碍食品安全疾病的人员，不得从事接触直接入口食品的工作。

4.3.3.3 应建立日常员工健康报告制度，从业人员上岗时应报告身体健康、疾病或受伤状况，卫生管理人员应对其加以关注和检查。

4.3.3.4 应建立并保持从业人员健康档案。

4.3.2 个人卫生

4.3.2.1 与产品直接接触人员不应留长指甲，应勤理发、勤洗澡、勤更衣。

4.3.2.2 人员进入车间应更衣，穿工作服和鞋、戴工作帽，工作服应遮住外衣，头发不外露，不应将与生产无关物品带入车间。

4.3.2.3 人员工作时不得戴首饰、手表，不得化妆；灌装岗位作业人员上岗后若处理被污染的产品或从事与生产无关的活动，应重新洗手消毒；不得穿工作服进入卫生间，离开车间时应换下工作服。

4.3.2.4 更衣室及与更衣室相连的卫生间内不得吸烟及从事其他有碍食品卫生的活动。

4.3.2.5 工作帽、服、鞋应集中管理、消毒，统一发放。

4.3.2.6 进入加工车间的其他人员均应遵守上述规定。

## 5 前提方案

### 5.1 基础设施与维护

5.1.1 厂区环境

5.1.1.1 工厂应建在无有害气体、烟雾、灰沙等污染物和其他危及葡萄酒和果酒生产卫生安全的地区，原酒生产场所应靠近果实（葡萄）种植区域，不应设置在易受污染区域。

5.1.1.2 厂区环境应随时保持清洁，厂区道路应硬化，空地应绿化。

5.1.1.3 厂区内不应有产生不良气味、有害（毒）气体或其他有碍卫生的设施，否则应有相应的控制措施。

5.1.1.4 厂区内禁止饲养动物。

5.1.1.5 应具备与生产系统相匹配的排水系统，排水道应有适当斜度，不应有严重积水，渗透，淤泥、污秽、破损。

5.1.1.6 厂区周边应有适当的防范外来污染源的设施与构筑物。

5.1.1.7 生活区应与生产区域隔离。

5.1.2　厂房与设施

5.1.2.1　厂房与设施应适合葡萄酒或果酒生产的特点和要求，合理布局，厂房的面积和空间应与生产能力相适应，建筑结构和装饰要利于清洁和维护。厂房应规定维修期。

5.1.2.2　按照生产流程，生产车间一般要包括原料处理车间、发酵车间（酒窖）、调配车间、灌装车间、成品库房等。

5.1.2.3　应按工艺流程合理布局，避免重复往返，防止原材料、半成品、成品交叉污染和混杂。

5.1.2.4　地面应采用不吸水、不透水，防滑、防腐蚀无毒的材料铺砌，无裂缝和易于冲洗消毒。地面有适当坡度或排水系统，以保证排水通畅，地面无积水。

5.1.2.5　生产车间门、窗应具有光滑和不吸水的表面，关闭严密，并根据各车间的实际需要，设置纱门、纱窗、水帘、风幕等防护设施：内窗台应有倾斜度或采用无窗台结构。

5.1.2.6　天花板应能防止灰尘积累、霉菌生长和材料剥落，应易冲洗和无冷凝水。

5.1.2.7　原辅料贮藏仓库的地面、墙壁应采用水泥或其他不透水材料构筑，库内应清洁、干燥，并有防火、防潮、防鼠、防虫设施和适当的通风设施。

5.1.2.8　工厂应设有与生产车间人数相适应的更衣室，更衣室应与车间相连接，并设置更衣柜。

5.1.2.9　工厂应设有与职工人数相适应的洗手间和浴室，洗手间和浴室应位置适当、清洁卫生、无不良气味，门窗不直接开向生产车间。洗手间配置的厕所应安装纱窗、纱门，地面应平整，便于清洗、消毒，应为水冲式并设有洗手设施；水门开关应为非触摸式，墙裙应用浅色瓷砖或不透水的材料砌成。

5.1.2.10　生产区洗刷间应设脚踏式洗手设备和冷热水，暖风吹干设备（或擦手纸），备有供洗刷用的清洗剂和消毒剂，并设废纸接收箱，经常保持卫生。

5.1.2.11　工厂应有足够的照明和自然采光，车间内的灯具需安装安全防护罩，发酵、灌装、包装车间和成品库应使用防爆灯具。各检验工序可加局部照明。

5.1.2.12　生产车间应有良好的通风除尘设施，保持空气流通，温湿度适当。凡使用蒸汽或有蒸煮加热的车间应设局部排气设备，凡尘埃较多的工段应安装有效的除尘和通风设备。

5.1.2.13　工厂应在远离生产车间的合适位置设置废物存贮设施，该设施应密闭。

5.1.2.14　生产用水的水质应符合 GB 5749 的要求，供水量应能够满足生产需要。必要时可配备储水设备，储水设备要有防污染的措施。冷却、消防、制冷和其他不与葡萄酒或果酒接触的用水，应用单独管道输送，不得与饮用水系统交叉连接，并在管道适当位置设置醒目的标志，与生产用水（包括饮用水）的管道相区别。使用循环用水应有相应的技术措施，以保证水质达到相应的标准。

5.1.2.15　工厂应有废水、废气处理系统，并经常检查、维护和保养以保持良好的工作状态，废水、废气的排放应符合相关法律法规及标准的要求。

5.1.2.16　应确保充足的电力和热能、气动供应。

5.1.3　设施、设备和工器具

凡与果汁及其酒接触的设备、容器、管路、工器具等，其材料应无毒、不吸水、易清洗、无异味且不与果汁及其酒发生化学反应；其设计、构造和安装，葡萄酒生产企业应符合 GB 12696 的相关要求，果酒生产企业应符合 GB 12697 的相关要求。

5.1.4　加工过程的卫生控制

5.1.4.1　调酒室（或调酒罐）

调酒室的容器、管道、工器具等每次冷却后要刷洗干净，冷却前应按工艺卫生要求进行清洗，冷却温度应按工艺要求控制。调酒室内应保持良好的通风和采光，地面应保持清洁，每周至少消毒一次。

5.1.4.2 化糖室

化糖室内应清洁，地面应干净，无糖迹，污物，墙壁应防水不脱落，室内应设通风防尘设施。化糖锅应采用符合食品卫生标准的材料制成，工作后应将工作场所及用具清洗干净。

5.1.4.3 发酵

发酵罐及酵母培养室的设备、工具、管路、墙壁、地面应保持清洁，避免生长霉菌和其他杂菌；贮酒室、滤酒室的机器、设备、工具、管路、墙壁、地面应经常保持清洁，定期消毒。前后发酵应按工艺要求做好卫生管理；过滤机的过滤介质应符合卫生要求；盛装和转运原酒的容器所用材料应符合卫生标准并严格按工艺要求进行涂刷。

5.1.4.4 地下贮酒室

地面应保持清洁、无积水、无异味；墙壁无霉菌生长，下水沟畅通。每周至少消毒、杀菌一次。盛酒容器保持清洁。

5.1.4.5 冷冻

冷冻葡萄酒或果酒所用的容器材料应防腐蚀、防霉菌并符合食品安全要求。冷冻间内应经常清洗、消毒，保持清洁，无异味，无霉菌孳生。冷冻容器应定期消毒和清洗。

5.1.4.6 灌酒、打塞

灌酒操作人员在操作前应洗手；灌酒机、打塞机使用前应按工艺要求进行清洗。机械压盖或人工封口，应保证不渗不漏；每次灌装的成品酒，应按工艺要求连续装完，没有装完的酒应有严密的贮存防污染措施。

5.1.5 包装和运输

5.1.5.1 瓶装酒应装入绿色、棕色或无色玻璃瓶中，瓶底应端正、整齐，瓶体外观应清洁光亮；瓶口应封闭严密，不得有漏气，漏酒现象。

5.1.5.2 酒瓶外要贴有整齐干净的标签，标签上应注明酒名、酒度、糖度、原汁酒含量、注册商标、生产厂、生产日期及代号、生产许可证号，并符合 GB 7718 的要求。

5.1.5.3 包装箱外应注明酒名称、毛重、包装尺寸、瓶装规格、生产厂及防冻、防潮、放热、小心轻放、放置方向的符号和字样。

5.1.5.4 运输、保管过程中应保证温度适宜，不得潮湿，不得与易腐蚀、有气味的物质放在一起，保管库内应清洁干燥，通风良好，不允许日光直射，用软木塞封口的葡萄酒或果酒应卧放。

## 5.2 其他前提方案

5.2.1 接触产品（包括原料、半成品、成品）或与接触产品接触面的水和冰应符合安全、卫生要求。配料用水的水质应符合 GB 5749 的要求，同时满足生产技术要求。

5.2.2 接触食品的器具、手套和内外包装材料等应清洁、卫生和安全。

5.2.3 确保食品免受交叉污染。

5.2.4 保证操作人员手的清洗消毒，保持洗手间设施的清洁。

5.2.5 防止润滑剂、燃料、清洗消毒用品、冷凝水及其他化学、物理和生物等污染物对食品造成安全危害。

5.2.6 正确标注、存放和使用各类有毒化学物质。

5.2.7 保证与食品接触的员工的身体健康和卫生。

5.2.8 应有效清除和预防鼠害、虫害。

## 6 关键过程控制

### 6.1 总则

葡萄酒及果酒生产企业应对生产全过程进行科学、充分的危害分析，针对原辅料采购控制与管理、食品添加剂使用、发酵、后处理、过滤和灌装等可能发生污染的环节，制定和落实防范措施，并考虑可能遭受人为破坏和蓄意污染的情况，依据危害分析的结果制定并实施关键过程控制方案，严防污染事件发生，确保葡萄酒和果酒产品的安全。

### 6.2 原辅料采购控制与管理

6.2.1 企业应编制文件化的原辅材料控制程序，明确原辅料采购标准要求，并形成文件，定期复核文件有效性。生产中所使用的原辅材料应是食用级，符合国家标准或行业标准的规定。实施生产许可制度的，应选用持有有效证书的企业产品。所采购的原辅料及包装材料应经检验或验证合格后方可投入生产。

6.2.2 原料果的采购

要考虑水果原料初级生产对葡萄酒或果酒的产品质量和安全性产生的重要影响，鼓励种植企业按照良好农业规范（GAP）等要求进行生产。原料应符合相应国家标准的要求：

a）水果原料应来自生态条件良好，距离污染源（包括造纸厂、水泥厂、印染厂等）2 公里以外，具有可持续生产能力的农业生产区域。

b）原料的种植应按照相关技术规范执行，并保留相应的农事记录。农药的使用应符合 GB 4285 的规定。采收前应满足相应品种停药期的要求。

c）收摘酿酒水果时使用的容器应清洁、专用，不应使用有可能污染原料的筐或箱。

d）冰葡萄酒选用的原料，应在所要求的冰冻温度和时间条件下采摘，避免破损或被霉菌侵蚀。

e）采摘时应根据果实的成熟度确定最佳采收期，按照水果的品种、质量等级采摘。

6.2.3 原料的运输和贮藏

6.2.3.1 运输原料的车、船等工具应清洁，不可使用可造成污染的车辆运输。

6.2.3.2 运输途中需有篷布或其他覆盖物。防止途中被泥沙灰尘污染。

6.2.3.3 进厂的水果原料应新鲜，无霉变腐烂、无夹杂物、无药害、无病害、无污染；应在 24 小时内加工破碎完毕。

6.2.4 原酒的采购

采购的原酒应符合 GB 2758、GB 15037 的规定。运输原酒的车辆应保持清洁。

6.2.5 辅料的采购

采购的添加剂和加工助剂（包括亚硫酸及盐类、明胶、单宁、硅藻土、酒石酸、山梨酸钾、二氧化碳、柠檬酸、白砂糖、果胶酶、皂土、纤维素、焦糖色素等），应符合 GB 2760 的规定和相应的产品标准。

6.2.6 盛酒容器、设备及设施

酒瓶应符合 GB 19778 的规定；盛酒容器、储酒设备设施及橡木塞应符合相应的卫生要求。

### 6.3 食品添加剂的使用

6.3.1 加工过程中可添加二氧化硫或代用品，以防止微生物污染或有利于工艺操作。所添加的二氧化硫或代用品应符合相关规定，并均匀分布在产品中。

6.3.2 澄清过程所使用的果胶酶、明胶、皂土（膨润土）等食品添加剂应在使用者之前进行用量试验。其使用范围和使用限量应符合 GB 2760 的相关要求，并保持使用记录。

6.3.3 用于调兑果酒的酒精应经脱臭处理，并符合国家标准二级以上酒精指标。

### 6.4 发酵

6.4.1 应制定发酵工艺规程，并严格按照规程操作并记录，包括菌种使用、工艺措施、使用的添加剂和（或）加工助剂、加入量、加入时间等，生产负责人或工艺管理人员应定期对记录进行检查，应有书面规定记录保持的时间。

6.4.2 发酵时需严格监测发酵现象，禁止出现溢罐现象；每天检验发酵液酒精度和残糖变化，控制残糖浓度。

### 6.5 后处理

应按照后处理工艺规程操作并记录，应保持添酒、倒酒、非生物稳定性处理、生物稳定性处理等记录，应定期对记录进行检查，应有书面规定记录保持的时间。

### 6.6 过滤和灌装

6.6.1 应针对各个阶段的过滤和灌装设备制定标准卫生操作程序并严格执行，保持清洁，避免霉菌和其他杂菌的生长。

6.6.2 应及时维护和保养过滤设备，清洗或更换堵塞或行将击穿的滤膜、滤片等部件。

6.6.3 应剔除有异臭和不易洗净的空瓶，并进行严格的清洗和消毒，尤其要关注回收的空瓶。

6.6.4 封口时应采取措施避免瓶口出现破碎，并采取适当措施，对碎玻璃进行管理，以防污染产品。

6.6.5 应按照灌装工艺规程进行操作并记录，并由负责人审核、留存。

## 7 产品检验

7.1 应有与生产能力相适应的检验室和具备相应资格的检验人员。

7.2 检验室应具备检验工作所需要的标准资料、检验设施和仪器设备。检验仪器应按规定进行校准或检定。

7.3 应制定原料及包装材料的品质规格、检验项目、验收标准、抽样计划（样品容器应适当标示）及检验方法等，并实施。

7.4 成品应逐批抽取代表性样品，按相应标准进行出厂检验，凭检验合格报告入库和放行销售。

7.5 应按法律、法规、标准及有关规定要求留样，样品应存放于专设的留样室内，按品种、批号分类存放，并有明显标识。

## 8 产品追溯与撤回

8.1 应建立且实施可追溯性系统，以确保能够识别产品批次及其与原料批次、生产和交付记录的关系。定期测试可追溯性系统，包括从原料（包括内包装材料）到成品、从成品到原料（包括内包装材料）的可追溯测试（至少每年一次）。应按规定的期限保持可追溯性记录，以便对体系进行评估，使潜在不安全产品得以处理。可追溯性记录应符合法律法规要求、顾客要求。

8.2　应按相关法律、法规与标准要求建立产品撤回程序，定期（至少每年一次）验证撤回方案的有效性，并按规定予以记录。

8.3　应建立并保持记录，以提供符合要求和食品安全管理体系有效运行的证据。记录应保持清晰、易于识别和检索。

## 附录 A
（资料性附录）

## 参考文献


［1］GB 17325—2015　食品安全国家标准　食品工业用浓缩液（汁、浆）

［2］GB/T 18966—2008　地理标志产品　烟台葡萄酒

［3］GB/T 19049—2008　地理标志产品　昌黎葡萄酒

［4］GB/T 19265—2008　地理标志产品　沙城葡萄酒

［5］GB/T 19504—2008　地理标志产品　贺兰山东麓葡萄酒

［6］GB/T 20820—2007　地理标志产品　通化山葡萄酒

［7］QB/T 1982—1994　山葡萄酒

［8］QB/T 1983—1994　山楂酒

［9］QB/T 2027—1994　猕猴桃酒

［10］NY/T 274—2014　绿色食品　葡萄酒

［11］NY/T 1508—2007　绿色食品　果酒

ICS 03.100.01
A 02

# T/CBJ

# 团　　体　　标　　准

T/CBJ 1301—2019
T/CAS 361—2019

# 中国酒类企业社会责任指南

## Guidance on social responsibility of China alcoholic drinks industry

2019-07-23 发布　　2020-01-01 实施

中国酒业协会
中国标准化协会　发布
中国健康管理协会

## 前　言

本标准按照 GB/T 1. 1—2009 给出的规则起草。

本标准由中国酒业协会、中国标准化协会和中国健康管理协会联合提出。

本标准由中国酒业协会团体标准审查委员会归口。

本标准负责起草单位：中国酒业协会酒与社会责任促进工作委员会。

本标准参加起草单位：泸州老窖股份有限公司、宜宾五粮液集团有限公司、贵州茅台酒厂（集团）有限责任公司、江苏苏酒集团、山西杏花村汾酒集团有限责任公司、安徽古井贡酒股份有限公司、北京顺鑫农业股份有限公司牛栏山酒厂、会稽山绍兴酒股份有限公司、烟台张裕集团有限公司、青岛啤酒股份有限公司、保乐力加（中国）贸易有限公司、帝亚吉欧洋酒贸易（上海）有限公司、百威投资（中国）有限公司、山东景芝酒业股份有限公司、青海互助青稞酒股份有限公司、山东扳倒井股份有限公司。

本标准主要起草人：王延才、宋书玉、郭瑜成、刘淼、李曙光、王耀、李秋喜、梁金辉、黄克兴、傅祖康、陈伟、仰婷婷、王强、陈世俊、卢夏、刘全平、张锋国、冯声宝、何勇、么鸿雁、何诚、唐伯超、常建伟、朱昭鑫、周庆伍、孙国昌、潘晓晖、马建瑾、万宝江、甘晓薇、信春晖、苟锐锋、李琪、郑文静。

## 引　言

为更好地引导酒类企业履行社会责任，加强行业自律，提高社会公信力，推动产生良好的酒类消费文化，保障酒类行业健康和可持续发展，本标准对酒类企业履行社会责任及开展相应管理活动提供指导，引导酒类企业根据中国法律法规、有关国际公约和其他应遵守的规章制度开展社会责任管理。本标准从企业社会责任的共性要求及酒类行业的特性要求等方面，提出了对酒类企业组织治理、消费者关系、生产环节、流通环节、消费环节及社会活动等方面开展社会责任工作的指导意见。

# 中国酒类企业社会责任指南

### 1　范围

本标准给出了中国酒类企业社会责任的原则、共性要点、特殊要点和社会责任信息披露。

本标准适用于中国境内的酒类生产、销售企业，境外酒类企业可参考采用。

## 2 规范性引用

下列文件对于本文件的应用是必不可少的。凡是注日期的引用文件，仅注日期的版本适用于本文件。凡是不注日期的引用文件，其最新版本（包括所有的修改单）适用于本文件。

GB 2760 食品安全国家标准 食品添加剂使用标准

GB 7718 食品安全国家标准 预包装食品标签通则

## 3 术语和定义

以下术语和定义适用于本文件。

### 3.1 社会责任 social responsibility

组织（3.2）通过透明和合乎道德的行为为其决策和活动对社会和环境的影响而担当的责任。这些行为：

——致力于可持续发展（3.3），包括社会成员的健康和社会的福祉；

——考虑了利益相关方（3.4）的期望；

——符合适用的法律，并与国际行为规范相一致；

——被融入整个组织并在组织关系中实施。

注1：活动包括产品、服务和过程。

注2：组织关系是指组织在其影响范围内的活动。

### 3.2 组织 organization

对责任、权限和关系做出安排并有明确目标，由人与设施结合而成的实体或团体。

### 3.3 可持续发展 sustainable development

既满足当代人需求又不损害后代人满足其需求的能力的发展。

### 3.4 利益相关方 stakeholder

其利益可能会受到组织（3.2）决策或活动影响的个体或团体。

### 3.5 消费者 consumer

出于私人目的而购买或使用财产、产品或服务的个人。

### 3.6 员工 employee

与组织（3.2）通过劳动合同建立起劳动关系或存在事实劳动关系的个人。

### 3.7 供应链 supply chain

与组织（3.2）提供产品或服务的各项活动或各方所构成的序列。

## 4 原则

### 4.1 统筹推进

构建组织体系健全、制度体系完善、权责分工清晰、发展目标明确、奖惩机制有效的社会责任工作机制，有计划、有步骤地系统推进社会责任工作。

### 4.2 全面融入

坚持社会责任管理的全员参与、全面覆盖和全过程渗透，融入日常职能管理和业务流程，将社会责任要求融入企业每一位员工的日常行为。

### 4.3 开放透明

鼓励和支持利益相关方参与企业社会责任工作，强化履责信息公开和与利益相关方沟通与监督，通过及时有效的信息披露，增加企业透明度，增进社会理解与支持。

### 4.4 持续改进

结合社会责任推进情况，及时纠偏、持续改进和完善社会责任推进工作，不断提升履行社会责任的能力和水平。

## 5 共性要点

### 5.1 组织治理

通过建立和强化企业战略、管理制度以及利益相关方沟通和参与制度，确保社会责任理念和要求融入企业治理，以持续改进企业的社会责任绩效。

### 5.2 消费者关系

在其提供的产品和服务的各个环节中尊重并保护消费者自愿交易、健康和安全、个人信息保护等权益，并利用产品和服务促进可持续性消费。

### 5.3 供应链管理

通过供应商准入、定期审查、能力建设等方式，积极推动中下游企业提升履责意识和履责能力，带动整个行业的提升和进步。

### 5.4 员工权益

规范用工，防止歧视、雇用童工和强迫劳动，保障员工的合法权益，确保员工参与民主管理，促进员工在职业、社会生活和心理等方面的发展。

### 5.5 环境保护

开展并持续改进环境管理，在生产活动及产品的整个生命周期中，采取措施减小对环境的负面影响，保护及改善环境及生态；必要时，向利益相关方披露其环境影响及环境绩效信息。

### 5.6 诚信运营

强化诚信运营理念，积极建设诚信体系，尊重产权，反对垄断等不正当竞争行为，实现合规和负责任运营。

### 5.7 社区参与和发展

与当地社会环境相融合，基于自身特点及影响范围参与社区发展活动，增进社区公共利益。

## 6 特性要点

### 6.1 原料环节

6.1.1 原料选购

严格进行原材料供应商的准入管理，对采购原材料进行安全卫生审核，严控原材料质量。

6.1.2 原料管理

原料的贮存与生产处理操作，应符合相关食品安全国家标准的要求，不应使用腐败变质和真菌毒素、污染物、农残含量超标的原料。

### 6.2 生产环节

6.2.1 质量管控

6.2.1.1 建立食品安全风险防控体系，全面确保食品安全。

6.2.1.2 食品添加剂的使用应符合 GB 2760 的规定，不应违法添加非食用物质或滥用、超量使用食品添加剂。

6.2.1.3 加强生产过程中的质量控制体系，确保产品符合国家相关标准要求。

6.2.2 产品标签

6.2.2.1 应标示“过量饮酒有害健康”，可同时标示其他警示语，如：“预防未成年人饮酒”“酒后不驾车”“孕妇不宜饮酒” 等。用玻璃瓶包装的含气酒类应标示如“切勿撞击，防止爆瓶”等警示语或警示图标。

6.2.2.2 产品标签严格按照 GB 7718 的要求进行标识。

### 6.3 流通环节

6.3.1 仓储及运输

6.3.1.1 根据产品种类、特性以及保质期等要求，选择合适的运输和贮存方式。

6.3.1.2 产品宜贮存于阴凉、干燥、通风的库房中；不应露天堆放，严防日晒、雨淋；不应与潮湿地面直接接触。

6.3.2 产品溯源

6.3.2.1 建立食品安全质量追溯体系，实现生产过程的全程溯源，并为消费者提供查询服务。

6.3.2.2 加强对成品的检测，发现产品问题及时召回并追溯问题原因。

### 6.4 环境保护

6.4.1 鼓励使用持续改进的清洁能源和原料，采用先进的工艺技术与设备等节能措施，如：新能源、可再生能源和生物能源技术等。

6.4.2 改善管理、综合利用等措施，从源头削减污染，提高资源利用效率，减少或者避免生产、服务和产品使用过程中污染物的产生和排放，以减轻或者消除对人类健康和环境的危害。

6.4.3 在保障食品安全前提下，包装物采用可降解材料和可循环包装物。

6.4.4 在不影响产品品质的前提下，选用更为节能和低碳的运输方式。

## 6.5 消费环节

6.5.1 负责任营销

6.5.1.1 不当宣传

6.5.1.1.1 在市场营销及宣传中不应鼓励或纵容过量或不负责任饮酒的行为，也不应以任何形式贬低戒酒或适量饮酒行为。

6.5.1.1.2 商业宣传中不应出现饮酒动作或醉酒的人，或以其他任何形式暗示醉酒是可接受的。

6.5.1.1.3 商业宣传不应暗示饮酒与暴力、攻击、违法、危险或反社会行为之间存在任何关联。

6.5.1.1.4 在平面、电视、电影和数字广告中，应尽可能地包括理性饮酒信息。该信息应清晰可读，并置于广告的显著位置，应使用目标受众易懂的语言和方式。

6.5.1.2 未成年人

6.5.1.2.1 营销活动不应以未成年人为主要目标受众，也不应出现未成年人饮酒的场景。

6.5.1.2.2 营销活动及商业宣传不应使用尤其对儿童或青少年具有吸引力的物体、形象、风格、符号、颜色、音乐和人物——不论是真实的还是虚构的，包括卡通人物或体育明星等名人。

6.5.1.2.3 营销活动及商业宣传不应使用尤其对未成年人具有吸引力的名字、标识、游戏、游戏设备或其他事物作为品牌识别手段。

6.5.1.3 酒后驾驶

营销活动及商业宣传不应暗示在驾驶各种机动交通工具前或驾驶时饮用酒精饮料是可以接受的。

6.5.1.4 危险活动、工作场所和娱乐项目

营销活动及商业宣传不应暗示在使用有潜在危险的器械、从事有潜在危险的娱乐项目或工作任务之前或同时饮用酒精饮料是可接受的行为。

6.5.1.5 健康

6.5.1.5.1 营销活动及商业宣传不应宣称或暗示酒精饮料具有治疗或保健作用，或饮用酒精饮料可以帮助预防、治疗或治愈任何疾病。

6.5.1.5.2 酒类产品及相关营销活动不应暗示或表明可以过度饮用。

6.5.1.5.3 在法律允许的范围内，营销活动商业宣传可以使用真实准确的事实性陈述来说明酒中含有的碳水化合物、卡路里或其他营养物质。

6.5.1.6 妊娠

营销活动及商业宣传不应出现孕妇饮酒的场景或以孕妇为目标受众进行宣传。

6.5.1.7 产品信息

6.5.1.7.1 营销活动及商业宣传应清楚地指明酒类产品的种类和相关信息。

6.5.1.7.2 营销活动及商业宣传可以向消费者传达关于酒精含量的信息，不应在品牌宣传中将高酒精含量作为重要主题来强调。宣传信息不应暗示或表明饮用酒精含量低的饮品就不会导致酗酒。

6.5.1.8 能力表现

商业宣传不应暗示人们在从事需专注以避免发生危险的活动时，可通过饮用酒类产品来增强心智

或生理能力，也不应暗示饮酒具有提神的效果。

6.5.1.9　社交表现

6.5.1.9.1　营销活动及商业宣传不应暗示饮用酒类产品是人们在社交生活中获得认可或取得成功的必要条件。

6.5.1.9.2　酒类企业不应生产任何包含过量兴奋剂的酒类产品，也不应营销此类产品或宣传任何酒精混合饮料会使人产生兴奋或提神功效。

6.5.2　负责任销售

6.5.2.1　酒类企业、经销商不应以任何理由和借口向未成年人售卖酒类产品。

6.5.2.2　不应向明显处于醉酒状态的消费者提供酒类产品。

6.5.2.3　酒类企业应定期对经销商及其终端门店组织负责任销售培训。

6.5.2.4　合理及时处理消费者投诉、购销纠纷，保护消费者权益。

6.5.3　负责任服务

6.5.3.1　设置有效便捷的消费者投诉机制及渠道，开通售后服务热线。

6.5.3.2　制定问题产品快速处理制度，最大限度地减少食品安全事故的可能。

6.5.3.3　建立召回管理机构及召回管理流程，明确职责，对于售出的产品被发现存在缺陷的，应及时启动召回评估流程。

### 6.6　社会活动

6.6.1　总则

酒类企业应积极组织并参与理性饮酒推广相关活动，与相关业务部门、行业组织、媒体、研究机构、教育机构、社区组织、经销商、零售商、消费者合作，持续推进理性饮酒理念，降低过量饮酒危害。

6.6.2　预防未成年人饮酒

6.6.2.1　积极参与、调研、推进、影响与预防青少年饮酒相关公共政策的制定。

6.6.2.2　积极开展预防未成年人饮酒相关活动，通过教育材料和活动促进理性饮酒的理念，预防未成年人饮酒。

6.6.3　拒绝酒驾

6.6.3.1　积极传播酒驾危害等相关知识。

6.6.3.2　积极参与并开展酒驾预防等相关项目和活动。

6.6.4　消费者理性饮酒教育

6.6.4.1　推动对酒类产品及理性饮酒的科学研究，传递符合公认科学理论的酒类产品知识，在消费者中建立对酒类产品的正确观念，帮助消费者做出知情的决定，保护消费者权益。

6.6.4.2　积极倡导和推广理性饮酒，通过多种渠道、多种活动形式推动理性饮酒理念的传播。

6.6.5　其他社会公益

不应以商业宣传或营利为目的地开展其他社会公益活动，如：以货币或实物（不包括酒类产品）助残、扶贫、捐赠等。

## 7　社会责任信息披露

### 7.1　企业社会责任报告

酒类企业发布社会责任报告是将自身履行社会责任的理念、战略、方法及其经营活动在经济、社会、环境等方面产生的影响定期向利益相关方进行披露的沟通方式。

社会责任报告在内容上应覆盖经济、社会和环境方面的履责信息，语言表述应平实客观，对于利益相关方关注的重点议题应做出明确回应，披露的信息应及时准确，能够与自身历史和行业整体的履责绩效进行对比。

### 7.2 日常信息披露

酒类企业不定期与利益相关方进行单向或双向沟通，及时向利益相关方披露企业在经济、社会和环境方面的表现。

信息披露可采用多种形式，常用的包括：会议、活动、论坛、报告、新闻、杂志、海报、广告、信函、邮件、现场展示、视频、网站、播客（互联网音频广播）、博客（互联网文字论坛）、产品说明书和标签等。

### 7.3 重大事件信息披露

应建立重大事项和突发事件披露机制。企业应提高突发事件的管理能力，及时披露信息，及时回应社会关切，依法合规处置好突发事件。应保持与公众在社会责任方面的沟通，加大正面宣传力度，通过各种渠道积极宣传企业模范履行社会责任的成效，创造良好的外部舆论环境。

## 参考文献

［1］GB/T 36000—2015　社会责任指南

［2］GB/T 36001—2015　社会责任报告编写指南

［3］GB/T 36002—2015　社会责任绩效分类指引

［4］GB 2757　食品安全国家标准　蒸馏酒及其配制酒

［5］GB 2758　食品安全国家标准　发酵酒及其配制酒

［6］世界卫生组织．减少有害使用酒精全球战略（Word Health Organization，Global Strategy to reduce the harmful use of alcohol）

［7］世界卫生组织．2018 全球酒精与健康报告（Word Health Organization，Global status report on alcohol and health 2018）

［8］国际理性饮酒联盟．酒类生产商承诺（International Alliance for Responsible Drinkin，Beer，Wine，Spirits Producers’ Commitments）

ICS 03.100.20
A 10

# 中 华 人 民 共 和 国 国 家 标 准

GB/T 17924—2008
代替 GB 17924—1999

# 地理标志产品标准通用要求

General requirements for standards on products of geographical indications

2008-06-27 发布　　2008-10-01 实施

中华人民共和国国家质量监督检验检疫总局
中国国家标准化管理委员会　发布

# 前　言

本标准是为了配合国家质量监督检验检疫总局发布的《地理标志产品保护规定》的实施，指导编写地理标志产品标准而制定。

本标准借鉴了世界贸易组织（WTO）《与贸易有关的知识产权协定》（TRIPS）和欧盟及法国等成员国制定的保护原产地命名及地理指示法规。

本标准代替 GB 17924—1999《原产地域产品通用要求》。

本标准与 GB 17924—1999 相比主要变化如下：

——将强制性标准修改为推荐性标准；

——根据国家质量监督检验检疫总局颁布的《地理标志产品保护规定》，修改相关定义和表述；

——将原标准的第 4 章的章名“确定原产地域产品的基本原则”改为“制定地理标志产品标准的基本原则”并对内容进行调整；

——将原标准的第 5 章、第 6 章、第 7 章进行合并改为“通用要求”并对内容进行调整；

——修改了对专用标志的规定。

本标准由全国原产地域产品标准化工作组提出并归口。

本标准起草单位：中国标准化协会、深圳市标准技术研究院。

本标准主要起草人：张伟、张雯、黄曼雪、张秀春。

# 地理标志产品标准通用要求

## 1　范围

本标准规定了地理标志产品的术语和定义、制定地理标志产品标准的基本原则、通用要求。

本标准适用于国家质量监督检验检疫行政主管部门根据《地理标志产品保护规定》批准保护的地理标志产品标准的制定 。

## 2　规范性引用文件

下列文件中的条款通过本标准的引用而成为本标准的条款。凡是注日期的引用文件，其随后所有的修改单（不包括勘误的内容）或修订版均不适用于本标准，然而，鼓励根据本标准达成协议的各方研究是否可使用这些文件的最新版本。凡是不注日期的引用文件，其最新版本适用于本标准。

GB/T 1.2 标准化工作导则　第 2 部分：标准中规范性技术要素内容的确定方法

国家质量监督检验检疫总局令第 78 号　《地理标志产品保护规定》

国家质量监督检验检疫总局公告〔2006〕年第 109 号《关于发布地理标志保护产品专用标志比例图的公告》

## 3 术语和定义

下列术语和定义适用于本标准。

### 3.1 地理标志产品 product of geographical indications

产自特定地域，所具有的质量、声誉或其他特性本质上取决于其产地的自然因素和人文因素，经审核批准以地理名称进行命名的产品。地理标志产品包括：

a）来自本地区的种植、养殖产品。

b）原材料全部来自本地区或部分来自其他地区，并在本地区按照特定工艺生产和加工的产品。

## 4 制定地理标志产品标准的基本原则

4.1 应是国家质量监督检验检疫行政主管部门根据《地理标志产品保护规定》批准的地理标志产品。

4.2 产品的品质、特色和声誉应能体现产地的自然属性和人文因素，并具有稳定的质量，历史悠久，风味独特，享有盛名。

4.3 地理标志产品标准除应符合 GB/T 1.2 的规定外，还应规定地理标志产品保护范围、自然环境、特定的品种、特定的种（养）植技术、特殊的加工工艺、产品技术指标等与地理标志产品独特品质有关的内容。

## 5 通用要求

### 5.1 标准名称

地理标志产品标准名称应由产地名称和反映真实属性的通用产品名称构成，并冠以地理标志产品前缀。

### 5.2 地理标志产品保护范围

应符合国家质量监督检验检疫行政主管部门批准的保护区域，并附相应地域图。

### 5.3 自然环境

应规定适宜产出具有特定品质产品的保护区域的自然环境，如独特的地理环境、气候、土壤、水质等。

### 5.4 原料

5.4.1 应规定适制地理标志产品的动、植物品种。

5.4.2 应规定与产品独特品质有关的特殊原料的来源，必要时应规定原料的产地、感官特性、理化指标和安全卫生指标。

### 5.5 种植（养殖）技术

应规定与产品独特品质有关的种植（养殖）技术要求，如选种、栽培、田间管理、施肥与农药、采摘、原材料处理和贮存等。

### 5.6 工艺

5.6.1 应规定产品独特的加工工艺，必要时应规定关键工艺和关键设备。

5.6.2 应规定生产过程的安全、卫生和环保要求，并应符合国家相关法律、法规的规定。

### 5.7 产品质量

5.7.1 应规定产品的感官特性、理化指标、安全卫生指标、试验方法及有关限制性条款。

5.7.2 可规定产品的特异性指标。

### 5.8 标签

地理标志产品标签的内容除应符合国家有关规定外，还应标注如地理标志产品名称、原料名称和产地，以及其他需要特殊标注的内容。

### 5.9 标志

地理标志产品专用标志应符合国家质量监督检验检疫总局公告〔2006〕年第109号的规定，使用应符合《地理标志产品保护规定》。

ICS 67.160.10
X 61

# GB

中 华 人 民 共 和 国 国 家 标 准

GB/T 11856—2008
代替 GB 11856—1997

# 白兰地

Brandy

2008-10-19 发布 2009-06-01 实施

中华人民共和国国家质量监督检验检疫总局
中国国家标准化管理委员会 发布

## 前言

本标准参考了欧洲经济共同体 EC 110/2008 号《关于蒸馏酒的定义、描述、介绍、标签和地理标示的保护以及废除理事会第 1576/89 规则》中的白兰地部分。

本标准代替 GB 11856—1997《白兰地》。

本标准与 GB 11856—1997 相比主要变化如下：

——标准属性由强制性标准调整为推荐性标准；

——修改了适用范围的描述；

——增加了术语和定义；

——增加了产品分类；

——对酒精度指标作了适当调整；

——删除甲醇指标，增加卫生要求，按 GB 2757 执行；

——删除了测定糠醛的分光光度法和甲醇的测定方法；

——对检验规则作了适当的修改。

本标准的附录 A 和附录 B 为规范性附录。

本标准由全国食品工业标准化技术委员会提出。

本标准由全国酿酒标准化技术委员会归口。

本标准起草单位：中国食品发酵工业研究院、烟台张裕葡萄酿酒公司、中法合营王朝葡萄酿酒有限公司。

本标准主要起草人：郭新光、李记明、王树生、张蔚、张葆春、张春娅、康永璞。

本标准所代替标准的历次版本发布情况为：

——GB 11856—1989、GB 11856—1997。

# 白兰地

## 1 范围

本标准规定了白兰地的术语和定义、产品分类、要求、分析方法、检验规则以及标志、包装、运输和贮存。

本标准适用于白兰地的生产、检验与销售。

## 2 规范性引用文件

下列文件中的条款通过本标准的引用而成为本标准的条款。凡是注日期的引用文件，其随后所有的修改单（不包括勘误的内容）或修订版均不适用于本标准，然而，鼓励根据本标准达成协议的各方研究是否可使用这些文件的最新版本。凡是不注日期的引用文件，其最新版本适用于本标准。

GB/T 191　包装储运图示标志（GB/T 191—2008，ISO 780：1997，MOD）

GB/T 601　化学试剂　标准滴定溶液的制备

GB/T 603　化学试剂　试验方法中所用制剂及制品的制备（GB/T 603—2002，ISO 6353 - 1：1982，NEQ）

GB 2757　蒸馏酒及配制酒卫生标准

GB/T 5009.13　食品中铜的测定

GB/T 6682　分析实验室用水规格和试验方法（GB/T 6682—2008，ISO 3696：1987，MOD）

GB 10344　预包装饮料酒标签通则

## 3　术语和定义

下列术语和定义适用于本标准。

### 3.1　白兰地　brandy

以葡萄为原料，经发酵、蒸馏、橡木桶陈酿、调配而成的葡萄蒸馏酒。“葡萄蒸馏酒（葡萄白兰地）”通常简称为“白兰地”。

3.1.1　葡萄原汁白兰地　brandy made from grape juice

以葡萄汁、浆为原料，经发酵、蒸馏、在橡木桶中陈酿、调配而成的白兰地。

3.1.2　葡萄皮渣白兰地　brandy made from grape marc

以发酵后的葡萄皮渣为原料，经蒸馏、在橡木桶中陈酿、调配而成的白兰地。

3.1.3　调配白兰地　blended brandy

以葡萄原汁白兰地为基酒，加入一定量食用酒精等调配而成的白兰地。

### 3.2　酒龄　age of brandy

白兰地原酒在橡木桶中陈酿的时间（年）。

### 3.3　非酒精挥发物总量　total volatile substances for non - alcohol

白兰地中除酒精之外的挥发性物质（挥发酸、酯类、醛类、糠醛及高级醇）的总含量。

## 4　产品分类

按原料分为：

a）葡萄原汁白兰地；

b）葡萄皮渣白兰地；

c）调配白兰地。

## 5　要求

### 5.1　感官要求

应符合表 1 的规定。

表 1　　感官要求

| 项目 | 要求 | | | |
|---|---|---|---|---|
| | 特级（XO） | 优级（VSOP） | 一级（VO） | 二级（VS） |
| 外观 | 澄清透明、晶亮，无悬浮物、无沉淀 | | | |
| 色泽 | 金黄色至赤金色 | 金黄色至赤金色 | 金黄色 | 浅金黄色至金黄色 |
| 香气 | 具有和谐的葡萄品种香，陈酿的橡木香，醇和的酒香，幽雅浓郁 | 具有明显的葡萄品种香，陈酿的橡木香，醇和的酒香，幽雅 | 具有葡萄品种香、橡木香及酒香，香气谐调、浓郁 | 具有原料品种香、酒香及橡木香，无明显刺激感和异味 |
| 口味 | 醇和、甘洌、沁润、细腻、丰满、绵延 | 醇和、甘洌、丰满、绵柔 | 醇和、甘洌、完整、无杂味 | 较纯正、无邪杂味 |
| 风格 | 具有本品独特的风格 | 具有本品突出的风格 | 具有本品明显的风格 | 具有本品应有的风格 |

## 5.2 理化要求

应符合表 2 的规定。

表 2　　理化要求

| 项　目 | 要　求 | | | |
|---|---|---|---|---|
| | 特级（XO） | 优级（VSOP） | 一级（VO） | 二级（VS） |
| 酒龄/年　≥ | 6 | 4 | 3 | 2 |
| 酒精度[a]/（% vol）　≥ | 36.0 | | | |
| 非酒精挥发物总量（挥发酸 + 酯类 + 醛类 + 糠醛 + 高级醇）/［g/L（100% vol 乙醇）］　≥ | 2.50 | 2.00 | 1.25 | — |
| 铜/（mg/L）　≤ | 6.0 | | | |

[a] 酒精度实测值与标签标示值允许差为 ±1.0% vol。

## 5.3 卫生要求

应符合 GB 2757 的规定。

# 6 分析方法

本标准中所用的水，在未注明其他要求时，均指符合 GB/T 6682 中要求的水。

本标准中所用的试剂，在未注明规格时，均指分析纯（AR）。配制的“溶液”，除另有说明外，均指水溶液。

本标准中同一检测项目，有两个或两个以上分析方法时，实验室可根据各自条件选用，但以第一法为仲裁法。

本标准中所提及的乙醇含量（酒精度）均以体积分数（% vol）表示，以下简写为“%”。

### 6.1 感官分析

6.1.1 酒样的准备

将酒样密码编号，置于水浴中调温至 20 ℃ ~25 ℃，将洁净、干燥的品尝杯对应酒样编号，对号注入酒样约 45 mL。

6.1.2 外观与色泽

将注入酒样的品尝杯置于明亮处，举杯齐眉，用肉眼观察杯中酒的色泽及其深浅、透明度与澄清度、有无沉淀及悬浮物等，做好详细记录。

6.1.3 香气

手握杯柱，慢慢将酒杯置于鼻孔下方，嗅闻其挥发香气，然后，慢慢摇动酒杯，嗅闻空气进入后的香气。加盖，用手握酒杯腹部 2 min，摇动后，再嗅闻香气。根据上述操作，分析判断是原料香，陈酿香，橡木香或有其他异香，写出评语。

6.1.4 口味

喝入少量酒样（约 2 mL）于口中，尽量均匀分布于味觉区，仔细品尝，有了明确印象后咽下，再体会口感后味，记录口感特征。

6.1.5 风格

根据外观、色泽、香气与口味的特点，综合分析评价其风格及典型的强弱程度，写出结论意见。

### 6.2 酒精度

6.2.1 密度瓶法

6.2.1.1 原理

以蒸馏法去除样品中的不挥发性物质，用密度瓶法、电子密度计法测出试样液（酒精水溶液）20 ℃时的密度，查附录 A，求得样品在 20 ℃时乙醇含量的体积分数，即酒精度。

6.2.1.2 仪器

6.2.1.2.1 全玻璃蒸馏器：500 mL。

6.2.1.2.2 恒温水浴：控温精度 ±0.1 ℃。

6.2.1.2.3 附温度计密度瓶：25 mL 或 50 mL。

6.2.1.3 试样液的制备

用一洁净、干燥的 100 mL 容量瓶，准确量取 100 mL 酒样（液温 20 ℃）于 500 mL 蒸馏瓶中，用 50 mL 水分三次冲洗容量瓶，洗液并入蒸馏瓶中，加几颗沸石（或玻璃珠），连接冷凝管，以取样用的原容量瓶作接收器（外加冰浴），开启冷却水（冷却水温度宜低于 15 ℃），缓慢加热蒸馏，收集馏出液，当接近刻度时，取下容量瓶，盖塞，于 20 ℃水浴中保温 30 min，再补加水至刻度，混匀，备用。

6.2.1.4 分析步骤

将密度瓶洗净，反复烘干、称量，直至恒重（$m$）。

取下带温度计的瓶塞，将煮沸冷却至 15 ℃的水注满已恒重的密度瓶中，插上带温度计的瓶塞（瓶中不得有气泡），立即浸入 20.0 ℃ ±0.1 ℃的恒温水浴中，待内容物温度达 20 ℃并保持 20 min 不变后，用滤纸快速吸去溢出侧管的液体，立即盖好侧支上的小罩，取出密度瓶，用滤纸擦干瓶外壁上的水液，立即称量（$m_1$）。

将水倒出，先用无水乙醇，再用乙醚冲洗密度瓶，吹干（或于烘箱中烘干），用试样液（6.2.1.3）反复冲洗密度瓶 3 次 ~5 次，然后装满。重复上述操作，称量（$m_2$）。

6.2.1.5　结果计算

试样液（20 ℃）的密度按式（1）、（2）式计算。

$$\rho_{20}^{20} = \frac{m_2 - m + A}{m_1 - m + A} \times \rho_0 \quad \cdots\cdots (1)$$

$$A = \rho_a \times \frac{m_1 — m_2}{997.0} \quad \cdots\cdots (2)$$

式中：

$\rho_{20}^{20}$——试样液在 20 ℃时的密度，单位为克每升（g/L）；

$m_2$——20 ℃时密度瓶加试样的质量，单位为克（g）；

$m$——密度瓶的质量，单位为克（g）；

$A$——空气浮力校正值；

$m_1$——20 ℃时密度瓶加水的质量，单位为克（g）；

$\rho_0$——20 ℃时蒸馏水的密度（998.20 g/L）；

$\rho_a$——干燥空气在 20 ℃、1 013.25 hPa 时的密度值（约为 1.2 g/L）；

997.0——在 20 ℃时蒸馏水与干燥空气密度值之差，单位为克每升（g/L）。

根据试样液的密度 $\rho_{20}^{20}$，查附录 A，求得 20 ℃时样品的酒精度。

所得结果表示至一位小数。

6.2.1.6　精密度

在重复性条件下获得的两次独立测定结果的绝对差值，不应超过平均值的 0.5%。

6.2.2　数字密度计法

6.2.2.1　原理

将试样注入“U”形管，通过在 20 ℃时与两个标准的振动频率比较而求得其密度，计算出样品在 20 ℃时乙醇含量的体积分数，即酒精度。

6.2.2.2　仪器

6.2.2.2.1　数字密度计：Mettler/KEM DA－210 DMA 55D，带有 NO.5771 接管，可使样品连续通过“U”形管。或使用同等分析效果的数字密度计，并按其仪器说明书进行安装、调试、校正和测定。

6.2.2.2.2　恒温水浴：控温精度 ±0.01 ℃。

6.2.2.2.3　注射器：10 mL，Luer 配件 15 号针。

6.2.2.3　试剂和溶液

水：重蒸水，通过 0.2 μm 膜过滤。

6.2.2.4　仪器校准

6.2.2.4.1　在 20.00 ℃ ±0.01 ℃下观察和记录“U”形管（洁净、干燥）中空气的“*T*”值。

6.2.2.4.2　将注射器 15 号针与“U”形管上端出口处的塑料管连上，把“U”形管下方入口处的塑料管浸入新煮沸、冷却、膜过滤后的重蒸水中，将“U”形管中注满水（要求无气泡），当水温达到衡定温度 20.00 ℃ +0.01 ℃，显示“*T*”值在 2 min ~3 min 内不变化时，读数、记录。

6.2.2.4.3　装置的 *A* 和 *B* 常数按式（3）、（4）式计算。

$$A = T_{水}^2 — T_{空气}^2 \quad \cdots\cdots (3)$$

$$B = T_{空气}^2 \quad \cdots\cdots (4)$$

将常数 *A* 和 *B* 输入仪器的记忆单元。重新将开关置于 ρ（密度）档。检查水的密度读数。倒出“U”形管中的水，干燥后，检查空气的密度。其值分别应为 1.000 00（水的密度）和 0.000 00（空气的密度）。若显示数值在小数点后第 5 位差值大于 1，则需重新检查恒温水浴的温度和水、空气的“*T*”值。

6.2.2.5　分析步骤

将试样液（6.2.1.3）注满“U”形管（要求无气泡），直到试样液温度与水浴温度达到平衡（2 min ~ 3 min）时，记录试样的密度，查附录 A，求得样品在 20 ℃时酒精度。

所得结果表示至一位小数。

6.2.2.6　精密度

在重复性条件下获得的两次独立测定密度读数之差小于等于 ±0.000 01。

6.2.3　酒精计法

6.2.3.1　原理

用精密酒精计读取酒精体积分数示值，按附录 B 进行温度校正，求得在 20 ℃时乙醇含量的体积分数，即酒精度。

6.2.3.2　仪器

精密酒精计：分度值为 0.1%。

6.2.3.3　分析步骤

将试样液（6.2.1.3）注入洁净、干燥的量筒中，静置数分钟，待酒中气泡消失后，放入洁净、擦干的酒精计，再轻轻按一下，不应接触量筒壁，同时插入温度计，平衡约 5 min，水平观测，读取与弯月面相切处的刻度示值，同时记录温度。根据测得的酒精计示值和温度，查附录 B，换算成样品在 20 ℃时的酒精度。

所得结果应表示至一位小数。

6.2.3.4　精密度

在重复性条件下获得的两次独立测定结果的绝对差值，不应超过平均值的 0.5%。

### 6.3　挥发酸

6.3.1　总酸含量

6.3.1.1　原理

试样中的有机酸，以酚酞为指示剂，采用氢氧化钠溶液进行中和滴定，以消耗氢氧化钠标准滴定溶液的体积计算总酸的含量。

6.3.1.2　电位滴定法

6.3.1.2.1　仪器

电位滴定仪（或酸度计）：精度为 2 mV。

6.3.1.2.2　试剂和溶液

a）氢氧化钠标准溶液［$c$（NaOH）=0.1 mol/L］：按 GB/T 601 配制与标定。

b）氢氧化钠标准滴定溶液［$c$（NaOH）=0.05 mol/L］：将上述氢氧化钠标准溶液准确稀释 1 倍。

c）指示液 A：称取靛蓝二磺酸钠 0.1 g，用 20 mL 水溶解后，加无水乙醇定容至 50 mL。

d）指示液 B：称取苯酚红 0.1 g，加 3 mL 氢氧化钠标准溶液［a)］溶解，加水定容至 50 mL。

6.3.1.2.3　校正仪器

按使用说明书安装调试仪器，根据液温进行校正定位。

6.3.1.2.4　分析步骤

吸取 25.00 mL（若用复合电极可酌情增加取样量）酒样于 50 mL 烧杯中，插入电极，放入一枚转子，置于电磁搅拌器上，开始搅拌，初始阶段可快速滴加氢氧化钠标准滴定溶液［6.3.1.2.2b)］，当样液 pH＝7.00 后，放慢滴定速度，每次滴加半滴溶液，搅拌读数，直至 pH＝8.20 为其终点，记录消耗氢氧化钠标准滴定溶液的体积。

6.3.1.2.5　结果计算

a）样品中的总酸含量按式（5）计算。

$$X_1 = \frac{V_1 \times c \times 60}{V} \quad (5)$$

b）每升 100% 乙醇中总酸含量按式（6）计算。

$$X_2 = X_1 \times \frac{100}{E} \quad (6)$$

式中：

$X_1$——样品中总酸的含量（以乙酸计），单位为克每升（g/L）；

$V_1$——样品消耗氢氧化钠标准滴定溶液的体积，单位为毫升（mL）；

$c$——氢氧化钠标准滴定溶液的浓度，单位为摩尔每升（mol/L）；

60——乙酸的摩尔质量的数值，单位为克每摩尔（g/mol）［$M$（$CH_3COOH$）＝60］；

$V$——吸取样品的体积，单位为毫升（mL）；

$X_2$——样品每升 100% 乙醇中总酸的含量（以乙酸计），单位为克每升（g/L）；

$E$——样品的实测酒精度。

所得结果表示至两位小数。

6.3.1.2.6　精密度

在重复性条件下获得的两次独立测定结果的绝对差值，不应超过平均值的 5%。

6.3.1.3　指示剂法

6.3.1.3.1　试剂和溶液

同 6.3.1.2.2。

6.3.1.3.2　分析步骤

吸取 25.00 mL 酒样于 150 mL 锥形瓶中，加指示液 A 和指示液 B 各 5 滴，用氢氧化钠标准滴定溶液［6.3.1.2.2b)］滴定至棕红色为其终点。

6.3.1.3.3　结果计算

同 6.3.1.2.5。

6.3.1.3.4　精密度

同 6.3.1.2.6。

6.3.2　固定酸含量

6.3.2.1　电位滴定法

6.3.2.1.1　仪器

同 6.3.1.2.1。

6.3.2.1.2　试剂和溶液

同 6.3.1.2.2。

6.3.2.1.3　分析步骤

吸取 25.00 mL（若用复合电极可酌情增加取样量）酒样于 100 mL 蒸发皿中，在蒸馏水水浴上蒸发至干。用 5 mL 水溶解，再用 20 mL 水分数次洗入 50 mL 烧杯中。以下操作同 6.3.1.2.3 和

6.3.1.2.4。同时作空白试验。

6.3.2.1.4　结果计算

a）样品中的固定酸含量按式（7）计算。

$$X_1 = \frac{(V_1 - V_0) \times c \times 60}{V} \qquad (7)$$

b）每升100%乙醇中固定酸含量按式（8）计算。

$$X_2 = X_1 \times \frac{100}{E} \qquad (8)$$

式中：

$X_1$——样品中固定酸的含量（以乙酸计），单位为克每升（g/L）；

$V_1$——样品消耗氢氧化钠标准滴定溶液的体积，单位为毫升（mL）；

$V_0$——空白试验消耗氢氧化钠标准滴定溶液的体积，单位为毫升（mL）；

$c$——氢氧化钠标准滴定溶液的浓度，单位为摩尔每升（mol/L）；

60——乙酸的摩尔质量的数值，单位为克每摩尔（g/mol）［$M$（$CH_3COOH$）=60］；

$V$——吸取样品的体积，单位为毫升（mL）；

$X_2$——样品中每升100%乙醇中固定酸的含量（以乙酸计），单位为克每升（g/L）。

$E$——样品的实测酒精度。

所得结果表示至三位小数。

6.3.2.1.5　精密度

同6.3.1.2.6。

6.3.2.2　指示剂法

6.3.2.2.1　试剂和溶液

同6.3.1.2.2。

6.3.2.2.2　分析步骤

吸取25.00 mL酒样于100 mL蒸发皿中，在蒸馏水水浴上蒸发至干。用5 mL水溶解，再用20 mL水分数次洗入150 mL锥形瓶中。以下操作同6.3.1.3.2。

6.3.2.2.3　结果计算

同6.3.1.2.5。

6.3.2.2.4　精密度

同6.3.1.2.6。

6.3.3　挥发酸含量

样品中挥发酸含量［g/L（100%乙醇）］按式（9）计算。

挥发酸含量 = 总酸含量 − 固定酸含量 ……（9）

## 6.4　酯类

6.4.1　原理

以蒸馏法去除酒样中的不挥发物，先用碱中和试样中的游离酸，再准确加入一定量的碱，加热回流使酯类皂化。通过消耗碱的量计算出酯类的含量。

6.4.2　仪器

6.4.2.1　全玻璃蒸馏器：蒸馏瓶500 mL。

6.4.2.2　全玻璃回流装置：锥形瓶 1 000 mL、锥形瓶 250 mL（冷凝管长度不短于 45 cm）。

6.4.2.3　酸式滴定管：25 mL。

6.4.2.4　碱式滴定管：25 mL。

6.4.3　试剂和溶液

6.4.3.1　氢氧化钠标准溶液［$c$（NaOH）=0.1 mol/L］：按 GB/T 601 配制与标定。

6.4.3.2　氢氧化钠标准滴定溶液［$c$（NaOH）=0.05 mol/L］：将上述氢氧化钠标准溶液准确稀释 1 倍。

6.4.3.3　氢氧化钠溶液［$c$（NaOH）=3.5 mol/L］：按 GB/T 601 配制。

6.4.3.4　硫酸标准溶液［$c$（$1/2H_2SO_4$）=0.1 mol/L］：按 GB/T 601 配制与标定。

6.4.3.5　40% 乙醇（无酯）溶液：取 600 mL 95% 乙醇于 1 000 mL 锥形瓶中，加氢氧化钠溶液（6.4.3.3）5 mL，加热回流皂化 1h。然后移入蒸馏器中重蒸，再配成 40% 乙醇溶液。

6.4.3.6　酚酞指示液（10 g/L）；按 GB/T 603 配制。

6.4.4　试样液的制备

同 6.2.1.3。

6.4.5　分析步骤

吸取 50.00 mL 试样液（6.2.1.3）于 250 mL 锥形瓶中，加 0.5 mL 酚酞指示液，以氢氧化钠标准溶液（6.4.3.1）滴定至粉红色（切勿过量），不记录氢氧化钠标准溶液的体积。再准确用滴定管加入氢氧化钠标准溶液（6.4.3.1）20.00 mL，摇匀，放入几颗沸石（或玻璃珠），装上冷凝管（冷却水温度宜低于 15 ℃），加热至沸腾，准确回流 30 min，取下锥形瓶，冷却。用滴定管向其中准确加入 20.00 mL 硫酸标准溶液（6.4.3.4）后，用氢氧化钠标准滴定溶液（6.4.3.2）滴定至粉红色为其终点，记录消耗氢氧化钠标准滴定溶液的体积（$V_1$）。

吸取 40% 乙醇溶液 50.00 mL，按上述方法同样操作，做空白试验，记录消耗氢氧化钠标准滴定溶液的体积（$V_0$）。

6.4.6　结果计算

a）样品中的酯类含量按式（10）计算。

$$X_1 = \frac{(V_1 - V_0) \times c \times 88}{V} \quad \cdots\cdots (10)$$

b）每升 100% 乙醇中酯类含量按式（11）计算。

$$X_2 = \frac{X_1 \times 100}{E} \quad \cdots\cdots (11)$$

式中：

$X_1$——样品中酯类的含量（以乙酸乙酯计），单位为克每升（g/L）；

$V_1$——皂化后样品消耗氢氧化钠标准滴定溶液的体积，单位为毫升（mL）；

$V_0$——空白试验皂化后消耗氢氧化钠标准滴定溶液的体积，单位为毫升（mL）；

$c$——皂化后滴定时所用氢氧化钠标准滴定溶液的浓度，单位为摩尔每升（mol/L）；

88——乙酸乙酯摩尔质量的数值，单位为克每摩尔（g/mol）［$M$（$C_4H_8O_2$）=88］；

$V$——吸取样品的体积，单位为毫升（mL）；

$X_2$——样品中每升 100% 乙醇中酯类的含量（以乙酸乙酯计），单位为克每升（g/L）；

$E$——样品的实测酒精度。

所得结果表示至两位小数。

6.4.7 精密度

在重复性条件下获得的两次独立测定结果的绝对差值，不应超过平均值的5%。

## 6.5 醛类

6.5.1 气相色谱法

6.5.1.1 原理

样品被汽化后，随同载气进入色谱柱，利用被测定的各组分在气液两相中具有不同的分配系数，在柱内形成迁移速度的差异而得到分离。分离后的组分先后流出色谱柱，进入氢火焰离子化检测器，根据色谱图上各组分峰的保留值与标样相对照进行定性；利用峰面积（或峰高），以内标法定量。

6.5.1.2 仪器

6.5.1.2.1 气相色谱仪：备有氢火焰离子化检测器（FID）。

6.5.1.2.2 色谱柱：CP WAX 57CB 毛细管色谱柱，柱长50 m，内径0.25 mm，涂层0.2 μm。或其他具有同等分析效果的毛细管色谱柱。

6.5.1.2.3 微量注射器：10 μL。

6.5.1.3 试剂和溶液

6.5.1.3.1 40%乙醇溶液：用乙醇（色谱纯）加水配制。

6.5.1.3.2 乙缩醛溶液（2%）：作标样用。吸取乙缩醛（色谱纯）2 mL，用40%乙醇溶液定容至100 mL。

6.5.1.3.3 乙酸正戊酯溶液（2%）：作内标用。吸取乙酸正戊酯（色谱纯）2 mL，用40%乙醇溶液定容至100 mL。

6.5.1.4 色谱条件

载气（高纯氮）：流速为0.5 mL/min ~ 1.0 mL/min；分流比约37∶1；尾吹约20 mL/min ~ 30 mL/min。

氢气：流速为33 mL/min。

空气：流速为400 mL/min。

检测器温度（$T_D$）：220 ℃。

进样口温度（$T_J$）：220 ℃。

柱温（$T_C$）：起始温度40 ℃，恒温5 min，以4 ℃/min 程序升温至200 ℃，继续恒温10 min。

载气、氢气、空气的流速等色谱条件随仪器而异，应通过试验选择最佳操作条件，以内标峰与酒样中其他组分峰获得完全分离为准。

6.5.1.5 分析步骤

6.5.1.5.1 校正因子（$f$值）的测定

吸取乙缩醛溶液（6.5.1.3.2）1.00 mL，移入100 mL容量瓶中，然后加入乙酸正戊酯溶液（6.5.1.3.3）1.00 mL，用40%乙醇溶液稀释至刻度。该溶液中乙缩醛和乙酸正戊酯的浓度均为0.02%。待色谱仪基线稳定后，用微量注射器进样，进样量随仪器的灵敏度而定。记录乙缩醛和乙酸正戊酯峰的保留时间及其峰面积（或峰高），用其比值计算出乙缩醛的相对校正因子（$f$值）。

乙醛对于乙酸正戊酯的相对校正因子是根据经验值确定的，约为1.49。

6.5.1.5.2 试样的测定

用10 mL容量瓶直接取酒样10.0 mL，加入乙酸正戊酯溶液（6.5.1.3.3）0.10 mL，混匀后，在与$f$值测定相同的条件下进样，根据保留时间确定乙醛、乙缩醛峰的位置，并测定乙醛（或乙缩醛）

与内标峰面积（或峰高），求出峰面积（或峰高）之比，分别计算出酒样中乙醛和乙缩醛的含量，以乙醛计，然后相加，换算成醛类含量。

6.5.1.6 结果计算

a）校正因子（$f$值）按式（12）计算。

$$f = \frac{A_1}{A_2} \times \frac{d_2}{d_1} \quad (12)$$

b）样品中乙醛（或乙缩醛）的含量按式（13）计算。

$$X_1 = f \times \frac{A_3}{A_4} \times X_4 \times 10^{-3} \quad (13)$$

c）每升100%乙醇中乙醛（或乙缩醛）含量按式（14）计算。

$$X_2 = \frac{X_1 \times 100}{E} \quad (14)$$

d）每升100%乙醇中总醛的含量按式（15）计算。

$$X_3 = X_5 + X_6 \times 0.37 \quad (15)$$

式中：

$f$——乙醛（或乙缩醛）的相对校正因子；

$A_1$——标样$f$值测定时内标的峰面积（或峰高）；

$A_2$——标样$f$值测定时乙醛（或乙缩醛）的峰面积（或峰高）；

$d_2$——乙醛（或乙缩醛）的相对密度；

$d_1$——内标物的相对密度；

$X_1$——样品中乙醛（或乙缩醛）的含量，单位为克每升（g/L）；

$A_3$——试样中乙醛（或乙缩醛）的峰面积（或峰高）；

$A_4$——添加于酒样中内标的峰面积（或峰高）；

$X_4$——内标（添加在酒样中）的含量，单位为毫克每升（mg/L）；

$X_2$——样品中每升100%乙醇中乙醛（或乙缩醛）的含量，单位为克每升（g/L）；

$E$—— 样品的实测酒精度；

$X_3$——样品中每升100%乙醇中总醛（以乙醛计）的含量，单位为毫克每升（mg/L）；

$X_5$——样品中每升100%乙醇中乙醛的含量，单位为毫克每升（mg/L）；

$X_6$——样品中每升100%乙醇中乙缩醛的含量，单位为毫克每升（mg/L）；

0.37——乙缩醛换算成乙醛的系数。

所得结果表示至三位小数。

6.5.1.7 精密度

在重复性条件下获得的两次独立测定结果的绝对差值，不应超过平均值的10%。

6.5.2 比色法

本方法适用于醛类含量低于2 g/L（100%乙醇）的测定。

6.5.2.1 原理

游离醛和在酸性介质中释放出来的醛类，与品红－亚硫酸溶液作用重新显色，在相同条件下与乙缩醛标准系列比较定量。

6.5.2.2 试剂和溶液

6.5.2.2.1 40%乙醇（无醛）溶液：量取95%乙醇500 mL，加入10g间苯二胺（或5 mL磷酸）

和 5 mL 新蒸馏的苯胺，加热回流 1 h，然后移入蒸馏器中重蒸，配成 40% 乙醇溶液。

6. 5. 2. 2. 2　乙缩醛标准溶液：称取乙缩醛（色谱纯）268. 6 mg，用 40% 乙醇（无醛）溶液准确稀释定容至 1 000 mL，该溶液折合成乙醛总含量为 100 mg/L。

6. 5. 2. 2. 3　硫酸标准溶液［$c$（$1/2H_2SO_4$）=3 mol/L］：按 GB/T 601 配制。

6. 5. 2. 2. 4　品红 - 亚硫酸溶液：

a）称取 300 mg 结晶品红于研钵中研细，然后加入 95% 乙醇 100 mL，快速溶解直至全溶。

b）于 250 mL 容量瓶中加入 9 g 偏重亚硫酸钾和 100 mL 水使之溶解，再加入上述刚配制好的品红乙醇溶液 30 mL 和 55 mL 硫酸标准溶液（6. 6. 2. 2. 3），混合，冷却至室温，补充水至刻度，摇匀。该溶液放置过夜至完全褪色，并有强烈的二氧化硫气味。贮于棕色瓶中，置于暗处保存。

6. 5. 2. 3　分析步骤

6. 5. 2. 3. 1　绘制标准曲线

吸取 0. 00 mL、0. 50 mL、1. 00 mL、1. 50 mL、2. 00 mL 乙缩醛标准溶液（相当于含 0 mg、0. 5 mg、1. 0 mg、1. 5 mg、2. 0 mg 乙醛）分别于 25 mL 具塞比色管中，用 40% 乙醇溶液补充至 10 mL。分别加入 2. 50 mL 品红 - 亚硫酸溶液。于室温下放置 20 min 后，于波长 560 nm 下，用 0 管调仪器的零点与不含乙缩醛的对照管（0 管）相比较测定吸光度，绘制标准曲线。

注：标准曲线需每天做。

6. 5. 2. 3. 2　样品测定

另取三支 25 mL 具塞比色管，分别加入 2. 00 mL、5. 00 mL、10. 0 mL 试样液（6. 2. 1. 3），用 40% 乙醇溶液补充至 10. 0 mL。分别加入 2. 50 mL 品红 - 亚硫酸溶液，于室温下放置 20 min 后，于波长 560 nm下，同时测定其吸光度，在标准曲线上查出乙醛含量。或使用线性回归方程计算其含量。

结果以每升 100% 乙醇中醛类（以乙醛计）的克数表示。

6. 5. 2. 4　精密度

在重复性条件下获得的两次独立测定结果的绝对差值，不应超过平均值的 5%。

### 6. 6　糠醛（气相色谱法）

6. 6. 1　原理

同 6. 5. 1. 1。

6. 6. 2　仪器

同 6. 5. 1. 2。

6. 6. 3　试剂和溶液

6. 6. 3. 1　40% 乙醇溶液：同 6. 5. 1. 3. 1。

6. 6. 3. 2　4 - 甲基 2 - 戊醇溶液（2%）：同 6. 5. 1. 3. 2。

6. 6. 3. 3　糠醛溶液（2%）：作标样用。吸取糠醛（色谱纯）2 mL，用 40% 乙醇溶液定容至 100 mL。

6. 6. 4　色谱条件

同 6. 5. 1. 4。

6. 6. 5　分析步骤

同 6. 5. 1. 5。

6. 6. 6　结果计算

同 6. 5. 1. 6。

6.6.7 精密度

同6.5.1.7。

## 6.7 高级醇（气相色谱法）

6.7.1 原理

同6.5.1.1。

6.7.2 仪器

同6.5.1.2。

6.7.3 试剂和溶液

6.7.3.1 40%乙醇溶液：同6.5.1.3.1。

6.7.3.2 正丙醇溶液（2%）：作标样用。吸取正丙醇（色谱纯）2 mL，用40%乙醇溶液定容至100 mL。

6.7.3.3 仲丁醇（2－丁醇）溶液（2%）：作标样用。吸取仲丁醇（2－丁醇）（色谱纯）2 mL，用40%乙醇溶液定容至100 mL。

6.7.3.4 异丁醇溶液（2%）：作标样用。吸取异丁醇（色谱纯）2 mL，用40%乙醇溶液定容至100 mL。

6.7.3.5 烯丙醇溶液（2%）：作标样用。吸取烯丙醇（色谱纯）2 mL，用40%乙醇溶液定容至100 mL。

6.7.3.6 正丁醇溶液（2%）：作标样用。吸取正丁醇（色谱纯）2 mL，用40%乙醇溶液定容至100 mL。

6.7.3.7 活性戊醇（2－甲基1－丁醇）溶液（2%）：作标样用。吸取活性戊醇（2－甲基1－丁醇）（色谱纯）2 mL，用40%乙醇溶液定容至100 mL。

6.7.3.8 异戊醇（3－甲基1－丁醇）溶液（2%）：作标样用。吸取异戊醇（3－甲基1－丁醇）（色谱纯）2 mL，用40%乙醇溶液定容至100 mL。

6.7.3.9 4－甲基2－戊醇溶液（2%）：作内标用。吸取4－甲基2－戊醇（色谱纯）2 mL，用40%乙醇溶液定容至100 mL。

6.7.4 色谱条件

同6.5.1.4。

6.7.5 分析步骤

6.7.5.1 校正因子（*f*值）的测定

分别吸取各种组分（高级醇）标准溶液（6.7.3.2～6.7.3.8）1.00 mL，移入100 mL容量瓶中，然后加入4－甲基2－戊醇溶液（6.7.3.9）1.00 mL，用40%乙醇溶液稀释至刻度。该溶液中各种组分（高级醇）和4－甲基2－戊醇的浓度均为0.02%。待色谱仪基线稳定后，用微量注射器进样，进样量随仪器的灵敏度而定。记录酒中各种组分和4－甲基2－戊醇峰的保留时间及其峰面积（或峰高），用某一组分的峰面积（或峰高）和内标峰面积（或峰高）之比值，计算出该组分的相对校正因子（*f*值）。

6.7.5.2 试样液的测定

用10 mL容量瓶直接取酒样10.0 mL，加入4－甲基2－戊醇溶液（6.7.3.9）0.10 mL，混匀后，在与*f*值测定相同的条件下进样，根据保留时间确定各种组分和内标峰的位置，测定并求出各种组分与内标峰面积（或峰高）之比值，计算出酒样中各种组分的含量。

6.7.6　结果计算

a）校正因子（$f$值）按式（16）计算。

$$f = \frac{A_1}{A_2} \times \frac{d_2}{d_1} \quad \cdots\cdots (16)$$

b）样品中某一组分的含量按式（17）计算。

$$X_1 = f \times \frac{A_3}{A_4} \times X_3 \times 1\,000 \quad \cdots\cdots (17)$$

c）每升100%乙醇中某一组分含量按式（18）计算。

$$X_2 = \frac{X_1 \times 100}{E} \quad \cdots\cdots (18)$$

d）每升100%乙醇中高级醇的含量（g/L）按式（19）计算。

高级醇含量＝正丙醇含量＋2－丁醇含量＋异丁醇含量＋烯丙醇含量＋正丁醇含量＋2－甲基1－丁醇含量＋3－甲基1－丁醇含量 ……（19）

式中：

$f$——某一组分的相对校正因子；

$A_1$——标样$f$值测定时内标的峰面积（或峰高）；

$A_2$——标样$f$值测定时某一组分的峰面积（或峰高）；

$d_2$——某一组分的相对密度；

$d_1$——内标物的相对密度；

$X_1$——样品中某一组分的含量，单位为克每升（g/L）；

$A_3$——样品中某一组分的峰面积（或峰高）；

$A_4$——添加于酒样中内标的峰面积（或峰高）；

$X_3$——内标（添加在酒样中）的含量，单位为毫克每升（mg/L）；

$X_2$——样品中每升100%乙醇中某一组分的含量，单位为克每升（g/L）；

$E$——样品的实测酒精度。

所得结果表示至三位小数。

6.7.7　精密度

在重复性条件下获得的两次独立测定结果的绝对差值，不应超过平均值的10%。

### 6.8　铜

按GB/T 5009.13进行测定。

## 7　检验规则

### 7.1　组批

每班灌装生产的、同一类别、同一品质、规格相同且经包装出厂的产品为一批。

### 7.2　抽样

7.2.1　按表3抽取样本（箱），从每箱任意位置抽取样本（瓶）。单件包装净含量小于500 mL，总取样量不足 1 500 mL 时，可按比例增加抽样量。

表 3　　抽样表

| 批量范围/箱 | 样本数/箱 | 单位样本数/瓶 |
|---|---|---|
| <50 | 3 | 3 |
| 51～1 200 | 5 | 2 |
| 1 201～35 000 | 8 | 1 |
| >35 001 | 13 | 1 |

7.2.2　采样后应立即贴上标签，注明：样品名称、品种规格、数量、制造者名称、采样时间与地点、采样人。将两瓶样品封存，保留两个月备查。其他样品立即送化验室，进行感官、理化和卫生等指标的检验。

### 7.3　检验分类

7.3.1　出厂检验

7.3.1.1　产品出厂前，应由生产厂的质量监督检验部门按本标准规定逐批进行检验，检验合格，并附上质量合格证明的，方可出厂。产品质量检验合格证明（合格证）可以放在包装箱内，或放在独立的包装盒内，也可以在标签上或包装箱外打印“合格”或“检验合格”字样。

7.3.1.2　检验项目：感官要求、酒精度、非酒精挥发物总量、铜、甲醇。

7.3.2　型式检验

7.3.2.1　检验项目：本标准中全部要求项目。

7.3.2.2　一般情况下，同一类产品的型式检验每半年进行一次，有下列情况之一者，亦应进行型式检验：

a）原辅材料有较大变化时；

b）更改关键工艺或设备时；

c）新试制的产品或正常生产的产品停产 3 个月后，重新恢复生产时；

d）出厂检验与上次型式检验结果有较大差异时；

e）国家质量监督检验机构按有关规定需要抽检时。

### 7.4　判定规则

7.4.1　检验结果有不超过两项指标不符合相应的产品标准要求时，应重新自同批产品中抽取两倍量样品进行复检，以复检结果为准。

7.4.2　若复检结果中仍有一项（或一项以上）不合格时，则判整批产品为不合格。

7.4.3　当供需双方对检验结果有异议时，可由有关各方协商解决，或委托有关单位进行仲裁检验，以仲裁检验结果为准。

## 8　标志、包装、运输和贮存

### 8.1　标志

8.1.1　预包装白兰地产品标签应符合 GB 10344 的有关规定，生产企业宜标注产品的具体类型。

8.1.2 外包装纸箱上除标明产品名称、制造者名称和地址外，还应标明单位包装的净含量和总数量。

8.1.3 包装储运图示标志应符合 GB/T 191 的要求。

## 8.2 包装

8.2.1 包装材料应符合食品卫生要求。

8.2.2 包装容器应瓶体端正、清洁，封装严密，无漏酒现象。

8.2.3 外包装应使用合格的包装材料，箱内要有防震、防撞的间隔材料，并符合相应的标准。

## 8.3 运输和贮存

8.3.1 用软木塞（或替代品）封装的酒，在贮运时应“倒放”或“卧放”。

8.3.2 运输和贮存时应保持清洁，避免强烈振荡、日晒、雨淋，防止冰冻，装卸时应轻拿轻放。

8.3.3 存放地点应阴凉、干燥、通风良好，严防日晒、雨淋，严禁火种。

8.3.4 成品不得与潮湿地面直接接触，不得与有毒、有害、有异味、有腐蚀性物品同贮同运。

8.3.5 运输温度宜保持在 5 ℃～35 ℃，贮存温度宜保持在 5 ℃～25 ℃。

ICS 67.160.10
X 61

GB

# 中 华 人 民 共 和 国 国 家 标 准

GB/T 25504—2010

# 冰葡萄酒

Icewines

2011-01-10 发布　　2011-09-01 实施

中华人民共和国国家质量监督检验检疫总局
中国国家标准化管理委员会　发布

# 前 言

本标准由全国食品工业标准化技术委员会提出。

本标准由全国酿酒标准化技术委员会归口。

本标准起草单位：中国食品发酵工业研究院、中国农业大学葡萄酒科技发展中心、烟台张裕葡萄酿酒股份有限公司、中法合营王朝葡萄酿酒有限公司、辽宁张裕冰酒酒庄有限公司、辽宁省本溪市质量技术监督局、辽宁省本溪市桓仁县质量技术监督局。

本标准主要起草人：郭新光、黄卫东、李记明、张春娅、郑继成、樊希武、于臣业。

# 冰葡萄酒

## 1 范围

本标准规定了冰葡萄酒的术语和定义、要求、分析方法、检验规则、标签标识和包装、运输、贮存。

本标准适用于冰葡萄酒的生产、检验和销售。

## 2 规范性引用文件

下列文件对于本文件的应用是必不可少的。凡是注日期的引用文件，仅注日期的版本适用于本文件。凡是不注日期的引用文件，其最新版本（包括所有的修改单）适用于本文件。

GB/T 191 包装储运图示标志（GB/T 191—2008，ISO 780：1997，MOD）

GB 2758 发酵酒卫生标准

GB 10344 预包装饮料酒标签通则

GB 15037 葡萄酒

GB/T 15038 葡萄酒、果酒通用分析方法

## 3 术语和定义

下列术语和定义适用于本文件。

### 3.1 冰葡萄酒 icewines

将葡萄推迟采收，当气温低于 -7 ℃使葡萄在树枝上保持一定时间，结冰，采收，在结冰状态下压榨，发酵，酿制而成的葡萄酒（在生产过程中不允许外加糖源）。

## 4 产品分类

按颜色分为红冰葡萄酒和白冰葡萄酒。

注：白冰葡萄酒可简称冰葡萄酒。

## 5 要求

### 5.1 感官要求

应符合表 1 的规定。

表 1 感官要求

| 项 目 | 要 求 | |
|---|---|---|
| | 白冰葡萄酒 | 红冰葡萄酒 |
| 色泽 | 浅黄色或金黄色 | 棕红色或宝石红色 |
| 澄清度 | 澄清，有光泽，无明显悬浮物（使用软木塞封口的酒允许有少量软木渣，装瓶超过 1 年的葡萄酒允许有少量沉淀） | |
| 香气 | 具有纯正、丰富、优雅、怡悦、和谐的干果香、蜜香与酒香，品种香气突出，陈酿型的冰葡萄酒还应具有陈酿香或橡木香 | |
| 口味 | 圆润丰满、酸甜适口、柔和协调 | |
| 风格 | 典型性突出、明确 | |

### 5.2 理化要求

应符合表 2 的规定。

表 2 理化要求

| 项 目 | | | 要 求 |
|---|---|---|---|
| 酒精度[a]/（% vol） | | | 9.0～14.0 |
| 总糖（以葡萄糖计）/（g/L） | | ≥ | 125.0 |
| 干浸出物/（g/L） | | ≥ | 30 |
| 蔗糖/（g/L） | | ≤ | 10 |
| 挥发酸（以乙酸计）/（g/L） | | ≤ | 2.1 |
| 铁/（mg/L） | | ≤ | 应符合 GB 15037 的规定 |
| 铜/（mg/L） | | ≤ | |
| 甲醇 | 白冰葡萄酒/（mg/L） | ≤ | |
| | 红冰葡萄酒/（mg/L） | ≤ | |

[a] 酒精度标签标示值与实测值之差不得超过 ±1.0% vol。

### 5.3 卫生指标

应符合 GB 2758 的规定。

## 6 分析方法

### 6.1 感官要求

按 GB/T 15038 检验。

### 6.2 理化要求

6.2.1 酒精度、总糖、干浸出物、挥发酸、铁、铜、甲醇

酒精度、总糖、干浸出物、挥发酸、铁、铜、甲醇按 GB/T 15038 检验。

6.2.2 蔗糖

6.2.2.1 原理

蔗糖随流动相进入色谱柱，由于蔗糖和其他糖在色谱柱上保留程度不同，达到分离蔗糖与其他各种糖的目的，再通过示差检测器进行检测，通过外标法对样品进行定量测定。

6.2.2.2 仪器和材料

6.2.2.2.1 高效液相色谱仪（配有示差折光检测器和柱恒温系统）。

6.2.2.2.2 色谱柱：氨基键合柱，填料粒径：5 μm；柱尺寸：ϕ4.6 mm × 250 mm 或分析效果相类似的其他色谱柱。

6.2.2.2.3 流动相真空抽滤脱气装置及 0.2 μm 或 0.45 μm 微孔膜。

6.2.2.2.4 分析天平：精度 0.1 mg。

6.2.2.2.5 微量进样器：10 μL。

6.2.2.3 试剂和溶液

6.2.2.3.1 乙腈：色谱纯。

6.2.2.3.2 水：二次蒸馏水或超纯水。

6.2.2.3.3 蔗糖标准品：纯度应为 95% 以上，用蔗糖标准品在 0.1 mg/mL ~ 1.0 mg/mL 范围内配制 5 个不同浓度的标准液系列。

6.2.2.4 分析步骤

6.2.2.4.1 样液的制备

将试样稀释 10 倍，经 0.45 μm 过滤，待测。

6.2.2.4.2 色谱条件

流动相为乙腈：水 = 80：20（体积比）。在测定的前一天接通示差折光检测器电源，预热稳定，安上色谱柱，调柱温至 35 ℃，以 0.1 mL/min 的流速通入流动相平衡过夜。正式进样分析前，将所用流动相输入参比池 20 min 以上，再恢复正常流路使流动相经过样品池，调节流速至 1.0 mL/min，走基线，待基线走稳后即可进样，进样量为 5 μL ~ 10 μL。

6.2.2.4.3 绘制标准曲线

将蔗糖的标准液系列分别进样后，以标样浓度对峰面积作标准曲线。线性相关系数应为 0.999 0 以上。

6.2.2.4.4　样品的测定

将6.2.2.4.1制备好的试样进样。根据标准品的保留时间定性样品中蔗糖的色谱峰。根据样品的峰面积，以外标法计算蔗糖的含量。

6.2.2.5　结果计算

样品中蔗糖的含量按式（1）计算，数值以%表示。

$$X_1 = \frac{A_i \times \frac{m_s}{V_s}}{A_s \times \frac{m}{V}} \times 100\% \quad \cdots\cdots (1)$$

式中：

$X_1$——样品中蔗糖的含量，%；

$A_i$——样品中蔗糖的峰面积；

$m_s$——标准品中蔗糖的质量，单位为克（g）；

$V_s$——标准样品稀释体积，单位为毫升（mL）；

$A_s$——标准品中蔗糖的峰面积；

$m$——样品的质量，单位为克（g）；

$V$——样品的稀释体积，单位为毫升（mL）。

计算结果保留至整数。

6.2.2.6　精密度

在重复性条件下获得的两次独立测定结果的绝对差值应不超过算术平均值的1%。

## 7　检验规则

### 7.1　组批

同一生产期内所生产的、同一类别、同一品质、且经包装出厂的、规格相同的产品为同一批。

### 7.2　抽样

7.2.1　在成品库内随机抽样，抽样单位以瓶计。

7.2.2　每批抽样独立包装不应少于6瓶（总数不少于1 500 mL）。

7.2.3　采样后应立即贴上标签，注明：样品名称、品种规格、数量、制造者名称、采样时间与地点、采样人。将两瓶样品封存，保留两个月备查。其他样品立即送化验室，进行感官、理化和卫生等指标的检验。

### 7.3　检验分类

7.3.1　出厂检验

7.3.1.1　产品出厂前，应由生产厂的质量监督检验部门按本标准规定逐批进行检验，检验合格，并附上质量合格证明的，方可出厂。产品质量检验合格证明（合格证）可以放在包装箱内，或放在独立的包装盒内，也可以在标签上打印“合格”或“检验合格”字样。

7.3.1.2　检验项目：感官、酒精度、总糖、干浸出物、蔗糖、挥发酸、净含量、总二氧化硫、菌落总数。

7.3.2　型式检验

7.3.2.1　检验项目：本标准中全部要求项目。

7.3.2.2　同一类产品的型式检验每年至少进行一次，有下列情况之一者，亦应进行：

a）原辅材料有较大变化时；

b）更改关键工艺或设备时；

c）新试制的产品或正常生产的产品停产3个月后，重新恢复生产时；

d）出厂检验与上次型式检验结果有较大差异时；

e）国家质量监督检验机构按有关规定需要抽检时。

### 7.4　判定规则

7.4.1　出厂检验项目全部符合标准，判定为合格。

7.4.2　出厂检验项目如有一项或一项以上不合格时，应重新自同批产品中抽取两倍量样品进行复检，复检结果如仍不符合标准，判该批产品为不合格。

7.4.3　形式检验项目全部符合标准，判定为合格。

7.4.4　形式检验项目如有一项或一项以上不合格时，可取备样进行复检，复检结果如仍不符合标准，判该批产品为不合格。

## 8　标签标识

8.1　预包装冰葡萄酒标签除按GB 10344的规定外，还宜标示含糖量。

8.2　外包装纸箱上除标明产品名称、制造者（或经销商）名称和地址外，还应标明单位包装的净含量和总数量。

8.3　包装储运图示标识应符合GB/T 191的要求。

## 9　包装、运输、贮存

### 9.1　包装

9.1.1　包装材料应符合食品卫生要求。

9.1.2　包装容器应清洁，封装严密，无漏酒现象。

9.1.3　外包装应使用合格的包装材料，并符合相应的标准。

9.1.4　运输、贮存

9.1.5　用软木塞封装的酒，在贮运时应“倒放”或“卧放”。

9.1.6　运输和贮存时应保持清洁，避免强烈振荡、日晒、雨淋，防止冰冻，装卸时应轻拿轻放。

9.1.7　存放地点应阴凉、干燥、通风良好；严防日晒、雨淋；严禁火种。

9.1.8　成品不得与潮湿地面直接接触；不得与有毒、有害、有异味、有腐蚀性物品同贮同运。

9.1.9　运输温度宜保待在5 ℃ ~35 ℃；贮存温度宜保持在5 ℃ ~25 ℃。

ICS 67. 160. 10
X 62

# 中 华 人 民 共 和 国 国 家 标 准

GB/T 27586—2011

# 山葡萄酒

*Vitis amurensis* wines

2011 - 12 - 05 发布　　2012 - 06 - 01 实施

中华人民共和国国家质量监督检验检疫总局
中国国家标准化管理委员会　发布

# 前　言

本标准按照 GB/T 1.1—2009 给出的规则起草。

本标准由中国轻工业联合会提出。

本标准由全国酿酒标准化技术委员会（SAC/TC 471）归口。

本标准起草单位：中国食品发酵工业研究院、国家果酒及果蔬饮品质量监督检验中心、长白山酒业集团有限公司、通化葡萄酒股份有限公司、广西中天领御酒业有限公司、吉林天池葡萄酒有限公司、通化通天酒业有限公司。

本标准主要起草人：熊正河、郭新光、姜自军、张传海、王军、陈华鹏、白玉龙、纪春花、于江深、张蔚、刘同洁、闫玉亮、国凤华、罗炳初、姚中哲、王丽君。

# 山葡萄酒

## 1　范围

本标准规定了山葡萄酒的术语和定义、要求、分析方法、检验规则和标志、包装、运输、贮存。

本标准适用于山葡萄酒的生产、检验和销售。

## 2　规范性引用文件

下列文件中对于本文件的应用是必不可少的。凡是注日期的引用文件，仅注日期的版本适用于本文件。凡是不注日期的引用文件，其最新版本（包括所有的修改单）适用于本文件。

GB/T 191　包装储运图示标志

GB 2758　发酵酒卫生标准

GB/T 5009.49　发酵酒及其配制酒卫生标准的分析方法

GB 15037—2006　葡萄酒

GB/T 15038　葡萄酒、果酒通用分析方法

## 3　术语和定义

GB 15037—2006 界定的以及下列术语和定义适用于本文件。

### 3.1　山葡萄酒　*Vitis amurensis* wines

采用鲜山葡萄（包括毛葡萄、刺葡萄、秋葡萄等野生葡萄、家植山葡萄及其杂交品种）或山葡萄汁经过全部或部分发酵酿制而成的葡萄酒。

注：改写 GB 15037—2006，定义 3.2.9。

### 3.2 特种山葡萄酒 special *V. amurensis* wines

用山葡萄或山葡萄汁在采摘或酿造工艺中使用特定方法酿制而成的山葡萄酒。

3.2.1 加香山葡萄酒 flavoured *V. amurensis* wines

以山葡萄酒为酒基，经浸泡芳香植物或加入芳香植物的浸出液（或馏出液）而制成的山葡萄酒。

3.2.2 利口山葡萄酒 liqueur *V. amurensis* wines

由山葡萄生成总酒精度为7 %（体积分数）以上的山葡萄酒中，加入葡萄白兰地、食用酒精或葡萄酒精以及葡萄汁、浓缩葡萄汁、含焦糖葡萄汁、白砂糖等，使其终产品酒精度为15.0% ~22.0 %（体积分数）的山葡萄酒。

3.2.3 低醇山葡萄酒 low alcohol *V. amurensis* wines

采用鲜山葡萄或山葡萄汁经全部或部分发酵，采用特种工艺加工而成的、酒精度为1.0% ~7.0%（体积分数）的山葡萄酒。

3.2.4 脱醇山葡萄酒 non – alcohol *V. amurensis* wines

采用鲜山葡萄或山葡萄汁经全部或部分发酵，采用特种工艺加工而成的、酒精度为0.5% ~ 1.0%（体积分数）的山葡萄酒。

## 4 产品分类

### 4.1 按色泽分类

4.1.1 白山葡萄酒。

4.1.2 桃红山葡萄酒。

4.1.3 红山葡萄酒。

### 4.2 按含糖量分类

4.2.1 干山葡萄酒。

4.2.2 半干山葡萄酒。

4.2.3 半甜山葡萄酒。

4.2.4 甜山葡萄酒。

### 4.3 按二氧化碳含量分类

4.3.1 平静山葡萄酒。

4.3.2 山葡萄汽酒。

## 5 要求

### 5.1 感官要求[1)]

应符合表1的规定。

---

[1)] 特种山葡萄酒按相应的产品标准执行。

**表 1　　感官要求**

| 项　目 | | | 要　求 |
|---|---|---|---|
| 外观 | 色泽 | 白山葡萄酒 | 近似无色、微黄带绿、浅黄、禾杆黄、金黄色 |
| | | 红山葡萄酒 | 紫红、深红、宝石红、浅红微带棕色 |
| | | 桃红山葡萄酒 | 桃红、淡玫瑰红、浅红色 |
| | | 加香山葡萄酒 | 深红、棕红、宝石红、浅红、金黄色 |
| 外观 | 澄清程度 | | 澄清，有光泽，无明显悬浮物（使用软木塞封口的酒允许有少量软木渣，装瓶超过 1 年的山葡萄酒允许有少量沉淀） |
| | 起泡程度 | | 山葡萄汽酒注入杯中时，应有细微的串珠状气泡升起，并有一定的持续性 |
| 香气与滋味 | 香气 | | 具有纯正、优雅、怡悦、和谐的果香与酒香，陈酿型的山葡萄酒还应具有陈酿香或橡木香；加香山葡萄酒应具有和谐的芳香植物香与山葡萄酒香 |
| | 滋味 | 干、半干山葡萄酒 | 具有纯正、优雅、爽怡的口味和悦人的果香味，酒体完整 |
| | | 半甜、甜山葡萄酒 | 具有甘甜醇厚的口味，酸甜协调，酒体丰满 |
| | | 山葡萄汽酒 | 具有优美醇正、和谐悦人的口味和起泡酒的特有香味，有杀口力 |
| | | 加香山葡萄酒 | 具有醇厚、爽舒的口味和协调的芳香植物香味，酒体丰满 |
| 典型性 | | | 具有标示产品类型应有的特征和风格 |

## 5.2　理化要求[2)]

应符合表 2 的规定。

**表 2　　理化要求**

| 项　目 | | 要　求 | |
|---|---|---|---|
| | | 优级 | 一级 |
| 酒精度[a]（20 ℃ 体积分数）/% | | ≥7.0 | |
| 总糖（以葡萄糖计）/（g/L） | 干山葡萄酒[b] | ≤4.0 | |
| | 半干山葡萄酒[c] | 4.1～12.0 | |
| | 半甜山葡萄酒 | 12.1～50.0 | |
| | 半甜山葡萄汽酒 | 20.1～50.0 | |
| | 甜山葡萄酒 | ≥50.1 | |
| 干浸出物[d]（g/L） | | ≥15.0 | ≥12.0 |
| 挥发酸（以乙酸计）/（g/L） | | ≤1.1 | |
| 柠檬酸/（g/L） | 干、半干、半甜山葡萄酒 | ≤1.0 | |
| | 甜山葡萄酒 | ≤2.0 | |
| 二氧化碳（20 ℃）/MPa | 山葡萄汽酒 | ≥0.05 | |

注：总酸不作要求，以实测值表示（以酒石酸计，g/L）。

（续表）

| 项 目 | 要 求 | |
|---|---|---|
| | 优级 | 一级 |

[a] 酒精度标签标示值与实测值不得超过 ±1.0%（体积分数）。
[b] 当总糖与总酸（以酒石酸计）的差值小于或等于 2.0 g/L 时，含糖最高为 9.0 g/L。
[c] 当总糖与总酸（以酒石酸计）的差值小于或等于 2.0 g/L 时，含糖最高为 18.0 g/L。
[d] 山葡萄汽酒干浸出物≥12.0 g/L。

### 5.3 卫生指标

应符合 GB 2758 的规定。

## 6 分析方法

### 6.1 感官要求

按 GB/T 15038 检验。

### 6.2 理化要求

酒精度、总糖、干浸出物、挥发酸、柠檬酸、二氧化碳按 GB/T 15038 检验。

### 6.3 卫生指标

按 GB/T 5009.49 检验。

## 7 检验规则

### 7.1 组批

同一生产期内所生产的、同一类别、同一品质、且经包装出厂的、规格相同的产品为同一批。

### 7.2 抽样

7.2.1 按表 3 抽取样本，单件包装净含量小于 500 mL，总取样量不足 1500 mL 时，可按比例增加抽样量。

**表 3　抽样表**

| 批量范围/箱 | 样本数/箱 | 单位样本数/瓶 |
|---|---|---|
| <50 | 3 | 3 |
| 51～1 200 | 5 | 2 |
| 1 201～3 500 | 8 | 1 |
| 3 501 以上 | 13 | 1 |

2) 特种山葡萄酒按相应的产品标准执行。

7.2.2 采样后应立即贴上标签，注明：样品名称、品种规格、数量、制造者名称、采样时间与地点、采样人。将两瓶样品封存，保留两个月备查。其他样品立即送化验室，进行感官、理化和卫生等指标的检验。

### 7.3 检验分类

7.3.1 出厂检验

7.3.1.1 产品出厂前，应由生产厂的质量监督检验部门按本标准规定逐批进行检验，检验合格，并附上质量合格证明的，方可出厂。产品质量检验合格证明（合格证）可以放在包装箱内，或放在独立的包装盒内，也可以在标签上打印“合格”或“检验合格”字样。

7.3.1.2 检验项目：感官要求、酒精度、总糖、干浸出物、挥发酸、二氧化碳、总二氧化硫。

7.3.2 型式检验

7.3.2.1 检验项目：本标准中全部要求项目。

7.3.2.2 同一类产品的型式检验每年至少进行一次，有下列情况之一者，亦应进行：

a）原辅材料有较大变化时；

b）更改关键工艺或设备时；

c）新试制的产品或正常生产的产品停产 3 个月后，重新恢复生产时；

d）出厂检验与上次型式检验结果有较大差异时；

e）国家质量监督检验机构按有关规定需要抽检时。

### 7.4 判定规则

7.4.1 不合格分类

7.4.1.1 A 类不合格：感官要求、酒精度、干浸出物、挥发酸、总二氧化硫、柠檬酸、标签、净含量、卫生要求。

7.4.1.2 B 类不合格：总糖、二氧化碳。

7.4.2 结果判定

7.2.1.1 检验结果有两项以下（含两项）不合格项目时，应重新自同批产品中抽取两倍量样品对不合格项目进行复检，以复检结果为准。

7.2.1.2 复检结果中如有以下三种情况之一时，则判该批产品不合格。

——一项以上 A 类不合格；

——一项 B 类超过规定值的 50 % 以上；

——两项 B 类不合格。

## 8 标志

**8.1** 预包装山葡萄酒标签按相应标准执行，并按含糖量标注产品类型（或含糖量）。

**8.2** 外包装纸箱上除标明产品名称、制造者（或经销商）名称和地址外，还应标明单位包装的净含量和总数量。

**8.3** 包装储运图示标志应符合 GB/T 191 的要求。

## 9 包装、运输和贮存

### 9.1 包装

9.1.1 包装材料应符合食品卫生要求。

9.1.2 包装容器应清洁，封装严密，无漏酒现象。

9.1.3 外包装应使用合格的包装材料，并符合相应的标准。

### 9.2 运输和贮存

9.2.1 用软木塞封装的酒，在贮运时应“倒放”或“卧放”。

9.2.2 运输和贮存时应保持清洁，避免强烈振荡、日晒、雨淋，防止冰冻，装卸时应轻拿轻放。

9.2.3 存放地点应阴凉、干燥、通风良好；严防日晒、雨淋；严禁火种。

9.2.4 成品不得与潮湿地面直接接触；不得与有毒、有害、有异味、有腐蚀性物品同贮同运。

9.2.5 运输温度宜保持在 5 ℃ ~35 ℃；贮存温度宜保持在 5 ℃ ~25 ℃。

ICS 67.160.10
X 62

# GB

# 中华人民共和国国家标准

GB/T 32783—2016

# 蓝莓酒

Blueberry wine

2016-06-14 发布 2016-10-01 实施

中华人民共和国国家质量监督检验检疫总局
中国国家标准化管理委员会 发布

# 前　言

本标准按照 GB/T 1.1—2009 给出的规则起草。

本标准由中国轻工业联合会提出。

本标准由全国酿酒标准化技术委员会（SAC/TC 471）归口。

本标准起草单位：黑龙江越橘庄园生物科技有限公司、青岛紫斐蓝莓研究有限公司、伊春市质量技术监督局、青岛玛丽酒业有限公司、中国酒业协会果露酒分会、中国食品发酵工业研究院、中国农业大学、伊春市忠芝大山王酒业有限公司、伊春市蓝韵森林食品有限公司、佳沃（青岛）食品有限公司、大兴安岭北极冰蓝莓酒庄有限公司、云南万家欢食品集团有限公司。

本标准主要起草人：王晓辉、李龙吉、董辉、徐鹏程、刘华爱、王祖明、宋全厚、战吉宬、谢忠民、邹立群、李洪波、于浩森、陈勇、王林、唐海涛、刘荣德、冷启成、高红波、刘雪平、王志华、张百灵、王白羽、孟镇、刘传贺、郭新光、王德成。

# 蓝莓酒

## 1　范围

本标准规定了蓝莓酒及蓝莓果酒的术语和定义、产品分类、要求、分析方法、检验规则和标志、包装、运输、贮存。

本标准适用于蓝莓酒及蓝莓果酒。

## 2　规范性引用文件

下列文件对于本文件的应用是必不可少的。凡是注日期的引用文件，仅注日期的版本适用于本文件。凡是不注日期的引用文件，其最新版本（包括所有的修改单）适用于本文件。

GB/T 191　包装储运图示标志

GB/T 601　化学试剂　标准滴定溶液的制备

GB 2758　食品安全国家标准　发酵酒及其配制酒

GB/T 6682　分析实验室用水规格和试验方法

GB 7718　食品安全国家标准　预包装食品标签通则

GB/T 15038　葡萄酒、果酒通用分析方法

JJF 1070　定量包装商品净含量计量检验规则

国家质量监督检验检疫总局〔2005〕第 75 号令　定量包装商品计量监督管理办法

## 3 术语和定义

下列术语和定义适用于本文件。

### 3.1 蓝莓酒 blueberry wine

以蓝莓或蓝莓汁为原料（加糖或不加糖），经全部或部分发酵酿制而成的发酵酒。

### 3.2 蓝莓果酒 blueberry fruit wine

以蓝莓酒和其他果酒（发酵型）调配而成的产品，其中蓝莓酒比例不低于60%（体积分数）。

### 3.3 蓝莓冰酒 ice blueberry wine

在蓝莓酒生产过程中采用冷冻浓缩工艺生产的产品。

## 4 产品分类

按含糖量分为：干型、半干型、半甜型和甜型。

## 5 技术要求

### 5.1 感官要求

应符合表1的要求。

**表1 感官要求**

<table>
<tr><th colspan="3">项 目</th><th>要 求</th></tr>
<tr><td rowspan="2">外观</td><td colspan="2">色泽</td><td>紫红色、宝石红色、砖红色</td></tr>
<tr><td colspan="2">澄清程度</td><td>澄清，有光泽，无明显悬浮物及沉淀（使用软木塞封口的酒允许有少量软木渣，装瓶超过六个月的蓝莓酒允许有少量沉淀）</td></tr>
<tr><td rowspan="3">香气与滋味</td><td colspan="2">香气</td><td>具有蓝莓品种的香气和酒香</td></tr>
<tr><td rowspan="2">滋味</td><td>干型、半干型</td><td>纯正，优雅，爽净，果香、酒香协调，酒体完整</td></tr>
<tr><td>半甜型、甜</td><td>纯正，圆润，酸甜适口，果香突出，酒体完整</td></tr>
<tr><td colspan="3">典型性</td><td>具有蓝莓品种和产品类型应有的特征和风格</td></tr>
</table>

### 5.2 理化要求

应符合表2的要求。

表 2　　理化指标

| 项　目 | | 要　求 |
|---|---|---|
| 酒精度[a]（20 ℃）（体积分数）/% | | ≥5.0 |
| 总糖（以葡萄糖计）/（g/L） | 干型 | ≤12.0 |
| | 半干型 | 12.1～18.0 |
| | 半甜型 | 18.1～45.0 |
| | 甜型 | ≥15.1 |
| 干浸出物/（g/L） | 蓝莓酒和蓝莓果酒 | ≥16.0 |
| | 蓝莓冰酒 | ≥20.0 |
| 挥发酸（以乙酸计）/（g/L） | | ≤1.2 |
| 总酸（以柠檬酸计）/（g/L） | | ≥4.0 |

[a] 酒精度标签标示值与实测值不得超过 ±1.0%（体积分数）。

### 5.3　食品安全要求

应符合相应食品安全国家标准的规定。

### 5.4　净含量

按《定量包装商品计量监督管理办法》执行。

## 6　分析方法

### 6.1　感官要求

按 GB/T 15038 执行。

### 6.2　理化要求

酒精度、总糖、干浸出物、挥发酸按 GB/T 15038 规定执行，总酸按附录 A 规定执行。

### 6.3　净含量

按 JJF 1070 执行。

### 6.4　其他分析项目

企业对蓝莓酒质量自控或有特殊要求，可参照附录 B 和附录 C 执行。

## 7　检验规则

产品出厂检验应符合《食品安全法》的规定，并按照以下要求执行。

### 7.1 组批

同一生产期内所生产的、同一类别、同一品质、且经包装出厂的、规格相同的产品为同一批。

### 7.2 抽样

7.2.1 按表3抽取样本，单件包装净含量小于500 mL，总取样量不足1 500 mL时，可按比例增加抽样量。

**表3** **抽样表**

| 批量范围/箱 | 样本数/箱 | 单位样本数/瓶 |
|---|---|---|
| <50 | 3 | 3 |
| 51~1 200 | 5 | 2 |
| 1 201~3 500 | 8 | 1 |
| 3 501以上 | 13 | 1 |

7.2.2 采样后应立即贴上标签，注明：样品名称、品种规格、数量、制造者名称、采样时间与地点、采样人。将两瓶样品封存，保留两个月备查。其他样品立即送化验室，进行感官、理化、食品安全和净含量等指标的检验。

### 7.3 检验分类

7.3.1 出厂检验

7.3.1.1 产品出厂前，应由生产厂的质量监督检验部门按本标准规定逐批进行检验，检验合格，并附上质量合格证明，方可出厂。产品质量检验合格证明（合格证）可以放在包装箱内，或放在独立的包装盒内，也可以在标签上或包装箱外打印“合格”或“检验合格”字样。

7.3.1.2 检验项目：感官要求、酒精度、总糖、干浸出物、挥发酸、总酸、净含量。

7.3.2 型式检验

7.3.2.1 检验项目：本标准中全部要求项目。

7.3.2.2 一般情况下，同一类产品的型式检验每半年进行一次，有下列情况之一者，亦应进行：

a）原辅材料有较大变化时；

b）更改关键工艺或设备；

c）新试制的产品或正常生产的产品停产3个月后，重新恢复生产时；

d）出厂检验与上次型式检验结果有较大差异时；

e）国家质量监督检验机构按有关规定需要抽检时。

### 7.4 判定规则

检验结果有两项以下（含两项）不合格项目时，应重新自同批产品中抽取两倍量样品对不合格项目进行复检，以复检结果为准，仍有一项不合格，判该产品不合格。

## 8 标志

8.1 标签按GB 7718和GB 2758中的标签部分执行，并标明产品类型。蓝莓果酒应标注为“蓝莓

××酒”（如蓝莓梨酒）或直接标性为“蓝莓果酒”。

8.2 外包装纸箱上除标明产品名称、制造者（或经销商）名称和地址外，还应标明单位包装的净含量和总数量。

8.3 包装储运图示标志应符合 GB/T 191 要求。

## 9 包装、运输、贮存

### 9.1 包装

9.1.1 包装材料应符合食品卫生要求。与产品直接接触的包装材料还应符合相应的食品安全国家标准规定。

9.1.2 包装容器应清洁，封装严密，无漏酒现象。

9.1.3 外包装应使用合格的包装材料，并符合相应的标准。

### 9.2 运输、贮存

9.2.1 用软木塞（或替代品）封装的酒，在贮运时应“倒放”或“卧放”。

9.2.2 运输和贮存时应保持清洁、避免强烈振荡、日晒、雨淋、防止冰冻，装卸时应轻拿轻放。

9.2.3 存放地点应阴凉、干燥、通风良好；严防日晒、雨淋；严禁火种。

9.2.4 成品不得与潮湿地面直接接触；不得与有毒，有害、有异味、有腐蚀性物品同贮同运。

9.2.5 运输温度宜保持在 5 ℃ ~35 ℃；贮存温度宜保持在 5 ℃ ~25 ℃。

## 附录 A
## （规范性附录）

# 蓝莓酒中总酸的测定方法

### A.1 原理

利用酸碱中和原理，用氢氧化钠标准溶液直接滴定样品中的有机酸，以 pH =8.2 为电位终点，根据消耗氢氧化钠标准滴定溶液的体积，计算试样的总酸含量。

### A.2 试剂和材料

A.2.1 氢氧化钠标准滴定溶液［$c$（NaOH） =0.05 mol/L］：按 GB/T 601 配制与标定并准确稀释。

A.2.2 水，GB/T 6682，三级。

### A.3 仪器

自动电位滴定仪（或酸度计）：精度 0.01pH 对电磁搅拌器。

### A.4 分析步骤

按仪器使用说明书校正仪器。

A.4.1 仪器校正

A.4.2 测定

吸取 10 mL 样品（液温 20 ℃）于 100 mL 烧杯中，加入 50 mL 水，插入电极，放入一枚转子，置于电磁搅拌器上，开始搅拌，用氢氧化钠标准滴定溶液滴定。开始时滴定速度可稍快，当样液 pH = 8.0 后，每次滴加半滴溶液，直至 pH = 8.2 为其终点，记下消耗氢氧化钠标准滴定溶液的体积（$V_1$）。同时做空白试验。

## A.5 结果计算

样品中总酸的含量按式（A.1）计算：

$$X = \frac{c \times (V_1 - V_0) \times 64}{V_2} \quad \cdots\cdots (A.1)$$

式中：

$X$——样品中总酸的含量（以柠檬酸计），单位为克每升（g/L）；

$c$——氢氧化钠标准滴定溶液的浓度，单位为摩尔每升（mol/L）；

$V_0$——空白试验消耗氢氧化钠标准滴定溶液的体积，单位为毫升（mL）；

$V_1$——样品滴定时消耗氢氧化钠标准滴定溶液的体积，单位为毫升（mL）；

$V_2$——吸取样品的体积，单位为毫升（mL）；

64——柠檬酸的摩尔质量，单位为克每摩尔（g/mol）。

所得结果表示至一位小数。

## A.6 精密度

在重复性条件下获得的两次独立测定结果的绝对差值不得超过算术平均值的 3%。

## 附录 B
## （资料性附录）

# 蓝莓酒中有机酸的测定方法——高效液相色谱法

## B.1 原理

有机酸随流动相进入色谱柱，由于其在色谱柱上保留程度不同，达到分离的目的，再通过紫外检测器进行检测，通过外标法对样品进行定量测定。

## B.2 材料与试剂

除另有说明外，所有试剂均为分析纯，水为 GB/T 6682 规定的一级水。

B.2.1 甲醇：色谱纯。

B.2.2 磷酸。

B.2.3 酒石酸、奎宁酸、苹果酸、莽草酸、乳酸、乙酸、柠檬酸、琥珀酸标准品：纯度≥99%。

B.2.4 磷酸水溶液（0.12%，体积分数）：吸取 1.2 mL 磷酸于 1 000 mL 容量瓶中，用水定容至刻度，混匀。

B. 2. 5　流动相：A：取磷酸水溶液（B. 2. 4）980 mL 加入 20 mL 甲醇（B. 2. 1）充分混匀。B：甲醇（B. 2. 1）。

B. 2. 6　有机酸混标储备液（酒石酸、奎宁酸、苹果酸、莽草酸、乳酸、乙酸、柠檬酸、琥珀酸）2 000 mg/L：分别准确称取 0. 200 g 各有机酸标准品，用水溶解稀释，并定容至 100 mL 混匀。0 ℃ ~ 4 ℃低温冰箱保存，一个月内使用。

B. 2. 7　有机酸混标工作液（酒石酸，奎宁酸、苹果酸、莽草酸、乳酸、乙酸、柠檬酸、琥珀酸）：准确吸取有机酸混标储备液（B. 2. 6），用水依次配制 400. 00 mg/L、200. 00 mg/L、100. 00 mg/L、50. 00 mg/L、25. 00 mg/L 的系列标准工作溶液，现配现用。

## B. 3　仪器和设备

B. 3. 1　高效液相色谱仪：配有紫外检测器。

B. 3. 2　真空泵。

B. 3. 3　涡旋混合器。

B. 3. 4　超声波清洗器。

B. 3. 5　分析天平：感量为 0. 1 mg。

B. 3. 6　微孔过滤膜：水系，孔径 0. 45 μm。

## B. 4　分析步骤

B. 4. 1　样品前处理

样品用水稀释三倍至五倍，混匀，取 1 mL 稀释后的样品，经水系滤膜过滤，待测。

B. 4. 2　参考色谱条件

B. 4. 2. 1　色谱柱：$C_{18}$ 色谱柱（250 mm × 4. 6 mm，5 μm）或等效色谱柱。

B. 4. 2. 2　柱温：30 ℃ 。

B. 4. 2. 3　检测波长：214 nm。

B. 4. 2. 4　流速：0. 8 mL/min。

B. 4. 2. 5　进样体积：10 μL。

B. 4. 2. 6　梯度洗脱条件见表 B. 1。

**表 B. 1　梯度洗脱条件**

| 时间 min | 流速 mL/min | A% | B% |
|---|---|---|---|
| 0 | 0. 8 | 100 | 0 |
| 9 | 0. 8 | 100 | 0 |
| 12 | 0. 8 | 40 | 60 |
| 18 | 0. 8 | 40 | 60 |
| 20 | 0. 8 | 100 | 0 |
| 30 | 0. 8 | 100 | 0 |

B. 4. 3　定性分析

根据酒石酸、奎宁酸、苹果酸、莽草酸、乳酸、乙酸、柠檬酸和琥珀酸各标准品单标的保留时间，与待测样品中组分的保留时间进行定性。

B.4.4　外标法定量

分别取1.0 mL有机酸混标工作液（B.2.7），按照参考色谱条件（B.4.2）测定，以各有机酸（酒石酸、奎宁酸、苹果酸、莽草酸、乳酸、乙酸、柠檬酸、琥珀酸）标准系列浓度为横坐标，峰面积为纵坐标，分别绘制标准工作曲线，测定样品中各有机酸色谱峰面积，由标准工作曲线，分别计算样品中各有机酸浓度。

### B.5　结果计算

样品中有机酸的含量按式（B.1）计算：

$$X = c_i \times f \quad \text{(B.1)}$$

式中：

$X$——样品中有机酸的含量，单位为毫克每升（mg/L）；

$C_i$——从标准工作曲线查得样品中酒石酸、苹果酸、莽草酸、奎宁酸、乳酸、乙酸、柠檬酸、琥珀酸的含量，单位为毫克每升（mg/L）；

$f$——样品稀释倍数。

以重复性条件下获得的两次独立测定结果的算术平均值表示，结果保留至小数后两位。

### B.6　精密度

在重复性测定条件下获得的两次独立测定结果的绝对差值不超过其算术平均值的10%。

## 附录C
## （资料性附录）

# 蓝莓酒中醇类、酯类组分的测定方法——静态顶空-气相谱法

### C.1　原理

在密闭容器中醇类、酯类在一定温度下气液两相间达到动态平衡，此时挥发性组分在气相中的浓度和它在液相中的浓度成正比，吸取上部气体进样，经色谱柱分离后，氢火焰离子化检测器检测，内标法定量分析。

### C.2　试剂和材料

除另有说明外，所有试剂均为分析纯，水为GB/T 6682规定的二级水。

C.2.1　乙醇：色谱纯。

C.2.2　氯化钠。

C.2.3　正丙醇、异丁醇、正丁醇、异戊醇、正己醇、甲酸乙酯、乙酸乙酯、乙酸丁酯、乙酸异戊酯、己酸乙酯和叔戊醇标准物质：纯度≥99%。

C.2.4　乙醇溶液（60%，体积分数）：量取60 mL乙醇（C.2.1），用水定容至100 mL，混匀。

C.2.5　乙醇溶液（12%，体积分数）：量取12 mL乙醇，用水定容至100 mL，混匀。

C.2.6 叔戊醇内标储备液（2.0 mg/mL）：准确称取0.200 g叔戊醇至100 mL容量瓶中，用乙醇溶液（C.2.5）定容至100 mL，混匀。0 ℃ ~4 ℃低温冰箱密封保存，一个月内使用。

C.2.7 醇、酯混合标准储备液：分别称取2.500 g正丙醇、2.500 g异丁醇、0.100 g正丁醇、2.500 g活性戊醇、5.000 g异戊醇、0.100 0 g正己醇、1.000 g甲酸乙酯、5.000 g乙酸乙酯、0.100 g乙酸丁酯、0.100 g乙酸异戊酯、0.100 g己酸乙酯于100 mL容量瓶中，用乙醇溶液（C.2.4）定容，混匀，配制成的标准储备液于0 ℃ ~4 ℃低温冰箱密封保存，一个月内使用。

## C.3 仪器和设备

C.3.1 气相色谱仪：配氢火焰离子化检测器。

C.3.2 分析天平：感量为0.1 mg。

C.3.3 顶空进样设备。

C.3.4 顶空进样针。

C.3.5 顶空进样瓶：20 mL。

## C.4 分析步骤

C.4.1 参考色谱条件

C.4.1.1 色谱柱：聚乙二醇毛细管柱（50 m×0.25 mm×0.25 μm）或等效色谱柱。

C.4.1.2 色谱柱温度：初温35 ℃，保持1 min，以3.5 ℃/min升到120 ℃，以15 ℃/min升到200 ℃，保持2 min。

C.4.1.3 检测器温度：250 ℃。

C.4.1.4 进样口温度：200 ℃。

C.4.1.5 载气流量：1.0 mL/min。

C.4.1.6 进样量：1.0 mL。

C.4.1.7 不分流。

C.4.2 参考顶空条件

C.4.2.1 平衡温度：50 ℃。

C.4.2.2 平衡时间：30 min。

C.4.2.3 振荡频率：500 r/min。

C.4.3 相对校正因子（$f$值）的测定

准确吸取醇、酯类混合标准储备液（C.2.7）0.10 mL、0.20 mL、0.30 mL、0.40 mL于4个100 mL容量瓶中，用同一蓝莓酒样品定容至刻度，混匀。吸取上述制备的4个加标样品和不加标的蓝莓酒样品各5.0 mL，分别置于5个20 mL顶空进样瓶中，加入2.0 g氯化钠和0.10 mL叔戊醇内标储备液（C.2.6），压紧瓶盖后，混匀。按照色谱条件（C.4.1）及顶空条件（C.4.2）测定，记录各组分的峰面积（或峰高），按照式（C.1）和式（C.2）计算各组分的相对校正因子。

$$A_3' = \frac{A_1}{A_2} \times A_3 \qquad (C.1)$$

式中：

$A_3'$：——加标样品中的组分校正后的峰面积（或峰高）；

$A_1$——不加标样品中内标峰面积（或峰高）；

$A_2$——加标样品中的内标峰面积（或峰高）；

$A_3$——加标样品中的组分峰面积（或峰高）。

$$f = \frac{A_1}{A'_3 - A_4} \times \frac{c_2}{c_1} \quad \cdots\cdots (C.2)$$

式中：

$f$——各组分的相对校正因子；

$A_1$——不加标样品中内标的峰面积（或峰高）；

$A'_3$——加标样品中的组分校正后的峰面积（或峰高）；

$A_4$——不加标样品中的各组分峰面积（或峰高）；

$c_2$——样品中加入的各组分标准溶液浓度，单位为毫克每升（mg/L）；

$c_1$——样品中加入的叔戊醇浓度，单位为毫克每升（mg/L）。

C.4.4　样品前处理

准确吸取5.0 mL样品于20 mL顶空进样瓶中，加入2.0 g氯化钠，0.10 mL叔戊醇内标储备液（C.2.6），压紧瓶盖后，混匀。

C.4.5　测定

按照色谱条件（C.4.1）及顶空条件（C.4.2）测定，根据醇类、酯类标准物质的保留时间，与待测样品中组分的保留时间进行定性，根据各组分和叔戊醇内标的峰面积（或峰高），得出峰面积（或峰高）之比，采用内标法计算蓝莓酒中各醇类、酯类组分的含量。

## C.5　结果计算

样品中各组分的含量按式（C.3）计算：

$$X = C_1 \times \frac{A_5}{A_6} \times f \quad \cdots\cdots (C.3)$$

式中：

$X$——样品中各组分的含量，单位为毫克每升（mg/L）；

$C_1$——样品中加入的叔戊醇浓度，单位为毫克每升（mg/L）；

$A_5$——样品中各组分的峰面积（或峰高）；

$A_6$——样品中内标的峰面积（或峰高）；

$f$——各组分的相对校正因子的平均值。

以重复性条件下获得的两次独立测定结果的（算术平均）值表示，结果保留两位有效数字。

## C.6　精密度

在重复性测定条件下获得的两次独立测定结果的绝对差值不超过其算术平均值的10%。

ICS 03.120.20
A 00

# 中 华 人 民 共 和 国 认 证 认 可 行 业 标 准

RB/T 167—2018

# 有机葡萄酒加工技术规范

## Technical specification for processing of organic wine

2018-03-23 发布　　2018-10-01 实施

中国国家认证认可监督管理委员会　发 布

# 前　言

本标准按照 GB/T 1. 1—2009 给出的规则起草。

本标准由国家认证认可监督管理委员会提出并归口。

本标准起草单位：中粮集团有限公司、中粮酒业有限公司、北京五洲恒通认证有限公司。

本标准主要起草人：杨志刚、曲丽、万强、黄伟、赵雪梅、卢新军、王振、周翰舒。

# 有机葡萄酒加工技术规范

## 1　范围

本规范规定了有机葡萄酒加工企业的基本要求、卫生要求、质量管理、包装和标识、储存和运输、追溯和召回的要求。

本规范适用于有机葡萄酒加工过程的控制。

## 2　规范性引用文件

下列文件对于本文件的应用是必不可少的。凡是注日期的引用文件，仅所注日期的版本适用于本文件。凡是不注日期的引用文件，其最新版本（包括所有的修改单）适用于本文件。

GB 2758　食品安全国家标准　发酵酒及其配制酒

GB 2760　食品安全国家标准　食品添加剂使用标准

GB 5749　生活饮用水卫生标准

GB 7718　食品安全国家标准　预包装食品标签通则

GB 14881　食品安全国家标准　食品生产通用卫生规范

GB/T 15037　葡萄酒

GB/T 19630. 2　有机产品　第 2 部分：加工

GB/T 19630. 3　有机产品　第 3 部分：标识与销售

GB/T 23543　葡萄酒企业良好生产规范

## 3　术语和定义

下列术语和定义适用于本文件。

有机葡萄酒　organic wines

以新鲜的经过有机认证的葡萄或葡萄汁为原料，经发酵酿制而成的含有一定酒精度并获得有机产品认证的葡萄酒。

## 4 基本要求

### 4.1 配料

4.1.1 用于酿造有机葡萄酒的葡萄必须是经过认证的有机葡萄，且在终产品中所占的比例不得少于95%。

4.1.2 用于加工有机葡萄酒的葡萄汁必须是经过认证的有机葡萄汁，且在终产品中所占的比例不得少于95%。

4.1.3 为保证原料的新鲜度，运输葡萄/葡萄汁的车辆和容器需干净、无污染；葡萄运输过程中避免挤压，并就近处理；进厂的葡萄原料须在12 h内破碎和入罐；长途运输需要帐篷或其他覆盖物，防止污染，如运输时间超过8 h，建议使用控温设备，使原料温度不超过15 ℃。

4.1.4 有机葡萄/葡萄汁与常规葡萄/葡萄汁在运输过程中应有效隔离，防止交叉污染。

4.1.5 有机葡萄/葡萄汁与常规葡萄/葡萄汁在储藏过程中应有效隔离，并明确标识，避免有机产品受到污染。

4.1.6 有机葡萄/葡萄汁入厂时需做好相关记录，便于进行可追溯管理，需要记录的信息包含但不限于以下内容：采收（购）时间、基地名称、葡萄/葡萄汁品种、数量、运输车辆信息等，外购原料须保存原料的有机产品认证证书、销售证、采购票据等。

### 4.2 食品添加剂及加工助剂

4.2.1 加工过程中使用的食品添加剂及加工助剂应符合GB/T 19630.2要求，必要时，应使用附录A中列出的食品添加剂和加工助剂，严格按照其中的使用条件使用。

4.2.2 使用附录A以外的其他物质时，应符合GB 2760的规定，并向认证机构提交评估申请，机构根据GB/T 19630.2中附录C评估，并经国家相关主管部门批准后方可使用。

### 4.3 其他配料

发酵过程中使用的酵母、酶制剂不得来源于基因工程。

### 4.4 加工用水

加工用水水质必须符合GB 5749的相关要求。

### 4.5 其他要求

有机葡萄酒加工的其他条件等需符合GB/T 23543和GB 14881的要求。

### 4.6 环境保护

有机葡萄酒加工废弃物排放必须符合国家或地方排放标准。鼓励加工企业对生产、加工环节产生的废水、废渣等处理后进行回收利用。

## 5 卫生要求

设备、工具应使用符合GB/T 19630.2要求的清洁剂和消毒剂清洁消毒，空间杀菌不应使用硫磺熏蒸。

## 6 质量管理

### 6.1 总体要求

6.1.1 企业应建立相应的质量管理机构，并配备充足的具有质量管理及质量检验资质的人员及相应的检测设备，需保证人员资质及设备运转的有效性，进行全面质量管理。

6.1.2 企业应制定完备的质量管理标准，标准应涵盖如下内容：人员要求、生产环境要求、物料采购、设备使用及维护保养、生产过程控制、产品质量控制等方面内容，经质量管理机构确认后实施。

### 6.2 加工过程质量管理

6.2.1 加工企业宜建立并实施危害分析及关键控制点（HACCP）体系。

6.2.2 加工过程所采取的加工工艺建议参见附录B，并在其限制条件下实施。

6.2.3 加工过程中需采取措施严格控制二氧化硫添加量及残留量，红葡萄酒中允许最大使用量为100 mg/L；白葡萄酒及桃红葡萄酒中允许最大使用量为150 mg/L。可采取措施包括加强整个加工环节卫生管理以降低杂菌污染、降低半成品及成品加工过程中氧气接触的机率，半成品在陈酿、加工、灌装环节推荐使用氮气、二氧化碳等惰性气体进行保护。

6.2.4 加工过程中必须严格区分有机半成品及常规半成品，防止有机和常规半成品混杂在一起。

6.2.5 有机葡萄酒加工配备专用设备为宜，如不得不与常规加工共用设备，则必须遵循清洗、有机加工、常规加工、清洗的先后顺序。在常规加工结束后必须进行彻底清洗，并不得有清洗剂残留。

6.2.6 有机葡萄酒在进行不同批次葡萄酒调配时，不得添加常规葡萄酒。

6.2.7 加工企业应制定生产操作规程，准确记录有机原料及投入品的种类、数量、来源，应对加工关键参数如发酵温度、时间、理化检验结果及感官品评等建立记录并归档，并规定记录留存时间，负责人需定期对记录进行审核并存档。

6.2.8 在有机葡萄酒的酿造过程中，可能会对有机葡萄酒的固有品质产生不良影响或严重改变葡萄酒成分组成的工艺和技术应被禁止，不予采用。以下酿造工艺、加工过程和处理方法是被禁止的：

a）通过冷却进行局部浓缩；

b）通过物理方法去除二氧化硫；

c）通过电渗析的方法来确保葡萄酒中酒石酸的稳定；

d）对葡萄酒进行局部脱醇处理；

e）采用阳离子交换剂的处理方法来确保葡萄酒中酒石酸的稳定。

### 6.3 产成品质量管理

6.3.1 应按照国家、行业或企业产品质量标准的要求，制定产成品检验项目、检验标准、抽样及检验方法。

6.3.2 与产品有机完整性有关的指标及投入品残留量需符合本规范要求，其余指标应符合GB/T 15037及GB 2758的要求。

6.3.3 应制定规范化的成品留样保存计划，每批成品按规定留样。

## 7 包装和标识

### 7.1 包装

7.1.1 有机葡萄酒的包装应简单、实用，避免过度包装。

7.1.2 有机葡萄酒包装以玻璃容器为主，严禁使用塑料瓶或其他以聚乙烯或聚吡咯烷酮等为材质制成的包装材料。

### 7.2 标识

7.2.1 有机葡萄酒的标识除满足 GB 7718 和 GB/T 15037 关于标识的要求外，还必须满足 GB/T 19630.3 的要求。

7.2.2 在获证产品或者产品的最小销售包装上，加施中国有机产品认证标志、有机码和认证机构名称。

## 8 储存和运输

### 8.1 储存

8.1.1 有机葡萄酒在储存过程中不得受到其他物质的污染，要确保有机认证产品的完整性。

8.1.2 有机葡萄酒应单独存放。如果不得不与常规产品共同存放，必须在仓库内划出特定区域，采取必要的包装、标签等措施确保有机产品不与非认证产品混放。

8.1.3 储存仓库建议建立温湿度控制系统，产品储存温度保持在 5 ℃ ~25 ℃为宜，湿度保持在 60% ~ 80%为宜。

8.1.4 成品储存区应有存量记录，成品应做进出库记录，内容应包括批号、出货时间、地点、对象、数量等，便于质量追踪。

8.1.5 仓库应经常清理，储存物品不得直接放置地面。有机产品储存场所应采取生态和物理措施去除苍蝇、老鼠、蟑螂和其他有害昆虫及其滋生条件。

8.1.6 产品出入库和库存量必须有完整的档案记录，并保留相应的单据。

### 8.2 运输

8.2.1 运输工具在装载有机产品前应清洗干净。

8.2.2 有机产品在运输过程中应避免与常规产品混杂和受到污染。

8.2.3 在运输和装卸过程中，外包装上的有机认证标志及有关说明不得被玷污或损毁。

8.2.4 运输和装卸过程必须有完整的档案记录，并保留相应的单据。

## 9 追溯和召回

9.1 企业应根据国家相关要求建立可追溯、产品召回管理办法等相关的文件，并根据企业及行业发展持续改进以保障体系的有效性。

9.2 企业应根据规定定期进行模拟产品追溯及产品召回演练，并记录归档。

9.3 企业宜建立产品信息化管理程序，确保产品质量安全信息管理。

## 附录 A
## （规范性附录）

# 有机葡萄酒加工中允许使用的食品添加剂、加工助剂和其他配料

有机葡萄酒加工中允许使用的食品添加剂、加工助剂和其他配料见表 A. 1、表 A. 2 和表 A. 3。

**表 A. 1　　食品添加剂列表**

| 序号 | 名称 | 使用条件 |
|---|---|---|
| 1 | 二氧化硫 | 用于红葡萄酒，最大使用量为 100 mg/L；用于白葡萄酒及桃红葡萄酒，最大使用量为 150 mg/L。最大使用量以二氧化硫残留量计 |
| 2 | 焦亚硫酸钾 | 用于红葡萄酒，最大使用量为 100 mg/L；用于白葡萄酒及桃红葡萄酒，最大使用量为 150 mg/L。最大使用量以二氧化硫残留量计 |
| 3 | L（+）-酒石酸 | 酸度调节剂，以酒石酸计 |

**表 A. 2　　加工助剂列表**

| 序号 | 名称 | 使用条件 |
|---|---|---|
| 1 | 氮气 | 惰性气体保护 |
| 2 | 酒石酸氢钾 | 晶核、稳定剂 |
| 3 | 活性炭 | 加工助剂 |
| 4 | 二氧化碳 | 惰性气体保护 |
| 5 | 食用单宁 | 助滤剂、澄清剂 |
| 6 | 硅藻土 | 过滤助剂 |
| 7 | 膨润土 | 吸附剂、助滤剂、澄清剂 |
| 8 | 高岭土 | 澄清剂、助滤剂 |
| 9 | 珍珠岩 | 助滤剂 |
| 10 | 硅胶 | 澄清剂 |

**表 A. 3　　其他配料列表**

| 序号 | 名称 | 使用条件 |
|---|---|---|
| 1 | 酵母菌 | 按生产需要适量使用 |
| 2 | 果胶酶 | 按照发酵工艺使用 |
| 3 | 乳酸菌 | 按照发酵工艺使用 |

# 附录B
## （资料性附录）

# 有机葡萄酒生产加工环节加工工艺及限制条件

有机葡萄酒生产加工工艺和处理方法见表B.1。

**表B.1　有机葡萄酒生产加工工艺及处理方法**

| 序号 | 工艺及处理方法 | 定义 | 目的 | 规定 |
|---|---|---|---|---|
| 1 | 分选 | 挑选葡萄穗，去除生青葡萄及受损或腐烂的葡萄。根据葡萄品种及成熟程度分类 | 挑选出质量好的果实 | 去除生青果穗、粉红果穗、腐烂果穗、着色不均匀果穗等不健康果穗 |
| 2 | 除梗 | 将葡萄果粒与果梗分开，去除果梗 | 减少酒的损失；减少单宁含量及收敛性；减少果梗味 | 除梗要完整，葡萄醪中不应混有未除净的果梗 |
| 3 | 破碎 | 使果皮破裂，葡萄浆汁逸出 | 在浸提法酿酒的情况下，使皮渣中的可溶物在葡萄汁中很好的扩散 | a）破碎应在采摘后尽快进行；<br>b）注意防止破碎果籽及果梗。<br>注：在酿造白葡萄酒时，防止葡萄汁与葡萄的固体部分接触时间过长（浸提果皮的情况除外） |
| 4 | 压榨 | 压榨葡萄或葡萄皮渣，以分离出液体部分 | a）将葡萄浆汁分离出来，以便制成葡萄汁，或在没有葡萄固体物质的情况下酿酒（即酿造白葡萄酒）；<br>b）带皮发酵后从皮渣里分离压榨酒 | a）如果是鲜葡萄，应在采摘之后的最短时间内压榨，如果是破碎的葡萄，应在破碎后的最短时间内进行压榨；<br>b）压榨应缓慢持续地进行，不应压破或压碎葡萄固体部分 |
| 5 | 葡萄汁二氧化硫处理 | 在已破碎的葡萄或葡萄汁中加入二氧化硫或焦亚硫酸钾 | a）防止有害微生物繁殖；<br>b）抗氧化；<br>c）有利酵母的选择；<br>d）有助于产品的澄清；<br>e）加强溶解与浸渍作用；<br>f）调节与控制发酵；<br>g）制取半发酵的葡萄汁 | a）应在破碎过程中或破碎结束时加入；<br>b）确保将二氧化硫均匀的分布在破碎的葡萄及葡萄汁中 |

（续表）

| 序号 | 工艺及处理方法 | 定义 | 目的 | 规定 |
|---|---|---|---|---|
| 6 | 葡萄汁澄清 | 发酵前将悬浮的固体物质从葡萄汁中分离出去 | 本方法适用于酿造白葡萄酒或其他需要没有葡萄固体物质的情况下酿酒：<br>a）去除尘土微粒；<br>b）去除有机微粒以减少酚类氧化酶的活性；<br>c）减少有害微生物；<br>d）减少果胶含量，降低浑浊度 | 澄清可采用如下几种方法：<br>a）静止澄清法：低温静置澄清法；<br>b）果胶酶法；<br>c）皂土（膨润土）法；<br>d）机械澄清法：离心澄清法 |
| 7 | 提高葡萄汁含糖量 | 在不外加糖源的前提下，通过科学的方法提高葡萄汁的含糖量 | 通过提高葡萄汁的含糖量以获得适量的酒精或者糖 | 提高葡萄汁含糖量只允许通过以下方法获得：<br>a）延迟采收；<br>b）果实采收后自然风干；<br>c）通过浓缩工艺去除部分水分 |
| 8 | 葡萄汁或葡萄酒降酸 | 通过物理、化学、生物等方法降低葡萄汁或葡萄酒的含酸量 | 制取口味协调的葡萄酒 | 可采用以下方法达到降酸目的：<br>a）物理法降酸；<br>b）进行苹果酸－乳酸发酵 |
| 8.1 | 物理法降酸 | 物理降酸方法包括冷处理降酸和离子交换降酸 | 制取口味协调的葡萄酒 | a）经处理的葡萄汁或葡萄酒中的酒石酸氢钾和酒石酸钙要尽可能稳定；<br>b）物理法降酸可按下述方式实现：<br>1）葡萄汁或葡萄酒在低温下贮存时自然进行降酸；<br>2）将葡萄汁或葡萄酒在人工低温下进行处理达到降酸 |
| 9 | 葡萄汁或葡萄酒增酸－L（+）－酒石酸 | 通过添加有机酸的形式对葡萄汁或葡萄酒进行增酸 | 提升葡萄酒口感及质量稳定性 | a）根据葡萄汁或葡萄酒中酸的组成；增酸只能加入L（+）－酒石酸；<br>b）对于同一种葡萄汁或葡萄酒不得同时进行化学增酸与化学降酸 |

（续表）

| 序号 | 工艺及处理方法 | 定义 | 目的 | 规定 |
|---|---|---|---|---|
| 10 | 酒精发酵 | 把葡萄（葡萄汁）中的糖转化为乙醇、二氧化碳和副产物 | 将葡萄/葡萄汁中的糖转化为酒精，并获得香气等风味物质 | a）发酵过程中使用的酵母、酶制剂不得来源于基因工程；<br>b）发酵最高温度不超过30 ℃为宜 |
| 11 | 苹果酸－乳酸发酵：<br>a）自然触发；<br>b）添加乳酸菌；<br>c）接种发酵的葡萄酒 | 苹果酸－乳酸发酵是在葡萄酒酒精发酵结束后，在乳酸菌的作用下，将苹果酸分解为乳酸和二氧化碳的过程 | 降酸作用，提升葡萄酒口感，提高葡萄酒质量稳定性 | 接种发酵的葡萄酒必须为同比批次或相近批次的有机原料酿制的有机葡萄酒 |
| 12 | 酒精发酵中断：<br>a）冷却法；<br>b）过滤法；<br>c）离心法；<br>d）加二氧化硫法 | 让酵母失去发酵活性或者除去葡萄酒中酵母的方法使葡萄酒停止酒精发酵 | 通过终止发酵，获得目标糖度及酒精度 | 采用添加二氧化硫法进行酒精发酵中断的，二氧化硫残留量需满足 GB/T 19630.2 限量要求 |
| 13 | 原酒贮存及陈酿：<br>a）添酒或取酒；<br>b）倒酒；<br>c）充惰性气体；<br>d）陈酿 | | 原酒在贮存过程中保持质量稳定，提高葡萄酒稳定性 | a）贮存、陈酿容器可使用：不锈钢罐、水泥池、玻璃容器、橡木桶；<br>b）倒酒时建议对管道等 充惰性气体保护 |
| 14 | 葡萄酒的澄清：<br>a）自然澄清法；<br>b）机械澄清法；<br>c）加澄清剂澄清法 | 葡萄酒的澄清是指自然澄清或者通过向葡萄酒中添加特定的澄清剂，净化和稳定葡萄酒酒液的过程 | a）改善葡萄酒外观质量；<br>b）提高葡萄酒质量稳定性 | a）自然沉降澄清；<br>b）过滤澄清；<br>c）下胶澄清 |
| 15 | 葡萄酒冷处理：<br>a）间歇冷冻法；<br>b）连续冷冻法 | 通过低温的方法提升葡萄酒的稳定性 | a）促进酒石酸盐类沉淀及胶体物质的凝聚；<br>b）改善风味，提高稳定性 | 冷冻葡萄酒所用的容器必须用不锈钢材料制成，做到防腐蚀，防霉菌。冷冻间应经常清洗、消毒，保持清洁，无异味，无霉菌滋生。冷冻容器应定期消毒和清洗 |
| 16 | 调配 | 将不同批次的有机葡萄酒根据一定质量要求按一定比例进行混合的操作 | 获得高品质的葡萄酒 | 用于调配的葡萄酒必须均为有机原料酿造，且酿造管理过程执行本技术规范 |

（续表）

| 序号 | 工艺及处理方法 | 定义 | 目的 | 规定 |
|---|---|---|---|---|
| 17 | 过滤 | 葡萄酒在发酵结束后至灌装之前通过适当的过滤装置进行过滤 | a）分阶段进行取得澄清葡萄酒；<br>b）通过去除微生物取得葡萄酒的生物稳定 | |
| 18 | 灌装 | 将处理好的酒液装瓶或装入销售容器并进行封口的操作过程 | 为了使葡萄酒分装成销售的小包装并使成品酒达到市场和相关法规品质的要求 | |

ICS 67.160.10
分类号：X 62

# 中 华 人 民 共 和 国 轻 工 行 业 标 准

QB/T 5476—2020

# 果酒通用技术要求

General technical requirements for fruit wines

2020-04-16 发布 2020-10-01 实施

中华人民共和国工业和信息化部 发布

# 前　言

本标准按照 GB/T 1. 1—2009 给出的规则起草。

本标准由中国轻工业联合会提出。

本标准由全国酿酒标准化技术委员会（SAC/TC 471）归口。

本标准起草单位：中国农村技术开发中心、西北农林科技大学、中国食品发酵工业研究院有限公司、山东黑尚莓生物技术发展有限公司、府谷县聚金邦农产品开发公司、陕西云集酒业有限公司、贵州凯缘春酒业有限公司、山西彤康食品有限公司、中博绿色科技股份有限公司、河源市九里红酒业有限公司、云南喝对酒酒业有限公司、四川宜宾五粮液集团仙林果酒有限公司、泸州纳贡庄园酒业有限公司、杨凌盛唐酒庄有限公司、青岛紫斐蓝莓研究有限公司、山东信百瑞酒业有限公司、广东省食品工业研究所有限公司、阜阳师范大学。

本标准主要起草人：李华、王华、贾敬敦、刘作凯、王强、刘晓芹、郭新光、孟镇、季道远、苑伟、刘子贤、李平、胡超勇、符洋、范权毅、刘华丽、杨帅、黄祥礼、卢建中、卢宇城、杨德升、俞厅、林红、程福涛、刘宏飞、闵艳、陈静、辛凌锋、李良、胡青树、陈丽香、兰伟、张源。

本标准为首次发布。

# 果酒通用技术要求

## 1　范围

本标准规定了果酒（除葡萄酒）的术语和定义、命名规则、产品分类、技术要求、试验方法、检验规则和标志、包装、运输、贮存。

本标准适用于果酒（除葡萄酒）的生产、检验和销售。

## 2　规范性引用文件

下列文件对于本文件的应用是必不可少的。凡是注日期的引用文件，仅注日期的版本适用于本文件。凡是不注日期的引用文件，其最新版本（包括所有的修改单）适用于本文件。

GB/T 191　包装储运图示标志

GB 2758　食品安全国家标准　发酵酒及其配制酒

GB 5009. 225　食品安全国家标准　酒中乙醇浓度的测定

GB 7718　食品安全国家标准　预包装食品标签通则

GB/T 15038　葡萄酒、果酒通用分析方法

JJF 1070　定量包装商品净含量计量检验规则

《定量包装商品计量监督管理办法》（国家质量监督检验检疫总局〔2005〕第 75 号令）

## 3 术语和定义

下列术语和定义适用于本文件。

### 3.1 果酒 fruit wines

果酒（发酵型）fruit wines（fermented）

以水果、果汁（浆）等为主要原料，经全部或部分酒精发酵酿制而成的，含有一定酒精度的发酵酒。

### 3.2 浓缩果汁（浆） concentrated fruit juice（pulp）

采用物理方法从果汁（浆）中除去一定比例的水分，加水复原后具有果汁（浆）应有特征的制品。

### 3.3 酒精度 actual alcohol

100 mL 的果酒中含有乙醇的毫升数（20 ℃时）。

### 3.4 潜在酒精度 potential alcohol

100 mL 果汁、发酵液或果酒中所含的可发酵糖经完全酒精发酵能获得的乙醇的毫升数（20 ℃时）。

### 3.5 焦糖化果汁 caramelized fruit juice

未发酵，通过加热进行部分脱水，20 ℃时密度不低于 1.30 g/L 的果汁。

### 3.6 水果蒸馏酒 fruit spirit

以水果或果汁（浆）为原料，经发酵、蒸馏而成的蒸馏酒。

注：产品名称冠以水果名称。

### 3.7 平静果酒 still fruit wines

在 20 ℃时，二氧化碳压力小于 0.05 MPa 的果酒。

### 3.8 含气果酒 carbon dioxide－containing fruit wines

在 20 ℃时，二氧化碳压力等于或大于 0.05 MPa 的果酒。

3.8.1 起泡果酒 sparkling fruit wines

在 20 ℃时，二氧化碳（全部自然发酵产生）压力不小于 0.05 MPa 的果酒。

3.8.2 水果汽酒 carbonated fruit wines

酒中所含二氧化碳部分或全部由人工添加的，具有同起泡果酒类似物理特性的果酒。

### 3.9 复合果酒 mixed fruit wines

以两种或两种以上水果、果汁（浆）等为原料，或以水果、果汁（浆）等为主要原料，加入适量蔬菜或食用花卉后，经全部或部分发酵、酿制或不同种类果酒直接调配、加工而成的含有一定酒精度的发酵酒。

### 3.10 低度果酒 low alcohol fruit wines

经中止发酵，酒精度小于7.0%vol的果酒。

### 3.11 利口果酒 liqueur fruit wines

在果酒中加入水果蒸馏酒、水果白兰地或食用酒精以及果汁、浓缩果汁、焦糖化果汁、白砂糖而制成的，所含酒精度为15%vol~22%vol的果酒。

### 3.12 特种果酒 special fruit wines

在种植、采摘或酿造工艺中使用特定方法酿制而成的果酒。

### 3.13 冰果酒 ice fruit wines

在生产过程中采用冷冻浓缩工艺或者在水果结冰状态下压榨，发酵酿制而成的果酒。

### 3.14 脱醇果酒 de-alcohol fruit wines

经发酵生成酒精度不低于7.0%vol的原酒，然后采用脱醇工艺降低酒精度的果酒。

3.14.1 低醇果酒 partly de-alcohol fruit wines

酒精度为0.5%vol~7.0%vol的脱醇果酒。

3.14.2 无醇果酒 non-alcohol fruit wines

酒精度小于0.5%vol的脱醇果酒。

### 3.15 产地果酒 original fruit wines

用所标注的产地水果酿制的酒所占比例不低于本产品含量的80%（体积分数）的果酒。

## 4 命名规则

果酒产品名称按原料水果的名称命名：

——使用一种水果作原料时，应按该水果名称命名，如蓝莓酒、山楂酒等；

——复合果酒中若未加入蔬菜或食用花卉，应按用量比例最高的水果名称命名，如蓝莓果酒；若加入蔬菜，应按用量比例最高水果名称+果蔬酒方式命名，如山楂果蔬酒；若加入食用花卉，应按用量比例最高水果名称+花果酒方式命名，如青梅花果酒。

## 5 产品分类

### 5.1 按二氧化碳含量分类

——平静果酒。

——含气果酒：

- 起泡果酒；

• 水果汽酒。

### 5.2 按酒精度分类

——果酒。
——低度果酒。

### 5.3 按产品特性（特种果酒）分类

——含气果酒。
——利口果酒。
——冰果酒。
——脱醇果酒。
  • 低醇果酒；
  • 无醇汽酒。

### 5.4 根据产品特点，也可以按其他方式分类

## 6 技术要求

### 6.1 生产过程要求

6.1.1 果酒的主要原料包括鲜果果实、脱水果实、果汁（浆）及浓缩果汁（浆），原料以鲜果汁的潜在酒精度应大于等于2% vol。

6.1.2 除冰果酒外，可添加外源食用糖、浓缩果汁，以增加甜度，添加量不应超过产品总质量的10%。

6.1.3 起泡果酒可加入的果汁、浓缩果汁、白砂糖、水果蒸馏酒和白兰地之总量不应超过总体积或总质量的10%。

6.1.4 利口果酒可加入的水果蒸馏酒、白兰地或食用酒精以及果汁、浓缩果汁、焦糖化果汁、白砂糖之总量不应超过产品总体积或总质量的25%。

### 6.2 感官要求[1)]

平静果酒和含气果酒的感官要求应符合表1的要求。其他特种果酒应按相应的产品标准执行。

表1 感官要求

| 项目 | | 要求 |
|---|---|---|
| 外观 | 色泽 | 应有本品特有的色泽 |
| | 澄清程度 | 澄清，有光泽，无明显悬浮物（可有少量沉淀） |
| | 气泡程度 | 起泡果酒注入杯中时，应有细微的串珠状气泡升起，并有一定的持续性 |

1) 如有相应的果酒产品标准，感官要求可按产品标准执行。

（续表）

| 项 目 | | | 要 求 |
|---|---|---|---|
| 香气与滋味 | 香气 | | 具有原料水果特有的香气，和谐、纯正、优雅、怡悦的果香与酒香，诸香协调，陈酿型的果酒还应具有限酿香或橡木香 |
| | 滋味 | 平静果酒 | 具有纯正、优雅、爽怡的口味和悦人的果香味，酒体完整，或具有甘甜醇厚的口味，酸甜协调，酒体丰满 |
| | | 起泡果酒 | 具有优美醇正，和谐悦人的口味和发酵起泡酒的特有香气，有杀口力 |
| | | 水果汽酒 | 口味清新，愉快，纯正，有杀口力 |
| 典型性 | | | 具有标示品种及产品类型的应有特征和风味 |

### 6.3 理化指标[2)]

平静果酒和含气果酒的理化要求应符合表 2 的规定，其他特种果酒应按相应的产品标准执行。

**表 2　　理化指标**

| 项 目 | | 要 求 |
|---|---|---|
| 酒精度[a,b]（20 ℃）（体积分数）/（% vol） | ≥ | 2.0 |
| 总糖（以葡萄糖计）/（g/L） | ≤ | 150 |
| 干浸出物/（g/L） | ≥ | 10.0 |
| 挥发酸（以乙酸计）/（g/L） | ≤ | 1.2 |
| 二氧化碳[a]（20 ℃）/MPa | ≥ | 0.05 |

[a] 仅适用含气果酒。

[b] 酒精度标签标示值与实测值不应超过 ±1.0% vol。

### 6.4 食品安全要求

应符合 GB 2758 等食品安全国家标准的规定。

### 6.5 净含量

按《定量包装商品计量监督管理办法》执行。

## 7 试验方法

### 7.1 感官要求

按 GB/T 15038 检验。

### 7.2 酒精度

按 GB 509.225 检验。企业内部自控也可按 GB/T 15038 执行。

---

2) 如有相应的果酒产品标准，理化要求可按产品标准执行。

### 7.3 总糖、干浸出物、挥发酸、二氧化碳

按 GB/T 15038 检验。

### 7.4 净含量

按 JJF 1070 检验。

## 8 检验规则

### 8.1 组批

同一生产日期生产的、质量相同的、同一类别的、具有同样质量合格证的产品为 1 批。

### 8.2 抽样

8.2.1 按表 3 抽取样本，单件包装净含量小于 500 mL，总取样量不足 1 500 mL 时，可按比例增加抽样量。

**表 3　抽样表**

| 批量范围/箱 | 样本数/箱 | 单位样本数/瓶 |
| --- | --- | --- |
| <50 | 3 | 3 |
| 51 ~ 1 200 | 5 | 2 |
| 1 201 ~ 3 500 | 8 | 1 |
| 3 501 以上 | 13 | 1 |

8.2.2 采样后应立即贴上标签，注明：样品名称、品种规格、数量、制造者名称、采样时间与地点、采样人。将两瓶样品封存，保留两个月备查。其他样品立即送化验室，进行感官、理化和食品安全等指标的检验。

### 8.3 检验分类

8.3.1 出厂检验

8.3.1.1 产品出厂前，应由生产厂的检验部门按本标准规定逐批进行检验，检验合格，并附上质量合格证明的，方可出厂。产品质量检验合格证明（合格证）可以放在包装箱内，或放在独立的包装盒内，也可在标签上或包装箱外打印“合格”或“检验合格”字样。

8.3.1.2 检验项目：感官要求、酒精度、总糖、干浸出物、挥发酸、二氧化碳（含气果酒）、净含量。

8.3.2 型式检验

8.3.2.1 检验项目：本标准中全部要求项目。

8.3.2.2 一般情况下，同一类产品的型式检验每年进行 1 次，有下列情况之一者，亦应进行：

a）原辅材料有较大变化时；

b）更改关键工艺或设备时；

c）新试制的产品或正常生产的产品停产 3 个月后，重新恢复生产时；

d）出厂检验与上次型式检验结果有较大差异时；

e）国家质量监督机构按有关规定需要抽检时。

### 8.4 判定规则

8.4.1 不合格分类：

——A 类不合格：感官要求、酒精度、干浸出物、挥发酸、净含量；

——B 类不合格：总糖、二氧化碳（含气果酒）。

8.4.2 检验结果有两项以下（含两项）不合格项目时，应重新自同批产品中抽取两倍量样品对不合格项目进行复检，以复检结果为准。

8.4.3 复检结果中如有以下 3 种情况之一时，则判该批产品不合格：

——1 项以上（含 1 项）A 类不合格；

——1 项 B 类超过规定值的 50% 以上；

——两项 B 类不合格。

8.4.4 当供需双方对检验结果有异议时，可由相关各方协商解决，或委托有关单位进行仲裁检验，以仲裁检验结果为准。

## 9 标志

9.1 预包装果酒标签按 GB 2758 和 GB 7718 执行，并标示含糖量，若执行的产品标准中产品分类已含糖量划分，也可按类型标示含糖量。

9.2 特种果酒应标示最小分类的具体名称。

9.3 标示产地果酒时应符合本标准 3.14 的要求。

9.4 外包装纸箱上除标明产品名称、制造者（或经销商）名称和地址外、生产许可证、规格、净含量、生产日期和总数量。

9.5 包装储运图示标志应符合 GB/T 191 要求。

## 10 包装、运输、贮存

### 10.1 包装

10.1.1 包装材料应符合食品安全要求。起泡果酒的包装材料应符合相应耐压要求。

10.1.2 包装容器应清洁，封装严密，无漏酒现象。

10.1.3 外包装应使用合格的包装材料，并符合相应的标准。

### 10.2 运输、贮存

10.2.1 用软木塞（或替代品）封装的酒，在贮运时宜“倒放”或“卧放”。

10.2.2 运输和贮存时应保持清洁、避免强烈振荡、日晒、雨淋、防止冰冻，装卸时应轻拿轻放；存放地点应阴凉、干燥、通风良好；严禁火种。

10.2.3 成品不应与潮湿地面直接接触；不应与有毒、有害、有异味、有腐蚀性物品同贮同运。

10.2.4 运输温度宜保持在 5 ℃ ~35 ℃；贮存温度宜保持在 5 ℃ ~25 ℃。

ICS

# DB65

## 新 疆 维 吾 尔 自 治 区 地 方 标 准

DB65/T 2211—2005

# 葡萄酒酿造技术

The Winemaking Technique

2005－06－10 发布 2005－08－01 实施

新疆维吾尔自治区质量技术监督局 发 布

# 前　言

本标准由乌鲁木齐市质量技术监督局提出。

本标准由新疆维吾尔自治区质量技术监督局批准。

本标准由新疆维吾尔自治区轻工业行业管理办公室归口。

本标准由新天国际葡萄酒业有限公司起草。

本标准起草人：陈勇、杨新元、董新平、杨华峰、吴利竹、肖利民、曾新安。

# 葡萄酒酿造技术

## 1　范围

本标准规定了葡萄酒酿造的术语定义、酿造技术规范、酿酒辅料应用、操作规范和调配处理技术等要求。

本标准适用于以葡萄或葡萄汁为原料，酿造葡萄酒的技术规范。

## 2　规范性引用文件

下列文件中的条款通过本标准的引用而成为本标准的条款。凡是注日期的引用文件，其随后所有的修改单（不包括勘误的内容）或修订版均不适用于本标准，然而，鼓励根据本标准达成协议的各方研究是否可使用这些文件的最新版本。凡是不注日期的引用文件，其最新版本适用于本标准。

GB/T 15037—1994　葡萄酒

《国际葡萄酿酒法规》国际葡萄与葡萄酒组织（O. I. V）1996 年版

《国际葡萄酿酒药典 - 葡萄酿酒辅料标准》国际葡萄与葡萄酒组织（O. I. V）2002 年版

《葡萄酒生产管理办法（试行）》中国酿酒工业协会 2000 年 12 月

《中国葡萄酿酒技术规范》国家经济贸易委员会 2003 年 1 月

## 3　术语和定义

本标准适用于下列术语和定义。

### 3.1　葡萄

葡萄树上生长的果实。

3.1.1　鲜葡萄

葡萄园中成熟的鲜果。

3.1.2 酿酒葡萄

根据葡萄的特点，主要用于酿酒的鲜葡萄。

## 3.2 葡萄汁

鲜葡萄经破碎或挤压得到的液体。

3.2.1 中途抑制发酵的葡萄汁

葡萄汁在酒精发酵过程中采用下列方法得到抑制：二氧化硫处理、二氧化碳抑制、低温储存、离心过滤、山梨酸处理，所添加量应符合相应标准。允许含有少量的自发酒精，但不能超过1%（V/V）。

3.2.2 浓缩葡萄汁

未经发酵也未产生焦糖的产品，它是用普通葡萄汁通过采用O. I. V许可的方法进行部分脱水而制成的葡萄汁，在20 ℃时密度不低于1.24 g/ml。

3.2.3 产生焦糖的葡萄汁

对未经发酵的葡萄汁采用许可的方法直接加热、使之部分脱水而制成的葡萄汁产品，在20 ℃时密度不低于1.3 g/ml。

## 3.3 葡萄酒

指用鲜葡萄或葡萄汁经全部或部分发酵而成的酒精性饮料，自然酒度不低于7%（V/V）。

3.3.1 干葡萄酒

含糖（以葡萄糖计，下同）小于等于4 g/L，或者当总糖含量高于总酸（以酒石酸计），其差值小于或等于2 g/L时，含糖量最高为9 g/L的葡萄酒。

3.3.2 半干葡萄酒

含糖大于干葡萄酒，最高为12 g/L；或者当总糖含量高于总酸（以酒石酸计），其差值小于或等于2 g/L时，含糖量最高为18 g/L的葡萄酒。

3.3.3 半甜葡萄酒

含糖大于半干葡萄酒，最高为45 g/L的葡萄酒。

3.3.4 甜葡萄酒

含糖大于45 g/L的葡萄酒。

3.3.5 平静葡萄酒

在20 ℃时，二氧化碳压力小于0.05 Mpa的葡萄酒。

3.3.6 起泡葡萄酒

在20 ℃时，二氧化碳压力等于或大于0.05 Mpa的葡萄酒。

a）天然起泡葡萄酒：含总糖小于或等于12.0 g/L的起泡葡萄酒。

b）绝干起泡葡萄酒：含总糖12.1 g/L～20.0 g/L的起泡葡萄酒。

c）干起泡葡萄酒：含总糖20.1 g/L～35.0 g/L的起泡葡萄酒。

d）半干起泡葡萄酒：含总糖35.1 g/L～50.0 g/L的起泡葡萄酒。

e）甜起泡葡萄酒：含总糖大于或等于50.1 g/L的起泡葡萄酒。

3.3.7 低泡葡萄酒

在20 ℃时葡萄酒中二氧化碳（全部来源于自然发酵）压力在0.05 Mpa～0.25 Mpa、且含有小珠形气泡的起泡葡萄酒。

3.3.8　高泡葡萄酒

在20 ℃时葡萄酒中二氧化碳（全部来源于自然发酵）压力大于等于0.35 Mpa（对于容量小于250 ml的玻璃瓶二氧化碳压力大于等于0.30 Mpa）的起泡葡萄酒。有以下几种类型：

a）天然高泡葡萄酒：葡萄酒中糖含量小于或等于12 g/L（允许差为3 g/L）的高泡葡萄酒。

b）绝干高泡葡萄酒：葡萄酒中糖含量为12 g/L～17 g/L（允许差为3 g/L）的高泡葡萄酒。

c）干高泡葡萄酒：葡萄酒中糖含量为17 g/L～32 g/L（允许差为3 g/L）的高泡葡萄酒。

d）半干高泡葡萄酒：葡萄酒中糖含量为32 g/L～50 g/L的高泡葡萄酒。

e）甜高泡葡萄酒：葡萄酒中糖含量大于50 g/L的高泡葡萄酒。

3.3.9　加气起泡葡萄酒

按照O.I.V许可技术酿造的葡萄酒再加工的特种酒，具有与高泡葡萄酒类似的物理特性，但它的二氧化碳部分或全部是外加的。

a）天然加气起泡葡萄酒：含总糖小于或等于12.0 g/L的加气起泡葡萄酒。

b）绝干加气起泡葡萄酒：含总糖12.1 g/L～20.0 g/L的加气起泡葡萄酒。

c）干加气起泡葡萄酒：含总糖20.1 g/L～35.0 g/L的加气起泡葡萄酒。

d）半干加气起泡葡萄酒：含总糖35.1 g/L～50.0 g/L的加气起泡葡萄酒。

e）甜加气起泡葡萄酒：含总糖大于或等于50.1 g/L的加气起泡葡萄酒。

3.3.10　特种葡萄酒

指用鲜葡萄或葡萄汁在采摘或酿造工艺中使用特定方法酿成的葡萄酒。

3.3.11　利口葡萄酒

成品酒精度在15%～22%（V/V）之间的葡萄酒。由于酿造方法不同利口葡萄酒包括下列几种类型：

a）加酒精利口葡萄酒

由自然酒度至少为12%（V/V）的葡萄酒再加工制成的利口酒。可以加入葡萄白兰地、食用精馏酒精或葡萄酒精。其中由葡萄中的自然糖发酵的酒精度不低于4%（V/V）。

b）甜利口葡萄酒

由自然酒度至少为12%（V/V）的葡萄酒再加工制成的利口酒。可以加入葡萄白兰地、食用精馏酒精、浓缩葡萄汁、含焦糖葡萄汁或白砂糖。其中由葡萄中的自然糖发酵的酒精度不低于4%（V/V）。

c）加酒精未发酵葡萄汁利口葡萄酒

在葡萄汁中加入白兰地、食用精馏酒精或葡萄酒加工制成的利口酒。其中所用葡萄汁的自然总酒度不低于8.5%（V/V）。成品酒的酒精度应为12%～15%（V/V）。

3.3.12　冰葡萄酒

将葡萄推迟采收，当气温降低于－7 ℃以下，使葡萄在树体上保持一定时间，结冰，然后采收、压榨，用此葡萄汁酿成的酒。

3.3.13　贵腐葡萄酒

在葡萄成熟后期，果实感染了灰葡萄孢霉菌使葡萄的成分发生了明显的变化，用这种葡萄酿成的酒。

3.3.14　加香葡萄酒

以葡萄原酒为酒基，经浸泡芳香植物或加入芳香植物的浸出液（或流出液）而制成的葡萄酒。

3.3.15　低醇葡萄酒

采用鲜葡萄或葡萄汁经全部或部分发酵，经特种工艺加工而成的酒精性饮料，所含酒精度在1%～

7%（V/V）。

3.3.16　无醇葡萄酒

采用鲜葡萄或葡萄汁经过全部或部分发酵，经特种工艺脱醇加工而成的酒精性饮料，所含酒精度不超过1%（V/V）。

3.3.17　山葡萄酒

见山葡萄酿酒技术规范。

### 3.4　葡萄蒸馏酒

葡萄酒或经发酵的葡萄皮渣经过蒸馏而获得的馏份。

### 3.5　葡萄原酒

葡萄汁完成酒精发酵后进入储存阶段的葡萄酒。

## 4　葡萄酒分类

### 4.1　按色泽分类

4.1.1　白葡萄酒

4.1.2　桃红葡萄酒

4.1.3　红葡萄酒

### 4.2　按二氧化碳压力分类

4.2.1　平静葡萄酒

a）干葡萄酒

b）半干葡萄酒

c）半甜葡萄酒

d）甜葡萄酒

4.2.2　起泡葡萄酒

a）天然起泡葡萄酒

b）绝干起泡葡萄酒

c）干起泡葡萄酒

d）半干起泡葡萄酒

e）甜起泡葡萄酒

4.2.3　加气起泡葡萄酒

a）天然加气起泡葡萄酒

b）绝干加气起泡葡萄酒

c）干加气起泡葡萄酒

d）半干加气起泡葡萄酒

e）甜加气起泡葡萄酒

### 4.3　按酒精含量分类

4.3.1　一般葡萄酒

4.3.2 低醇葡萄酒

4.3.3 无醇葡萄酒

### 4.4 按酿造技术分类

4.4.1 常规葡萄酒

4.4.2 特种葡萄酒

a）冰葡萄酒

b）贵腐葡萄酒

c）利口葡萄酒：干利口葡萄酒、甜利口葡萄酒

d）加香葡萄酒：干加香葡萄酒、甜加香葡萄酒

## 5 酿酒葡萄品种

### 5.1 名种葡萄

白葡萄品种：霞多丽、琼瑶浆、白雷司令、长相思、白麝香、灰雷司令、白比诺（白品乐）、米勒、白诗南、赛美蓉、西万尼、贵人香。

红葡萄品种：赤霞珠、美乐（梅鹿辄）、黑比诺（黑品乐）、西拉、品丽珠、佳美、味而多、宝石、神索、歌海娜、弥生、桑娇维塞、蛇龙珠。

### 5.2 其他品种

龙眼、汉堡麝香（玫瑰香）、白羽、佳利酿、白玉霓、烟73、烟74、玫瑰蜜、晚红蜜、巴柯、野山葡萄、驯化的野山葡萄等。

### 5.3 在没有证明对自然生态和人类健康无害之前，不采用基因工程葡萄用作酿酒。

## 6 酿酒葡萄种植与质量

### 6.1 种植与管理

酿酒葡萄应种植在无污染的环境中。

6.1.1 施肥

分析葡萄园中土壤的肥力来确定需要的施肥量，施肥以有机肥为主，化肥为辅。采收前30天禁止施肥和灌水。

6.1.2 病虫防治

葡萄病虫害防治应贯彻“综合防治为主、化学防治为辅”“无机农药为主、有机农药为辅”的原则。采收前20天不得使用任何化学农药。葡萄农药残留量应符合国家相关标准规定。

### 6.2 葡萄产量

用于酿造优质葡萄酒的葡萄，每公顷产量不超过12 000 kg，用于酿制一般葡萄酒的葡萄，每公顷产量不超过18 000 kg。

### 6.3 葡萄含糖量

酿制一般葡萄酒的葡萄可滴定糖含量不低于95g/l，酿制优质葡萄酒的葡萄可滴定糖含量不低于235g/l。

## 7 葡萄前处理

### 7.1 分选

定义：挑选葡萄穗，去除青葡萄、受损葡萄及腐烂葡萄。

目的：挑选出质量好的葡萄。

### 7.2 除梗

定义：将葡萄果粒与果梗分开。

目的：减少单宁含量及收敛性；减少果梗生青味；减少红葡萄酒的颜色损失和酒精损失。

### 7.3 破碎

定义：使果皮破裂，葡萄浆汁逸出。

目的：

a）使果粒表面及酿酒物质上的天然酵母与葡萄果汁接触，有利于酵母的繁殖；

b）在传统浸提法情况下，使皮渣中的可溶物在葡萄汁中更好地扩散。

规定：

a）破碎应在采摘后最短时间内进行；

d）要注意防止破碎葡萄种籽及果梗；

c）在酿造白葡萄酒时，防止葡萄汁与葡萄的固体部分接触时间过长，浸提果皮的情况除外。

### 7.4 压榨

定义：压榨葡萄或葡萄发酵后的皮渣，以分离出液体部分。

目的：

a）将葡萄浆汁分离出来，制成葡萄汁；

b）带皮发酵，在发酵后从皮渣里分离压榨酒。

规定：

a）如果是鲜葡萄，应在采摘之后的最短时间内压榨；如果是破碎的葡萄，应在破碎后的最短时间内进行压榨；

b）压榨应缓慢、循序地进行，所使用的设备在压榨残渣时，不应压破或压碎葡萄固体部分的表皮；

c）压榨中应谨慎控制，不得过度。

## 8 葡萄汁

### 8.1 分类

#### 8.1.1 自流汁

定义：破碎后自然流出的葡萄汁。

目的：获得含有少量果梗、果皮及种籽中的物质的葡萄汁。

取汁要快，防止汁与空气长时间接触；避免过度揉搓葡萄，减少固体物质进入汁中。

8.1.2　压榨汁

定义：葡萄经压榨后流出的葡萄汁。

目的：尽可能获得多的葡萄汁。

防止汁与空气长时间接触，避免过度破碎、揉搓葡萄，减少固体物质进入汁中。

## 8.2　葡萄汁二氧化硫处理

定义：在已破碎的葡萄或葡萄汁中加入二氧化硫、亚硫酸溶液或偏重亚硫酸钾等。

目的：

a）防止微生物繁殖；

b）抗氧化；

c）进行酵母的选择；

d）有助于葡萄汁的澄清；

e）加强溶解与浸渍作用；

f）调节与控制发酵；

g）制取半发酵的葡萄汁。

规定：

a）应在破碎过程中、压榨或发酵中进行；

b）将二氧化硫均匀的分布在破碎的葡萄及葡萄汁中；

c）所使用的二氧化硫应符合国际葡萄与葡萄酒组织（O.I.V）《国际葡萄酿酒药典－葡萄酿酒辅料标准》的规定。

## 8.3　葡萄汁澄清

定义：发酵前，将悬浮的固体物质从葡萄汁中分离出去。

目的：

a）去除尘土微粒；

b）去除有机微粒以便减少酚类氧化酶的活动；

c）减少野生微生物；

d）减少果胶含量，降低混浊度。

规定：

澄清可采用如下几种办法：

a）低温静置结合 $SO_2$ 澄清法；

b）果胶酶法；

c）皂土法；

d）机械离心澄清法。

8.3.1　低温法

定义：将葡萄汁温度降低到 10 ℃以下，通常在 5 ℃～7 ℃左右保持一定时间进行澄清。

目的：有利于葡萄汁中悬浮物质的沉降。

规定：通常与二氧化硫、皂土处理结合进行。

8.3.2 果胶酶法

定义：将果胶酶加入破碎的葡萄或葡萄汁中。

目的：

a）有利于葡萄汁的澄清与过滤；

b）便于提取色素或芳香物质；

c）提高压榨效果。

规定：所使用的酶应符合《国际葡萄酿酒药典－葡萄酿酒辅料标准》的规定，不使用从基因工程生物提取的酶。

8.3.3 膨润土（皂土）法

定义：将皂土加入葡萄汁中。

目的：通过处理，有利于葡萄汁的澄清。

规定：所使用的皂土应符合《国际葡萄酿酒药典－葡萄酿酒辅料标准》的规定。

8.3.4 浮选法

定义：将皂土加入葡萄汁中，通入氮气或二氧化碳气体，用专用浮选设备进行澄清处理。

目的：通过处理，有利于葡萄汁的澄清。

规定：所使用的皂土及氮气或二氧化碳气体应符合《国际葡萄酿酒药典－葡萄酿酒辅料标准》的规定。

8.3.5 离心法

定义：将葡萄汁通过连续高速离心机，分离去除大部分固体物质，得到较为澄清的葡萄汁。

目的：通过处理，降低葡萄汁中的固体物质含量。

## 8.4 葡萄汁成分调整

8.4.1 葡萄汁降酸

定义：降低葡萄汁滴定酸（升高 pH 值）。

目的：制取口味均衡的葡萄酒。

规定：可用以下方法达到降酸目的：

a）物理法降酸；

b）化学法降酸；

c）通过与低酸葡萄汁混合。

8.4.1.1 物理法降酸

定义：通过物理方法使酒石酸氢钾和酒石酸钙结晶沉淀，降低滴定酸含量。

目的：制取口味均衡的葡萄酒。

规定：

a）所生产的葡萄汁中的酒石酸钾和酒石酸钙的沉淀要尽可能稳定。

b）酒石酸氢钾和酒石酸钙盐类的处理是以下述方式实现：

葡萄汁在低温下贮存时自发进行；将葡萄汁在人工低温下进行处理（见冷冻处理）。

8.4.1.2 化学法降酸

定义：通过加入中性的酒石酸钾盐、碳酸钾盐或碳酸钙盐，降低滴定酸含量。

目的：制取口感均衡的葡萄酒。

规定：

a）由降酸葡萄汁所得到的葡萄酒中酒石酸含量应小于 1 g/L；

b）形成复盐（苹果酸和酒石酸的中性钙盐）的方法可应用于含有很浓苹果酸的葡萄酒，仅用酒石酸钾沉淀来降低酒石酸不能得到足够的降酸效果；

c）化学降酸处理时不得采用加调味晶等方法；

d）对于同一葡萄汁化学增酸与化学降酸不得同时进行；

e）使用物质应符合《国际葡萄酿酒药典 - 葡萄酿酒辅料标准》的规定。

8.4.2　葡萄汁增酸

定义：增加滴定酸含量、降低 pH 值。

目的：制取口味均衡的葡萄酒。

规定：以下述方法达到目的：

a）混合高酸的葡萄汁；

b）通过化学过程增酸。

8.4.2.1　化学法增酸

定义：通过加入有机酸来提高滴定酸含量，降低 pH 值。

目的：

a）制取口感均衡的葡萄酒；

b）有利于提高葡萄酒的稳定性。

规定：

a）葡萄汁中酸的组成主要是酒石酸；

b）酒石酸的加入不应是为了掩盖其他配料的缺陷；

c）禁止加入无机酸；

d）对于同一葡萄汁不得同时进行化学增酸与化学降酸；

e）使用酒石酸应按照《国际葡萄酿酒药典 - 葡萄酿酒辅料标准》的规定。

8.4.2.2　与高酸葡萄汁混合

规定：准备混合的葡萄汁必须是同类型的。

8.4.3　提高葡萄汁含糖量

8.4.3.1　提高收获葡萄果实的含糖量

采用下列一种或几种方法可达到目的：

a）加强管理，改善栽培技术；

b）延迟采收；

c）果实采后自然风干。

8.4.3.2　添加浓缩葡萄汁

目的：提高葡萄汁的含糖量。

规定：浓缩汁可采用下列方法：

a）采用许可的方法进行部分脱水。这一操作过程不应造成葡萄汁焦化现象；

b）冷冻并通过结冰脱水或其他方法去除冰渣；

c）反渗透。

8.4.3.3　添加白砂糖

定义：在葡萄汁发酵期间添加白砂糖。

目的：提高葡萄汁含糖量。

规定：白砂糖添加量不得超过2%（V/V）酒精的量。

## 9 酒精发酵

定义：把葡萄（葡萄汁）中的糖份转化为乙醇、二氧化碳和其他副产物的过程。

### 9.1 自然发酵

定义：利用附着在葡萄皮、发酵容器及周围环境的酵母进行葡萄汁发酵。

目的：触发酒精发酵。

规定：制取酿母时，应选用清洁、无病的果实。

### 9.2 接种酵母发酵

定义：加入经过人工选育、培养的酵母或商品化的活性干酵母。

目的：

a）启动酒精发酵；

b）诱发发酵停止的葡萄酒再发酵。

规定：

a）选育的酵母，在凝聚性、产酒精能力、产酒精效率、耐二氧化硫能力、产生风味等方面要符合葡萄酒的要求；

b）干酵母应该具有活细胞含量高、贮藏性好的特点；

c）使用的活性干酵母应符合《国际葡萄酿酒药典－葡萄酿酒辅料标准》的规定；

d）不使用基因工程酵母。

### 9.3 酒精发酵的激活和促进

定义：在破碎的葡萄或葡萄汁中，添加能够促进酒精发酵的物质或采取一定的处理方法来促进酵母的繁殖。

目的：加速并完成酒精发酵。

规定：

a）只能使用硫胺素（维生素 $B_1$）、铵盐等化学催化剂以及酵母菌皮等物质促进酒精发酵；

b）这些物质应符合《国际葡萄酿酒药典－葡萄酿酒辅料标准》的规定。

9.3.1 添加酵母促进剂

定义：在葡萄汁中加入硫胺素（维生素 $B_1$）、铵盐等。

目的：

a）加速酒精发酵；

b）在酒精发酵过程中，防止形成能与二氧化硫结合的物质，从而达到维持二氧化硫含量的目的。

规定：

a）硫胺素（维生素 $B_1$）的用量不应超过60 mg/L；

b）硫酸铵、磷酸氢二铵的用量不应超过300 mg/L。

9.3.2 添加酵母菌皮

定义：在葡萄汁中添加酵母菌皮。

目的：

a）防止酒精发酵停止；

b）使酒精发酵能够缓慢进行；

c）使中途停止发酵的葡萄酒能够继续发酵。

规定：

a）以防止酒精发酵停止为目的，应该在发酵前或发酵开始时添加酵母菌皮；以促使酒精发酵能够缓慢进行为目的，应在接近发酵结束时添加；以促使中途停止发酵的葡萄酒能够继续发酵为目的，应在投放酵母前添加；

b）所有使用剂量不应超过 40 g/L；

c）酵母菌皮应符合《国际葡萄酿酒药典－葡萄酿酒辅料标准》的规定。

9.3.3 通风

定义：本工序是将空气引入正在发酵的破碎葡萄或葡萄汁中。

目的：有利于酵母繁殖，从而促进发酵并有利于可发酵糖的全部转化。

规定：此工序在发酵刚进入活跃阶段即可进行。

## 9.4 酒精发酵方式

9.4.1 红葡萄酒酿造酒精发酵方式

定义：葡萄汁经过一定处理后，在 25 ℃～30 ℃温度下进行发酵，酿造红葡萄酒。

9.4.1.1 传统浸提发酵法

定义：本方法是在葡萄破碎或除梗破碎后，使葡萄的固体部分和液体部分保持或长或短一段时间的接触，浸提与酒精发酵同时进行。

目的：将葡萄果皮中的物质，尤其是多酚类、芳香类等物质溶解。

规定：为了更快的达到浸提的目的，可以使用各种机械手段：上下循环，冲洗皮渣的帽盖，使用自动浸提在皮渣上进行循环的装置。

9.4.1.2 $CO_2$ 浸渍法

定义：本方法是将完整的葡萄置于密闭的酒罐中数日，罐内空间充满 $CO_2$ 气体。$CO_2$ 从外部充入，或由葡萄的呼吸产生，或从一部分破碎的果肉中发酵产生。

目的：生产更柔和、更新鲜、酸度低的红葡萄酒或桃红葡萄酒，更好的保存芳香。

规定：

a）应使用食品级 $CO_2$；

b）从酒罐中取出浸提后的葡萄进行破碎和压榨，从皮渣中分离出发酵液，在没有固体物质的情况下进行发酵。

9.4.1.3 热浸提法

定义：本方法是将整粒葡萄，或破碎的葡萄在开始发酵前加热，根据所要达到的目的来选定温度，并使葡萄在选定温度下保持一段时间。

目的：

a）更完全的提取果皮中的色素、酚类化合物和其他物质；

b）抑制酶促反应。

规定：

a）葡萄汁发酵时可接触或去除固体物质；

b）上述方法不应进行浓缩或掺水；

c）要防止过分加热；

d）禁止使用喷入蒸气法加热。

9.4.2 白葡萄酒酿造酒精发酵方式——低温发酵法

定义：葡萄汁经过澄清处理后，在 15 ℃ ~20 ℃温度下缓慢发酵，酿造白葡萄酒。

目的：获得果香味浓郁的白葡萄酒。

规定：

a）葡萄汁澄清应进行良好；

b）控制发酵温度。

### 9.5 酒精发酵中断

9.5.1 加热法

定义：将发酵的葡萄醪液加热到一定的温度，并维持一定的时间中断酒精发酵。

目的：抑制葡萄酒中微生物的活动。

规定：

a）葡萄酒通过热交换器加热，然后迅速冷却；

b）热处理过程不应引起葡萄酒的外观、颜色、香气与滋味的变化。

9.5.2 冷却法

定义：将发酵的葡萄醪液迅速降温到 5 ℃，以抑制酒精发酵。

目的：暂时抑制葡萄酒中的微生物活动。

9.5.3 过滤

定义：将发酵的葡萄醪液进行过滤。

目的：减缓酒精发酵的速度，通常和其他几种方法结合使用。

9.5.4 离心法

定义：对发酵的葡萄醪液进行离心，去除微生物以暂时中断酒精发酵。

目的：暂时中断葡萄醪液的酒精发酵。

9.5.5 加酒精法

定义：在酒精发酵过程中，向发酵醪液中加入葡萄蒸馏酒精、食用精馏酒精。

目的：暂时中断葡萄醪液的酒精发酵。

9.5.6 加 $SO_2$ 法

定义：在酒精发酵过程中向发酵醪液中加入液体二氧化硫。

目的：阻止葡萄醪液的酒精发酵。

## 10 苹果酸－乳酸发酵

### 10.1 自然触发

定义：在酒精发酵时或发酵结束后，通过调节发酵条件，启动苹果酸－乳酸发酵。

目的：

a）改善风味；

b）降酸；

c）提高生物稳定性。

规定：

a）为了触发苹果酸－乳酸发酵，应控制游离 $SO_2$ 的含量，使其低于 10 mg/L；

b）发酵温度应保持在 18 ℃左右；

c）应防止乳酸菌发酵糖。

### 10.2　接种乳酸菌

定义：加入人工制备的商品化活性乳酸菌，启动苹果酸－乳酸发酵。

规定：不使用基因工程乳酸菌。

### 10.3　接种发酵的葡萄酒

定义：接入正在进行苹果酸－乳酸发酵的葡萄酒，启动苹果酸－乳酸发酵。

### 10.4　接种酒泥

定义：将苹果酸－乳酸发酵结束后转罐留下的酒泥，接入其他未启动苹果酸－乳酸发酵的葡萄酒，启动苹果酸－乳酸发酵。

## 11　原酒贮存及陈酿

### 11.1　添酒或取酒

定义：将原酒加入或取出酒容器，以保持容器满容的操作。

目的：避免原酒氧化，避免原酒因接触空气而导致微生物繁殖。

规定：用于添酒的原酒应和容器中的葡萄酒相同或类似。

### 11.2　转罐

定义：将容器中的原酒转移到另一个容器中的操作。

目的：分离沉淀物。

规定：为了避免葡萄酒氧化，尽量隔氧操作。

### 11.3　充氮或二氧化碳

定义：利用氮气或二氧化碳气体对原酒进行保护。

目的：防止葡萄酒氧化变质，防止酒中需氧微生物的繁殖。

规定：氮气或二氧化碳气体应符合《国际葡萄酿酒药典－葡萄酿酒辅料标准》的规定。

### 11.4　陈酿

定义：在可以促进葡萄酒品质改善的条件下贮存。

目的：提高葡萄酒品质。

规定：陈酿可在水泥池、钢罐、木桶或玻璃瓶内进行。木桶陈酿需选择优质木桶。要建立适宜的陈酿条件（包括温度、湿度）。

## 12 葡萄酒处理

### 12.1 葡萄酒酸度调整

12.1.1 增酸

定义：提高葡萄酒滴定酸（降低 pH 值）。

目的：

a）生产出口感均衡的葡萄酒；

b）有利于葡萄酒的良好生物特征和完好的贮存。

方法：

a）与高酸葡萄酒混和；

b）添加有机酸。

规定：

a）根据葡萄酒中有机酸的组成，只能使用酒石酸和柠檬酸；

b）经过处理后，葡萄酒中柠檬酸含量不得超过 1 g/L；

c）添加酒石酸和柠檬酸的过程中，不得使用其他调味品；

d）不得对同一种酒既进行化学增酸，又进行化学降酸；

e）使用的有机酸应符合《国际葡萄酿酒药典 - 葡萄酿酒辅料标准》的规定；

f）用于增酸混合的葡萄酒必须是同类型的。

12.1.2 降酸

定义：降低葡萄酒滴定酸（提高 pH 值）。

目的：生产出口感均衡的葡萄酒。

规定：采用下述方法以达到目的：

a）物理法降酸（见 8.4.1.1）；

b）化学法降酸（见 8.4.1.2）；

c）与低酸原酒混合；用于降酸混合的葡萄酒必须是同类型的。

### 12.2 葡萄酒澄清

定义：通过加入能沉淀悬浮物的物质，或其他方法使酒得以澄清。

12.2.1 自然澄清法

定义：采用自然静置的方法进行葡萄酒的澄清。

目的：葡萄酒中的悬浮物通过重力的作用自然下沉，使酒澄清。

建议：自然澄清常常需要和其他方法配合使用。

12.2.2 机械法

定义：该方法是使葡萄酒通过适当的过滤器、离心机，将葡萄酒中的悬浮物除去。

目的：

a）获得澄清的葡萄酒；

b）去除酒中微生物。

规定：

a）使用适当的助滤剂，如：硅藻土、珍珠岩、纤维素，以此为主要成分预制过滤层；

b）过滤装置应预先用氢氧化钠水溶液、热水或蒸汽进行清洗消毒；

c）所使用的材料应符合《国际葡萄酿酒药典－葡萄酿酒辅料标准》的规定。

12.2.3　加澄清剂法

定义：加入能沉淀悬浮物的澄清剂，使悬浮微粒凝聚在一起，促进酒中悬浮物的沉淀。

目的：

a）使酒得以澄清；

b）去除一部分单宁－多酚，使红葡萄酒变得柔和。

规定：

a）凝聚性澄清剂，主要有：明胶、蛋清、鱼胶、藻朊酸盐、二氧化硅胶液、酪蛋白、皂土；

b）澄清剂选择要符合《国际葡萄酿酒药典－葡萄酿酒辅料标准》的规定；在使用澄清剂之前，要进行确定添加量的实验。

c）不使用来自疯牛病疫区的牛血粉、明胶作为葡萄酒澄清剂。

## 12.3　葡萄酒冷冻

定义：对葡萄酒进行低温冷处理，增加葡萄酒稳定性的过程。

目的：

a）促进酒石酸盐类及胶体物质的沉淀；

b）改善葡萄酒风味，提高稳定性。

规定：利用冬季低温或人工降温处理，处理时可添加酒石酸氢钾，使用物理方法把沉淀的晶体和胶体物质分离出去。

12.3.1　间歇法冷冻

定义：将葡萄酒温度降低至冰点之上0.5 ℃，冷冻一段时间，趁冷过滤。

目的：同12.3。

建议：

a）该处理法主要用于新原酒；

b）处理过程中可加入少量结晶晶种。

12.3.2　连续冷冻法

定义：将葡萄酒的温度降低到0 ℃以下，通过连续冷冻处理的操作。

目的：短时间内可获得冷稳定的葡萄酒。

规定：

a）使用专用的设备；

b）要加入酒石酸氢钾晶种。

## 12.4　葡萄酒非生物稳定方法

12.4.1　抗坏血酸处理

定义：将抗坏血酸添加到葡萄酒中。

目的：利用抗坏血酸抗氧化的特性，防止葡萄酒氧化。

规定：

a）此法必须在装瓶时加入，用量不得超过 100 mg/L；

b）所使用的抗坏血酸应符合《国际葡萄酿酒药典 - 葡萄酿酒辅料标准》的规定。

12.4.2　柠檬酸处理

定义：将柠檬酸加入葡萄酒中。

目的：柠檬酸与三价铁离子形成溶解态复合物，以此减少三价铁破败的可能性。

规定：

a）葡萄酒中柠檬酸的最大含量为 1 g/L；

b）所使用的柠檬酸应符合《国际葡萄酿酒药典 - 葡萄酿酒辅料标准》的规定；

c）只能用于普通葡萄酒的处理。

12.4.3　膨润土处理

定义：将膨润土加入葡萄酒中。

目的：防止蛋白质和铜元素的破败。

规定：所使用的膨润土应符合《国际葡萄酿酒药典 - 葡萄酿酒辅料标准》的规定。

12.4.4　偏酒石酸处理

定义：将偏酒石酸加入葡萄酒中。

目的：防止装瓶后酒石酸氢钾及酒石酸钙产生沉淀。

规定：

a）必须在装瓶之前加入；

b）用量应低于 10 mg/L。

建议：

a）用此法处理的葡萄酒应注意保存温度及时间，因为偏酒石酸在低温下水解慢，遇高温水解快；

b）所使用的偏酒石酸应符合《国际葡萄酿酒药典 - 葡萄酿酒辅料标准》的规定。

12.4.5　离子交换处理

定义：本工序是使葡萄酒通过聚合树脂柱，起到溶解聚合电解质作用，聚合树脂柱中的离子能和葡萄酒中的离子进行交换。根据其极性组合的不同，离子交换树脂可分为阳离子交换剂和阴离子交换剂。

12.4.5.1　阳离子交换剂的处理

目的：

a）防止酒石沉淀，使葡萄酒保持稳定；

b）降低含固定酸低、阳离子高的葡萄酒的 pH 值；

c）防止金属元素破败。

此方法仅允许用于防止酒石沉淀，用于其他目的不予采用。

12.4.5.2　阴离子交换剂的处理

目的：

a）减少滴定酸度；

b）使葡萄汁及葡萄酒去掉二氧化硫，减少二氧化硫含量。

建议：选用对葡萄酒风味影响小的交换树脂。

12.4.6　亚铁氰化钾处理

定义：在葡萄酒中加入亚铁氰化钾。

目的：降低葡萄酒中铁、铜及其他重金属含量，防止破败病。

规定：

a）此处理方法必须有完善的管理制度；

b）应先做实验，确定使用量；

c）处理后应对葡萄酒进行检查，以便发现是否有过量的亚铁氰化物或其他的衍生物；

d）所使用的亚铁氰化钾应符合《国际葡萄酿酒药典 – 葡萄酿酒辅料标准》的规定；

e）只能用于普通葡萄酒的处理。

12.4.7　阿拉伯树胶处理

定义：在葡萄酒中加入阿拉伯树胶。

目的：

a）防止铜盐破败；

b）防止葡萄酒中出现轻微三价铁破败；

c）防止葡萄酒中胶体、色素物质的沉淀。

规定：

a）应在葡萄酒最后一次过滤后或在装瓶之前加入到葡萄酒中；

b）用量不得超过 0.3 g/L；

c）所使用的阿拉伯树胶应符合《国际葡萄酿酒药典 – 葡萄酿酒辅料标准》的规定。

12.4.8　植酸或植酸钙处理

定义：在葡萄酒中加入植酸或植酸钙。

目的：对于铁质含量多、铜含量适度的葡萄酒，应用后可防止三价铁破败。

规定：

a）由于本法处理的结果不固定，因此必须进行预备试验和标准测试；

b）所使用的植酸、植酸钙应符合《国际葡萄酿酒药典 – 葡萄酿酒辅料标准》的规定。

12.4.9　聚乙烯吡咯烷酮（PVPP）处理

定义：在葡萄酒中加入聚乙烯吡咯烷酮（PVPP）。

目的：

a）减少葡萄酒中单宁和其他多酚物质的含量；

b）减少葡萄酒褐变的趋势；

c）降低葡萄酒涩感；

d）改正颜色不正的白葡萄酒颜色。

规定：

a）所用的聚乙烯吡咯烷酮（PVPP）应符合《国际葡萄酿酒药典 – 葡萄酿酒辅料标准》的规定；

b）聚乙烯吡咯烷酮（PVPP）用量不得超过 800 mg/L。

12.4.10　葡聚糖酶处理

定义：在葡萄酒中加入葡聚糖酶。

目的：通过葡聚糖酶水解，改进葡萄酒的过滤性。但在葡萄酒中，由于灰绿葡萄孢或某些酵母菌株的作用下，会使这些葡聚糖酶消失。

规定：葡聚糖酶的制备应符合《国际葡萄酿酒药典 – 葡萄酿酒辅料标准》的规定。

12.4.11　二氧化硅（硅胶）处理

定义：将二氧化硅加入配有明胶或其他蛋白胶液的葡萄酒中。

目的：通过明胶或其他蛋白胶的絮凝作用，实现酒质的纯净化。

建议：

a）将二氧化硅加入到白葡萄酒或桃红葡萄酒中，偶尔加入到红葡萄酒中；

b）为了确定二氧化硅和明胶或其他蛋白胶的黏着状流体的最佳用量，需预先进行试验；

c）所使用的二氧化硅应符合《国际葡萄酿酒药典－葡萄酿酒辅料标准》的规定。

12.4.12　硫酸铜处理

定义：在白葡萄酒中加入硫酸铜。

目的：去除葡萄酒中由于硫化氢及其衍生物所产生的不良口味和气味。

规定：

a）硫酸铜的加入量需预先做试验确定，剂量不应超过 10 mg/L；

b）形成的胶质铜沉淀应从葡萄酒中除去；

c）处理后葡萄酒中铜的含量应符合《国际葡萄酿酒药典－葡萄酿酒辅料标准》的规定。

12.4.13　充氧处理

定义：将空气或氧充入到葡萄酒中。

目的：

a）除去葡萄酒中铁质；

b）去除可能出现的微量硫化氢；

c）去除葡萄酒储存过程中产生的还原味。

规定：

a）充氧处理应根据葡萄酒中铁的含量先进行添加单宁处理，然后最好用酪蛋白进行下胶澄清；

b）此法不能用于含二氧化硫过多的葡萄酒进行脱硫处理。

12.4.14　单宁处理

定义：在葡萄酒中添加单宁。

目的：有助于改善葡萄酒口味和风味；通过处理使新葡萄酒中多余蛋白质产生沉淀而得到净化。

规定：所用的单宁应符合《国际葡萄酿酒药典－葡萄酿酒辅料标准》的规定。

## 12.5　葡萄酒生物稳定方法

定义：是去除葡萄酒中微生物或抑制其生长繁殖的处理方法。

目的：获得良好的葡萄酒生物稳定性。

12.5.1　热处理：巴斯德杀菌处理

定义：将葡萄酒加热到一定温度并维持规定的时间。

目的：抑制葡萄酒中的微生物活性，使存在于葡萄酒中的酶钝化。

规定：巴斯德杀菌处理按以下方法进行：

a）散装酒巴斯德杀菌处理：让葡萄酒通过一个连续瞬时加热装置，随后用热交换器迅速降温冷却（瞬时巴斯德杀菌）；

b）瓶装酒巴斯德杀菌处理：将葡萄酒加热，进行热装瓶并封口，然后进行自然冷却（热灌装）；葡萄酒瓶进入热水中，热水在装有葡萄酒的瓶上流动，加热到一定温度，并在这种状态下保持足够长时间（简单巴斯德杀菌）；

c）升温或其他技术不应该引起葡萄酒外观，颜色、香气、滋味有显著变化。

12.5.2 山梨酸或山梨酸钾处理

定义：在葡萄酒中加入山梨酸或山梨酸钾。

目的：抑制酵母繁殖，防止再发酵。

规定：

a）添加山梨酸只限于在装瓶前短时间内进行；

b）所使用的剂量不应超过 200 mg/L；

c）所使用的山梨酸或山梨酸钾应符合《国际葡萄酿酒药典－葡萄酿酒辅料标准》的规定；

d）优质葡萄酒禁止使用。

12.5.3 苯甲酸或苯甲酸钠处理

定义：在葡萄酒中加入苯甲酸或苯甲酸钠。

目的：抑制葡萄酒中微生物活性。

规定：

a）苯甲酸或苯甲酸钠同时使用时以苯甲酸计算，最大使用量不得超过 200 mg/L；

b）优质葡萄酒禁止使用。

12.5.4 尿素酶处理

定义：向酸性介质的葡萄酒中加入尿素酶，减少由于乳酸杆菌发酵而产生尿素。

目的：当葡萄酒中尿素含量过高时，在陈酿过程中将形成氨甲基乙酸乙酯。尿素酶可将尿素转化为铵离子和二氧化碳，降低葡萄酒中的尿素含量。

规定：

a）在澄清的葡萄酒中加入尿素酶；

b）确定葡萄酒中含尿素量，然后确定应加入的尿素酶量；

c）在过滤葡萄酒时将尿素酶去除；

d）所使用的尿素酶应符合《国际葡萄酿酒药典－葡萄酿酒辅料标准》的规定。

12.5.5 除菌过滤

定义：使用能去除微生物的过滤装置进行葡萄酒过滤。

目的：得到生物稳定的葡萄酒。

规定：

a）除菌过滤的葡萄酒必须是澄清的；

b）除菌过滤在灌装前进行；

c）过滤介质孔径应≤0.45 μm；

d）过滤装置应预先通过巴氏杀菌。

## 12.6 葡萄酒脱色

定义：使颜色过深的葡萄酒脱色、或发生褐变的葡萄酒脱色。

目的：矫正颜色。

a）用染色的红品种生产白葡萄酒；

b）白葡萄酒严重褐变后脱色；

c）被氧化的葡萄酒脱色；

d）某些红葡萄酒在酿造过程中由于工艺不当，致使颜色过深，需要脱色。

规定：

a）可以使用活性炭、酪蛋白、PVPP；

b）活性炭使用量应低于 100 g/L；PVPP 的使用量应低于 80 g/L；

c）使用的物质应符合《国际葡萄酿酒药典 - 葡萄酿酒辅料标准》的规定。

### 12.7 葡萄酒增香

定义：向葡萄酒中添加天然香料。

目的：

a）为了生产加香葡萄酒；

b）使葡萄酒的香气更浓郁。

规定：

a）添加天然香料或香料提取物；

b）只允许在加香葡萄酒中使用。

### 12.8 葡萄酒调配

定义：将不同批次的葡萄酒根据其质量要求按一定比例进行混合的操作。

目的：获得高品质、口味一致的葡萄酒。

### 12.9 葡萄酒过滤

定义：葡萄酒通过适当的过滤装置，去除悬浮物。

目的：

a）获得清澈的葡萄酒；

b）通过去除微生物使葡萄酒获得生物稳定性。

规定：过滤可通过以下方式进行：

a）连续泵入，使用适当的助滤剂，如硅藻土、珍珠岩、纤维素等；

b）发酵结束及澄清处理、冷冻后可采用以硅藻土为添加剂的粗滤，粗滤孔径一般在 10 μm 以上。粗滤后的第二次过滤一般用微孔过滤，过滤孔径一般在 0.45 μm ~ 10 μm。在灌装前经过超滤，超滤孔径一般在 0.45 μm 以下，能达到理论上的彻底除菌。

c）其他过滤装置，如错滤、酒泥过滤，由生产厂选择使用。超滤装置应预先通过热水或蒸汽进行消毒。

### 12.10 葡萄酒灌装

定义：将处理好的葡萄酒装瓶或装入销售容器，并进行封口的操作过程。

目的：为了使葡萄酒分装成销售的小包装，使成品酒达到市场各相关法规的要求。

规定：

a）采用低真空、常压或等压灌装的方式，瓶中或包装物中允许充入惰性气体；

b）为延长葡萄酒稳定性，允许装瓶前加入抗坏血酸及二氧化硫，或加入山梨酸钾，山梨酸钾使用剂量不超过 200 mg/L（以山梨酸钾计）；

c）可采用葡萄酒热装瓶；

d）可采用瓶装巴斯德杀菌处理；

e）可采用除菌装瓶。

ICS 67.160
X 62
备案号：

# DB65

新疆维吾尔自治区地方标准

DB65/T 2915—2008

# 冰葡萄酒酿造工艺规程

Brewing Technology Standard of Ice Wine

2008-10-01 发布　　2008-11-01 实施

新疆维吾尔自治区质量技术监督局　发布

# 前　言

本标准依据 GB/T 1.1—2000《标准化工作导则　第 1 部分：标准的结构和编写规则》要求编写。

本标准由新疆农业科学院吐鲁番农业科学研究所提出。

本标准归口单位：新疆维吾尔自治区轻工行业管理办公室。

本标准起草单位：新疆农科院吐鲁番农业科学研究所。

本标准主要起草人：王新勇、阿不都热依木、王婷、张黎、时佳乐。

# 冰葡萄酒酿造工艺规程

## 1　范围

本标准规定了冰葡萄酒酿造工艺的术语和定义、技术要求。

本标准适用于冰葡萄酒的生产酿造。

## 2　规范性引用文件

GB 12696—1990　葡萄酒厂卫生规范

GB 12697—1990　果酒厂卫生规范

GB 14881—1994　食品企业通用卫生规范

GB 2758—2005　发酵酒卫生标准

GB 2760—2007　食品添加剂使用卫生标准

GB 15037—2006　葡萄酒

GB 4789.1—35—2003　食品卫生微生物学检验

GB/T 15038　葡萄酒、果酒通用分析方法

## 3　术语和定义

### 3.1　冰葡萄

推迟葡萄采收时间，当气温低于 -8 ℃使葡萄在树枝上保持一定时间，葡萄果粒自然冰冻。葡萄含糖量 34% 以上，酸度达到 0.6% ~0.8%。

### 3.2　冰葡萄酒

以自然条件下冰冻的葡萄为原料，在结冰状态下压榨，低温发酵，酿制而成的甜葡萄酒（在生产过程中不允许外加糖源）。

## 4 技术要求

### 4.1 生产环境、设施要求

按 GB 12696 和 GB 14881 的要求执行。

### 4.2 冰葡萄酒生产工艺流程

采摘自然冰冻的葡萄→→低温榨汁→→回温处理→→澄清处理→→接种→→控温发酵（低温）→→中止发酵→→陈酿→→下胶→→过滤→→澄清处理→→冷冻→→过滤除菌→→灌装→→冰葡萄酒→→贮存。

### 4.3 冰葡萄酒工艺要求

4.3.1 葡萄品种

雷司令 Riesling、威代尔 Vidal、霞多丽 Chardonnay、白品乐 Pinot Blance、贵人香 I – talian Riesling、米勒 Muller Thurgau、琼瑶浆 Gewrztraminer、美乐 Mer – lot、长相思 Sauvigon Blance。

4.3.2 冰葡萄的采摘、分选

4.3.2.1 冰葡萄的采收日期必须在 11 月 15 日之后。

4.3.2.2 冰葡萄的采收温度必须保证在 –8 ℃以下，最理想的采摘温度为 –10 ℃ ~ –13 ℃。

4.3.2.3 冰葡萄采摘分选时间必须在夜间进行，次日日出前结束。

4.3.2.4 冰葡萄采摘分选时工人需要戴上橡皮手套小心仔细采摘在葡萄树枝上已经自然冰冻的葡萄。

4.3.2.5 葡萄采收前，必须以书面形式（用指定表格）证明以下内容：每批采收葡萄的温度、每批葡萄的种植面积和产量、葡萄的白利糖度、总酸、采收日期和具体时间。确保采摘的冰葡萄葡萄汁白利糖度在35°以上。

4.3.2.6 葡萄采收后，除梗破碎前要对葡萄进行分选，剔除烂果、异物等。分选过程应尽快进行，以保证葡萄在冰冻条件下榨汁。

4.3.3 低温榨汁

4.3.3.1 分选后的葡萄尽快进行除梗破碎处理。在压榨过程中，外界温度必须保持在 –8 ℃以下。

4.3.3.2 同一品种葡萄集中处理，避免品种混杂。

4.3.3.3 破碎过程中，避免压碎葡萄籽。

4.3.3.4 榨汁机应尽快装足葡萄果浆，以避免葡萄汁与皮渣接触时间过长，榨汁机下部的集汁槽的葡萄汁应尽快泵入澄清罐，以免被氧化。

4.3.3.5 确保压榨后冰葡萄汁白利糖度不得低于32°，总酸为 80 g/L ~ 120 g/L（以酒石酸计）。

4.3.3.6 根据采摘葡萄的健康状况调整二氧化硫添加量在 40 mg/L ~ 60 mg/L 之间。

4.3.3.7 除梗破碎操作过程中确保葡萄不与铁、铜等金属接触。

4.3.4 澄清

4.3.4.1 压榨后的葡萄汁入罐后将葡萄汁升温，罐内温度控制在 8 ℃ ~ 12 ℃。加入 30 mg/L ~ 40 mg/L的果胶酶澄清。

4.3.4.2 葡萄汁入罐后检测总糖、总酸、总二氧化硫及 pH 值。

4.3.5 分离取清汁

4.3.5.1 葡萄汁澄清后，澄清至浊度 <250NTU 即可进行分离。抽出上清液转入发酵罐进行发酵，

浑浊的汁底与其他罐的汁底合并，用酒泥机过滤后单独存放，发酵。

4.3.5.2　葡萄汁入发酵罐前应充氮气排氧气，防止氧化。

4.3.5.3　发酵罐进汁量控制在其罐容量的80%左右。

4.3.5.4　葡萄汁澄清时间已达36 h但还未澄清的，加入酵母活化液做单独发酵处理。

4.3.6　控温发酵

4.3.6.1　待葡萄汁装满罐容量的80%，立即进行回温处理，控制葡萄汁温度为10 ℃。

4.3.6.2　按1.5%～2.0%接入已经活化好的酵母培养液。

4.3.6.3　接种酵母后，进行封闭式循环15 min。

4.3.6.4　葡萄汁发酵过程中，发酵罐保持良好的通气状态。将发酵温度控制在8 ℃～12 ℃。

4.3.6.5　发酵时间控制在80 d～90 d。

4.3.7　终止发酵

4.3.7.1　葡萄汁发酵到比重降至1.055 $g/cm^3$～1.070 $g/cm^3$（20 ℃），残糖含量达到125 g/L时，按150 g/L量添加二氧化硫进行终止发酵。

4.3.7.2　将终止发酵后的冰葡萄酒进行全项理化指标检测，并调整游离二氧化硫含量至30 mg/L～40 mg/L。

4.3.7.3　将同品种，同质量的酒合并，打入另一罐且尽可能保持酒满罐存放，不满罐酒做好充氮气防氧化工作。

4.3.7.4　关闭发酵罐盖、旁通管阀门，立即降温至0 ℃，以确保终止发酵。

4.3.8　陈酿、贮藏

4.3.8.1　陈酿、贮藏温度不超过4 ℃。特别避免急速而频繁的温度改变而影响酒的品质。

4.3.8.2　陈酿、贮藏过程中避免室内过度的气温变化和阳光或强光直射陈酿罐；避免震动；避免酒窖内外有异味物质污染酒窖内空气。

4.3.8.3　陈酿、贮藏期间定期对冰葡萄酒的品质进行抽样检验。新酒每星期抽检一次，酒龄达到三个月以上的每个月抽检一次。

4.3.8.4　建立贮酒桶卡片

时间、酒的成分、选用的葡萄品种、换桶及添桶等工艺操作状况，并将卡片收集，整理统计，保管，把统计的信息输入电脑保存。

4.3.8.5　发酵原酒经180 d的低温陈酿后，用皂土、明胶下胶澄清。

4.3.8.6　调整游离$SO_2$至120 mg/L～160 mg/L，然后经冷冻、过滤、除菌。

4.3.9　冰葡萄酒的杀菌处理

4.3.9.1　将冰葡萄酒原酒运用先进的膜过滤技术，去除冰葡萄酒原酒中的杂菌和有效分离冰酒中的混浊物质，使其净化。

4.3.9.2　运用板式热交换器，温度控制在85 ℃左右对冰葡萄酒进行杀菌，杀菌后采用瞬间冷却，将酒温降至室温（20 ℃左右），进行无菌灌装。

4.3.10　冰葡萄酒罐装及瓶贮存

4.3.10.1　冰酒罐装材料采用375 mL有色玻璃瓶，天然橡木塞。

4.3.10.2　灌装采用无菌灌装，灌装后酒瓶应卧放使软木塞浸入酒中，以免木塞干燥使酒液挥发或进入空气。

4.3.10.3　瓶装冰酒贮存的温度控制在10 ℃。酒窖的湿度在70%左右。

4.3.10.4　冰葡萄酒在瓶中贮存期至少是180 d。

ICS 67. 160. 10
X 62

# T/CNFIA

团　体　标　准

T/CNFIA 104—2018

# 桑椹（果）酒

Mulberry wines

2018 - 05 - 01 发布　　2018 - 08 - 01 实施

中国食品工业协会　发布

## 前　言

本标准按照 GB/T 1.1—2009 给出的规则起草。

本标准由中国食品工业协会提出并归口。

本标准起草单位：句容市东方紫酒业有限公司、北京市东方紫酒业有限公司、夏津东方紫酒业有限公司。

本标准主要起草人：高庆国、王建民、陈薇伊、周晓杰、李爱玲、崔凤海、张旭。

# 桑椹（果）酒

## 1　范围

本标准规定了桑椹（果）酒的术语和定义、产品分类、要求、分析方法、检验规则、标志、包装、运输和贮存。

本标准适用于桑椹（果）酒的生产、检验与销售。

## 2　规范性引用文件

下列文件对于本文件的应用是必不可少的。凡是注日期的引用文件，仅注日期的版本适用于本文件。凡是不注日期的引用文件，其最新版本（包括所有的修改单）适用于本文件。

GB/T 191　包装储运图示标志

GB 2757　食品安全国家标准　蒸馏酒及其配制酒

GB 2758　食品安全国家标准　发酵酒及其配制酒

GB 2760　食品安全国家标准　食品添加剂使用标准

GB 5009.12　食品安全国家标准　食品中铅的测定

GB 5009.13　食品安全国家标准　食品中铜的测定

GB 5009.36　食品安全国家标准　食品中氰化物的测定

GB 5009.225　食品安全国家标准　酒中乙醇浓度的测定

GB 5009.266　食品安全国家标准　食品中甲醇的测定

GB 7718　食品安全国家标准　预包装食品标签通则

GB/T 11856　白兰地

GB 14881　食品安全国家标准　食品生产通用卫生规范

GB/T 15037　葡萄酒

GB/T 15038　葡萄酒、果酒通用分析方法

GB/T 17204　饮料酒分类

JJF 1070　定量包装商品净含量计量检验规则

定量包装商品计量监督管理办法（国家质量监督检验检疫总局〔2005〕第75号令）

## 3　术语和定义

下列术语和定义适用于本文件。

### 3.1　桑椹发酵酒　mulberry wines

以鲜桑椹或桑椹汁为原料，经全部或部分酒精发酵酿制而成的，含有一定酒精度的发酵酒。

### 3.2　特种桑椹发酵酒　special mulberry wines

用鲜桑椹或鲜桑椹汁在酿造工艺中使用特定方法酿制而成的桑椹发酵酒。

3.2.1　利口桑椹发酵酒　liqueur mulberry wines

由桑椹生成总酒精度为12.0% vol以上的桑椹发酵酒中，加入桑椹蒸馏酒、桑椹白兰地或食用酒精以及桑椹汁、浓缩桑椹汁、白砂糖而制成的，所含酒精度为15.0 % vol～2.0 % vol的桑椹发酵酒。

注：加入的桑椹蒸馏酒、桑椹白兰地或食用酒精以及桑椹汁、浓缩桑椹汁、白砂糖之总量不得超过产品总质量（或总体积）的25 % 。

3.2.2　加香桑椹发酵酒　flavoured mulberry wines

以桑椹发酵酒为酒基，经浸泡芳香植物或加入芳香植物的提取液而制成的，具有浸泡植物或植物提取物特征的桑椹发酵酒。

注：芳香植物指根据相关规定可在食品加工中使用的具有芳香特征的植物。

3.2.3　低醇桑椹发酵酒　low alcohol mulberry wines

采用鲜桑椹或桑椹汁，经全部或部分发酵，生成总酒精度不低于7.0% vol的原酒，然后采用特种工艺降低或不降低酒精度，最后成为酒精度为1.0% vol～7.0 % vol的桑椹发酵酒。

### 3.3　桑椹蒸馏酒　mulberry distilled liquors

以桑椹为原料，经发酵、蒸馏、调配而成的蒸馏酒。

### 3.4　桑椹白兰地　mulberry brandy

以桑椹为原料，经发酵、蒸馏、橡木桶陈酿、调配而成的蒸馏酒 。

3.4.1　酒龄　wine age

桑椹白兰地原酒在橡木桶中陈酿的时间（年）。

3.4.2　非酒精挥发物总量　total volatile substances for non－alcohol

桑椹白兰地中除酒精之外的挥发性物质（挥发酸、酯类、醛类、糠醛及高级醇）的总含量。

## 4　产品分类

产品分类见表1。

**表 1　　产品分类**

<table>
<tr><th>分类</th><th colspan="3">细分</th></tr>
<tr><td rowspan="6">桑椹发酵酒</td><td>按色泽分类</td><td colspan="2">白桑椹发酵酒、桃红桑椹发酵酒、红桑椹发酵酒</td></tr>
<tr><td rowspan="3">按二氧化碳含量和加工工艺分类</td><td colspan="2">平静桑椹发酵酒</td></tr>
<tr><td colspan="2">起泡桑椹发酵酒</td></tr>
<tr><td>特种桑椹发酵酒</td><td>利口桑椹发酵酒、加香桑椹发酵酒、低醇桑椹发酵酒</td></tr>
<tr><td rowspan="2">按含糖量分类</td><td>平静桑椹发酵酒</td><td>干型、半干型、半甜型、甜型</td></tr>
<tr><td>起泡桑椹发酵酒</td><td>干型、半干型、甜型</td></tr>
<tr><td>桑椹蒸馏酒</td><td colspan="3">—</td></tr>
<tr><td>桑椹白兰地</td><td colspan="3">—</td></tr>
</table>

## 5　要求

### 5.1　感官要求

应符合表 2 的要求。

**表 2　　感官要求**

<table>
<tr><th colspan="4">项　目</th><th>要　求</th></tr>
<tr><td rowspan="10">桑椹发酵酒</td><td rowspan="5">外观</td><td rowspan="3">色泽</td><td>白桑椹发酵酒</td><td>近似无色、微黄带绿、浅黄、禾秆黄、金黄色</td></tr>
<tr><td>桃红桑椹发酵酒</td><td>桃红、淡玫瑰红、浅红色</td></tr>
<tr><td>红桑椹发酵酒</td><td>紫红、深红、宝石红、红微带棕色、棕红色</td></tr>
<tr><td colspan="2">澄清程度</td><td>澄清，有光泽，无明显悬浮物（使用软木塞封口的酒允许有少量软木渣，装瓶超过6个月的桑椹发酵酒允许有少量沉淀）</td></tr>
<tr><td colspan="2">起泡程度</td><td>起泡桑椹发酵酒注入杯中时，应有细微的串珠状气泡升起，并有一定的持续性</td></tr>
<tr><td colspan="3">香气</td><td>具有纯正、优雅、怡悦、和谐的果香与酒香，陈酿型的桑椹发酵酒还应具有陈酿香或橡木香</td></tr>
<tr><td rowspan="3">滋味</td><td colspan="2">干、半干（型）</td><td>具有纯正、优雅、协调的口味和悦人的果香，酒体完整</td></tr>
<tr><td colspan="2">半甜、甜（型）</td><td>具有甘甜醇厚的口味和陈酿的酒香，酸甜协调，酒体丰满</td></tr>
<tr><td colspan="2">起泡（型）</td><td>具有优美醇正、和谐悦人的口味和发酵起泡酒的特有香味，有杀口力</td></tr>
<tr><td colspan="3">典型性</td><td>具有桑椹品种应有的特征和风格</td></tr>
<tr><td rowspan="5">桑椹蒸馏酒</td><td rowspan="2">外观</td><td colspan="2">色泽</td><td>无色或微黄色</td></tr>
<tr><td colspan="2">澄清程度</td><td>澄清透明、无悬浮物、无沉淀</td></tr>
<tr><td colspan="3">香气</td><td>具有明显的桑椹品种香气，浓郁优雅</td></tr>
<tr><td colspan="3">滋味</td><td>酒体协调完整，无异味</td></tr>
<tr><td colspan="3">典型性</td><td>具有桑椹品种应有的特征和风格</td></tr>
</table>

（续表）

<table>
<tr><th colspan="3">项　目</th><th colspan="3">要　求</th></tr>
<tr><td rowspan="7">桑椹白兰地</td><td colspan="2"></td><td>特级</td><td>优级</td><td>普级</td></tr>
<tr><td rowspan="2">外观</td><td>色泽</td><td>金黄色至赤金色</td><td>金黄色至赤金色</td><td>金黄色</td></tr>
<tr><td>澄清程度</td><td colspan="3">澄清透明、晶亮、无悬浮物、无沉淀</td></tr>
<tr><td colspan="2">香气</td><td>具有和谐的桑椹品种香，陈酿的橡木香，醇和的酒香，幽雅浓郁</td><td>具有明显的桑椹品种香，陈酿的橡木香，醇和的酒香，幽雅</td><td>具有桑椹品种香，橡木香及酒香，香气谐调，浓郁</td></tr>
<tr><td colspan="2">滋味</td><td>醇和、甘洌、沁润、细腻、丰满、绵延</td><td>醇和、甘洌、丰满、绵柔</td><td>醇和、甘洌、完整、无异味</td></tr>
<tr><td colspan="2">典型性</td><td>具有本品独特的风格</td><td>具有本品突出的风格</td><td>具有本品明显的风格</td></tr>
</table>

## 5.2 理化要求

应符合表3的要求。

**表3　　理化要求**

<table>
<tr><th colspan="4">项　目</th><th>要　求</th></tr>
<tr><td rowspan="17">桑椹发酵酒</td><td colspan="3">酒精度（20 ℃）/（% vol）　≥</td><td>7.0</td></tr>
<tr><td rowspan="7">总糖（以葡萄糖计）/（g/L）</td><td rowspan="4">平静桑椹发酵酒</td><td>干型　≤</td><td>6.0</td></tr>
<tr><td>半干型</td><td>6.1~16.0</td></tr>
<tr><td>半甜型</td><td>16.1~45.0</td></tr>
<tr><td>甜型　≥</td><td>45.1</td></tr>
<tr><td rowspan="3">起泡桑椹发酵酒</td><td>干型</td><td>17.1~32.0（允许检测误差为3.0）</td></tr>
<tr><td>半干型</td><td>32.1~50.0</td></tr>
<tr><td>甜型　≥</td><td>50.1</td></tr>
<tr><td rowspan="3">干浸出物/（g/L）</td><td colspan="2">白桑椹发酵酒　≥</td><td>16.0</td></tr>
<tr><td colspan="2">桃红桑椹发酵酒　≥</td><td>17.0</td></tr>
<tr><td colspan="2">红桑椹发酵酒　≥</td><td>18.0</td></tr>
<tr><td>二氧化碳（20 ℃）/MPa</td><td colspan="2">起泡桑椹发酵酒≥</td><td>0.05（全部自然发酵）</td></tr>
<tr><td colspan="3">总酸（以酒石酸计）/（g/L）</td><td>3.5~12.0</td></tr>
<tr><td colspan="3">挥发酸（以乙酸计）/（g/L）　≤</td><td>1.2</td></tr>
<tr><td colspan="3">铁/（mg/L）　≤</td><td>18.0</td></tr>
<tr><td colspan="4">分析方法：酒精度按 GB 5009.225 执行，其余项目按 GB/T 15038 执行</td></tr>
</table>

（续表）

<table>
<tr><th colspan="2">项 目</th><th colspan="3">要 求</th></tr>
<tr><td rowspan="4">桑椹蒸馏酒</td><td>酒精度（20 ℃）/（% vol） ≥</td><td colspan="3">36.0</td></tr>
<tr><td>铜/（mg/L） ≤</td><td colspan="3">6.0</td></tr>
<tr><td>甲醇、氰化物</td><td colspan="3">应符合 GB 2757 的规定</td></tr>
<tr><td colspan="4">分析方法：酒精度按 GB 5009.225 执行；铜按 GB 5009.13 执行；甲醇按 GB 5009.266 执行；氰化物按 GB 5009.36 执行</td></tr>
<tr><td rowspan="7">桑椹白兰地</td><td></td><td>特级</td><td>优级</td><td>普级</td></tr>
<tr><td>酒龄/年 ≥</td><td>6</td><td>4</td><td>3</td></tr>
<tr><td>酒精度（20 ℃）/（% vol） ≥</td><td colspan="3">36.0</td></tr>
<tr><td>非酒精挥发物总量（挥发酸+酯类+醛类+糠醛+高级醇/［g/L（100 % vol 乙醇）］ ≥</td><td>2.50</td><td>2.00</td><td>1.25</td></tr>
<tr><td>铜/（mg/L） ≤</td><td colspan="3">6.0</td></tr>
<tr><td>甲醇、氰化物</td><td colspan="3">应符合 GB 2757 的规定</td></tr>
<tr><td colspan="4">分析方法：酒精度按 GB 5009.225 执行；铜按 GB 5009.13 执行；非酒精挥发物总量按 GB/T 11856 执行；甲醇按 GB 5009.266 执行；氰化物按 GB 5009.36 执行</td></tr>
<tr><td colspan="5">注 1：酒精度实测值与标签标示值允许差为 ±1.0 % vol。<br>注 2：甲醇、氰化物指标均按 100% 酒精度折算。</td></tr>
</table>

### 5.3 食品添加剂要求

应符合 GB 2760 的规定。

### 5.4 食品安全要求

应符合相应食品安全国家标准的规定 。

## 6 净含量要求及检验方法

应按《定量包装商品计量监督管理办法》执行，检验方法按 JJF 1070 执行。

## 7 检验规则

### 7.1 组批

同一生产期内所生产的、同一类别、同一品质、且经包装出厂的、规格相同的产品为同一批次。

### 7.2 抽样

应按 GB/T 15037 的规定执行。

### 7.3 检验分类

7.3.1 出厂检验

应按 GB/T 15037 的规定执行。

7.3.2　检验项目

7.3.2.1　桑椹发酵酒

感官要求、酒精度、总糖、干浸出物、总酸、挥发酸、二氧化碳、总二氧化硫、净含量。

7.3.2.2　桑椹蒸馏酒和桑椹白兰地

感官要求、酒精度、甲醇、净含量。

7.3.3　型式检验

7.3.3.1　检验项目：本标准中全部要求项目。

7.3.3.2　一般情况下，同一类产品的型式检验每年进行一次，有下列情况之一者，亦应进行：

a）原辅材料有较大变化时；

b）更改关键工艺或设备时；

c）新试制的产品或正常生产的产品停产 3 个月后，重新恢复生产时 ；

d）出厂检验与上次型式检验结果有较大差异时。

### 7.4　判定规则

7.4.1　出厂检验项目或型式检验项目、检验结果全部符合本标准项目时，判为合格品。

7.4.2　出厂检验项目或型式检验项目、检验结果如有不符合本标准项目，可加倍抽样复检，复检后仍不符合本标准项目时，判为不合格品。

## 8　标志

8.1　标签应符合 GB 7718、GB 2758 或 GB 2757 的有关规定，并标注产品类型。

8.2　外包装纸箱上除标明产品名称、制造者（或经销商）名称和地址外，还应注明生产许可证、规格、净含量和生产日期。

8.3　包装储运图示标志应符合 GB/T 191 的要求。

## 9　包装、运输和贮存

应按 GB/T 15037 的规定执行。

# GB

中　华　人　民　共　和　国　国　家　标　准

GB 14881—2013

# 食品安全国家标准
# 食品生产通用卫生规范

2013 - 05 - 24 发布　　　　2014 - 06 - 01 实施

中华人民共和国
国家卫生和计划生育委员会　发布

# 前　言

本标准代替 GB 14881—1994《食品企业通用卫生规范》。

本标准与 GB 14881—1994 相比，主要变化如下：

——修改了标准名称；

——修改了标准结构；

——增加了术语和定义；

——强调了对原料、加工、产品贮存和运输等食品生产全过程的食品安全控制要求，并制定了控制生物、化学、物理污染的主要措施；

——修改了生产设备有关内容，从防止生物、化学、物理污染的角度对生产设备布局、材质和设计提出了要求；

——增加了原料采购、验收、运输和贮存的相关要求；

——增加了产品追溯与召回的具体要求；

——增加了记录和文件的管理要求。

——增加了附录 A“食品加工环境微生物监控程序指南”。

# 食品安全国家标准
# 食品生产通用卫生规范

## 1　范围

本标准规定了食品生产过程中原料采购、加工、包装、贮存和运输等环节的场所、设施、人员的基本要求和管理准则。

本标准适用于各类食品的生产，如确有必要制定某类食品生产的专项卫生规范，应当以本标准作为基础。

## 2　术语和定义

### 2.1　污染

在食品生产过程中发生的生物、化学、物理污染因素传入的过程。

### 2.2　虫害

由昆虫、鸟类、啮齿类动物等生物（包括苍蝇、蟑螂、麻雀、老鼠等）造成的不良影响。

### 2.3　食品加工人员

直接接触包装或未包装的食品、食品设备和器具、食品接触面的操作人员。

### 2.4 接触表面

设备、工器具、人体等可被接触到的表面。

### 2.5 分离

通过在物品、设施、区域之间留有一定空间，而非通过设置物理阻断的方式进行隔离。

### 2.6 分隔

通过设置物理阻断如墙壁、卫生屏障、遮罩或独立房间等进行隔离。

### 2.7 食品加工场所

用于食品加工处理的建筑物和场地，以及按照相同方式管理的其他建筑物、场地和周围环境等。

### 2.8 监控

按照预设的方式和参数进行观察或测定，以评估控制环节是否处于受控状态。

### 2.9 工作服

根据不同生产区域的要求，为降低食品加工人员对食品的污染风险而配备的专用服装。

## 3 选址及厂区环境

### 3.1 选址

3.1.1 厂区不应选择对食品有显著污染的区域。如某地对食品安全和食品宜食用性存在明显的不利影响，且无法通过采取措施加以改善，应避免在该地址建厂。

3.1.2 厂区不应选择有害废弃物以及粉尘、有害气体、放射性物质和其他扩散性污染源不能有效清除的地址。

3.1.3 厂区不宜选择易发生洪涝灾害的地区，难以避开时应设计必要的防范措施。

3.1.4 厂区周围不宜有虫害大量孳生的潜在场所，难以避开时应设计必要的防范措施。

### 3.2 厂区环境

3.2.1 应考虑环境给食品生产带来的潜在污染风险，并采取适当的措施将其降至最低水平。

3.2.2 厂区应合理布局，各功能区域划分明显，并有适当的分离或分隔措施，防止交叉污染。

3.2.3 厂区内的道路应铺设混凝土、沥青、或者其他硬质材料；空地应采取必要措施，如铺设水泥、地砖或铺设草坪等方式，保持环境清洁，防止正常天气下扬尘和积水等现象的发生。

3.2.4 厂区绿化应与生产车间保持适当距离，植被应定期维护，以防止虫害的孳生。

3.2.5 厂区应有适当的排水系统。

3.2.6 宿舍、食堂、职工娱乐设施等生活区应与生产区保持适当距离或分隔。

## 4 厂房和车间

### 4.1 设计和布局

4.1.1 厂房和车间的内部设计和布局应满足食品卫生操作要求，避免食品生产中发生交叉污染。

4.1.2 厂房和车间的设计应根据生产工艺合理布局，预防和降低产品受污染的风险。

4.1.3 厂房和车间应根据产品特点、生产工艺、生产特性以及生产过程对清洁程度的要求合理划分作业区，并采取有效分离或分隔。如：通常可划分为清洁作业区、准清洁作业区和一般作业区；或清洁作业区和一般作业区等。一般作业区应与其他作业区域分隔。

4.1.4 厂房内设置的检验室应与生产区域分隔。

4.1.5 厂房的面积和空间应与生产能力相适应，便于设备安置、清洁消毒、物料存储及人员操作。

### 4.2 建筑内部结构与材料

4.2.1 内部结构

建筑内部结构应易于维护、清洁或消毒。应采用适当的耐用材料建造。

4.2.2 顶棚

4.2.2.1 顶棚应使用无毒、无味、与生产需求相适应、易于观察清洁状况的材料建造；若直接在屋顶内层喷涂涂料作为顶棚，应使用无毒、无味、防霉、不易脱落、易于清洁的涂料。

4.2.2.2 顶棚应易于清洁、消毒，在结构上不利于冷凝水垂直滴下，防止虫害和霉菌孳生。

4.2.2.3 蒸汽、水、电等配件管路应避免设置于暴露食品的上方；如确需设置，应有能防止灰尘散落及水滴掉落的装置或措施。

4.2.3 墙壁

4.2.3.1 墙面、隔断应使用无毒、无味的防渗透材料建造，在操作高度范围内的墙面应光滑、不易积累污垢且易于清洁；若使用涂料，应无毒、无味、防霉、不易脱落、易于清洁。

4.2.3.2 墙壁、隔断和地面交界处应结构合理、易于清洁，能有效避免污垢积存。例如设置漫弯形交界面等。

4.2.4 门窗

4.2.4.1 门窗应闭合严密。门的表面应平滑、防吸附、不渗透，并易于清洁、消毒。应使用不透水、坚固、不变形的材料制成。

4.2.4.2 清洁作业区和准清洁作业区与其他区域之间的门应能及时关闭。

4.2.4.3 窗户玻璃应使用不易碎材料。若使用普通玻璃，应采取必要的措施防止玻璃破碎后对原料、包装材料及食品造成污染。

4.2.4.4 窗户如设置窗台，其结构应能避免灰尘积存且易于清洁。可开启的窗户应装有易于清洁的防虫害窗纱。

4.2.5 地面

4.2.5.1 地面应使用无毒、无味、不渗透、耐腐蚀的材料建造。地面的结构应有利于排污和清洗的需要。

4.2.5.2 地面应平坦防滑、无裂缝、并易于清洁、消毒，并有适当的措施防止积水。

## 5 设施

### 5.1 设施

5.1.1 供水设施

5.1.1.1 应能保证水质、水压、水量及其他要求符合生产需要。

5.1.1.2 食品加工用水的水质应符合 GB 5749 的规定，对加工用水水质有特殊要求的食品应符合相应规定。间接冷却水、锅炉用水等食品生产用水的水质应符合生产需要。

5.1.1.3 食品加工用水与其他不与食品接触的用水（如间接冷却水、污水或废水等）应以完全分离的管路输送，避免交叉污染。各管路系统应明确标识以便区分。

5.1.1.4 自备水源及供水设施应符合有关规定。供水设施中使用的涉及饮用水卫生安全产品还应符合国家相关规定。

5.1.2 排水设施

5.1.2.1 排水系统的设计和建造应保证排水畅通、便于清洁维护；应适应食品生产的需要，保证食品及生产、清洁用水不受污染。

5.1.2.2 排水系统入口应安装带水封的地漏等装置，以防止固体废弃物进入及浊气逸出。

5.1.2.3 排水系统出口应有适当措施以降低虫害风险。

5.1.2.4 室内排水的流向应由清洁程度要求高的区域流向清洁程度要求低的区域，且应有防止逆流的设计。

5.1.2.5 污水在排放前应经适当方式处理，以符合国家污水排放的相关规定。

5.1.3 清洁消毒设施

应配备足够的食品、工器具和设备的专用清洁设施，必要时应配备适宜的消毒设施。应采取措施避免清洁、消毒工器具带来的交叉污染。

5.1.4 废弃物存放设施

应配备设计合理、防止渗漏、易于清洁的存放废弃物的专用设施；车间内存放废弃物的设施和容器应标识清晰。必要时应在适当地点设置废弃物临时存放设施，并依废弃物特性分类存放。

5.1.5 个人卫生设施

5.1.5.1 生产场所或生产车间入口处应设置更衣室；必要时特定的作业区入口处可按需要设置更衣室。更衣室应保证工作服与个人服装及其他物品分开放置。

5.1.5.2 生产车间入口及车间内必要处，应按需设置换鞋（穿戴鞋套）设施或工作鞋靴消毒设施。如设置工作鞋靴消毒设施，其规格尺寸应能满足消毒需要。

5.1.5.3 应根据需要设置卫生间，卫生间的结构、设施与内部材质应易于保持清洁；卫生间内的适当位置应设置洗手设施。卫生间不得与食品生产、包装或贮存等区域直接连通。

5.1.5.4 应在清洁作业区入口设置洗手、干手和消毒设施；如有需要，应在作业区内适当位置加设洗手和（或）消毒设施；与消毒设施配套的水龙头其开关应为非手动式。

5.1.5.5 洗手设施的水龙头数量应与同班次食品加工人员数量相匹配，必要时应设置冷热水混合器。洗手池应采用光滑、不透水、易清洁的材质制成，其设计及构造应易于清洁消毒。应在临近洗手设施的显著位置标示简明易懂的洗手方法。

5.1.5.6 根据对食品加工人员清洁程度的要求，必要时应可设置风淋室、淋浴室等设施。

5.1.6 通风设施

5.1.6.1 应具有适宜的自然通风或人工通风措施；必要时应通过自然通风或机械设施有效控制生产环境的温度和湿度。通风设施应避免空气从清洁度要求低的作业区域流向清洁度要求高的作业区域。

5.1.6.2 应合理设置进气口位置，进气口与排气口和户外垃圾存放装置等污染源保持适宜的距离和角度。进、排气口应装有防止虫害侵入的网罩等设施。通风排气设施应易于清洁、维修或更换。

5.1.6.3 若生产过程需要对空气进行过滤净化处理，应加装空气过滤装置并定期清洁。

5.1.6.4 根据生产需要，必要时应安装除尘设施。

5.1.7 照明设施

5.1.7.1 厂房内应有充足的自然采光或人工照明，光泽和亮度应能满足生产和操作需要；光源应使食品呈现真实的颜色。

5.1.7.2 如需在暴露食品和原料的正上方安装照明设施，应使用安全型照明设施或采取防护措施。

5.1.8 仓储设施

5.1.8.1 应具有与所生产产品的数量、贮存要求相适应的仓储设施。

5.1.8.2 仓库应以无毒、坚固的材料建成；仓库地面应平整，便于通风换气。仓库的设计应能易于维护和清洁，防止虫害藏匿，并应有防止虫害侵入的装置。

5.1.8.3 原料、半成品、成品、包装材料等应依据性质的不同分设贮存场所、或分区域码放，并有明确标识，防止交叉污染。必要时仓库应设有温、湿度控制设施。

5.1.8.4 贮存物品应与墙壁、地面保持适当距离，以利于空气流通及物品搬运。

5.1.8.5 清洁剂、消毒剂、杀虫剂、润滑剂、燃料等物质应分别安全包装，明确标识，并应与原料、半成品、成品、包装材料等分隔放置。

5.1.9 温控设施

5.1.9.1 应根据食品生产的特点，配备适宜的加热、冷却、冷冻等设施，以及用于监测温度的设施。

5.1.9.2 根据生产需要，可设置控制室温的设施。

### 5.2 设备

5.2.1 生产设备

5.2.1.1 一般要求

应配备与生产能力相适应的生产设备，并按工艺流程有序排列，避免引起交叉污染。

5.2.1.2 材质

5.2.1.2.1 与原料、半成品、成品接触的设备与用具，应使用无毒、无味、抗腐蚀、不易脱落的材料制作，并应易于清洁和保养。

5.2.1.2.2 设备、工器具等与食品接触的表面应使用光滑、无吸收性、易于清洁保养和消毒的材料制成，在正常生产条件下不会与食品、清洁剂和消毒剂发生反应，并应保持完好无损。

5.2.1.3 设计

5.2.1.3.1 所有生产设备应从设计和结构上避免零件、金属碎屑、润滑油、或其他污染因素混入食品，并应易于清洁消毒、易于检查和维护。

5.2.1.3.2 设备应不留空隙地固定在墙壁或地板上，或在安装时与地面和墙壁间保留足够空间，以便清洁和维护。

5.2.2 监控设备

用于监测、控制、记录的设备，如压力表、温度计、记录仪等，应定期校准、维护。

5.2.3 设备的保养和维修

应建立设备保养和维修制度，加强设备的日常维护和保养，定期检修，及时记录。

## 6 卫生管理

### 6.1 卫生管理制度

6.1.1 应制定食品加工人员和食品生产卫生管理制度以及相应的考核标准，明确岗位职责，实行岗位责任制。

6.1.2 应根据食品的特点以及生产、贮存过程的卫生要求，建立对保证食品安全具有显著意义的关键控制环节的监控制度，良好实施并定期检查，发现问题及时纠正。

6.1.3 应制定针对生产环境、食品加工人员、设备及设施等的卫生监控制度，确立内部监控的范围、对象和频率。记录并存档监控结果，定期对执行情况和效果进行检查，发现问题及时整改。

6.1.4 应建立清洁消毒制度和清洁消毒用具管理制度。清洁消毒前后的设备和工器具应分开放置妥善保管，避免交叉污染。

### 6.2 厂房及设施卫生管理

6.2.1 厂房内各项设施应保持清洁，出现问题及时维修或更新；厂房地面、屋顶、天花板及墙壁有破损时，应及时修补。

6.2.2 生产、包装、贮存等设备及工器具、生产用管道、裸露食品接触表面等应定期清洁消毒。

### 6.3 食品加工人员健康管理与卫生要求

6.3.1 食品加工人员健康管理

6.3.1.1 应建立并执行食品加工人员健康管理制度。

6.3.1.2 食品加工人员每年应进行健康检查，取得健康证明；上岗前应接受卫生培训。

6.3.1.3 食品加工人员如患有痢疾、伤寒、甲型病毒性肝炎、戊型病毒性肝炎等消化道传染病，以及患有活动性肺结核、化脓性或者渗出性皮肤病等有碍食品安全的疾病，或有明显皮肤损伤未愈合的，应当调整到其他不影响食品安全的工作岗位。

6.3.2 食品加工人员卫生要求

6.3.2.1 进入食品生产场所前应整理个人卫生，防止污染食品。

6.3.2.2 进入作业区域应规范穿着洁净的工作服，并按要求洗手、消毒；头发应藏于工作帽内或使用发网约束。

6.3.2.3 进入作业区域不应配戴饰物、手表，不应化妆、染指甲、喷洒香水；不得携带或存放与食品生产无关的个人用品。

6.3.2.4 使用卫生间、接触可能污染食品的物品、或从事与食品生产无关的其他活动后，再次从事接触食品、食品工器具、食品设备等与食品生产相关的活动前应洗手消毒。

6.3.3 来访者

非食品加工人员不得进入食品生产场所，特殊情况下进入时应遵守和食品加工人员同样的卫生要求。

### 6.4 虫害控制

6.4.1 应保持建筑物完好、环境整洁，防止虫害侵入及孳生。

6.4.2 应制定和执行虫害控制措施，并定期检查。生产车间及仓库应采取有效措施（如纱帘、纱网、防鼠板、防蝇灯、风幕等），防止鼠类昆虫等侵入。若发现有虫鼠害痕迹时，应追查来源，消除隐患。

6.4.3 应准确绘制虫害控制平面图，标明捕鼠器、粘鼠板、灭蝇灯、室外诱饵投放点、生化信息素捕杀装置等放置的位置。

6.4.4 厂区应定期进行除虫灭害工作。

6.4.5 采用物理、化学或生物制剂进行处理时，不应影响食品安全和食品应有的品质、不应污染食品接触表面、设备、工器具及包装材料。除虫灭害工作应有相应的记录。

6.4.6 使用各类杀虫剂或其他药剂前，应做好预防措施避免对人身、食品、设备工具造成污染；不慎污染时，应及时将被污染的设备、工具彻底清洁，消除污染。

### 6.5 废弃物处理

6.5.1 应制定废弃物存放和清除制度，有特殊要求的废弃物其处理方式应符合有关规定。废弃物应定期清除；易腐败的废弃物应尽快清除；必要时应及时清除废弃物。

6.5.2 车间外废弃物放置场所应与食品加工场所隔离防止污染；应防止不良气味或有害有毒气体溢出；应防止虫害孳生。

### 6.6 工作服管理

6.6.1 进入作业区域应穿着工作服。

6.6.2 应根据食品的特点及生产工艺的要求配备专用工作服，如衣、裤、鞋靴、帽和发网等，必要时还可配备口罩、围裙、套袖、手套等。

6.6.3 应制定工作服的清洗保洁制度，必要时应及时更换；生产中应注意保持工作服干净完好。

6.6.4 工作服的设计、选材和制作应适应不同作业区的要求，降低交叉污染食品的风险；应合理选择工作服口袋的位置、使用的连接扣件等，降低内容物或扣件掉落污染食品的风险。

## 7 食品原料、食品添加剂和食品相关产品

### 7.1 一般要求

应建立食品原料、食品添加剂和食品相关产品的采购、验收、运输和贮存管理制度，确保所使用的食品原料、食品添加剂和食品相关产品符合国家有关要求。不得将任何危害人体健康和生命安全的物质添加到食品中。

### 7.2 食品原料

7.2.1 采购的食品原料应当查验供货者的许可证和产品合格证明文件；对无法提供合格证明文件的食品原料，应当依照食品安全标准进行检验。

7.2.2 食品原料必须经过验收合格后方可使用。经验收不合格的食品原料应在指定区域与合格品分开放置并明显标记，并应及时进行退、换货等处理。

7.2.3 加工前宜进行感官检验，必要时应进行实验室检验；检验发现涉及食品安全项目指标异常的，不得使用；只应使用确定适用的食品原料。

7.2.4 食品原料运输及贮存中应避免日光直射、备有防雨防尘设施；根据食品原料的特点和卫生需要，必要时还应具备保温、冷藏、保鲜等设施。

7.2.5 食品原料运输工具和容器应保持清洁、维护良好，必要时应进行消毒。食品原料不得与有毒、有害物品同时装运，避免污染食品原料。

7.2.6 食品原料仓库应设专人管理，建立管理制度，定期检查质量和卫生情况，及时清理变质或超过保质期的食品原料。仓库出货顺序应遵循先进先出的原则，必要时应根据不同食品原料的特性确定出货顺序。

### 7.3 食品添加剂

7.3.1 采购食品添加剂应当查验供货者的许可证和产品合格证明文件。食品添加剂必须经过验收合格后方可使用。

7.3.2 运输食品添加剂的工具和容器应保持清洁、维护良好，并能提供必要的保护，避免污染食品添加剂。

7.3.3 食品添加剂的贮藏应有专人管理，定期检查质量和卫生情况，及时清理变质或超过保质期的食品添加剂。仓库出货顺序应遵循先进先出的原则，必要时应根据食品添加剂的特性确定出货顺序。

### 7.4 食品相关产品

7.4.1 采购食品包装材料、容器、洗涤剂、消毒剂等食品相关产品应当查验产品的合格证明文件，实行许可管理的食品相关产品还应查验供货者的许可证。食品包装材料等食品相关产品必须经过验收合格后方可使用。

7.4.2 运输食品相关产品的工具和容器应保持清洁、维护良好，并能提供必要的保护，避免污染食品原料和交叉污染。

7.4.3 食品相关产品的贮藏应有专人管理，定期检查质量和卫生情况，及时清理变质或超过保质期的食品相关产品。仓库出货顺序应遵循先进先出的原则。

### 7.5 其他

盛装食品原料、食品添加剂、直接接触食品的包装材料的包装或容器，其材质应稳定、无毒无害，不易受污染，符合卫生要求。

食品原料、食品添加剂和食品包装材料等进入生产区域时应有一定的缓冲区域或外包装清洁措施，以降低污染风险。

## 8 生产过程的食品安全控制

### 8.1 产品污染风险控制

8.1.1 应通过危害分析方法明确生产过程中的食品安全关键环节，并设立食品安全关键环节的控制措施。在关键环节所在区域，应配备相关的文件以落实控制措施，如配料（投料）表、岗位操作规程等。

8.1.2 鼓励采用危害分析与关键控制点体系（HACCP）对生产过程进行食品安全控制。

### 8.2 生物污染的控制

8.2.1 清洁和消毒

8.2.1.1 应根据原料、产品和工艺的特点，针对生产设备和环境制定有效的清洁消毒制度，降低微生物污染的风险。

8.2.1.2 清洁消毒制度应包括以下内容：清洁消毒的区域、设备或器具名称；清洁消毒工作的职责；使用的洗涤、消毒剂；清洁消毒方法和频率；清洁消毒效果的验证及不符合的处理；清洁消毒工作及监控记录。

8.2.1.3 应确保实施清洁消毒制度，如实记录；及时验证消毒效果，发现问题及时纠正。

8.2.2 食品加工过程的微生物监控

8.2.2.1 根据产品特点确定关键控制环节进行微生物监控；必要时应建立食品加工过程的微生物监控程序，包括生产环境的微生物监控和过程产品的微生物监控。

8.2.2.2 食品加工过程的微生物监控程序应包括：微生物监控指标、取样点、监控频率、取样和检测方法、评判原则和整改措施等，具体可参照附录A的要求，结合生产工艺及产品特点制定。

8.2.2.3 微生物监控应包括致病菌监控和指示菌监控，食品加工过程的微生物监控结果应能反映食品加工过程中对微生物污染的控制水平。

### 8.3 化学污染的控制

8.3.1 应建立防止化学污染的管理制度，分析可能的污染源和污染途径，制定适当的控制计划和控制程序。

8.3.2 应当建立食品添加剂和食品工业用加工助剂的使用制度，按照GB 2760的要求使用食品添加剂。

8.3.3 不得在食品加工中添加食品添加剂以外的非食用化学物质和其他可能危害人体健康的物质。

8.3.4 生产设备上可能直接或间接接触食品的活动部件若需润滑，应当使用食用油脂或能保证食品安全要求的其他油脂。

8.3.5 建立清洁剂、消毒剂等化学品的使用制度。除清洁消毒必需和工艺需要，不应在生产场所使用和存放可能污染食品的化学制剂。

8.3.6 食品添加剂、清洁剂、消毒剂等均应采用适宜的容器妥善保存，且应明显标示、分类贮存；领用时应准确计量、作好使用记录。

8.3.7 应当关注食品在加工过程中可能产生有害物质的情况，鼓励采取有效措施减低其风险。

### 8.4 物理污染的控制

8.4.1 应建立防止异物污染的管理制度，分析可能的污染源和污染途径，并制定相应的控制计划和控制程序。

8.4.2 应通过采取设备维护、卫生管理、现场管理、外来人员管理及加工过程监督等措施，最大限度地降低食品受到玻璃、金属、塑胶等异物污染的风险。

8.4.3 应采取设置筛网、捕集器、磁铁、金属检查器等有效措施降低金属或其他异物污染食品的风险。

8.4.4 当进行现场维修、维护及施工等工作时，应采取适当措施避免异物、异味、碎屑等污染食品。

### 8.5 包装

8.5.1 食品包装应能在正常的贮存、运输、销售条件下最大限度地保护食品的安全性和食品品质。

8.5.2 使用包装材料时应核对标识，避免误用；应如实记录包装材料的使用情况。

## 9 检验

9.1 应通过自行检验或委托具备相应资质的食品检验机构对原料和产品进行检验，建立食品出厂检验记录制度。

9.2　自行检验应具备与所检项目适应的检验室和检验能力；由具有相应资质的检验人员按规定的检验方法检验；检验仪器设备应按期检定。

9.3　检验室应有完善的管理制度，妥善保存各项检验的原始记录和检验报告。应建立产品留样制度，及时保留样品。

9.4　应综合考虑产品特性、工艺特点、原料控制情况等因素合理确定检验项目和检验频次以有效验证生产过程中的控制措施。净含量、感官要求以及其他容易受生产过程影响而变化的检验项目的检验频次应大于其他检验项目。

9.5　同一品种不同包装的产品，不受包装规格和包装形式影响的检验项目可以一并检验。

## 10　食品的贮存和运输

10.1　根据食品的特点和卫生需要选择适宜的贮存和运输条件，必要时应配备保温、冷藏、保鲜等设施。不得将食品与有毒、有害、或有异味的物品一同贮存运输。

10.2　应建立和执行适当的仓储制度，发现异常应及时处理。

10.3　贮存、运输和装卸食品的容器、工器具和设备应当安全、无害，保持清洁，降低食品污染的风险。

10.4　贮存和运输过程中应避免日光直射、雨淋、显著的温湿度变化和剧烈撞击等，防止食品受到不良影响。

## 11　产品召回管理

11.1　应根据国家有关规定建立产品召回制度。

11.2　当发现生产的食品不符合食品安全标准或存在其他不适于食用的情况时，应当立即停止生产，召回已经上市销售的食品，通知相关生产经营者和消费者，并记录召回和通知情况。

11.3　对被召回的食品，应当进行无害化处理或者予以销毁，防止其再次流入市场。对因标签、标识或者说明书不符合食品安全标准而被召回的食品，应采取能保证食品安全、且便于重新销售时向消费者明示的补救措施。

11.4　应合理划分记录生产批次，采用产品批号等方式进行标识，便于产品追溯。

## 12　培训

12.1　应建立食品生产相关岗位的培训制度，对食品加工人员以及相关岗位的从业人员进行相应的食品安全知识培训。

12.2　应通过培训促进各岗位从业人员遵守食品安全相关法律法规标准和执行各项食品安全管理制度的意识和责任，提高相应的知识水平。

12.3　应根据食品生产不同岗位的实际需求，制定和实施食品安全年度培训计划并进行考核，做好培训记录。

12.4　当食品安全相关的法律法规标准更新时，应及时开展培训。

12.5　应定期审核和修订培训计划，评估培训效果，并进行常规检查，以确保培训计划的有效实施。

## 13　管理制度和人员

**13.1**　应配备食品安全专业技术人员、管理人员，并建立保障食品安全的管理制度。

**13.2**　食品安全管理制度应与生产规模、工艺技术水平和食品的种类特性相适应，应根据生产实际和实施经验不断完善食品安全管理制度。

**13.3**　管理人员应了解食品安全的基本原则和操作规范，能够判断潜在的危险，采取适当的预防和纠正措施，确保有效管理。

## 14　记录和文件管理

### 14.1　记录管理

14.1.1　应建立记录制度，对食品生产中采购、加工、贮存、检验、销售等环节详细记录。记录内容应完整、真实，确保对产品从原料采购到产品销售的所有环节都可进行有效追溯。

14.1.1.1　应如实记录食品原料、食品添加剂和食品包装材料等食品相关产品的名称、规格、数量、供货者名称及联系方式、进货日期等内容。

14.1.1.2　应如实记录食品的加工过程（包括工艺参数、环境监测等）、产品贮存情况及产品的检验批号、检验日期、检验人员、检验方法、检验结果等内容。

14.1.1.3　应如实记录出厂产品的名称、规格、数量、生产日期、生产批号、购货者名称及联系方式、检验合格单、销售日期等内容。

14.1.1.4　应如实记录发生召回的食品名称、批次、规格、数量、发生召回的原因及后续整改方案等内容。

14.1.2　食品原料、食品添加剂和食品包装材料等食品相关产品进货查验记录、食品出厂检验记录应由记录和审核人员复核签名，记录内容应完整。保存期限不得少于2年。

14.1.3　应建立客户投诉处理机制。对客户提出的书面或口头意见、投诉，企业相关管理部门应作记录并查找原因，妥善处理。

**14.2**　应建立文件的管理制度，对文件进行有效管理，确保各相关场所使用的文件均为有效版本。

**14.3**　鼓励采用先进技术手段（如电子计算机信息系统），进行记录和文件管理。

# GB

中　华　人　民　共　和　国　国　家　标　准

GB/T 12696—2016

# 食品安全国家标准
# 发酵酒及其配制酒生产卫生规范

2016－12－23发布　　2017－12－23实施

中华人民共和国国家卫生和计划生育委员会
国　家　食　品　药　品　监　督　管　理　总　局　　发布

# 前　言

本标准代替 GB 12696—1990《葡萄酒厂卫生规范》、GB 12697—1990《果酒厂卫生规范》和 GB 12698—1990《黄酒厂卫生规范》。

本标准与 GB 12696—1990、GB 12697—1990 和 GB 12698—1990 相比，主要变化如下：

——标准名称修改为“食品安全国家标准　发酵酒及其配制酒生产卫生规范”；

——修改了标准适用范围；

——修改了标准结构；

——增加了产品召回和管理的要求；

——增加了培训的要求；

——增加了管理制度和人员的要求；

——增加了附录 A“葡萄酒（果酒）加工过程的微生物监控程序指南”、附录 B“黄酒加工过程的微生物监控程序指南”、附录 C“配制酒加工过程的微生物监控程序指南”。

# 食品安全国家标准<br>发酵酒及其配制酒生产卫生规范

## 1　范围

本标准规定了发酵酒及其配制酒生产过程中原料采购、加工、包装、贮存和运输等环节的场所、设施、人员的基本要求和管理准则。

本标准适用于葡萄酒、果酒（发酵型）、黄酒以及发酵酒的配制酒的生产。

## 2　规范术语和定义

GB 14881—2013 中的术语和定义适用于本标准。

## 3　选址及厂区环境

应符合 GB 14881—2013 中第 3 章的相关规定。

## 4　厂房和车间

### 4.1　设计和布局

应符合 GB 14881—2013 中 4.1 的规定。

### 4.2 建筑内部结构与材料

应符合 GB 14881—2013 中 4.2 的规定。

### 4.3 葡萄酒（果酒）厂房设计要求

4.3.1 根据生产工艺需要，葡萄酒（果酒）生产区应划分为葡萄（水果）原料加工区、发酵区、贮存陈酿区、原酒后加工区、灌装区等，各区域应布局合理。

4.3.2 葡萄酒（果酒）的酒窖应保持卫生，墙面和天花板的材料应具有防潮功能。酒窖应具有一定的通风功能，根据生产需要可以进行温度和湿度的控制。

4.3.3 葡萄酒（果酒）原酒生产企业应根据生产工艺需要合理设计厂房。

### 4.4 黄酒厂房设计特性要求

根据生产工艺需要，黄酒生产区应设置原料仓库、制曲、制酒、灌装、贮存陈酿等区域，各区域应布局合理。

### 4.5 配制酒厂房设计特性要求

4.5.1 根据生产工艺需要，配制酒生产区应设置原料处理区、制酒区、储酒区、灌装区等区域。

4.5.2 若设置制酒区，应能满足配料、发酵或提取、调配、澄清处理的要求。

## 5 设施与设备

5.1 应符合 GB 14881—2013 中第 5 章的相关规定。

5.2 新不锈钢罐在使用前应进行酸洗和钝化。

5.3 葡萄酒（果酒）及配制酒若采用水泥池发酵或储酒时，水泥池内壁应涂有防腐层，防腐层应满足以下要求：

a）无毒，耐酸、耐碱、耐腐蚀，对酒的风味无任何不良影响；

b）应有很强的附着力，不应脱落；

c）应具有光滑平整的表面；

d）应有较高的机械强度、致密的结构和足够的厚度，不应渗漏；

e）敷设工艺应简单易行。

5.4 起泡葡萄酒（果酒）发酵罐应符合相关的要求。

5.5 葡萄酒（果酒）橡木桶在使用前应根据其使用情况，采用水清洗、蒸汽熏蒸法、酸碱浸泡法、酒精浸泡法、熏硫等其中一种或几种方法进行处理，保持清洁卫生。

5.6 仅生产葡萄酒（果酒）原酒的厂区应根据生产需要合理配置设施与设备。

5.7 黄酒生产中传统的工器具应易于清洁和保养。

## 6 卫生管理

应符合 GB 14881—2013 中第 6 章的相关规定。

## 7 原料、食品添加剂和食品相关产品

### 7.1 葡萄酒（果酒）及其配制酒原料

7.1.1 应符合 GB 14881—2013 中 7.1 和 7.2 的规定。

7.1.2 采购葡萄（水果）原料，应有采购记录和验收记录。采购记录应详细记录原料的品种、产地。原料应符合 GB 2763 中的相关规定。

7.1.3 采购的国产葡萄汁（果汁）或原酒，应是取得生产许可证的产品。采购时，应索取葡萄汁（果汁）或原酒生产企业的相应有效资质及详细的生产过程记录材料，包括原料信息、加工工艺信息、食品添加剂和食品加工助剂使用信息等内容，并有相应的检验合格证明文件。应按国家有关规定或标准要求对葡萄汁（果汁）或原酒进行验收。

7.1.4 采购进口葡萄汁（果汁），应向供货方索取有效的产品信息和检验检疫证明。

7.1.5 采购进口原酒，应向供货方索取有效的原酒信息（品种、工艺、食品添加剂使用情况等）和检验检疫证明。

7.1.6 发酵过程中使用的酵母、乳酸菌、食品加工助剂及其他辅料等应符合相应的要求，并制定管理制度和操作规程。

7.1.7 特种葡萄酒（果酒）及其配制酒所用原料应符合其生产工艺或相关标准对原料的特殊要求。

### 7.2 黄酒及其配制酒原料

7.2.1 应符合 GB 14881—2013 中 7.1 和 7.2 的规定。

7.2.2 使用的粮食原料应有采购记录和验收记录，应符合相关食品安全国家标准，不得使用发霉、变质或含有毒、有害物以及被有毒、有害物污染的原料。

7.2.3 生产特型黄酒的原料应使用普通食品原料、国家批准的既是食品又是药品的物品及新食品原料目录中的产品，并符合相应的要求。

### 7.3 食品添加剂

7.3.1 应符合 GB 14881—2013 中 7.3 的规定。

7.3.2 黄酒生产中调色用焦糖色应符合 GB 1886.64 和 GB 2760 中的相关规定。

7.3.3 黄酒生产中助滤用硅藻土应符合 GB 14936 中的相关规定。

### 7.4 食品相关产品

应符合 GB 14881—2013 中 7.4 的规定。

## 8 葡萄酒（果酒）生产过程的食品安全控制

### 8.1 发酵

8.1.1 葡萄（水果）加工前后，应对发酵车间、发酵过程中使用的设备、工器具、容器、管道及其附件进行清洗或消毒。车间应设置专用的工器具清洗、消毒场所。

8.1.2 发酵过程中应监测不良代谢产物产生情况，如赭曲霉毒素 A 和氨基甲酸乙酯，必要时采取

适当的控制措施。

### 8.2 原酒贮存与陈酿

8.2.1 原酒贮存、陈酿、运输和周转容器应用无毒、无害、无异味、抗腐蚀、易清洗的材料。使用前应进行清洗或杀菌。

8.2.2 贮存和陈酿过程中应合理控制温度，并适量使用二氧化硫，适时分离酒脚，防止原酒氧化或微生物繁殖。

### 8.3 稳定处理

葡萄酒（果酒）稳定处理过程中使用的加工助剂在使用之前应进行确定添加量的试验。

### 8.4 过滤和灌装

8.4.1 灌装使用的输酒管路、装酒机、储酒罐、过滤机等，应经过灭菌操作，保证输酒管路和装酒机卫生。半成品酒在进入灌装机前应经过过滤除菌或其他方式灭菌。

8.4.2 过滤器应定期清洗，更换滤膜、滤棒、滤芯。

8.4.3 灌装前，空瓶应清洗干净，经检查无污物、无杂质、无破损后方可使用。使用的瓶盖（塞）应确保清洁卫生。每日生产结束后，灌装设备应进行清洗和灭菌操作。

8.4.4 葡萄酒（果酒）若进行热处理如巴氏杀菌处理，采用的升温或其他技术不应引起酒的外观、香气和口感的明显变化。

### 8.5 微生物监控

可建立葡萄酒（果酒）加工过程的微生物监控程序，包括生产环境的微生物监控和生产过程中的微生物监控，参见附录A。

## 9 黄酒生产过程的食品安全控制

### 9.1 原料处理

9.1.1 制曲

9.1.1.1 制曲发酵间及过程中使用的仪器、设备、工器具等应进行清洗，必要时应进行消毒。

9.1.1.2 纯种制曲中对使用的菌种应制定管理制度及操作规程。

9.1.2 浸米

原料使用应采取先进先出的原则，浸米容器和工器具应采用无毒、无害、无异味、抗腐蚀、易清洗的材料，使用前应清洗干净。

9.1.3 蒸（煮）饭

9.1.3.1 蒸（煮）饭用的仪器、设备、输送管道等工器具及盛器应符合食品安全要求。

9.1.3.2 糊化后采用合适的方式进行冷却，如摊冷、风冷、水淋，饭冷后应尽快投料使用。

### 9.2 制酒

9.2.1 发酵

9.2.1.1 发酵前后，应对发酵场所、发酵过程中使用的设备、工器具、容器、管道及附件应进行清洗或消毒。应设置专用的工器具清洗、消毒场所。

9.2.1.2 发酵过程中使用的麦曲、酒药、酵母、食品加工助剂及其他辅料等，应制定管理制度和操作规程。

9.2.1.3 发酵过程中应做好温度控制管理，以及糖度、酒精度和酸度的监测。

9.2.1.4 发酵过程中应监测不良代谢产物产生情况，如氨基甲酸乙酯，必要时采取适当的控制措施。

9.2.2 压榨过滤

9.2.2.1 压榨过滤场所的地面、墙壁及使用的设备容器应清洁或消毒。压榨过滤用的滤布、滤板应符合安全要求。

9.2.2.2 压滤机应保持清洁及滤孔畅通，滤布应定期清洗或消毒。

9.2.2.3 压榨用压缩空气应进行过滤。

9.2.3 煎酒

9.2.3.1 煎酒设备及容器具等应定期清洗或消毒。

9.2.3.2 煎酒过程中应监控煎酒温度和时间。

9.2.4 原酒贮存及陈酿

9.2.4.1 用于原酒贮存与陈酿的容器应安全无害，使用前应进行清洗或消毒。

9.2.4.2 原酒运输和周转容器应采用无毒、无害、无异味、抗腐蚀、易清洗的材料。使用前应进行清洗或消毒。

9.2.5 勾兑、过滤和灌装

9.2.5.1 过滤和灌装场所的地面、墙壁及使用的设备、容器应定期清洁或消毒。

9.2.5.2 勾兑完成的半成品酒，不宜存放时间过长，必要时进行冷冻处理。

9.2.5.3 半成品酒在进入灌装机前应经过过滤除菌或加温灭菌，或者灌装封盖后加温灭菌。

9.2.5.4 灌装前，空瓶应清洗干净，经检查无污物、无杂质、无破损后方可使用。使用的瓶盖（塞）应确保清洁卫生。

9.2.5.5 灌装好的透明瓶装酒或杀菌后的透明瓶装酒应进行灯光检测，检验人员应实行定时轮换制。

### 9.3 微生物监控

可建立黄酒加工生产环境和过程的微生物监控程序，参见附录B。

## 10 配制酒生产过程的食品安全控制

### 10.1 原料处理和提取

10.1.1 原料处理和提取前后，应对原料处理车间、提取车间、原料处理和提取过程中使用的设备、工器具、容器、管道及其附件进行清洗或消毒。车间应设置专用的工器具清洗或消毒场所。

10.1.2 生产过程中使用的原料、辅料、加工助剂等应符合相应的要求，并制定管理制度和操作规程。

### 10.2 澄清处理和灌装

10.2.1 调配好的基酒应根据稳定性试验结果，采取相应的澄清处理措施。

10.2.2　根据酒精度、总糖及 pH，确定杀菌及灌装方式。

### 10.3　微生物监控

酒精度≤20% vol 的配制酒应建立生产环境和加工过程的微生物监控程序，参见附录 C。

## 11　包装

应符合 GB 14881—2013 中 8.5 的规定。

## 12　检验

应符合 GB 14881—2013 中第 9 章的相关规定。

## 13　产品的贮存和运输

应符合 GB 14881—2013 中第 10 章的相关规定。

## 14　产品召回管理

应符合 GB 14881—2013 中第 11 章的相关规定。

## 15　培训

应符合 GB 14881—2013 中第 12 章的相关规定。

## 16　管理制度和人员

应符合 GB 14881—2013 中第 13 章的相关规定。

## 17　记录和文件管理

应符合 GB 14881—2013 中第 14 章的相关规定。

## 附　录　A
## 葡萄酒（果酒）加工过程的微生物监控程序指南

A.1　葡萄酒（果酒）加工过程的微生物监控要求见表 A.1。

表 A.1　　葡萄酒（果酒）加工过程的微生物监控要求

| 监控项目 | | 建议取样点 | 建议监控微生物 | 建议监控频率 | 建议监控指标限值 |
|---|---|---|---|---|---|
| 生产过程微生物监控 | 灌酒设备（灌装机、管路、酒瓶、瓶盖） | 成品酒 | 菌落总数 | 按产品批次 | 结合生产实际情况明确指示限值 |

A.2 微生物监控指标不符合情况的处理要求：各监控点的监控结果应当符合监控指标的限值并保持稳定，当出现轻微不符合时，可通过增加取样频次等措施加强监控；当出现严重不符合时，应当立即纠正，同时查找问题原因，以确定是否需要对微生物监控程序采取相应的纠正措施。

## 附 录 B
## 黄酒加工过程的微生物监控程序指南

B.1 黄酒加工过程的微生物监控要求见表B.1。

表B.1 黄酒加工过程的微生物监控要求

| 监控项目 | | 建议取样点 | 建议监控微生物 | 建议监控频率 | 建议监控指标限值 |
|---|---|---|---|---|---|
| 生产过程的微生物监控 | 灌酒设备（灌装机、管路、酒瓶、瓶盖） | 成品酒 | 菌落总数 | 按产品批次 | 结合生产实际情况明确指示限值 |

B.2 微生物监控指标不符合情况的处理要求：各监控点的监控结果应当符合监控指标的限值并保持稳定，当出现轻微不符合时，可通过增加取样频次等措施加强监控；当出现严重不符合时，应当立即纠正，同时查找问题原因，以确定是否需要对微生物监控程序采取相应的纠正措施。

## 附 录 C
## 配制酒加工过程的微生物监控程序指南

C.1 配制酒加工过程的微生物监控要求见表C.1。

表C.1 配制酒加工过程的微生物监控要求

| 监控项目 | | 建议取样点 | 建议监控微生物 | 建议监控频率 | 建议监控指标限值 |
|---|---|---|---|---|---|
| 酒中微生物 | 原酒（酒精度≤20%vol）、待灌装酒 | 储酒设备阀门处 | 菌落总数 | 自检，定期 | 结合生产情况明确指示限值 |
| | 成品酒 | 灌装压塞后 | 菌落总数 | 按产品批次 | 结合生产实际情况明确指示限值 |

C.2 微生物监控指标不符合情况的处理要求：各监控点的监控结果应当符合监控指标的限值并保持稳定，当出现轻微不符合时，可通过增加取样频次等措施加强监控；当出现严重不符合时，应当立即纠正，同时查找问题原因，以确定是否需要对微生物监控程序采取相应的纠正措施。

# GB

# 中 华 人 民 共 和 国 国 家 标 准

GB 8951—2016

# 食品安全国家标准
# 蒸馏酒及其配制酒生产卫生规范

2016-12-23 发布　　2017-12-23 实施

中华人民共和国国家卫生和计划生育委员会
国家食品药品监督管理总局　发布

# 前　言

本标准代替 GB 8951—1988《白酒厂卫生规范》。

本标准与 GB 8951—1988 相比，主要变化如下：

——标准名称修改为“食品安全国家标准　蒸馏酒及其配制酒生产卫生规范”；

——修改了标准结构；

——修改了标准适用范围；

——增加了配制酒生产相关要求。

# 食品安全国家标准<br>蒸馏酒及其配制酒生产卫生规范

## 1　范围

本标准规定了蒸馏酒（白酒）、蒸馏酒的配制酒生产过程中原料采购、加工、包装、贮存和运输等环节的场所、设施、人员的基本要求和管理准则。

本标准适用于蒸馏酒（白酒）、蒸馏酒的配制酒的生产。

## 2　术语和定义

GB 14881—2013 中的术语和定义适用于本标准。

## 3　选址及厂区环境

应符合 GB 14881—2013 第 3 章的相关规定。

## 4　厂房和车间

### 4.1　设计和布局

4.1.1　应符合 GB 14881—2013 中 4.1 的相关规定。

4.1.2　根据生产工艺需要，原料贮存、原料处理或提取加工、培菌或制曲、制酒、基酒贮存、调配、成品包装、成品贮存应设置独立的厂房或车间，并有效分隔。

### 4.2　建筑内部结构与材料

应符合 GB 14881—2013 中 4.2 的相关规定。

## 4.3 白酒厂房设计特性要求

4.3.1 纯菌种培养车间（室）

4.3.1.1 无菌室的设计与设施应符合无菌操作的工艺技术要求。

4.3.1.2 菌种培养车间（室）内环境应避免杂菌污染纯菌种，应符合纯种微生物生长、繁殖、活动的工艺技术要求。

4.3.2 制曲车间

4.3.2.1 制曲车间的设计与设施应能满足配料、成型、培养、贮存、粉碎的工艺技术要求，应利于制曲微生物的生长和繁殖。

4.3.2.2 制曲车间应按照工艺要求划分相应的功能区域，包括粉碎区、曲块成型区、培养区、贮存区等。

4.3.2.3 根据工艺需要，粉碎区应有除杂、防尘设施，粉尘浓度应符合相关要求。

4.3.2.4 培养区、贮存区应有符合工艺要求的通风措施。

4.3.3 原料粉碎车间

4.3.3.1 根据工艺要求，原料需要粉碎的，应有独立的原料粉碎车间，车间应能满足原料除杂、粉碎、防尘的工艺技术要求。

4.3.3.2 配制酒的原材料粉碎车间，应安装捕尘设备、排风设施或设置专用厂房（操作间），避免交叉污染。

4.3.3.3 车间内的除尘设施应保证室内粉尘浓度符合相关要求；架空构件和设备的安装应便于清理，防止和减少粉尘积聚。

4.3.4 制酒车间

4.3.4.1 固态法制酒车间的设计与设施应满足固态法制酒条件下配料、糊化、糖化、发酵、蒸馏的工艺技术要求。窖、池、缸、箱等发酵容器应有利于酿酒微生物的生长与繁殖。

4.3.4.2 半固态法制酒车间的设计与设施应满足半固态法制酒条件下配料、蒸煮、接种、糖化、发酵、蒸馏的工艺技术要求。槽、池、缸、罐等发酵容器应有利于酿酒微生物的生长和繁殖。

4.3.4.3 液态法制酒车间应满足液态法制酒条件下配料、蒸煮、糖化、发酵、蒸馏的工艺技术要求。发酵区域应与其他区域分开，并有良好的调温设施。

4.3.4.4 厂房内应根据生产需要设置相应的功能区域，如晾堂操作区、发酵区、馏酒区等功能区域。

4.3.4.5 蒸馏区域应保持清洁，无积水。

4.3.5 如有基酒暂存区域的，应划分固定区域，贮酒容器应做好标识并加盖；该区域应通风良好，便于清洁。

4.3.6 包装车间

4.3.6.1 应设有与生产能力相匹配的包装车间，应远离锅炉房和原材料粉碎、制曲、贮曲等粉尘较多的场所。

4.3.6.2 包装车间的设计与设施应满足洗瓶、灌装、压盖、装箱等工艺技术要求。

4.3.6.3 包装车间应满足工艺和食品安全要求，根据生产需要应具备相应的功能区域，如更衣区、包装材料暂存区、待包装酒暂存区、洗瓶区、成品灌装区等。

4.3.6.4 包装车间各区域按不同的卫生要求进行控制和管理。成品灌装区从洗瓶到压盖生产过程的设备和链道应采用防尘、防异物的设施；从更衣区进入成品灌装区入口处应设置洗手和干手设施；

人员进入成品灌装区应着工作服、鞋、帽，保持整洁并定期消毒；包装车间应严格控制非工作人员进出。

4.3.7 成品库

4.3.7.1 成品库的容量应与生产能力相适应，符合国家相关规定。

4.3.7.2 成品库内应阴凉、干燥，不得与可能影响酒体质量的物品混存。

### 4.4 配制酒厂房设计特性要求

4.4.1 根据生产工艺需要，配制酒生产区应设置原料处理区、制酒区、贮酒区、灌装区等区域。

4.4.2 若设置制酒区，应满足配料、发酵或提取、调配、澄清处理的要求。

## 5 设施与设备

### 5.1 设施

5.1.1 应符合 GB14881—2013 中 5.1 的相关规定。

5.1.2 酒糟存放设施

应有便于存放和清理的设施。

5.1.3 供汽设施

5.1.3.1 应配备与生产能力相适应的供汽系统。

5.1.3.2 供汽设施、设备应定期检查、维护、保养。

### 5.2 设备

应符合 GB14881—2013 中 5.2 的相关规定。

## 6 卫生管理

**6.1** 应符合 GB14881—2013 第 6 章的相关规定。

**6.2** 应对与酒体直接接触的容器、机械设备、管道、工器具等建立相应的卫生管理制度。

**6.3** 灌装区应有防虫措施。

## 7 原料、食品添加剂和相关产品

**7.1** 应符合 GB14881—2013 第 7 章的相关规定。

**7.2** 生产使用的原料应符合国家相关标准要求，应有采购记录和验收记录，不得使用发霉、变质或含有毒、有害物以及被有毒、有害物污染的原料生产。

**7.3** 采购与酒体直接接触的材料或物料时，应有易迁移的醇溶性有害成分含量检测报告，如重金属、邻苯二甲酸酯等。

## 8 生产过程的食品安全控制

### 8.1 白酒生产过程的食品安全控制

8.1.1 应符合 GB 14881—2013 第 8 章的相关规定。

8.1.2　生产场地环境等应按工艺要求进行清理，保持整洁卫生。

8.1.3　生产过程应防止有害生物污染，出现异常时应及时处理。

8.1.4　生产过程中应监测不良代谢产物产生情况，如氨基甲酸乙酯，必要时采取措施控制。

8.1.5　原酒贮存过程中宜监测易迁移的醇溶性有害成分的含量，如重金属、邻苯二甲酸酯等。

### 8.2　配制酒生产过程的食品安全控制

8.2.1　原料处理和提取过程的控制。

8.2.1.1　车间应设置专用的工器具清洗或消毒场所，对原料处理车间、提取车间、原料处理和提取过程中使用的设备、工器具、容器、管道及其附件进行清洗或消毒管理。

8.2.1.2　生产过程中使用的原料、辅料、加工助剂等应符合相应的要求，并建立管理制度和操作规程。

8.2.2　澄清处理和灌装

8.2.2.1　调配好的半成品酒应根据稳定性实验结果，采取相应的处理措施。

8.2.2.2　根据酒精度、总糖及 pH，确定杀菌及灌装方式（冷灌装或热灌装）。

## 9　检验

应符合 GB 14881—2013 第 9 章的相关规定。

## 10　产品的贮存和运输

应符合 GB 14881—2013 第 10 章的相关规定。

## 11　产品召回管理

应符合 GB 14881—2013 第 11 章的相关规定。

## 12　培训

应符合 GB 14881—2013 第 12 章的相关规定。

## 13　管理制度和人员

应符合 GB 14881—2013 第 13 章的相关规定。

## 14　记录和文件管理

应符合 GB 14881—2013 第 14 章的相关规定。

ICS 67.220
X 40

# 中 华 人 民 共 和 国 农 业 行 业 标 准

NY/T 392—2013
代替 NZ/T 392—2000

# 绿色食品　食品添加剂使用准则

Green food—Food additive application guideline

2013-12-13 发布　　2014-04-01 实施

中华人民共和国农业部　发 布

# 前 言

本标准按照 GB/T1. 1—2009 给出的规则起草。

本标准代替 NY/T 392—2009《绿色食品　食品添加剂使用准则》。与 NY/T 392—2000 相比，除编辑性修改外主要技术变化如下：

——食品添加剂使用原则改为 GB 2760《食品安全国家标准、食品添加剂使用标准》相应内容；

——食品添加剂使用规定改为 GB 2760 相应内容；

——删除了绿色食品生产中不应使用的食品添加剂，过氧化苯甲酰、溴酸钾、过氧化氢（或过碳酸钠）、五碳双缩醛（戊二醛）、十二烷基二甲基溴化铵（新洁尔灭）；

——删除了面粉处理剂；

——增加了 A 级绿色食品生产中不应使用的食品添加剂类别酸度调节剂、增稠剂、胶基糖果中基础剂及其具体品种。

本标准由农业部农产品质量安全监管局提出。

本标准由中国绿色食品发展中心归口。

本标准起草单位：农业部乳品质量监督检验测试中心、河南工业大学、中国绿色食品发展中心。

本标准主要起草人：张宗城、刘钟栋、孙丽新、李鹏、薛刚、阎磊、郑维君、张燕、唐伟、陈曦。

本标准的历次版本发布情况为：

——NY/T 392—2009

# 引 言

绿色食品是指产自优良生态环境，按照绿色食品标准生产、实行全程质量控制并获得绿色食品标志使用权的安全、优质食用农产品及相关产品。本标准按照绿色食品要求，遵循食品安全国家标准，并参照发达国家和国际组织相关标准编制。除天然食品添加剂外，禁止在绿色食品中使用未经联合国食品添加剂联合专家委员会（JECFA）等国际或国内风险评估的食品添加剂。

我国现有的食品添加剂，广泛用于各类食品，包括部分农产品。GB 2760 规定了食品添加剂的品种和使用规定。NY/T 392—2000《绿色食品　食品添加剂使用准则》除列出的品种不能在绿色食品中使用外，其余均执行 GB 2760—1996。随着该国家标准的修订及我国食品添加剂品种的增减，原标准已不适应绿色食品生产发展的需要。同时，在此修订前，国外在食品添加剂使用的理论和应用上均有显著的发展，有必要借鉴于本标准的修订。

本标准的实施将规范绿色食品的生产，满足绿色食品安全优质的要求。

# 绿色食品　食品添加剂使用准则

## 1　范围

本标准规定了绿色食品添加剂的术语和定义、食品添加剂使用原则和使用规定。

本标准适用于绿色食品生产。

## 2　规范性引用文件

下列文件对于本文件的应用是必不可少的。凡是注日期的引用文件，仅注日期的版本适用于本文件。凡是不注日期的引用文件，其最新版本（包括所有的修改单）适用于本文件。

GB 2760　食品安全国家标准　食品添加剂使用标准

GB 26687　食品安全国家标准　复配食品添加剂通则

## 3　术语和定义

GB 2760 界定的以及下列和定义适用于本文件。

### 3.1　AA 级绿色食品　AA grade green food

产地环境质量符合 NY/T 391 的要求，遵照绿色食品生产标准生产，生产过程中遵循自然规律和生态学原理，协调种植业和养殖业的平衡，不使用化学合成的肥料、农药、兽药、渔药、添加剂等物质，产品质量符合绿色食品产品标准，经专门机构许可使用绿色食品标志的产品。

### 3.2　A 绿色食品　A grade green food

产地环境质量符合 NY/T 391 的要求，遵照绿色食品生产标准生产，生产中遵循自然规律和生态学原理，协调种植业和养殖业的平衡，限量使用限定的化学合成生产资料，产品质量符合绿色食品产品标准，经专门机构许可使用绿色食品标志的产品。

### 3.3　天然食品添加剂　patural food addifive

以物理方法、微生物法或酶法从天然物中分离出来，不采用基因工程获得的产物，经过毒理学评价确认其食用安全的食品添加剂。

### 3.4　化学合成食品添加剂　chemical synthetic food additive

由人工合成的，经毒理学评价确认其食用安全的食品添加剂。

## 4 食品添加剂使用原则

4.1 食品添加剂使用时应符合以下基本要求：

a）不应对人体产生任何健康危害；

b）不应掩盖食品腐败变质；

c）不应掩盖食品本身或加工过程中的质量缺陷或以掺杂、掺假、伪造为目的而使用食品添加剂；

d）不应降低食品本身的营养价值；

e）在达到预期的效果下尽可能降低在食品中的使用量；

f）不采用基因工程获得的产物。

4.2 在下列情况下可使用食品添加剂：

a）保持或提高食品本身的营养价值；

b）作为某些特殊膳食用食品的必要配料或成分；

c）提高食品的质量和稳定性，改进其感官特性；

d）便于食品的生产、加工、包装、运输或者贮藏。

4.3 所用食品添加剂的产品质量应符合相应的国家标准。

4.4 在以下情况下，食品添加剂可通过食品配料（含食品添加剂）带入食品中；

a）根据本标准，食品配料中允许使用该食品添加剂；

b）食品配料中该添加剂的用量不应超过允许的最大使用量；

c）应在正常生产工艺条件下使用这些配料，并且食品中该添加剂的含量不应超过由配料带入的水平；

d）由配料带入食品中的该添加剂的含量应明显低于直接将其添加到该食品中通常所需要的水平。

4.5 食品分类系统应符合 GB 2760 的规定。

## 5 食品添加剂使用规定

5.1 生产 AA 级绿色食品应使用天然食品添加剂。

5.2 生产 A 级绿色食品可使用天然食品添加剂，使用的食品添加剂应符合 GB 2760 规定的品种及其适用食品名称、最大使用量和备注。

5.3 同一功能食品添加剂（相同色泽着色剂、甜味剂、防腐剂或抗氧化剂）混合使用时，各自用量占其最大使用量的比例之和不应超过 1。

5.4 复配食品添加剂的使用应符合 GB 26687 的规定。

5.5 在任何情况下，绿色食品不应使用下列食品添加剂（见表 1）。

**表 1　生产绿色食品不应使用的食品添加剂**

| 食品添加剂功能类别 | 食品添加剂名称（中国编码系统 CNS 号） |
| --- | --- |
| 酸度调节剂 | 富马酸一钠（01.311） |
| 抗结剂 | 亚铁氰化钾（02.001）、亚铁氰化钠（02.008） |
| 抗氧化剂 | 硫代二丙酸二月桂酯（04.012）、己基间苯二酚（04.013） |

（续表）

| 食品添加剂功能类别 | 食品添加剂名称（中国编码系统 CNS 号） |
| --- | --- |
| 漂白剂 | 硫黄（05.007） |
| 膨松剂 | 硫酸铝钾（又名钾明矾）（06.001）、硫酸铝铵（又名铵明矾）（06.005） |
| 着色剂 | 新红及其铝色淀（08.004）、二氧化钛（08.011）、赤藓红及其铝色淀（08.003）、焦糖色（亚硫酸铵法）（08.109）、焦糖色（加氨生产）（08.110） |
| 护色剂 | 硝酸钠（09.001）、亚硝酸钠（09.002）、硝酸钾（09.003）、亚硝酸钾（09.004） |
| 乳化剂 | 山梨醇酐单月桂酸酯（又名司盘 20）（10.024）、山梨醇酐单棕榈酸酯（又名司盘 40）（10.008）、山梨醇酐单油酸酯（又名司盘 80）（10.005）、聚氧乙烯山梨醇酯酐单月桂酸酯（又名吐温 20）（10.025）、聚氧乙烯山梨醇酐单棕榈酸酯（又名吐温 40）（10.026）、聚氧乙烯山梨醇酐单油酸酯（又名吐温 80）（10.016） |
| 防腐剂 | 苯甲酸（17.001）、苯甲酸钠（17.002）、乙氧基喹（17.010）、仲丁胺（17.011）、桂醛（17.012）、噻苯咪唑（17.018）、乙萘酚（17.021）、联苯醚（又名二苯醚）（17.022）、2－苯基苯酚钠盐（17.023）、4－苯基苯酚（17.024）、2，4－二氯氧乙酸（17.027） |
| 甜味剂 | 糖精钠（19.001）、环己基氨基磺酸钠（又名甜蜜素）及环己基氨基磺酸钙（19.002）、L－a－天冬氨酰－N－（2，2，4，4－四甲基－3－硫化三亚甲基）－D－丙氨酰胺（又名阿力甜）（19.013） |
| 增稠剂 | 海萝胶（20.040） |
| 胶基糖果中基础剂物质 | 胶基糖果中基础剂物质 |

注：对多功能的食品添加剂，表中的功能类别为其主要功能。